"十四五"时期国家重点出版物出版专项规划项目

材料先进成型与加工技术丛书

申长雨　总主编

磁性材料与器件成型技术
（上）

张怀武　张岱南　姬海宁　著

科学出版社

北　京

内 容 简 介

本书为"材料先进成型与加工技术丛书"之一。全书以应用于电子信息领域的铁氧体磁性材料和磁芯器件设计、成型、测试、分析为主体进行论述。本书上册按软磁尖晶石锰锌晶系、尖晶石镍锌晶系、平面六角晶系、铁电/铁磁晶系和等磁介晶系依次进行磁性材料晶格理论设计、配方优化、制备工艺和磁芯器件成型技术的介绍,每章最后给出一个软磁铁氧体最新器件设计和成型制造方法。下册,给出不同微波/毫米波频段旋磁铁氧体的材料制备和磁芯器件成型技术方法,尤其是最新的低温共烧陶瓷(LTCC)成型技术。包括了石榴石 YIG 旋磁、尖晶石 NiCuZn 旋磁、平面六角钡铁氧体旋磁、复合介电-旋磁和尖晶石 LiZn 旋磁体系的低温共烧结制备技术,并在每一章给出一个典型微带集成器的理论设计及 LTCC 成型技术的实例。

本书覆盖了软磁铁氧体和旋磁铁氧体的最新技术内容,包含了晶格和配方优化设计思路、最新 LTCC 成型技术以及最新 LTCC 集成器件的研制方法,对材料学、磁性材料、材料成型领域的科研人员、相关高校的师生具有一定的参考价值。

图书在版编目(CIP)数据

磁性材料与器件成型技术. 上 / 张怀武, 张岱南, 姬海宁著. -- 北京 : 科学出版社, 2025. 6. -- (材料先进成型与加工技术丛书 / 申长雨总主编). -- ISBN 978-7-03-082632-9

Ⅰ. TM271;TN6

中国国家版本馆 CIP 数据核字第 2025FA5470 号

丛书策划:翁靖一
责任编辑:翁靖一 / 责任校对:杜子昂
责任印制:徐晓晨 / 封面设计:东方人华

科 学 出 版 社 出版
北京东黄城根北街 16 号
邮政编码:100717
http://www.sciencep.com

北京中科印刷有限公司印刷
科学出版社发行 各地新华书店经销

*

2025 年 6 月第 一 版 开本:720×1000 1/16
2025 年 6 月第一次印刷 印张:25 3/4
字数:534 000

定价:268.00 元
(如有印装质量问题,我社负责调换)

材料先进成型与加工技术丛书

编 委 会

材料先进成型与加工技术丛书

总　　序

核心基础零部件（元器件）、先进基础工艺、关键基础材料和产业技术基础等四基工程是我国制造业新质生产力发展的主战场。材料先进成型与加工技术作为我国制造业技术创新的重要载体，正在推动着我国制造业生产方式、产品形态和产业组织的深刻变革，也是国民经济建设、国防现代化建设和人民生活质量提升的基础。

进入 21 世纪，材料先进成型加工技术备受各国关注，成为全球制造业竞争的核心，也是我国"制造强国"和实体经济发展的重要基石。特别是随着供给侧结构性改革的深入推进，我国的材料加工业正发生着历史性的变化。**一是产业的规模越来越大**。目前，在世界 500 种主要工业产品中，我国有 40%以上产品的产量居世界第一，其中，高技术加工和制造业占规模以上工业增加值的比重达到 15%以上，在多个行业形成规模庞大、技术较为领先的生产实力。**二是涉及的领域越来越广**。近十年，材料加工在国家基础研究和原始创新、"深海、深空、深地、深蓝"等战略高技术、高端产业、民生科技等领域都占据着举足轻重的地位，推动光伏、新能源汽车、家电、智能手机、消费级无人机等重点产业跻身世界前列，通信设备、工程机械、高铁等一大批高端品牌走向世界。**三是创新的水平越来越高**。特别是嫦娥五号、天问一号、天宫空间站、长征五号、国和一号、华龙一号、C919 大飞机、歼-20、东风-17 等无不锻造着我国的材料加工业，刷新着创新的高度。

材料成型加工是一个"宏观成型"和"微观成性"的过程，是在多外场耦合作用下，材料多层次结构响应、演变、形成的物理或化学过程，同时也是人们对其进行有效调控和定构的过程，是一个典型的现代工程和技术科学问题。习近平总书记深刻指出，"现代工程和技术科学是科学原理和产业发展、工程研制之间不可缺少的桥梁，在现代科学技术体系中发挥着关键作用。要大力加强多学科融合的现代工程和技术科学研究，带动基础科学和工程技术发展，形成完整的现代科学技术体系。"这对我们的工作具有重要指导意义。

过去十年，我国的材料成型加工技术得到了快速发展。**一是成形工艺理论和技术不断革新**。围绕着传统和多场辅助成形，如冲压成形、液压成形、粉末成形、注射成型，超高速和极端成型的电磁成形、电液成形、爆炸成形，以及先进的材料切削加工工艺，如先进的磨削、电火花加工、微铣削和激光加工等，开发了各种创新的工艺，使得生产过程更加灵活，能源消耗更少，对环境更为友好。**二是以芯片制造为代表，微加工尺度越来越小**。围绕着芯片制造，晶圆切片、不同工艺的薄膜沉积、光刻和蚀刻、先进封装等各种加工尺度越来越小。同时，随着加工尺度的微纳化，各种微纳加工工艺得到了广泛的应用，如激光微加工、微挤压、微压花、微冲压、微锻压技术等大量涌现。**三是增材制造异军突起**。作为一种颠覆性加工技术，增材制造（3D 打印）随着新材料、新工艺、新装备的发展，广泛应用于航空航天、国防建设、生物医学和消费产品等各个领域。**四是数字技术和人工智能带来深刻变革**。数字技术——包括机器学习（ML）和人工智能（AI）的迅猛发展，为推进材料加工工程的科学发现和创新提供了更多机会，大量的实验数据和复杂的模拟仿真被用来预测材料性能，设计和成型过程控制改变和加速着传统材料加工科学和技术的发展。

当然，在看到上述发展的同时，我们也深刻认识到，材料加工成型领域仍面临一系列挑战。例如，"双碳"目标下，材料成型加工业如何应对气候变化、环境退化、战略金属供应和能源问题，如废旧塑料的回收加工；再如，具有超常使役性能新材料的加工问题，如超高分子量聚合物、高熵合金、纳米和量子点材料等；又如，极端环境下材料成型问题，如深空月面环境下的原位资源制造、深海环境下的制造等。所有这些，都是我们需要攻克的难题。

我国"十四五"规划明确提出，要"实施产业基础再造工程，加快补齐基础零部件及元器件、基础软件、基础材料、基础工艺和产业技术基础等瓶颈短板"，在这一大背景下，及时总结并编撰出版一套高水平学术著作，全面、系统地反映材料加工领域国际学术和技术前沿原理、最新研究进展及未来发展趋势，将对推动我国基础制造业的发展起到积极的作用。

为此，我接受科学出版社的邀请，组织活跃在科研第一线的三十多位优秀科学家积极撰写"材料先进成型与加工技术丛书"，内容涵盖了我国在材料先进成型与加工领域的最新基础理论成果和应用技术成果，包括传统材料成型加工中的新理论和新技术、先进材料成型和加工的理论和技术、材料循环高值化与绿色制造理论和技术、极端条件下材料的成型与加工理论和技术、材料的智能化成型加工理论和方法、增材制造等各个领域。丛书强调理论和技术相结合、材料与成型加工相结合、信息技术与材料成型加工技术相结合，旨在推动学科发展、促进产学研合作，夯实我国制造业的基础。

本套丛书于 2021 年获批为"十四五"时期国家重点出版物出版专项规划项目，具有学术水平高、涵盖面广、时效性强、技术引领性突出等显著特点，是国内第一套全面系统总结材料先进成型加工技术的学术著作，同时也深入探讨了技术创新过程中要解决的科学问题。相信本套丛书的出版对于推动我国材料领域技术创新过程中科学问题的深入研究，加强科技人员的交流，提高我国在材料领域的创新水平具有重要意义。

最后，我衷心感谢程耿东院士、李依依院士、张立同院士、韩杰才院士、贾振元院士、瞿金平院士、张清杰院士、张跃院士、朱美芳院士、陈光院士、傅正义院士、张荻院士、李殿中院士，以及多位长江学者、国家杰青等专家学者的积极参与和无私奉献。也要感谢科学出版社的各级领导和编辑人员，特别是翁靖一编辑，为本套丛书的策划出版所做出的一切努力。正是在大家的辛勤付出和共同努力下，本套丛书才能顺利出版，得以奉献给广大读者。

中国科学院院士
工业装备结构分析优化与 CAE 软件全国重点实验室
橡塑模具计算机辅助工程技术国家工程研究中心

前　言

磁性材料与器件是现代电子信息技术的基础，其设计、制备和加工正在促进电子信息技术、绿色能源技术、人工智能和机器人技术、数字家电技术、物联网和互联网技术的快速发展。磁性材料（亚铁磁铁氧体磁芯）制备技术起源于20世纪初，50~80年代在欧洲、美国和日本得以大力发展，尤其是以日本TDK株式会社为代表的跨国公司垄断了国际磁芯市场。80年代后期，由于彩色电视机制造技术在中国的蓬勃发展，带动了国内铁氧体磁芯材料及器件的研究与制备进程，经过40多年在铁氧体材料设计和磁芯制备技术方面的不懈努力，中国目前已成为软磁铁氧体和旋磁铁氧体磁芯与器件的世界加工中心，产量占全球80%，在质量和数量上是真正铁氧体磁性材料制造大国。

本书正是基于作者及团队40多年来在铁氧体磁芯材料和器件方向的研究成果和制备技术积累撰写而成。尤其侧重了近20年在复合多元软磁铁氧体和旋磁铁氧体设计、材料、磁芯、器件制备方面的内容。书中以作者及所带10位博士研究生学位论文为主要线索，给出新型第五代铁氧体磁性材料的设计方法和设计思想，揭示了不同晶型的铁氧体晶格掺杂和替代对电负性、晶格能、键能和带隙的影响，进而达到调控铁氧体磁性能的目的。将高通量材料制备思想、遗传算法配方、流体力学低温共烧陶瓷（LTCC）浆料配方等方法应用到铁氧体磁性材料及器件制备中，也针对不同晶系铁氧体磁芯材料给出特征器件的设计和制备方法，既可验证研发的新材料，又可指导新器件的设计与制备。

本书分为上下两册，前五章为上册，主要涉及软磁铁氧体材料和磁芯制备。根据射频域软磁铁氧体应用，按尖晶石MnZn铁氧体、尖晶石NiCuZn铁氧体、平面六角Co_2Z铁氧体、铁电/铁磁复合材料、等磁介铁氧体-复合软磁分为五章。后五章为下册，主要涉及旋磁铁氧体和磁芯器件制备，根据微波/毫米波频域旋磁铁氧体的应用划分为：石榴石YIG旋磁、尖晶石NiCuZn旋磁、钡铁氧体旋磁、复合介电-旋磁和尖晶石LiZn旋磁。每章均给出该晶系材料设计思想、材料配方、掺杂方法、材料制备方法、磁芯器件设计、磁芯器件的集成制备工艺、测试方法等。

本书立意新颖，以铁氧体磁性材料及器件的制备技术为主线，详细叙述不同晶系铁氧体磁芯的应用背景和对材料性能的要求，给出铁氧体晶格第一原理计算模型，优化设计出不同铁氧体的掺杂配方以及 LTCC 复合浆料配方，研究了各种低温共烧制备工艺技术，提出集成磁芯器件和 LTCC 基微带线器件的设计理论，给出不同无源集成器件的 LTCC 工艺流程，搭建了不同铁氧体材料的磁性能和微波响应性测试分析平台。书中的磁芯制备工艺方法、磁芯材料配方，还有 LTCC 制备工艺及磁芯集成器件设计方法，均是作者多年的研究和实验经验的积累，能提供给从事电子信息材料和器件研究，尤其是磁性材料和磁芯器件的研究者参考，也可为整个磁性材料和器件行业提供生产指导和借鉴。

本书由电子科技大学张怀武教授主持撰写并统稿，张岱南教授、姬海宁副教授、李颉副教授参与撰写。在本书的立项和撰写过程中，得到国内外众多院士和专家的支持、鼓励和帮助。"材料先进成型与加工技术丛书"编委会总主编申长雨院士、武汉理工大学张清杰院士、南京大学都有为院士、清华大学朱静院士、美国东北大学哈瑞斯教授等专家为本书提出了宝贵意见。本书的完成也离不开多年来实验室多位博士和硕士研究生的不懈努力，特别是苏桦、贾利军、凌味未、甘功雯、贾宁、杨燕、郑宗良、王雪莹、解飞、雷奕达等博士的实验数据和测试分析方面的贡献。书中也引用了一些参考文献中的图、表、数据等，在此向相关作者表示感谢。衷心感谢科学技术部国家重点研发计划项目（编号：2022YFB3608300）、国家自然科学基金面上项目（编号：52272137、62271106）、国家重大科研仪器研制项目（编号：5182780081）等提供的资金资助。

尽管作者多年来从事磁性材料与器件理论探索和应用技术研究，但对其中的很多问题也处于不断认知的过程中，书中难免有疏漏或不妥之处，恳请读者批评并不吝指正。

张怀武

2025 年 3 月

目　录

第1章

MnZn 功率铁氧体磁芯制备

1.1 绪论

1.1.1 引言

　　一切电子设备都离不开电源提供能量，电源技术发展到今天，融汇了电子、功率集成、自动控制、材料、传感、计算机、电磁兼容等诸多技术领域的精华，已从多学科交叉的边缘学科成长为独树一帜的功率电子学。随着 5G 通信、人工智能、存算一体化等电子技术的发展，开关电源的应用越来越广泛，对电源的要求也越来越高。开关电源因具有体积小、质量轻、效率高、发热量低、性能稳定等优点逐渐取代传统线性稳压电源，并广泛应用于各类电子电器整机设备中，成为现代电子设备的重要组成部分。开关电源现已进入了快速发展时期，并且成为世界各主要国家尤其是发达国家研究的热点。随着电子信息产业的迅速发展，对应用其中的开关电源不断提出新的要求：小型轻量化、高效平面化和高的可靠性。要实现这些目标，需要三个方面的技术保障：①高性能的功率铁氧体材料；②高频、低压大电流或高压大功率的开关晶体管；③高效低成本的电源设计与制造技术（包括控制芯片）。目前，在开关频率低于 1MHz 的频率范围内，②、③两个问题已得到较好的解决，开关晶体管和控制芯片以及电源设计技术已较成熟，而制约国内开关电源实现小型轻量化、高效平面化和提高可靠性目标的主要问题是应用于其中的功率铁氧体材料。该类材料作为开关电源的核心，完成功率的转换与传输，是开关电源体积和质量的主要贡献者[1]。

　　MnZn 功率铁氧体由于具有高饱和感应强度、高磁导率、低损耗等特性，被广泛用作开关电源的磁芯材料[2-8]。但是已有的一般 MnZn 功率铁氧体有着较强的温度依赖性，其损耗的温度特性曲线具有较深的波谷，如图 1-1 所示。当温度高于或低于谷底温度（T_m）时，单位体积功耗（P_{cv}）将快速上升，因而限制了它们的应用范围，如露天、地下、南北、冬夏等环境温差大，要求 MnZn 功率铁氧体具有高的温度稳定性的场合。因此，开展宽温度低损耗 MnZn 功率铁氧体的研究是十分必要的。立足于自主创新，通过材料配方体系和制备工艺的研究，开发出具有自主知识产权的宽温度低损耗功率铁氧体材料，为我国电子设备小型轻量化和提高效率与可靠性提供材料基础和技术支撑。这对于推动我国开关电源和铁氧体行业产品的升级换代，提高我国铁氧体产品的品质和档次，增强我国铁氧体行业的国际竞争力有重要的意义。

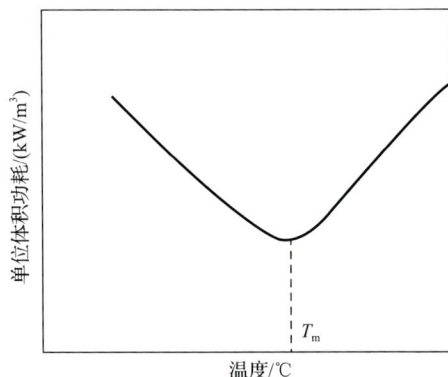

图 1-1　一般 MnZn 功率铁氧体的 P_{cv}-T 曲线

1.1.2　MnZn 系功率铁氧体发展历程和国内外研究进展

1. MnZn 系功率铁氧体发展历程

1952 年日本冈村敏彦发明了 MnZn 铁氧体，此后，MnZn 功率铁氧体材料一直是世界各国广大铁氧体工作者的研究重点之一。20 世纪 70 年代初，为了适应开关电源发展的需要，日本、欧洲厂商研究开发出第一代功率铁氧体材料，但这类材料功耗较大且温升显著，一般只用于 16～25kHz 的民用开关电源，如日本 TDK 株式会社的 H35、FDK 株式会社的 H45。80 年代初，用于 25～100kHz 频率的第二代材料被开发出来，其最大特点是在一定范围内功耗呈现负温度系数，能有效防止温升造成的电磁性能下降，如日本 TDK 株式会社的 H7C1（也称为 PC30）、FDK 株式会社的 6H10、德国 Siemens 股份公司的 N27 和荷兰 Philips 公司的 3C80 等材料。80 年代中后期，国外研发出使用频率为 100～500kHz 的第三代材料。这类材料特别适用于频率为 200kHz 左右的高频开关电源，如日本 TDK 株式会社的 H7C4（也称为 PC40）、FDK 株式会社的 6H20 和 6H40、德国 Siemens 股份公司的 N72、荷兰 Philips 公司的 3C85 和 3F3 等材料。进入 90 年代后，第四代功率铁氧体材料研发成功，其功耗大大低于第三代材料，使用频率一般达 500～1000kHz，如日本 TDK 株式会社的 H7F（也称为 PC50）、FDK 株式会社的 7H10 和 7H20、德国 Siemens

股份公司的 N49 和 N59、荷兰 Philips 公司的 3F4、日本 TOKIN 株式会社的 B40
等材料。表 1-1 给出了几种典型的 MnZn 功率铁氧体材料的主要性能。

表 1-1　几种典型的 MnZn 功率铁氧体材料的主要性能

公司		TDK			Siemens		FDK		Philips	
牌号		PC30	PC40	PC50	N49	N59	7H10	7H20	3F3	3F4
起始磁导率 μ_i（标称值）	25℃	2500	2300	1400	1300	850	1500	1000	2000	900
饱和磁感应强度 B_s/mT	25℃	550	510	470	460	460	480	480	440	350
剩余磁感应强度 B_r/mT	25℃	110	95	140			150	130		150
矫顽力 H_c/(A/m)	25℃	12	14.3	36.5	55	60	30	25		40
P_{cv}/(kW/m³)（100kHz，200mT）	25℃	750	600							
	60℃	570	450							
	100℃	650	410							
	120℃	770	500							
P_{cv}/(kW/m³)（100kHz，100mT）	25℃									
	60℃									
	100℃									
	120℃								80	
P_{cv}/(kW/m³)（500kHz，50mT）	25℃			130						
	60℃			80			100	50		
	80℃						80	40		
	100℃			80	120	180	100	50		
P_{cv}/(kW/m³)（1MHz，50mT）	25℃									
	60℃						400	200		
	80℃						400	200		
	100℃				560	510	500	250		
P_{cv}/(kW/m³)（1MHz，30mT）	100℃									200
P_{cv}/(kW/m³)（3MHz，10mT）	100℃									320
居里温度 T_c/℃		250	215	240	240	240	200	200	200	220
电阻率 ρ/(Ω·m)	25℃	10	6.5	6	11	26	5	5	2	10
密度 d/(g/cm³)	25℃	4.9	4.8	4.8	4.75	4.75	4.8	4.8	4.75	4.7

另一方面，由于在提高应用频率的同时降低了材料的起始磁导率，并且，开
关电源的高频化进程并不如预期的那样迅猛，超过 1MHz 的开关电源在晶体管开
关损耗、控制芯片分布参数的提取、工作点的确定、电磁兼容（electromagnetic

compatibility, EMC）及经济性方面都还有待于进一步突破，而且目前绝大多数开关电源的应用频率仍低于 500kHz，因此，世界各研发机构针对应用于 500kHz 以下开关电源模块的 MnZn 功率铁氧体展开了系统研究。日本 TDK 株式会社针对不同应用情况开发出了 PC44、PC45、PC46 和 PC47 材料，这些材料的最小功耗在 100kHz，200mT 条件下分别为 300mW/cm^3、250mW/cm^3、250mW/cm^3 和 250mW/cm^3，比第二代、第三代 MnZn 功率铁氧体的功耗有了大幅度降低，如图 1-2 所示。但 PC44、PC45、PC46、PC47 具有较强的温度依赖性，其功率损耗与温度的特性曲线都具有较深的波谷，谷底的温度分别在 100℃、75℃、45℃、100℃附近，高于或低于该温度点，材料损耗将快速上升。这类材料最理想的应用情况是器件负荷时的平衡温度恰好是功耗的谷底温度。但实际上，让平衡温度与谷底温度重合并非易事。为此，2003 年 7 月日本 TDK 株式会社推出了不同凡响的新材料——PC95 材料。该材料是一种宽温度、低损耗 MnZn 功率铁氧体材料，基本上把 PC44、PC45、PC46 和 PC47 材料的最低损耗点连接起来，在 25～120℃范围内，100kHz，200mT 条件下，功率损耗均小于 350kW/m^3。这在很大程度上改善了 MnZn 功率铁氧体损耗和起始磁导率的温度特性，增加了材料的温度稳定性。宽温度、低损耗 MnZn 功率铁氧体材料已成为当前该领域的研究难点和热点，是近年来软磁铁氧体行业技术进步的标志性成果之一，也为这一行业提供了有前景的一个高端市场。因此，国内外许多研究机构争相进行研究开发，陆续推出了各自同类产品。国外研究机构及产品主要有日本 FDK 株式会社的 6H60 材料、JFE 钢铁株式会社的 MBT1/MBT2/MBT3 材料、德国 EPCOS 公司的 N95 材料、韩国梨树（ISU）集团的 PM12 材料、Ferroxcube 公司的 3C95 材料等。国内的研发机构主要有电子科技大学、华中科技大学、台湾越峰（ACME）电子材料股份有限公司、广东乳源东阳光磁性材料有限公司、天通控股股份有限公司、横店集团东磁股份有限公司、南京金宁三环富士电气有限公司（JSF）等。表 1-2 给出了部分宽温度低损耗功率铁氧体产品的性能指标。

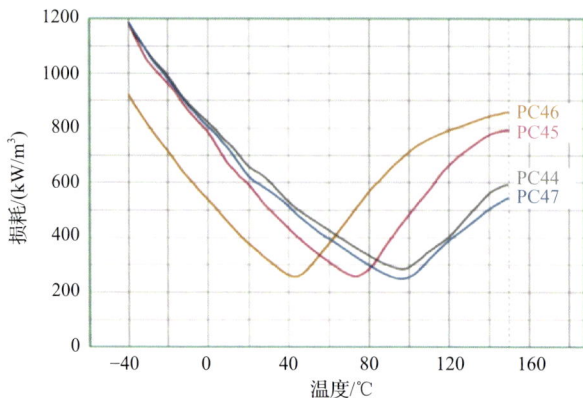

图 1-2　几种典型的 MnZn 功率铁氧体损耗-温度特性曲线

表 1-2　部分宽温度低损耗功率铁氧体产品性能指标

所属公司		TDK	Ferroxcube	FDK	ACME	JFE	
牌号		PC95	3C95	6H60	P46	MBT1	MBT2
μ_i	25℃	3300±25%	3000±20%	2800±25%	3300±25%	3400±25%	3300±25%
P_{cv}/(kW/m³)	25℃	350	350		400	390	370
	60℃					330	310
	80℃	280					
	100℃	290	290	300	400	340	300
	120℃	350				400	370
B_s/mT	25℃	530	530	530	480	510	530
B_r/mT	25℃	85			100	90	70
H_c/(A/m)	25℃	9.5			8	9.0	7.5
T_c/℃	⩾	215	215	200	200	230	215
ρ/(Ω·m)	25℃	6.0	5.0		5	4.0	4
d/(g/cm³)	25℃	4.9	4.8	4.9	4.8	4.8	4.8

图 1-3 为日本 JFE 钢铁株式会社 MBT3 材料的单位体积功耗-温度特性曲线。在 20～140℃温度范围内，100kHz，200mT 条件下，该材料的单位体积功耗都低于 340kW/m³，其 90℃的谷点单位体积功耗为 245kW/m³，表明 MBT3 材料在性能上已经优于 PC95 材料。

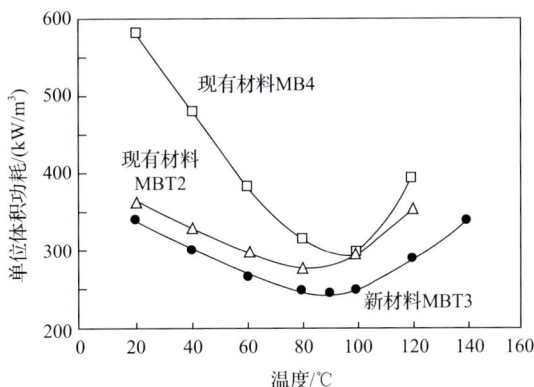

图 1-3　日本 JFE 钢铁株式会社 MBT3 材料的单位体积功耗-温度特性曲线

2. MnZn 系功率铁氧体国内外研究状况

MnZn 系功率铁氧体作为应用于功率转换和传输场合的主流材料，一直是国内外研究机构的研究热点。P. J. van der Zaag[9]采用中子极化实验研究了磁畴形态的临界尺寸。结果表明，在一定晶粒尺寸下，多晶铁氧体是由单畴晶粒构成的。T. Kawano 等[10]研究了不同 MnZn 铁氧体组分下材料中 Fe^{2+}含量、复数磁导率及磁芯损耗，分析了磁芯损耗与复数磁导率虚部之间的关系。C. Y. Tsay 等[11]采用传统烧结和微波烧结共烧工艺制备了 MnZn 铁氧体，研究了软磁铁氧体的密度、磁导率的温度特性及高频下的磁芯损耗。W. H. Jeong 等[12]详细分析了 MnZn 铁氧体的磁芯损耗与晶粒尺寸间的关系，重点讨论了剩余损耗与晶粒尺寸间的关系。V. T. Zaspalis 等[13]讨论了 TiO$_2$ 添加剂对多晶 MnZn 铁氧体磁芯损耗及电阻率的影响。研究结果表明，TiO$_2$ 可促进 Ca 和 Si 均匀地聚集在晶界处，这可归因于阳离子空位浓度的增加，而空位浓度增加与四价 Ti^{4+} 进入尖晶石铁氧体晶格有关。J. Topfer 等[14]讨论了 MnZn 铁氧体的微结构对材料阻抗特性及磁芯损耗的影响。F. J. G. Landgraf 等[15]研究了不同环形样品尺寸对 MnZn 铁氧体磁性能的影响，结果表明，小尺寸的环形样品的磁芯损耗明显低于大尺寸样品。C. Beatricea 等[16]研究了 MnZn 铁氧体的磁损耗、磁导率谱，还分离了畴壁位移贡献的损耗和磁化转动引起的损耗，认为磁化转动产生的损耗为兆赫兹频段主要的磁损耗来源。兰中文等研究了粉体粒度、成型密度和烧结工艺对 MnZn 功率铁氧体材料性能的影响，指出组分为 Mn$_{0.76}$Zn$_{0.16}$Fe$_{2.08}$O$_4$ 材料的最佳工艺条件，率先在国内得到了与日本 TDK 株式会社 PC50 材料性能相近的功率铁氧体。

李海华等研究了烧结温度对低损耗 MnZn 铁氧体材料功耗、起始磁导率、居里温度、电阻率及微观结构等因素的影响。结果表明，随着烧结温度的升高，功耗先下降后上升，Zn 挥发严重，饱和磁感应强度和居里温度基本上无变化，晶粒的微观结构也受烧结温度的直接影响。他们还研究了 MnZn 功率铁氧体在不同温度、频率和磁感应强度下的损耗特性，分析了磁滞损耗、涡流损耗和剩余损耗的机制及其与温度、频率和磁感应强度的关系。结果表明，当频率不高于 100kHz 时，MnZn 功率铁氧体的损耗由磁滞损耗、涡流损耗组成，其中磁滞损耗在低温时占主导，随着频率的升高，即使在磁感应强度较低时，涡流损耗和剩余损耗的影响也不容忽视，且两者随温度升高而增加。聂建华等研究了纳米 SiO$_2$ 及微米 SiO$_2$ 添加剂对 MnZn 铁氧体磁性能的影响，通过优化纳米 SiO$_2$ 含量，制备了低损耗的 MnZn 铁氧体[17]。余忠等详细分析了烧结工艺对高频 MnZn 功率铁氧体的性能影响。研究结果表明，烧结温度越高，晶粒越大，晶界越薄，电阻率越低，磁芯损耗越大，起始磁导率和烧结密度分别在 1240℃ 和 1230℃ 达到最大值。延长保温时间，可以使晶粒充分生长，晶界变薄，电阻率减小，损耗增大。保温 3h，起始磁导率和烧结密度可以达到最大值。氧分压越低，材料起始磁导率越高，电阻率越小，损耗越大，但氧分压低于 5%后烧结密度不再继续增加。张益栋等研究了 Nb$_2$O$_5$ 对高频 MnZn 功率铁氧体微结构和性能的影响。结果表明，Nb$_2$O$_5$ 的适量添加可以细化晶粒，促进晶粒均匀致密，提高材料的起始磁导率和电阻率，降低功率损耗。Nb$_2$O$_5$ 适宜的添加量为 0.015%～0.025%，过量添加会导致晶界处存在较多气孔，材料密度和电阻率降低，功耗上升。余忠等研究了 CaO、V$_2$O$_5$ 添加剂对高频 MnZn 铁氧体性能的影响。结果表明，对于工作频率高于 500kHz 的 MnZn 功率铁氧体，增加 CaO 的添加量可以提高晶界电阻率，最大程度地降低涡流损耗；

适当添加 V_2O_5 会形成液相烧结并使晶粒细化,增加晶界,减小晶粒和晶界内的气孔率,提高电阻率,降低材料损耗。所有这些研究促进了 MnZn 系功率铁氧体性能的迅速提高。

由于一般 MnZn 系功率铁氧体的性能具有较强的温度依赖性,对其温度特性各研究机构也开展了大量研究。娄明连等研究了配方中 Fe_2O_3 含量对铁氧体温度特性的影响。结果表明,当 Fe_2O_3 含量发生变化时,起始磁导率、功耗的温度特性曲线形状也会发生变化。随着 Fe_2O_3 含量增加,μ_i-T 曲线的 II 峰向低温移动,温度稳定性越来越好,相应的功耗曲线温度稳定性也越来越好。但当 Fe_2O_3 含量大于 53mol%(摩尔分数,后同),曲线由负温度系数型变为正温度系数型。ZnO 也对温度稳定性产生影响。许志勇等的研究表明,随着 ZnO 含量增加,MnZn 铁氧体 μ_i-T 曲线的 II 峰向低温移动。Stijntjes 等[18]研究了 Ti 取代对起始磁导率-温度特性曲线形状的影响,其配方分子式为 $Mn_{0.8}Zn_{0.2}Fe_b^{2+}Ti_b^{4+}Fe_{2-2b}^{3+}O_4$,指出 Ti 取代对磁晶各向异性常数($K_1$)产生正贡献,当 b=0.13 时,起始磁导率-温度特性曲线在室温到居里温度之间几乎为一直线。姚学标等研究了 Co 取代的 MnZn 铁氧体温度稳定性,其配方分子式为 $(Mn_{0.60}Zn_{0.34})_{1-x}Co_{0.94x}Fe_{2.06}O_4$。结果表明,Co 取代的 MnZn 铁氧体起始磁导率具有优良的温度稳定性,当 x=0.02 时温度稳定性最佳。Zhong Yu 等[19]研究了 Ni 取代的 MnZn 铁氧体,发现起始磁导率-温度特性曲线的 II 峰和损耗-温度特性曲线的最低点随着 Ni 含量的增加移向高温,与二价铁的减少一致。陈亚杰等研究了添加剂对 MnZn 功率铁氧体温度特性的影响。结果表明,Ca 对 μ_i-T 曲线有明显影响,随着 Ca 含量增加,μ_i-T 曲线的 II 峰消失或向低温移动。Al^{3+} 可取代 Fe^{3+} 进入尖晶石晶格 B 位,形成 Fe_2O_3 和 MnZnAl 固溶体,增加 K_1-T 曲线的补偿因素,使 μ_i-T 曲线变得平坦。谭小平等的研究表明 La^{3+} 可使 MnZn 铁氧体晶粒明显长大,形状发生变化,一些 La^{3+} 处于晶界或以另相析出增加了晶界厚度,改变了显微结构特征,改善了 MnZn 铁氧体的温度稳定性。王永安等研究了 Li 掺杂对 MnZn 功率铁氧体温度特性的影响。结果表明,Li 也可对 μ_i-T 曲线的 II 峰影响显著,质量分数为 0.3%的 Li_2CO_3 使 μ_i-T 曲线的 II 峰由 25℃ 移到 60℃。冯则坤等研究了 Co^{2+} 或 Sn^{4+} 掺杂的影响,结果表明,Co^{2+} 的掺入可以改善 MnZn 功率铁氧体起始磁导率的温度稳定性。Sn^{4+} 掺入可减少 $Fe^{3+}\leftrightarrow Fe^{2+}$ 之间的电子跳跃,提高材料电阻率。掺入适量 Sn^{4+} 的样品比没有添加 Sn^{4+} 的样品功率损耗要低,而且最低损耗对应的温度要低一些。华程等对预烧工艺进行了研究,发现随着预烧温度的升高,烧结样品的功耗-温度曲线(100kHz,200mT)最低功耗点先降低后升高。烧结后降温速率对 MnZn 铁氧体起始磁导率和损耗的温度特性也有影响。Willey 和 Mullin[20-22]研究指出烧结后降温速率对含 Ti 和不含 Ti 的样品的温度特性影响差别很大,对后者的温度系数没有影响,但对前者影响较大,并且在降温速率为 300℃/h 时温度系数达到最小值。王琦等研究了低温(300℃、

400℃、500℃）热处理对 μ_i-T 曲线的影响，结果表明随着热处理温度的提高（从 300℃升至 400℃）μ_i-T 曲线温度系数明显下降，但继续提高热处理温度，温度系数反而增加。陈亚杰等对样品 $Mn_{0.62}Zn_{0.29}Fe_{2.09}O_4$+0.4wt%（质量分数，后同）$TiO_2$ 在居里温度附近进行热处理研究。结果表明，在居里温度附近进行热处理可大大提高样品的起始磁导率温度稳定性，使样品在较宽的温度范围内具有小的温度系数。

综上所述，MnZn 系功率铁氧体材料有两大发展趋势：一是向高频化方向发展；二是向低功耗方向发展。通过对温度特性的研究，将功耗最低点的特性扩充到 25～120℃宽温度范围内，是目前 MnZn 系功率铁氧体研究的重点和热点之一。工艺流程的各环节对 MnZn 系功率铁氧体的温度特性都有重要影响，要实现宽温度低损耗 MnZn 系功率铁氧体的研制，各环节间应相互配合，通过优化成分和严格控制显微结构，大大降低磁晶各向异性对温度的依赖性，调整磁导率大小及其温度特性曲线的 II 峰位置，从而降低材料损耗并且使材料具有平坦的功率损耗温度特性。

1.1.3　MnZn 铁氧体磁芯制备工艺研究

研制宽温度低损耗 MnZn 功率铁氧体材料，可为各类开关电源模块 [直流-直流（DC-DC）、交流-直流（AC-DC）] 的小型轻量化和提高效率与可靠性提供材料基础，对提高我国电子设备核心器件用材料的自主配套能力，推动我国软磁铁氧体产业结构的调整和技术优化升级，提升电子信息产业综合竞争力具有重要意义。

随着电子信息产业的不断发展，软磁铁氧体材料的新产品不断出现，产量不断增加，在工业上的应用更加拓展。软磁铁氧体材料在电子产品中所占的比例也越来越大。从 2000 年起，我国软磁铁氧体产量已经在世界上位居首位，2005 年达 22.9 万吨，已占世界软磁铁氧体总产量的 56%。据专家预测，近几十年内，世界软磁铁氧体市场将保持 10%以上速度增长，我国也将以 10%～15%的年增长率发展。当前我国软磁铁氧体每年产量为 40 万吨左右，其中用于开关电源中的 MnZn 功率铁氧体约 20 万吨，并以 20%的速度增长，平均每五年产量翻一番。但从产品的档次和性能来看仍以中低档为主，技术含量较低，大大限制了我国产品进入国际市场的能力。另外，目前我国高频开关电源急需高性能低损耗的功率铁氧体材料，但由于国外的垄断与技术封锁，我国每年需向国外（如日本 TDK 株式会社、德国 Siemens 股份公司、荷兰 Philips 公司等）购买约 3000t 高性能功率铁氧体，需外汇约 8000 万美元。因此，本书的研究具有良好的经济效益。

随着社会的发展，人类对节能和环保提出了更高的要求。宽温度低损耗 MnZn 功率铁氧体与传统功率铁氧体相比，具有更高的磁导率、宽温度范围内损耗低的特点，并且其损耗受温度的影响较小。例如，日本 TDK 株式会社的 PC95 材料与 PC40、

PC44、PC47 功率铁氧体材料比较,起始磁导率 μ_i 提高了 30%,常温功耗降低了 30%,在室温至 100℃的范围内损耗变化仅为 20%左右(而 PC40 则高达 2 倍以上)。由于具有以上特点,宽温度低损耗 MnZn 功率铁氧体对节能环保具有重要作用。

用宽温度低损耗 MnZn 功率铁氧体制成的磁芯用于大屏幕液晶显示背光电源变压器,与以前的 PC40 材料相比,电能损失更小,变压器的发热量减小,变压器的电能转换效率提高到了 92%(以前的产品只有 85%)。用于液晶显示器(LCD)背光电源换流器时,其能量转换效率提高约 25%,体积减小 1/3。目前,汽车污染日益成为全球性问题,随着汽车数量越来越多、使用范围越来越广,对世界环境的负面效应也越来越大。有关专家统计,到 21 世纪初,汽车排放的尾气占了大气污染的 30%~60%。在改善环境的呼声日益高涨的情况下,令人瞩目的各类环保节能汽车脱颖而出,其中混合动力汽车(hybrid electric vehicle,HEV)是由内燃机和电池两种动力驱动的汽车,这种混合动力装置既发挥了发动机持续工作时间长,动力性好的优点,又可以发挥电动机无污染、低噪声的好处,废气排放可改善 30%以上。进一步,国内外正在发展纯电动汽车。无论是混合动力汽车还是纯电动汽车,为了确保其在环境温差大以及负载的大小不同导致温度大幅变化时能长期可靠运行,应用于其中电子变压器和扼流圈的磁芯,均采用宽温度低损耗功率材料制成,具有对温度变化的适应性高,不同的使用环境都能保证较高的转换效率的特点,为汽车电源模块的小型化、轻量化和高可靠性作出贡献,同时也为社会的节能环保作出贡献。因此,宽温度低损耗 MnZn 系功率铁氧体研究具有显著的社会效益。

1.2　宽温度低损耗 MnZn 系功率铁氧体研制方案

1.2.1　研制方案

宽温度低损耗铁氧体材料的研究是一个综合系统,各环节都对材料最终性能有重要影响,并且各环节间应相互配合。总的说来,要实现本节研究目标,需在深入研究影响磁晶各向异性大小及其温度特性(K_1-T 曲线)的各种因素基础上,通过优化成分和严格控制显微结构,大大降低磁晶各向异性对温度的依赖性,调整磁导率大小及其与温度关系(μ_i-T 曲线)的 II 峰位置,从而降低材料损耗并且使材料具有平坦的功率损耗温度特性。

1. 宽温度低损耗 MnZn 系功率铁氧体的配方体系

理论和实践表明,配方是 MnZn 铁氧体性能好坏的决定性因素。配方决定了材料的本征参数,如饱和磁化强度 M_s、磁晶各向异性常数 K_1、磁致伸缩系数 λ_s

等，而这些本征参数都与温度有关，因此配方的不同对 MnZn 系铁氧体温度特性有很大影响[23,24]。已有的研究表明，磁晶各向异性常数 K_1 的温度特性是影响功率铁氧体材料温度特性的主要因素，低磁滞损耗和高起始磁导率的特性仅仅能在 K_1 补偿为零的温度点附近才能实现（图 1-4 中的 PC44、PC45、PC46、PC47 材料）。实现宽温度低损耗的关键就是在低损耗的基础上降低磁晶各向异性对温度的依赖性，使 K_1-T 曲线和 μ_i-T 曲线在所要求的温度范围内尽可能平缓，功耗最低点的特性扩充到全温度段。这要求优选主配方中 Fe_2O_3、ZnO、Mn_3O_4 的配比，使其除了满足材料高磁导率、低损耗的基本磁性能要求外，还能使损耗最低点位置及损耗-温度曲线和起始磁导率-温度曲线满足基本要求。

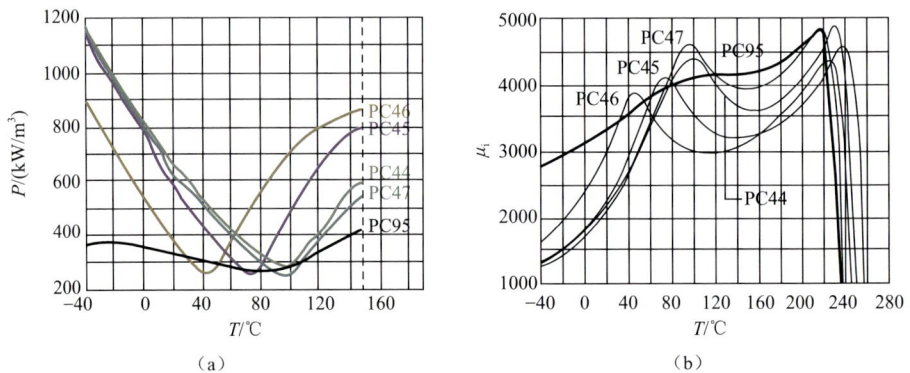

图 1-4　日本 TDK 株式会社功率铁氧体的 P-T 曲线（a）和 μ_i-T 曲线（b）

近十年的研究表明功率铁氧体材料的主体系 Fe_2O_3-MnO-ZnO 可确定在 Fe_2O_3 51mol%～54mol%，MnO 31mol%～39mol%，ZnO 10mol%～15mol%范围，但仍要与后续工艺配合来确定配方，并应通过化学分析确定原料纯度，在原料含杂质中要特别注意 Si 的含量（应<0.01%）。Fe_2O_3 的含量发生变化，起始磁导率、损耗的温度特性曲线形状也会发生变化，Fe_2O_3 含量大于 50 mol%时属富铁配方，多余的 Fe_2O_3 可生成 Fe_3O_4 固溶于复合铁氧体中。由于 Fe^{2+} 可起到正磁晶各向异性常数 K_1 作用，因此固溶于 MnZn 铁氧体中的 Fe_3O_4 就可以对铁氧体的 K_1 起到一定的补偿作用，从而提高材料的性能，改善材料的温度特性。ZnO 也对温度稳定性产生影响。由于 Zn^{2+} 属于非磁性离子，它取代磁性离子并占据 A 位后，增大了饱和磁化强度 M_s，减少了产生磁晶各向异性的磁性离子数目，使磁晶各向异性能降低，从而使 K_1 在较低温度下便可趋于 0。随着 ZnO 含量的增加，MnZn 铁氧体 μ_i-T 曲线的 II 峰向低温移动。

研究表明，在基本配方中引入第四种离子形成四元系配方，可进一步改善 MnZn 铁氧体的温度特性。众所周知，MnZn 铁氧体基体的磁晶各向异性常数 K_1 为负值，如图 1-5 所示，而 Fe^{2+} 和 Co^{2+} 的 K_1 为正值，用 Fe^{2+} 和 Co^{2+} 对 MnZn 铁氧体基体的 K_1 进行补偿，可以在宽温度范围内降低 K_1，因此材料的起始磁导率和损耗在宽温度范围分别得以升高和降低。此外，由于 Fe^{2+} 的 K_1-T 曲线比铁氧体基体的 K_1-T 曲线变化缓慢，因此总的 K_1 值在补偿点以上为正值，以下为负值[图 1-5（a）]，而 Co^{2+} 补偿的材料情况却刚好相反。若 Fe^{2+} 和 Co^{2+} 同时补偿，在 Fe^{2+} 和 Co^{2+} 比例适当时，K_1-T 曲线会出现两个零点，对应的 μ_i-T 曲线将在宽温度范围内更加平坦，从而可在宽温度范围内改善磁性能，实现宽温度低损耗特性。

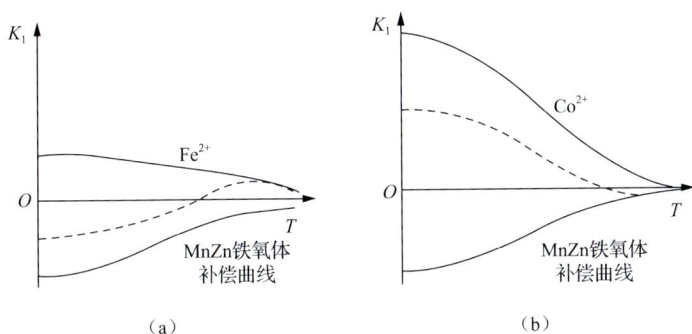

图 1-5　Fe^{2+}（a）和 Co^{2+}（b）补偿的 K_1-T 曲线

因此，研究者考虑采用四元系配方和五元系配方，在主配方中引入了 Ti^{4+}、Co^{2+}、Sn^{4+}，合成 MnTiZn、MnSnZn 四元系和 MnCoTiZn、MnTiSnZn 五元系功率铁氧体。利用 TiO_2、SnO_2 对材料起始磁导率和磁滞损耗温度性能的影响，将 TiO_2、SnO_2 直接使用于配方中，在铁氧体材料晶格中固溶入 Ti^{4+}、Sn^{4+} 形成 Fe^{2+}-Ti^{4+}、Fe^{2+}-Sn^{4+} 离子对，调整材料磁导率与温度关系曲线的 II 峰位置，从而调整材料磁导率和损耗特性与温度的关系；利用 Co^{2+} 正磁晶各向异性的补偿作用，降低磁化阻力，提高磁导率，并使材料在宽温度范围内（25～120℃）具有平坦的磁导率和损耗曲线。

2. 宽温度低损耗 MnZn 系功率铁氧体的添加剂技术

添加剂对 MnZn 铁氧体的性能有着重要影响，也是制备高性能铁氧体材料的有效方法之一。添加剂的作用主要有矿化、助熔、阻止晶粒长大和改善电磁性能等。铁氧体材料中的添加剂主要有三类：第一类添加剂在晶界处偏析，影响晶界电阻率，如 Ca、Si 等[25-27]；第二类影响铁氧体烧结时的微观结构变化，通过烧结温度和氧分压的控制可以改善微观结构，降低材料损耗，提高材料的起始磁导率，如 V、P、Mo 等[28-30]；第三类添加剂不仅可富集于晶界，而且可以固溶于尖晶石结构中，影响材料磁性能，如 Ti、Zr、Co、Sn 等[31-33]。近年来国内外的许多研究表明适量掺杂 Zr、Nb、Ta、Cr、Al、Mg、Cu、Ni、Gd、Ce、Ca、La 等均能改善 MnZn 铁氧体的温度特性。Al^{3+} 可取代 Fe^{3+} 进入尖晶石晶格 B 位，形成 Fe_2O_3 和 MnZnAl 固溶体，增加 K_1-T 曲线的补偿因素，使 μ_i-T 曲线变得平坦。La^{3+} 可使 MnZn 铁氧体晶粒明显长大，La^{3+} 处于晶界或以杂相析出增加晶界厚度，改变显微结构特征，改善 MnZn 铁氧体的温度稳定性。Nb^{5+} 可起到细化晶粒、降低气孔率的作用，还可避免锌离子挥发，防止晶界处形成缺陷增大内应力。部分 Nb^{5+} 进入铁氧体晶格，可改变磁晶各向异性常数 K_1，从而调控起始磁导率及其温度特性。Ta^{5+} 可对材料的微观结构产生很大影响，能够促进晶粒生长，进而影响起始磁导率和功耗的值。Ta^{5+} 主要存在于晶界处，与 Ca^{2+} 可形成 $Ca^{2+}-Ta^{5+}$ 键，提高电阻率。适量添加 Ta^{5+} 可使起始磁导率-温度曲线的 II 峰和功耗最低点位置移向低温，并且降低室温下的功耗[34]。适量添加 ZrO_2 既可增大晶界电阻率，又可增大晶粒电阻率，从而降低材料的涡流损耗，改善 MnZn 铁氧体的温度特性。

在添加剂方面，可考虑在 MnCoTiZn 五元系功率铁氧体中添加 Zr、Ta、Nb 元素来改善材料的电磁性能及其温度特性：一方面利用 Zr、Ta、Nb 提高晶界电阻率，降低材料的涡流损耗；另一方面利用 Zr、Ta、Nb 产生 Fe^{2+} 对磁晶各向异性的补偿作用，进一步改善材料的温度特性。另外，结合显微分析技术进行添加元素的作用机制研究，结合电磁性能测量进行添加剂种类和数量与电磁性能关系的研究。

3. 宽温度低损耗 MnZn 系功率铁氧体的工艺技术

MnZn 铁氧体的温度特性曲线除受主配方、添加剂的影响外，制备工艺也会使其产生明显变化。

预烧是整个制备工艺中较为关键的一环。预烧是将一次球磨后的粉料在低于烧结温度下预先进行焙烧，是保证稳定性和质量一致性的一个重要环节。预烧温度对 MnZn 铁氧体烧结显微结构和功率损耗及其温度特性有较大影响。为了获得优良的显微结构和温度稳定性，预烧应在适宜的预烧温度下进行，可以获得分布均匀、细小的晶粒及低的功耗，过高或过低的预烧温度都将造成烧结体显微结构的恶化和功率损耗的升高。预烧温度发生改变将引起粉料活性和粉料粒度分布的变化，进而影响到烧结体的温度特性。经过预烧的粉料，由于发生固相反应而团结成块，尺寸大、质地硬，晶粒尺寸及其分布也是不均匀的。加入适量的添加剂后进行二次球磨，可使添加剂与粉料混合均匀，并将粉料研磨成一定颗粒尺寸的粉体，由于表面积增大，提高了粉体的活性，为控制最终材料的显微结构和电磁性能创造条件。二次球磨时间不同对烧结体起始磁导率和损耗温度特性影响很大，适当的二次球磨时间可控制粉体活性，降低烧结体气孔率，提高密度，增加起始磁导率，降低损耗，改善材料的温度特性。由于 Fe^{2+} 对 K_1-T 曲线具有补偿调节作用，而烧结温度和氧分压影响 Fe^{2+} 的含量，因此过高或过低的烧结温度和氧分压影响 MnZn 铁氧体的起始磁导率和损耗温度特性，将使其温度稳定性下降。同时，烧结工艺通过影响材料的显微结构进而影响铁氧体的温度稳定性，若其微观结构晶粒均匀一致，气孔少而分散，则温度稳定性较好；若晶粒大小不均，有双重结构，异常晶粒内部有气孔，则温度稳定性较差。在一定的温度下对样品进行热处理，能改善样品起始磁导率和损耗的温度特性。热处理有高温热处理和低温热处理，其中高温热处理由于温度很高，需在平衡氧分压条件下进行，可以调整氧含量，使材料结构均匀化，起始磁导率得以提高，μ_i-T 特性发生变化，但若气氛与温度配合不当，反而会使样品性能及温度特性变坏。在居里温度附近进行热处理，可大大提高样品的起始磁导率温度稳定性，使样品在较宽的温度范围内具有小的温度系数。

可考虑通过控制适当的预烧条件使铁氧体既生成完全，又不失活性。利用高能球磨机，结合优化的球磨工艺参数，使粉体经球磨工艺后颗粒尺寸集中并具有良好活性。结合添加剂技术，通过控制烧结条件来调整材料 Fe^{2+} 含量，优化烧结工艺，从而控制材料的电阻率，降低磁滞损耗和涡流损耗，在宽温度范围内提高磁导率和降低损耗。

1.2.2　工艺流程

目前，制备铁氧体材料的工艺主要有干法和湿法两种[35]。湿法工艺是在含有金属离子的溶液（如硫酸盐溶液）中加入强碱或弱碱（如 NH_4HCO_3 或 $NaOH$）水溶液，经共沉积反应后，再将溶液过滤、清洗、甩干，沉淀物烘干后制得铁氧体粉体的方法。采用湿法工艺可以获得细而均匀，纯度高、活性好的粉体，但生产成本高，控制成分一致性的难度大，因此不利于工业化生产。干法工艺是将金属氧化物、碳酸盐或硫酸盐等氧化物原料直接球磨混合，经预烧、粉碎后获得铁氧体粉料的方法，又称为氧化物陶瓷工艺。这种方法具有原料便宜、工艺简单、易于控制等特点，适合大规模生产。因此，目前科研、生产过程中铁氧体制备方法以采用氧化物陶瓷工艺为主。

表 1-3　主要原料基本情况

名称	型号	纯度/wt%	杂质及含量/wt%	生产厂家
Fe_2O_3	JC-SM	> 99.47	$w(SiO_2) \leqslant 0.008$ $w(CaO) \leqslant 0.006$ $w(Al_2O_3) \leqslant 0.002$ $w(PbO) \leqslant 0.001$ $w(Mn_3O_4) \leqslant 0.212$	日本 NKK
ZnO	BA01-06(Ⅰ)型	> 99.7	$w(Pb) \leqslant 0.037$ $w(Mn) \leqslant 0.0001$ $w(Cu) \leqslant 0.002$	上海京华化工厂
Mn_3O_4		> 98.6	$w(SiO_2) \leqslant 0.01$ $w(CaO) \leqslant 0.01$ $w(MgO) \leqslant 0.01$ $w(Na_2O) \leqslant 0.005$ $w(K_2O) \leqslant 0.005$ $w(Fe_2O_3) \leqslant 0.70$ $w(S) \leqslant 0.05$ $w(Se) \leqslant 0.07$	湖南金瑞新能源科技有限公司

续表

名称	型号	纯度/wt%	杂质及含量/wt%	生产厂家
TiO_2		$\geqslant 99.0$	水溶物 $\leqslant 0.05$ 盐酸可溶物 $\leqslant 0.1$ 硫酸不溶物 $\leqslant 0.2$ 氯化物 $\leqslant 0.005$ 硫酸盐 $\leqslant 0.02$ 磷酸盐 $\leqslant 0.005$ Fe $\leqslant 0.005$ 重金属 $\leqslant 0.002$ As $\leqslant 0.0005$	国药集团化学试剂有限公司
SnO_2		$\geqslant 99.5$	Fe $\leqslant 0.006$ 硫酸盐 $\leqslant 0.02$ 铅 $\leqslant 0.04$ 盐酸不溶物 $\leqslant 0.1$	上海五联化工厂有限公司
Co_2O_3		$\geqslant 99.0$	Fe $\leqslant 0.02$ 硫酸盐 $\leqslant 0.05$ 重金属 $\leqslant 0.05$ Ni $\leqslant 0.1$	成都市科龙化工试剂厂

铁氧体材料样品均采用氧化物陶瓷工艺制备，工艺流程如图 1-6 所示。首先采用高纯原料（表 1-3），按设定的配方精确称料，使用 QM-3SP4 行星式球磨机一次球磨混料，烘干后过 40 目筛。在 RBN14 高温气氛烧结炉中于设定的温度下预烧，预烧粉料过 40 目筛后按一定的添加剂方案掺杂，然后进行二次球磨，二次球磨料烘干后过 40 目筛。加入 8%～10%聚乙烯醇（polyvinyl alcohol，PVA）进行造粒，然后加 0.1wt%硬脂酸锌作为脱模剂，搅拌均匀后使用 J1245-45T 油压机在一定压力下成型，再在 RBN14 高温气氛烧结炉中进行烧结，最后进行相关参数测试分析。

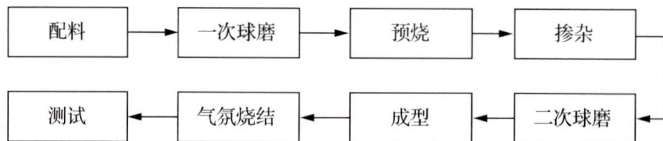

图 1-6　氧化物法制备 MnZn 铁氧体工艺流程图

1.2.3　分析表征

利用 IWATSU SY-8232 B-H 分析仪测量样品的磁性能；利用 Horiba LS-920 型激光粒度分析仪分析粉体粒度大小及分布；利用 JSM-6490LV 型扫描电镜对烧结体的显微结构进行观察，并用电镜统计分析软件 SMILE VIEW 统计平均粒径；利用美国 EDAX 有限公司 Genesis 型 X 射线能谱仪进行能谱分析；利用阿基米德排水法测量烧结样品的密度；利用 SZ-82 型四探针测试仪测试样品的电阻率；利用

NETZSCH Proteus Thermal Analysis STA 449 C 测试粉体活性；利用 Philips X'Pert PRO MPD XRD meter X 射线衍射仪分析材料的晶相结构；利用 MS-500 型穆斯堡尔谱仪分析材料离子占位情况。

1.3　MnTiZn 和 MnSnZn 四元系功率铁氧体材料研究

1.3.1　研究方案

配方是功率铁氧体性能好坏的决定性因素，配方的不同对功率铁氧体的微结构、磁性能及温度特性有很大影响。目前对 MnZn 功率铁氧体配方的研究主要是 Mn-Zn-Fe 三元系配方，为了进一步改善材料的性能，本节在主配方中引入第四种元素，形成四元系配方，系统地研究了 MnTiZn、MnSnZn 四元系功率铁氧体的微观结构、磁性能及其温度特性。

1.3.2　MnTiZn 四元系功率铁氧体材料研究

实验按照 Fe_2O_3∶MnO∶ZnO∶TiO_2 =52.5∶(34.5–x)∶13∶x（x=0.0、0.5、1.0、1.5）的摩尔比进行配料，一次球磨 2h 后将烘干的粉料在 960℃预烧 2.5h，加入添加剂 $CaCO_3$（0.06wt%）、V_2O_5（0.05wt%）、Nb_2O_5（0.04wt%）及 Co_2O_3（0.1wt%），二次球磨 4h，烘干后用聚乙烯醇作黏合剂进行造粒，然后在 60MPa 下成型，最后在氮气保护气氛下烧结得到所需样品。

1. MnTiZn 功率铁氧体材料的穆斯堡尔谱

MnZn 铁氧体是由尖晶石结构的单元铁氧体复合而成的亚铁磁性材料，其磁性来源于被氧离子隔离的金属磁性离子间的超交换作用，这使得处于不同晶格位置上具有不同大小的金属离子磁矩反平行排列，材料在整体上则表现出强磁性。因而 MnZn 铁氧体的基本磁性能、应用特性与其晶体结构、晶体化学及金属阳离子在晶格中的分布密切相关。尖晶石铁氧体单位晶胞中一共含 24 个阳离子、32 个氧离子，相当于 8 个 XY_2O_4 分子式。氧离子半径较大，作面心立方堆积构成立方对称的晶胞，金属阳离子由于半径较小，分别镶嵌在氧离子间隙中。单胞中 z 方向上氧离子分为四层 [图 1-7（a）]，每层 8 个，并且在间隔一层的两层上具有 x-y 方向完全相同的分布。将单胞分成 8 个边长为 a/2 的小立方区域（子晶格），每一个子晶格中含有 4 个氧离子，分别位于晶格体对角线的 3/4 位置，凡只共用一条边的两个子晶格中离子分布相同，而共用一个面或只共用一个顶点的子晶格中离子分布则不同。由氧离子形成的间隙位置可分为两类：一类是被 4 个氧离子包围形成的四面体位置（A 位）；另一类是被 6 个氧离子包围形成的八面体位置（B

位）［图 1-7（b）］。每个单胞内有 64 个 A 位和 32 个 B 位，其中被金属阳离子占据的间隙位置为总数的 1/4，A 位仅 8 个，B 位 16 个。因此，在尖晶石铁氧体中，存在一些晶体结构上的缺陷，如某些 A 位或者 B 位未被金属阳离子所占据，或相反地出现少数氧离子缺位的情况。对于 MnZn 铁氧体而言，其组成成分中的过渡族金属 Mn、Fe 元素具有多价性倾向，这对晶体结构缺陷的出现有利；同时，这些结构缺陷的存在也对铁氧体制备过程中的掺杂改性有很大帮助。

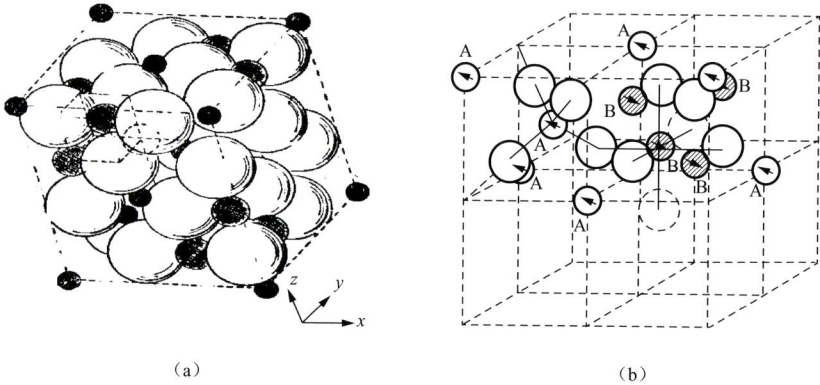

(a)	(b)

图 1-7　尖晶石的晶体结构示意图（a）和晶胞中 A、B 位离子分布（b）

（a）中黑色球为 B 位，白色球为 A 位

尖晶石铁氧体化学分子通式可以表示为 $MeFe_2O_4$，Me 为二价金属离子，又可写成 $X^{2+}Y_2^{3+}O_4$，其中两种阳离子都有可能占据 A 位或 B 位。假设 $(X_\alpha Y_{1-\alpha})[X_{1-\alpha}Y_{1+\alpha}]O_4$ 表示有 α 百分数的 X 占据 A 位，圆括号内的是占据 A 位置的阳离子，方括号内的是占据 B 位置的阳离子。当 $\alpha=0$ 时，所有 A 位都被 Y 占据，B 位被 X、Y 各占据一半，即 $(Y)[XY]O_4$，称为反型尖晶石铁氧体；当 $\alpha=1$ 时，所有 A 位都被 X 占据，B 位都被 Y 占据，即 $(X)[Y_2]O_4$，称为正型尖晶石铁氧体；当 $0<\alpha<1$ 时则为混合型铁氧体，大多数铁氧体通常为混合型铁氧体。由分子式可知，每个尖晶石铁氧体分子中有 3 种金属离子，为保持化学价的代数和为零，这 3 种金属离子的化学价总和应为+8 价。实际的铁氧体，绝大多数都不是只含有两种金属元素，而是含有三种及三种以上的金属元素。根据化学价平衡的原则，尖晶石型铁氧体的一般分子式可改写为

$$(X_{x_1}^{n_1} X_{x_2}^{n_2} \cdots X_{x_m}^{n_m})O_4 \tag{1-1}$$

其中，$x_i(i=1\sim m)$ 为第 X_{x_i} 种金属离子在分子式中所占的分数；n_i 为对应金属离子的化学价。离子数总和与化学价总和应满足以下条件：

$$\sum_{i=1}^{m} x_i = 3 \text{（金属离子总数为 3，非必要条件）} \tag{1-2}$$

$$\sum_{i=1}^{m} x_i n_i = 8 \text{（阳离子总化学价为 8，必要条件）} \tag{1-3}$$

式（1-3）为必要条件，必须满足，式（1-2）为非必要条件，可以不一定满足。在多元铁氧体中，根据金属离子总和不同，存在以下三种情况：① $\sum x_i = 3$，满足阳离子数：阴离子数=3:4，称为正尖晶石。② $\sum x_i < 3$，阳离子数少于正分配比，存在阳离子空位。为满足电中性条件，一些具有可变化学价的金属阳离子会由低价态转变成高价态，这种情况通常出现在氧含量高的气氛烧结中。③ $\sum x_i > 3$，阳离子数多于正分配比，存在阴离子空位。为满足电中性条件必须有一些高价阳离子转变为低价态，这容易在还原气氛烧结中出现。在尖晶石铁氧体中，金属阳离子分布的决定因素是体系自由能 F。根据热力学自由能函数 $F=U-TS$ 可知，金属阳离子分布受内能 U（包括化学键、间距、离子半径、晶场等）、温度 T（为离子扩散提供激活能）、气氛（影响价态和空位数）及熵 S（体系有序程度的量度）的影响。

一般情况下金属离子占 A、B 位的倾向是：Zn^{2+}、Cd^{2+}、Mn^{2+}、Fe^{3+}、V^{5+}、Co^{2+}、Fe^{2+}、Cu^+、Mg^{2+}、Li^+、Al^{3+}、Cu^{2+}、Mn^{3+}、Ti^{4+}、Ni^{2+}、Cr^{3+}，排列位置越靠前的金属离子，占据 A 位的倾向性越强，越靠后的占据 B 位的倾向性越强，中间段的则倾向于混合型分布。对于 MnZn 复合铁氧体而言，Zn^{2+}特喜欢占据 A 位，具有可变价的金属 Mn 和 Fe 可以同时占据 A、B 位，因此 MnZn 铁氧体属于混合型尖晶石。已有的研究表明，对于 $Mn_{1-x}Zn_xFe_2O_4$ 铁氧体，当 $x=0$ 时，离子占位为 $(Mn_{0.85}Fe_{0.15})[Mn_{0.15}Fe_{1.85}]O_4$；当 $x=0.2$ 时，离子占位为 $(Zn_{0.2}Mn_{0.72}Fe_{0.08})[Mn_{0.08}Fe_{1.92}]O_4$；当 $x \geqslant 0.4$ 时，Fe^{3+}只在 B 位分布。本节实验样品 Fe^{3+} 在 A 位和 B 位都有分布，为混合型尖晶石结构。为了研究 MnTiZn 四元系铁氧体的离子占位情况，对未取代样品（分子式 $Zn_{0.256}Mn_{0.679}Fe_{2.066}O_4$）和 Ti 取代量为 1.5mol%样品（分子式 $Zn_{0.256}Mn_{0.649}Ti_{0.030}Fe_{2.066}O_4$）进行了穆斯堡尔谱研究。

穆斯堡尔效应是原子核无反冲的 γ 射线发射和吸收，可用来研究原子核与核外环境的超精细相互作用。它实质上是利用核能级宽度来量度原子核与周围环境之间相互作用的能量变化，由于核能级很窄，故可测量原子核与周围电子之间的超精细相互作用的能量变化，进而得到原子核所处周围环境的信息。超精细相互作用主要分为电单极相互作用、电四极相互作用和磁偶极相互作用。这三种超精细相互作用的特征如表 1-4 所列。

表 1-4　超精细相互作用的主要特征

超精细相互作用类型	与原子核有关的因子	与核外环境有关的因子	从谱线上测得的量
电单极相互作用	激发态与基态核半径之差	原子核处的电子密度	同质异能移（I.S.）
电四极相互作用	电四极矩（Q）	电场梯度（EFG）	四极劈裂（Q.S.）
磁偶极相互作用	核磁矩	磁场强度（H）	超精细场（H.F.）

（1）同质异能移与电单极相互作用：电单极相互作用是原子核电荷分布与核外电子密度分布之间的库仑相互作用，其作用是使核能级产生移动。这些移动引起的谱线能量的相应移动即是同质异能移（又称为化学能移）。同质异能移不仅和激发态核半径与基态核半径之差有关，而且还与放射源及吸收体中穆斯堡尔原子核处的电子密度之差有关。研究同质异能移可以得到化学键性质、价态、氧化态、配位基的电负性等与核处电子密度及电子状态有关的信息。

（2）四极劈裂与电四极相互作用：电四极相互作用是在原子核所在处原子核的电四极矩与核外环境所引起的电场梯度之间的相互作用。它使能级产生细微分裂，部分消除简并，并导致谱线的分裂。对于 ^{57}Fe 和 ^{119}Sn 这两种穆斯堡尔同位素，都分裂为两条亚谱线，其间距即是四极劈裂。通常，原子核处的 EGF 张量有如下来源：①原子核周围电子云的电荷分布不对称。例如，来自满壳层电子对的极化，或来自未充满的电子轨道上非球形对称分布的电子。②近邻电荷，如配位基、近邻电子。四极矩劈裂可用来研究形变、缺陷和杂质的影响、极化、配位场、织构等涉及共振原子核所在处局域对称性的问题。

（3）磁偶极相互作用：磁偶极相互作用是在原子核所在处原子核的磁偶极矩与核环境所引起的磁场之间的相互作用。它能使核能级产生分裂，完全消除简并。这些能级分裂会使激发态亚能级与基态亚能级间发生跃迁，引起谱线分裂。通过磁偶极相互作用的研究可分辨各种磁相，研究内场及其分布，测定磁转变温度、局域磁矩、极化效应、弛豫效应、有序无序转变等。

这三种相互作用会单独存在，但通常是两种甚至三种相互作用同时存在。

各样品的穆斯堡尔谱如图 1-8 所示，表 1-5 和表 1-6 为各样品的室温穆斯堡尔谱参数。由图和表可知，样品的穆斯堡尔谱线均由六套谱线叠加而成，六线吸收峰（A）对应样品晶格中四面体 A 位，其余对应八面体 B 位。

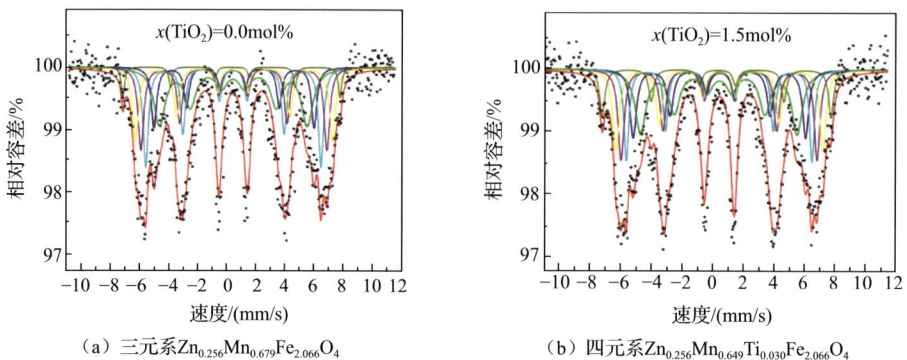

（a）三元系 $Zn_{0.256}Mn_{0.679}Fe_{2.066}O_4$　　　　（b）四元系 $Zn_{0.256}Mn_{0.649}Ti_{0.030}Fe_{2.066}O_4$

图 1-8　不同 TiO_2 含量 MnTiZn 功率铁氧体材料的穆斯堡尔谱

表 1-5　三元系 $Zn_{0.256}Mn_{0.679}Fe_{2.066}O_4$ 样品的室温穆斯堡尔谱参数

吸收峰	I.S./(mm/s)	Q.S./(mm/s)	H_{hf}/kOe	面积比/%
六线吸收峰（B0）	0.44±0.01	−0.04±0.03	418.8±1	17.8
六线吸收峰（B1）	0.43±0.01	−0.04±0.03	396.2±1	18.4
六线吸收峰（B2）	0.41±0.01	0	373.7±0.9	20.6
六线吸收峰（B3）	0.42±0.01	−0.07±0.04	341.9±1	12.9
六线吸收峰（B4）	0.41±0.03	0	315.9±2	26.2
六线吸收峰（A）	0.33±0.03	0.09±0.06	461.5±2	4.1

表 1-6　四元系 $Zn_{0.256}Mn_{0.649}Ti_{0.030}Fe_{2.066}O_4$ 样品的室温穆斯堡尔谱参数

吸收峰	I.S./(mm/s)	Q.S./(mm/s)	H_{hf}/kOe	面积比/%
六线吸收峰（B0）	0.45±0.01	−0.05±0.03	420.5±1	18.0
六线吸收峰（B1）	0.45±0.01	0.01±0.02	398.3±1	18.5
六线吸收峰（B2）	0.43±0.01	0	377.1±0.9	15.7
六线吸收峰（B3）	0.46±0.01	0.02±0.03	350.3±1	15.1
六线吸收峰（B4）	0.42±0.02	0.03±0.05	317.8±2	23.9
六线吸收峰（A）	0.30±0.02	0.02±0.05	464.5±2	8.8

（1）通过比较其对应子谱的相对面积，未取代样品 A 位的面积比为 4.1%，Ti 取代 1.5mol%样品为 8.8%，可知 Ti 取代可明显增加 A 位中的 Fe^{3+}，根据拟合结果的相对面积比并兼顾分子式，可以得到测试样品的离子分布分别为

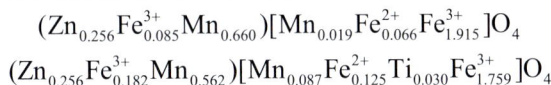

$$(Zn_{0.256}Fe^{3+}_{0.085}Mn_{0.660})[Mn_{0.019}Fe^{2+}_{0.066}Fe^{3+}_{1.915}]O_4$$
$$(Zn_{0.256}Fe^{3+}_{0.182}Mn_{0.562})[Mn_{0.087}Fe^{2+}_{0.125}Ti_{0.030}Fe^{3+}_{1.759}]O_4$$

可以看出在 MnZn 功率铁氧体中进行 Ti 取代构成 MnTiZn 四元系功率铁氧体，可增加 B 位 Fe^{2+}，并可把 B 位的 Fe^{3+} 挤到 A 位，明显增加 A 位的 Fe^{3+}，也说明钛离子喜占 B 位。并且由离子分布可以看出，Ti 取代可使具有最强超交换作用的离子对 $Fe^{3+}(A)$-O^{2-}-$Fe^{3+}(B)$ 数目增多。

（2）这两个样品的平均同质异能移有一定程度增大，但变化不大，表明在 MnZn 铁氧体中进行 Ti 取代后，导致 Fe^{3+} 壳层中的 s 电子密度分布变化不大。

（3）对于 3d 过渡金属原子，超精细场 H_{hf} 正比于原子磁矩。当非磁性钛离子加入后，由于占据 B 位，A 位 Fe^{3+} 增多，B 位 Fe^{3+} 减少，使 A 位的磁矩增加，B 位磁矩减小，从而使铁氧体的饱和磁矩降低，因此材料平均超精细场 H_{hf} 下降。

2. MnTiZn 功率铁氧体材料的微观结构

图 1-9 是 MnTiZn 四元系功率铁氧体材料样品的 SEM 图，用电镜统计分析软件 SMILE VIEW 统计的平均晶粒尺寸如表 1-7 所示。其标准偏差可用于衡量数据值偏离算术平均值的程度，标准偏差越小，偏离平均值就越少，反之亦然。

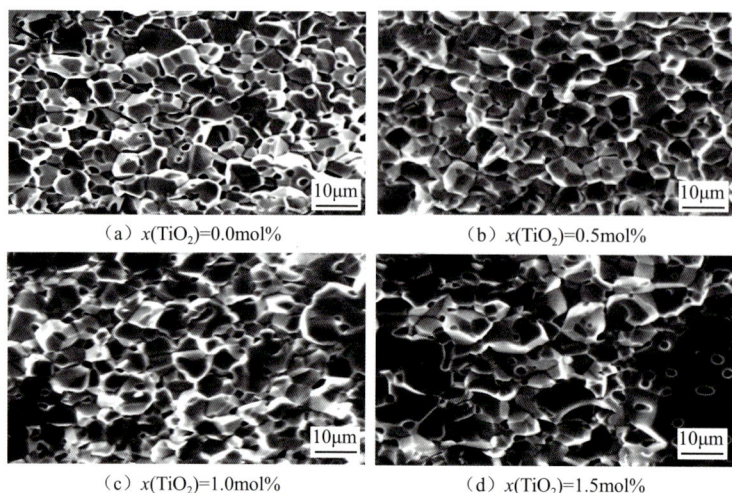

（a）$x(TiO_2)=0.0mol\%$ 　（b）$x(TiO_2)=0.5mol\%$

（c）$x(TiO_2)=1.0mol\%$ 　（d）$x(TiO_2)=1.5mol\%$

图 1-9　MnTiZn 功率铁氧体材料的 SEM 图

表 1-7　MnTiZn 功率铁氧体材料的平均晶粒尺寸

TiO₂ 含量/mol%	0.0	0.5	1.0	1.5
平均晶粒尺寸/μm	10.36	8.87	9.71	12.90
标准偏差	2.85	2.76	4.50	6.48

图 1-10 为 TiO₂ 含量对 MnTiZn 功率铁氧体材料密度的影响。从图 1-9、图 1-10 和表 1-7 可以看出，未取代的样品在晶界处有一定量的气孔，晶粒均匀性和致密性较差，其相应的密度为 4.64g/cm³。当用 0.5mol% TiO₂ 取代时，样品平均晶粒尺寸有所减小，为 8.87μm，均匀性和致密性都有所提高，标准偏差降为 2.76，密度增至 4.68g/cm³。当用 1.0mol% TiO₂ 取代时，铁氧体中可以明显观察到有一些二次晶粒的长大，材料的密度有所上升，达到 4.73g/cm³，但均匀性明显下降，标准偏

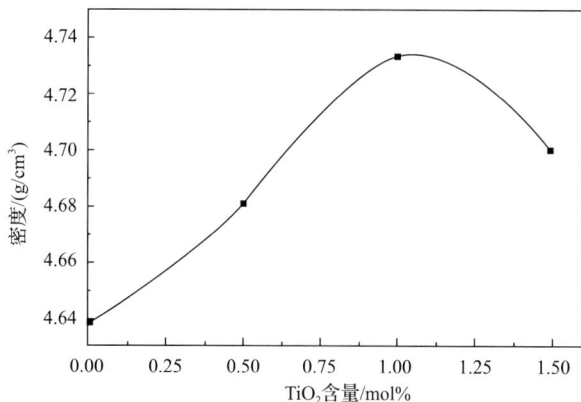

图 1-10　不同 TiO₂ 含量对铁氧体密度的影响

差增至 4.50。用 1.5mol% TiO_2 取代的样品中，有异常大的晶粒，晶粒的均匀性更差，标准偏差达到 6.48，同时可以观察到大量的气孔被卷入到晶粒中，因而材料的致密化不够，密度降低为 $4.70g/cm^3$。由此可见，TiO_2 加入主配方形成 MnTiZn 四元系功率铁氧体，其含量对烧结体的微观结构有很大影响。

图 1-11 是采用能量色散 X 射线谱（EDS）技术对 Ti 元素在 MnTiZn 功率铁氧体断面的面扫描分析结果。由图可知，Ti^{4+} 在铁氧体中同时分布于晶粒和晶界处。一方面，部分 TiO_2 存在于晶界处，会阻止铁氧体晶粒生长，细化晶粒尺寸，因而形成晶粒细小均匀的微观结构。另一方面，Ti^{4+} 进入铁氧体晶格，并且通常占据八面体 B 位，由于 Ti^{4+} 的离子半径（0.069nm）大于铁氧体尖晶石相晶格 B 位（0.055nm），因此过多的 Ti^{4+} 进入尖晶石晶格后容易引起晶格畸变，导致局部晶粒生长过快，引起异常晶粒生长，并且晶粒均匀性变差。

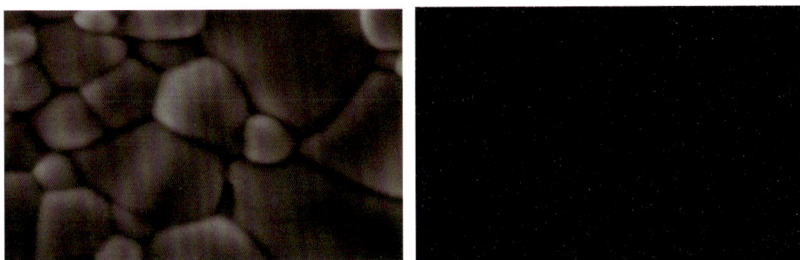

（a）TiO_2 含量为1.0mol%

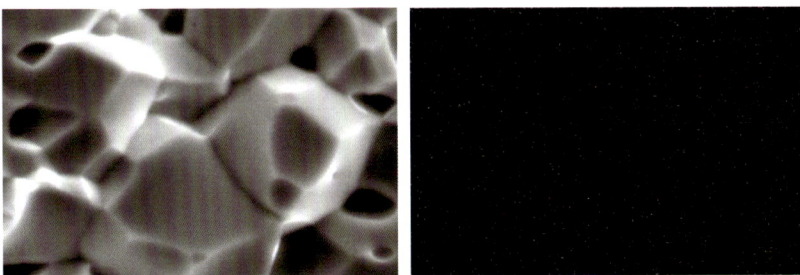

（b）TiO_2 含量为1.5mol%

图 1-11　MnTiZn 功率铁氧体材料能谱面分析

3. MnTiZn 功率铁氧体材料的起始磁导率

TiO_2 含量对起始磁导率 μ_i 的影响如图 1-12 所示。随着 TiO_2 含量的增加，材料室温下的起始磁导率呈先上升后下降的趋势，在含量为 0.5mol% 时达到最大值。并且，随着 TiO_2 含量的增加，材料起始磁导率 μ_i 的 II 峰位置呈现向低温方向移动的趋势。

众所周知，MnZn 功率铁氧体的起始磁导率具有式（1-4）所示关系式：

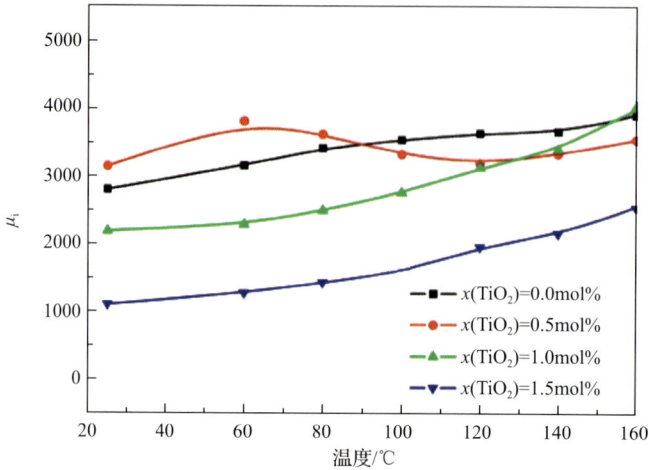

图 1-12　MnTiZn 功率铁氧体材料的起始磁导率

$$\mu_i \propto \frac{M_s^2}{\left(K_1 + \dfrac{3\lambda_s\sigma}{2}\right)\beta^{\frac{1}{3}}\dfrac{\delta}{d}} \tag{1-4}$$

其中，M_s 为饱和磁化强度；K_1 为磁晶各向异性常数；λ_s 为饱和磁致伸缩系数；σ 为内应力；β 为杂质体积浓度；δ 为畴壁厚度；d 为杂质尺寸。为了获得高起始磁导率材料，必须提高饱和磁化强度 M_s，使磁晶各向异性常数 $K_1 \approx 0$，饱和磁致伸缩系数 $\lambda_s \approx 0$，减少杂质，提高密度，增大晶粒，消除内应力与气孔及另相的影响。

已有的研究表明，磁晶各向异性常数 K_1 对温度的依赖比 M_s 更强，K_1 的温度特性是影响起始磁导率 μ_i 温度特性的主要因素。结合图 1-9 中显微结构可知，在主配方中适当加入 TiO_2 可使晶粒更趋于完整，改善均匀性和致密性，可逆磁畴转动和可逆畴壁位移的阻力有所下降。另外，Ti^{4+} 在 MnZn 铁氧体晶胞中喜占 B 位，与 Fe^{3+} 发生如下取代过程：$2Fe^{3+} \rightarrow Ti^{4+} + Fe^{2+}$，随着 TiO_2 含量的增加，晶格中被替代出的 Fe^{2+} 越多，由于 Fe^{2+} 的 K_1 和 λ_s 与 MnZn 铁氧体基体具有不同的符号，因此随着 Fe^{2+} 的增加，总的 K_1 和 λ_s 减小，材料的起始磁导率上升。但当 Ti^{4+} 取代超过 0.5mol% 时，由于出现二次晶粒长大及气孔卷入晶粒现象，铁氧体内畴壁位移和磁畴转动的阻力变大，因此起始磁导率降低。另外，随着 TiO_2 含量的增加，Fe^{2+} 增多，K_1 与 λ_s 的补偿点温度移向低温，因而 $\mu_i\text{-}T$ 曲线的 II 峰也向低温移动。当 TiO_2 含量过高（$\geqslant$ 1.0mol%）时，在测试温度范围内 II 峰变得不明显，这主要是因为在还原气氛烧结条件下，过多的 Fe^{2+} 使 K_1 与 λ_s 的补偿点温度移向较低的温度。

4. MnTiZn 功率铁氧体材料的电阻率和损耗

图 1-13 为 Ti^{4+} 取代对室温下 MnTiZn 功率铁氧体电阻率的影响。结果表明，MnTiZn 铁氧体的电阻率随着 TiO_2 含量的增加而先上升后下降。MnTiZn 铁氧体的

电阻率包括晶界电阻率与晶粒内部电阻率两个部分，要提高电阻率应从这两个方面入手。对于铁氧体而言，导电机制可以用费米（Fermi）电子迁移理论来解释。在铁氧体中导电机制为电子在阳离子间的跃迁所致，如果相邻金属离子的价数不等，则有利于这种跃迁，使电阻率降低。在 MnTiZn 铁氧体中，Fe^{3+} 同时分布于四面体 A 位和八面体 B 位，Fe^{2+} 只存在于 B 位，Fe^{2+} 与 Fe^{3+} 共处于 B 位，因此电子极易在离子间跳跃 $Fe^{3+}+e^- \leftrightarrow Fe^{2+}$。而 A 位上不存在 Fe^{3+} 与 Fe^{2+} 间的电子迁移，并且 A 位 Fe^{3+} 与 B 位 Fe^{2+} 之间的距离大于 B 位上 Fe^{3+} 与 Fe^{2+} 间距离，因此 A 位 Fe^{3+} 与 B 位 Fe^{2+} 间的电子迁移概率小于 B 位上 Fe^{3+} 与 Fe^{2+} 间的电子迁移，所以 MnTiZn 铁氧体中的电子迁移主要来源于 B 位上 Fe^{3+} 与 Fe^{2+} 间的电子迁移。为了提高晶粒内部的电阻率，必要时需防止 Fe^{2+} 的出现。提高电阻率的另一方法，也是最重要的方法是提高晶界电阻率。通过杂质在晶界的富集以及增加晶界的数量，减小平均晶粒尺寸能够明显提高晶界的电阻率。由前面的分析可知，在 Ti 取代的样品中，Ti 同时存在于晶粒和晶界，部分 Ti^{4+} 进入尖晶石 B 位，发生 $2Fe^{3+} \rightarrow Ti^{4+}+Fe^{2+}$ 替代，使 Fe^{3+} 减少，并且 Ti^{4+} 可束缚 Fe^{2+}，形成 Fe^{2+}-Ti^{4+} 离子对，Fe^{2+} 不能自由参与导电过程，从而提高晶粒电阻率。另外，Ti^{4+} 也能够像 Ca^{2+} 一样分布于晶界处，使得晶界电阻率增大。并且适量的 Ti 取代可使铁氧体的平均晶粒尺寸减小，增加晶界数量，因此材料的晶界电阻率增大，导致材料的总电阻率上升。但是过量取代后，晶粒急速长大，晶界变薄，晶界电阻率降低，使得 MnTiZn 功率铁氧体的电阻率减小。

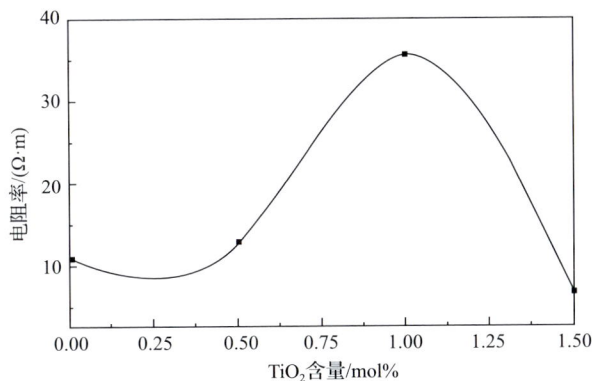

图 1-13　MnTiZn 功率铁氧体材料的电阻率

图 1-14（a）给出了 TiO_2 含量对样品室温下单位体积功耗、磁滞损耗 P_h 和涡流损耗 P_e 的影响；图 1-14（b）为样品单位体积功耗的温度特性曲线。由图可知，随着 TiO_2 含量增加，材料的单位体积功耗、磁滞损耗和涡流损耗均为先降低后升高，并在 TiO_2 含量为 0.5mol% 时达到最低值。随着 TiO_2 含量的增加，材料单位体积功耗-温度曲线的波谷呈现向低温移动的趋势。

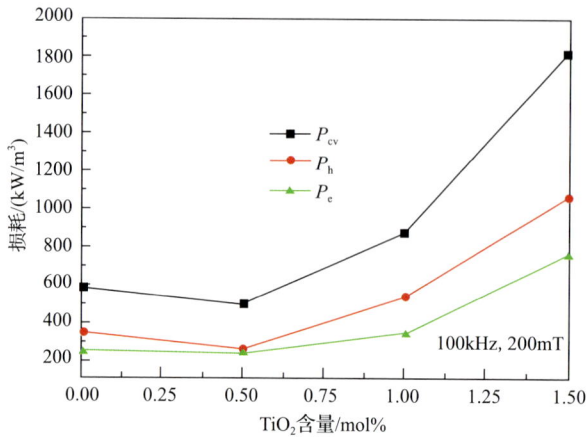

（a）

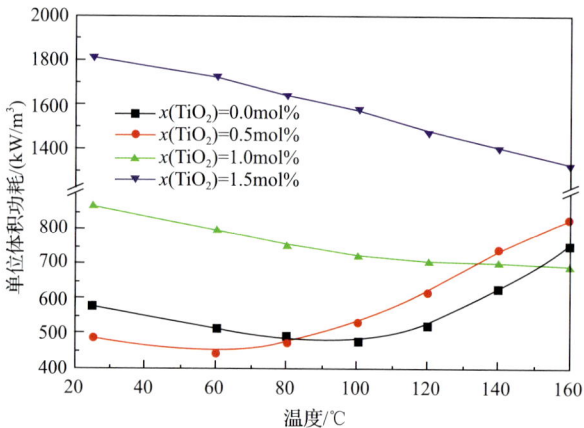

（b）

图 1-14 （a）不同 TiO_2 含量的 MnTiZn 功率铁氧体材料的损耗；
（b）MnTiZn 功率铁氧体材料单位体积功耗的温度特性曲线

对于功率铁氧体而言，单位体积功耗由磁滞损耗（P_h）、涡流损耗（P_e）、剩余损耗（P_r）组成，即：

$$P_{cv} = P_h + P_e + P_r \qquad (1-5)$$

磁滞损耗是软磁材料在交变场中存在不可逆磁化而形成磁滞回线所引起的被材料吸收掉的功率。单位体积功耗的能量正比于磁滞回线包围的面积。每磁化一个周期，就要损耗与磁滞回线包围面积成正比的能量，因而磁滞曲线面积越小，磁滞损耗就越小。根据磁性物理学理论，在相同的测试频率和磁感应强度条件下，磁滞损耗与起始磁导率的三次方成反比，即：

$$P_h \propto 1/\mu_i^3 \qquad (1-6)$$

涡流损耗是由交变磁场的电磁感应所引起的涡流，通过与晶格的相互作用而造成能量损耗。由于涡流在材料内部闭合，故这部分损耗只能最终使磁芯发热而消耗掉。在相同的测试频率和磁感应强度条件下，功率铁氧体材料的涡流损耗与晶粒尺寸 D 的平方成正比，而与电阻率 ρ 成反比，即：

$$P_e \propto D^2/\rho \tag{1-7}$$

剩余损耗是由磁化弛豫效应或磁后效引起的损耗。已有的研究表明：当工作频率低于 500kHz 时，损耗以磁滞损耗与涡流损耗为主，剩余损耗可以忽略，因此有

$$P_{cv} \approx P_h + P_e \tag{1-8}$$

由前面分析可知，随着 TiO_2 含量的增加，材料室温下的起始磁导率呈先上升后下降的趋势，在含量为 0.5mol%时达到最大值。而磁滞损耗与起始磁导率的三次方成反比，因此，磁滞损耗与之相反，为先下降后升高，并在 TiO_2 含量为 0.5mol%时达到最小值。铁氧体的涡流损耗 P_e 随着 TiO_2 含量的增加逐渐降低，并由于在 TiO_2 含量为 0.5mol%时铁氧体平均晶粒尺寸最小且电阻率最大，故涡流损耗达到最小值；继续增加 TiO_2 含量，过多的 Ti^{4+} 导致晶粒增大，产生异常大的晶粒，并且电阻率在 TiO_2 含量大于 1.0mol%后迅速下降，故涡流损耗快速上升。

对比图 1-14（b）和图 1-12 可以发现，对于不同 TiO_2 含量的 MnTiZn 功率铁氧体的损耗的温度特性与起始磁导率的温度特性变化规律相反。这主要是由于在 100kHz 研究频率下，磁滞损耗在单位体积功耗中所占的比例大于涡流损耗所占比例，并且在频率和磁场强度相同的条件下，磁滞损耗的温度特性与起始磁导率的温度特性变化规律相反（$P_h \propto 1/\mu_i^3$）。

5. MnTiZn 功率铁氧体材料的居里温度

居里温度是功率铁氧体重要的本征参数之一，是亚铁磁性转变为顺磁性的临界温度，是磁性离子间超交换作用强弱的直接反映。其本质是当温度升高到居里温度时，热骚动能大到足以破坏超交换作用，使离子磁矩处于混乱状态，M_s=0。

居里温度的测试多通过测量 M_s-T 或 μ_i-T 曲线得到，本小节则通过热重分析更为准确地测试了样品的居里温度。具体测试方法为利用附加有磁场装置的热重分析（TGA）仪测量样品质量与温度的关系。当 MnTiZn 功率铁氧体处于梯度磁场中，由于磁化，便会产生与磁场相吸的作用，其相互作用力 $F = \mu_0 M V \partial H/\partial r$，其中 μ_0 为真空磁导率，$\partial H/\partial r$ 为样品处的磁场梯度，M 为样品磁化强度，V 为样品体积。由上式可知 F 与磁化强度 M 成正比，即样品居里温度与磁化强度 M 成正比。随着温度的升高，当热骚动能大到足以破坏铁氧体超交换作用时，功率铁氧体从亚铁磁性转变为顺磁性，作用力 F 就会随之减弱，所测居里温度便会相应下降。

图 1-15 为不同 TiO_2 含量的样品在磁场中的热重分析。由图可知，随着主配方中 TiO_2 含量的增加，材料的居里温度逐渐增加。TiO_2 含量为 0.0mol%、0.5mol%、1.5mol% 时居里温度分别为 203℃、216℃、221℃。根据铁磁学理论，居里温度是超交换作用的宏观表现，其中 A-B 超交换作用最强，B-B 超交换作用次之，A-A 超交换作用最弱。Ti^{4+} 虽然是非磁性离子，但是 Ti^{4+} 喜占 B 位，会使 B 位中部分磁性离子 Fe^{3+} 移到 A 位，使发生 A-B 超交换作用的 $Fe^{3+}(A)-O^{2-}-Fe^{3+}(B)$ 离子对数目增多，而在 MnTiZn 四元系铁氧体中，$Fe^{3+}(A)-O^{2-}-Fe^{3+}(B)$ 的超交换作用最强，从而增强了 A-B 超交换作用，提高了 MnTiZn 功率铁氧体的居里温度。

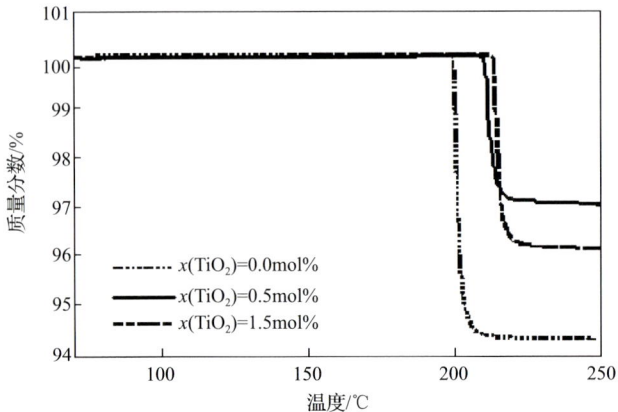

图 1-15 不同 TiO_2 含量 MnTiZn 功率铁氧体材料的热重分析（磁场中）

1.3.3 MnSnZn 四元系功率铁氧体材料研究

本小节实验按照 Fe_2O_3：MnO：ZnO：SnO_2 =52.5：(35.5–x)：12：x（x=0.0、0.1、0.2、0.3）的摩尔比进行配料，混合物用去离子水在行星式球磨机中球磨 2h，烘干后在空气中于 960℃预烧 2.5h。加入添加剂 $CaCO_3$（0.05wt%）、V_2O_5（0.02wt%）、Nb_2O_5（0.03wt%）后进行二次球磨，然后加入聚乙烯醇（PVA）造粒并在 60MPa 下压制成环形坯件，最后在氮气保护气氛下于 1360℃烧结 4h。

1. MnSnZn 功率铁氧体材料的微观结构

图 1-16 为不同 SnO_2 含量 MnSnZn 功率铁氧体材料的微观结构图，表 1-8 为用 SMILE VIEW 软件统计的平均晶粒尺寸。从图中可以看出，配方中不含 Sn 样品的晶粒较小且不均匀，致密性差；适量 Sn 取代材料晶粒较未添加的样品生长完整，均匀性和致密性得以提高，晶粒有所长大。这主要是由于 SnO_2 具有相对铁氧体烧结温度（1360℃）较低的熔点（1127℃），在烧结过程中形成液相，对固相反应产生促进作用[36,37]，使材料获得较好的均匀性和致密性。但是过量 Sn 取代，由于 Sn^{4+} 半径（$r_{Sn^{4+}} = 0.074nm$）比 Fe^{3+} 半径（$r_{Fe^{3+}} = 0.064nm$）大，进入晶格会引

起晶格的扩大和畸变，烧结时离子的大量扩散加速导致局部晶粒生长过快，引起异常晶粒生长，并且晶粒均匀性变差。

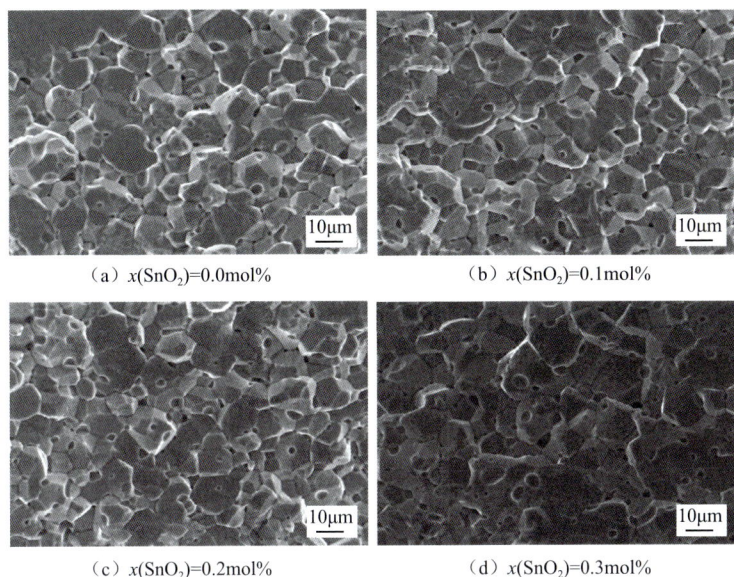

（a）$x(SnO_2)=0.0mol\%$

（b）$x(SnO_2)=0.1mol\%$

（c）$x(SnO_2)=0.2mol\%$

（d）$x(SnO_2)=0.3mol\%$

图 1-16 不同 SnO_2 含量 MnSnZn 功率铁氧体材料的微观结构图

表 1-8 **MnSnZn 功率铁氧体材料的平均晶粒尺寸**

SnO_2 含量/mol%	0.0	0.1	0.2	0.3
平均晶粒尺寸/μm	10.88	11.75	11.98	14.69
标准偏差	4.46	3.88	4.27	7.38

2. MnSnZn 功率铁氧体材料的起始磁导率

图 1-17 为起始磁导率 μ_i 的温度特性曲线，在 μ_i-T 上有两个峰，Ⅰ峰和Ⅱ峰的位置分别位于 210℃ 和 100℃ 附近，随着 SnO_2 含量增加，Ⅱ峰移向低温，Ⅰ峰位置变化不大。

众所周知，为了获得高起始磁导率必须降低 K_1、λ_s，提高 M_s。其中 K_1、λ_s、M_s 都有温度依赖性，由于当温度变化时 K_1 远比 M_s^2 变化快，因此 K_1 是影响温度特性的主要因素。Sn^{4+} 喜占八面体 B 位，取代 Fe^{3+}，产生 Fe^{2+} 以保持电中性，即 $2Fe^{3+} \rightarrow Sn^{4+}+Fe^{2+}$。众所周知，MnZn 铁氧体的 K_1 是负值，而 Fe^{2+} 的 K_1 是正值，由图 1-5 可知，当温度低于补偿点时，补偿曲线为负，而当温度高于补偿点时，补偿曲线为正。因而 Sn 取代产生过铁对复合铁氧体的 K_1 产生很大影响，不仅减小 K_1，而且使补偿点移向低温，同时使 μ_i-T 曲线上Ⅱ峰移向低温。

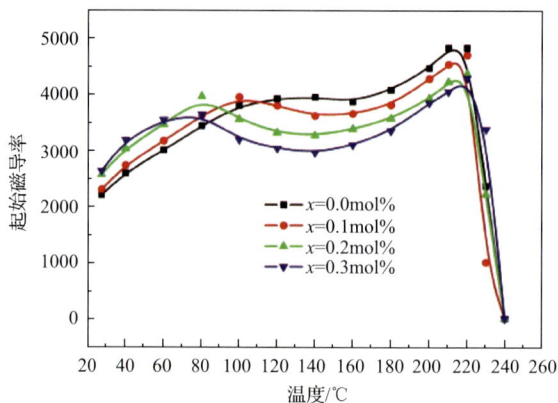

图 1-17　不同 SnO_2 含量 MnSnZn 功率铁氧体材料的起始磁导率-温度特性曲线

3. MnSnZn 功率铁氧体材料的损耗

图 1-18 给出了 100kHz，200mT 条件下单位体积功耗的温度特性，能够观察到所有样品在 100℃附近存在一个波谷，随着 SnO_2 含量增加单位体积功耗最小值对应温度向低温移动。图 1-19 给出了磁滞损耗、涡流损耗的温度特性。随着 SnO_2 含量增加，P_h-T 曲线的变化与 P_{cv}-T 曲线一致，所有样品的涡流损耗在低温下变化不大，但在高温下，添加 SnO_2 的样品涡流损耗要比未添加 SnO_2 的样品上升得快。在一定的频率和磁场下，磁滞损耗的温度特性取决于起始磁导率，而起始磁导率又取决于磁晶各向异性。已有的研究表明，Sn^{4+} 固溶到尖晶石晶格中，形成 Fe^{2+}-Sn^{4+} 离子对，对磁晶各向异性常数进行补偿，使 μ_i-T 曲线 II 峰移向低温。当温度低于补偿点时起始磁导率增加，而当温度高于补偿点时起始磁导率减少，因此磁滞损耗在温度低于补偿点时减少，温度高于补偿点时增加。随着 SnO_2 含量增加，单位体积功耗在温度低于补偿点时减少，在温度高于补偿点时增加，并使补偿点移向低温。通过调整 SnO_2 含量，可改善 MnSnZn 铁氧体单位体积功耗的温度特性。当 SnO_2 含量为 0.2mol%时，MnSnZn 铁氧体具有最小的单位体积功耗并且补偿点温度大约在 80℃。

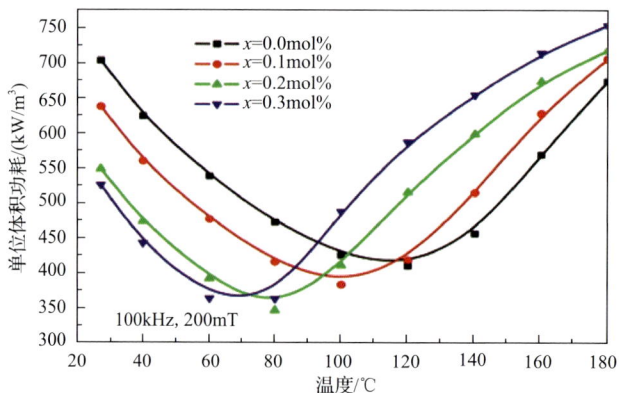

图 1-18　不同 SnO_2 含量 MnSnZn 功率铁氧体材料的 P_{cv}-T 曲线

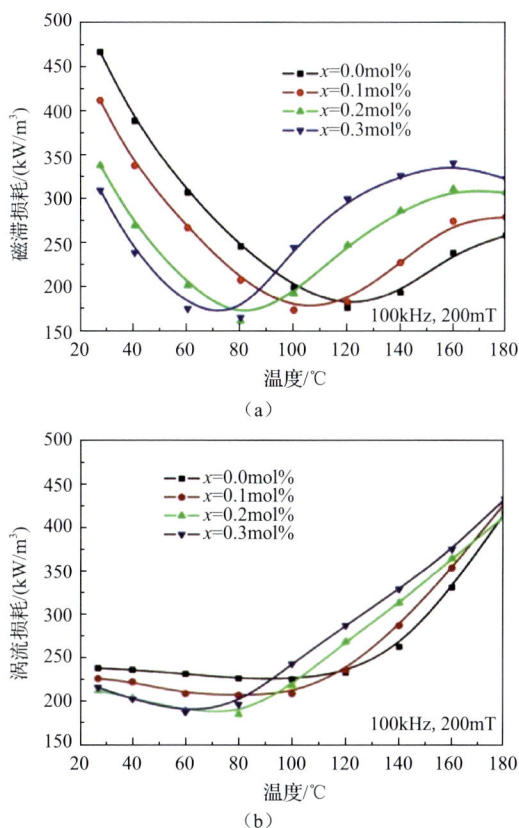

图 **1-19**　不同 SnO_2 含量 MnSnZn 功率铁氧体材料的 P_h-T 曲线（a）和 P_e-T 曲线（b）

1.4 MnTiSnZn 和 MnCoTiZn 五元系功率铁氧体材料研究

1.4.1 引入五元系

在 MnZn 三元系和 MnTiZn、MnSnZn 四元系铁氧体基础上，分别在主配方中同时加入两种元素形成五元系配方，系统地研究了 MnTiSnZn、MnCoTiZn 五元系功率铁氧体材料的微观形貌、晶相结构、磁性能及其温度特性。

1.4.2 MnTiSnZn 五元系功率铁氧体材料研究

本小节实验按照表 1-9 所示的摩尔比进行配料，将配制好的混合原料用钢球湿磨 2h，烘干后于 930℃预烧。然后依次加入 $CaCO_3$（0.05wt%）、V_2O_5（0.02wt%）、

Nb_2O_5（0.03wt%）添加剂，二次球磨 2h。浆料烘干后加入聚乙烯醇为黏合剂进行造粒，并于 60MPa 下压制成环形磁芯，坯件尺寸为外径 18mm，内径 6mm，厚度 5mm。将环形样品在氮气保护下于 1360℃，氧分压为 4%的还原气氛中保温 4h，降温段采用平衡气氛烧结。

表 1-9　MnTiSnZn 铁氧体主配方

样品	含量/mol%				
	Fe_2O_3	ZnO	MnO	TiO_2	SnO_2
A	52.5	12.0	35.5	0.0	0.0
B	52.5	12.0	35.2	0.3	0.0
C	52.5	12.0	35.2	0.2	0.1
D	52.5	12.0	35.2	0.1	0.2
E	52.5	12.0	35.2	0.0	0.3

1. MnTiSnZn 功率铁氧体材料的微结构

图 1-20 为 MnTiSnZn 功率铁氧体材料的微观形貌随不同 TiO_2、SnO_2 含量的变化，表 1-10 给出了相应样品的平均晶粒尺寸。可以看出，当未取代时，样品的均匀性和致密性较差 [图 1-20（a）]，与之相比，Ti 取代 [图 1-20（b）] 和 Sn 取代 [图 1-20（e）] 样品的均匀性和致密性有所提高，它们的密度分别为 4.801g/cm³ 和 4.809g/cm³。这是由于 SnO_2 是低熔点（约 1127℃）物质，在烧结过程中可形成液相，因此可提高铁氧体的均匀性和致密性。而 TiO_2 的熔点为 1825℃，高于本小节实验的烧结温度（1360℃），部分 TiO_2 偏析于晶界阻碍晶粒长大，使得烧结体有细小而均匀的晶粒。当 TiSn 联合取代时，烧结体的致密性和均匀性进一步提高 [图 1-20（c）和（d）]，当含量为 0.2mol% TiO_2 和 0.1mol% SnO_2 [图 1-20（c）] 时密度达到最大（4.811g/cm³）。一方面低熔点物质 SnO_2 在烧结过程中形成液相烧结，促进晶粒生长；另一方面部分较高熔点的 TiO_2 偏析于晶界阻止晶粒异常长大，这种促进与阻止的双重竞争机制导致烧结体微观结构均匀致密。

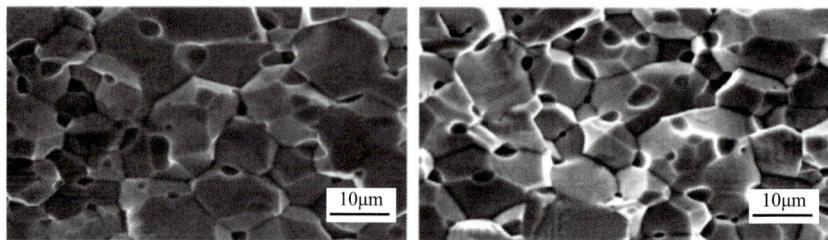

（a）样品A　　　　　　　　　　　　（b）样品B

（c）样品C

（d）样品D

（e）样品E

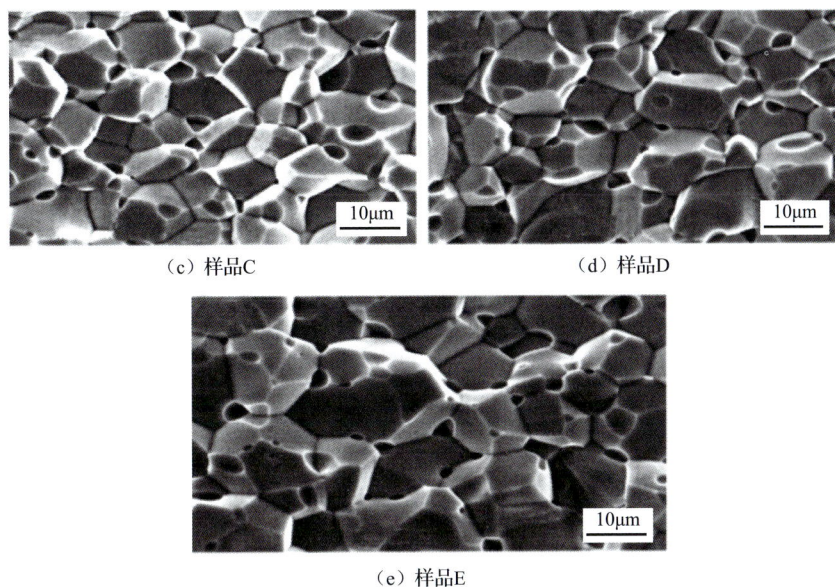

图 **1-20**　不同 TiO_2、SnO_2 含量 MnTiSnZn 功率铁氧体材料的 SEM 图

表 **1-10**　样品的平均晶粒尺寸

样品	A	B	C	D	E
平均晶粒尺寸/μm	11.85	11.03	10.25	10.07	11.35

2．MnTiSnZn 功率铁氧体材料的晶相结构

图 1-21 是不同 TiO_2、SnO_2 含量的 MnTiSnZn 功率铁氧体的 X 射线衍射（XRD）图谱。由图可知，所有样品均为尖晶石结构，样品的晶格常数按照式（1-9）进行计算：

$$a^2 = (\lambda^2 / 4\sin^2\theta)(h^2 + k^2 + l^2) \tag{1-9}$$

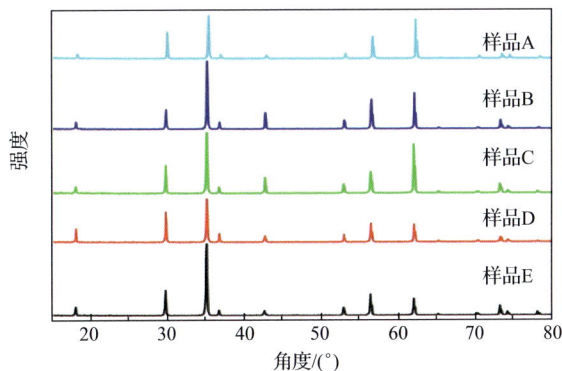

图 **1-21**　不同 TiO_2、SnO_2 含量 MnTiSnZn 功率铁氧体材料的 XRD 图谱

其中，h、k、l 为穆勒常数。结果如图 1-22 所示，相对于未取代的样品 A 而言，Ti 取代、Sn 取代及 TiSn 联合取代都使晶格常数增大，并且随着 SnO_2 含量增加，TiO_2 含量减少，晶格常数逐渐增加，这是由于 Ti^{4+} 半径（0.069nm）、Sn^{4+} 半径（0.074nm）略大于 Fe^{3+} 半径（0.064nm）。

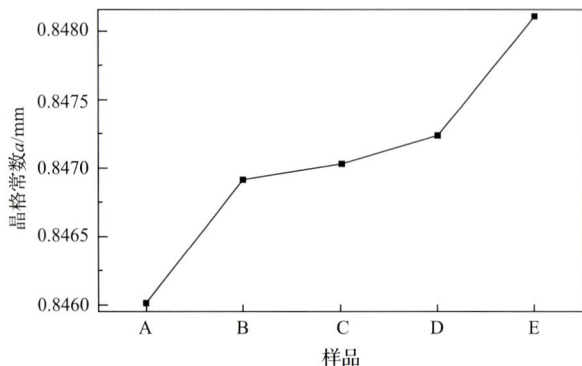

图 1-22　不同 TiO_2、SnO_2 含量 MnTiSnZn 功率铁氧体材料的晶格常数

3. MnTiSnZn 功率铁氧体材料的磁性能

图 1-23 给出了各样品起始磁导率的温度特性曲线，图 1-24 为在 100kHz，200mT 测试条件下样品单位体积功耗的温度特性曲线。在室温下，随着 SnO_2 含量增加，TiO_2 含量减少，起始磁导率先增加后减少，而单位体积功耗与之相反，先减少后增加。当 TiO_2 含量和 SnO_2 含量分别为 0.2mol% 和 0.1mol% 时，样品的起始磁导率和单位体积功耗均达到最佳值。同时，Sn 取代、Ti 取代、TiSn 联合取代都使 μ_i-T 曲线的 II 峰移向低温，并且在 25～100℃ 范围内增加起始磁导率，降低单位体积功耗。表 1-11 给出了在 25～140℃ 温度范围起始磁导率的温度系数（α_{μ_i}）和单位体积功耗的温度系数（$\alpha_{P_{cv}}$）。其计算公式分别为

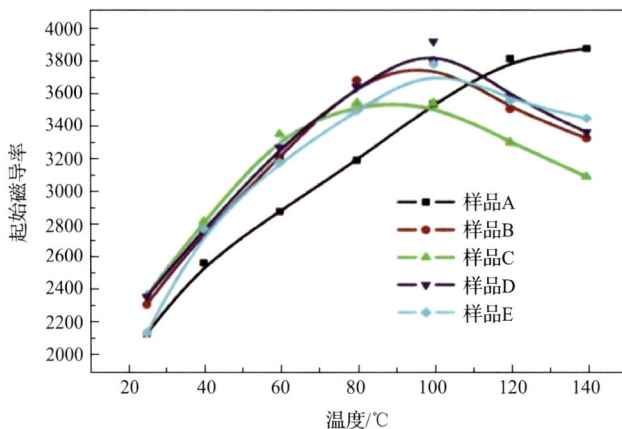

图 1-23　不同 TiO_2、SnO_2 含量 MnTiSnZn 功率铁氧体材料的 μ_i-T 曲线

$$\alpha_{\mu_i} = \frac{\mu_i(T) - \mu_i(T_0)}{\mu_i(T_0)(T - T_0)} \times 100\% \tag{1-10}$$

$$\alpha_{P_{cv}} = \frac{P_{cv}(T) - P_{cv}(T_0)}{P_{cv}(T_0)(T - T_0)} \times 100\% \tag{1-11}$$

其中 $T_0=25℃$。由表可知，TiSn 联合取代样品的温度系数优于 Ti 取代或 Sn 取代样品的温度系数，并且都优于未取代样品的温度系数。

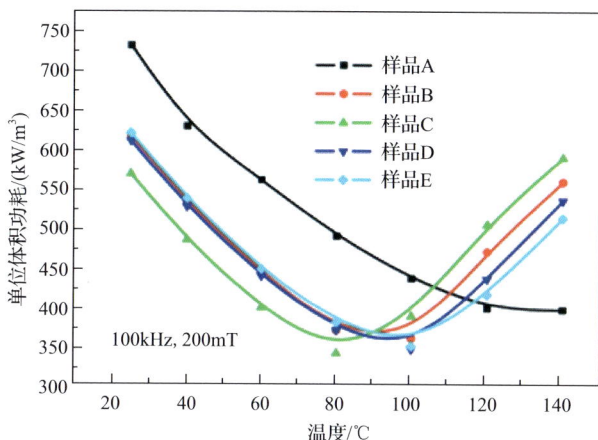

图 **1-24**　不同 TiO_2、SnO_2 含量 MnTiSnZn 功率铁氧体材料的 P_{cv}-T 曲线

表 **1-11**　起始磁导率 μ_i 和单位体积功耗 P_{cv} 的温度系数

样品	A	B	C	D	E
$\|\alpha_{\mu_i}\|$/(%/℃)	0.69	0.37	0.26	0.36	0.52
$\|\alpha_{P_{cv}}\|$/(%/℃)	0.38	0.08	0.03	0.10	0.15

为了获得高的起始磁导率，必须提高饱和磁化强度 M_s，降低磁晶各向异性常数 K_1 和饱和磁致伸缩系数 λ_s，使其趋于 0，并且减少杂质、适当增大晶粒、消除内应力、减少气孔及另相的影响。Ti^{4+} 和 Sn^{4+} 在晶格中喜占八面体 B 位，它们取代 Fe^{3+} 并产生 Fe^{2+}，即：$2Fe^{3+} \rightarrow Ti^{4+}+Fe^{2+}$ 和 $2Fe^{3+} \rightarrow Sn^{4+}+Fe^{2+}$。众所周知，MnZn 铁氧体的磁晶各向异性常数 K_1 为负值，而 Fe^{2+} 的为正值，因此 Ti 取代和 Sn 取代对磁晶各向异性常数进行了正补偿，在宽的温度范围内减小了磁晶各向异性常数之和，并使补偿点移向低温，这在较宽的温度范围内提高了起始磁导率，改善了其温度特性。TiSn 同时取代的样品由于具有更好的微观结构，磁化阻力较小，因此具有更高的起始磁导率。

对于功率铁氧体，单位体积功耗由磁滞损耗 P_h、涡流损耗 P_e、剩余损耗 P_r 组成，在低频下损耗以磁滞损耗与涡流损耗为主。单位体积材料每磁化一周的磁滞损耗值就等于磁滞回线的面积所对应的能量，即 $W_h = \oint B dH$。由于磁滞损耗的大小可以用磁滞回线所包围的面积大小来描述，因此降低磁滞损耗就必须减小磁滞回线的面积，即要小的剩余磁感应强度 B_r 和矫顽力 H_c，从磁学理论上讲要降低磁晶各向异性常数 K_1。图 1-25 为不同 TiO_2、SnO_2 含量样品的矫顽力和剩余磁感应强度。由图可知，Sn 取代（样品 E），Ti 取代（样品 B）和 TiSn 取代（样品 C、样品 D）都能减小样品的矫顽力和剩余磁感应强度，而且 Ti 取代样品的矫顽力和剩余磁感应强度比 Sn 取代样品的略低。当含量为 TiO_2 0.2mol%、SnO_2 0.1mol% 时，样品的矫顽力和剩余磁感应强度同时达到最低，因此磁滞损耗最小。根据磁性物理学理论，在相同的测试频率和磁感应强度条件下，磁滞损耗与起始磁导率的三次方成反比（ $P_h \propto 1/\mu_i^3$ ），由于 Ti 取代样品的起始磁导率 μ_i 略高于 Sn 取代样品，因此磁滞损耗 P_h 略低于 Sn 取代样品。涡流损耗是由交变磁场的电磁感应所引起的涡流，由于此涡流在材料内部闭合，故只能被材料吸收而发热。在相同的测试频率和磁感应强度条件下，MnZn 功率铁氧体材料的涡流损耗与晶粒尺寸 D 的平方成正比，而与电阻率 ρ 成反比。

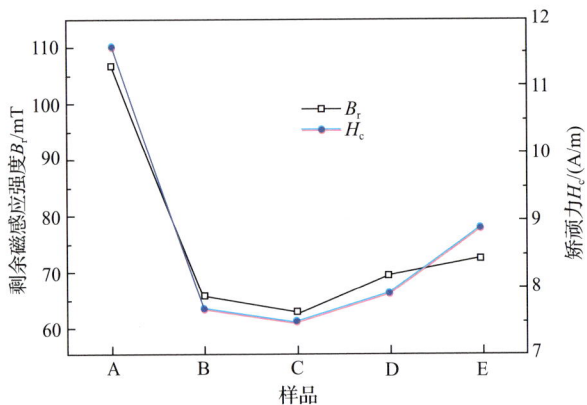

图 1-25 不同 TiO_2、SnO_2 含量 MnTiSnZn 功率铁氧体材料的剩余磁感应强度和矫顽力

图 1-26 为不同 TiO_2、SnO_2 含量 MnTiSnZn 功率铁氧体材料的电阻率 ρ。可以看出，Sn 取代（样品 E）、Ti 取代（样品 B）和 TiSn 取代（样品 C、样品 D）都能增加功率铁氧体的电阻率。MnZn 系铁氧体的导电机制主要是 Fe^{3+} 和 Fe^{2+} 之间的电子跃迁，由于 Sn^{4+} 和 Ti^{4+} 具有束缚 Fe^{2+}，分别形成 Fe^{2+}-Sn^{4+} 和 Fe^{2+}-Ti^{4+} 离子对的能力，因而可提高 MnTiSnZn 铁氧体的电阻率。部分 Ti^{4+} 与 Ca^{2+} 也可能在晶界形成 $CaTiO_3$ 绝缘层，这同样能提高样品的电阻率（在 XRD 图谱中没有出现 $CaTiO_3$ 的主要原因是其含量过少）。此外，由于 Fe^{2+}-Sn^{4+} 离子对没有 Fe^{2+}-Ti^{4+} 离子对稳固，因而 Ti 取代样品的电阻率比 Sn 取代样品高。如前面所分析，涡流损耗与电阻率成反比，所以 Sn 取代、Ti 取代、TiSn 取代都可降低 MnTiSnZn 铁氧体的涡流损耗。由磁滞损耗和涡流损耗所决定的 MnTiSnZn 功率铁氧体总损耗如

图 1-24 所示。从图中可以看出，Sn 取代、Ti 取代、TiSn 取代在 25～100℃范围内都可降低单位体积功耗，使损耗最低点温度移向低温。

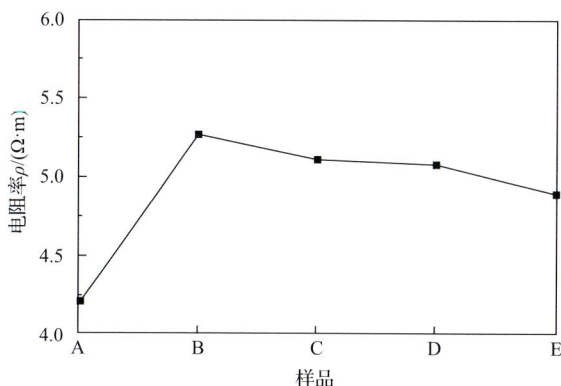

图 1-26   不同 TiO$_2$、SnO$_2$ 含量 MnTiSnZn 功率铁氧体材料的电阻率

1.4.3   MnCoTiZn 五元系功率铁氧体材料研究

本小节实验按照表 1-12 所示的摩尔比进行配料。将配制好的混合原料用钢球湿磨 2h，烘干后于 930℃预烧 2h。然后依次加入 CaCO$_3$（0.05wt%）、V$_2$O$_5$（0.02wt%）、Nb$_2$O$_5$（0.03wt%）添加剂，二次球磨 4h。浆料烘干后加入聚乙烯醇为黏合剂造粒，并于 60MPa 下压制成环形磁芯，然后将环形样品在氮气保护下于 1360℃、氧分压 4%下烧结 4h，降温段采用平衡气氛烧结。

表 1-12   MnCoTiZn 铁氧体主配方

样品	含量/mol%				
	Fe$_2$O$_3$	ZnO	MnO	TiO$_2$	Co$_2$O$_3$
A	52.50	12.00	35.50	0.00	0.00
B	52.50	12.00	35.35	0.15	0.00
C	52.50	12.00	35.35	0.10	0.05
D	52.50	12.00	35.35	0.05	0.10
E	52.50	12.00	35.35	0.00	0.15

1．MnCoTiZn 功率铁氧体材料的室温磁性能

图 1-27 给出了室温下 CoTi 取代 MnZn 铁氧体的起始磁导率和单位体积功耗的变化关系。由图可知，随着 Co$_2$O$_3$ 含量增加和 TiO$_2$ 含量减少，起始磁导率先增加后减少，单位体积功耗先减少后增加，当含量为 TiO$_2$ 0.10mol%、Co$_2$O$_3$ 0.05mol% 时材料的性能达到最佳。因此，在 MnZn 铁氧体中进行 CoTi 取代，可对材料的磁性能起到很大的影响作用。

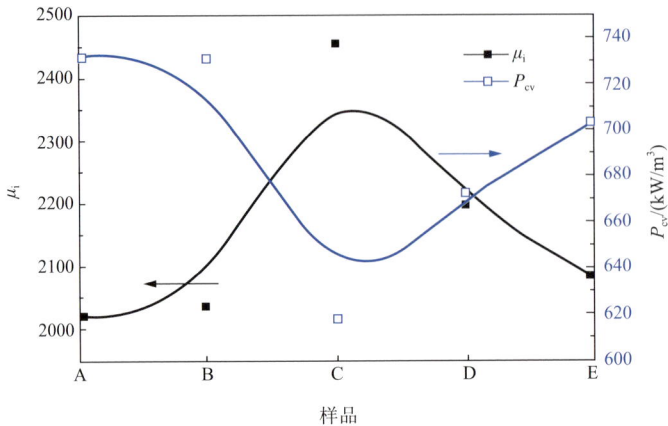

图 **1-27** 不同 Co_2O_3、TiO_2 含量 MnCoTiZn 功率铁氧体材料的起始磁导率（μ_i）和单位体积功耗（P_{cv}）

图 1-28 给出了样品 C 的背散射电子像。由图可知，Ti^{4+} 和 Co^{2+} 均没有偏析在晶界。由于 Ti^{4+} 在 MnZn 铁氧体中喜占 B 位，与 Fe^{3+} 发生如下取代：$2Fe^{3+} \rightarrow Ti^{4+} + Fe^{2+}$，而且 MnZn 铁氧体具有负的磁晶各向异性常数 K_1，而 Fe^{2+} 的 K_1 和 λ_s 与 MnZn 铁氧体基体具有不同的符号，因此 Fe^{2+} 可使总的 K_1 和 λ_s 减小，从而提高材料的起始磁导率。Co^{2+} 能够提高材料起始磁导率的原因是 $CoFe_2O_4$ 本身具有较大的正的 K_1 与基体负的 K_1 进行补偿，也可使总的 K_1 和 λ_s 减小，从而提高起始磁导率。两者适当组合，当配比为 TiO_2 0.10mol%、Co_2O_3 0.05mol% 时，使起始磁导率达到最高。

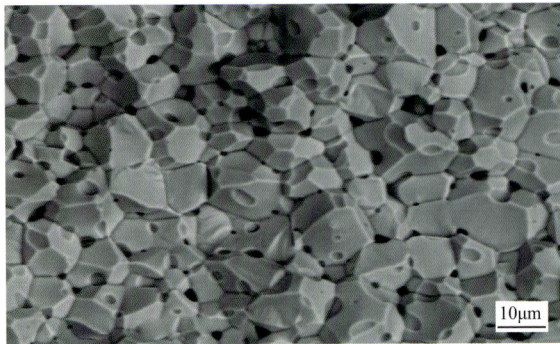

图 **1-28** 样品 C 的背散射电子像

TiO_2 含量为 0.10mol%，Co_2O_3 含量为 0.05mol%

图 1-29 给出了各样品的室温电阻率。由图可知，TiO_2 和 Co_2O_3 单独取代时（样品 B 和样品 E），材料的电阻率相比无取代的 MnZn 铁氧体（样品 A）都有所增加，但 Co 对电阻率的提高略低于 Ti。复合取代时，材料的电阻率进一步增加，当取代量为 TiO_2 0.10mol%、Co_2O_3 0.05mol% 时，材料的电阻率达到最大。这是由于 Ti^{4+} 可束缚

Fe^{2+}，使其不能自由参与导电过程，从而提高材料的电阻率。Co^{2+}能够提高电阻率的原因是 Co 的第三电离能（33.77eV）低于 Mn 的（33.97eV），在高温时 Co^{2+}对氧的亲和力比 Mn^{2+}强，在低温时又可将氧给予 Fe^{2+}，从而抑制了 Fe^{2+}使电阻率提高。

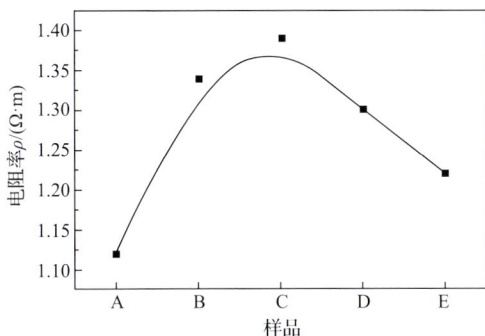

图 1-29　不同 Co_2O_3、TiO_2 含量 MnCoTiZn 功率铁氧体材料的室温电阻率

对于功率铁氧体而言，单位体积功耗由磁滞损耗 P_h、涡流损耗 P_e、剩余损耗 P_r 组成，在低频下损耗以磁滞损耗与涡流损耗为主。其中磁滞损耗与起始磁导率的三次方成反比，即 $P_h \propto 1/\mu_i^3$；涡流损耗与电阻率 ρ 成反比，且与晶粒尺寸 D 的平方成正比。由于在含量为 TiO_2 0.10mol%、Co_2O_3 0.05mol%时铁氧体晶粒尺寸最小且均匀致密，起始磁导率和电阻率达到最大值，因此材料的损耗最小。

2. MnCoTiZn 功率铁氧体材料的温度特性

图 1-30（a）和（b）分别显示了材料的起始磁导率和单位体积功耗的温度特性曲线，表 1-13 给出了样品在 20~140℃温度范围内起始磁导率的温度系数 α_{μ_i} 和单位体积功耗的温度系数 $\alpha_{P_{cv}}$。可以看出，未取代的样品温度稳定性最差，Ti^{4+}、Co^{2+}取代均可改善材料的温度稳定性，两者联合取代又可进一步提高材料的温度稳定性，当含量为 TiO_2 0.10mol%、Co_2O_3 0.05mol%时，材料的温度稳定性达到最高。

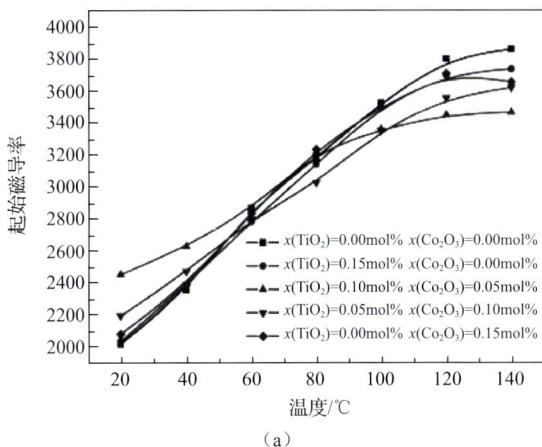

（a）

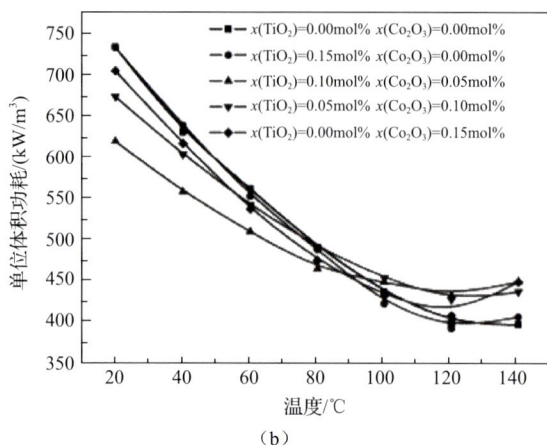

（b）

图 1-30　不同 Co_2O_3、TiO_2 含量 MnCoTiZn 功率铁氧体材料的 μ_i-T 曲线（a）和
　　　　　P_{cv}-T 曲线（b）（100kHz，200mT）

表 1-13　各样品起始磁导率和单位体积功耗的温度系数

样品	α_{μ_i}/(%/℃)	$\alpha_{P_{cv}}$/(%/℃)
A	0.80	−0.38
B	0.73	−0.37
C	0.36	−0.23
D	0.57	−0.29
E	0.66	−0.30

　　由于决定起始磁导率的参数饱和磁化强度 M_s、磁晶各向异性常数 K_1、饱和磁致伸缩系数 λ_s 等都与温度有关，而 K_1 随温度变化比 M_s^2 随温度变化还大，因此 K_1 的温度特性是影响起始磁导率温度稳定性的首要因素。由于 Co^{2+} 补偿的 MnZn 铁氧体材料，在补偿点以下，K_1 为正值，在补偿点以上，K_1 为负值，如图 1-5（b）所示。Fe^{2+} 补偿的材料则与此相反，在补偿点以下，K_1 为负值，在补偿点以上，K_1 为正值。因此，当它们单独取代时，都能改善温度稳定性，同时补偿时，比例适当则可在宽的温度范围内获得高温度稳定性的磁性能。

1.5　宽温度低损耗MnCoTiZn功率铁氧体材料添加剂技术研究

1.5.1　添加剂引入

　　众所周知，添加剂有改善电磁特性、助熔和阻晶等作用，少量的添加剂是实现铁氧体材料优良性能的必要条件。这里，在前面研究的基础上分别研究了 Ta_2O_5、

Nb$_2$O$_5$、ZrO$_2$ 对铁氧体微观结构、磁性能及温度特性的影响，并对其作用机制进行阐述。

1.5.2　Ta$_2$O$_5$ 对 MnCoTiZn 功率铁氧体性能的影响

按照主配方 Fe$_2$O$_3$：MnO：ZnO：TiO$_2$：Co$_2$O$_3$=52.5：35.35：12：0.1：0.05 的摩尔比将原料配好后用钢球湿磨 2h，烘干后在 930℃预烧 2h。然后将预烧料分成 4 份，在掺入相同基础添加剂 CaCO$_3$（0.05wt%）和 V$_2$O$_5$（0.02wt%）的同时，分别掺入 0.00wt%、0.03wt%、0.06wt%、0.09wt%的 Ta$_2$O$_5$，再二次球磨 4h。浆料烘干后加入 8wt%的聚乙烯醇进行造粒，在 60MPa 下压制成环形坯件。最后，将坯件置于钟罩炉内在氮气保护下于 1360℃烧结 4h，从而得到所需样品。

1. Ta$_2$O$_5$ 对微结构的影响

图 1-31 为不同 Ta$_2$O$_5$ 添加量样品的断面 SEM 图，表 1-14 给出了各样品的平均晶粒尺寸和标准偏差。可以看出，没有添加 Ta$_2$O$_5$ 时，样品的晶粒较小，平均晶粒尺寸为 10.89μm。添加 0.06wt%的 Ta$_2$O$_5$ 时，晶粒有所长大，均匀性较好，平均晶粒尺寸为 11.01μm，标准偏差为 3.24。添加量超过 0.06wt%，平均晶粒尺寸继续增大。当 Ta$_2$O$_5$ 添加量为 0.09wt%时，平均粒径增大为 12.64μm，但均匀性变差，标准偏差增大为 4.33，存在异常晶粒长大现象，并且在晶粒内部和晶界处有较多的气孔。由此可见，Ta$_2$O$_5$ 可对材料的微观结构产生较大影响，晶粒随着 Ta^{5+} 的加入量增加而增大，这和姜久兴等的研究相一致。Ta^{5+} 使晶粒增大是由于 Ta^{5+} 主要存在于晶界处，一方面为了满足电荷平衡，晶界附近阳离子空位增多，加快晶界的移动速度，从而促进晶粒长大；另一方面可使晶界处激活能降低，也能促进晶粒生长。但过量添加 Ta$_2$O$_5$ 容易造成空间点阵上离子极化作用的不平衡和变形，使点阵的变形部分具有较低的熔点，而成为新的反应中心，最终导致异常晶粒长大。

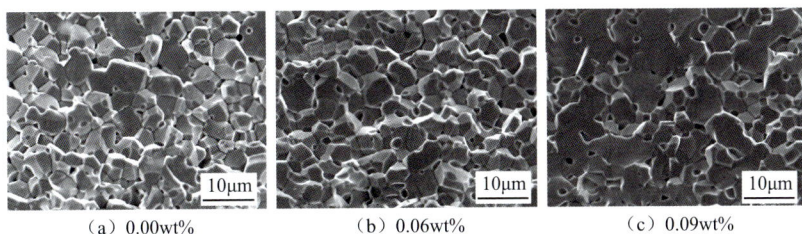

(a) 0.00wt%　　　　　　(b) 0.06wt%　　　　　　(c) 0.09wt%

图 1-31　不同 Ta$_2$O$_5$ 添加量 MnCoTiZn 功率铁氧体的 SEM 图

表 1-14　Ta$_2$O$_5$ 添加量对功率铁氧体平均晶粒尺寸的影响

Ta$_2$O$_5$ 添加量/wt%	0.00	0.06	0.09
平均晶粒尺寸/μm	10.89	11.01	12.64
标准偏差	3.42	3.24	4.33

2. Ta_2O_5 对晶相结构的影响

图 1-32 为不同 Ta_2O_5 添加量功率铁氧体的 X 射线衍射图谱。从图中可以看出，在仪器测量精度范围内只有尖晶石相生成，无另相。

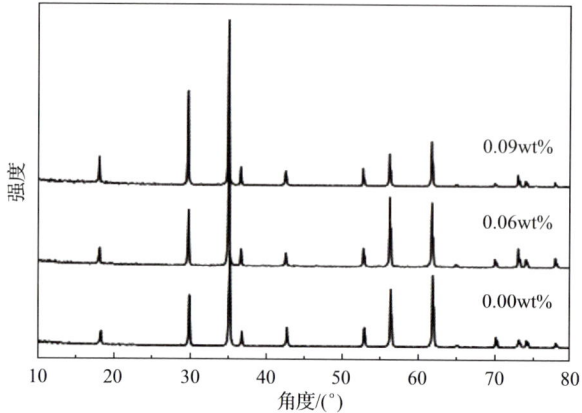

图 1-32 不同 Ta_2O_5 添加量功率铁氧体的 XRD 图谱

样品的晶格常数如表 1-15 所示，计算公式为

$$a = d\left(\sqrt{h^2 + k^2 + l^2}\right) \qquad (1\text{-}12)$$

$$d = \lambda / (2\sin\theta) \qquad (1\text{-}13)$$

其中，a 为晶格常数；d 为面间距；λ 为 X 射线辐射波长（0.15405nm）；h、k、l 为晶面指数；θ 为衍射线的半衍射角。由表可知，随着 Ta_2O_5 添加量的增加，铁氧体的晶格常数总体呈增大趋势，这主要是因为 Ta^{5+} 半径（0.068nm）大于 Fe^{3+} 半径（0.064nm），在烧结过程中，部分 Ta^{5+} 会溶入铁氧体晶格，使晶格扩张，从而使晶格常数呈增大趋势。

表 1-15 不同 Ta_2O_5 添加量功率铁氧体的晶格常数

Ta_2O_5 添加量/wt%	0.00	0.06	0.09
晶格常数/nm	0.8464	0.8481	0.8488

3. Ta_2O_5 对磁性能的影响

图 1-33 所示为 Ta_2O_5 添加量对功率铁氧体起始磁导率温度特性的影响。从图中可以看出，在室温下随着 Ta_2O_5 添加量的增加，MnCoTiZn 铁氧体的起始磁导率先增大后减小，同时 μ_i-T 曲线 II 峰位置逐渐移向低温。

对于 MnCoTiZn 铁氧体，其磁化过程以畴壁位移和磁畴转动为主，要提高起始磁导率 μ_i，就必须通过增大晶粒尺寸，使晶粒生长均匀，减少晶粒内部气孔来降低畴壁位移和磁畴转动过程的阻力。根据公式：

$$\mu_i \propto M_s^2 D / K_1^{1/2} \qquad (1\text{-}14)$$

其中，M_s 为饱和磁化强度；D 为平均晶粒尺寸；K_1 为磁晶各向异性常数。由前面的分析可知，随着 Ta_2O_5 添加量的增加，铁氧体平均晶粒尺寸逐渐增大。当 Ta_2O_5 添加量≤0.06wt%时，微观结构变得均匀致密，气孔率降低。因此，铁氧体内畴壁位移和磁畴转动变得容易，起始磁导率增大。当 Ta_2O_5 添加量为 0.06wt%时，晶粒最为均匀致密，气孔率最低且气孔主要存在于晶界处，因此畴壁位移和磁畴转动的阻力最小。此外，为了保持电中性，随着 Ta_2O_5 添加量增加，会使部分 Fe^{3+} 还原为 Fe^{2+}，从而使 Fe^{2+} 浓度增加，而在 MnZn 铁氧体中 Fe^{2+} 对磁晶各向异性常数 K_1 贡献为正，因此可使铁氧体的正负 K_1 补偿，降低 K_1。当 Ta_2O_5 添加量为 0.06wt%时，MnCoTiZn 功率铁氧体的起始磁导率达到最大值；而当 Ta_2O_5 添加量超过 0.06wt%时，出现了二次晶粒长大及气孔卷入晶粒现象，使铁氧体内畴壁位移和磁畴转动的阻力变大，所以起始磁导率降低。

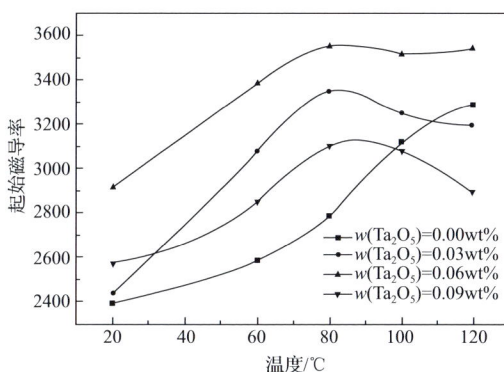

图 1-33　不同 Ta_2O_5 添加量对功率铁氧体起始磁导率的影响

图 1-34 示出 Ta_2O_5 对材料损耗的影响。由图可知，随着 Ta_2O_5 添加量的增加，铁氧体的单位体积功耗 P_{cv}、磁滞损耗 P_h 和涡流损耗 P_e 均为先减小后增大。当添加 0.06wt% Ta_2O_5 时，材料的单位体积功耗 P_{cv}、磁滞损耗 P_h 和涡流损耗 P_e 均达到最小值。

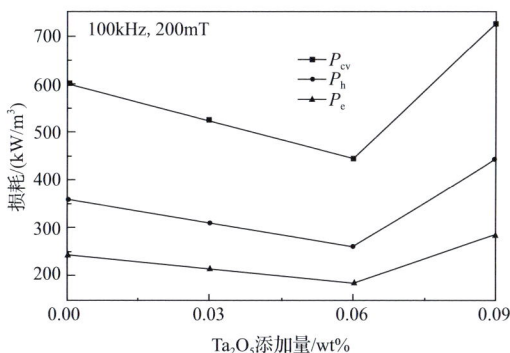

图 1-34　不同 Ta_2O_5 添加量对功率铁氧体损耗的影响

当添加少量 Ta_2O_5 时，Ta^{5+} 通过增加阳离子空位促进了晶粒均匀生长，使得不可逆畴壁位移和磁畴转动在较低磁场强度下便可完成，因此磁滞损耗减小；当添加过量 Ta_2O_5 时，异常晶粒长大，一些气孔来不及扩散被卷入晶粒内部，促使气孔增多，引起畴壁位移和磁畴转动阻力增大，磁滞损耗增大。

由图 1-35 可知，随着 Ta_2O_5 添加量的增加，铁氧体的电阻率先增大后减小，当 Ta_2O_5 添加量为 0.06wt% 时电阻率达到最大。Ta_2O_5 能使电阻率增大是因为 Ta^{5+} 主要分布于晶界，可使晶界电阻率提高。但过量添加则出现异常晶粒长大，使晶界变薄，晶界电阻率下降，因而材料电阻率减小。

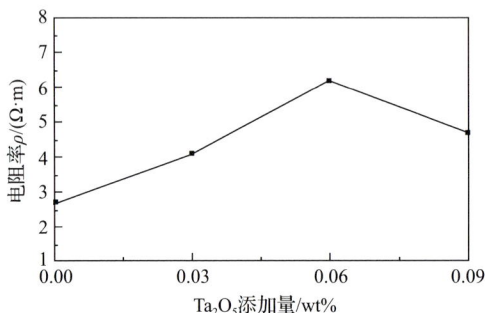

图 1-35　功率铁氧体的电阻率随 Ta_2O_5 添加量的变化

众所周知，涡流损耗 P_e 与电阻率成反比，与晶粒尺寸平方成正比。尽管随着 Ta_2O_5 添加量的增加，样品的晶粒尺寸逐渐增加，但当少量添加 Ta_2O_5（<0.06wt%）时，由于材料的电阻率增加，且晶粒尺寸变化较小，因而涡流损耗降低，而当过量添加 Ta_2O_5 时，样品的晶粒尺寸增大，并且电阻率下降，故涡流损耗升高。

图 1-36 为各样品单位体积功耗的温度特性曲线。随着 Ta_2O_5 添加量的增加，单位体积功耗谷底温度移向低温。已有的研究工作表明，在 100kHz 条件下磁滞

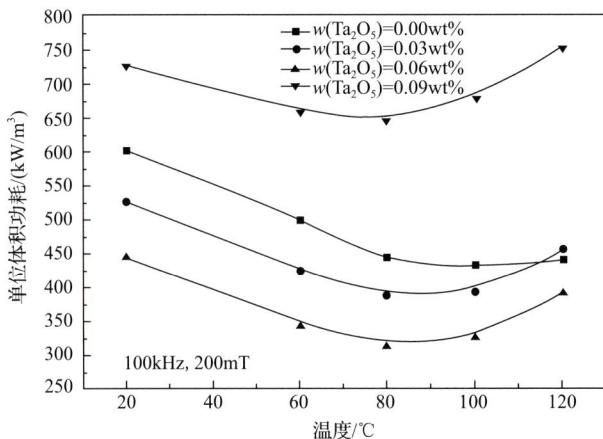

图 1-36　不同 Ta_2O_5 添加量对功率铁氧体 P_{cv}-T 曲线的影响

损耗占单位体积功耗的主要部分，并且在频率和磁场强度相同的条件下，磁滞损耗与起始磁导率的三次方成反比（$P_h \propto 1/\mu_i^3$）。由图 1-33 可知，随着 Ta_2O_5 添加量的增加，$\mu_i\text{-}T$ 曲线的 II 峰位置总体有向低温移动的趋势。因此，随着 Ta_2O_5 添加量的增加，材料最低单位体积功耗对应的温度点总体呈现向低温移动的趋势。

1.5.3　Nb_2O_5 对 MnCoTiZn 功率铁氧体性能的影响

按照主配方 Fe_2O_3：MnO：ZnO：TiO_2：Co_2O_3=52.5：35.35：12：0.1：0.05 的摩尔比将原料配好后用钢球湿磨 1h，烘干后在 930℃预烧 2h。然后将预烧料分成 4 份，在掺入基础添加剂 $CaCO_3$（0.05wt%）和 V_2O_5（0.02wt%）的同时，分别掺入 0.00wt%、0.03wt%、0.06wt%、0.09wt%的 Nb_2O_5，再二次球磨 2h。浆料烘干后加入 8wt%的聚乙烯醇进行造粒，在 60MPa 下压制成环形坯件。最后，将坯件置于钟罩炉内在氮气保护下于 1360℃、氧分压 4%下烧结 4h，从而得到所需样品。

1. Nb_2O_5 对微结构的影响

图 1-37 为不同 Nb_2O_5 添加量 MnCoTiZn 功率铁氧体的 SEM 图，相应样品的平均晶粒尺寸和标准偏差如表 1-16 所示。从中可以看出，没有添加 Nb_2O_5 时，样品的晶粒长得比较小且不均匀，其平均晶粒尺寸为 10.23μm；随着 Nb_2O_5 添加量增加，当达到 0.06wt%时，平均晶粒尺寸增大，晶粒的均匀性、致密性最好，气孔也有所减少；但过量添加，当添加量增加到 0.09wt%时，晶粒的均匀性变差，平均晶粒尺寸则进一步增大（11.36μm），同时可以观察到局部区域有明显的二次晶粒长大现象［图 1-37（c）］。这是由于 Nb_2O_5 主要存在于晶界，可阻止晶粒长大，从而形成晶粒细小均匀的结构，同时 Nb^{5+} 能进入晶格，造成晶格畸变，成为反应中心。所以少量加入可以促进固相反应，使晶粒致密化；但过量加入，其阻晶作用会导致晶粒不均匀性加剧。

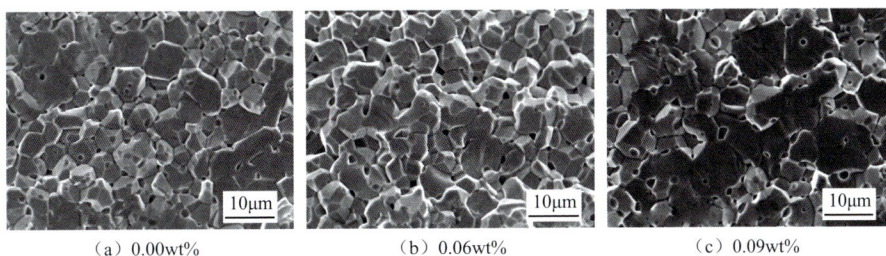

（a）0.00wt%　　　　　　　（b）0.06wt%　　　　　　　（c）0.09wt%

图 1-37　不同 Nb_2O_5 添加量功率铁氧体的 SEM 图

表 1-16　Nb_2O_5 添加量对功率铁氧体平均晶粒尺寸的影响

Nb_2O_5 添加量/wt%	0.00	0.06	0.09
平均晶粒尺寸/μm	10.23	10.54	11.36
标准偏差	3.99	3.59	4.38

2. Nb₂O₅ 对晶相结构的影响

图 1-38 为不同 Nb$_2$O$_5$ 添加量 MnCoTiZn 功率铁氧体的 XRD 图谱。从图中可以看出，只有尖晶石相生成，无另相。样品的晶格常数如表 1-17 所示。由表可知，随着 Nb$_2$O$_5$ 添加量的增加，MnCoTiZn 功率铁氧体的晶格常数呈增加趋势。这主要是因为 Nb^{5+} 的半径（0.069nm）大于 Fe^{3+} 的半径（0.064nm），进入铁氧体晶格后，使得晶格扩张，从而使晶格常数呈增加趋势。

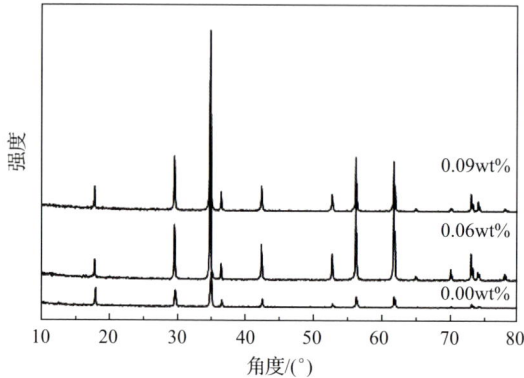

图 1-38　不同 Nb$_2$O$_5$ 添加量 MnCoTiZn 功率铁氧体的 XRD 图谱

表 1-17　Nb$_2$O$_5$ 添加量对铁氧体晶格常数的影响

Nb₂O₅ 添加量/wt%	0.00	0.06	0.09
晶格常数/nm	0.8479	0.8494	0.8496

3. Nb₂O₅ 对磁性能的影响

图 1-39 为不同 Nb$_2$O$_5$ 添加量样品的起始磁导率随温度变化关系曲线。从图中可以看出，材料的室温起始磁导率随 Nb$_2$O$_5$ 添加量的增加呈先升高后下降的趋势，

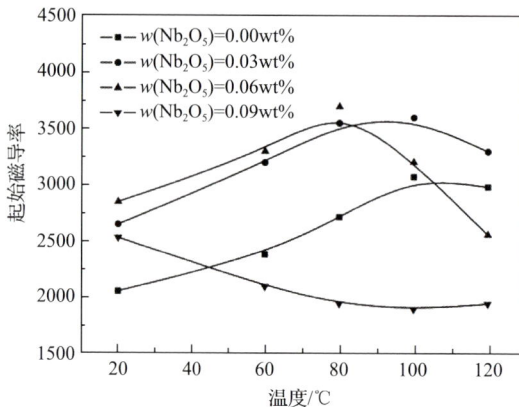

图 1-39　Nb$_2$O$_5$ 添加量对 MnCoTiZn 功率铁氧体起始磁导率的影响

当 Nb_2O_5 含量为 0.06wt%时，材料的室温起始磁导率达到最大值。同时由图可以看出，随着 Nb_2O_5 含量的增加，μ_i-T 曲线 II 峰所对应的温度点呈现向低温移动的趋势。

Nb^{5+} 和 Fe^{3+} 外壳层电子结构分别为 $3d^{10}$ 和 $3d^5$，相应的离子磁矩为 0 和 $5\mu_B$。已有的研究表明，Nb^{5+} 有占据八面体 B 位的趋势，根据电荷平衡原理，Nb^{5+} 使 Fe^{3+} 还原为 Fe^{2+}，从而使 Fe^{2+} 浓度增加。

根据磁晶各向异性单离子模型，铁氧体的宏观磁晶各向异性是各种单个磁性离子之和，单个磁性离子微观磁晶各向异性是由晶体电场和磁性离子自旋-轨道耦合共同作用的结果，磁致伸缩系数 λ_s 的物理机制也基本相似。在 MnZn 系铁氧体中，Fe^{2+} 对磁晶各向异性常数 K_1 和磁致伸缩系数 λ_s 贡献为正，而其他离子的 K_1 和 λ_s 为负值，因此 Fe^{2+} 的增多可使铁氧体的 K_1 及 λ_s 得到补偿，使 K_1 及 λ_s 值减小。而当过量添加时，由于出现二次晶粒长大及气孔卷入晶粒现象，气孔率增大，铁氧体内畴壁位移和磁畴转动的阻力变大，因此起始磁导率降低。远低于居里温度的 μ_i-T 曲线 II 峰所对应的温度点随着 Nb_2O_5 添加量的增加向低温移动。这主要是因为 Fe^{2+} 增多对 MnCoTiZn 功率铁氧体的负磁晶各向异性常数进行补偿，使 MnCoTiZn 功率铁氧体 $K_1 \approx 0$ 的温度点移向低温，μ_i-T 曲线 II 峰位置因而移向低温。

图 1-40 为 Nb_2O_5 添加量对功率铁氧体损耗的影响，图 1-41 示出了 Nb_2O_5 添加量对功率铁氧体单位体积功耗温度特性的影响。从图中可以看出，随着 Nb_2O_5 添加量的增加，样品的单位体积功耗 P_{cv}、磁滞损耗 P_h 和涡流损耗 P_e 均呈现先下降后上升的趋势，当 Nb_2O_5 添加量为 0.06wt%时，单位体积功耗 P_{cv}、磁滞损耗 P_h 和涡流损耗 P_e 达到最小值。并且未添加 Nb_2O_5 时，铁氧体只在某一特定的温度范围内具有小的功率损耗，随着 Nb_2O_5 添加量的增加，材料的 P_{cv}-T 曲线逐渐变得平坦，单位体积功耗最低点对应的温度逐渐向低温移动。这是由于当频率小于 500kHz 时，MnZn 系铁氧体的单位体积功耗主要为磁滞损耗和涡流损耗。当添加微量 Nb_2O_5 时，可使材料变得致密均匀，气孔减少，畴壁位移和磁化矢量转动的阻力下降，因此磁滞损耗降低。当添加过量 Nb_2O_5 时，出现晶粒不连续生长，气孔被卷入晶粒内部，材料的密度下降，晶界退磁场上升，从而使材料的磁滞损耗升高。涡流损耗与电阻率成反比，添加 Nb_2O_5 可在晶界形成高阻层，因此涡流损耗下降。而当 Nb_2O_5 添加量过多时，根据电荷平衡原理，$Nb^{5+} + 2Fe^{2+} \longleftrightarrow 3Fe^{3+}$ 导致 Fe^{2+} 数量增多，而 Fe^{2+}–$e^- \longleftrightarrow Fe^{3+}$ 电子迁移所需的能量很低，因而材料电阻率下降（图 1-42），涡流损耗也随之升高。此外，Fe^{2+} 正的磁晶各向异性常数在宽温度范围内对 MnCoTiZn 功率铁氧体负的磁晶各向异性常数进行补偿，减小了总的磁晶各向异性常数，从而使得 MnCoTiZn 功率铁氧体在宽温度范围内具有较低的功耗，因此单位体积功耗最低点对应的温度向低温移动。

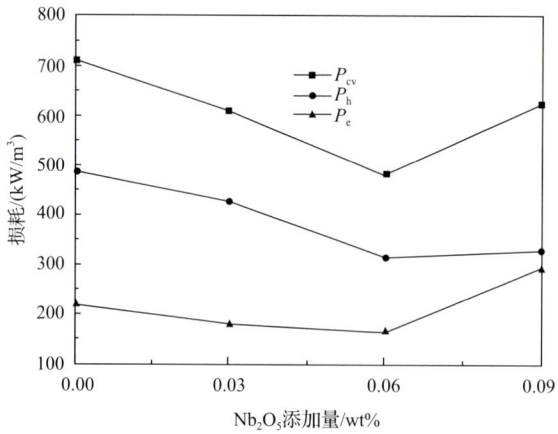

图 1-40　Nb_2O_5 添加量对 MnCoTiZn 功率铁氧体损耗的影响（100kHz，200mT）

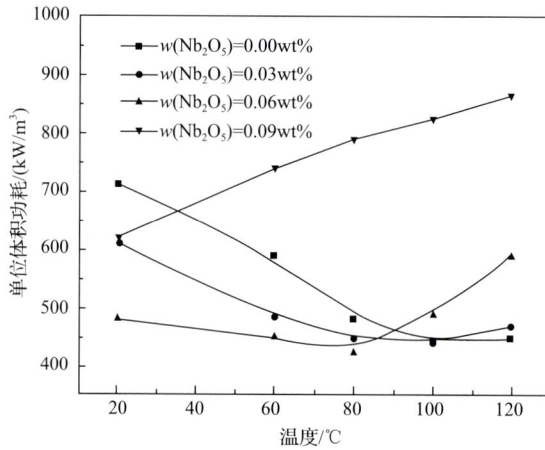

图 1-41　Nb_2O_5 添加量对 MnCoTiZn 功率铁氧体 P_{cv}-T 曲线的影响（100kHz，200mT）

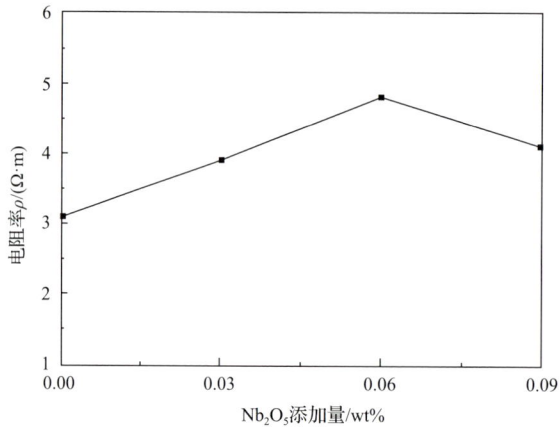

图 1-42　MnCoTiZn 功率铁氧体的电阻率随 Nb_2O_5 添加量的变化

1.5.4　ZrO₂ 对 MnCoTiZn 功率铁氧体性能的影响

按照主配方 Fe_2O_3∶MnO∶ZnO∶TiO_2∶Co_2O_3=52.5∶35.35∶12∶0.1∶0.05 的摩尔比将原料配好后用钢球湿磨 1h，烘干后在 930℃预烧 2h。然后将预烧料分成 4 份，在掺入相同基础添加剂 $CaCO_3$（0.05wt%）和 V_2O_5（0.02wt%）的同时，分别掺入 0.00wt%、0.02wt%、0.04wt%、0.06wt% 的 ZrO_2，再二次球磨 2h。浆料烘干后加入 8wt% 的聚乙烯醇进行造粒，在 60MPa 下压制成环形坯件。最后，将坯件置于钟罩炉内在氮气保护下于 1360℃烧结 4h，从而得到所需样品，研究 ZrO_2 对 MnCoTiZn 功率铁氧体的影响。

1. ZrO₂ 对微结构的影响

图 1-43 显示了 ZrO_2 添加量对 MnCoTiZn 功率铁氧体微观结构的影响，表 1-18 给出了平均晶粒尺寸和标准偏差。可以看出，随着 ZrO_2 添加量的增加，材料晶粒尺寸逐渐增大，而过量添加 ZrO_2 则会出现异常晶粒长大现象［图 1-43（c）中的 A 区］。这是由于 Zr^{4+} 半径为 0.072nm，能够进入晶格，一方面容易造成空间点阵上离子极化作用的不平衡和变形，使晶界处激活能降低，从而促进晶粒生长；另一方面为了满足电荷平衡条件，随着 Zr^{4+} 的增多，晶界附近阳离子空位增多，从而加快了气孔附着晶界的移动速度，促使晶粒尺寸增大，气孔随晶界排出。但是添加过量 ZrO_2，这种极化作用使点阵的变形部分具有较低的熔点，而成为新的反应中心，导致异常晶粒长大。

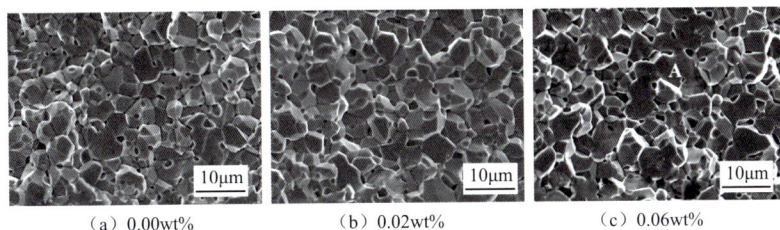

（a）0.00wt%　　　　　（b）0.02wt%　　　　　（c）0.06wt%

图 1-43　不同 ZrO_2 添加量 MnCoTiZn 功率铁氧体的 SEM 图

表 1-18　ZrO₂ 添加量对功率铁氧体平均晶粒尺寸的影响

ZrO_2 添加量/wt%	0.00	0.02	0.06
平均晶粒尺寸/µm	10.14	10.57	11.17
标准偏差	3.53	3.36	4.63

2. ZrO₂ 对晶相结构的影响

图 1-44 为不同 ZrO_2 添加量 MnCoTiZn 功率铁氧体的 XRD 图谱。从图中可以看出，在仪器测量精度范围内只有尖晶石相生成，无另相。随着 ZrO_2 添加量的增加，晶格常数呈增加趋势，如表 1-19 所示。这主要是因为 Zr^{4+} 可以进入晶格，且其离子半径（0.072nm）大于 Fe^{3+} 半径（0.064nm）。

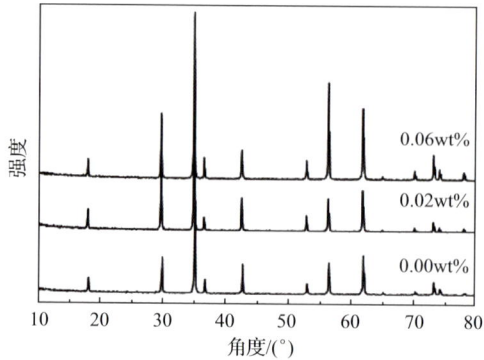

图 1-44 不同 ZrO_2 添加量 MnCoTiZn 功率铁氧体的 XRD 图谱

表 1-19 ZrO_2 添加量对功率铁氧体晶格常数的影响

ZrO_2 添加量/wt%	0.00	0.02	0.06
晶格常数/nm	0.8470	0.8490	0.8493

3. ZrO_2 对磁性能的影响

图 1-45 为 ZrO_2 添加量对 MnCoTiZn 功率铁氧体起始磁导率的影响。从图中可以看出，在常温下，随着 ZrO_2 添加量的增加，起始磁导率先增加后减小，当 ZrO_2 添加量为 0.02wt%时，起始磁导率达到最大值。结合图 1-43 可知，适量添加 ZrO_2 可使 MnCoTiZn 功率铁氧体晶粒尺寸增大，气孔逐渐沿晶界排出，晶粒内畴壁位移和磁畴转动变得容易，所以起始磁导率增大。另外，根据电荷平衡原理，随着 ZrO_2 添加量的增加，会使部分 Fe^{3+} 还原为 Fe^{2+}，使 Fe^{2+} 浓度增加。在 MnZn 铁氧体中，Fe^{2+} 对磁晶各向异性常数 K_1 和磁致伸缩系数 λ_s 贡献为正，可使铁氧体的 K_1 及 λ_s 得到补偿，使 K_1 及 λ_s 值减小，进而使起始磁导率增大。当添加 0.02wt% ZrO_2 时，晶粒最为均匀，气孔主要存在于晶界处且气孔率最低，因此起始磁导率最大。但当 ZrO_2 添加量超过 0.02wt%后，起始磁导率下降，这是由于异常晶粒长大使晶粒均匀性变差，大量气孔来不及排出而被卷入大晶粒中，造成畴壁位移和磁畴转动困难，同时异常晶粒长大引起的晶粒大小不均匀将会使晶粒间的内应力增大和晶粒内的退磁场能增加。

随着 ZrO_2 添加量的增加，铁氧体的 μ_i-T 曲线Ⅱ峰有移向低温的趋势。这是由于添加 ZrO_2 时，少部分 Zr^{4+} 进入到晶格，由于 Zr^{4+} 是高价金属离子，将会发生 $2Fe^{3+} \rightarrow Zr^{4+}+Fe^{2+}$ 取代。Zr^{4+} 含量增加，产生的 Fe^{2+} 也就增多，从而影响 K_1-T 曲线，使Ⅱ峰位置向低温移动。此外，Zr^{4+} 进入晶格，使晶格发生畸变，产生应力。并且过量掺入 ZrO_2 时，晶粒异常长大，气孔增多，也会产生应力。已有的研究表明，应力会对 MnZn 系铁氧体 μ_i-T 曲线产生影响，这是因为在应力作用下，感生各向异性常数 K_u 对总各向异性常数的贡献为正，也会使 μ_i-T 曲线Ⅱ峰向低温移动。

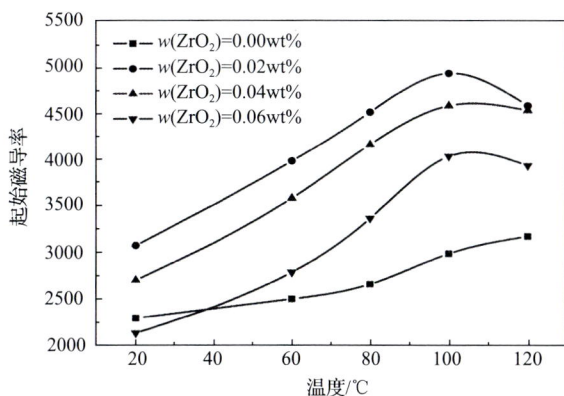

图 **1-45**　ZrO_2 添加量对 MnCoTiZn 功率铁氧体起始磁导率的影响

图 1-46 为 ZrO_2 添加量对 MnCoTiZn 功率铁氧体损耗的影响。从图中可以看出，适量添加 ZrO_2 可使损耗减小；但当 ZrO_2 添加量大于 0.02wt% 时，随着 ZrO_2 添加量的增加，损耗逐渐增大。

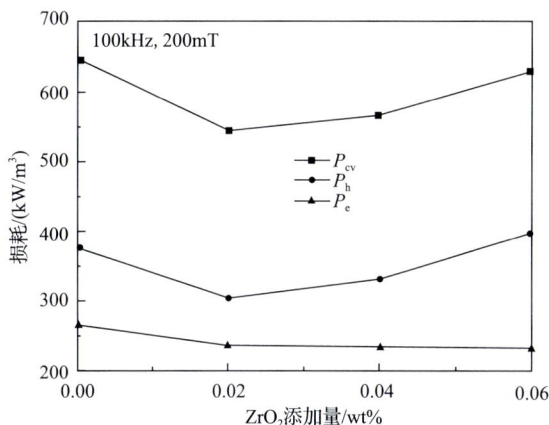

图 **1-46**　ZrO_2 添加量对 MnCoTiZn 功率铁氧体损耗的影响

已有的研究表明，在频率、磁场强度和温度相同的条件下，磁滞损耗 P_h 与起始磁导率的三次方成反比（$P_h \propto 1/\mu_i^3$），故随着 ZrO_2 添加量的增加，磁滞损耗先减小后增大，当 ZrO_2 添加量为 0.02wt% 时达到最小。图 1-47 给出了各样品的电阻率，当 ZrO_2 添加量不超过 0.02wt% 时，样品的电阻率增大，涡流损耗 P_e 逐渐减小；当 ZrO_2 添加量大于 0.02wt% 时，涡流损耗 P_e 由于电阻率的减小和晶粒尺寸的增大而逐渐增大。因此，随着 ZrO_2 添加量的增加，MnCoTiZn 功率铁氧体的单位体积功耗先减小后增大，当 ZrO_2 添加量为 0.02wt% 时单位体积功耗最低。

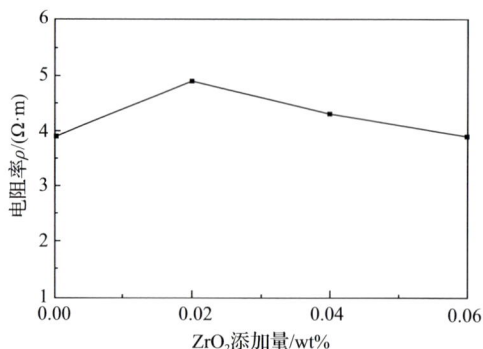

图 **1-47**　ZrO_2 添加量对 MnCoTiZn 功率铁氧体电阻率的影响

图 1-48 为 ZrO_2 添加量对 MnCoTiZn 功率铁氧体单位体积功耗温度特性的影响。从图中可以看出，随着 ZrO_2 添加量的增加，材料最低单位体积功耗对应的温度点总体向低温移动，与 μ_i-T 曲线的 II 峰位置变化相一致。

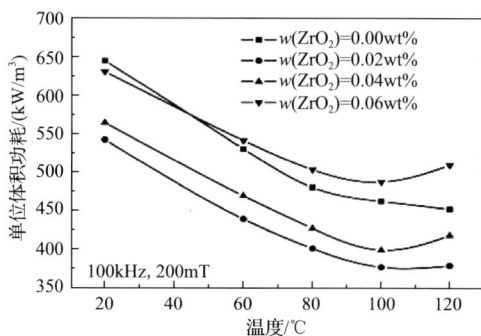

图 **1-48**　ZrO_2 添加量对 MnCoTiZn 功率铁氧体 P_{cv}-T 曲线的影响

1.6　宽温度低损耗MnZn系功率铁氧体材料工艺技术研究

1.6.1　MnZn系工艺引入

铁氧体材料的性能不仅取决于化学组成，还与工艺过程密切相关。工艺过程影响粉体特性及烧结体的相组成、显微结构，进而影响最终材料的电磁性能。因此，如何充分发挥各个工艺环节的作用，是提高铁氧体材料性能的一个关键问题。近年来，国内外学者都十分注意这些问题，如采用高纯原料和新工艺以获得纯度高、活性好、物理化学性质均匀稳定的粉料；制备高密度铁氧体的条件和方法；结晶成长和显微结构的控制；气氛平衡的条件及控制方法等。

　　MnZn 系功率铁氧体的制备工艺目前采用最多的是氧化物陶瓷工艺。制备 MnZn 系功率铁氧体要经过原材料的分析、配方的计算、原料的称取投放、一次球磨、干燥、预烧、掺杂、二次球磨、干燥、造粒、成型和烧结等步骤，如图 1-6 所示。本节在已有的实验研究基础上重点对氧化物陶瓷工艺流程中的预烧温度、二次球磨时间、烧结温度对 MnZn 系功率铁氧体材料性能的影响进行了研究。

1.6.2　预烧温度的研究

　　预烧是氧化物法制备 MnZn 系功率铁氧体的重要工艺环节，将一次球磨后的粉料在低于烧结温度下预先进行焙烧，是保证稳定性和质量一致性的一个重要环节。通过原料颗粒之间的初步固相反应，可降低烧结时的产品收缩和形变；改善粉料的压制性，使其易于成形[38,39]；降低烧结体的气孔率，提高密度；并可控制粉体活性，提高烧结体性能的一致性。预烧温度是影响预烧效果的最重要因素，可直接影响粉体的活性、收缩率。若预烧温度偏高，会使粉料活性变差，晶粒生长缓慢，样品性能大大下降；若预烧温度偏低，则达不到预期的工艺目的。合适的预烧温度略高于开始发生固相反应的温度，一般认为预烧温度应控制在主晶相基本合成而粉料之间又没有完全烧结为宜，而这与铁氧体的品种和原料的性质有关。

　　本节研究样品均采用氧化物陶瓷工艺制备，按照 Fe_2O_3：MnO：ZnO=52.5：34.5：13 的摩尔比进行配料，一次球磨后分别在 840℃、870℃、900℃、930℃、960℃下预烧 2h，然后加入 $CaCO_3$（0.06wt%）、V_2O_5（0.05wt%）、Nb_2O_5（0.04wt%）及 Co_2O_3（0.1wt%）进行二次球磨，以聚乙烯醇作黏合剂造粒，并在 60MPa 下压制成环形坯件，最后在氮气保护气氛下烧结得到所需样品。

1. 预烧温度对预烧粉体活性的影响

　　粉体活性是在特定的实验条件下，粉体参与物理或化学反应的能力。粉体的活性是其本能的一种属性，主要体现在晶格不规则性、晶格缺陷、表面能及比表面积上。粉体的活性很难用一个通用的指标来表征，只能在相同的实验条件下，对其特定的反应和变化过程进行比较。对活性的测试有物理和化学两大类方法，其中物理方法有氮吸附法、碘吸附法等；化学方法有柠檬酸法、溶解活化能法、热分析法等。这里采用热分析法对预烧温度分别为 840℃、900℃、960℃的预烧粉体的活性进行分析。测试条件为空气气氛，升温速率为 10℃/min。

　　图 1-49、图 1-50、图 1-51 分别为 840℃、900℃、960℃预烧温度样品的热重（TG）、微商热重（DTG）、差示扫描量热分析（DSC）曲线。由 TG 曲线可知，样品在 700～1170℃存在热失重，这是由于尖晶石铁氧体在该温度范围内生成，并且放出氧气，故而引起质量损失。

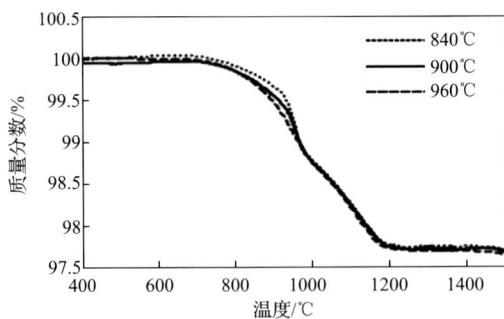

图 1-49　不同预烧温度样品的 TG 曲线

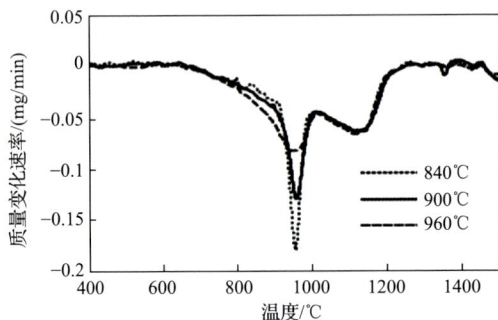

图 1-50　不同预烧温度样品的 DTG 曲线

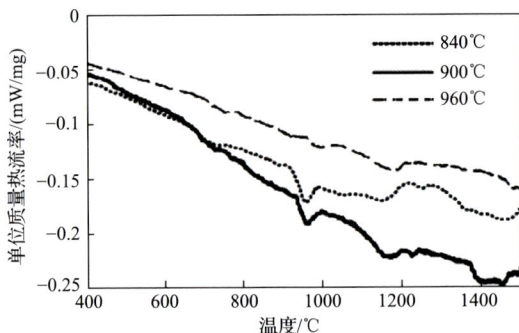

图 1-51　不同预烧温度样品的 DSC 曲线

在 700℃左右，Fe_2O_3 和 ZnO 发生如下固相反应：

$$ZnO + Fe_2O_3 \longrightarrow ZnFe_2O_4 \tag{1-15}$$

在 940℃左右时，发生如下固相反应：

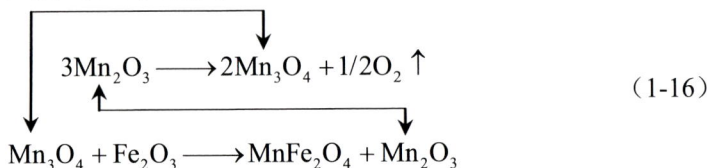

$$3Mn_2O_3 \longrightarrow 2Mn_3O_4 + 1/2O_2 \uparrow \tag{1-16}$$

$$Mn_3O_4 + Fe_2O_3 \longrightarrow MnFe_2O_4 + Mn_2O_3$$

在 1140℃左右，还会发生如下固相反应：

$$Mn_2O_3 + 2Fe_2O_3 \longrightarrow 2MnFe_2O_4 + 1/2O_2 \uparrow \qquad (1-17)$$

由 DTG 曲线可知，三个样品在 900℃、1150℃附近热失重有较大的变化率，其中 840℃样品变化率最大、900℃样品次之、960℃样品最小，这说明预烧温度越低，铁氧体生成反应越剧烈。由 DSC 曲线可以看出，三个样品在与 DTG 曲线峰相应的位置上都出现了吸热峰。表 1-20 给出了各吸热峰的热学参数，其中 T_{m_1}、T_{m_2} 为峰顶温度、ΔH_m 为与峰面积成正比的热焓。

表 1-20　不同预烧温度样品吸热峰的热学参数

样品	T_{m_1}/℃	ΔH_{m_1}/(J/g)	T_{m_2}/℃	ΔH_{m_2}/(J/g)
840℃样品	954.9	−3.991	1147.0	−9.14
900℃样品	959.2	−3.366	1162.7	−4.724
960℃样品	985.7	−1.592	1169.5	−4.648

由表 1-20 可知，随着预烧温度的升高，样品的吸热峰峰顶温度朝高温移动，同时吸收热量变小，即随着预烧温度的升高，预烧粉体的活性降低。这是由于预烧过程是通过金属离子或空位的扩散完成固相反应的过程。预烧温度较低，生成的新相晶格不完整，缺陷多，因而活性较好；随着预烧温度升高，晶格缺陷将得到校正，晶格结构、离子分布固定，因而其活性变差。

2. 预烧温度对烧结样品微观结构的影响

图 1-52 给出了预烧温度分别为 840℃、870℃、900℃和 960℃时烧结样品的

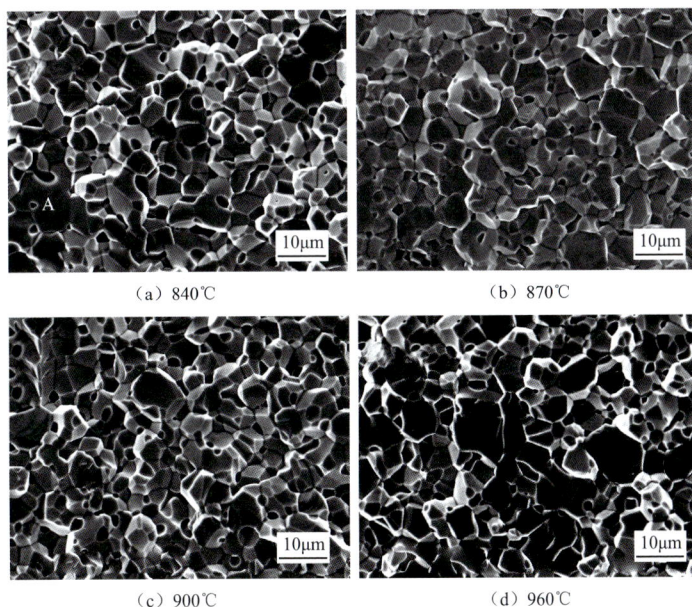

（a）840℃　　　　　　　　　　（b）870℃

（c）900℃　　　　　　　　　　（d）960℃

图 1-52　不同预烧温度下烧结样品的 SEM 图

断面 SEM 图。从图中可以看出，当预烧温度为 840℃时，晶粒长得较大，粒径大小不均匀，而且可以观察到二次晶粒的生长［图 1-52（a）中的 A 区］。当预烧温度增长为 870℃时，烧结体晶粒较均匀，平均尺寸变小。继续增加预烧温度至 960℃时，可以看出晶粒尺寸又变大，晶粒变得较不均匀，出现了较多的二次晶粒生长。通过以上分析可以认为，在一定范围内升高预烧温度，在同样的烧结条件下可使烧结体的晶粒越来越均匀，并且晶粒尺寸越来越小。这是由于预烧温度低的粉体，其烧结活性好，在相同的烧结条件下，其晶粒生长速度较快，并且比较容易出现二次晶粒长大，从而导致微结构中出现一些异常晶粒，使得晶粒大小不均匀。而预烧温度过高，则易导致材料致密性不够，使产品性能大大下降。由此可见，要使烧结体具有良好的显微结构，通过控制预烧温度来控制粉体活性是关键的影响因素之一。

3. 预烧温度对 MnZn 功率铁氧体磁性能的影响

图 1-53、图 1-54 分别为不同预烧温度样品室温下的起始磁导率、单位体积功耗。可以看出，随着预烧温度的升高，起始磁导率先升高后降低，单位体积功耗与之相反，为先降低后升高，并且两者皆在预烧温度为 870℃时达到最佳。由铁磁学理论可知，MnZn 铁氧体的起始磁导率主要受畴壁位移的支配，为了减小磁化阻力，必须使晶粒生长均匀，减少晶粒内部气孔，所以随着预烧温度增加，材料的起始磁导率呈先上升后下降的趋势。在 870℃预烧的样品由于晶粒尺寸较为均匀、晶粒结构完整，因而磁化阻力较小，从而表现出较高的磁导率和较低的单位体积功耗。

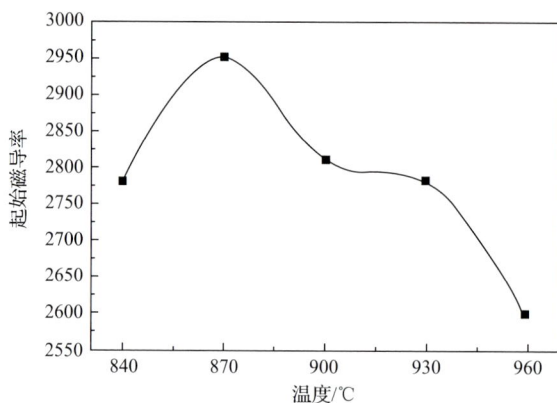

图 **1-53** 不同预烧温度样品的室温起始磁导率

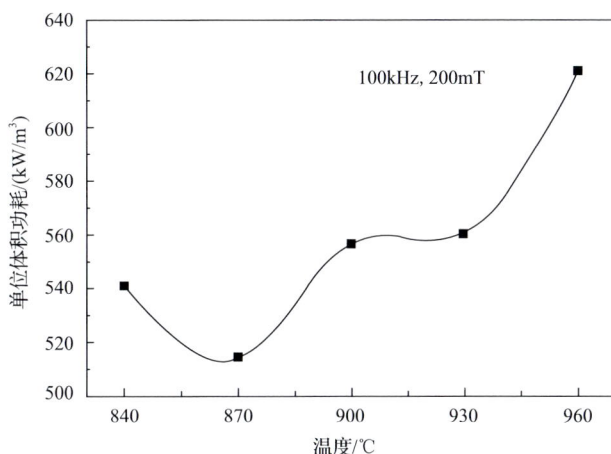

图 1-54　不同预烧温度样品的室温单位体积功耗

表 1-21、表 1-22 分别给出了不同预烧温度样品的起始磁导率温度系数 α_{μ_i}、单位体积功耗温度系数 $\alpha_{P_{cv}}$ 和温度 T 的关系。

表 1-21　不同预烧温度样品的 α_{μ_i} 值

预烧温度/℃	α_{μ_i}/(%/℃)			
	25～60℃	25～80℃	25～100℃	25～120℃
840	0.37	0.33	0.29	0.23
870	0.18	0.22	0.17	0.11
900	0.26	0.30	0.25	0.22
930	0.34	0.32	0.28	0.19
960	0.39	0.36	0.30	0.26

表 1-22　不同预烧温度样品的 $\alpha_{P_{cv}}$ 值

预烧温度/℃	$\alpha_{P_{cv}}$/(%/℃)			
	25～60℃	25～80℃	25～100℃	25～120℃
840	−0.40	−0.33	−0.25	−0.12
870	−0.38	−0.28	−0.14	0.01
900	−0.38	−0.33	−0.28	−0.15
930	−0.42	−0.33	−0.24	−0.09
960	−0.38	−0.33	−0.27	−0.18

由表 1-21 和表 1-22 可知，在 25～60℃、25～80℃、25～100℃、25～120℃各温度范围内，起始磁导率温度系数 α_{μ_i} 值和单位体积功耗温度系数的绝对值 $|\alpha_{P_{cv}}|$ 都是先随着预烧温度的升高而降低，再继续升高预烧温度，则 α_{μ_i} 值和 $|\alpha_{P_{cv}}|$ 都有回升趋势。当预烧温度为 870℃时，在 25～120℃温度范围内，有最好的温度

稳定性，α_{μ_i}=0.11%/℃、$|\alpha_{P_{cv}}|$=0.01%/℃。这与晶体的微观结构有必然联系，在晶体生长较完整的情况下，晶粒尺寸小，晶粒均匀，则其稳定性高。因而，适宜的预烧温度可获得活性最佳的预烧粉体，在其他工艺条件相同的情况下，烧结样品具有较好的微观结构、较高的磁性能和温度稳定性。

1.6.3　二次球磨时间的研究

研究样品均采用氧化物陶瓷工艺制备，按照 Fe_2O_3：MnO：ZnO：TiO_2：Co_2O_3= 52.5：35.35：12：0.1：0.05 的摩尔比配料，一次球磨 2h。然后在 930℃ 预烧 2h，接着加入添加剂 $CaCO_3$（0.05wt%）、V_2O_5（0.02wt%）、Nb_2O_5（0.06wt%）、Ta_2O_5（0.06wt%）、ZrO_2（0.02wt%），二次球磨时间分别为 1h、2h、3h、4h。浆料烘干后加入 8wt%的聚乙烯醇进行造粒，并在 60MPa 下压制成环形坯件。最后将坯件置于钟罩炉内在氮气保护气氛下于 1350℃烧结 4h 得到所需样品。

1．二次球磨时间对粉体粒度的影响

二次球磨的主要目的是将已经长大的晶粒重新磨碎，这可以降低粉料的粒径，增加缺陷，提高粉料烧结活性，并使在预烧粉料中掺入的有效杂质均匀混合[40]。因此，二次球磨时间对最终样品的性能具有明显影响。图 1-55 为二次球磨时间分别为 1h、2h、3h、4h 样品的粒度分布图。从图中可以看出，适当增加二次球磨时间，粉料的平均粒径逐渐下降，粒度分布变宽。

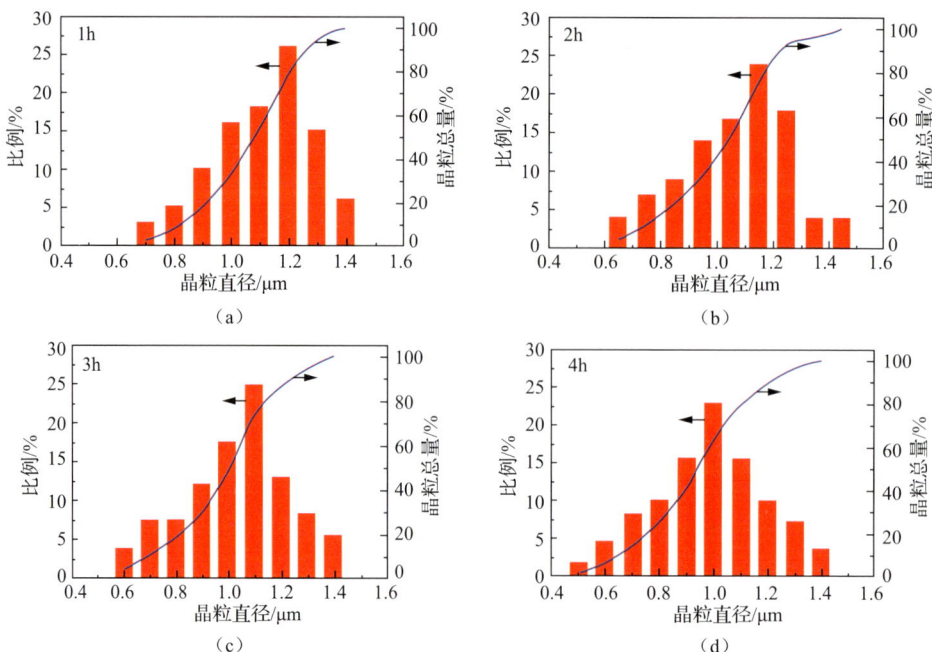

图 1-55　二次球磨时间对粉体粒度的影响

2. 二次球磨时间对微观结构的影响

图 1-56 为不同二次球磨时间样品的微观结构图。对于二次球磨时间为 1h 的样品，固相反应不充分，晶粒之间孔洞较多。随着二次球磨时间的增加，烧结体的晶粒尺寸增大，当二次球磨时间为 2h 时，烧结体晶粒均匀致密，气孔减少且多存在于晶界处。当二次球磨时间继续增加，样品出现异常大晶粒，尤其是当二次球磨时间为 4h 时，晶粒长得较大且均匀性较差，同时可以观察到局部区域有明显的二次晶粒长大及气孔卷入晶粒现象。这是由于二次球磨时间不同，影响粉体的粒度和活性。若球磨时间过短，粉体活性低，晶粒生长速度慢，固相反应不充分，因而在晶粒之间产生较大的孔洞。在一定范围内增加二次球磨时间，粉体粒径越小，活性越高。根据电子陶瓷的烧结传质理论，在相同烧结工艺中，形成一次晶粒平均粒径越小，其晶粒生长速度也就越快，并且比较容易出现二次晶粒长大，使得微结构中出现一些异常大晶粒。

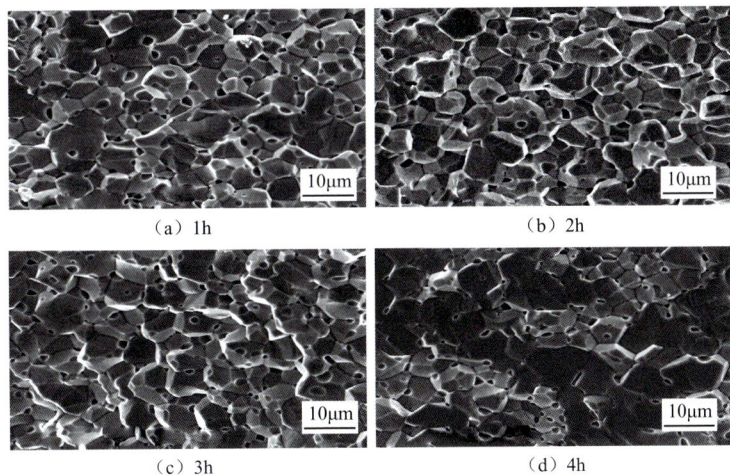

图 1-56　二次球磨时间对微观结构的影响

3. 二次球磨时间对功率铁氧体磁性能的影响

图 1-57 和图 1-58 分别为不同二次球磨时间下起始磁导率、饱和磁感应强度随温度变化的曲线。从图中可以看出，随着球磨时间的增加，起始磁导率和饱和磁感应强度在常温下呈现出先增大后减小的趋势；起始磁导率 II 峰位置总体移向低温；随着温度的升高，饱和磁感应强度单调下降。由于二次球磨时间影响粉体活性，进而影响烧结固相反应进程，使铁氧体的晶粒大小和气孔率发生变化，因此也会对起始磁导率、饱和磁感应强度产生影响。由材料的微观形貌可知，二次球磨时间为 1h 时，晶粒偏小、气孔率较大，因此样品的起始磁导率和饱和磁感应强度较低；当二次球磨时间为 2h 时，平均晶粒尺寸增大，而且晶粒大小均匀、完整，气孔率低，起始磁导率和饱和磁感应强度达到最大值；当二次球磨时间再次

增加时，平均晶粒尺寸继续增大，但是晶粒的均匀性变差，气孔率增加，使得起始磁导率和饱和磁感应强度降低。同时由于球磨介质为钢球，随着球磨时间增长，由钢球磨损带入粉料的铁增多，由前面分析可知，Fe^{2+} 可对功率铁氧体的磁晶各向异性常数进行补偿，因此使 MnCoTiZn 铁氧体的 $\mu_i\text{-}T$ 曲线 II 峰位置移向低温。随着温度的升高，饱和磁感应强度单调下降，这是因为温度升高造成热骚动能增加，破坏了部分 A、B 位分子磁矩的反平行排列，从而使总的分子磁矩减小，导致饱和磁感应强度随温度的升高而降低。

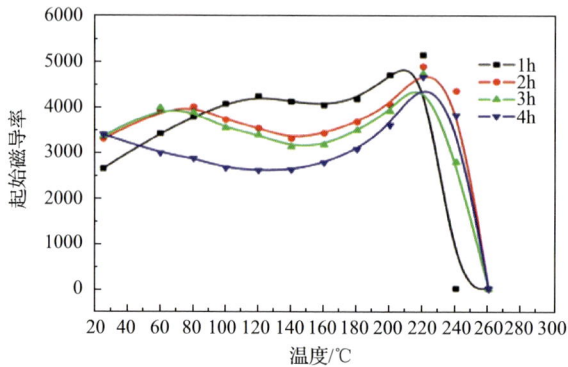

图 1-57 不同二次球磨时间材料的 $\mu_i\text{-}T$ 曲线

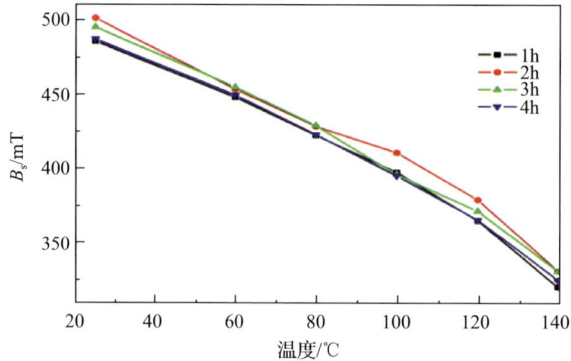

图 1-58 不同二次球磨时间材料的 $B_s\text{-}T$ 曲线

图 1-59 是各样品在 100kHz，200mT 条件下单位体积功耗 P_{cv} 随温度变化的曲线。可以看出，随二次球磨时间的增加，损耗最低点对应的温度向低温移动，这与起始磁导率 II 峰位置变化规律一致。室温下的 P_{cv} 先减小后增大（表 1-23），这主要是因为二次球磨时间增加使得材料的起始磁导率先增加后减小，而磁滞损耗与起始磁导率的三次方成反比，涡流损耗随二次球磨时间变化不大，因此单位体积功耗先减小后增大。

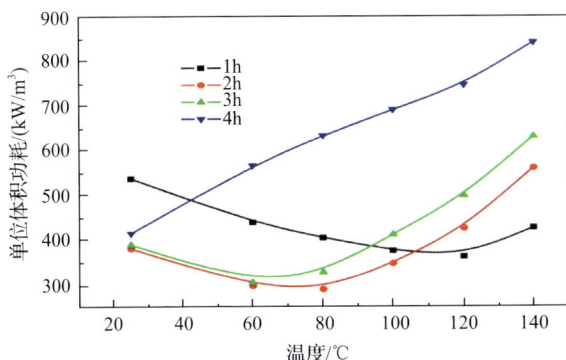

图 1-59　不同二次球磨时间材料的 P_{cv}-T 曲线（100kHz，200mT）

表 1-23　二次球磨时间对室温下单位体积功耗 P_{cv}、磁滞损耗 P_h、涡流损耗 P_e 的影响

二次球磨时间/h	单位体积功耗 P_{cv}/(kW/m³)	磁滞损耗 P_h/(kW/m³)	涡流损耗 P_e/(kW/m³)
1	541	329	211
2	384	207	177
3	393	207	186
4	419	223	195

单位体积功耗与材料特性、工作频率、工作磁感应强度、温度密切相关。Steinmetz 总结出一个单位体积功耗的经验公式：

$$P_{cv} = C_m \times f^\alpha \times B_m^\beta \tag{1-18}$$

式（1-18）表明单位体积功耗是工作频率 f、工作磁感应强度 B_m 的指数函数。C_m、α 和 β 是经验参数，一般 $1 < \alpha < 3$，$2 < \beta < 3$。该模型的参数随频率变化，即幂指数 α 和 β 的拟合值在不同频率时是不同的，同时温度对单位体积功耗的影响也很大。为此，Philips 公司在 Steinmetz 经验公式的基础上进行改进，把温度和频率的影响包括在一个更加通用的公式中：

$$P_{cv} = C_m \times f^\alpha \times B_m^\beta \times (ct_0 - ct_1 \times T + ct_2 \times T^2) = C_m \times C_T \times f^\alpha \times B_m^\beta \tag{1-19}$$

其中

$$C_T = ct_0 - ct_1 \times T + ct_2 \times T^2 \tag{1-20}$$

式中参数 α、β 反映了工作频率、磁感应强度对单位体积功耗的影响，而参数 ct_0、ct_1、ct_2 和 T 体现了温度的影响，温度的总体影响用参数 C_T 来表示。本小节对实验样品分别在不同工作频率 f（Hz）、不同磁感应强度 B_m（T）和不同温度 T（℃）下进行测试，并对结果进行拟合，得到各参数如表 1-24 所示。

表 1-24 不同二次球磨时间样品的 Steinmetz 指数

二次球磨 时间/h	工作频率 /kHz	C_m	α	β	$ct_2\times10^{-4}$	$ct_1\times10^{-2}$	ct_0	损耗最低点温度 /℃
1	$f\leqslant100$	8.3450×10^{-4}	1.5175	2.7712	0.5075	1.6985	2.2106	167
	$100<f\leqslant200$	7.6801×10^{-5}	1.7058	2.6693	0.4429	1.2355	1.8109	140
	$200<f\leqslant300$	3.7259×10^{-6}	1.9343	2.5488	0.3687	0.84459	1.4901	115
2	$f\leqslant100$	4.7021×10^{-4}	1.5839	2.9444	1.6436	2.6028	1.9598	79
	$100<f\leqslant200$	1.7431×10^{-5}	1.8432	2.6976	1.2468	1.7638	1.5237	71
	$200<f\leqslant300$	1.5375×10^{-6}	2.0243	2.6867	1.0113	1.2646	1.2603	63
3	$f\leqslant100$	0.0015	1.4955	2.8890	1.8378	2.4655	1.5913	67
	$100<f\leqslant200$	4.2813×10^{-5}	1.7881	2.8077	1.4259	1.7885	1.3442	63
	$200<f\leqslant300$	1.6255×10^{-6}	2.0456	2.7404	1.2353	1.4146	1.1589	57
4	$f\leqslant100$	6.6683×10^{-3}	1.3478	2.4469	-0.28316	-0.97106	0.30990	—
	$100<f\leqslant200$	6.0867×10^{-4}	1.5681	2.5198	-0.23382	-0.94528	0.29093	—
	$200<f\leqslant300$	1.9652×10^{-5}	1.8589	2.5716	-0.1442	-0.82275	0.28788	—

图 1-60 为不同二次球磨时间样品的 C_T 参数在不同频段的温度特性，图 1-61 显示了样品各部分损耗随频率的变化。由表 1-24、图 1-60 可知，随着频率的上升，各样品 ct_0、ct_1、ct_2 参数的绝对值均呈现降低的趋势。ct_2 参数绝对值的减小说明温度曲线的开口变大，温度稳定性变高，温度对功耗总体影响逐渐降低，并且当 ct_2 参数为正值，曲线开口向上时，随着频率的升高，损耗最低点温度向低温移动。由前面分析可知，在低频时，总功率损耗主要归因于磁滞损耗，在磁晶各向异性常数 K_1 接近零时的温度下，得到损耗最低点温度 T_m。当频率升高时，T_m 移向较低的温区，这是由于在高频段不是磁滞损耗贡献起主导作用，涡流损耗和剩余损耗贡献变得越来越显著（图 1-61）。

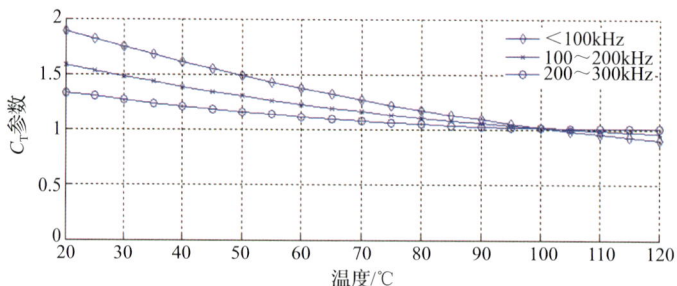

（a）1h

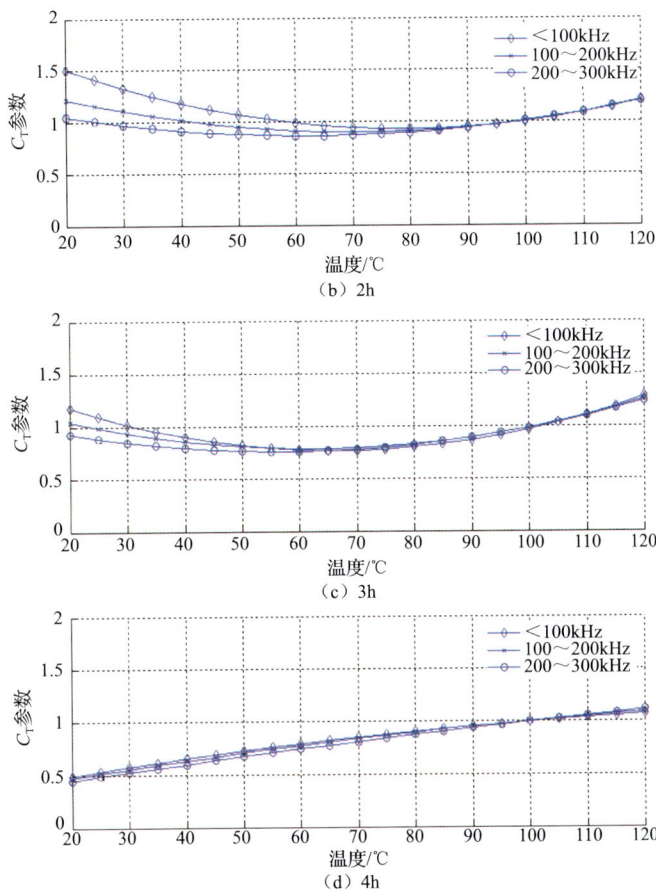

图 **1-60**　不同二次球磨时间样品的 C_T 参数在不同频段的温度特性

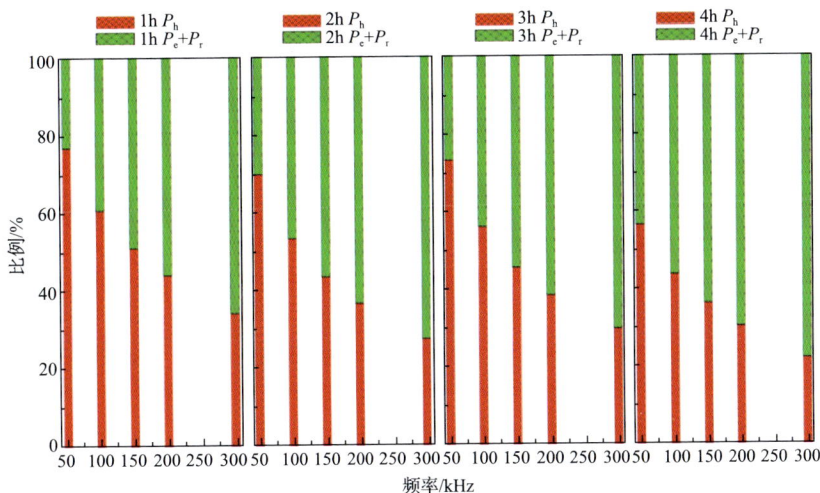

图 **1-61**　样品各部分损耗比例随频率的变化

1.6.4 烧结温度的研究

烧结是 MnZn 系铁氧体整个制备过程中最关键的一环，是保证铁氧体获得良好性能和微观结构的关键工序。在烧结过程中，既要适当提高烧结温度，促进铁氧体固相反应完全，晶粒充分均匀长大，又要控制烧结温度不能过高，以免造成晶粒出现不连续生长，降低铁氧体材料的磁性能。

研究样品采用主配方 Fe_2O_3：MnO：ZnO：TiO_2：Co_2O_3=52.5：35.35：12：0.1：0.05（摩尔比），一次球磨 1h，烘干后在 930℃预烧 2h。然后将预烧料分成 4 份，分别掺入添加剂 $CaCO_3$（0.05 wt%）、V_2O_5（0.02 wt%）和 Nb_2O_5（0.03 wt%）后，再二次球磨 2h。浆料烘干后加入 8wt% 的聚乙烯醇进行造粒，在 60MPa 下压制成环形坯件。最后，将坯件置于钟罩炉内在氮气保护气氛下分别于 1330℃、1350℃、1360℃ 和 1380℃ 下烧结 4h，从而得到所需样品。

1. 烧结温度对功率铁氧体微结构的影响

图 1-62 为不同烧结温度样品的断面 SEM 图，表 1-25 给出了各烧结温度样品的晶粒尺寸和密度。可以看出，当烧结温度为 1330℃ 时，晶粒尺寸较小，气孔分散在晶界和晶粒内部，烧结密度较低。随着烧结温度升高，晶粒长大并趋于均匀，气孔较少且呈球形，烧结密度增加。当烧结温度为 1350℃ 时，样品的晶粒尺寸为 12.09μm，烧结密度增至 $4.89g/cm^3$。继续增加烧结温度，固相反应过快，出现异常长大的晶粒，晶界和晶粒内部的气孔迅速膨胀，使得烧结密度下降。

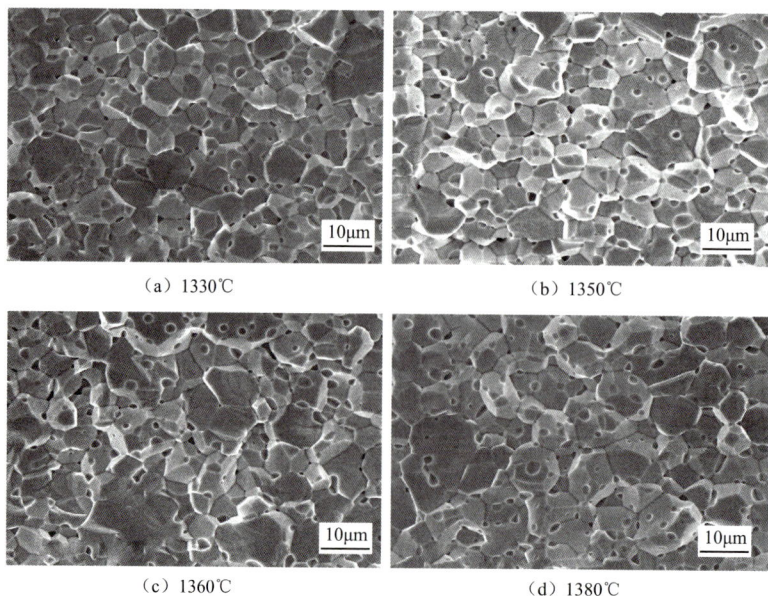

（a）1330℃　　　　　　　　　　（b）1350℃

（c）1360℃　　　　　　　　　　（d）1380℃

图 1-62　不同烧结温度样品的 SEM 图

表 1-25　不同烧结温度样品的晶粒尺寸和密度

烧结温度/℃	1330	1350	1360	1380
密度/(g/cm³)	4.80	4.89	4.86	4.84
晶粒尺寸/μm	11.32	12.09	13.88	14.25

2. 烧结温度对功率铁氧体磁性能的影响

图 1-63 显示了不同烧结温度下 MnCoTiZn 功率铁氧体起始磁导率随温度变化的关系。图 1-64 为烧结温度对 MnCoTiZn 功率铁氧体损耗温度特性的影响。从图中可以看出，随着烧结温度的升高，MnCoTiZn 功率铁氧体的室温起始磁导率呈先上升后下降的趋势，在 1350℃烧结时磁导率最高。室温下的损耗与之相反，为先下降后上升，当烧结温度为 1350℃时损耗达到最低，并且最低损耗温度随着烧结温度升高也呈现向低温移动的趋势。这是由于当烧结温度为 1330℃时，晶粒还没有完全长大，晶粒较细，气孔大多数位于晶界和晶粒内部，以至于畴壁位移阻滞比较严重，因而起始磁导率较低，损耗较大。随着烧结温度的升高，一方面，由于晶粒得到充分生长，气孔减少，微观结构得到改善，畴壁位移阻力减小，故起始磁导率增大，损耗减小；另一方面，由于烧结温度的提高，材料的平衡氧分压也要相应提高，如果仍然保持在较低的氧分压下烧结，铁氧体材料中的氧就会逸出铁氧体晶体，造成铁氧体还原，使得铁氧体中 Fe^{2+} 含量上升，由前面分析可知 Fe^{2+} 可使 MnZn 铁氧体的 K_1 得到补偿，因而起始磁导率升高，损耗下降。但烧结温度过高时则会导致固相反应过快，形成异常大的晶粒，气孔率增加，反而使得起始磁导率下降，损耗上升。此外，Fe^{2+} 的补偿使得 K_1-T 曲线的过零点向低温移动，因此随着烧结温度的提高，起始磁导率-温度特性曲线 II 峰、损耗最低点呈现向低温移动的趋势。

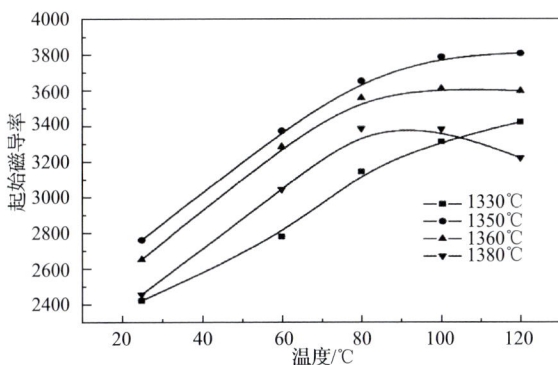

图 1-63　烧结温度对起始磁导率温度特性的影响

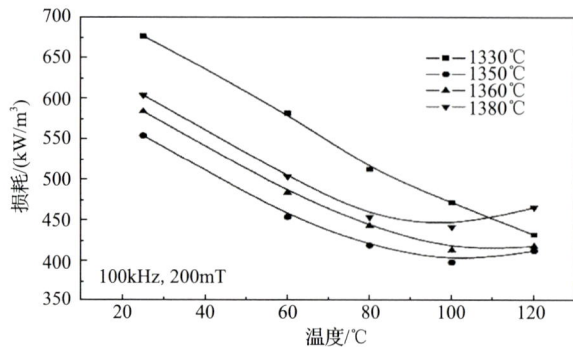

图 1-64　烧结温度对损耗温度特性的影响

1.7　宽温度低损耗 MnCoTiZn 功率铁氧体应用研究

1.7.1　磁芯变压器制备

开关电源以小型、轻量和高效率的特点被广泛应用于各种终端设备、通信设备等几乎所有的电子设备，是当今电子信息产业飞速发展不可缺少的一种电源方式。其开关频率也日益提高。轻、薄、短、小成为高频电源的发展方向。

在开关电源电路中，高频变压器是实现能量转换和传输的主要器件，同时是开关电源体积和质量的主要占有者和发热源，一般占开关电源总体积的 30% 以上，并超过总质量的 30%。随着开关电源的高频化和大功率化，绝缘和散热问题增加了高频变压器的设计难度，并且成为影响开关电源系统寿命和可靠性的重要因素。如何在前面宽温度低损耗功率铁氧体材料的研究基础上，充分发挥材料性能，通过开关电源变压器的优化设计，来实现开关电源高频化和提高效率及可靠性是一个十分重要的研究方向。

通过前述研究，得到宽温度低损耗 MnCoTiZn 五元系功率铁氧体典型的性能指标，如表 1-26 所示。为了验证本节研制的宽温度低损耗 MnCoTiZn 功率铁氧体材料在开关电源变压器中的实际应用效果，将进行小功率开关电源变压器的试制研究，并通过热像图估计变压器的实际温升。

表 1-26　MnCoTiZn 铁氧体的典型磁性能

参数（条件）		数值
μ_i	25℃	3285
	60℃	3901
	80℃	3992

续表

参数（条件）		数值
μ_i	100℃	3710
	120℃	3521
	140℃	3294
P_{cv}/(kW/m³) （f=100kHz，B=200mT）	25℃	385
	60℃	301
	80℃	293
	100℃	352
	120℃	430
	140℃	564
T_m/℃	f≤100kHz	79
	100kHz<f≤200kHz	71
	200kHz<f≤3200kHz	63
B_s/mT （H=1194A/m）	25℃	501
	60℃	454
	100℃	429
	120℃	411
	140℃	380

1.7.2　开关电源变压器的原理及组成

1. 开关电源的构成及分类

开关电源采用功率半导体器件作为开关器件，通过周期性间断工作，控制开关器件的占空比来调整输出电压。开关电源的基本构成如图 1-65 所示，由输入电路、输出电路、变换电路和控制电路组成。输入电路包括线路滤波器、整流电路及浪涌电流抑制电路。线路滤波器的作用主要是衰减电网电源线进入的外来噪声。整流电路是把输入交流变为直流。浪涌电流抑制电路主要用于抑制浪涌电流。功

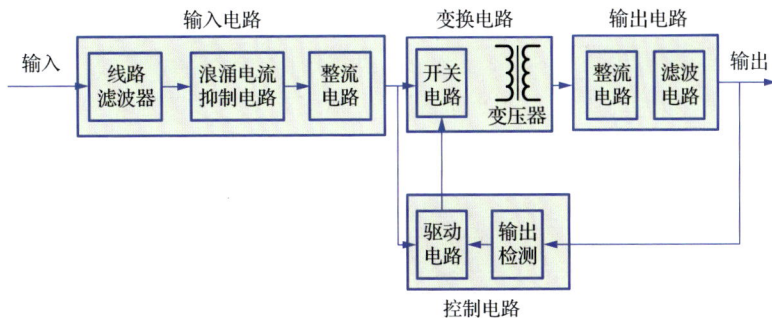

图 **1-65**　开关电源的基本构成

率变换电路是开关电源核心部分，主要由开关电路和变压器组成。开关晶体管要采用开关速度高、导通和关断时间短的晶体管，变压器通常采用铁氧体磁芯。控制电路的作用主要是向驱动电路提供矩形脉冲，并控制脉冲的宽度从而达到改变输出电压的目的。输出电路将变压器次级的方波电压整流，并将其平滑成设计要求的低纹波直流电压。

开关电源的电路结构有多种，按驱动方式分，有自激式和他激式；按电源是否隔离和反馈控制信号耦合方式分，有隔离式、非隔离式和变压器耦合式、光电耦合式等；按工作方式分，有单端正激式、单端反激式、推挽式、半桥式、全桥式等；按控制方式分，有脉冲宽度调制（pulse-width modulation，PWM）式、脉冲频率调制（pulse frequency modulation，PFM）式和 PWM 与 PFM 混合式；按电路组成分，有谐振型和非谐振型等。PWM 式指开关周期恒定，通过改变脉冲宽度来改变占空比的方式。PFM 式是指导通脉冲宽度恒定，通过改变开关工作频率来改变占空比的方式。混合调制式是指导通脉冲宽度和开关频率均不固定，彼此都能改变的方式，是以上两种方式的混合。在硬开关状态下工作的 PWM 和 PFM 变换器，随着开关频率的上升，开关管的开关损耗会成比例地上升，这使电路效率降低，处理功率的能力减小，并且也会产生严重的电磁干扰（electromagnetic interference，EMI）。由于功率开关管不是理想开关，其开通和关断都需要一定时间，在这段时间里，在开关管两端电压（或电流）减小的同时，通过的电流（或电压）上升，形成电压和电流波形的交叠，从而产生开关损耗。为了减少这种开关损耗，提高开关频率，目前发展了软开关技术，使开关损耗大幅减小。软开关通常是指零电压开关（zero voltage switching，ZVS）或零电流开关（zero current switching，ZCS）以及近似零电压开关与零电流开关。硬开关过程是通过突变的开关过程中断功率流完成能量的变换过程，而软开关过程是通过电感 L 和电容 C 的谐振，使开关器件中电流（或电压）按正弦或准正弦规律变化，当电流自然过零时器件关断；或当电压降到零时，器件导通，使器件的开关损耗在理论上为零。软开关技术的应用使开关频率进一步提高，变换器具有更高的效率、更高的功率密度和更高的可靠性。电路拓扑的选择对变压器设计有决定性影响。各种电路拓扑有一定的适用范围，但不是绝对的，大多数情况下相互覆盖。直流隔离变换器中单端反激电路适用于 0～150W、单端正激电路 50～500W、半桥电路 100～1000W、全桥电路 500W 以上，这里以单端正激电路为基础进行变压器设计。

2. 开关电源变压器的工作原理

开关电源变压器是一种利用互感耦合的电感器件，由磁芯和绕组构成。磁芯可起导磁作用，可使变压器的电性能和经济指标大大变好。接输入端的是初级绕组，起激磁和从输入端获取电能的作用，并将输入电能转换为磁场能。接输出端的是次级绕组，它将磁场能转换为电能供给负载。

变压器的工作可概括为空载、负载两种工作状态的三个物理过程。如图 1-66 所示，当开关 K 在断开时，初级绕组接通交流电源 V_1 后，变压器处于空载状态。空载的第一个物理过程是：初级绕组产生激磁电流 I_1，磁势 $E_0=N_1×I_1$，其产生磁场为 $H_m=N_1×I_1/L_e$，并且由 $H_m=B_m/\mu$，$B_m=\Phi_m/A_e$ 关系（其中 B_m 为磁感应强度，Φ_m 为磁通量，L_e 为磁芯有效长度，A_e 为磁芯有效截面积，μ 为磁芯磁导率）可知，在磁芯中激起交变磁通量 Φ_m，称为电生磁的过程。空载的第二个物理过程是：根据电磁感应定律，磁芯里的交变磁通量在初级绕组两端产生自感电势 E_1，在次级绕组两端产生互感电势 E_2，称为磁生电过程。

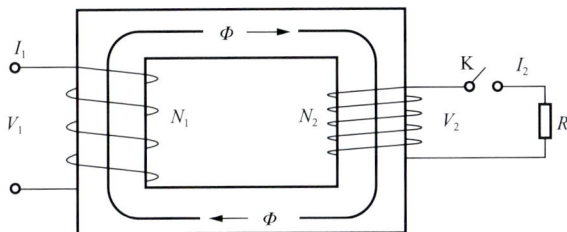

图 1-66　变压器结构示意图

根据空载状态时初级绕组的自感电势 E_1 的瞬时值为

$$e_1 = -N_1 × \mathrm{d}\Phi/\mathrm{d}t \tag{1-21}$$

设 $\Phi=\Phi_m×\cos(\omega t)$，则可得电压有效值：

$$E_1 = K_f × f × N_1 × B_m × A_e \tag{1-22}$$

其中，K_f 为波形系数，方波时为 4，正弦波时为 4.44；N_1 为初级绕组的匝数；B_m 为工作磁感应强度（T）；A_e 为磁芯有效截面积（m^2）；f 为频率（Hz）。

根据电磁感应定律，次级绕组互感电势 E_2 的瞬时值为

$$e_2 = -N_2 × \mathrm{d}\Phi/\mathrm{d}t \tag{1-23}$$

设 $\Phi=\Phi_m×\cos(\omega t)$，则可得电压有效值：

$$E_2 = K_f × f × N_2 × B_m × A_e \tag{1-24}$$

其中，N_2 为次级绕组的匝数。

设初级绕组和次级绕组的电阻为零，则有 $V_1=E_1$，$V_2=E_2$，并可得 $V_2/V_1=N_2/N_1$，这就是变压器的变压原理。若将图 1-66 中开关 K 置于接通位置，变压器就进入负载状态，出现第三个物理过程：在次级绕组中互感电势使负载电路流过负载电流 I_2，并且 $I_1×N_1=I_2×N_2$，这就是变压器的变流原理。

3. 开关电源变压器的磁芯和绕组分析

1）磁芯几何形状

开关电源变压器用功率铁氧体磁芯主要有以下几大系列：P（罐形）、PQ（类似罐形，扁平）、EE（双 E 形）、EC（E 形，中心柱为圆形）、ETD（带扩展气隙

的 E 形）、LP（扁平矩形）、RM（矩形）、PM（类似矩形）、UU（双 U 形）、UI（U 形与 I 形组合）、T（环形）等。图 1-67 给出了部分磁芯外形图。P 型和 PQ 型磁芯具有较小的窗口面积，其窗口形状几乎是正方的，具有较好的磁屏蔽优点，可减少电磁干扰（EMI）的传播，用于电磁兼容性（EMC）要求严格的地方，缺点是引出线缺口较小，不适宜多路输出和高压应用。PQ 型具有最佳的体积与辐射表面和线圈窗口面积之比，因磁芯损耗正比于磁芯体积，而散热能力正比于辐射表面，这类磁芯在给定输出功率下具有最小的温升，并且体积最小。EE、EC、ETD、LP 型磁芯都属于 E 型磁芯，窗口面积较大，因此其绕组与外界空气接触面积大，这有利于空气流通，散热能力强，但电磁干扰较大。EC、ETD 型磁芯的中柱为圆形截面，每匝线圈比矩形短约 11%，绕组损耗和温升也相应降低。RM 和 PM 型磁芯是 P 型和 E 型磁芯的折中，比 P 型有更大的出线窗口和好的散热条件，因而可传输更大的功率，磁芯因没有全部包围绕组，其磁场干扰介于 P 型和 EE 型之间。UU 型和 UI 型主要用在高压和大功率，很少用在 1kW 以下，它们比 EE 型有更大的窗口，可以用更粗的导线和更多的匝数，但比 EE 型有更大的漏感。T 型磁芯具有的圆形磁路，其漏感、杂散磁通和 EMI 扩散都很低。

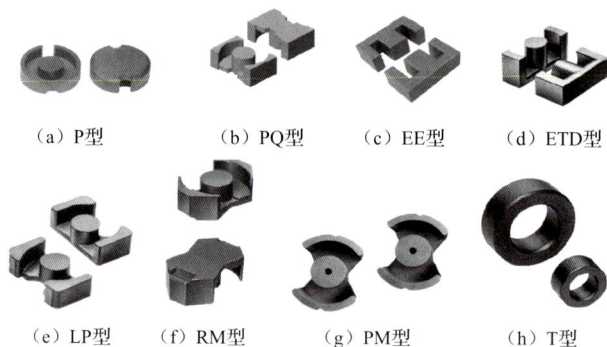

| (a) P型 | (b) PQ型 | (c) EE型 | (d) ETD型 |

| (e) LP型 | (f) RM型 | (g) PM型 | (h) T型 |

图 1-67　部分磁芯外形

2）磁芯工作状态

不同的开关电源变换器电路，输入开关电源变压器的波形不同，磁芯的工作状态也不相同，通常磁芯的工作状态可分为两大类：双极性和单极性。前者变压器初级绕组加上一个幅值和导通脉宽都相同而且方向相反的脉冲方波电压，励磁电流在正负半周的大小相等、方向相反。因此，变压器磁芯中产生的磁通沿交流磁滞回线对称地上下移动，磁芯基本工作于整个磁滞回线［图 1-68（a）］，如全桥、半桥、推挽等变换器中的变压器磁芯。后者变压器初级绕组加上一个单向的脉冲方波电压，变压器磁芯中磁通沿着交流磁滞回线的第一象限部分上下移动，磁感应强度在最大工作磁感应强度 B_m 到剩余磁感应强度 B_r 之间变化［图 1-68（b）］，如单端正激式、单端反激式等变换器中的变压器磁芯。

（a）双极性　　　　　　　　　　　（b）单极性

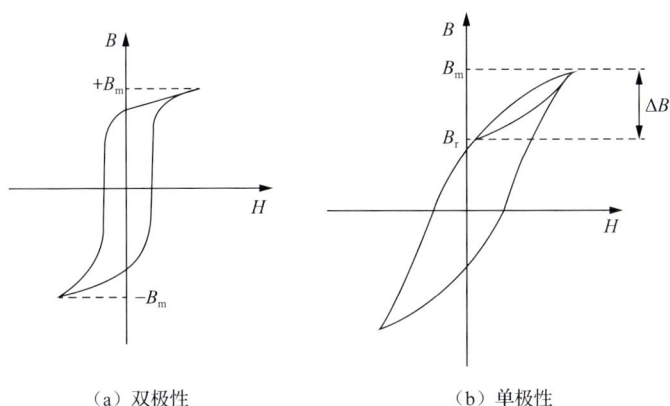

图 **1-68**　磁芯工作状态

3）绕组结构

绕组的结构一般有三种：简单结构、初/次级绕组分段结构（三明治结构）和初级绕组、次级绕组分段结构，分别如图 1-69 所示。绕组结构对变压器的性能、可靠性、用线量都有影响，为了减少漏感，应使变压器初、次级绕组尽可能耦合。在简单结构中，磁动势随初级绕组匝数增加而增加，从而使漏感增加。三明治结构中的磁力线在变压器中分布较均匀，所以绕组耦合较好，漏感较少，对外界干扰小。为了进一步减少漏感，可将初级和次级都分段，但也会带来绕制工艺复杂、初次级之间的屏蔽困难、填充系数降低等问题。因此，这里采用三明治绕组结构。

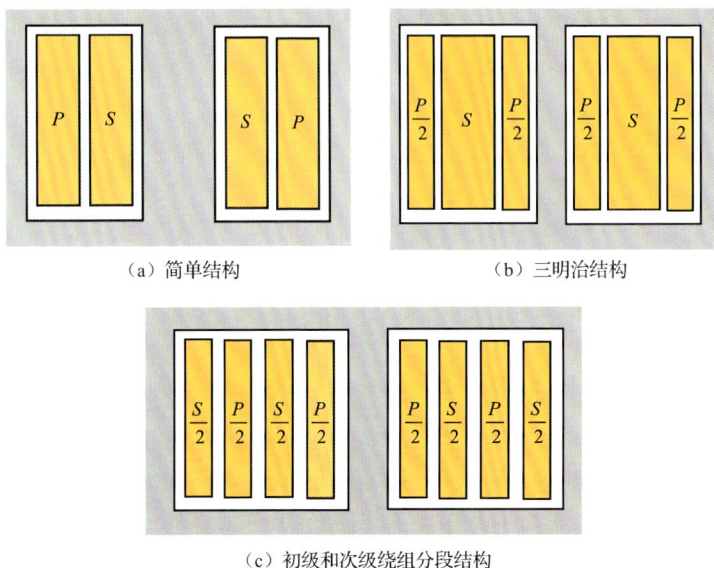

（a）简单结构　　　　　　　　　　（b）三明治结构

（c）初级和次级绕组分段结构

图 **1-69**　变压器绕组结构

P 表示正相位；S 表示负相位

1.7.3 开关电源变压器的优化设计

1. 开关电源变压器的损耗与温升

开关电源现已成为现代电子设备的重要组成部分，其性能优劣直接关系到电子设备的技术指标及其能否安全可靠地工作。开关电源变压器是开关电源体积和质量的重要占有者和发热源之一。输入到变压器的功率 P_{in} 不能全部作为输出功率 P_o 传递给负载，输入功率 P_{in} 与输出功率 P_o 之差就是功率损耗。开关电源变压器的损耗包括磁芯损耗和绕组损耗两部分，磁芯损耗又称为铁损 P_{Fe}，绕组损耗又称为铜损 P_{Cu}，总损耗 $P_{\Sigma}=P_{Fe}+P_{Cu}$。开关电源变压器的磁芯损耗和绕组损耗为变压器的发热源，磁芯产生的热一部分直接传到空气，另一部分传到绕组，再由绕组传到空气中。同样，绕组产生的热量也是一部分直接传到空气，另一部分传到磁芯后散发到空气中。随着工作频率高频化，变压器的功率损耗不断增大，导致发热量增加和温度急剧上升，如果设计不合理，工作时热量不能很快散发出去，变压器温升过高，就会使系统性能恶化，严重影响开关电源系统的质量和可靠性。因此，高频开关变压器进行合理而有效的热设计，是保证开关电源正常工作的基础。

2. 开关电源变压器的热分析

1）有限元法及 ANSYS 简介

有限元法是计算机诞生后，在计算数学、计算传热学和计算工程科学领域里诞生的最有效、应用最广泛的计算方法。有限元法可以减少或避免实验及测试过程，使产品在设计阶段就能对各项性能进行评估，及早发现设计上的问题，从而大大缩短研发周期。

有限元法的计算步骤可分为如下几个方面。①物体离散化：将物理系统离散为各种单元组成的计算模型，离散后的单元与单元之间利用单元节点连接起来，单元节点的设置、性质等可视问题的性质和计算精度而定。②单元特性分析：物理系统离散后，信息通过单元之间的公共节点传递。节点是空间中的坐标位置，具有一定的自由度，并存在相互作用，自由度用于描述一个物理场的响应特性，有限元法仅仅求解节点处的自由度值。为了得到单元内所有节点处的自由度值，需进行分片插值，即将分割单元中任意点的未知函数用该分割单元中形状函数及离散网格点上的函数值展开，建立一个线性插值函数。③单元组集：利用相关理论和边界条件把各个单元按原来的结构重新连接起来，形成整体的有限元方程。④求解节点的未知量，进行结果分析。

ANSYS 是一款集结构、流体、电磁场、声场和耦合场于一体的大型通用有限元分析软件，不仅汇集了结构、热、流体、电磁、声学等物理场分析技术，提供完整的单场分析方案，而且提供了多物理场（ANSYS multiphysics）的耦合问题求解，考虑了两个或多个工程物理场之间相互作用的分析，如热-应力分析、热-结构分析、热-电分析、热-流体分析、磁-热分析、磁-结构分析等，并且各场分析数据无缝传递。耦合场分析的类型可分为两类：顺序耦合和直接耦合。①顺序耦合方法：是两个或多个物理分析一个接一个按顺序分析，第一个物理分析的结果作为第二个物理分析的载荷。②直接耦合方法：一般只涉及一次分析，利用包括所有必要自由度的耦合场类型单元，通过计算包含所需物理量的单元矩阵或载荷向量的方式进行耦合。

2）热分析法简介

开关电源变压器的热传递形式有三种：传导、对流和辐射。变压器产生的热通过这三种形式散发到周围介质中。

（1）热传导。

当物体内部存在温度差时，热量将从高温部分传递到低温部分，而当不同温度的物体相互接触时热量会从高温物体传递到低温物体。这种热量传递的方式称为热传导。从微观角度看，液体、气体、导电固体和非导电固体的导热机制是不同的。气体中的导热是气体分子不规则热运动相互碰撞的结果；在导电固体中，自由电子对导热起主要作用；而在非导电固体中，导热则是通过原子、分子在其平衡位置附近的振动来实现的。分析热传导现象的基本定律是著名的傅里叶定律：单位时间内通过物体单位面积的热量与该处的温度梯度成正比，即

$$q = -\lambda \times \mathrm{grad}T \tag{1-25}$$

其中，λ 为热导率，负号表示热量的传递方向与温度梯度相反，即向温度降低的方向传递。

（2）热对流。

对流是温度不同的各部分流体之间发生相对运动所引起的热量传递方式。工程上常遇到的不是单纯的对流方式，而是流体流过固体表面时对流和导热联合起作用的传热方式，称为对流换热。对流换热分为自然对流和强制对流两类，其中自然对流是由流体冷热各部分的密度不同而引起的，强制对流是由水泵、风机或其他压差所造成的。

对流换热的计算可采用牛顿冷却公式：

$$q = h \times \Delta T \tag{1-26}$$

其中，ΔT 为温差，并规定永远为正值；h 为对流换热系数。

（3）热辐射。

热辐射是通过电磁波传播能量，不需要任何介质，可以在真空中传播。自然界中所有物体都在不停地向空间发出热辐射，同时又不断吸收热辐射，辐射和吸收的结果就形成了物体间以辐射方式进行热量传递，即辐射换热。当物体与周围环境处于热平衡时，物体发出的辐射能和吸收的辐射能相等，辐射换热量等于零。

实验表明，物体的辐射能力与温度有关，而在同一温度下不同物体的辐射和吸收本领也不一样，实际物体的辐射能采用式（1-27）计算：

$$\phi = \varepsilon \times A \times \sigma_0 \times T^4 \tag{1-27}$$

其中，σ_0 为黑体辐射常数，$5.67 \times 10^{-8} \text{W/(m}^2 \cdot \text{K}^4)$；$\varepsilon$ 为实际物体的黑度，表示实际物体与黑体之间的接近程度，其值与物体的种类和表面状态有关，介于 $0 \sim 1$ 之间。

　　热量传递的三种基本方式，由于机制不同，所遵循的规律也不同，在工程问题中，这三种传热方式往往同时存在，传热是多维的。开关电源变压器的发热涉及电磁场和热场两个物理场，ANSYS 多物理场可用来分析两个及两个以上物理场之间的相互作用。本小节使用顺序耦合法，先后对 P 型磁芯变压器、RM 型磁芯变压器、T 型磁芯变压器进行了热分析。图 1-70、图 1-71、图 1-72 分别为 P 型、RM 型、T 型磁芯变压器有限元模型网格划分图。

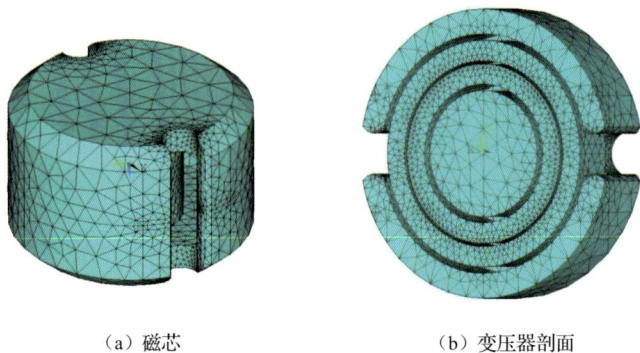

（a）磁芯 　　　　　　　　　　　（b）变压器剖面

图 1-70　P 型磁芯变压器 3D FEM 模型网格划分图

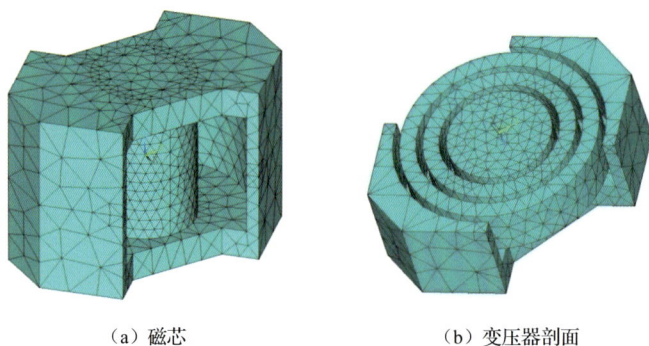

（a）磁芯 　　　　　　　　　　　（b）变压器剖面

图 1-71　RM 型磁芯变压器 3D FEM 模型网格划分图

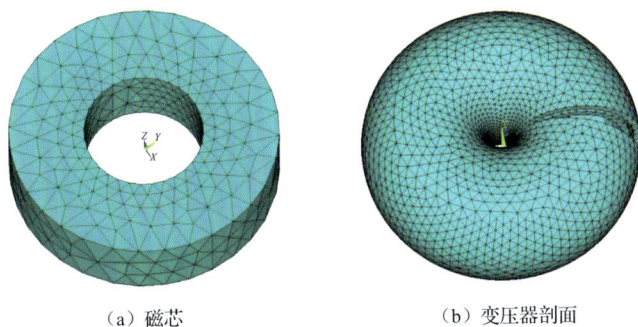

（a）磁芯　　　　　　　　　　　（b）变压器剖面

图 1-72　T 型磁芯变压器 3D FEM 模型网格划分图

图 1-73、图 1-74、图 1-75 分别为 P 型、RM 型、T 型磁芯变压器热场分布。由图可知，在实际工作中，变压器各点的温度是不相同的。初级在内，次级在外绕制模式的变压器中，变压器温度最高点（热点）位于绕组靠近磁芯表面处，其中 T 型磁芯变压器的热点位于中心孔处，并且由于铁氧体［4W/(m·K)］和绕组［398W/(m·K)］的热导率较高，因此变压器最高温度比表面温度高得并不多。变压器中最重要的温度就是热点温度。热点温度直接决定了变压器的可靠性，并限制了变压器的温升。变压器内部热点受磁芯和绝缘材料限制，一般随着温度的增加，绝缘材料的寿命将缩短。若超过最高允许温度，绕组的绝缘材料就会很容易被击穿，从而使变压器损坏。变压器热性能失效的主要形式是绝缘材料失效。变压器绝缘材料的损坏遵照 1/2 定律：即工作温度每超过绝缘材料的绝缘等级 5℃，材料寿命将缩短一半左右，最终使变压器短路损坏。在一般工业产品中，民用环境温度最高为 40℃，如果采用 A 或 E 级绝缘，变压器温升一般定为 40～50℃温升，如果温升过高，应当采用较大尺寸的磁芯。不同绝缘等级材料的极限工作温度见表 1-27。

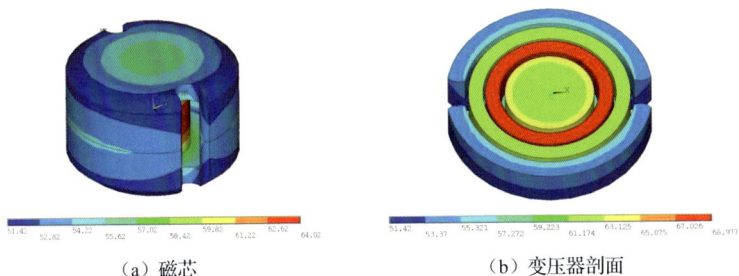

（a）磁芯　　　　　　　　　　　（b）变压器剖面

图 1-73　P 型磁芯变压器热场分布

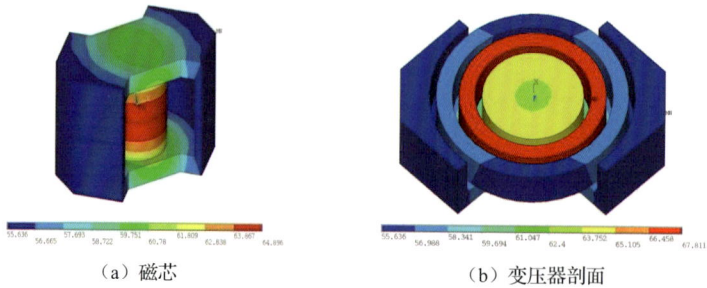

（a）磁芯

（b）变压器剖面

图 **1-74** RM 型磁芯变压器热场分布

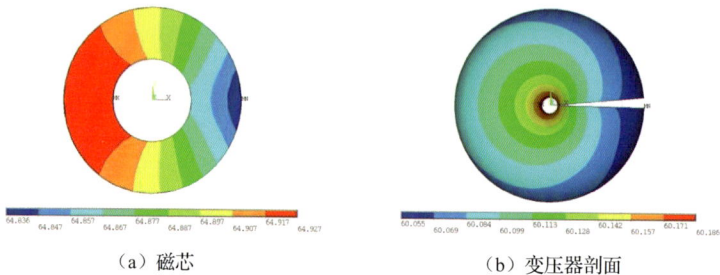

（a）磁芯

（b）变压器剖面

图 **1-75** T 型磁芯变压器热场分布

表 **1-27** 绝缘材料的极限工作温度

绝缘等级	Y	A	E	B	F	H	C
极限工作温度/℃	90	105	120	130	155	180	>180

初级、次级绕组的温度相对于磁芯来讲分布较均匀，这是因为铜的热导率接近铁氧体热导率的 100 倍。磁芯引线槽附近由于散热条件好，温度相对其他同半径的区域低。P 型、RM 型磁芯表面由于与空气有较大温差，更容易散热，故温度较低，磁芯中心柱由于两端与磁芯的底部和顶部相连，因此温度两端低中间高，最热点温度大约比表面高 10℃。

根据"热路"欧姆定律，温升和损耗的关系为

$$\Delta T = R_{\text{th}} \times P_{\Sigma} \qquad (1\text{-}28)$$

其中，ΔT 为温升；R_{th} 为热阻。因此可知温升不仅与散热条件有关，还与变压器耗散的功率有关。为了有效控制温升，一方面应充分利用散热条件和材料的绝缘能力，在保证可靠的前提下，发掘材料潜力，提高功率密度；另一方面应努力提高磁性元件能量传递效率，从设计上减少损耗的产生，从而提高变压器的热性能，保证变压器工作的热稳定性。

3. 开关电源变压器的热设计

1）开关电源变压器磁芯损耗分析

磁芯损耗，也称为铁损 P_{Fe}：

$$P_{\text{Fe}} = \frac{1000 \times P_{\text{cv}} \times G}{d} \tag{1-29}$$

其中，P_{Fe} 为磁芯损耗（W）；P_{cv} 为磁芯单位体积功耗（kW/m³）；G 为磁芯质量（kg）；d 为密度（kg/m³）。

已有的研究表明，开关电源变压器用 MnZn 系功率铁氧体的单位体积功耗（P_{cv}）由磁滞损耗（P_{h}）、涡流损耗（P_{e}）和剩余损耗（P_{r}）三部分组成，其值与工作频率（f）、工作磁感应强度（B_{m}）、温度（T）密切相关，可用改进的 Steinmetz 公式表示：

$$P_{\text{cv}} = C_{\text{m}} \times f^{\alpha} \times B_{\text{m}}^{\beta} \times (\text{ct}_0 - \text{ct}_1 \times T + \text{ct}_2 \times T^2) \tag{1-30}$$

其中，$1 < \alpha < 3$，$2 < \beta < 3$。由此可知，在其他条件不变情况下，MnZn 系功率铁氧体的 P_{cv} 随 f、B_{m} 的增加呈指数规律增长，与温度的关系则类似于一条开口向上的抛物线（图 1-1），存在一损耗最低点（T_{m}）。在 T_{m} 左侧的区域，磁芯损耗与温度具有负反馈关系，当磁芯工作温度因某种因素而发生漂移增大时，磁芯损耗反而减小，磁芯温度将趋于稳定。而在 T_{m} 的右侧区域，磁芯损耗与温度具有正反馈关系，此时当磁芯工作温度发生漂移增大时，磁芯损耗增大，将使磁芯温度不断升高而可能达不到热稳定，最终导致热失效。铁氧体磁芯工作温度的设计不仅对磁芯的损耗，而且对变压器的工作温度稳定性均有很大影响。因此，开关电源变压器磁芯的工作温度应设计在临界点温度 T_{m} 左侧的一定范围内，此时不仅磁芯损耗比较小，而且由于磁芯损耗与温度具有负反馈关系，变压器的热稳定性比较好，工作也比较稳定。宽温度低损耗 MnCoTiZn 功率铁氧体材料损耗的温度特性虽有较大改善，但仍具有温度依赖性，因此工作温度也应设计在临界点温度 T_{m} 左侧范围内。

2）开关电源变压器绕组损耗分析

绕组的损耗，又称为铜损 P_{Cu}：

$$P_{\text{Cu}} = R_{\text{ac1}} \times I_{\text{RMS1}}^2 + R_{\text{ac2}} \times I_{\text{RMS2}}^2 \tag{1-31}$$

其中，R_{ac1} 和 R_{ac2} 分别为初级和次级绕组的交流电阻；I_{RMS1} 和 I_{RMS2} 分别为初级和次级绕组电流有效值。

$$R_{\text{ac}} = K_{\text{r}} \times R_{\text{dc}} \tag{1-32}$$

其中，K_{r} 为交流电阻系数；R_{dc} 为绕组的直流电阻。

$$R_{\text{dc}} = \frac{\rho \times \text{MLT} \times N}{S_{\text{总}}} \tag{1-33}$$

其中，MLT 为平均匝长度（m）；N 为该绕组匝数；$S_{\text{总}}$ 为总的裸线截面积（m²）；ρ 为铜线电阻率（$\Omega \cdot$m）。由于高频电流的趋肤效应（skin effect）、邻近效应（proximity effect）的影响，绕组的交流电阻要大于直流电阻，即 $K_{\text{r}} > 1$。

趋肤效应是当导线中流过交流电流时，电流将向导线表面集中，导致导线表面电流密度增大。如图 1-76 所示，当导线中流过交流电流时，按右手法则将产生离开或进入剖面的磁力线，进而产生涡流，涡流的方向加大了导线表面的电流，而抵消了导线中心的电流，这使得导线传送高频交流电流时，电流集中于导线表面传送，因而呈现出较大的电阻。

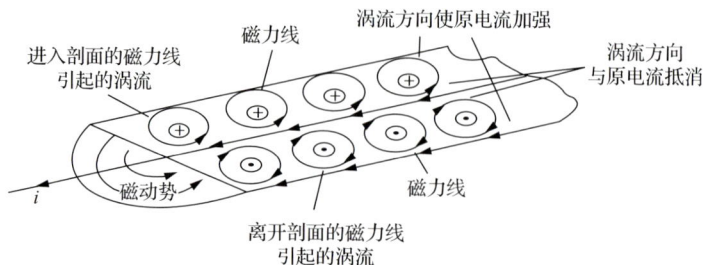

图 1-76　趋肤效应

由于存在趋肤效应，交流电流沿导线表面向导线中心衰减，当衰减到表面电流强度的 1/e 时所达到的径向深度，称为趋肤深度（penetration depth）。趋肤深度与电流的频率、导线的磁导率及电导率有关，其关系为

$$\varDelta = \sqrt{\frac{2}{\omega \times \mu \times \gamma}} \times 10^{-3} \quad (\text{mm}) \tag{1-34}$$

其中，ω 为角频率；μ 为导线磁导率；γ 为导线电导率。

邻近效应是指相邻导线流过高频电流时，磁电作用使电流偏向一边的特性。当绕组分层绕制时，由于存在邻近效应，电流集中在绕组交界面间流动，因此邻近效应又称为绕组的趋肤效应。邻近效应随绕组层数增加而呈指数规律增加，其影响远比趋肤效应影响大。Dowell 给出了交流电阻系数 K_r 的计算公式：

$$K_r = y \left[M(y) + \frac{2}{3}(m^2 - 1)D(y) \right] \tag{1-35}$$

其中，$y = \text{hc}/\varDelta$，hc 为导体厚度（对于圆导线 $\text{hc} = 0.834d\sqrt{d/s}$，$d$ 为导线直径，s 为绕线中心之间的距离），$\varDelta$ 为 100℃时的趋肤深度，$\varDelta = 0.071/\sqrt{f}$；$m$ 为层数。

$$M(y) = \frac{\sinh(2y) + \sin(y)}{\cosh(2y) - \cos(y)} \tag{1-36}$$

$$D(y) = \frac{\sinh(y) - \sin(y)}{\cosh(y) + \cos(y)} \tag{1-37}$$

因此为了降低铜损，在选择导线时，线径既不能太大也不能太小。为了降低绕组的直流损耗，应尽量选择较粗的导线，并使电流密度在 4～10A/mm^2 范围内。为了降低绕组的交流损耗，导线直径应小于两倍趋肤深度。当导线要求的直径大于由趋肤深度决定的最大直径时，可采用小直径的导线多股并绕。

3）开关电源变压器热设计流程

开关电源变压器的设计参数相互依存、相互制约，要使在一个设计中做到所有参数最佳是不可能的。因此，在设计中要进行合理的折中，以达到优化设计。随着开关电源向高频、高功率密度发展，开关电源变压器的热问题显得越来越突出，对开关电源变压器进行合理而有效的热设计，是保证开关电源正常工作的基础。变压器热设计流程图如图 1-77 所示。

（1）磁芯的选定。

根据 A_P 因子选定磁芯：

$$A_P = A_e \times A_c = \frac{2 \times P_o \times D_{max}}{\eta \times K_w \times f \times J \times \Delta B} \quad (1-38)$$

其中，A_P 为面积乘积（m^4）；A_c 为磁芯窗口面积（m^2）；A_e 为磁芯有效截面积（m^2）；f 为频率（Hz）；P_o 为变换器直流输出功率（W）；J 为电流密度（A/m^2）；ΔB 为磁芯磁通密度摆幅（T）；η 为效率；K_w 为窗口填充系数；D_{max} 为最大占空比。

（2）温升确定。

先将工作温度选择在磁芯材料功耗-温度特性曲线靠近最低点的负反馈区，由该区的温度减去环境温度得到温升。

（3）总损耗的确定。

文献给出了温升与总损耗的关系：

$$q = \frac{P_{\Sigma\text{-temperature rise}}}{S_t} \quad (1-39)$$

其中，q 为单位面积损耗（W/cm^2）；$P_{\Sigma\text{-temperature rise}}$ 为总损耗（W）；S_t 为元件表面积（cm^2）。

$$S_t = K_s \times A_P^{0.5} \quad (1-40)$$

其中，A_P 为面积乘积（cm^4）；K_s 为表面积系数。

表 1-28 为不同外形磁芯的表面积系数，图 1-78 给出了温升与磁芯表面热消散的关系。根据式（1-39）、式（1-40）、表 1-28 和图 1-78 即可由温升得到总损耗。

图 1-77　变压器热设计流程图

表 1-28　不同外形磁芯表面积系数

磁芯类型	罐型	E 型	C 型	环型
K_s	33.8	41.3	39.2	50.9

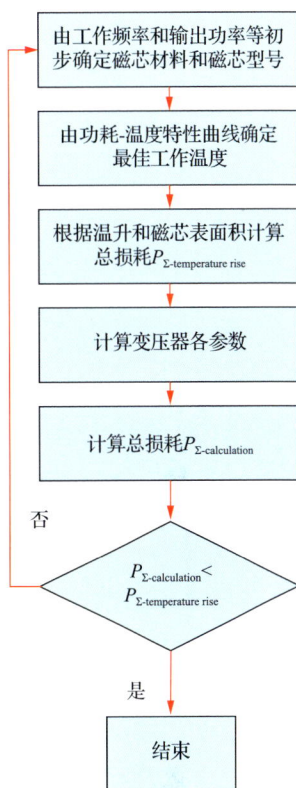

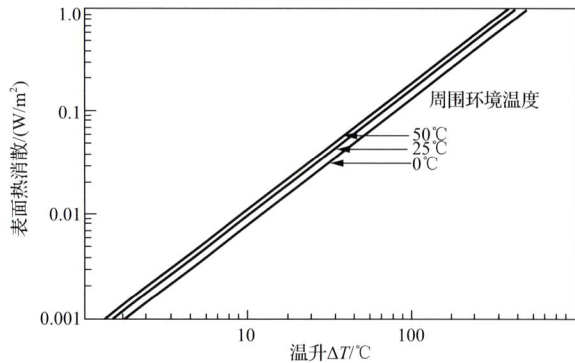

图 1-78 温升与表面热消散的关系

（4）B_m 确定。

从理论上讲，当铜损和铁损相等时可得最大效率，$P_{Fe}=P_{Cu}=P_{\Sigma\text{-temperature rise}}/2$，由单位体积功耗和式（1-30），可得最大允许磁感应强度，综合考虑工作温度时的 B_s，留出裕量，确定工作磁感应强度 B_m。

（5）匝比计算（$N=N_1/N_2$）。

根据变换器（连续时）每匝电感伏·秒值相等有

$$N = \frac{V_{in(min)} \times D_{max}}{V_0} \qquad (1\text{-}41)$$

其中，$V_{in(min)}$ 为输出电压的最小值；V_0 为输出电压。

（6）匝数计算。

初级绕组匝数 N_1 按式（1-42）计算：

$$N_1 = \frac{U_{in(min)} \times D_{max}}{\Delta B \times A_e \times f} \qquad (1\text{-}42)$$

去磁绕组匝数 N_3 一般选择和初级绕组匝数相同。

（7）变压器有效值电流 I_{RMS}。

为了简单起见，这里将波形近似为方波，则

$$I_{RMS1} = \frac{\sqrt{D} \times I_0}{N} \qquad (1\text{-}43)$$

其中，I_{RMS1} 为初级绕组有效值电流；N 为匝比；D 为占空比；I_0 为变换器直流输出电流（A）。去磁绕组有效值电流 I_{RMS3} 为初级电流有效值的 5%～10%。

$$I_{RMS2} = \sqrt{D} \times I_0 \qquad (1\text{-}44)$$

其中，I_{RMS2} 为次级绕组有效值电流。

（8）绕线股数 m。

$$m = \frac{I_{RMS}}{S_{截} \times J} \qquad (1\text{-}45)$$

式中，I_{RMS} 为有效值电流（A）；$S_{截}$ 为裸线截面积（m^2）；J 为电流密度（A/m^2）。

1.7.4　开关电源变压器的研制与应用

1. 设计参数及制备工艺

根据实际需要，用所研制的磁芯研制了开关电源变压器，其指标：电路结构为单端正激结构；输入电压为 48V±25%；输出电压为 10V；额定功率为 20W；工作频率为 200kHz。

首先根据式（1-38）计算得到 A_P=0.0556cm^4，选用本节制备 MnCoTiZn 材料（表 1-26）A_P 值为 0.0612cm^4 的磁芯。由表可知，其在 200kHz 下功耗最低点对应温度为 71℃，室温以 25℃计，设计温升为<45℃。根据式（1-39）、式（1-40）、图 1-78、表 1-28 计算总损耗 $P_{\Sigma\text{-temperature rise}}$ 为 0.692W。从理论上讲铜损和铁损相等时可得最大效率，$P_{Fe}=P_{\Sigma\text{-temperature rise}}/2$=0.346W。由式（1-29）和式（1-30），并留出裕量，取最大磁感应强度 B_m=237mT。初级、次级匝数根据式（1-41）和式（1-42）计算，分别取整为 27 匝和 16 匝。去磁绕组匝数取 27 匝，与初级绕组匝数相同。根据式（1-43）、式（1-44）计算初级、次级有效值电流分别为 0.80A、1.34A。由于频率为 200kHz 时趋肤深度为 0.159mm，故绕组选择 0.27mm 线径的漆包线绕制，由式（1-45）计算绕线股数，初级绕组、去磁绕组、次级绕组分别为 3 股、1 股、5 股。为使初级绕组与去磁绕组紧密耦合，在绕制时采用初级绕组、去磁绕组并绕的方式。由式（1-29）和式（1-31）计算变压器的总损耗 $P_{\Sigma\text{-calculation}}$=0.642W，$P_{\Sigma\text{-calculation}}<P_{\Sigma\text{-temperature rise}}$，因此设计符合要求。

2. 测试结果分析

图 1-79 为设计和研制的变压器实物图，图 1-80 为变压器的热像图。由图可以看出变压器的热点温度为 69.3℃，小于磁芯材料在 200kHz 下的功耗最低点对应温度，位于靠近最低点的负反馈区，证明温升满足热设计要求。图 1-81 给出了不同输入电压下的效率曲线，可以看出效率在 85.1%～88.3%之间波动，输入电压的变化对其影响不大。

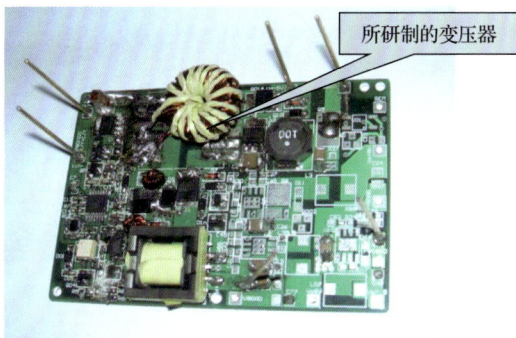

图 1-79　变压器实物图

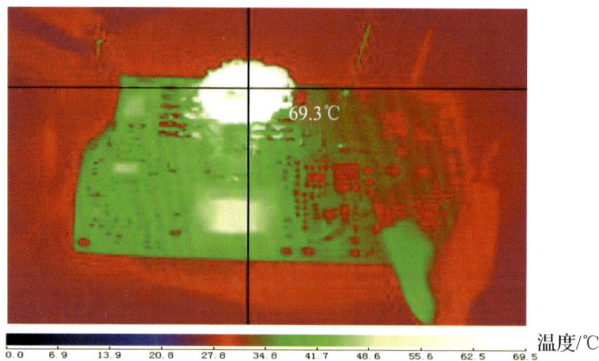

图 1-80　变压器热像图

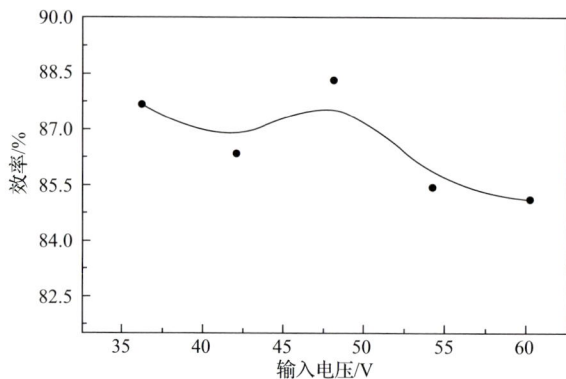

图 1-81　不同输入电压下的效率曲线

参 考 文 献

[1] 姬海宁. 宽温低损耗 MnZn 系功率铁氧体及其应用的研究. 成都: 电子科技大学, 2010.

[2] Matsuo Y, Mochizuki T, Ishikura M, et al. Decreasing core loss of Mn-Zn ferrite. J Magn Soc Jpn, 1996, 20(2): 429-432.

[3] Takadate K, Yamamoto Y, Makino A, et al. Fine grained MnZn ferrites in the highdriving. J Appl Phys, 1998, 83(11): 6861-6863.

[4] Lu J W. Application and analysis of adjustable profile high frequency switch mode transformer having a U-shaped winding structure. IEEE Trans Magn, 1998, 34(4): 1345-1347.

[5] Sugimoto M. The past, present, and future of ferrites. J Am Ceram Soc, 1999, 82(2): 269-280.

[6] Konig U. Improved manganese zinc ferrites for power transformers. IEEE Trans Magn, 1975, 11: 1306-1308.

[7] Roess E. Soft magnetic ferrites and applications in the telecommunication and power converters. IEEE Trans Magn, 1982, 18: 1529-1534.

[8] Stoppels D. Developments in soft magnetic power ferrites. J Magn Magn Mater, 1996, 160: 323-328.

[9] van der Zaag P J. New views on the dissipation in soft magnetic ferrites. J Magn Magn Mater, 1999, 196-197:

315-319.

[10] Kawano T, Fujita A, Gotoh S. Analysis of power loss at high frequency for MnZn ferrites. J Appl Phys, 2000, 87(9): 6214-6216.

[11] Tsay C Y, Liu K S, Lin I N. Co-firing process using conventional and microwave sintering technologies for MnZn- and NiZn-ferrites. J Eur Ceram Soc, 2001, 21: 1937-1940.

[12] Jeong W H, Han Y H, Song B M. Effects of grain size on the residual loss of Mn-Zn ferrites. J Appl Phys, 2002, 91(10): 7619-7621.

[13] Zaspalis V T, Eleftheriou E. The effect of TiO_2 on the magnetic power losses and electrical resistivity of polycrystalline MnZn-ferrites. J Phys D: Appl Phys, 2005, 38: 2156-2161.

[14] Topfer J, Kahnt H, Nauber P, et al. Microstructure effects in low loss power ferrites. J Eur Ceram Soc, 2005, 25: 3045-3049.

[15] Landgraf F J G, Lazaro-Colan V, Leicht J, et al. Geometry effect on the magnetic properties of manganese zinc ferrite. J Magn Magn Mater, 2008, 320: 857-859.

[16] Beatricea C, Fiorilloa F, Landgraf F J, et al. Magnetic loss, permeability dispersion, and role of eddy currents in Mn-Zn sintered ferrites. J Magn Magn Mater, 2008, 320: 865-868.

[17] Nie J, Li H, Feng Z, et al. The effect of nano-SiO_2 on the magnetic properties of low power loss manganese-zinc ferrites. J Magn Magn Mater, 2003, 265: 172-175.

[18] Stijntjes T G W, Klerk J, Broese A. Permeability and conductivity of Ti-substituted MnZn ferrites. Philips Res Repts, 1970, 25(2): 95-107.

[19] Yu Z, Lan Z W, Chen S M, et al. Microstructure and magnetic performance of Ni-substituted high density MnZn ferrite. Rare Metals, 2006, 25(6): 584.

[20] Mullin J T, Willey R J. Effects of post-sinter cooling on Ti-substituted Mn-Zn ferrites. J Magn Magn Mater, 1984, 41: 66-68.

[21] Willey R J, Mullin J T. Temperature and time stability of MnZn ferrites. J Magn Magn Mater, 1982, 26: 315-317.

[22] Willey R J. Effects of post sinter-cooling rates on MnZn ferrites. J Magn Magn Mater, 1980, 19: 126-129.

[23] Peloschek H P, Perduijn D J. High-permeability MnZn ferrites with flat μ-T curves. J Magn Magn Mater, 1968, MAG-4(3): 453-455.

[24] Huang A P, He H H, Feng Z K, et al. Study on electromagnetic properties of MnZn ferrites with Fe-poor composition. Mater Chem Phys, 2007, 105: 303-307.

[25] Nan L, Mishra R, Thomas G. CaO segregation in MnZn ferrite. IEEE Trans on Magn, 1982, 18(6): 1544-1555.

[26] Liu C S, Wu J M, Tsay M J, et al. Optimum power-loss and microstructure of MnZn ferrites under consideration of particle size. IEEE Trans Magn, 1996, 20(5): 4860-4862.

[27] Jeong G M, Choi J, Kim S S. Abnormal grain growth and magnetic loss in Mn-Zn ferrites containing CaO and SiO_2. IEEE Trans Magn, 2000, 36(5): 3405-3408.

[28] Zhu J, Tseng K J. Reducing dielectric losses in MnZn ferrites by adding TiO_2 and MoO_3. IEEE Trans Magn, 2004, 40(5): 3339-3345.

[29] Andrei P, Caltun O V, Papusoi C, et al. Losses and magnetic properties of Bi_2O_3 doped MnZn ferrites. J Magn Magn Mater, 1999, 196-197: 362-364.

[30] Shokrollahi H, Janghorban K. Influence of additives on the magnetic properties, microstructure and densification of Mn-Zn soft ferrites. Mater Sci Eng: B, 2007, 141(3): 91-107.

[31] Chen S H, Chang S C, Tsay C Y, et al. Improvement on magnetic power loss of MnZn-ferrite materials by V_2O_5 and Nb_2O_5 co-doping. J Eur Cer Soc, 2001, 21: 1931-1935.

[32] Liang T J, Nien H H, Chen J F. Investigating the characteristics of cobalt-substituted MnZn ferrites by equivalent electrical elements. IEEE Trans Magn, 2007, 43(10): 3816-3820.

[33] Janghorban K, Shokrollahi H. Influence of V_2O_5 addition on the grain growth and magnetic properties of Mn-Zn high permeability ferrites. J Magn Magn Mater, 2007, 308: 238-242.

[34] Li L Z, Lan Z W, Yu Z, et al. Effects of Ta_2O_5 addition on the microstructure and temperature dependence of magnetic properties of MnZn ferrites. J Magn Magn Mater, 2009, 321(5): 438-441.

[35] Mali A, Ataie A. Influence of the metal nitrates to citric acid molar ratio on the combustion process and phase constitution of barium hexaferrite particles prepared by sol-gel combustion method. Ceram Int, 2004, 30: 1979-1983.

[36] Hou J G, Qu Y F, Ma W B, et al. Effect of CuO-Bi_2O_3 on low temperature sintered MnZn-ferrite by sol-gel auto-combustion method. J Sol-Gel Sci Technol, 2007, 44: 15-20.

[37] Jia L J, Zhang H W, Zhong Z Y, et al. Effects of different sintering temperature and Nb_2O_5 content on structural and magnetic properties of Z-type hexaferrites. J Magn Magn Mater, 2007, 310: 92-97.

[38] Ogasawara T, Travares L M, Marins S S. Thermodynamic interpretation of the manganese-zinc ferrite synthesis by calcination of a powder mixture. Mater Lett, 2007, 61: 5063-5066.

[39] Su H, Zhang H W, Tang X L, et al. Effects of calcining and sintering parameters on the magnetic properties of high-permeability MnZn ferrites. IEEE Trans Magn, 2005, 41(11): 4225-4228.

[40] Fatemi D J, Harris V G, Browning V M. Processing and cation redistribution of Mn-Zn-ferrites via high-energy ball-milling. Appl Phys Lett, 1996, 68(15): 2082-2084.

第2章

NiCuZn 铁氧体制备研究

2.1 ▶ 绪论

2.1.1 研究的背景和意义

近年来，随着微电子电路、表面组装技术（surface mounting technology，SMT）的应用和不断完善，在世界范围内引发了一场电子组装技术的变革，轻、薄、短、小成为衡量电子整机系统的重要标志和发展趋势。为了实现电子整机设备的小型化，首先就需要实现电子元器件的小型化。而从电子元器件的体积、质量以及使用数量方面来看，无源电子元器件无疑又是最引人注目的。采用片式化的无源元器件，不仅能实现电子产品的小型化，而且也有利于整机装配的高度自动化。因此，从 20 世纪 80 年代以来，片式元器件和表面组装技术就开始在通信、计算机、工业自动化、仪器仪表等传统意义的电子整机制造中得到普及，并在包括运载火箭、卫星通信、导航、雷达、电子对抗等新型电子装置在内的航空、航天、国防军事尖端技术领域中也得到大量应用。无源片式元器件的更新换代已经成为电子技术飞速发展的基础，而现代信息化的需求又反过来进一步促进了片式元器件的微型化和高性能化。

目前，我国在片式电阻和片式电容/容性领域的技术发展已较为成熟，均已有系列化的自主研发产品面世。而在片式电感/感性领域（包括各种片式电感器、变压器、滤波器等），由于技术含量高、工艺难度大，始终未能取得关键性的突破，并且还存在多方面的基础理论、形成机制有待进一步深入研究。而国外目前虽然已有片式电感产品问世，但也面临着产品更新换代的技术压力，需要在诸多材料理论、设计和工艺上进行改进。此外，对于集成化和多功能化的片式感性器件，如片式滤波器、变压器等，则在国内外都还处于研究开发阶段。从结构上看，实现片式化的电感器件可采用绕线式和叠层式两种方式。前者是沿用传统电感器件的结构模式，将细的导线绕在软磁铁氧体磁芯上形成线圈，然后将磁芯固定于基座上并引出钩形短引线，外层用树脂固封。其特点是工艺继承性好，但由于受绕线工艺的限制，其小型化很有限。而叠层片式电感器件的制备则是利用多层陶瓷技术将磁性材料或低介陶瓷材料与内电极交替叠层共烧形成独石结构。由于它采用了先进的厚膜多层印刷技术和叠层工艺，可以实现片式元器件的超小型化。同时，相对于绕线式结构，叠层式结构制备的片式电感器件还具有体积小、质量轻、磁屏蔽良好、漏磁小、可焊性和耐热性好、可靠性高、适于高密度组装等一系列优点，因此成为片式电感器件研究和发展的主流方向[1]。

为了开发高性能的叠层片式电感器件，必须解决两大技术难题：一是研制出性能优良的低温共烧铁氧体（low temperature co-fired ferrites，LTCF）材料；二是能够实现先进的叠层片式工艺技术。近年来，在急剧增加的市场需求和丰厚的利润回报驱动下，国内深圳顺络电子股份有限公司、广东风华高新科技股份有限公司、电子科技大学、中国电子科技集团公司第九研究所等企业和研究机构陆续引进了多条国外先进的片式电感生产线，积极开展对片式电感器件的研究和开发。这些企业和研究机构虽然都已具备了实现叠层片式电感工艺的技术条件，但在低温烧结铁氧体材料、流延浆料、器件设计理论、掩模设计与制备等技术的研制方面却始终未能取得有效突破，严重制约了片式器件技术在国内的发展，也成为信息技术三大变革中的技术"瓶颈"之一。为了实现铁氧体材料与片式电感器件中Ag 内导体材料的共烧结，不仅要求铁氧体烧结温度低（一般为 900℃）、电阻率高、不与内导体发生反应，而且收缩率也要与 Ag 内导体相近。此外，还要保证铁氧体材料具有优良的电磁性能，因此其开发的技术难度较大[2-5]。国内的中国电子科技集团公司第九研究所、电子科技大学、广东风华高新科技股份有限公司等单位对低温烧结系列铁氧体常用的助烧剂如低熔玻璃体材料开展过一定的研究。表 2-1 和表 2-2 分别为美国 PPT（Powder Processing and Technology）公司和国内中国电子科技集团公司第九研究所公布的系列低温烧结铁氧体材料主要性能指标的对比。

表 2-1　美国 PPT 公司系列 LTCF 主要技术指标

型号	烧结温度 T_s/℃	起始磁导率 μ_i	品质因数 Q	居里温度 T_c/℃	烧结密度/ (g/cm³)	测试频率/ MHz
LSF400	900	450	95	150	5.2	0.2
LSF220	900	260	90	150	5.2	0.2
LSF180	900	180	180	150	5.2	0.5
LSF120	900	140	180	200	5.2	1
LSF50	900	60	150	350	5.2	5
LSF16	900	16	125	500	5.2	10

表 2-2　中国电子科技集团公司第九研究所（西磁）系列 LTCF 主要技术指标

型号	烧结温度 $T_s/℃$	起始磁导率 μ_i	品质因数 Q	居里温度 $T_c/℃$	烧结密度/ (g/cm^3)	测试频率/ MHz
μ400	900	400	80	110	—	0.2
μ200	900	200	90	150	—	0.2
μ120	900	120	150	200	—	1
μ55	900	55	150	250	—	5

以双方起始磁导率最高的低温烧结铁氧体材料对比为例，国内研制的材料无论是起始磁导率还是品质因数都低于国外技术水平，并且国内研制的高磁导率低温烧结铁氧体材料的居里温度仅 110℃，也难以满足高性能片式电感器件温度稳定性和宽温域适应性的目标要求。目前，国内片式电感生产线所采用的低温烧结铁氧体材料大部分依靠从美国、日本进口。高性能低温烧结铁氧体材料已经成为制约国内片式电感器件技术发展的"瓶颈"。

2.1.2　低温烧结铁氧体材料技术要求

目前，真正可适用于规模生产的叠层片式电感制备工艺包括干法和湿法两种。干法是利用陶瓷流延工艺制备铁氧体膜片，湿法是利用丝网印刷工艺制备铁氧体膜。将铁氧体膜片（或铁氧体浆料）和内导体浆料按一定方式一层层的交替印刷，然后叠层加压、精密切割、排胶、烧结、倒角、形成独石结构，最后再完成一系列的端电极制备工艺，得到片式电感器件。片式电感器件的模型和实物如图 2-1所示。

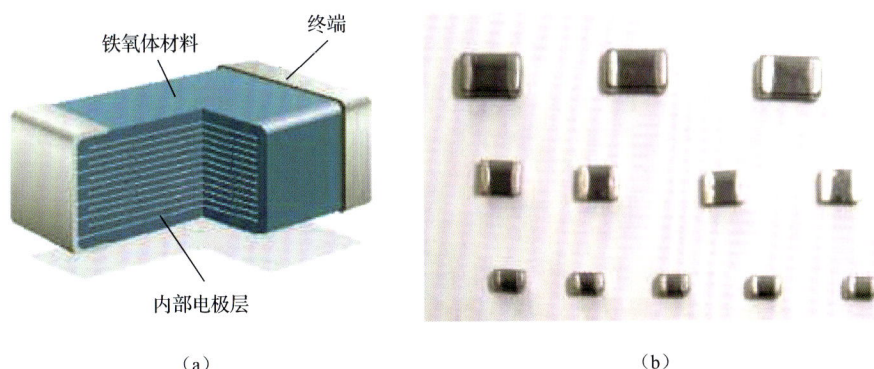

（a）　　　　　　　　　　　　　（b）

图 2-1　片式电感器件的模型图（a）和实物图（b）

无论是采用干法还是湿法片式电感制备工艺，都需要将铁氧体和内电极材料共烧来形成独石结构，因此，在制约电感器件片式化的多种技术因素中，材料与器件工艺的兼容性是首先要面临的问题。从导电性、耐氧化性及成本三方面考虑，片式电感的导电浆料一般选择银浆料。由于银的熔点为 961℃，这就要求相应铁氧体材料的烧结温度控制在 900℃左右。而通常用于各类软磁器件中的铁氧体材料，如 MnZn 和 NiZn 铁氧体的烧结温度一般都在 1200℃以上。因此，如何通过调节材料的配方、掺杂及制备工艺条件，并在最大程度提高材料电磁性能的基础上降低烧结温度，使其能够在 900℃左右烧结形成具有高磁导率、高居里温度及低损耗的磁体，则是片式电感器件研制中至关重要的技术难题，同时也是实现该类器件技术改进和提高的主要途径。

此外，为满足高性能片式电感器件制备工艺的要求，铁氧体粉料除了要求满足低温烧结和良好的电磁性能外，还需要具备以下特性：①电阻率高：由于 Ag 内导体是直接印刷在铁氧体材料上的，为防止短路，要求铁氧体具有很高的电阻率。同时，电阻率高也可以有效降低涡流损耗，提高材料和器件的品质因数。②不与内导体发生反应：铁氧体若与内导体发生反应，将引起内导体断裂或电阻率陡增，导致片式电感器件合格率大大降低。此外，为了降低 Ag 内导体向铁氧体中的扩散，还应尽量减少铁氧体在烧结过程中出现液相。③收缩率合适：铁氧体和内导体共烧时，为防止导电带断裂及裂纹产生，要求铁氧体的收缩率与 Ag 内导体收缩率应尽量接近。④适合流延和印刷工艺。与其他软磁铁氧体相比，NiCuZn 铁氧体由于烧结温度较低、电阻率高、高频特性好，成为目前制备中高频片式电感器件最佳的候选铁氧体材料。

2.1.3 低温烧结 NiCuZn 铁氧体降温途径

NiZn 铁氧体因优良的高频软磁性能及高电阻率特性，是一种应用十分广泛的铁氧体材料。但单纯 NiZn 铁氧体的烧结温度一般都在 1200℃以上，即便大剂量掺杂低熔玻璃相物质或各种助烧剂，也很难将烧结温度降至 900℃，且其磁性能也将大受影响。为此，可在 NiZn 铁氧体的基础上，用 CuO 部分替代 NiO，将相当数量的 CuO 作为化学组分加入到 NiZn 铁氧体中共熔形成 NiCuZn 固熔体。其烧结温度可降低到 1050℃以下，且电磁性能与 NiZn 铁氧体相比也不相上下。在此基础上，再加入少量的助烧剂或将粉料作微细化处理，可使铁氧体材料的烧结温度降低到 900℃左右，并且能保持较好的电磁性能，满足片式电感器件制备工艺的要求。因此，目前世界各大公司所生产的中高频片式电感器件，关键的磁芯材料几乎都选用的是低温烧结的 NiCuZn 铁氧体。

为了实现 NiCuZn 铁氧体材料的低温烧结，从促进低温致密化的角度分析，可行的技术途径有：①添加助烧剂：引入低熔点物质或能与基料中某些成分形成低共熔物的添加剂，以便在较低温度下形成液相或过渡液相烧结，促进材料的低温烧结致密化。目前常用的助烧剂有低熔玻璃、Bi_2O_3、PbO、MoO_3、V_2O_5 等[6-8]。②离子代换：用可进入晶格生成单相固熔体的离子进行适量离子代换，使其在烧结过程中作为基体材料的组元参与形成具有较低熔点的改性化合物，达到降低烧结温度的目的。③精细制粉：超细粉料由于比表面积大，颗粒之间的接触面积大，借助粉料的高表面自由能促进烧结，达到降低固相反应温度，并最终降低烧结的致密化温度的目的[9-12]。

2.1.4 低温烧结 NiCuZn 铁氧体的制备方法及研究进展

目前，低温烧结 NiCuZn 铁氧体的制备方法主要可概括为两大类：其一是氧化物法；其二是湿化学法。

1. 氧化物法研究进展

氧化物法是以 NiO、CuO、ZnO 和 Fe_2O_3 等金属氧化物为基本原料，经称料、一次球磨、烘干、预烧、二次球磨（掺杂）、烘干、造粒、成型、烧结等工艺得到最终的产品或样品。由于其具有工艺成熟、成本低廉、重复性较好、适于批量生产等优点，目前仍是国内外企业和研究机构制备低温烧结 NiCuZn 铁氧体材料的主要方式，并且采用此方法进行相关研究的技术报道也最多。

针对材料配方方面的研究，日本 TDK 株式会社的中野敦之等根据其工艺条件公布了采用氧化物法制备低温烧结 NiCuZn 铁氧体的三角相图。该图标明了低温烧结 NiCuZn 铁氧体材料的起始磁导率 μ_i 随 Zn 含量的增加而增大，但同时高 Q 值区向低频移动，居里温度降低。这是由于 NiCuZn 铁氧体的磁晶各向异性常数 K_1 随 Zn 含量的增加而减小，故 μ_i 增大；又因为截止频率 f_r 与 (μ_i-1) 有着乘积为常数的斯诺克（Snoek）关系，即 $(\mu_i-1)f_r=\gamma M_s/3\pi$，所以随着 μ_i 的增大、f_r 的降低，具有较高 Q 值的频带向低频移动。居里温度的降低则源于非磁性离子 Zn^{2+} 对 A 位 Fe^{3+} 的取代、A-B 超交换作用的减弱。总之，材料的电磁性能与其化学成分密切相关，可以根据工作频率和磁导率要求来确定材料的成分。关于配方中 CuO 含量对材料性能的影响，韩国 Inha 大学的 Nam 以 $(Ni_{0.5-x}Cu_xZn_{0.5})(Fe_2O_3)_{0.98}$ 作为实验配方，证实当配方中 Cu 含量 $x=0.2$ 时材料的电阻率最大。此外，低温烧结 NiCuZn 铁氧体一般采用缺铁成分，以便增加氧空位、降低烧结温度。

针对氧化物法制备工艺方面的研究，中国台湾工业技术研究院材料与化工研究所 Hsiao-Miin Sung 和 Chi-Jen Chen 等认为采用不锈钢球作为球磨介质的效果比采用 ZrO_2 球和玛瑙球作为球磨介质的效果好，因为后者会在粉料中掺入 ZrO_2 和 Al_2O_3/SiO_2 杂质，阻碍铁氧体烧结的致密化。同时，在相同的球磨时间下，采用小不锈钢球（1/8in，1in=2.54cm）进行球磨所得到的粉料具有比采用大不锈钢球（1/4in）球磨粉料更大的比表面积，从而更有助于实现粉料的低温烧结。此外，球磨时料：水比控制在 1：1 时所得到的粉料烧结活性和最终磁性能都最佳。日本太阳诱电株式会社 Sekiguchi 等则研究了降温速率对 NiCuZn 铁氧体性能的影响。通过研究发现快速冷却时在 NiCuZn 铁氧体晶界区附近存在晶格畸变，并且 Cu

含量明显增高，表明有 Cu 从主配方中析出，材料磁导率大为降低。因此，为了获得高性能的低温烧结 NiCuZn 铁氧体，控制降温过程也是很重要的。

采用氧化物法制备低温烧结铁氧体材料，无论是从降低烧结温度还是改善电磁性能的角度考虑，都需要通过优化材料的掺杂方案来实现，因此针对材料掺杂改性进行的研究也最为活跃。根据以往对 Bi_2O_3、V_2O_5、PbO 和铅玻璃等低熔物掺杂方案的研究，中国台北大学的 Sea-Fue Wang 等认为 Bi_2O_3 具有最佳的低熔助烧性能。但是，为了达到好的致密化效果，Bi_2O_3 掺杂量一般要达到 2wt%，甚至更多。过量的 Bi_2O_3 掺杂很容易引起晶粒生长不均，并且在和 Ag 电极进行低温共烧时，Bi_2O_3 易促使 Ag 向铁氧体中扩散，不仅使铁氧体磁性能变差，而且导致 Ag 导线电阻率提高，片式电感的 Q 值降低。因此，在新的掺杂设计方案中，大多都是围绕不掺 Bi_2O_3 或少掺 Bi_2O_3 做文章。韩国 Inha 大学的 S. H. Seo 和 J. H. Oh 研究了单独进行 MoO_3 掺杂对 NiCuZn 铁氧体性能的影响。由于 MoO_3 也是低熔物且高价 Mo^{6+} 易促进离子扩散，有助于实现 NiCuZn 铁氧体的低温烧结，但过多 MoO_3 掺杂同样也会导致晶粒的异常长大。当 MoO_3 掺杂量为 0.2wt%时，NiCuZn 铁氧体晶粒生长得足够大且晶粒内气孔和异常生长现象尚未发生，材料的起始磁导率可达最高。相应地，韩国 Inha 大学的 Kwang-Soo Park 和 Joong-Hee Nam 等又研究了 WO_3 掺杂对 NiCuZn 铁氧体磁性能的影响。虽然 WO_3 不是低熔物，但高价态的 W^{6+} 同样可促使离子扩散，进而促进晶粒的生长，实现铁氧体的低温致密化。当 WO_3 掺杂量达到 0.6wt%时，NiCuZn 铁氧体的起始磁导率和 μ_iQ 积达到最高，而最低的气孔率则在 WO_3 掺杂量为 0.4wt%时出现。由于 W^{6+} 同时具有较强占据 NiCuZn 铁氧体晶格内 A 位空隙的趋势，WO_3 掺杂引起铁氧体材料饱和磁感应强度下降的现象也应当引起注意。清华大学新型陶瓷与精细工艺国家重点实验室对 Mn 掺杂的影响进行了系统研究。认为适量锰离子替代镍离子或铁离子，可使 NiCuZn 铁氧体的磁晶各向异性常数得以降低，从而使得材料起始磁导率得到较大提高。但作为 Mn 掺杂的负面效应，铁氧体材料的居里温度和电阻率都有不同程度的下降[13]。

此外，日本的 TDK 株式会社和太阳诱电株式会社对低温烧结 NiCuZn 铁氧体中非金属离子的影响也展开了研究。TDK 株式会社的 Nakano 等认为残余应力对 NiCuZn 铁氧体与片式电感的性能是有影响的，为了设法避免来自 Ag 导体和内部晶界处 Ag 所导致的应力，应尽量降低铁氧体原材料 Fe_2O_3 和 NiO 中的 S^{2-} 和 Cl^- 含量。因为这两种阴离子在烧结过程中会与 Ag^+ 结合生成低熔的 Ag_2S 和 AgCl，加剧 Ag^+ 的迁移，增大片式电感中的应力。而太阳诱电株式会社的 Taguch 等则认为原材料 Fe_2O_3 中含有的 S^{2-} 和 Cl^- 可以降低铁氧体的合成温度，甚至在同样组成的 NiCuZn 铁氧体中加入不同数量的 Cl^- 后，尖晶石相的合成温度与尖晶石相铁氧体粉的比表面积随 Cl^- 的加入量发生明显变化。因而适量 Cl^- 可以降低 NiCuZn 铁氧体的合成温度，获得单相尖晶石的细粉，并容易制备出非常致密的 NiCuZn 铁氧体。总的来说，原材料中 S^{2-} 和 Cl^- 阴离子的存在对 NiCuZn 铁氧体及片式电感器件性能都是有利有弊的，应根据具体情况来加以取舍。张怀武、周海涛等在复合双性（容性/感性）材料的低温烧结技术上取得了较为突出的成绩，并申请了几项专利[14]，而对于 NiCuZn 铁氧体的研究则主要集中在 Bi_2O_3 掺杂改性以及铁氧体与 Ag 的共烧兼容性分析方面，获得了一些有指导价值的结论[15]。

2. 湿化学法研究进展

采用湿化学法制粉的优势在于可以提供粒径小于 100nm 的铁氧体粉料。这仅为机械方法制备粉料粒度的 1/10 或者更小，粉料的比表面积很大，因而可通过粉料的高表面活性实现铁氧体低温烧结。但是湿化学法制粉中最常用的共沉淀法，对低温烧结 NiCuZn 铁氧体却并不太适用，因为很难找到适合的共沉淀条件。目前，在各种超细高活性粉末的软化学制备方法中，溶胶-凝胶法最适合多组元体系铁氧体超细粉末的合成。但通常的溶胶-凝胶法制粉一般采用金属醇盐作为前驱体，存在成本高、操作难、不适合大规模应用等缺点。改进的柠檬酸盐溶胶-凝胶法能很好地克服以上缺点，可使多组分铁氧体粉末体系达到分子水平的均匀混合，并且以无机盐为原料，成本低，操作简单，因而成为目前溶胶-凝胶法制备低温烧结 NiCuZn 材料的主要方式。

周济、岳振星等将溶胶-凝胶法和自蔓延合成技术相结合，开发出一种兼具二者优点，方便实用的超细粉末合成技术，并在此基础上进行了大量的工艺优化研究。例如，在配制溶胶溶液时，岳振星等认为硝酸盐和柠檬酸的摩尔比为 1∶1 时最有利于制成的干凝胶的自蔓延燃烧。这是因为当硝酸盐和柠檬酸摩尔比为 1∶1 时，燃烧后粉末的红外光谱（IR）中—COO—、O—H 吸收带和 NO_3^- 特征吸收峰完全消失，表明有机物和硝酸盐反应完全。而在其他配比情况下，反应都不完全，尤其是当硝酸盐和柠檬酸摩尔比达到 1∶4 时，自蔓延燃烧将无法进行。此外，配制的溶胶溶液需用氨水调节 pH 为 7.0 左右为最佳。在此基础上，Mn 掺杂对溶胶-凝胶法制备 NiCuZn 铁氧体性能的影响也做了研究。与 Mn 掺杂对氧化物法制备的 NiCuZn 铁氧体性能影响不同的是，随着 Mn 掺杂量的增多，电阻率先提高后降低，但都保持在 $10^8\Omega\cdot cm$ 量级以上，满足片式电感器件制备要求；而磁导率则是先升后降，与采用氧化物法的变化趋势一致。英国 Manchester 大学的 Kin O. Low 等采用溶胶-凝胶法研究了 Cu 含量对 NiCuZn 铁氧体晶粒尺寸、起始磁导率和品质因数的影响。虽然 Kin O. Low 等认为当 NiCuZn 铁氧体中 Cu 含量在 12mol%～20mol% 范围内材料的综合电磁性能较好，但其研究并未考虑材料在低温共烧陶瓷（LTCC）片式电感制备工艺上实现的效果，且配方中 Cu 含量过多，也容易导致铁氧体组成不稳定，易于分解。韩国 Hanyang 大学的 S. H. Hong 和 J. H. Park 等采用溶胶-凝胶法研究了 Ag 掺杂对 NiCuZn 铁氧体性能的影响，认为适量

Ag 掺杂可以有效促进晶粒生长，降低烧结温度。由于多层片式电感器（MLCI）工艺中的电极材料也是 Ag，NiCuZn 铁氧体中掺 Ag 后，将会阻止电极中的 Ag 向铁氧体中扩散，对提高片式电感器件的性能也大有好处。贾利军等此前也对溶胶-凝胶法铁氧体制备工艺进行了一些对比分析，如研究了不同凝胶剂对制备纳米铁氧体微粉性能的影响，干凝胶不同温度退火效果对比等，但同样未能对材料在片式电感器件中的应用效果进行研究。

总体来说，采用湿化学法制粉，虽然有可能获得比氧化物法更好的电磁性能，但在规模化大生产上还存在制造成本高、尾气处理困难、工艺稳定性难以控制等若干问题。因此，目前湿化学法制备低温烧结 NiCuZn 铁氧体材料还主要停留在实验室研究上。

2.1.5　叠层片式电感器件发展趋势及对 LTCF 材料提出的要求

叠层片式电感器件作为一类新型的电子元件，虽然出现和应用的历史仅二十余年，但在急剧增加的市场需求和丰厚的利润回报的驱动下，其产品的更新换代和材料的研究开发速度非常快。当前国际上基于 NiCuZn 铁氧体材料开发的片式电感器件发展趋势主要体现在以下几个方面：①小型化：迫于电子产品向更小、更轻、更灵巧的方向发展，对片式电感器件尺寸的要求将越来越高。目前片式电感器件主流的封装尺寸将由 0805 和 0603 逐渐过渡到 0402 甚至 0201。②系列化：采用 LTCC 工艺实现的片式电感器件与传统的绕线型电感器类似，为了适应不同应用领域的要求，需要将产品加以系列化，并能根据用户的具体要求定制相应的片式电感器件。③复合化：由于电子整机电路越来越复杂，要提高元器件的安装密度，以分离元件构成的电路将逐渐受到限制。目前，以电感电容（LC）滤波器为代表的一大批片式复合元器件已成为片式元器件中的"新宠"。此外，为了使用方便、节省印刷电路板（PCB）面积以及加快表面组装的速度，一些片式电感器件也逐步开始实现阵列化。在一个封装内含有多个电感器件，或将不同功能的多个片式器件组合在一个封装内，达到多功能的目的。

片式电感器件的这些发展趋势和市场需求将为相应材料及器件设计的研究提出一系列新的课题。为了进一步实现片式电感器件的小型化，要求在满足低温烧结的同时尽可能提高 NiCuZn 铁氧体材料的起始磁导率。目前，国际上量产的低温烧结 NiCuZn 铁氧体材料起始磁导率最高也就在 450 左右，而高温烧结的 NiCuZn 铁氧体磁导率可达 2500 以上，因此，提高材料的起始磁导率还应有很大的空间。在材料配方已无太大变化余地的情况下，为了提高起始磁导率，只能从改善铁氧体微观结构、降低杂质浓度和内应力等方面着手，而这些都需要借助材料制备工艺及掺杂途径的改进来实现。片式电感器件的系列化也对相应 NiCuZn 铁氧体材料的系列化提出了要求，在相同的片式器件制备工艺下，材料的系列化开发是实现器件系列化的基础。为此，需要深入研究影响低温烧结铁氧体材料电磁性能的内在规律，实现材料电磁参数的灵活可调，甚至根据目标要求定制材料配方和制备工艺。同时，器件的系列化也对相应电感器件的结构设计和工艺优化提出更高要求。片式电感器件的复合化则要求低温烧结的 NiCuZn 铁氧体材料能够与其他材料体系实现低温共烧和性能兼容。

2.2　低温烧结 NiCuZn 铁氧体关键特性参数的理论分析

2.2.1　NiCuZn 铁氧体材料特点

当前，在中低频广泛应用的软磁铁氧体材料包括 MnZn 和 NiZn 两大体系。由于 MnZn 铁氧体在烧结时需要比较精确地控制烧结气氛，并且锰离子在 LTCF 的典型烧结温度 900℃附近变价活跃，因而限制了其在片式电感器件中的应用。而 NiZn 系铁氧体材料不仅具有较高的磁导率和低的高频损耗，而且电阻率很高，烧结过程中也不存在离子变价的问题，可以在空气中直接烧结，制造工艺相对简单，因此最有潜力应用在片式电感器件中。但是，单纯的 NiZn 铁氧体烧结温度一般都在1200℃以上，为了降低烧结温度，需要引入第三组元 CuO，在维持其电磁性能无明显变化的同时，促进铁氧体的烧结传质，这就构成了 NiCuZn 铁氧体。广义上讲，NiCuZn 也属于 NiZn 系铁氧体的一个分支，对于 NiZn 材料所具有的某些性质，它也具有，如具有高电阻率（最大可达到$10^8\Omega\cdot m$），高频损耗小，居里温度较 MnZn 系材料高，烧结过程中不存在氧化变价问题等。但和常规的 NiZn 系材料相比，由于有新的离子掺入、离子占位变化及晶格畸变等因素，将会引起材料的烧结特性、磁导率、品质因数、居里温度等电磁性能发生相应的一些变化。

NiCuZn 铁氧体属于典型的尖晶石结构，单位晶胞由氧离子面心立方密堆而成，具有立方对称性。每个晶胞包括 8 个 $MeFe_2O_4$ 分子式的离子数（Me 代表二价金属离子）。金属离子由于半径较小，故镶嵌在密堆的氧离子间隙中，形成两类间隙位置。一类是间隙较大的八面体位置（简称 B 位置），它被 6 个氧离子包围，其氧离子中心连线构成八面体；另一类是间隙较小的四面体位置（简称 A 位置），它被 4 个氧离子包围，其氧离子中心连线构成四面体（图 2-2）。八面体与四面体的对称性仍为立方对称。在单位晶胞中，A 位置共 64 个，B 位置共 32 个，但实际占有金属离子的 A 位置只有 8 个，B 位置只有 16 个，其余位置都空着，这些空位为金属离子的扩散及掺杂改性提供了有利条件，但同时也容易引起成分偏离正分。

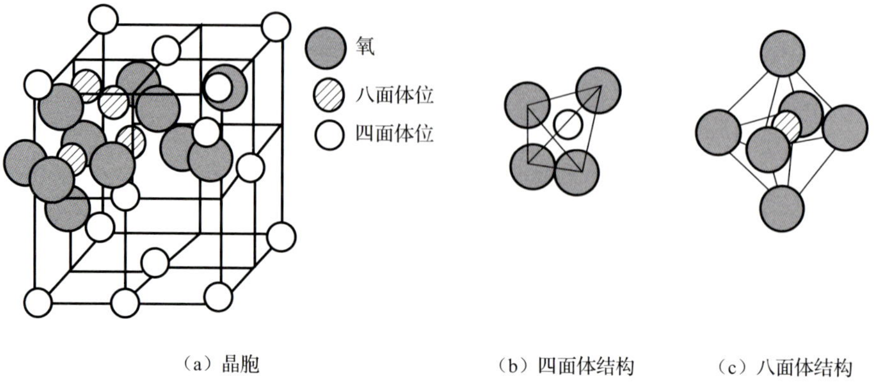

（a）晶胞　　　　　　　　　（b）四面体结构　　　　（c）八面体结构

图 2-2　NiCuZn 尖晶石铁氧体晶胞及 A、B 位结构示意

在尖晶石铁氧体相结构中，金属离子占 A、B 位的趋势有一定的倾向性，其顺序为：Zn^{2+}、Cd^{2+}、Mn^{2+}、Fe^{3+}、V^{5+}、Co^{2+}、Fe^{2+}、Cu^{+}、Mg^{2+}、Li^{+}、Al^{3+}、Cu^{2+}、Mn^{3+}、Ti^{4+}、Ni^{2+}、Cr^{3+}。越在前面的离子占 A 位的倾向性越强，如 Zn^{2+}、Cd^{2+} 特喜占 A 位；越在后面的离子占 B 位的倾向性越强，如 Ni^{2+}、Cr^{3+} 特喜占 B 位。中段是对 A、B 位倾向性不显著的离子，一般倾向于混合型分布。因此，由三种或三种以上的金属离子组成多元尖晶石铁氧体时，将按照它们占 A、B 位的倾向程度进行分布。此外，特喜占 A 位或 B 位的金属离子进行离子置换，还可在极大程度上改变金属离子的原来分布。此外，在尖晶石铁氧体通式 $MeFe_2O_4$ 中，Me^{2+} 及 Fe^{3+} 还可以被两种或两种以上的其他阳离子组合替代，如 $(Ni_{0.6}^{2+}Zn_{0.4}^{2+})$、$(Li_{0.5}^{+}Fe_{0.5}^{3+})$ 等替代 Me^{2+}，$(Ti_{0.5}^{4+}Fe_{0.5}^{2+})$ 等替代 Fe^{3+}，此时只需把括号内看成一个离子，只要它们的电价分别为+2 价和+3 价，满足电中性添加条件即可。以上尖晶石铁氧体金属离子占位及替代的特点，为其掺杂改性提供了十分有利的条件。

在 NiCuZn 铁氧体中，Cu 的加入之所以能够达到降温的效果，主要有两方面的原因：第一，Cu 可与 NiCuZn 铁氧体中的其他组分在烧结过程中形成低共熔物，导致在较低温度下出现液相，通过液相传质和黏结作用促进烧结。第二，$CuFe_2O_4$ 和 NiZn 铁氧体形成固熔体，在烧结过程中 Cu 会进入晶格形成 NiCuZn 尖晶石固熔体。其烧结机制为过渡液相烧结，有利于获得电磁和机械性能优良的材料。固熔体主晶相中的 Cu^{2+} 一般进入八面体位，受到正八面体晶场作用而使得 Cu^{2+} 周围点阵发生变化，从而导致整个晶格产生畸变。晶格畸变同样可以促进烧结，降低烧结温度。所以，Cu 的加入大大改善了 NiZn 铁氧体的烧结性能，使烧结温度显著降低。但当主配方中加入过多的 Cu 后，由于 Cu^{2+} 的固熔而引起晶格弹性能增大，Cu^{2+} 难以继续固熔进晶格，而是残留在晶界与其他组分共同形成玻璃相。晶界中的玻璃相不可能因为 Cu 的不断增加而继续降低烧结温度，因此，烧结温度的降低存在一个极限（对于采用氧化物法制备的实验样品，此极限温度在 960℃

左右），且由于 Cu 向晶界的过多偏析，也会严重恶化铁氧体的电磁性能。因此，为了兼顾 NiCuZn 铁氧体的低温烧结和高电磁性能，在确定 Cu 在配方中的最佳替代量后，只有采取其他方式来进一步降低烧结温度，以满足片式电感器件制备工艺的需要[9,16-21]。

目前，进一步降低 NiCuZn 铁氧体烧结温度最常用的方法是低熔助烧剂掺杂方法。采用 Bi_2O_3、PbO、MoO_3、V_2O_5 等低熔氧化物或低熔玻璃掺杂确实可以达到很好的降温效果，对于铁氧体材料而言，改善其电磁性能至关重要，而其微观结构的影响同样不容忽视。如何采取合理的掺杂方案来最好地兼顾材料的低温烧结和高电磁性能，乃至片式电感器件的性能一直是当前国际磁学研究领域的一个热点[22-25]。从实验研究向生产移植的角度考虑，这种通过低熔物掺杂制备低温烧结 NiCuZn 铁氧体的方式也是最适合批量化生产的方式，因此也将是研究的重点。此外，另一种主要活跃于研究领域的实现低温烧结的方式——溶胶-凝胶法也颇引人关注。这种方法是通过超细制粉技术来实现铁氧体低温烧结的各种湿化学法中技术最为成熟的一种。由于采用溶胶-凝胶法制备的超细纳米颗粒（一般仅几十纳米）本身就具有很大的烧结活性，因此可以在少掺杂甚至不掺杂的情况下就能实现铁氧体的低温烧结。由于没有或降低了非磁性低熔掺杂物的影响，采取这种方法有望获得更好的材料电磁性能。但是，采用溶胶-凝胶法也存在制备成本高、工艺稳定性难以控制且尾气处理困难等问题，很难满足大规模工业生产的技术要求。因此，目前相关的研究都还主要停留在实验室研制阶段。作为基础研究以及实验方案，这里也将对溶胶-凝胶法制备低温烧结 NiCuZn 材料进行一些研究分析。最后，综合考虑氧化物法和溶胶-凝胶法两种低温烧结铁氧体制备方式的优缺点，尝试将两种方式有机结合起来，将具有高表面自由能的铁氧体纳米颗粒作为氧化物法中的助烧掺杂物，使溶胶-凝胶法和氧化物法各自扬长补短，建立一种新的低温烧结 NiCuZn 铁氧体材料复合制备方法。

2.2.2　关键特性参数的理论分析

低温烧结 NiCuZn 铁氧体也是一种软磁功能材料，因此它首先需要满足常规软磁铁氧体所要求的电磁性能，如高的起始磁导率、低损耗、高饱和磁感应强度及居里温度、低矫顽力等。此外，为适应片式电感制备工艺的要求，低温烧结 NiCuZn 铁氧体对烧结特性也极为关注，要求在 900℃低温烧结时能达到足够高的致密度（一般要求超过理论密度的 95%）。下面将从理论上分析影响这些关键特性参数的主要因素。

1. NiCuZn 铁氧体起始磁导率影响因素分析

磁导率是衡量低温烧结 NiCuZn 铁氧体材料软磁性能的重要参数，从使用要求看，主要是起始磁导率，因为其他磁导率如有效磁导率、增量磁导率、振幅磁导率等都与起始磁导率存在密切的关联。起始磁导率 μ_i 是材料在弱磁场磁化过程中的一个宏观特性表示量。它的微观机制则主要取决于可逆磁畴矢量转动和可逆畴壁位移。根据对可逆磁畴转动和畴壁位移磁化机制的理论推导，可得到：

$$\mu(\omega) \approx \mu_{i位移} + \mu_{i转动} = a\frac{\mu_0 M_s^2}{\left(K_1 + \frac{3}{2}\lambda_s\sigma\right)\beta^{2/3}\dfrac{\delta}{d}} + b\frac{\mu_0 M_s^2}{2\left(K_1 + \frac{3}{2}\lambda_s\sigma\right)} \tag{2-1}$$

其中，第一项代表由畴壁位移所决定的起始磁导率，而第二项代表由磁畴转动所决定的起始磁导率。M_s 为饱和磁化强度；K_1 为磁晶各向异性常数；λ_s 为磁致伸缩系数；σ 为内应力；β 为含杂体积浓度；δ 为畴壁厚度；d 为杂质直径；a 和 b 为比例系数。若样品晶粒大、密度高、气孔少，畴壁位移十分容易，则磁化以畴壁位移为主，此时 a 大而 b 小。若铁氧体内部气孔多、晶粒小、密度较低，畴壁位移时需要消耗较大能量，则磁化以磁畴转动为主，此时 a 小而 b 大。式（2-1）中的 M_s、K_1 和 λ_s 都主要由铁氧体的配方组成所决定，提高 M_s 并降低 K_1 和 λ_s 的配方改善都有助于起始磁导率的提高。如果铁氧体配方不变以及不考虑畴壁厚度 δ 和杂质直径 d 的变化，由畴壁位移所决定的起始磁导率与含杂体积浓度以及内应力的变化可由图 2-3 示意。

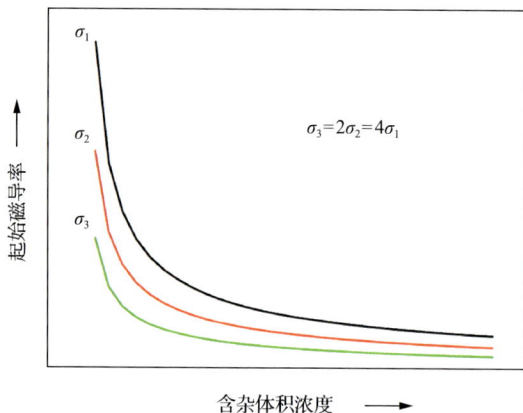

图 2-3　畴壁位移所决定的起始磁导率随含杂体积浓度及内应力的变化趋势示意

由图可见，随着铁氧体含杂浓度的提高，起始磁导率的下降程度很快，而内应力 σ 对磁导率的影响也很大，当 σ 成倍增加时，起始磁导率也显著下降。因此，为了提高铁氧体的起始磁导率，在满足其他要求的情况下应使材料的掺杂量尽可能少，并需要通过工艺的改善来尽量降低内应力的大小。

此外，由于铁氧体内存在气孔和晶界结构，气孔和晶界产生的退磁场同样也会对其起始磁导率产生负面影响。由气孔和晶界退磁场所决定的起始磁导率可由式（2-2）表示：

$$\mu_{\mathrm{ai}} = \frac{(1-P)\mu_{\mathrm{i}}}{\left(1+\dfrac{P}{2}\right)\left(1+0.75\dfrac{t}{D}\dfrac{\mu_{\mathrm{i}}}{\mu_{\mathrm{b}}}\right)} \qquad (2\text{-}2)$$

其中，μ_{ai} 为考虑退磁场影响后的起始磁导率；P 为气孔率；t 为晶界有效厚度；D 为平均晶粒尺寸；μ_{i} 为由可逆磁畴转动和畴壁位移所决定的起始磁导率；μ_{b} 为晶界磁导率。在不考虑晶界厚度和晶界磁导率变化时，μ_{ai} 随气孔率和晶粒尺寸的变化趋势可由图 2-4 示意。由图可见，在气孔和晶界退磁场的影响下，铁氧体的实际起始磁导率与气孔率呈线性反比关系。晶粒平均尺寸的增加则可以显著提高 μ_{ai}。

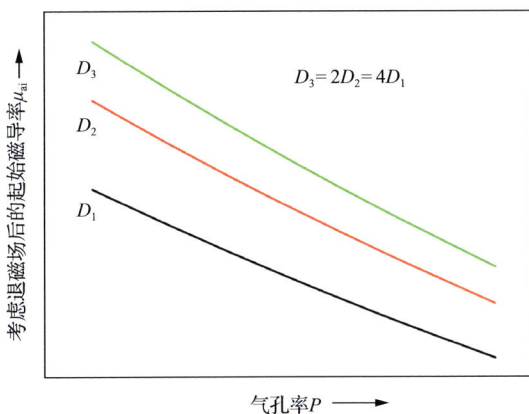

图 2-4　μ_{ai} 随气孔率和晶粒尺寸的变化趋势示意

综合以上分析，为了提高铁氧体的实际起始磁导率，主要途径可概括为以下几点：第一，从配方设计上使材料具有高 M_{s}，低 K_1 和 λ_{s}；第二，从材料制备工艺上改进使铁氧体具有低的内应力和掺杂浓度；第三，从材料制备工艺上改进使铁氧体具有大的晶粒尺寸和低的气孔率（或增大烧结密度）。

2. NiCuZn 铁氧体磁芯损耗影响因素分析

低温烧结 NiCuZn 铁氧体材料的损耗特性将直接影响片式电感器件的损耗，因此是其很重要的技术参数。由于片式电感器件采用印刷银浆作为内导体，一般应用在信号线路中，本身承载的电流和功率都不太大，因此片式电感器件及低温烧结铁氧体的损耗特性都采用品质因数 Q 来衡量。在交变弱磁场工作条件下，低温烧结 NiCuZn 铁氧体的磁滞回线近似呈一椭圆形，如图 2-5 所示。

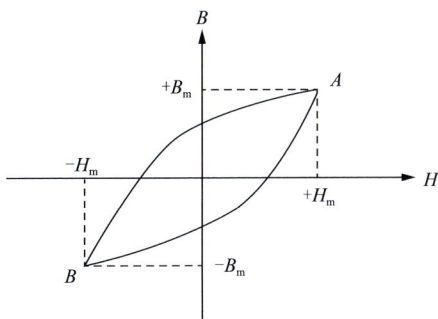

图 2-5　在交变弱磁场下工作时 NiCuZn 铁氧体磁芯的近似磁滞回线

在 A 和 B 振幅点的振幅磁导率 μ_a 与起始磁导率 μ_i 的关系可近似由公式

$$\mu_a = \mu_i + \eta H_m \tag{2-3}$$

来表达，此时有

$$B_m = \mu_0 \mu_a H_m = \mu_0(\mu_i H_m + \eta H_m^2) \tag{2-4}$$

其中，η 为磁导率增量待定系数。当磁滞回线处于瑞利区时，η 即是瑞利常数。磁滞回线的上升沿和下降沿都可近似看成抛物线方程。对于从 B 到 A 的上升曲线，可近似表示为

$$B = \mu_0(\mu_i + \eta H_m)H - \frac{\eta}{2}\mu_0(H_m^2 - H^2) \tag{2-5}$$

对于从 A 到 B 的下降曲线，可近似表示为

$$B = \mu_0(\mu_i + \eta H_m)H + \frac{\eta}{2}\mu_0(H_m^2 - H^2) \tag{2-6}$$

在交变磁场 $H = H_m\cos(\omega t)$ 的作用下，从 $t=0$ 到 $t=T/2$（即从 $+H_m$ 到 $-H_m$），有

$$B(t) = \mu_0(\mu_i + \eta H_m)H_m\cos(\omega t) + \frac{\eta}{2}\mu_0 H_m^2\sin^2(\omega t) \tag{2-7}$$

从 $t=T/2$ 到 $t=T$（即从 $-H_m$ 到 $+H_m$），有

$$B(t) = \mu_0(\mu_i + \eta H_m)H_m\cos(\omega t) - \frac{\eta}{2}\mu_0 H_m^2\sin^2(\omega t) \tag{2-8}$$

将式（2-7）和式（2-8）中的 $B(t)$ 用傅里叶级数表示为

$$B(t) = \frac{a_0}{2} + \sum_{n=1}^{\infty} a_n\cos(n\omega t) + \sum_{n=1}^{\infty} b_n\sin(n\omega t) \tag{2-9}$$

其中

$$a_n = \frac{\omega}{\pi}\int_0^T B(t)\cos(n\omega t)\mathrm{d}t \qquad n=0,\ 1,\ 2,\ \cdots \tag{2-10}$$

$$b_n = \frac{\omega}{\pi}\int_0^T B(t)\sin(n\omega t)\mathrm{d}t \qquad n=1,\ 2,\ 3,\ \cdots \tag{2-11}$$

再将式（2-7）和式（2-8）代入式（2-10）中进行积分，在积分中，从 0 到 $T/2$ 时 $B(t)$ 采用式（2-7），从 $T/2$ 到 T 时，$B(t)$ 采用式（2-8），由此可计算出傅里叶级数中的 a_n 参数，得

$$\begin{aligned} &a_0 = a_2 = a_3 = a_4 = \cdots = 0 \\ &a_1 = \mu_0(\mu_i + \eta H_m)H_m \end{aligned} \tag{2-12}$$

同样，将式（2-7）和式（2-8）代入式（2-11）中进行类似积分，可计算出傅里叶级数中的 b_n 参数，得

$$\begin{aligned} &b_n = -\frac{4\mu_0\eta H_m^2}{\pi}\left[\frac{1}{(n-2)n(n+2)}\right] \quad （当 n=1,3,5,\cdots 时） \\ &b_n = 0 \quad （当 n=2,4,6,\cdots 时） \end{aligned} \tag{2-13}$$

将式（2-12）和式（2-13）一起代入到式（2-9）中，可得到

$$B(t) = \mu_0(\mu_i + \eta H_m)H_m\cos(\omega t) + \frac{\mu_0\eta}{2}H_m^2\left[\frac{8}{3\pi}\sin(\omega t) - \frac{8}{15\pi}\sin(3\omega t) + \cdots\right] \quad (2\text{-}14)$$

即在交变磁场 $H = H_m\cos(\omega t)$ 中，铁氧体磁芯中的磁感应强度不但有基波成分，还有三次谐波、五次谐波以及更高奇次谐波的成分。并且随着谐波次数的增加，其振幅越来越小，三次谐波是其最主要的谐波分量。如果忽略三次以上的谐波成分，式（2-14）可简化为

$$B(t) = \mu_0(\mu_i + \eta H_m)H_m\cos(\omega t) + \frac{4\mu_0\eta}{3\pi}H_m^2\sin(\omega t) - \frac{4\mu_0\eta}{15\pi}H_m^2\sin(3\omega t) \quad (2\text{-}15)$$

而铁氧体的品质因数则可表达为

$$Q = 2\pi f \frac{铁氧体内的储能密度}{单位体积的损耗功率} = 2\pi f \frac{\dfrac{1}{2}H \cdot B}{\dfrac{1}{T}\displaystyle\int_0^T H \cdot \mathrm{d}B}$$

$$= 2\pi f \frac{\dfrac{1}{T}\displaystyle\int_0^T H_m\cos(\omega t) \cdot \left[\mu_0(\mu_i + \eta H_m)H_m\cos(\omega t) + \frac{4\mu_0\eta}{3\pi}H_m^2\sin(\omega t) - \frac{4\mu_0\eta}{15\pi}H_m^2\sin(3\omega t)\right]\mathrm{d}t}{\dfrac{1}{T}\displaystyle\int_0^T H_m\cos(\omega t) \cdot \mathrm{d}\left[\mu_0(\mu_i + \eta H_m)H_m\cos(\omega t) + \frac{4\mu_0\eta}{3\pi}H_m^2\sin(\omega t) - \frac{4\mu_0\eta}{15\pi}H_m^2\sin(3\omega t)\right]}$$

$$= 2\pi f \frac{\dfrac{H_m^2\mu_0(\mu_i + \eta H_m)}{2}}{\dfrac{2\mu_0\eta H_m^3\omega}{3\pi}} = \frac{3\pi(\mu_i + \eta H_m)}{4\eta \cdot H_m} = \frac{3\pi\left(\dfrac{\mu_i}{\eta} + H_m\right)}{4H_m}$$

$$(2\text{-}16)$$

在外加激励场不变的情况下，铁氧体的品质因数与 η 和 μ_i 的关系可由图 2-6 来示意。由图可见，提高铁氧体的起始磁导率 μ_i 并降低瑞利常数 η 都有助于提高品质因数。但是，铁氧体的 μ_i 和 η 之间也有很复杂的关系，虽然无法用表达式来

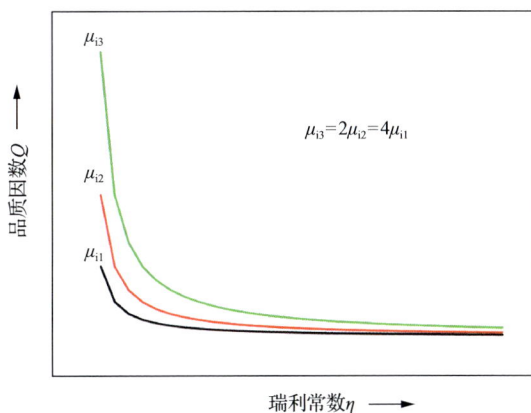

图 2-6　品质因数 Q 随材料 μ_i 和 η 的变化趋势示意

直观衡量，但一般情况下提高铁氧体材料的 μ_i 时，η 也会显著上升。因此，单纯提高 μ_i 对提高铁氧体的品质因数效果并不理想，在维持适当的材料磁导率前提下，尽量降低 η 才是提高品质因数的关键。由于 η 主要由铁氧体材料中不可逆的畴壁位移和磁畴转动来决定，而这两者也是决定材料矫顽力大小的关键因素，因此，降低 η 与降低铁氧体材料矫顽力的目标要求是一致的。如果从改善铁氧体微观结构的角度出发考虑，使材料晶粒尺寸生长均匀，减少晶粒内气孔和缺陷，降低杂质含量等都有助于 η 的降低，进而提高 NiCuZn 铁氧体材料的品质因数。

3. 亚铁磁性分子场理论及铁氧体 B_s 和 T_c 影响因素分析

NiCuZn 铁氧体是一种亚铁磁性材料，在其 A、B 位两种次晶格中，所有 A 次晶格中磁矩平行排列，磁矩为 M_A，所有 B 次晶格中磁矩也平行排列，磁矩为 M_B，而 A、B 次晶格相互之间则反向排列。实际的自发磁化强度等于两者的差值 $|M_A - M_B|$。在铁氧体两种次晶格中，由于结构不等价而存在四种不同的分子场，分别为

$$
\begin{aligned}
H_{ab} &= \lambda_{AB} M_b \\
H_{bb} &= \lambda_{BB} M_b \\
H_{aa} &= \lambda_{AA} M_a \\
H_{ba} &= \lambda_{BA} M_a
\end{aligned}
\tag{2-17}
$$

其中，M_a 和 M_b 分别为 1g 分子 A 位和 B 位磁矩的大小；λ_{AB} 为 A-B 作用分子场系数；λ_{BB} 为 B-B 作用分子场系数；λ_{AA} 为 A-A 作用分子场系数；λ_{BA} 为 B-A 作用分子场系数。在外磁场 H_0 的作用下，在 A 位和 B 位的分子场强度分别为

$$
\begin{aligned}
H_a &= H_0 + \lambda_{AA} M_a - \lambda_{AB} M_b \\
H_b &= H_0 + \lambda_{BB} M_b - \lambda_{AB} M_b
\end{aligned}
\tag{2-18}
$$

令分子场系数 α 和 β 分别为

$$
\alpha = \lambda_{AA} / \lambda_{AB}; \quad \beta = \lambda_{BB} / \lambda_{AB}
\tag{2-19}
$$

以及 A 位和 B 位克分子磁矩比例分别为 λ 和 μ，则有 $\lambda + \mu = 1$。这样，式（2-18）可写为

$$
\begin{aligned}
H_a &= H_0 + \lambda_{AB}(\alpha\lambda M_a - \mu M_b) \\
H_b &= H_0 + \lambda_{AB}(-\lambda M_a + \beta\mu M_b)
\end{aligned}
\tag{2-20}
$$

而 M_a 和 M_b 可以由布里渊函数计算，即有

$$
\begin{aligned}
M_a &= NgJ\mu_B B_J\left(\frac{gJ\mu_B H_a}{k_B T}\right) \\
M_b &= NgJ\mu_B B_J\left(\frac{gJ\mu_B H_b}{k_B T}\right)
\end{aligned}
\tag{2-21}
$$

其中，N 为单位体积的磁性离子数；J 为每个磁性离子的总角量子数；g 为朗德因子；k_B 为玻尔兹曼常数；布里渊函数 $B_J(\alpha_B)$ 的表达式为

$$B_J(\alpha_B) = \frac{2J+1}{2J}\mathrm{cth}\left(\frac{2J+1}{2J}\right)\alpha_B - \frac{1}{2J}\mathrm{cth}\left(\frac{1}{2J}\right)\alpha_B \qquad (2\text{-}22)$$

最终总磁化强度

$$M_s = M_A + M_B = \lambda M_a + \mu M_b \qquad (2\text{-}23)$$

为了计算铁氧体的居里温度，在高温下，可简化布里渊函数的表达式为

$$B_J(\alpha) = (J+1)\alpha / 3J \qquad (2\text{-}24)$$

将其代入式（2-21）中，可得

$$M_a = \frac{C}{T}[H_0 + \lambda_{AB}(\alpha\lambda M_a - \mu M_b)]$$

$$M_b = \frac{C}{T}[H_0 + \lambda_{AB}(-\lambda M_a + \beta\mu M_b)] \qquad (2\text{-}25)$$

其中

$$C = N_g^2 J(J+1)\mu_B^2 / 3k_B \qquad (2\text{-}26)$$

由于在 H_0 作用下，当 $T>T_c$ 时，M_A 和 M_B 都沿 H_0 取向，此时有 $M_H = \lambda M_a + \mu M_b$，求解式（2-25），可得到 M_a 和 M_b 与 H_0、T 的关系，进而得到高温时磁化率 χ 与 T 的关系。根据式（2-25）可得到

$$\frac{M_a}{H_0} = \frac{\dfrac{T}{C} - \lambda_{AB}\mu(\beta+1)}{\left(\dfrac{T}{C} - \lambda_{AB}\beta\mu\right)\left(\dfrac{T}{C} - \lambda_{AB}\alpha\lambda\right) - \lambda_{AB}^2\alpha\beta\lambda\mu}$$

$$\frac{M_b}{H_0} = \frac{\dfrac{T}{C} - \lambda_{AB}\lambda(\alpha+1)}{\left(\dfrac{T}{C} - \lambda_{AB}\beta\mu\right)\left(\dfrac{T}{C} - \lambda_{AB}\alpha\lambda\right) - \lambda_{AB}^2\alpha\beta\lambda\mu} \qquad (2\text{-}27)$$

克分子磁化率可表达为

$$\chi_m = \frac{M_H}{H_0} = \mu\frac{M_b}{H_0} + \lambda\frac{M_a}{H_0} = \frac{(\mu+\lambda)\dfrac{T}{C} - \lambda_{AB}\lambda\mu(\alpha+\beta+2)}{\left(\dfrac{T}{C} - \lambda_{AB}\beta\mu\right)\left(\dfrac{T}{C} - \lambda_{AB}\alpha\lambda\right) - \lambda_{AB}^2\alpha\beta\lambda\mu} \qquad (2\text{-}28)$$

则有

$$\frac{1}{\chi_m} = \frac{T-\theta}{C} - \frac{\xi}{T-\theta'} \qquad (2\text{-}29)$$

其中

$$\theta = -C\lambda_{AB}\lambda\mu\left(2 - \frac{\lambda\alpha}{\mu} - \frac{\mu\beta}{\lambda}\right)$$

$$\theta' = C\lambda_{AB}\lambda\mu(2+\alpha+\beta) \qquad (2\text{-}30)$$

$$\xi = C\lambda_{AB}^2\lambda\mu[\lambda(1+\alpha) - \mu(1+\beta)]^2$$

式（2-29）描述了令 χ_{m}^{-1} 与温度 T 的关系为一近似双曲线方程式。如果 $\chi_{\mathrm{m}}^{-1} \to 0$，对于 $T \neq 0$ 的情况可推得

$$(T-\theta)(T-\theta')-C\xi=0 \tag{2-31}$$

解出居里温度为

$$T_{\mathrm{c}} = \frac{C}{2}\lambda_{\mathrm{AB}}\{\lambda\alpha + \beta\mu + [(\alpha\lambda - \beta\mu)^2 + 4\lambda\mu]^{1/2}\} \tag{2-32}$$

如果令 k 代表 A、B 位克分子磁距的差值，即令 $k=|\lambda-\mu|$，则有

$$\lambda = \left|\frac{1+k}{2}\right| \text{ 和 } \mu = \left|\frac{1-k}{2}\right| \tag{2-33}$$

代入式（2-32），可得

$$T_{\mathrm{c}} = \frac{C}{2}\lambda_{\mathrm{AB}}\left\{\left|\frac{1+k}{2}\right|\frac{\lambda_{\mathrm{AA}}}{\lambda_{\mathrm{AB}}} + \left|\frac{1-k}{2}\right|\frac{\lambda_{\mathrm{BB}}}{\lambda_{\mathrm{AB}}} + \left[\left(\left|\frac{1+k}{2}\right|\frac{\lambda_{\mathrm{AA}}}{\lambda_{\mathrm{AB}}} - \left|\frac{1-k}{2}\right|\frac{\lambda_{\mathrm{BB}}}{\lambda_{\mathrm{AB}}}\right)^2 + 4\left|\frac{1+k}{2}\right|\left|\frac{1-k}{2}\right|\right]^{1/2}\right\}$$

$$\tag{2-34}$$

假设 A-A 和 B-B 各自次晶格的分子场系数不变，居里温度 T_{c} 随 A-B 次晶格间分子场系数以及 A-B 位磁矩差异 k 的关系可由图 2-7 示意。由图可见，随着 A-B 位分子场系数的增加，铁氧体的居里温度近似呈线性增长。而随着 A-B 位磁矩差异的增大，居里温度则显著下降。因此，为了获得高的居里温度，除了增强 A-B 位的超交换作用外，降低 A-B 位磁矩的差异也很重要。

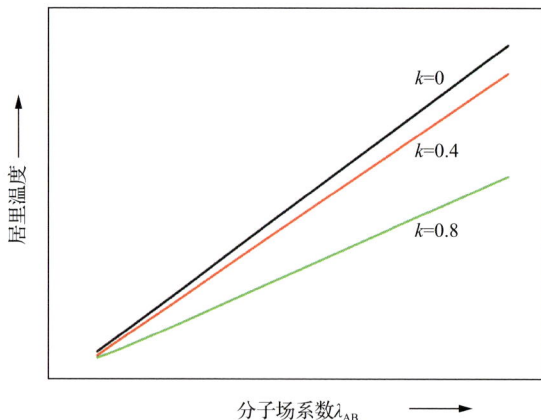

图 2-7 居里温度随 A-B 位分子场系数和 A-B 位磁矩差异的变化示意

对于低温烧结的 NiCuZn 铁氧体而言，在烧结密度不变的情况下，其饱和磁感应强度与饱和磁化强度成正比。而根据前面的分析，提高 A-B 位磁矩的差异是增大其饱和磁化强度的有效途径。在低温烧结 NiCuZn 铁氧体中，金属离子 Zn^{2+} 极为倾向于占 A 位，而 Ni^{2+} 和 Cu^{2+} 则比较趋向于占 B 位，Fe^{3+} 则在 A、B 位中都

存在。由于 B 位的金属离子数量是 A 位的两倍，B 位的总磁矩高于 A 位，因此尽可能提高 B 位的磁矩 M_B 或降低 A 位的磁矩 M_A 都可有效增大 A、B 位磁矩的差值，进而提高铁氧体材料的饱和磁感应强度。按照此原则，理论上讲主配方中 ZnO 含量越多对提高铁氧体的饱和磁矩及饱和磁感应强度越有利，这是因为 Zn^{2+} 趋向于占 A 位，配方中 Zn^{2+} 增加会将原 A 位中的部分 Fe^{3+} "排挤" 到 B 位，而 Zn^{2+} 本身又是非磁性金属离子，离子磁矩为零，Fe^{3+} 的离子磁矩则很高，达到 $5\mu_B$。随着 A 位的 Zn^{2+} 不断增多，A、B 位间的磁矩差异将越来越大，铁氧体的饱和磁矩及饱和磁感应强度都将不断增加。这一理论在一定程度上是成立的，但当 A 位中 Zn^{2+} 超过一定限度后，将会出现这样一些 B 位，由于原来与此 B 位离子产生超交换作用力的 A 位为 Zn^{2+} 所占的概率增加，因而处于这一 B 位的磁性离子将失去超交换作用力的对象，即 A-B 间的超交换作用消失。但这一 B 位的磁性离子却受到它邻近 B 位磁性离子的 B-B 超交换作用，使得这个 B 位离子的磁矩与其他多数 B 位离子的磁矩反平行，结果每一个这样的 B 位离子将使总的分子磁矩减少两个离子磁矩，这相当于 B 位的磁矩数下降。所以过多 Zn^{2+} 加入反而对提高饱和磁矩不利。根据实验验证，当主配方中 ZnO 含量超过 25mol% 后就会引起 B 位磁矩发生偏转，从而导致铁氧体的饱和磁矩及饱和磁感应强度开始下降。此外，当 NiCuZn 铁氧体根据需要进行掺杂时，某些掺杂物也可能进入到晶格内占据 A 位或 B 位，引起原磁矩差异发生变化，进而改变铁氧体的饱和磁感应强度。但是，一般掺杂物的份量都不会太大，因此即便由于占位情况影响到铁氧体的磁感应强度，其影响的程度也不会很大。

根据前面对铁氧体居里温度的分析，增强 A-B 位的分子场系数以及降低 A-B 位磁矩的差异都可以提高居里温度。对于低温烧结的 NiCuZn 铁氧体而言，其尖晶石结构决定了 A 位的金属离子数量只有 B 位金属离子的一半，为了增强 A-B 间的超交换作用力并降低 A-B 位磁矩的差异，就应当使 A 位中的磁性金属离子含量尽可能多。具体来讲，就是要尽量降低占据 A 位的非磁性金属离子 Zn^{2+} 的含量。NiCuZn 铁氧体配方中 Zn 的含量越高，其居里温度就越低。同样，在对铁氧体进行掺杂时，如果有掺杂物占据了铁氧体的 A 或 B 位并引起 A-B 位超交换作用大小及磁矩差异改变的话，也会对铁氧体的居里温度造成一定影响。

4. NiCuZn 铁氧体矫顽力影响因素分析

对于低温烧结的 NiCuZn 软磁铁氧体材料而言，矫顽力应当越小越好。矫顽力越小，其在交变磁场作用下形成的磁滞回线的面积就越小，材料的磁损耗也就越低，而相应的铁氧体材料以及应用的片式电感器件可获得更高的品质因数。磁性材料的矫顽力来源于不可逆的畴壁位移和磁畴转动，而对于具有多畴颗粒结构的 NiCuZn 软磁铁氧体，对矫顽力的贡献主要来源于不可逆的畴壁位移。在畴壁位移磁化过程中，应力和杂质的起伏分布会引起铁氧体内部能量随畴壁位置的不同而起伏变化，从而形成对畴壁位移过程的阻滞。可以说铁氧体内存在的应力、杂质的起伏变化分布是其产生不可逆畴壁位移的根本原因。

以 $180°$ 畴壁位移为例。当在外磁场作用下畴壁位移了 Δx，则磁场能下降了 $2\mu_0 M_s H \Delta x$，而畴壁能将要增加 $\dfrac{\partial \gamma_w}{\partial x} \Delta x$，两者达到平衡时，则有

$$2\mu_0 M_s H \Delta x = \frac{\partial \gamma_w}{\partial x} \Delta x \tag{2-35}$$

其中，M_s 为单位体积的磁矩；γ_w 为畴壁能。

在畴壁位移过程中，当 $\dfrac{\partial^2 \gamma_w}{\partial x^2} > 0$ 时，畴壁位移到任意位置均处于平衡稳定磁化状态，当外磁场去掉后，畴壁又会回复到原来的位置，此时畴壁处于可逆位移阶段。而当 $\dfrac{\partial^2 \gamma_w}{\partial x^2} < 0$ 时，畴壁处于不稳定状态，畴壁将继续位移直到与 $\left(\dfrac{\partial \gamma_w}{\partial x}\right)_{max}$ 相等的地方才能重新达到平衡。此时如果去掉外磁场，畴壁将无法回复到原来位置，不可逆畴壁已经发生。为了将畴壁再回复到最初的位置，需要施加一个反向的磁场，此磁场大小即相当于由该畴壁不可逆位移所决定的矫顽力。该磁场应使畴壁刚好有足够能量越过使畴壁从可逆到不可逆位移分界的势垒，即

$$H_c = \frac{1}{2\mu_0 M_s}\left(\frac{\partial \gamma_w}{\partial x}\right)_{max} \tag{2-36}$$

而由应力起伏决定的畴壁能可表示为

$$\gamma_w = 2\delta\left(K_1 + \frac{3}{2}\lambda_s \sigma\right) = 2\delta\left\{K_1 + \frac{3}{2}\lambda_s\left[\sigma_0 + \frac{\Delta\sigma}{2}\sin\left(\frac{2\pi}{l}x\right)\right]\right\} \tag{2-37}$$

其中，δ 为畴壁厚度；K_1 为磁晶各向异性常数；λ_s 为磁致伸缩系数；σ 为应力；l 为应力起伏的波长。

对于多畴结构铁氧体的矫顽力应取式（2-36）的平均值，将式（2-37）代入式（2-36）并取平均，得到

$$H_c = \frac{1}{2\mu_0 M_s}\left(\frac{\partial \bar{\gamma}_w}{\partial x}\right)_{max} = \frac{3\lambda_s \delta}{2\mu_0 M_s}\left(\frac{\partial \bar{\sigma}}{\partial x}\right)_{max} = \frac{3\pi}{2}\frac{\lambda_s \Delta\sigma}{\mu_0 M_s}\frac{\delta}{l} \tag{2-38}$$

由于 λ_s 和 M_s 都主要由铁氧体的配方组成来决定，假定低温烧结 NiCuZn 铁氧体具有 $(Ni_{0.8-x}Cu_{0.2}Zn_xO)_{1.02}(Fe_2O_3)_{0.98}$（$0 \leqslant x \leqslant 0.06$）的组成结构，可根据插值法计算出 NiCuZn 铁氧体的磁致伸缩系数 λ_s，而饱和磁化强度 M_s 也可根据铁氧体 A、B 位离子磁矩差异计算得出。将 λ_s 和 M_s 的计算表达式代入式（2-38）可得

$$H_c = \frac{3\pi}{2}\frac{\left|-26\times10^{-6}\times(0.8-x) - 23\times10^{-6}\times0.2\right|\Delta\sigma}{\mu_0(274.92 + 1008.03x)\times10^3}\frac{\delta}{l} = \frac{0.375\times(25.4 - 26x)\times10^4 \Delta\sigma}{274.92 + 1008.03x}\frac{\delta}{l}$$

$$\tag{2-39}$$

如果不考虑畴壁厚度 δ 和应力起伏的波长 l 的变化，由应力所决定的铁氧体矫顽力与材料配方中 ZnO 的含量 x 以及应力起伏增量 $\Delta\sigma$ 之间的关系可由图 2-8 示意。

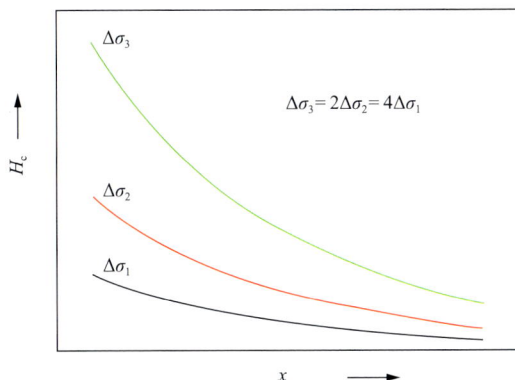

图 2-8　由应力所决定的矫顽力随 NiCuZn 铁氧体配方中 ZnO 含量 x 和 $\Delta\sigma$ 变化示意

由图可见，对于低温烧结 NiCuZn 铁氧体而言，增加主配方中 ZnO 的含量或降低应力起伏增量的大小都有助于降低由应力所决定的矫顽力。在含杂畴壁位移过程中，当畴壁位移经过杂质处时，畴壁的面积将发生改变，进而影响畴壁能的变化，从而形成对畴壁位移的阻滞作用。以 180° 畴壁位移磁化为例，当畴壁位置处于平衡状态时，畴壁位移磁化过程中磁场位能的降低与杂质穿孔导致畴壁能的增长相等，即有

$$2\mu_0 M_s H = \gamma_w \frac{\partial}{\partial x} \ln S = \frac{\gamma_w}{S} \frac{\partial S}{\partial x} \tag{2-40}$$

其中，S 为畴壁的面积。

假设铁氧体内杂质呈球形，直径为 d。畴壁在未穿过杂质时的面积为 a^2。在外磁场作用下，当畴壁从位于杂质中心的平衡位置位移 Δx 时，畴壁面积变为

$$S = a^2 - \pi\left(\frac{d^2}{4} - x^2\right) \tag{2-41}$$

则

$$\frac{\partial S}{\partial x} = 2\pi x \tag{2-42}$$

当畴壁刚好穿过杂质时，$\dfrac{\partial S}{\partial x}$ 达到最大值，因此有

$$H_c = \frac{1}{2\mu_0 M_s} \frac{\gamma_w}{S} \left(\frac{\partial S}{\partial x}\right)_{max} = \frac{\gamma_w}{2\mu_0 M_s} \frac{\pi d}{a^2} \tag{2-43}$$

将杂质体积浓度 $\beta = \dfrac{\pi}{6}\left(\dfrac{d}{a}\right)^3$ 以及畴壁能 $\gamma_w = 2\delta K_1$ 代入式（2-43），可得到由含杂

所决定的畴壁位移矫顽力为

$$H_c = \frac{\gamma_w}{2\mu_0 M_s} \frac{\pi d}{a^2} = \left(\frac{\pi}{6}\right)^{3/2} \frac{K_1 \beta^{2/3}}{\mu_0 M_s} \frac{\delta}{d} \tag{2-44}$$

同样由于 K_1 和 M_s 都主要由铁氧体的主配方决定，假定低温烧结 NiCuZn 铁氧体具有 $(Ni_{0.8-x}Cu_{0.2}Zn_xO)_{1.02}(Fe_2O_3)_{0.98}$ 的分子式，根据插值法可计算出 NiCuZn 铁氧体的磁晶各向异性常数 K_1，而饱和磁化强度 M_s 则根据铁氧体 A、B 位离子磁矩差异计算得出。将 K_1 和 M_s 的计算表达式代入式（2-44）可得

$$H_c = \left(\frac{\pi}{6}\right)^{3/2} \frac{K_1 \beta^{2/3}}{\mu_0 M_s} \frac{\delta}{d} = \left(\frac{\pi}{6}\right)^{3/2} \frac{|-6691 + 6834x|\beta^{2/3}}{\mu_0(274.92 + 1008.03x) \times 10^3} \frac{\delta}{d} \tag{2-45}$$

如果不考虑畴壁厚度 δ 和杂质直径 d 的变化，由含杂所决定的铁氧体矫顽力与材料配方中 ZnO 的含量 x 以及杂质体积浓度 β 之间的关系可由图 2-9 示意。由图可见，增加主配方中 ZnO 的含量或降低杂质体积浓度 β 都有助于降低由含杂所决定的矫顽力。

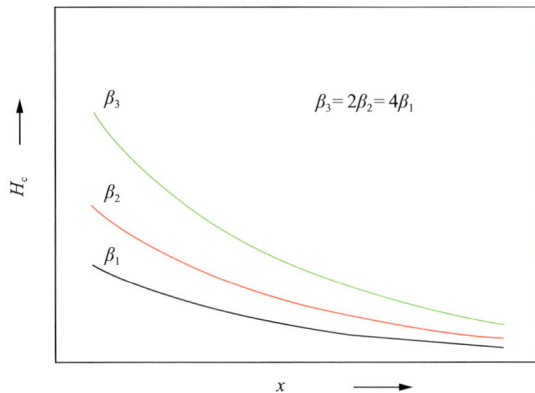

图 2-9　由含杂所决定的矫顽力随 NiCuZn 配方中 ZnO 含量 x 和 β 变化示意

5. NiCuZn 铁氧体烧结特性影响因素分析

为了满足片式电感器件制备工艺的技术要求，低温烧结 NiCuZn 铁氧体材料必须能实现 900℃低温烧结致密化。而其要求的软磁性能指标也均是在 900℃低温烧结的前提下来实现的。因此，如何有效促进 NiCuZn 铁氧体的烧结，降低材料致密化温度就变得十分关键。

NiCuZn 铁氧体材料的烧结按完成程度可分为三个阶段。第一阶段为烧结初期。在此阶段随着温度的升高，生坯颗粒表面的活性质点相互接触、扩散形成表面分子膜，出现局部烧结面，但还没有晶粒长大或收缩现象出现。第二阶段为烧结中期，白晶粒生长开始，并伴随颗粒间界面的广泛形成，但此时气孔仍是相互连通形成连续网络，而颗粒间的晶界面仍是相互孤立的。成型体大部分的致密化

过程和部分的显微结构发展也产生于此阶段。随着温度进一步升高，气孔逐渐变孤立，晶界开始形成连续网络，烧结进入第三阶段，即烧结后期。这一阶段材料内气孔趋于孤立而晶界逐渐变得连续，孤立的气孔常位于两晶粒界面、三晶粒界线或多晶粒的接点处，也有可能被包裹在晶粒中。烧结后期铁氧体致密化速率明显减慢，而显微结构的发展，如晶粒尺寸的生长则发展较为迅速。但如果异常晶粒生长，大量气孔陷入晶粒内部，并与晶界隔绝，则烧结过程停止；如果异常晶粒生长可避免，则可排出停止在晶粒边界上的气孔，获得高的烧结密度。

从烧结动力学的角度看，NiCuZn 铁氧体烧结致密化的过程，也是一个物质扩散传质的过程。由于在烧结过程中，生坯始终处于固体状态，因此传质过程也以固相传质为主。质点的迁移主要可以通过两种形式来实现：一是原子脱离结点后，形成填隙原子，空位和填隙原子的数目相等；二是原子脱离结点后，并不在晶体内部构成填隙原子，而是跑到晶体表面构成新的一层，晶体内部只有空位。无论哪种空位的形成，都非常有利于物质的迁移。在粉体的不同部位，空位的浓度也有差异。在颗粒表面和晶界上的原子或离子排列不规则，它们的活动性比晶粒内的原子或离子大，因此表面与界面上的空位浓度较晶粒内部的空位浓度高。此外，当固体表面曲率不同时，形成肖特基缺陷所需要的能量不同，因而空位浓度也不同，容易在颈部、晶界、表面和晶粒内存在一个空位由多到少的浓度梯度，浓度大处的空位向浓度小处进行扩散，而粉体则向相反方向扩散。

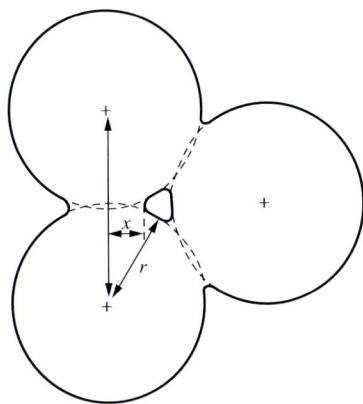

图 2-10　原始粉料颗粒模型

为了能定性分析影响 NiCuZn 铁氧体烧结特性的关键因素，假设原始粉料颗粒呈球形，相互之间结合紧密，如图 2-10 所示。

原始粉料颗粒中空位浓度 C_0 是温度的函数，并与形成缺陷所需的能量 ΔE 有关，满足公式：

$$C_0 = \frac{n}{n_0} = \exp\left(-\frac{\Delta E}{kT}\right) \tag{2-46}$$

其中，n_0 为晶格内共有的晶格节点数；n 为晶格空位数；k 为玻尔兹曼常数；T 为热力学温度。粉料颗粒形成颈部的空位浓度 C 为

$$C = C_0 \exp\left(\frac{2\gamma V}{rRT}\right) = C_0 \exp\left(\frac{2\gamma a^3}{rRT}\right) \tag{2-47}$$

其中，r 为空孔的曲率半径；γ 为表面自由能；a 为晶格常数；$V=a^3$，为一个空格点的体积。在曲率半径 r 的颈部处于平表面之间存在的空位浓度差 ΔC 为

$$\Delta C = \frac{2\gamma a^3}{kTr}C_0 \tag{2-48}$$

在这一浓度梯度下，每秒每厘米圆周长从颈部离开的空位流量 J 为

$$J = 4D_v\Delta C \tag{2-49}$$

其中，D_v 为扩散系数。

根据图 2-3 所示模型，颈部曲率半径 r、体积 V 及表面积 A 的几何尺寸计算结果分别为

$$r = \frac{x^2}{4r}, \qquad V = \frac{\pi x^4}{4r}, \qquad A = \frac{\pi^2 x^3}{r} \tag{2-50}$$

由于空位扩散速度等于颈部体积增长的速度，即

$$J \times 2\pi x a^3 = \frac{dV}{dt} \tag{2-51}$$

将式（2-48）、式（2-49）和式（2-50）代入式（2-51），并积分得

$$\frac{x}{r} = \left(\frac{160\gamma a^3 D^*}{kT}\right)^{1/5} r^{-3/5} t^{1/5} \tag{2-52}$$

由于扩散系数 $D^* = D_0 \exp\left(-\dfrac{E}{kT}\right)$，将其代入式（2-52）可得

$$\frac{x}{r} = \left[\frac{160\gamma a^3 D_0 \exp\left(-\dfrac{E}{kT}\right)}{kT}\right]^{1/5} r^{-3/5} t^{1/5} \tag{2-53}$$

其中，E 为烧结激活能。

在扩散的同时，除颗粒之间接触面积增加外，随着扩散的进行，颗粒中心也相互靠近，靠近的速率为

$$\frac{d(2y)}{dt} = \frac{d\left(\dfrac{x^2}{2r}\right)}{dt} \tag{2-54}$$

将式（2-53）代入式（2-54）得线收缩率为

$$\frac{\Delta L}{L_0} = \left(\frac{5\gamma a^3 D^*}{kT}\right)^{2/5} r^{-6/5} t^{2/5} = \left[\frac{5\gamma a^3 D_0 \exp\left(-\dfrac{E}{kT}\right)}{kT}\right]^{2/5} r^{-6/5} t^{2/5} \tag{2-55}$$

如果铁氧体的烧结温度 T 和扩散系数 D^* 维持不变，颈径的增长率和球心距的线收缩率与粉体粒径和烧结时间的关系如图 2-11 所示。由图可见，颈径的增长率及球心距的线收缩率虽然随烧结时间的延长都呈上升趋势，但效果并不是太显著，尤其对于粉体粒径较大的烧结样品更是如此。而粉体粒径的粗细则对颈径的增长率及球心距的线收缩率影响很大，粉体粒径越小，越容易促进铁氧体烧结。

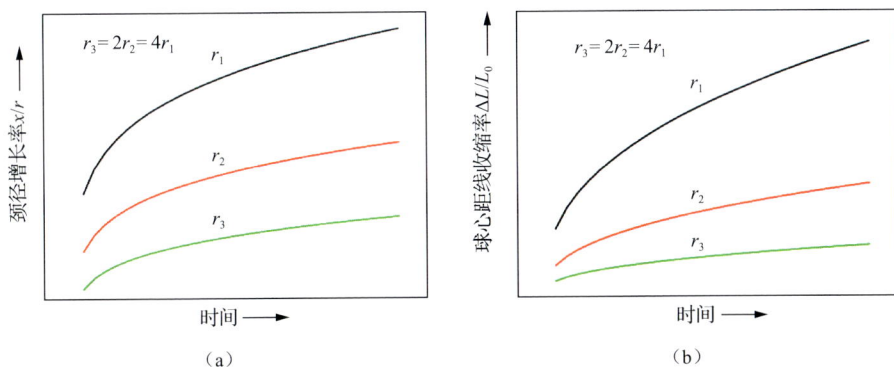

图 **2-11**　颈径增长率（a）和球心距线收缩率（b）随粉体粒径和烧结时间的变化示意

　　如果保持烧结时间和粉体粒径不变，颈径的增长率和球心距的线收缩率与烧结激活能和烧结温度的关系如图 2-12 所示。由图可见，提高铁氧体的烧结温度对增加其颈部的增长率和球心距的线收缩率效果比较明显，当温度升高到一定程度以后，颈部增长率和球心距线收缩率趋于稳定，表明铁氧体已完全烧结致密化。降低粉体的激活能对促进其烧结效果也十分明显。随着粉体烧结激活能的降低，颈部增长率和球心距线收缩率增长十分显著，或在达到相同致密化程度时烧结温度可以大大降低。

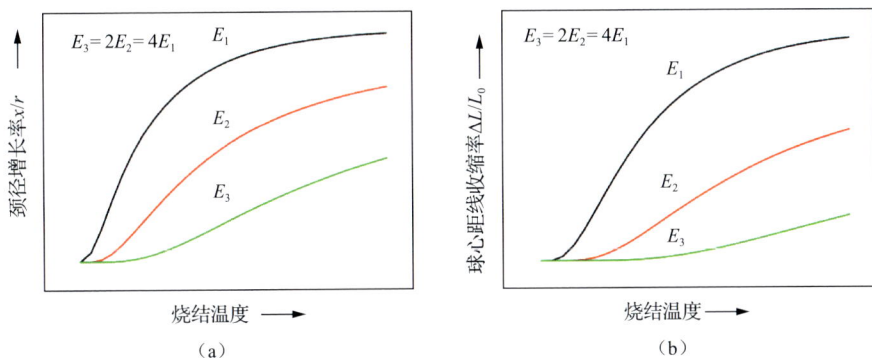

图 **2-12**　颈径增长率（a）和球心距线收缩率（b）随粉体烧结激活能和烧结温度的变化示意

　　由于低温烧结 NiCuZn 铁氧体材料限制了标准烧结温度为 900℃，因此，以上促进材料致密化途径中的提高烧结温度的方式不可行。而延长烧结时间的途径一方面致密化效果不太明显，另一方面从材料的制备成本和效率的角度考虑也不太现实。因此，为了促进 NiCuZn 铁氧体的低温烧结，比较可行的途径就是减小原始粉体的粒径以及降低粉体烧结激活能两种方式。

　　除了固相传质以外，在 NiCuZn 铁氧体烧结过程中，由于 CuO 能与铁氧体中一些成分形成低共熔物，以及低熔氧化物的掺杂，都会使烧结中出现少量的液相。液相的存在将会使烧结的效果发生显著变化，其作用主要包括以下几种物理效应：

其一，润滑效应。固态粉粒之间通常都具有较大的摩擦系数，在成型过程中由于粉粒之间的摩擦力大，不可避免的在坯体中保留着一定的间隙——气孔。而当液相出现时，液相对粉粒的润滑作用使粉粒之间的摩擦力减小，便于粉粒做相对运动，从而使成型时留下的内应力下降，粉粒堆积度得到改善。

其二，毛细管压力与粉粒的初次重排。当液相能很好地润湿固相时，粉粒间的大多数孔隙都将被液相所填充，形成毛细管状液膜。这种液膜的存在，使两相邻粉粒间产生巨大的毛细管压力。在这种收缩压力作用下，再加上液相的润湿作用，促使成型后坯体中的粉粒重新排布，可达到更紧密的空间堆积。

其三，使接触平滑化。在毛细管状液膜作用下，相邻两粉粒之间承受压应力。相邻粉粒的凸出部分或球状粉粒的接触处间隙小、毛细管压力最大。事实证明压应力有助于固体在液体中的溶解。即外来机械力有助于晶体表面或边沿质点在热振动的情况下，克服固体质点的吸引力而扩散到液体中呈分散状态，所以相邻粉粒的受压处将具有较大的溶解度。其动力学过程即为固体质点将不断从受压接触处溶入液相中。在浓度差的推动下以扩散方式传递出去，在适当的低压力处凝结，使接触点处逐渐平滑化，从而使粒心距离接近，形成粒界并使材料致密。

其四，溶入-析出过程。固态粉粒的表面活性与固体表面状态密切相关，而固态粉粒在液相中的溶解度又受其活性制约。通常细粒或曲率半径特别小的凸沿或尖角溶解度大，在该处近侧溶液中溶质的浓度也大；与此相应的，粗粒、平表面或凹表面处溶入不易，其近侧溶质浓度也小。当同一液相体系中出现不同浓度时，浓度差将成为一种推动力，促使溶质在液相中扩散。即有定向的物质流成为一种推动力，促使溶质在液相中扩散，也即是有定向的物质流从细粒表面至粗晶表面迁移。只要表面曲率差存在，这种过程将一直维持下去。这也是液相烧结的主要传质机制，即所谓的溶入-析出过程。

其五，熟化适应过程。颗粒在可传质媒质中的长大现象称为 Ostwald 熟化。在液相烧结过程中，随着 Ostwald 熟化的进展，大粒各自长大成熟，直至相互接壤而形成粒界，即彼此都改变了原有的颗粒形状并相互缀合，这也称为熟化适应过程。通过相应的数学推导，可得出 Ostwald 熟化过程所获得的平均粒径 r 与烧结时间 t 之间满足 1/3 次方的比例关系。

其六，固态脉络的形成。一般液相烧结可划分为三个阶段。第一阶段，粉粒的重排。液相的润滑作用及毛细管压的拉紧作用使粉粒间的配位数提高，坯体中气孔大量消失，收缩率显著增加。第二阶段，由于受压接触平滑的作用，收缩比较缓慢，其线收缩率与烧结时间之间存在 1/3 次方的关系。第三阶段，致密化过程已接近饱和，收缩率几乎不随烧结时间而变。这一阶段可认为是由于在烧结体中形成了固态脉络。即在此时期固态晶粒相互接触支撑，形成了彼此连续的骨架。因此，液相烧结的快速收缩势头也大大缓解下来。

上述所列的六种现象在液相烧结中都会或多或少出现，在其共同作用下，可有效提高材料烧结速度、降低烧结温度。但是，从低温烧结 NiCuZn 铁氧体在片式电感器件中应用的角度考虑，过多的液相也容易引起 Ag 内电极向铁氧体中扩散，不仅会恶化 NiCuZn 的电磁性能，而且会导致 Ag 引线和电极的电阻率增大，器件品质因数降低。因此，在实现 NiCuZn 铁氧体低温烧结的同时，也要注意对液相传质的控制。

2.3　氧化物法制备低温烧结 NiCuZn 铁氧体材料研究

2.3.1　氧化物法制备 NiCuZn 铁氧体工艺流程

氧化物法是当前进行电子陶瓷研究和生产最为常用的方法，具有原料便宜、工艺简单、可移植性强、适于批量化大生产等特点。采用氧化物法制备铁氧体材料时，根据材料类型及应用领域的差异而在部分工艺上略有不同。其工艺流程如图 2-13 所示。

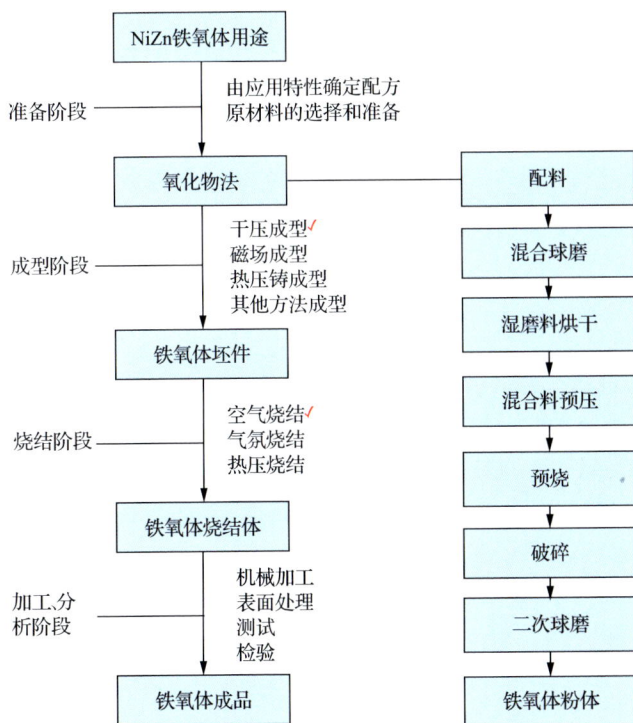

图 2-13　氧化物法制备铁氧体材料的工艺流程图

画钩的为本节研究所采用的方式

采用氧化物法研制低温烧结 NiCuZn 铁氧体时，将遵循以下具体的实施步骤：以适合铁氧体工业生产的 Fe_2O_3（99.3%）、ZnO（99.5%）、NiO（99.2%）、CuO（99.5%）为原材料，按设定的配方精确称料，采用行星式球磨机一次球磨混料，烘干后过40 目筛，然后在烧结钵中压实、打孔，于设定温度下预烧。预烧料经粗粉碎后按一定的掺杂方案掺杂后，进行二次球磨。二次球磨料烘干后，先过 40 目筛，然后加入 10wt% 聚乙烯醇进行手工造粒。造粒料经过筛后，加入 0.2wt% 硬脂酸锌作为脱模剂，搅拌均匀后于 50MPa 压力下干压成型，制成生坯试样，再按一定的升温曲线进行烧结，最后进行相关材料参数的测试。

2.3.2　低温烧结 NiCuZn 铁氧体配方影响研究

1.　铁氧体磁性能影响因素分析

铁氧体的磁性能可分为两大类：一类是结构不敏感参数，包括饱和磁感应强度、居里温度以及磁晶各向异性常数和磁致伸缩系数等。这些材料性能参数一般只与铁氧体的配方组成及晶型结构有关，而与材料的微观结构（包括晶粒大小、晶粒均匀性及气孔率等）无太大关联，因此又称为本征磁特性参数。铁氧体的另一类电磁性能参数称为结构敏感参数，包括磁导率、磁损耗、品质因数及电阻率等。这些材料性能参数除了与铁氧体的配方组成有很大关系外，在很大程度上还要受材料微观结构的影响，因此也称为结构磁特性参数。从氧化物法的制备工艺流程来讲，主配方的确定在很大程度上决定了低温烧结 NiCuZn 铁氧体的本征磁特性参数，而预烧、球磨、烧结升温曲线等工艺控制参数则会对铁氧体的微观结构产生较大影响，进而影响铁氧体的结构磁特性参数。掺杂组合方式则有可能同时对铁氧体的组成和微观结构造成影响。一方面，一些掺杂物可能进入晶格，引起铁氧体配方组成发生变化，从而引起本征磁特性参数发生变化；另一方面，掺杂物也可引起铁氧体烧结特性及微观形貌发生显著变化，进而引起材料结构磁特性参数的改变。总体来讲，由于掺杂物的含量一般很少，因此对本征磁特性参数的影响不会太大，主要是通过改善铁氧体的微观结构来达到调节结构磁特性参数的目的。此外，部分掺杂物在烧结过程中会形成液相或与铁氧体中部分成分形成低共熔化合物，通过液相传质烧结显著影响铁氧体的烧结特性。下面，将分别从配方组成、制备工艺控制参数及掺杂组合方式三方面对氧化物法制备低温烧结NiCuZn 铁氧体展开研究。

2.　主配方设计及分析

根据以往的研究结果，在低温烧结 NiCuZn 铁氧体研制中，采用缺铁的主配方可以在烧结过程中出现较多的氧离子空位，促进离子扩散，从而达到降低烧结温度的目的。此外，由于没有二价铁离子产生，材料的电阻率更高，也有助于提高品质因数。因此，目前所有的低温烧结 NiCuZn 铁氧体材料采用的是缺铁配方。

但如果配方中 Fe_2O_3 含量比正分值低过多，根据 NiZn 铁氧体的相成分图，多余的 NiO 将与 ZnO 组成石盐相，降低铁氧体的磁性能。因此，Fe_2O_3 的百分含量低于正分值最好控制在 5mol% 以内。此外，考虑到两次球磨过程中钢球介质还有少量的 Fe 损耗进入到粉料中，在本节研究中最终将主配方中 Fe_2O_3 的摩尔含量固定为 49mol%。

为了满足各种片式电感应用的要求，低温烧结 NiCuZn 铁氧体材料按磁导率的高低最好能实现系列化。在此系列化材料中，高磁导率的低温烧结 NiCuZn 铁氧体实现的技术难度最大。这种材料的主要特点可用四"高"来概括：高的低温烧结致密度（应达到理论密度的 95% 以上）；高磁导率；高品质因数及高居里温度。只要能成功研制出这种铁氧体材料，其他系列的材料完全可以通过调整主配方中的 NiO/ZnO 比并适当微调工艺来实现。目前，高温烧结 NiCuZn 铁氧体材料的磁导率已经能够达到 2500 以上，而国际上能真正实用化的低温烧结 NiCuZn 铁氧体磁导率最高才达到 450 左右，与高温烧结的同种类铁氧体材料还有很大差距。为了进一步实现片式电感器件的小型化，研制具有更高磁导率的低温烧结 NiCuZn 铁氧体材料势在必行[26-32]。

根据对尖晶石铁氧体的离子占位情况分析，NiCuZn 配方中 Zn^{2+} 特喜占 A 位，能够将 A 位的 Fe^{3+} 尽可能挤到 B 位去，在一定限度内有助于提高铁氧体的 M_s。同时，Zn^{2+} 为非磁性离子，配方中 ZnO 含量增多，也有助于材料体系磁晶各向异性常数的降低。从这两方面考虑，为了提高 NiCuZn 铁氧体的磁导率，主配方中 ZnO 含量应该是越多越好的。但是，根据 2.2 节对 NiCuZn 居里温度影响因素的分析，配方中 ZnO 含量的增多将会直接导致其居里温度下降。考虑到片式电感器件的应用环境，国际上对低温烧结 NiCuZn 铁氧体材料居里温度的一般要求是 ≥150℃。因此，配方中 ZnO 的含量必须要有一定的限制。从兼顾高磁导率和高居里温度的角度考虑，最终在本节实验研究中将 ZnO 的百分含量固定为 30.6mol%。在此含量下，配方的居里温度比 150℃ 稍高，为掺杂引起居里温度降低留有一定的盈余。

主配方中剩下的 Cu^{2+} 和 Ni^{2+} 在形成的 NiCuZn 铁氧体中都倾向于占据 B 位，Cu^{2+} 的离子磁矩为 $1.3\mu_B$，Ni^{2+} 的离子磁矩为 $2.3\mu_B$，虽然配方中 Ni^{2+} 含量增多有助于提高铁氧体的饱和磁化强度，但同时 Ni 铁氧体的磁晶各向异性常数也稍大于 Cu 铁氧体，因此，单纯从离子占位的角度看对磁导率的影响不大。但 CuO 在烧结时能固熔进铁氧体，通过显著增强晶格扩散及过渡液相传质来促进烧结，增大材料的致密度，进而提高 NiCuZn 铁氧体的磁导率。但是，过多 CuO 加入后，也容易引起晶粒的不连续生长，气孔率增加，铁氧体成分的分解等，导致材料损耗提高。因此，合适的 CuO 含量必须通过实验来加以确定。

3. 配方中 CuO 含量对 NiCuZn 铁氧体性能的影响

按照 2.3.1 节所示工艺，主配方按表 2-3 进行设置。其中 Fe_2O_3 和 ZnO 摩尔含量固定，CuO 含量从 5mol% 至 15mol% 变化，而 NiO 含量则随 CuO 含量的变化作相应调整。对应的 NiCuZn 铁氧体化学分子式可写成 $(Ni_{0.3-0.05x}Cu_{0.1+0.05x}Zn_{0.6}O)_{1.02}(Fe_2O_3)_{0.98}$，其中 x 为 0～4。固定一次球磨时间为 6h，预烧温度为 800℃，掺 2wt% Bi_2O_3 助烧，二次球磨时间为 24h，按 2.5℃/min 的升温速率升至 850～950℃ 烧结。

表 2-3　NiCuZn 铁氧体主配方设置

序号	含量/mol%			
	Fe_2O_3	ZnO	NiO	CuO
No.1	49	30.6	15.3	5.1
No.2	49	30.6	12.75	7.65
No.3	49	30.6	10.2	10.2
No.4	49	30.6	7.65	12.75
No.5	49	30.6	5.1	15.3

测试预烧料及 900℃ 烧结的 No.1～No.5 样品的 XRD 图谱，归一化结果如图 2-14 所示。由图可见，800℃ 预烧后粉料已呈现出明显的尖晶石铁氧体相结构，但与烧结样品相比，其衍射峰背底较强，表明预烧料中铁氧体相的绝对衍射峰强度还不是很高，同时也不排除有少量金属氧化物衍射峰湮没在背底的可能。对于烧结样品而言，当主配方中 CuO 含量未超过 12.75mol% 时，烧结样品的峰位和相对强度都无明显差异，均表现为典型的尖晶石铁氧体相结构。而当主配方中 CuO 含量达到 15.3mol% 时，在 2θ 约为 38.27° 处多出一强度很弱的峰，该峰由 CuO 产生。这表明铁氧体中已经有少量 CuO 析出形成另相。因此，为了获得具有单相尖晶石结构的 NiCuZn 铁氧体，主配方中 CuO 含量最好不超过 12.75mol%。

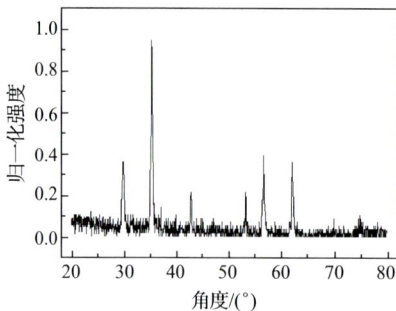

（a）预烧料

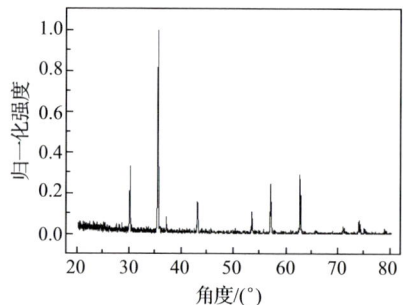

（b）No.1

（c）No.2　　　　　　　　　　（d）No.3

（e）No.4　　　　　　　　　　（f）No.5

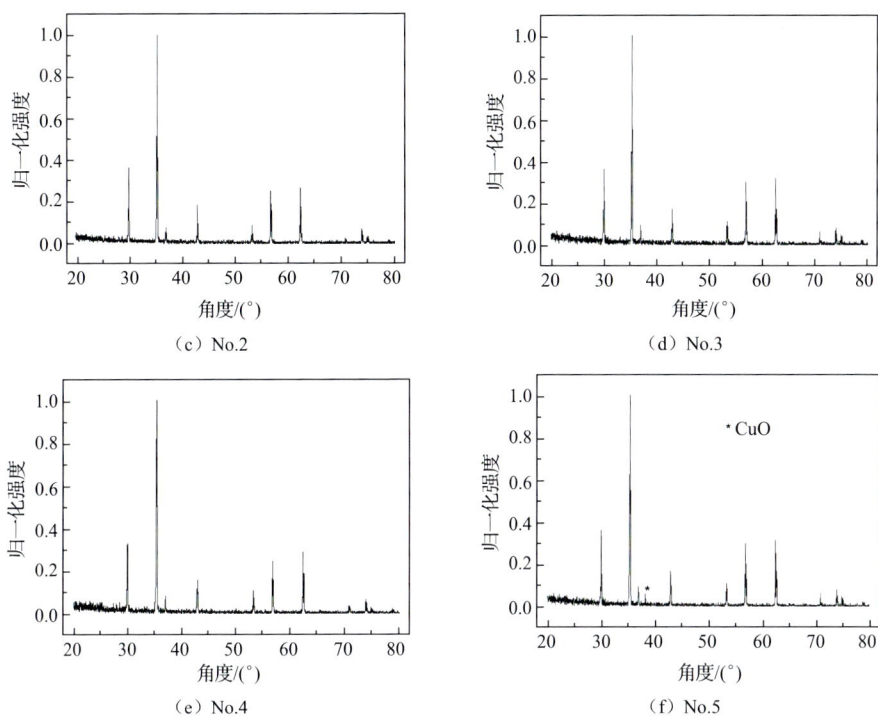

图 2-14　预烧料及 No.1～No.5 样品的 XRD 图谱

　　根据 XRD 图谱计算出的各实验样品晶格常数如图 2-15 所示。由图可见，随着主配方中 CuO 含量的增加，晶格常数呈持续增大趋势，这主要是因为 Cu^{2+} 的离子半径为 0.087nm，大于其替代的 Ni^{2+} 的离子半径（0.083nm）。此外，实际 NiCuZn 铁氧体中部分 Cu^{2+} 还有可能转换为 Cu^+，其离子半径（0.097nm）更大。晶格常数的增大可以增强铁氧体固熔体内阳离子的扩散，从而有助于促进铁氧体的烧结。

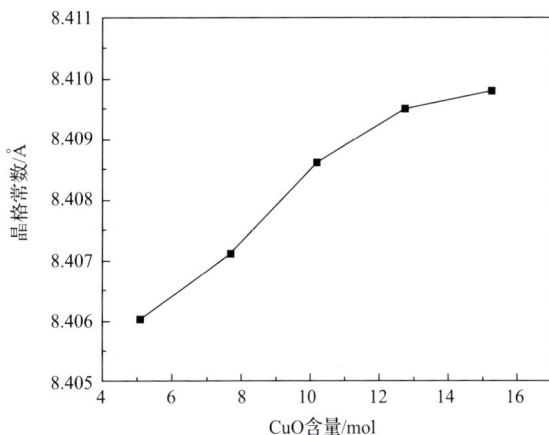

图 2-15　CuO 含量对 NiCuZn 铁氧体晶格常数的影响

各实验样品的烧结密度随 CuO 含量的变化如图 2-16 所示。由图可见，CuO 含量对铁氧体材料的烧结密度有很大影响。在相同的制备工艺下，CuO 在配方中的百分含量低于 10mol% 时，随着烧结温度的升高，材料的烧结密度始终呈明显的上升趋势，表明尚未实现足够的致密化。而当 CuO 含量达到 10.2mol% 后，900℃ 烧结的样品密度已超过 NiCuZn 铁氧体理论密度的 95%，进一步升高烧结温度，密度已无明显变化。当 CuO 含量超过 10.2mol% 后，在 900℃ 以下烧结时，密度随 CuO 含量的增加可较明显提高，而在 900℃ 以及更高温度烧结时，密度与 CuO 含量为 10.2mol% 的样品已无明显差异。因此，从 900℃ 烧结致密化的角度考虑，CuO 在主配方中的百分含量达到 10.2mol% 即可。

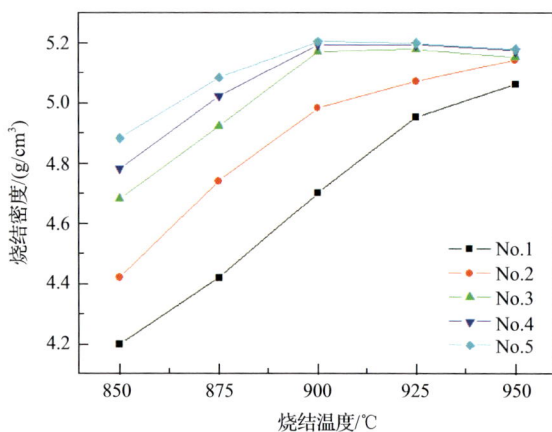

图 2-16　不同 CuO 含量配方烧结密度随烧结温度的变化

图 2-17 为在 1MHz 测试时 CuO 含量对 NiCuZn 铁氧体磁导率的影响。由图可见，随着烧结温度的提高，所有样品磁导率呈近似线性的关系上升。这主要是因为随着烧结温度的升高，晶粒的尺寸及烧结密度都增加。此外，无论在哪一烧

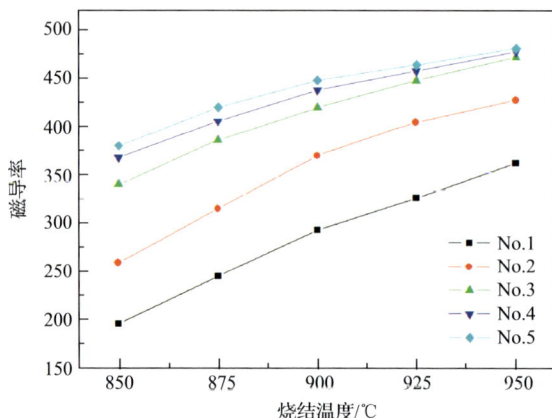

图 2-17　不同 CuO 含量配方磁导率随烧结温度的变化

结温度点，主配方中 CuO 含量越高，磁导率都是越高的。这一方面得益于 CuO 含量增加有助于提高铁氧体的烧结密度，另一方面得益于 CuO 能促进晶粒尺寸增大。

各实验样品的品质因数 Q 与 CuO 含量的关系如图 2-18 所示。由图可见，对于 CuO 百分含量低于 10.2mol% 的样品，由于随着烧结温度的升高，其致密化程度还呈较明显的提高，因此品质因数随烧结温度始终呈上升趋势。而对于 CuO 百分含量超过 10.2mol% 的样品，随着烧结温度的提高，品质因数则呈现出持续下降的趋势。这一方面是由于晶粒尺寸增大，晶界减薄；另一方面根据英国 K. O. Low 等的研究，当 NiCuZn 铁氧体中 CuO 含量过多时，铁氧体容易出现分解，使材料体系内气孔增多，从而也会对品质因数造成影响。对于 CuO 百分含量为 10.2mol% 的样品，在 900℃烧结时出现品质因数的最大值。这一方面是样品烧结密度和微观形貌共同作用的结果；另一方面根据韩国 J. H. Nam 等的研究，还与 NiCuZn 分子式中 Cu 摩尔含量为 0.2 左右时，其电阻率最大有关。

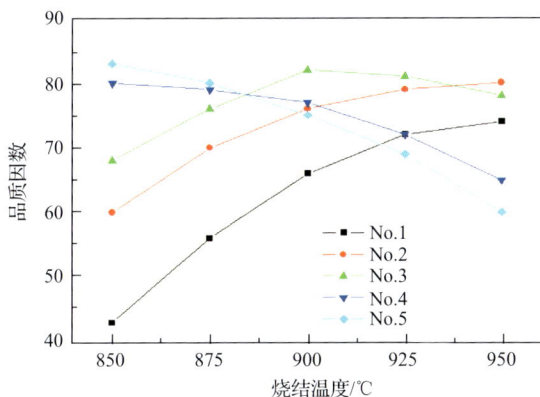

图 2-18　不同 CuO 含量配方品质因数随烧结温度的变化

900℃烧结时，No.1～No.5 样品的微观结构如图 2-19 所示，相对于未烧结的成型生坯样品，晶粒尺寸都有不同程度的增大，并且随着 CuO 含量的增加，平均晶粒尺寸也呈上升趋势。

 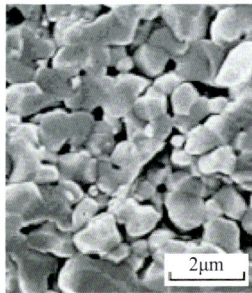 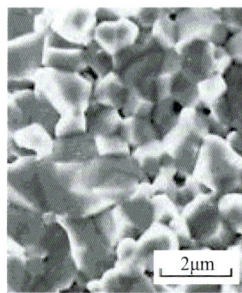

（a）生坯样品　　　　　　　（b）No.1　　　　　　　　（c）No.2

（d）No.3　　　　　　　　（e）No.4　　　　　　　　（f）No.5

图 2-19　生坯样品及不同 CuO 含量烧结样品（900℃烧结）的 SEM 图

综合以上分析，为了兼顾 900℃低温烧结铁氧体高磁导率和高品质因数的技术要求，本节拟确定 No.3 主配方［化学分子式为$(Ni_{0.20}Cu_{0.2}Zn_{0.6}O)_{1.02}(Fe_2O_3)_{0.98}$］来对低温烧结 NiCuZn 铁氧体材料进行进一步的深入研究。

2.3.3　氧化物法制备工艺对低温烧结 NiCuZn 铁氧体影响研究

1. 预烧温度对材料性能影响研究

预烧是指在低于烧结温度下将一次球磨混合后的粉料焙烧若干时间，达到使氧化物初步发生化学反应，减小烧结时样品收缩率的目的。同时，预烧对粉料的烧结活性以及最终材料的电磁性能也会产生很大影响。为了确定适于低温烧结 NiCuZn 铁氧体材料的最佳预烧工艺，固定材料的主配方为$(Ni_{0.2}Cu_{0.2}Zn_{0.6}O)_{1.02}(Fe_2O_3)_{0.98}$，依照 2.3.1 节所述工艺流程，固定一次球磨时间为 6h，预烧温度从 750℃至 900℃变化，所有实验样品均掺 2wt% Bi_2O_3 助烧，二次球磨时间固定为 24h，素坯样品分别于 900℃、925℃烧结。样品性能测试方法如前所述。预烧温度对烧结样品的烧结密度、起始磁导率及品质因数 Q 的影响分别如图 2-20～图 2-22 所示。

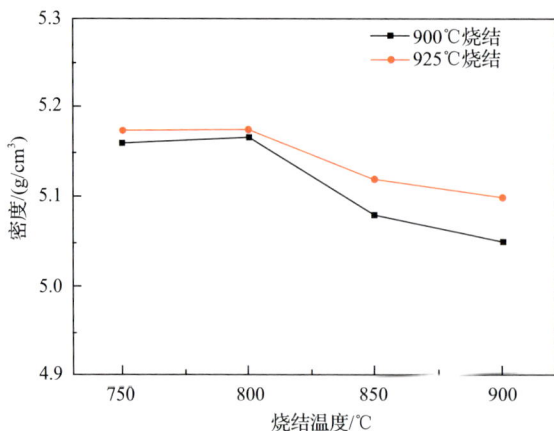

图 2-20　预烧温度对烧结样品密度的影响

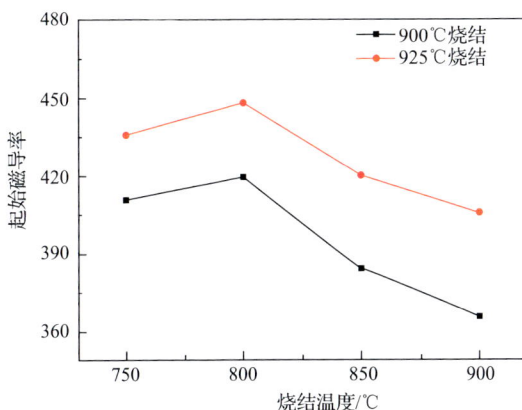

图 2-21　预烧温度对烧结样品起始磁导率的影响

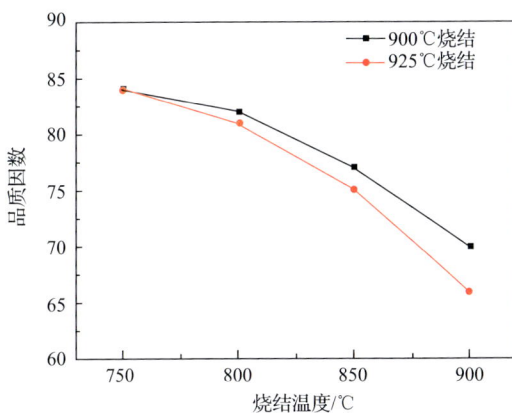

图 2-22　预烧温度对烧结样品品质因数 Q 的影响

由图可见，随着预烧温度的提高，无论是对于 900℃还是 925℃烧结的实验样品，烧结密度和起始磁导率都呈先升高后降低的趋势。在 800℃预烧的样品具有最高的烧结密度和起始磁导率。这是预烧粉料烧结活性与素坯成型密度共同作用的结果。随着预烧温度的提高，预烧粉料的收缩率提高，在相同的造粒及成型工艺条件下，预烧温度高的粉料也容易获得更高的素坯成型密度。但是，高的预烧温度也会使得预烧粉料的烧结活性降低，在烧结过程中需要更多的能量才能促使晶粒生长，低温致密化将变得更加困难。因此，最终烧结样品的密度以及磁导率、品质因数等电磁性能应该由样品的素坯密度和预烧料的烧结活性共同决定。在 800℃的预烧条件下，样品的素坯密度以及粉料的烧结活性都适中，在 900℃烧结时低温致密化也较为完全，因此具有最高的烧结密度和起始磁导率，品质因数也接近最高。考虑到片式电感器件制备工艺的需要，最佳的低温烧结 NiCuZn 铁氧体材料的预烧温度确定为 800℃。

2. 球磨时间及粒度对材料性能影响研究

低温烧结 NiCuZn 铁氧体材料在制备过程中，先后要经历两次球磨过程。由于原材料的粉料粒径都已在 1μm 以下，一次球磨主要目的不是要将粉料再磨细，而是要保证粉料相互之间混合均匀，因此该工艺对最终材料性能的影响不大。在本小节实验中，将某一次球磨 6h 的料烘干后在不同位置取样进行成分分析，各位置成分完全一致，表明混料已足够均匀。因此，此后所有的一次球磨时间都固定为 6h。

二次球磨时所磨的料为预烧料。由于在预烧过程中，大部分粉料已经铁氧体化并出现晶粒生长的状况，因此二次球磨的主要目的是将已经长大的晶粒重新磨碎，并通过降低粉料的粒径和增加缺陷来提高粉料的烧结活性。因此，二次球磨的时间及球磨效果对 NiCuZn 铁氧体的烧结活性和最终样品电磁性能均有明显影响。

图 2-23 为按 $(Ni_{0.20}Cu_{0.2}Zn_{0.6}O)_{1.02}(Fe_2O_3)_{0.98}$ 配方、800℃ 预烧并加入 2wt% Bi_2O_3 掺杂粉料，分别经过 6h、12h、18h、24h、30h 和 36h 二次球磨后样品的粒度分布图。由图可见，随着球磨时间的增加，粉料的平均粒径逐渐变小。但当球磨时间超过 24h 后，粒径缩小的趋势已经变得很微弱。

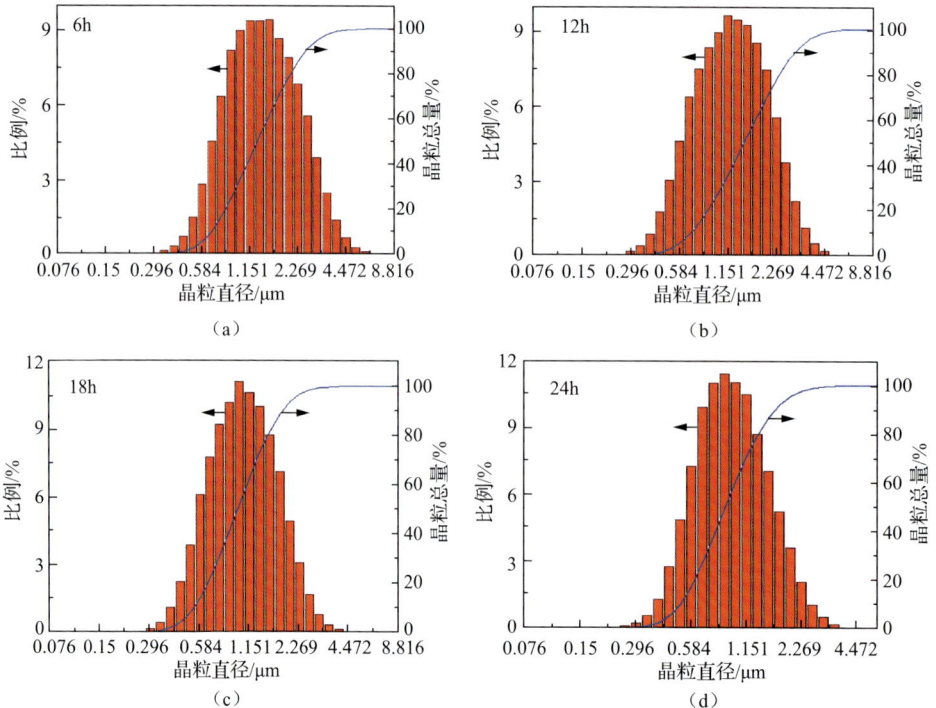

（a）

（b）

（c）

（d）

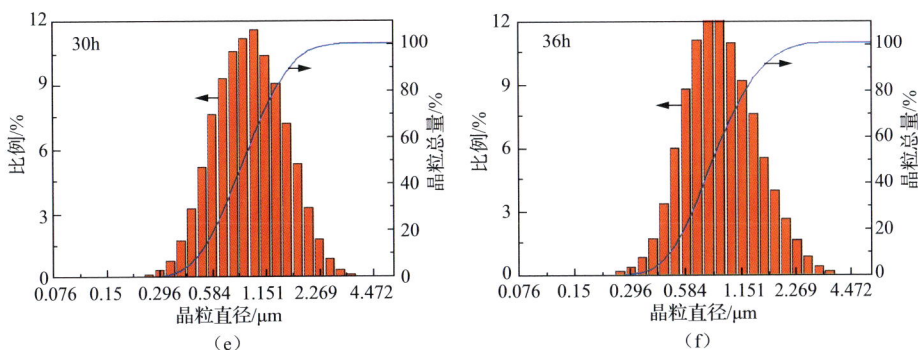

图 2-23　不同球磨时间下粒度的分布情况

　　将各二次球磨料烘干、造粒、成型并以 2.5℃/min 升温速率升至 900℃和 925℃烧结后,样品的烧结密度、起始磁导率和品质因数的测试值分别如图 2-24～图 2-26 所示。由图可见, 在同一烧结温度下, 烧结密度与球磨时间有较为密切的关系。球磨时间越长, 粉料的平均粒径越小, 表面自由能越高, 越有助于促进烧结, 因而在相同烧结温度下密度可更高。但当二次球磨时间超过 24h 以后, 所有样品的烧结密度已超过 NiCuZn 铁氧体理论密度的 95%以上, 接近氧化物法制备样品所能达到的密度极限, 其随球磨时间增加的变化已经很微小。而起始磁导率则在球磨时间为 24h 和 30h 时达到和接近最高值, 与预计有一些差异。按理球磨时间越长, 粉料平均粒径越小, 越有助于促进烧结, 起始磁导率应该更高。但有可能球磨时间过长后, 球磨罐和球磨介质过多的铁磨损消耗进入粉料, 引起配方中 Fe 的含量偏离过大, 同时粉料发生的团聚现象也使得球磨效果变差, 结果反而对提高材料起始磁导率不利。品质因数的变化趋势也反映了这一点, 在球磨时间为 18h 和 24h 时, 品质因数也达到和接近最大值, 过长的球磨时间对提高品质因数同样也不利。综合二次球磨时间对 NiCuZn 铁氧体烧结密度、起始磁导率和品质因数的分析, 二次球磨时间控制在 24h 为最佳。此时粉料粒度的分布和平均粒径比较适中, 并且因过长球磨时间所引起的配方偏离和粉料团聚影响也没有明显表现出来。

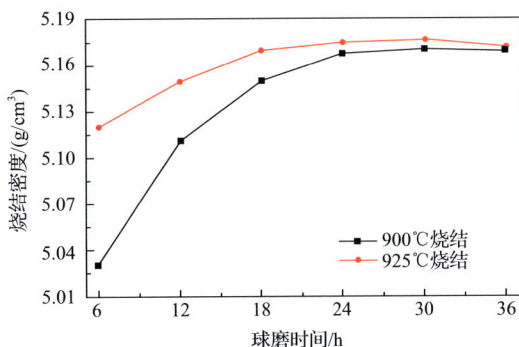

图 2-24　二次球磨时间对烧结样品密度的影响

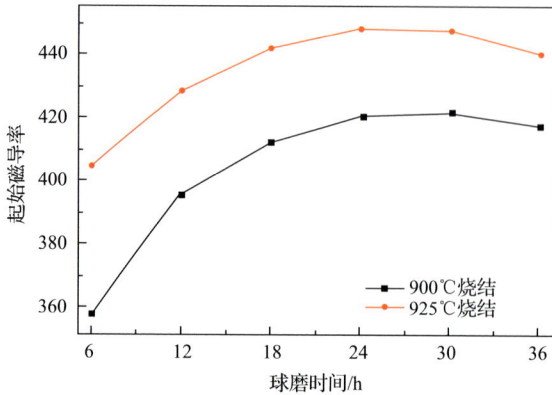

图 2-25　二次球磨时间对烧结样品起始磁导率的影响

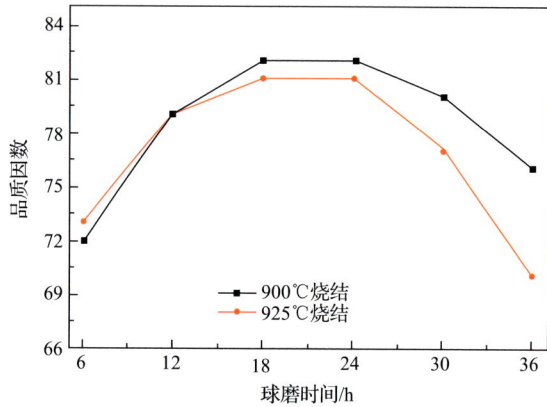

图 2-26　二次球磨时间对烧结样品品质因数的影响

3. 升温速率对材料性能影响研究

为了衡量升温速率对 NiCuZn 铁氧体性能的影响，将烧结温度固定为 900℃，升温/降温速率控制从 1.5℃/min、2℃/min、2.5℃/min、3℃/min、3.5℃/min 变化，实验样品的磁导率和品质因数如图 2-27 所示。由图可见，当升温速率小于和等于 2.5℃/min 时，烧结样品的磁导率和品质因数都无明显变化，但当升温速率高于 2.5℃/min 后，无论是磁导率还是品质因数都出现明显的降低。

为找寻其内在影响因素，对各升温速率下制备样品的烧结密度和晶粒平均尺寸进行了测试，结果如图 2-28 所示。在相同的烧结温度和保温时间下，随着升温速率的提高，样品的烧结密度略有下降。这主要是因为升温速率提高以后，容易导致部分气孔来不及排出而陷入晶粒内。但在本小节实验范围内，烧结密度的变化程度都不是太大，尚不足以对 NiCuZn 铁氧体的磁导率造成巨大影响。烧结样品的平均晶粒尺寸则在升温速率小于及等于 2.5℃/min 时也无大的变化，但当升温速率大于 2.5℃/min 后，晶粒平均尺寸出现较大程度的减小。这估计是因为晶

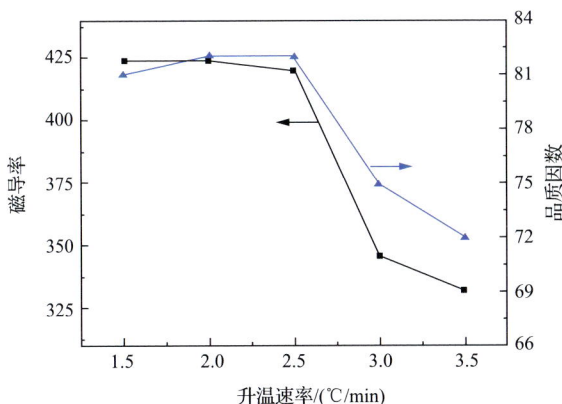

图 2-27　磁导率和品质因数随烧结升温速率的变化

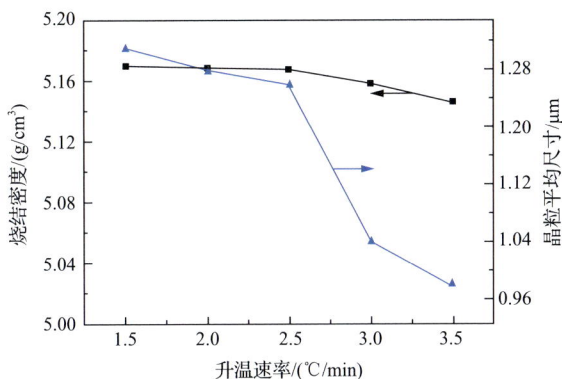

图 2-28　烧结密度和晶粒平均尺寸随烧结升温速率的变化

粒生长过程中需要先吸收热能，而当升温速率过快后，生坯样品在晶粒生长阶段难以获得足够的热能，导致晶粒生长不够充分，晶粒平均尺寸减小。也正是由于晶粒平均尺寸发生了明显减小，才导致 NiCuZn 铁氧体的磁导率出现显著下降。而随着升温速率提高，样品烧结密度的降低以及内陷气孔的影响，导致品质因数也出现较明显的下降。低温烧结 NiCuZn 铁氧体升温速率对其磁性能造成巨大影响的速率拐点为 2.5℃/min，高于高温烧结高磁导率 NiCuZn 铁氧体速率的拐点（2℃/min）。这主要是因为后者的预烧温度大大高于前者，因此生坯粉料的烧结活性也低于低温烧结 NiCuZn 铁氧体生坯粉料，因而需要在更慢的升温速率下烧结来促进晶粒的生长。

2.3.4　掺杂方案对低温烧结 NiCuZn 铁氧体性能影响研究

1. Bi_2O_3 掺杂的液相烧结动力学分析及实验

采用氧化物法制备的 NiCuZn 铁氧体，为了实现足够的致密化，烧结温度一般都在 1000℃以上，为了进一步降低烧结温度，进行一些低熔物的掺杂是必要的。这些掺杂物包括 Bi_2O_3、MoO_3、V_2O_5、低熔玻璃等。其中，Bi_2O_3 被认为是目前实现低温致密化效果最好的低熔掺杂物。Bi_2O_3 的促烧过程属于典型的液相传质烧结。在烧结过程中低熔点的 Bi_2O_3（$T_{熔}=825℃$）在晶界和晶粒交叉点形成液相，加速传质进程，促进瓷体的致密化，使样品在较低的温度下达到较高的致密度。

从烧结动力学的角度来看，采用氧化物法经成型得到的素坯，颗粒间只有点接触，强度很低。在烧结过程中，可使点接触的颗粒紧密结合成坚硬且强度很高的陶瓷体，其驱动力主要为粉体的表面自由能。但此表面自由能远小于粉体发生化学反应所需要的能量，因此，必须把成型素坯加热到足够高的温度，获得足够多的能量后，才能变成烧结体。此外，在烧结过程中，除了有驱动力外，还有物质的传递过程，这样才能使气孔逐渐得到填充，坯体由疏松变致密。Bi_2O_3 等低熔物的掺杂，实际上就是通过烧结过程中形成液相来降低烧结激活能，加速物质的传递和致密化。为了定量衡量 Bi_2O_3 掺杂对 NiCuZn 铁氧体烧结激活能影响的程度，根据液相烧结基本动力学方程：

$$\left(\frac{\Delta L}{L_0}\right)^n = K\frac{t}{T} \tag{2-56}$$

其中，$\Delta L/L_0$ 为时间为 t 时的收缩率；n 为实验指数，取决于材料的传质机制；T 为热力学温度；K 为温度相关系数，可由式（2-57）表示：

$$K = K_0\exp\left(-\frac{E}{RT}\right) \tag{2-57}$$

其中，K_0 为常数；E 为烧结激活能；R 为摩尔气体常数，其值为 8.314J/(mol·K)。式（2-56）对时间 t 求导，可得

$$\frac{d\left(\dfrac{\Delta L}{L_0}\right)}{dt} = \frac{1}{n}\times\frac{K}{T}\times\left(\frac{\Delta L}{L_0}\right)^{1-n} \tag{2-58}$$

当加热速率一定时，温度为时间的线性函数，即

$$T = \alpha\times t \tag{2-59}$$

其中，α 为加热速率。综合以上公式，可得到收缩率对温度的导数为

$$\frac{d\left(\dfrac{\Delta L}{L_0}\right)}{dT} = \frac{1}{n}\times\frac{1}{T}\times\left(\frac{K_0}{\alpha}\right)^{1/n}\times\exp\left(-\frac{E}{nRT}\right) \tag{2-60}$$

对式（2-60）两端取对数得

$$\ln\left[T\times\frac{\mathrm{d}\left(\dfrac{\Delta L}{L_0}\right)}{\mathrm{d}T}\right]=\ln\left(\frac{1}{n}\times K_0^{1/n}\right)-\frac{1}{n}\ln\alpha-\frac{E}{nRT} \qquad (2\text{-}61)$$

可见，当烧结温度 T 确定时，$\ln[T\times\mathrm{d}(\Delta L/L_0)/\mathrm{d}T]$ 同 $\ln\alpha$ 呈线性关系，斜率为 $-1/n$。并且当升温速率 α 一定时，$\ln[T\times\mathrm{d}(\Delta L/L_0)/\mathrm{d}T]$ 与 $1/T$ 呈线性关系，其斜率为 $-\dfrac{E}{nR}$。因此，可以先通过 $\ln[T\times\mathrm{d}(\Delta L/L_0)/\mathrm{d}T]$ 和 $\ln\alpha$ 的线性关系计算出指数 n，之后再通过 $\ln[T\times\mathrm{d}(\Delta L/L_0)/\mathrm{d}T]$ 与 $1/T$ 的线性关系计算出材料的烧结激活能 E。下面将通过实验计算进行 2wt% Bi_2O_3 掺杂样品的烧结激活能。

实验采用的材料配方为 $(Ni_{0.2}Cu_{0.2}Zn_{0.6}O)_{1.02}(Fe_2O_3)_{0.98}$，工艺流程如前所述。预烧温度定为 800℃，二次球磨时加入 2wt% 纯度为 99% 的 Bi_2O_3 作为掺杂剂。成型素坯按 2.5℃/min、5.0℃/min 和 7.5℃/min 的升温速率加热到 850~900℃ 保温 4h 烧结成瓷。

图 2-29 为不同烧结温度下 $\ln[T\times\mathrm{d}(\Delta L/L_0)/\mathrm{d}T]$ 和 $\ln\alpha$ 的关系。由图可见，随着烧结温度的提高，$\ln[T\times\mathrm{d}(\Delta L/L_0)/\mathrm{d}T]$ 的数值也在提高，在同一烧结温度下，$\ln[T\times\mathrm{d}(\Delta L/L_0)/\mathrm{d}T]$ 与 $\ln\alpha$ 保持了较好的线性关系，通过线性回归分析可求得直线的斜率，进而求得 n 值。根据计算得出 n 的平均值为 3.84。根据粉末烧结理论，由晶格扩散控制的动力学 $n=3$，而由晶界扩散控制的动力学 $n=4$，因此可认为该铁氧体的传质控制机制主要是晶界扩散。

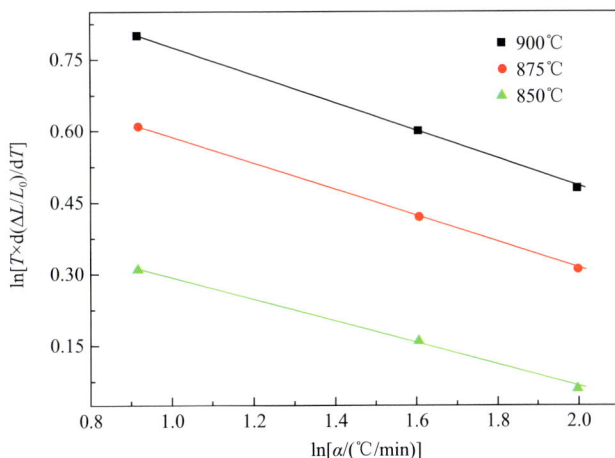

图 2-29　不同烧结温度下 $\ln[T\times\mathrm{d}(\Delta L/L_0)/\mathrm{d}T]$ 与 $\ln\alpha$ 的关系

为得到烧结激活能 E 值，在不同升温速率下由 $\ln[T\times\mathrm{d}(\Delta L/L_0)/\mathrm{d}T]$ 对 $1/T$ 作

图，结果如图 2-30 所示。由图可见，$\ln\left[T\times\mathrm{d}(\Delta L/L_0)/\mathrm{d}T\right]$ 和 $1/T$ 也近似满足线性关系。在同一烧结温度下，$\ln\left[T\times\mathrm{d}(\Delta L/L_0)/\mathrm{d}T\right]$ 随升温速率的增加而减小，烧结激活能可以从直线的斜率 $-\dfrac{E}{nR}$ 计算得到。经过计算，进行 $2\mathrm{wt\%}\ \mathrm{Bi_2O_3}$ 掺杂的 NiCuZn 铁氧体烧结激活能均值为 272kJ/mol，而对于无掺杂纯的铁氧体来说，烧结激活能在 480 kJ/mol 左右。激活能越小，表明烧结传质过程越容易。$\mathrm{Bi_2O_3}$ 在烧结过程中形成的液相，可以较大程度地降低材料的烧结激活能，从而显著促进烧结中物质的传递，实现材料的低温致密化。

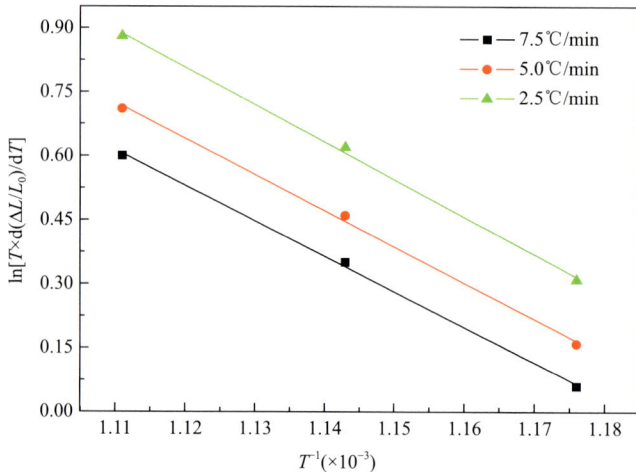

图 2-30　不同升温速率下 $\ln\left[T\times\mathrm{d}(\Delta L/L_0)/\mathrm{d}T\right]$ 与 $1/T$ 的关系

　　添加 $\mathrm{Bi_2O_3}$ 后，样品的居里温度无明显变化，表明掺杂的 $\mathrm{Bi_2O_3}$ 很少进入晶格，主要存在于晶界中。同时，烧结过程中也有少量的铁氧体成分会溶入 $\mathrm{Bi_2O_3}$ 中。有研究认为，NiCuZn 铁氧体的晶界含有固熔了少量 Fe 的 $\mathrm{Bi_{36}Fe_2O_{57}}$，在 NiCuZn 烧结后期的冷却过程中，少量 $\mathrm{Fe^{3+}}$ 固熔于立方晶相的 $\gamma\text{-}\mathrm{Bi_2O_3}$ 中占据 $\mathrm{Bi^{3+}}$ 位置，但由于半径相差太大，在 $\mathrm{Fe^{3+}}$ 附近将出现显著的晶格场畸变内应力。由于这种内应力的作用，在降温冷却过程中立方相便不能转变为正交相，这种介稳的立方晶相将一直保留下来。也即是少量 Fe 的固熔有助于在较低温度下稳定高温 $\gamma\text{-}\mathrm{Bi_2O_3}$ 相的立方结构。稳定的立方晶界相 $\mathrm{Bi_{36}Fe_2O_{57}}$ 的存在避免了冷却过程中由于晶型转变所产生的体效应引起的应力。但是，$\mathrm{Bi_2O_3}$ 的掺杂也会对铁氧体材料和片式电感器件的性能产生一些不好的影响。一方面 $\mathrm{Bi_2O_3}$ 是非磁性相，掺杂过多会影响材料中磁性相的贡献；另一方面也会有少量 $\mathrm{Bi_2O_3}$ 和铁氧体相互渗析，对材料的电磁性能产生负面影响。此外，$\mathrm{Bi_2O_3}$ 的过量掺杂，形成的液相还会促使片式电感器件中的 Ag 导线向铁氧体中扩散，从而导致 Ag 导线电阻率提高甚至断裂，恶化器件性能。因此，如何降低低熔物掺杂量，同时又能较好地实现材料的低温致密化和高的电磁性能，一直是 LTCF 材料研究工作者追求的目标。

2. Bi₂O₃-WO₃ 复合掺杂研究

在高磁导率的 NiCuZn 铁氧体材料研究中，为了提高材料的磁导率和品质因数，主要是通过一些促进晶粒生长的掺杂物，如 WO₃、MoO₃ 等来实现，其中 WO₃ 掺杂的效果尤其明显。这种掺杂模式也可为低温烧结 NiCuZn 铁氧体所借鉴。考虑到 WO₃ 不是低熔氧化物，在材料烧结过程中不会出现因液相的存在而降低材料性能的情况，但单纯的 WO₃ 又不足以实现材料的低温烧结致密化。因此，决定采用 Bi₂O₃-WO₃ 复合掺杂的方式，在实现材料低温烧结的同时，又能较好地兼顾材料高电磁性能的目标要求。

实验的工艺流程遵循前面所述，实验样品的编号、配方和掺杂方案如表 2-4 所示。其中 No.1 和 No.2 样品只采用了 Bi₂O₃ 掺杂，而 No.3～No.7 样品则采用 Bi₂O₃-WO₃ 复合掺杂的方式。

表 2-4　实验样品编号、配方及掺杂方案

编号	铁氧化体的化学式	含量/wt%	
		Bi_2O_3	WO_3
No.1	$(Ni_{0.20}Cu_{0.2}Zn_{0.6}O)_{1.02}(Fe_2O_3)_{0.98}$	1.5	
No.2	$(Ni_{0.20}Cu_{0.2}Zn_{0.6}O)_{1.02}(Fe_2O_3)_{0.98}$	2	
No.3	$(Ni_{0.20}Cu_{0.2}Zn_{0.6}O)_{1.02}(Fe_2O_3)_{0.98}$	1.5	0.1
No.4	$(Ni_{0.20}Cu_{0.2}Zn_{0.6}O)_{1.02}(Fe_2O_3)_{0.98}$	1.5	0.2
No.5	$(Ni_{0.20}Cu_{0.2}Zn_{0.6}O)_{1.02}(Fe_2O_3)_{0.98}$	1.5	0.3
No.6	$(Ni_{0.20}Cu_{0.2}Zn_{0.6}O)_{1.02}(Fe_2O_3)_{0.98}$	1.5	0.4
No.7	$(Ni_{0.20}Cu_{0.2}Zn_{0.6}O)_{1.02}(Fe_2O_3)_{0.98}$	1.5	0.5

各实验样品烧结密度随烧结温度的变化如图 2-31 所示。由图可见，对于 No.1

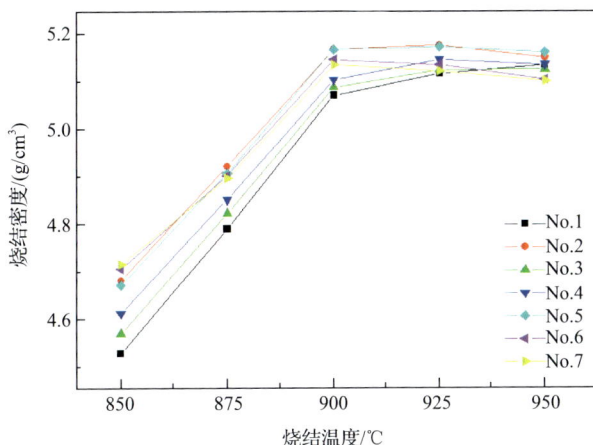

图 2-31　烧结样品密度随烧结温度的变化

样品，烧结温度要达到 925℃以上，烧结密度才超过 5.1g/cm³。而 Bi₂O₃-WO₃ 复合掺杂的方式则可有效提高烧结密度，尤其是 No.5 号样品，其烧结特性与进行 2wt% Bi₂O₃ 掺杂的 No.2 样品类似。我们知道，Bi₂O₃ 促进铁氧体材料的低温致密化主要是因为液相传质促烧，但是 WO₃ 熔化温度很高，因此其显然不是通过液相传质来促进低温致密化的，具体原因有待进一步验证。

表 2-5 列出了在 850℃和 900℃烧结时，铁氧体烧结样品的磁性能参数。由表可见，对于复合掺杂的样品，无论是在 850℃还是 900℃烧结，随着 WO₃ 掺杂量的增多，样品的起始磁导率不断提高。当 WO₃ 掺杂量达到 0.3wt%时，样品具有最高的起始磁导率，继续提高 WO₃ 的掺杂量，烧结样品的起始磁导率开始下降。品质因数的表现也与此类似。而对于进行 2wt% Bi₂O₃ 掺杂的 No.2 样品，尽管其烧结密度很高，但在起始磁导率上的表现不尽如人意。

表 2-5　各实验样品在不同烧结温度下的起始磁导率和品质因数

编号	烧结温度/℃	起始磁导率	品质因数
No.1	850	224	70
No.2	850	355	68
No.3	850	267	72
No.4	850	315	75
No.5	850	384	80
No.6	850	374	78
No.7	850	332	78
No.1	900	425	88
No.2	900	420	82
No.3	900	494	90
No.4	900	575	95
No.5	900	681	98
No.6	900	612	82
No.7	900	563	78

注：烧结时间均为4h。

为进一步找寻影响铁氧体材料电磁性能的内在因素，图 2-32 列出了部分 900℃烧结样品的 SEM 图。由图可见，对于只进行 Bi₂O₃ 掺杂的 No.1 和 No.2 样品，虽然具有较高的烧结密度，但晶粒的尺寸都较小，这主要是由于富含 Bi 的晶界相抑制了晶粒尺寸扩张。而进行 1.5wt% Bi₂O₃ 和 0.3wt% WO₃ 复合掺杂的 No.5 样品，其晶粒尺寸则明显大于仅进行 Bi₂O₃ 掺杂的样品，且晶粒尺寸也较均匀，因此，该样品拥有最高的起始磁导率也在情理之中。而当 WO₃ 掺杂量进　步增多，如 No.7 样品的 SEM 图所示，出现了不均匀的晶粒生长和晶粒内气孔，因此材料的磁性能反而下降。WO₃ 掺杂之所以能促进晶粒的生长，主要可归因于高价态的

W^{6+} 存在于晶界中，为了维持电荷平衡，将引起晶界附近处阳离子空位的增多，从而加速晶界移动，促使晶粒尺寸增大，同时在一定程度上也有助于材料的致密化。因此，促进低温致密化的 Bi_2O_3 的掺杂量也可适当减少。但当过多 WO_3 掺入后，晶粒也容易出现异常长大和气孔增多，导致磁性能和烧结密度开始下降。总之，1.5wt% Bi_2O_3+0.3wt% WO_3 复合掺杂的方案，在兼顾 NiCuZn 铁氧体材料的低温烧结和高磁性能方面具有较好的表现。

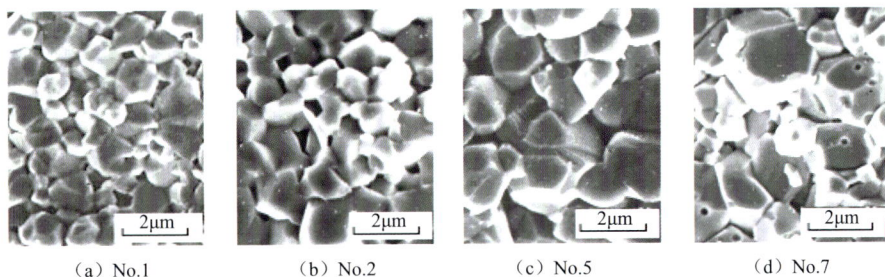

（a）No.1　　　　（b）No.2　　　　（c）No.5　　　　（d）No.7

图 2-32　部分烧结样品的 SEM 图（900℃烧结）

图 2-33 为烧结样品居里温度随复合掺杂方案中 WO_3 掺杂量增多的变化趋势，其中 Bi_2O_3 的掺杂量均固定为 1.5wt%。由图可见，居里温度随 WO_3 掺杂量的增多略有下降，表明有部分 W^{6+} 也进入了晶格，导致铁氧体 A、B 位超交换作用的降低。这也与 Kwang-Soo Park 等的研究结论相一致。

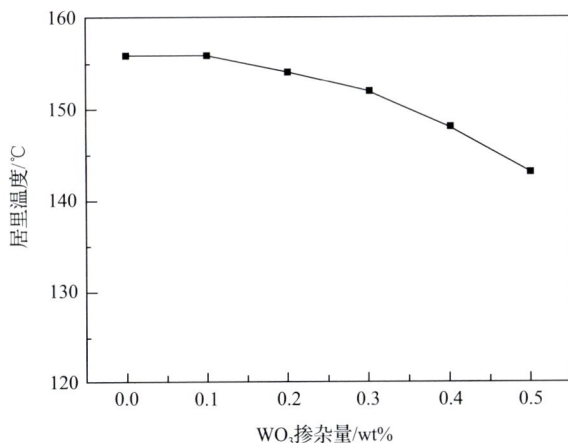

图 2-33　居里温度随 WO_3 掺杂量的变化

3. Bi_2O_3-WO_3-Co_2O_3 复合掺杂研究

Bi_2O_3-WO_3 复合掺杂模式虽然可以较大程度地提高 LTCF 材料的磁导率，但材料的品质因数还不是很高。考虑到在高温烧结的 NiCuZn 铁氧体制备中，Co_2O_3 的适量掺杂可以很有效地提升材料的品质因数，因此计划在前面 Bi_2O_3-WO_3 复合掺杂的基础上，再添加适量的 Co_2O_3，达到提高材料品质因数的目的。

实验的工艺控制条件与前述相同，预烧温度固定为 800℃，二次球磨前 Bi_2O_3 和 WO_3 的掺杂量分别固定为 1.5wt% 和 0.3wt%，另添加的 Co_2O_3 掺杂量从 0wt% 到 0.3wt% 变化，二次球磨时间为 24h。在 900℃ 烧结时，Co_2O_3 掺杂量对 NiCuZn 铁氧体磁导率和品质因数的影响如图 2-34 所示。随着 Co_2O_3 掺杂量的增多，样品的磁导率呈单调下降的趋势；而品质因数则先减小后增大，当 Co_2O_3 掺杂量为 0.2wt% 时达到峰值。

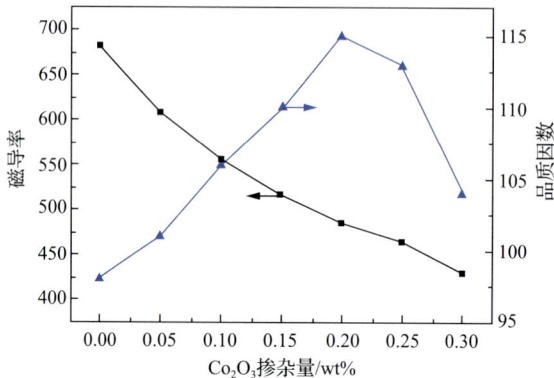

图 2-34 磁导率及品质因数随 Co_2O_3 掺杂量的变化

各实验样品的烧结密度和饱和磁感应强度 B_s 随 Co_2O_3 掺杂量的变化如图 2-35 所示。由图可见，在不同 Co_2O_3 掺杂量下，样品的烧结密度无明显变化，说明不是由于烧结密度的改变引起材料磁导率和品质因数的显著变化。

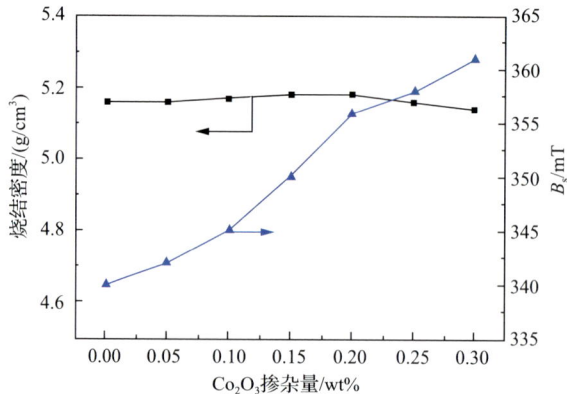

图 2-35 烧结密度及 B_s 随 Co_2O_3 掺杂量的变化

而根据部分实验样品的 SEM 图（图 2-36），Co_2O_3 掺杂量对样品晶粒的平均尺寸也无明显影响，因此，也不应该是由于微观结构的改变对材料电磁性能产生重大影响。在测试频率 1kHz～3GHz 下，材料的磁导率主要由畴壁的位移做贡献，根据畴壁位移所决定的磁导率计算表达公式：

$$\mu_i^w = 1 + (3/16) \times M_s^2 \times D / \gamma_w \qquad (2-62)$$

其中，M_s 为饱和磁化强度；D 为晶粒平均尺寸；γ_w 为畴壁能。

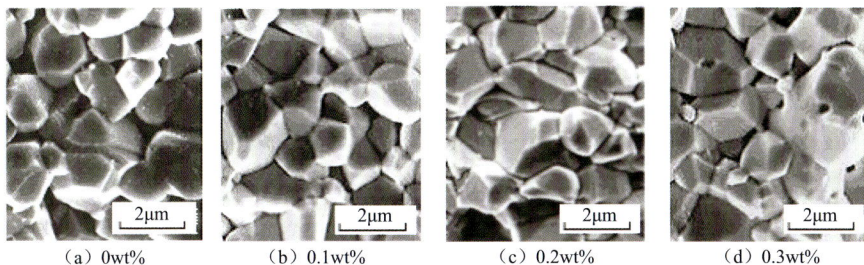

（a）0wt%　　（b）0.1wt%　　（c）0.2wt%　　（d）0.3wt%

图 2-36　不同 Co_2O_3 掺杂量样品的微观结构

而根据图 2-35，材料的 B_s 随 Co_2O_3 掺杂量的增加始终呈上升趋势，即相应的 M_s 也不断增加。然而在材料晶粒平均尺寸 D 无明显变化的情况下，磁导率却始终呈下降趋势，表明随着 Co_2O_3 掺杂量的增加，材料的畴壁能在不断提高。这是由于烧结样品中的钴离子可通过扩散导致感生单轴各向异性的产生。其特点是各个磁畴中及畴壁内的自发磁化方向各不相同，因此在磁畴及畴壁内表现的感生单轴各向异性方向也不同。当外加磁场使磁畴有一小的位移，且畴壁移动得足够快（使壁移所对应的时间间隔远小于离子扩散的弛豫时间），则会由于感生单轴各向异性的贡献使得畴壁能增加。这时，畴壁就好像受到一等效压力的作用，它倾向于使畴壁回复到原来的稳定位置，从而降低了能量。从能量的观点来看就形成了一能谷，畴壁"冻结"在能谷处，减少了不可逆磁化成分，从而降低了磁损耗，同时也降低了磁导率。因此，随着 Co_2O_3 掺杂量的增加，材料的磁导率一直在下降。而品质因数 Q 却在 Co_2O_3 掺杂量为 0.2wt%时达到最大值，此后随掺杂量的进一步增加品质因数反而下降，估计是由过多 Co_2O_3 掺杂引起晶粒内陷气孔增多所致。

Co_2O_3 掺杂量对 NiCuZn 铁氧体居里温度的影响如图 2-37 所示。可见，少量 Co_2O_3 掺杂反而还略有助于提升 NiCuZn 铁氧体的居里温度。这主要是因为钴离子趋向于占据铁氧体 B 位，其与 A 位中铁离子之间的相互作用力大于镍离子和铜离子与 A 位铁离子的相互作用力，因此 Co_2O_3 掺杂会在一定程度上增大 NiCuZn 铁氧体 A-B 位的超交换作用力，使居里温度略呈上升趋势。

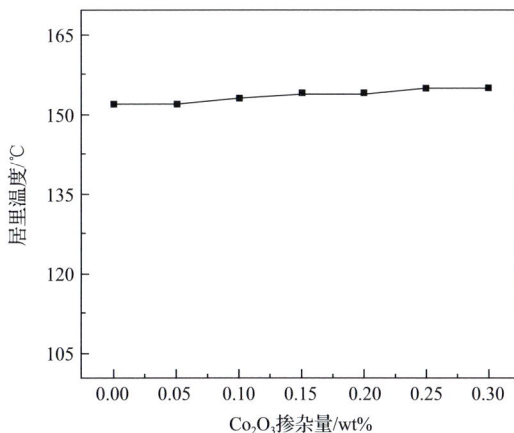

图 2-37　居里温度随 Co_2O_3 掺杂量的变化

2.4 采用遗传算法进行氧化物法材料配方设计研究

2.4.1 引入的意义

根据 2.3 节的研究，通过氧化物法，借助适当的配方设计、工艺控制条件及掺杂组合方式，可以研制出兼具高磁导率和高品质因数的低温烧结 NiCuZn 铁氧体材料。但是，从片式电感器件（包括电感器、滤波器、变压器等）应用的角度考虑，虽然高磁导率的低温烧结 NiCuZn 铁氧体材料应用价值很高，如有助于进一步提高片式电感器感量、进一步缩小体积等，但具有其他磁导率特征的低温烧结 NiCuZn 铁氧体同样也很重要。例如，用作吸收式滤波用的片式电感磁珠，为了能最好地抑制不同频段的电磁干扰，其阻抗峰值应该从低频到高频进行系列化，因而相应低温烧结 NiCuZn 铁氧体材料的磁导率也应从低到高系列化。此外，根据斯诺克（Snoek）定律，磁导率越低的铁氧体材料，其适用的频段可更高。

为了获得具有其他磁导率特征的低温烧结 NiCuZn 铁氧体材料，原则上可以在相同制备工艺条件下调整主配方中的 NiO/ZnO 比，并借助实验验证来实现。但采用这种方法，实验的工作量很大，并且需要在很大程度上凭借实践经验。如果能够根据高磁导率低温烧结 NiCuZn 铁氧体的研制配方和工艺控制条件，按照磁导率的目标要求并借助算法的优化先设计相应的材料配方，再在设计出的材料配方基础上，借助实验验证和细微的调整来满足目标要求的话，则可以大大降低实验的工作量，而且为实现材料配方根据目标性能要求进行"量身定制"创造条件，因此具有十分重要的意义。在本节研究内容中，将借助遗传算法进行低温烧结 NiCuZn 铁氧体配方的优化设计。

2.4.2 遗传算法概述

遗传算法是模拟生物在自然环境中的遗传和进化过程而形成的一种自适应全局优化概率搜索算法。我们知道，生物在自然界中生存繁衍，显示出了其对自然环境的优异自适应能力。受其启发，人们致力于对生物各种生存特性的机制研究和行为模拟，为人工自适应系统的设计和开发提供了广阔的前景。遗传算法就是在这种生物行为的计算机模拟中所取得的成功。基于对生物遗传和进化过程的计算机模拟，遗传算法使得各种人工系统具有优良的自适应能力和优化能力，它所借鉴的生物学基础就是生物的遗传和进化。虽然人们还没有完全揭开生物的遗传与进化的奥秘，但对以下几个特点却得到共识：①生物的所有遗传信息都包含在其染色体中，染色体决定了生物的性状；②染色体是由基因及其有规律的排列所构成的，遗传和进化过程发生在染色体上；③生物的繁殖过程是由其基因的复制过程来完成的；④通过同源染色体之间的交叉或染色体的变异会产生新的物种，使生物呈现新的性状；⑤对环境适应性好的基因或染色体经常比适应性差的基因或染色体有更多的机会遗传到下一代。与此类似，遗传算法所遵循的基本原则是竞争律和优选律，其一般采用简单的编码技术作用于被称为染色体的二进制数串上，然后模拟这些串所组成的群体的进化过程，通过有组织的然而又是随机的信息交换来重新结合那些适应性好的串。在每一代中，利用上一代串结构适应性较好的位和段来生成一个新的串群体。遗传算法是一类随机算法，但它不是简单的随机走动，可以有效利用已有的信息来搜索那些有希望更接近目标值的串。与自然界相似，遗传算法对求解问题的本身一无所知，它需要的仅是对算法所产生的每个染色体进行评价，并基于适应值来选择染色体，使适应性好的染色体比适应性差的染色体有更多的繁殖机会。

2.4.3　遗传算法基本过程

遗传算法是具有"生成+检测"的迭代过程的搜索算法。它通过遗传操作对群体中具有某种结构形式的个体施加结构重组处理，从而不断搜索出群体中个体间的结构相似性，形成并优化积木块以逐渐逼近最优解。因此，遗传算法不能直接处理问题空间的参数，必须把它们转换成遗传空间的由基因按一定结构组成的染色体或个体。这种由问题空间向遗传空间的映射称为编码，而由遗传空间向问题空间的映射称为解码。

遗传算法处理的问题实际上是多变量空间中函数的最优化问题，可以统一为函数最大化问题。通常采用线性编码，形成二进制代码串，形象地称为染色体。在选择编码策略时，必须考虑以下三点：第一，完备性：问题空间中的所有点都能用遗传空间中的点（染色体）来表现；第二，健全性：遗传空间中的染色体能对应所有问题空间中的候选解；第三，非冗余性：染色体与候选解一一对应。当前在遗传算法中使用最广的是二值编码。二值编码即采用二进制编码的原则，将染色体用二进制位表示为最大化函数 $f(x)$，其中 x 定义于区间 $[X^{min}, X^{max}]$。将变量 x 数字化为长度为 M_m 的二进制代码串 B_n：$B_1, B_2, B_3, \cdots, B_{M_m}$，则其分档精度为

$\dfrac{X_n^{max} - X_n^{min}}{2^{M_m} - 1}$，问题空间 x 与基因空间 B_n 相互转换的公式为

$$x = X^{min} + \frac{X^{max} - X^{min}}{2^{M_m} - 1} \times \left[\sum_{k=1}^{M_m} (B_n)_k \times 2^{k-1} \right] \tag{2-63}$$

如对于问题空间 $X^{min}=2$，$X^{max}=5$，二进制代码串 B_n 的长度为 5，则相应的遗传空

间可表示为：$B^{min}=00000$，$B^{max}=11111$。对于遗传空间中任意一代码串，如 $B_5=10011$，则对应的

$$x = X^{min} + \frac{X^{max} - X^{min}}{2^{M_m} - 1} \times \left[\sum_{k=1}^{M_m} (B_n)_k \times 2^{k-1} \right] = 2 + \frac{5-2}{2^5 - 1} \times (1+2+0+0+16) = 3.839$$

（2-64）

一般情况下，染色体的长度 M_m 是固定的，但对一些问题 M_m 也可以是变化的。等位基因可以是一组整数，或者某一范围的实数，或纯粹的一个记号。如果为多变量函数问题，则可以将各个变量的二进制代码串联在一起作为一个遗传空间的个体，进行相应的遗传操作，而在解码时则分别进行解码即可。对于遗传空间的所有染色体个体 B_n，都要按照一定的规则确定其适应度。个体的适应度与其对应的目标函数相关联，B_n 越接近于目标函数的最优点，其适应度越大，反之，越小。

在遗传算法中，决策变量组成了问题的解空间。对问题最优解的搜索是通过对染色体 B_n 的搜索过程来进行的。从而所有的染色体 B_n 就组成了问题的搜索空间。

生物的进化是以集团为主的。与此相对应，遗传算法的运算对象是由 M 个个体组成的集合，称为群体。群体规模将影响到遗传算法的效能发挥。群体规模越大，遗传操作所处理的模式就越多，群体中个体的多样性就越高，进化为最优解的机会也就越大。但同时也带来弊端，使计算量大大增加，影响算法的效能。因此应根据对解的优化精度要求合理确定群体的大小。

与生物一代一代的自然进化过程相类似，遗传算法的运算过程也是一个反复迭代过程，第 t 代群体记作 $P(t)$，经过一代遗传和进化后，得到第 $t+1$ 代群体，其也是由多个个体组成的集合，记做 $P(t+1)$。这个群体不断经过遗传和进化操作，并且每次都按照优胜劣汰的规则将适应度较高的个体更多地遗传到下一代，这样最终在群体中将会得到一个优良的个体 B_n，它所对应的表现型 B_n 将达到或接近于问题的最优解。

生物的进化过程主要是通过染色体之间的交叉和染色体的变异来完成的。与此相对应，遗传算法的最优解的搜索过程也模仿生物的这个进化过程，使用所谓的遗传算子作用于群体 $P(t)$ 中，进行下述遗传操作，从而得到新一代群体 $P(t+1)$：①选择：根据各个个体的适应度，按照一定的规则或方法，从第 t 代群体 $P(t)$ 中选出一些优良的个体遗传到下一代群体 $P(t+1)$ 中。②交叉：将群体 $P(t)$ 内的各个个体随机搭配成对，对每一对个体，以某个交叉概率交换它们之间的部分染色体。③变异：对群体 $P(t)$ 中的每一个个体，以某一变异概率改变某一个或者某一些基因座上的基因值为其他等位基因。遗传算法的运算过程如图 2-38 所示。

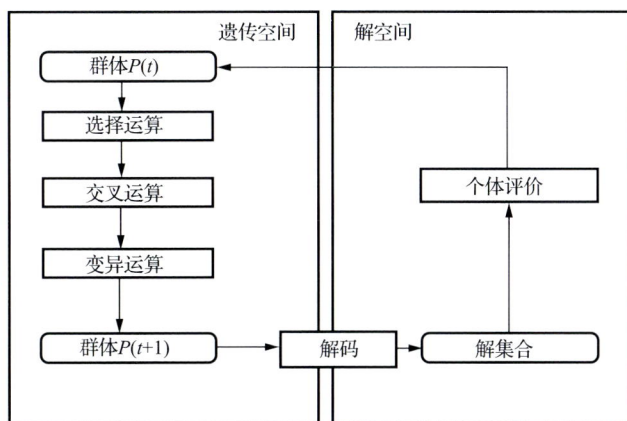

图 2-38　遗传算法的运算过程示意

由图 2-38 可以看出，使用上述三种遗传算子（选择算子、交叉算子、变异算子）的遗传算法的主要运算步骤如下所述。①初始化。设置进化代数计数器 $t=0$，最大进化代数 T，随机生成 M 个个体作为初始群体 $P(0)$。②个体评价。计算群体 $P(t)$ 中各个体的适应度。③选择运算。将选择算子作用于群体。④交叉运算。将交叉算子作用于群体。⑤变异运算。将变异算子作用于群体。群体 $P(t)$ 经过选择、交叉、变异运算之后得到下一代群体 $P(t+1)$。⑥终止条件判断。若 $t \leqslant T$，则 $t=t+1$，转到步骤②；若 $t>T$，则以进化过程中所得到的具有最大适应度的个体作为最优解输出，终止计算。下面，将结合具体的 NiCuZn 铁氧体配方优化问题，采用遗传算法进行优化设计。

2.4.4　遗传算法在低温烧结 NiCuZn 材料配方设计中的应用

1. 配方设计范围及离子占位确定

在相同的制备工艺流程和控制条件下，NiCuZn 铁氧体的磁导率 μ 主要由其主配方来确定。根据 2.3 节对低温烧结 NiCuZn 铁氧体主配方的分析，为了促进低温烧结和提高材料品质因数 Q，主配方中 Fe_2O_3 含量固定为 49mol%；从兼顾低温烧结并提高材料 μ、Q 值的角度考虑，主配方中 CuO 含量固定为 10.2mol%；再考虑到低温烧结 NiCuZn 铁氧体材料的居里温度不得低于 150℃，ZnO 含量也限定为不超过 30.6mol%。通过优化主配方中 NiO/ZnO 的比例，并参照高磁导率 NiCuZn 铁氧体的制备工艺控制参数及掺杂条件，可获得具有不同磁导率特征的低温烧结 NiCuZn 铁氧体配方。根据前述配方原则设计的 NiCuZn 铁氧体分子式可表示为 $(Ni_{0.8-x}Cu_{0.2}Zn_xO)_{1.02}(Fe_2O_3)_{0.98}$（其中 x 代表分子式中 Zn^{2+} 的摩尔含量）。按照 ZnO 在主配方中含量不超过 30.6mol% 的上限限制，x 的可选择范围为 0～0.6。在 NiCuZn 铁氧体中，Zn^{2+}、Fe^{3+} 相对倾向于占 A 位，而 Cu^{2+}、Ni^{2+} 倾向于占 B 位，故按照上述配方原则设计的 NiCuZn 铁氧体分子式按离子占位情况可改写为：$(Zn_{1.02x}Fe_{0.98-1.02x})[Ni_{1.02(0.8-x)}Cu_{0.204}Fe_{0.98+1.02x}]O_{3.96}$，其中 Zn^{2+} 的含量为 x，其变化范围为 $0\sim0.6$，（ ）内金属离子占铁氧体 A 位间隙，[ ]内金属离子占 B 位间隙。

2. 编码和解码

研究目标是在明确低温烧结 NiCuZn 铁氧体在某个频率点或某几个频率点磁导率目标要求的前提下，借助遗传算法来优化设计相应材料的大致配方，从而大大减少实验工作量。根据上面对材料配方范围和离子占位的分析，ZnO 在配方分子式中含量 x 变动的范围为 $0\sim0.6$，可采用一个十位二进制串来表示 x。这样分档精度为 $\dfrac{0.6-0}{2^{10}-1}=5.865\times10^{-4}$，足够满足配方优化的精度要求，相应的解码公式为

$$x = 0 + \frac{0.6-0}{2^{10}-1} \times \left(\sum_{k=1}^{10} B_k \times 2^{k-1} \right) \tag{2-65}$$

3. 初始群体的产生

遗传算法是对群体进行的进化操作，需要给其准备一些表示起始搜索点的初始群体数据。大的群体更有希望包含全局最优解，从而可以阻止过早收敛到局部最优解，但群体越大，需要的计算量也越大。综合考虑收敛性和计算量，本节选取群体的规模大小 $M=200$，即群体由 200 个个体组成，每个个体长度为上节所确定的 10 位，每个个体可采用随机方法来产生。

4. 磁导率半经验公式推算

根据前面对 NiCuZn 铁氧体离子占位的分析，按离子占位确定的材料分子式为$(Zn_{1.02x}Fe_{0.98-1.02x})[Ni_{1.02(0.8-x)}Cu_{0.204}Fe_{0.98+1.02x}]O_{3.96}$，其分子磁矩 n_B 可表示为

$$n_B = 2.3 \times 1.02 \times (0.8-x) + 0.204 \times 1.3 + (0.98+1.02x) \times 5 - (0.98-1.02x) \times 5 \tag{2-66}$$

化简后为

$$n_B = 2.142 + 7.854x \tag{2-67}$$

比饱和磁化强度 σ_s 为

$$\sigma_s = \frac{Nn_B\mu_B}{M} \times 10^3 = \frac{5585n_B}{M} \ (A \cdot m^2/kg) \tag{2-68}$$

根据晶格点阵常数 a 及分子量 M，可计算得到尖晶石铁氧体的 X 射线密度 d_x 为

$$d_x = 8M / N_A a^3 \times 10^3 (kg/m^3) \tag{2-69}$$

其中，$N_A=6.02\times10^{23}mol^{-1}$（阿伏伽德罗常数）。

单位体积饱和磁化强度 M_s 则为

$$M_s = \sigma_s d_x = \frac{5585n_B}{M} d_x = \frac{8n_B\mu_B}{a^3} (A/m) \tag{2-70}$$

其中，n_B 可由式（2-67）得到，且已知 $NiFe_2O_4$ 的晶格常数为 0.834nm，$ZnFe_2O_4$

的晶格常数为 0.844nm，$CuFe_2O_4$ 的晶格常数为 0.822nm。由于三者的晶格常数差距很微小，为简化计算，可取三者的平均值作为 NiCuZn 铁氧体的近似晶格常数，即有

$$a \approx \frac{0.834 + 0.844 + 0.822}{3} = 0.833 \text{(nm)} \tag{2-71}$$

联合式（2-67）、式（2-70）和式（2-71）可知，该 NiCuZn 铁氧体的饱和磁化强度可表示成含 x 的函数：

$$M_s = \frac{8n_B\mu_B}{a^3} = \frac{8 \times (2.142 + 7.854x) \times 9.273 \times 10^{-24}}{(0.833 \times 10^{-9})^3} \approx (274.92 + 1008.01x) \times 10^3 \text{(A/m)} \tag{2-72}$$

我们知道，铁氧体材料的磁导率主要由畴壁的位移和磁畴的转动做贡献。畴壁位移所决定的磁导率与铁氧体的饱和磁化强度、各向异性常数、磁致伸缩系数、晶粒尺寸、杂质浓度、微观结构（包括气孔率、晶粒均匀性等）都有很大关系，而磁畴转动所决定的磁导率则与铁氧体的饱和磁化强度、各向异性常数、磁致伸缩系数等关系很大。此外，磁后效等因素也会对铁氧体的磁导率构成影响。在这么多影响因素的共同作用下，想要定量计算铁氧体材料的磁导率是非常困难的。考虑到在影响磁导率的两大主要因素磁畴转动和畴壁位移机制中，两者都与饱和磁化强度 M_s^2 成正比，与磁晶各向异性常数 K_1 成反比，因此，M_s 和 K_1 对材料磁导率的影响都可以通过一个参数化的表达式来体现，并与材料的配方建立联系。另一方面，畴壁位移机制受材料微观结构的影响很大，而微观结构与材料配方之间却无明显关系，因此，畴壁位移机制中的畴宽、阻尼系数、弹性恢复力系数等与微观结构关系密切的参数很难与材料的配方之间建立联系。由于本节是分析主配方改变（包括随主配方变化而变化的参量）所引起铁氧体磁导率的变化，因此，设定了材料的制备工艺保持不变，主要从磁畴转动的角度分析配方改变对材料磁导率的影响，而将畴壁位移、材料微观结构以及一些难以量化因素对材料磁导率的影响通过与实验数据进行数值拟合的方式来体现。假设所讨论的样品是由立方晶格结构的单畴颗粒组成的均匀多晶样品，根据磁畴自然共振理论，可推导出铁氧体的复数磁导率为

$$\chi = \mu - 1 = \frac{2}{3} \frac{\gamma M_s (\gamma H_a + i\alpha\omega)}{(\gamma H_a + i\alpha\omega)^2 - \omega^2} = \frac{2}{3} \frac{\omega_m(\omega_a + i\alpha\omega)}{(\omega_a + i\alpha\omega)^2 - \omega^2} \tag{2-73}$$

其中：

$$\omega_m = \gamma M_s \tag{2-74}$$

$$\omega_a = \gamma H_a \tag{2-75}$$

对于 $K_1 > 0$ 的立方晶系铁磁材料：

$$H_a = \frac{2K_1}{\mu_0 M_s} \tag{2-76}$$

对于 $K_1 < 0$ 的立方晶系铁磁材料：

$$H_a = \frac{4}{3} \frac{|K_1|}{\mu_0 M_s} \tag{2-77}$$

其中，M_s 为样品的饱和磁化强度；K_1 为第一级结晶各向异性常数；ω 为外加交变磁场的圆频率；H_a 为各向异性等效场；γ 为磁力比；α 为阻尼系数。

将以上方程实部虚部分离，可得到复数磁化率的实部为

$$\chi' = \mu' - 1 = \frac{2}{3} \frac{\omega_m \omega_a [\omega_a^2 - (1+\alpha^2)\omega^2] + 2\omega_m \omega_a \alpha^2 \omega^2}{[\omega_a^2 - (1+\alpha^2)\omega^2]^2 + 4\alpha^2 \omega^2 \omega_a^2} \tag{2-78}$$

在起始磁化阶段，有 $\alpha \ll 1$，$\omega_a = \gamma H_a \gg \omega$，则将式（2-78）中的二级以上小项略去，可得到

$$\chi_i \approx \frac{2}{3} \frac{\omega_m}{\omega_a} = \frac{2}{3} \frac{M_s}{H_a} \tag{2-79}$$

由于低温烧结 NiCuZn 铁氧体的 $K_1 < 0$，因此 H_a 应取

$$H_a = \frac{4}{3} \frac{|K_1|}{\mu_0 M_s} \tag{2-80}$$

其中，K_1 近似等于晶体的磁晶各向异性常数。已知 $NiFe_2O_4$ 的磁晶各向异性常数 K_1 为 $-6700 J \cdot m^3$，$CuFe_2O_4$ 的 K_1 为 $-6000 J \cdot m^3$，而 $ZnFe_2O_4$ 因不具有亚铁磁性，仅起到冲淡磁性离子对磁晶各向异性贡献的作用。因此，根据插值法，分子式为 $(Ni_{0.8-x}Cu_{0.2}Zn_xO)_{1.02}(Fe_2O_3)_{0.98}$ 的 NiCuZn 铁氧体磁晶各向异性常数可近似等于

$$K_1 \approx [-6700 \times (0.8-x) + 0.2 \times (-6000)] \times 1.02 \approx -6691 + 6834x \tag{2-81}$$

则 NiCuZn 铁氧体的起始磁导率可由式（2-82）计算：

$$\mu_i = \chi_i + 1 = 1 + \frac{2}{3} \frac{M_s}{\dfrac{4}{3} \dfrac{|K_1|}{\mu_0 M_s}} = 1 + \frac{1}{2} \frac{\mu_0 M_s^2}{|K_1|} \tag{2-82}$$

$$= 1 + \frac{1}{2} \times \frac{4 \times 3.14 \times 10^{-7} \times (274.92 + 1008.01x)^2 \times 10^6}{(6691 - 6834x)}$$

以 $x=0.6$ 的配方为例，按 2.3 节复合掺杂 Bi_2O_3、WO_3 及 Co_2O_3 的模式，在 10kHz 测试时其起始磁导率约为 490，但根据式（2-82）所计算出的磁导率 μ' 仅为 189，两者之间有很大差距。这是因为式（2-82）完全没有考虑制备工艺、材料微观结构等对铁氧体磁导率的影响，且计算的前提是单畴均匀颗粒，也没有考虑畴壁位移对磁导率的贡献。此外，对于实际的多畴铁氧体材料，单位体积铁磁体的各向异性等效场还应包括其他磁各向异性，如应力各向异性、退磁场各向异性等。这些因素很容易抵消一部分 NiCuZn 铁氧体负的弱磁晶各向异性，使得实际等效 K_1 的绝对值远比理论值小，这也造成磁导率的理论计算值比实际值低很多。为了衡量这些难以量化因素对 NiCuZn 铁氧体磁导率的影响，拟将各向异性等效常数 K_1

绝对值表达成 ZnO 含量 x 级数的形式，即有

$$|K_1| = \sum a_n x^n \tag{2-83}$$

其中，n 为非负整数。理论上讲，足够高的级数能够模拟几乎任何函数。将其代入式（2-82）可得

$$\mu_i = 1 + \frac{\mu_0 M_s^2}{2 \sum a_n x^n} \tag{2-84}$$

将式（2-84）进行变换可得

$$|K_1| = \sum a_n x^n = \frac{\mu_0 M_s^2}{2(\mu_i - 1)} = \frac{4 \times 3.14 \times 10^{-7} \times (274.92 + 1008.01x)^2 \times 10^6}{2(\mu_i - 1)} \tag{2-85}$$

采用已研制的十组低温烧结 NiCuZn 铁氧体配方并测试其在 10kHz 的起始磁导率，对相应的实验数据 (x_n, μ_i)，采用 Origin 软件进行二阶拟合后发现拟合曲线与实测数据吻合得较好，得到的拟合曲线如图 2-39 所示。

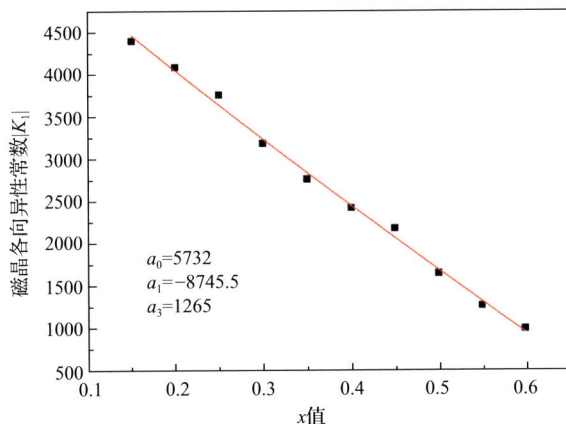

图 2-39　$|K_1|$ 与 x 二阶拟合曲线

根据拟合曲线，待定系数 $a_0 = 5732$；$a_1 = -8745.5$；$a_2 = 1265$。因此，起始磁导率的计算公式经与实验结果拟合后可近似写成：

$$\begin{aligned}
\mu_i &= 1 + \frac{\mu_0 M_s^2}{2 \sum a_n x^n} = 1 + \frac{4 \times 3.14 \times 10^{-7} \times (274.92 + 1008.01x)^2 \times 10^6}{2 \times (5732 - 8745.5x + 1265x^2)} \\
&= 1 + \frac{0.628 \times (274.92 + 1008.01x)^2}{5732 - 8745.5x + 1265x^2}
\end{aligned} \tag{2-86}$$

根据实测经验，低温烧结 NiCuZn 铁氧体的磁谱曲线表现为近弛豫型结构。因此，其磁化率随角频率 ω 的变化可近似由式（2-87）来表达：

$$\chi' = \chi_i \frac{1}{1 + \dfrac{\omega^2}{\omega_c^2}} \tag{2-87}$$

其中，ω_c 为反映磁化率随频率增加而下降的一个参数。ω_c 越大，磁化率随频率增加衰减的速率越慢，反之则越快，如图 2-40 所示，其中 $\omega_{c1} < \omega_{c2} < \omega_{c3}$。

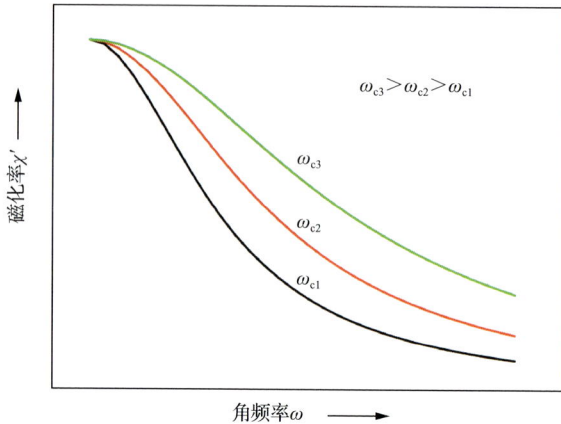

图 2-40　磁化率随 ω_c 的变化趋势示意

再考虑到按照式（2-87）推算得到的磁导率 μ' 随着角频率 ω 的增大始终呈下降趋势，而对于实际磁导率的磁谱测试曲线，在截止频率前有可能出现频率升高而磁导率略有上升的情况。为了使计算公式也能体现这种情况，将式（2-87）改进为

$$\chi' = \chi_i \frac{1}{1 \pm \left(\dfrac{\omega}{\omega_\tau}\right)^2} = \chi_i \frac{1}{1 \pm \dfrac{\omega^2}{\omega_c^2}} \tag{2-88}$$

当在高频点的磁导率（或磁化率）高于低频点的磁导率（或磁化率）时，公式中 ± 号取负，其他时候则取正。很显然，ω_c 与材料的配方组成、微观结构等都有很密切的关系，难以单从理论上量化。因此，也只有采用数值拟合的方式来确定 ω_c 与材料配方之间的关系。令

$$Y = \omega_c^2 = \sum b_n x^n \tag{2-89}$$

代入式（2-88），得

$$\chi' = \chi_i \frac{1}{1 \pm \dfrac{\omega^2}{\sum b_n x^n}} \tag{2-90}$$

进行变换可得

$$Y = \sum b_n x^n = \pm \omega^2 \frac{\mu' - 1}{\mu_i - \mu'} = \pm (2 \times 3.14 f)^2 \frac{\mu' - 1}{\mu_i - \mu'} \tag{2-91}$$

其中，μ_i 为起始磁导率，其测试频率应 $\leqslant 10\text{kHz}$；μ' 为在高于 μ_i 测试频率点的其他频率点时材料的磁导率。当 $\mu' > \mu_i$ 时，公式中 ± 号取负，反之取正。考虑到在低

频段测试时材料的磁导率与其起始磁导率差异较小，由测试所引起的 Y 值误差较大，因此，在拟合过程中，采用已研制成功的 10 组低温烧结 NiCuZn 铁氧体配方，分别测试在 10kHz 时的磁导率为起始磁导率 μ_i，然后测试在 10MHz 时的磁导率 μ'，根据式（2-91）计算出与 x 对应的 Y 值，再采用级数函数 [式（2-89）] 拟合 Y 与 x 的关系。经过拟合，发现三阶级数拟合曲线与实测值已吻合得较好，其结果如图 2-41 所示。

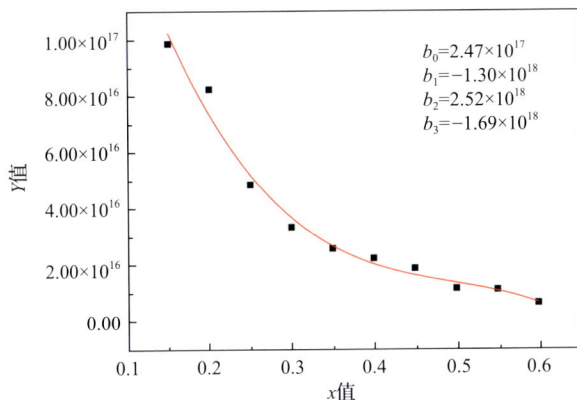

图 2-41　Y 与 x 三阶拟合结果

根据拟合曲线，Y 与 x 的函数关系可近似表示为

$$Y = 2.47 \times 10^{17} - 1.30 \times 10^{18} x + 2.52 \times 10^{18} x^2 - 1.69 \times 10^{18} x^3 \tag{2-92}$$

因此，NiCuZn 铁氧体在任一频率点的磁导率与其配方组成中 ZnO 含量 x 的关系通过拟合可由式（2-93）来近似表达：

$$
\begin{aligned}
\mu' &= 1 + (\mu_i - 1)\cfrac{1}{1 \pm \cfrac{\omega^2}{\sum b_n x^n}} \\[2mm]
&= 1 + (\mu_i - 1)\cfrac{1}{1 \pm \cfrac{(2\pi f)^2}{2.47 \times 10^{17} - 1.30 \times 10^{18} x + 2.52 \times 10^{18} x^2 - 1.69 \times 10^{18} x^3}} \\[2mm]
&= 1 + \cfrac{0.628 \times (274.92 + 1008.01x)^2}{5732 - 8745.5x + 1265x^2} \\[2mm]
&\quad \times \cfrac{1}{1 \pm \cfrac{39.44 f^2}{2.47 \times 10^{17} - 1.30 \times 10^{18} x + 2.52 \times 10^{18} x^2 - 1.69 \times 10^{18} x^3}}
\end{aligned}
\tag{2-93}
$$

5. 适应度计算

在遗传算法中，以个体适应度的大小来确定该个体被遗传到下一代群体中的概率。个体的适应度越大，该个体被遗传到下一代的概率也就越大；反之，个体适应度越小，该个体被遗传到下一代的概率也就越小。在遗传算法寻优的过程中，只有这一步与具体问题有关，其他各步中都"感觉不到"所要解决的问题，因此，目标函数的选取是决定寻优成败和寻优速度的关键。

根据前面的推导，利用式（2-93），NiCuZn 铁氧体的磁导率可表达为频率和 x 的函数。为满足在已知的各频率点上，理论推导得到的磁导率与目标要求值差距最小的要求，可利用最小二乘法的思想，将理论值和目标要求值之间差值的平方和的倒数作为适应度函数，即

$$f_i = \frac{1}{\sum\limits_{i=1}^{n}(\mu_i' - \nu_i)^2} \qquad (2\text{-}94)$$

其中，n 为频率点个数；ν_i 为目标要求的磁导率值。适应度函数值越大，代表与目标要求越接近。

6. 选择策略

根据上面对适应度函数的确定可知，某个体理论计算得到的 μ' 值和目标要求值差别越小，适应度函数的值则越大，即该个体的适应度更高，应该有更大的概率遗传到下一代群体中。因此，采用与适应度成正比的概率来确定各个个体复制到下一代群体中的概率。具体操作是：首先计算出群体中所有个体的适应度的总和 $\sum f_i$；然后计算出每个个体相对适应度的大小 $f_i/\sum f_i$，即每个个体被遗传到下一代群体中的概率，每个概率值组成一个区域，全部概率值之和为 1；最后再产生一个 0～1 之间的随机数，依据该随机数出现在上述哪一个概率区域内来确定各个个体被选中的次数。这样，某些适应度低的个体，将被适应度高的个体按一定概率替代，群体中的新个体将继续进行下面的运算。

7. 交叉运算

交叉运算是遗传算法中产生新个体的主要操作过程，它以某一概率相互交换某两个个体之间的部分染色体。通过交叉，遗传算法的搜索能力得以飞跃提高。常用的交叉运算有单点交叉、两点交叉和多点交叉等。在本小节优化设计中采用单点交叉的方法，具体操作过程是：先对 200 个个体进行随机配对，这样可得 100 对。对于每对个体，再随机确定其交叉点的位置。最后对各组配对个体，分别从交叉点开始，按一定概率相互交换染色体之间的部分基因，该交叉概率设定为 p_c。可通过产生一个 0～1 之间的随机数，当该数小于 p_c 时，交叉运算进行，否则不进行。通过以上步骤，可产生出许多新的个体，这样有更大的概率把最优解包含到个体中。

8. 变异运算

变异运算是对个体的某一个或某一些基因座上的基因值按某一较小的概率进行改变。对于二进制码，就是把某些基因位取反，它也是产生新个体的一种操作

方法。具体操作过程为：首先确定出各个个体的基因变异位置，这可以由随机方法产生，然后按照一定的概率将变异点的原有基因值取反。由于变异运算只是产生新个体的一种补充方式，而且具有完全的随机性，为尽量防止将产生的优良个体的适应度变低，一般变异运算的概率应取得很小。

9. 停止准则

对群体 $P(t)$ 进行了一轮选择、交叉、变异运算后可得到新一代的群体 $P(t+1)$。根据以上的分析可知，新群体适应度的最大值和平均值都得到了明显改进。群体将不断循环以上步骤，直到满足某个停止准则，如算法已经找到了一个能接受的解，或已经迭代了预置的代数。在本小节设计中，由于不同磁导率的材料对误差容限的差异也较大，并且还需要先确定已知频率点个数后才好进一步确定误差容限。因此，本小节模型中采用预置迭代代数的方式来停止程序。此外，考虑到NiCuZn 铁氧体材料性能的极限，对各频率点磁导率的设置也需满足一定的条件。例如，在某频率点上，根据斯诺克定律材料的磁导率在理论上有一容限值，对求解的配方要求需在此容限内，否则将搜索不出有意义的材料配方。

2.4.5　程序设计

通过以上步骤，整个遗传法的程序框架如下：

```
void main(void)
{
    generation=0;
    GenerateInitialPopulation();      //产生初始群体
    EvaluatePopulation();             //群体中各个体适应度计算
    while(generation<MaxGeneration)
    {
    generation++;
    GenerateNextPopulation();         //产生新的一代群体
    EvaluatePopulation();             //对新群体中个体适应度的计算
    PerformEvolution();               //在新群体中挑出适应度最好的个体
    OutputTextReport();               //输出结果
    }
}
```

其中最关键的是产生新群体的子函数 GenerateNextPopulation() 则包括三个遗传算子：

```
void GenerateNextPopulation(void)
{
    SelectionOperator();              //选择运算
    CrossoverOperator();              //交叉运算
```

```
        MutationOperator();           //变异运算
    }
```

根据以上模型及遗传算法程序，尝试进行一个双目标要求材料配方的设计。

目标要求：在配方分子式$(Ni_{0.8-x}Cu_{0.2}Zn_xO)_{1.02}(Fe_2O_3)_{0.98}$的基础上，求取最接近以下要求的材料配方：

频率：10kHz　　　磁导率μ：300

频率：1MHz　　　磁导率μ：280

经过200代遗传，最后所得适应度最高的x值为0.5261，对应的材料主配方为$(Ni_{0.4739}Cu_{0.2}Zn_{0.5261}O)_{1.02}(Fe_2O_3)_{0.98}$。按照此配方并完全遵循2.3节低温烧结NiCuZn铁氧体的制备工艺控制参数，掺杂方案依旧采用1.5wt% Bi_2O_3+ 0.3wt% WO_3+ 0.2wt% Co_2O_3，最后得到的实验样品磁导率频率特性如图2-42所示。

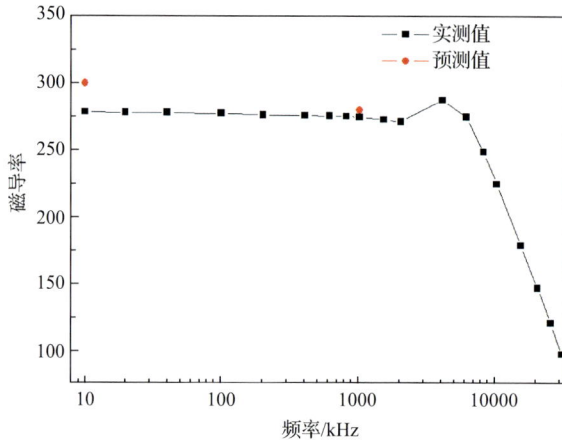

图 2-42　样品实测值与预测值之间的差异

该样品在10kHz时测试的磁导率为278，在1MHz时测试的磁导率为275，与目标要求比较接近，但也有一定的差距。分析产生误差的原因，主要有以下两点：其一，影响铁氧体材料磁导率的因素太多，本小节算法模型仅主要从磁畴转动对磁导率贡献的角度分析配方的影响，而将畴壁位移、微观结构等对材料磁导率的影响都通过数值拟合的方式来体现，且进行拟合的实验样本量也比较少，导致产生误差；其二，没有考虑相同的制备工艺条件对不同主配方材料影响的差异。此外，由于磁导率半经验计算公式［式（2-93）］中拟合所采用的数据均是按2.3节所述的工艺控制条件和掺杂模式进行实验所得，因此该磁导率的拟合计算公式以及遗传算法配方优化程序也只对采用2.3节的低温烧结NiCuZn铁氧体制备工艺途径有效。

2.5　溶胶-凝胶法及复合法制备低温烧结 NiCuZn 铁氧体

2.5.1　溶胶-凝胶法概述

在采用传统的氧化物法制备低温烧结 NiCuZn 铁氧体过程中，为了实现材料的低温烧结，必须加入一些低熔的助烧剂作为掺杂物，这些低熔掺杂物在实现材料低温致密化的同时，不可避免的也会对铁氧体材料以及片式感性器件的电磁性能产生一些不好的影响。因此，一些湿化学法，如溶胶-凝胶法、共沉淀法、水热合成法等也被用于制备低温烧结的铁氧体材料，期望通过纳米量级铁氧体颗粒的制备，在不掺杂或尽量少掺杂的基础上实现材料的低温烧结。在这些湿化学法中，溶胶-凝胶法尤其适合多组元体系铁氧体超细粉末的合成。这种方法通过调整制备参数或进行胶体改性，可将粒子尺寸控制在相当的范围内，使均匀性达到亚微米级、纳米级甚至分子、原子级水平。

溶胶-凝胶法的主要原理是：易于水解的金属化合物（无机盐或金属醇盐）在溶液中与水发生水解反应，形成均匀的溶胶；加入一定的其他成分（如凝胶剂），在一定温度下溶胶经水解和缩聚过程而逐渐凝胶化；凝胶再经干燥、灼烧等后续热处理，最后得到所需材料。溶胶-凝胶过程是在较低温度下通过溶液中的化学反应合成非晶网络结构的途径，它不同于溶液中的析晶过程。这一技术的关键是获得高质量的溶胶和凝胶。基本反应包括水解反应和聚合反应。与其他制备材料的湿化学法相比，溶胶-凝胶法具有以下一些独特的优点。

（1）制备过程温度低。材料制备过程易于控制，甚至可以制备传统工艺难以得到或根本得不到的材料。

（2）所得材料的均匀性好。多组分溶液是分子级、原子级的混合，均匀程度极高。

（3）可以合成微粒子陶瓷。可以制备分散性好的微粒子原粉，进而制备粒子大小均匀一致的高性能烧结体。

最近几年，采用溶胶-凝胶法制备低温烧结铁氧体纳米粉末的研究工作国内外均有一定的报道，这些研究工作主要可概括为以下几方面。

（1）不同凝胶剂的选择。在已被采用的凝胶剂中，柠檬酸是最常见的一种。清华大学的岳振星等采用硝酸盐-柠檬酸溶胶-凝胶技术在低温烧结 NiCuZn 铁氧体材料、LiZn 铁氧体材料、Co_2Z 材料以及超高频低介陶瓷片式电感材料方面进行过大量研究，并取得了很多很有价值的成果。除柠檬酸外，还有硬脂酸、聚乙烯醇、二甲基醇等也可用作凝胶剂使用。

（2）干凝胶热处理方式的确定。因为采用溶胶-凝胶法得到的干凝胶中包含大量的有机物质，其热分解时会释放出一定的热量，这一过程对干凝胶的热处理有一定影响。因此，有的研究者直接利用干凝胶所具有的自蔓延燃烧特性，采用自蔓延燃烧技术完成干凝胶的热处理过程，而且可以通过调整硝酸盐和柠檬酸的比例，控制燃烧速度和燃烧过程，取得了较好的效果。也有研究者对干凝胶进行不同温度的热处理，解析铁氧体纳米粉末的形成规律。

（3）纳米铁氧体磁性能的研究。不同的凝胶剂、不同的热处理过程下，最终材料性能的表现也不同。例如，岳振星等研究发现，当柠檬酸和硝酸盐的比例超过 1：1 后，随着柠檬酸量的增加，铁氧体纳米粉末的衍射峰强度降低，峰展宽程度增大，材料结晶程度降低，且纳米铁氧体颗粒的尺寸也随柠檬酸量增加而减小。Woo Chul Kim 等[33-35]研究发现，350～450℃处理后得到的 NiCuZn 铁氧体粉末具有典型的尖晶石结构，同时也存在顺磁和铁磁结构；550℃以上处理则可以得到单相尖晶石结构，呈铁磁性；650℃以上热处理铁氧体粉末的磁性表现为随退火温度增加，矫顽力减小，饱和磁化强度增加。这些磁性能的研究结果，最为明显的特点是与采用氧化物法制备的块体粗晶材料相比有较大的差异。

在本节中，将采用硝酸盐-柠檬酸溶胶-凝胶技术来制备低温烧结的 NiCuZn 铁氧体材料，配方与前面采用氧化物法制备材料的配方相同，热处理采用自蔓延燃烧的方式。

2.5.2　制备工艺流程

材料制备中所采用的化学试剂均为分析纯。实验过程为：按 $(Ni_{0.2}Cu_{0.2}Zn_{0.6}O)_{1.02}(Fe_2O_3)_{0.98}$ 的摩尔比称取硝酸铁、硝酸镍、硝酸锌和硝酸铜并溶于去离子水中，然后按与硝酸盐 1：1 的比例溶入柠檬酸，并加入适量氨水调节 pH 至 7 左右。将上述溶液置于 75℃的恒温水浴锅内加热并不断搅拌，直至得到混合均匀的湿凝胶。然后将该湿凝胶在 135℃左右的烘箱内烘干得到干凝胶。将干凝胶在空气中点燃，即可发生自蔓延燃烧直至形成疏松粉末。将这些粉末与适量聚乙烯醇（PVA）混合造粒，成型得到环形素坯样品，按 2.5℃/min 的升降温速率于 850～950℃烧结，得到最终烧结样品。

2.5.3　合成粉末的相结构

图 2-43 为干凝胶、自蔓延燃烧后粉末以及最后于 900℃下烧结样品的 XRD 谱图。由图可见，燃烧前的干凝胶几乎看不到明显的峰存在，可认为尚处于非晶态。而在进行自蔓延燃烧后，粉末出现了明显的峰位，这些峰位与 900℃烧结样品的衍射峰位基本一致，只是峰的强度稍弱，说明这些经自蔓延燃烧后的粉末已转变成单相尖晶石结构的 NiCuZn 铁氧体，无需再进行任何的高温热处理。而采

用共沉淀法、水热合成法等其他湿化学法合成的粉末均需要高温煅烧才能形成铁氧体晶相，在煅烧过程中往往会发生部分烧结形成硬团聚，降低了粉料的烧结活性。根据 Scherrer 公式及 XRD 谱图的半高宽，可近似计算出自蔓延燃烧后生成的铁氧体纳米微粉尺寸在 40～50nm 之间。

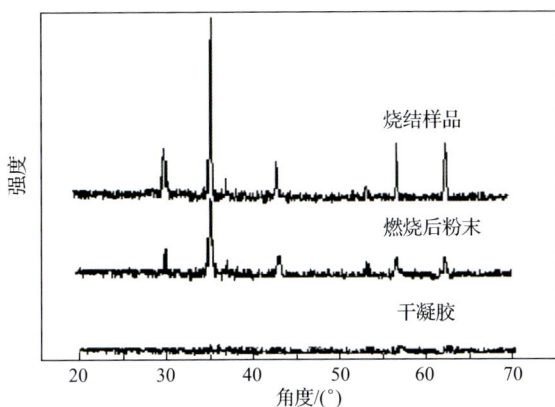

图 2-43　干凝胶、燃烧后粉末及烧结样品的 XRD 图谱

2.5.4　样品烧结性能及磁性能

图 2-44 为溶胶-凝胶法制备样品，相同配方但采用氧化物法制备样品及氧化物法掺 1.5wt% Bi_2O_3+0.3wt% WO_3 样品烧结密度随烧结温度的变化。由图可见，相对于氧化物法不掺杂制备的铁氧体材料，溶胶-凝胶法制备样品的烧结密度得到显著提升。这是由于采用溶胶-凝胶法制备的纳米粉料具有远高于氧化物法制备微米粉料的表面自由能。而表面自由能是促进晶粒生长和结晶的主要动力，因此，在相同烧结温度下，溶胶-凝胶法制备的样品能获得更高的烧结密度。但是，与采用氧化物法并适量掺杂的样品相比，溶胶-凝胶法制备样品在 875℃ 及以上温度烧结时密度还有一些差异，表明样品的烧结密度还有进一步提高的潜力。

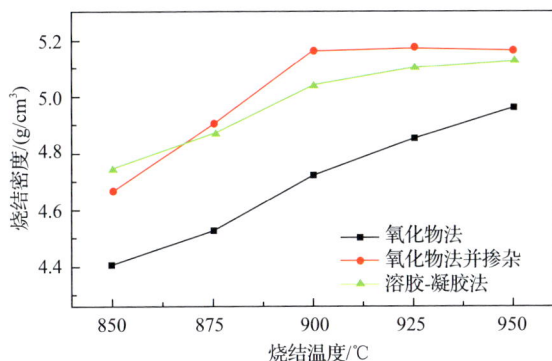

图 2-44　各样品烧结密度随烧结温度的变化

图 2-45 为在 900℃烧结下，溶胶-凝胶法和氧化物法并掺杂制备的最终烧结样品的微观结构比较。由图可见，采用溶胶-凝胶法制备的样品晶粒生长均匀，致密性也较好，但晶粒尺寸明显偏小。

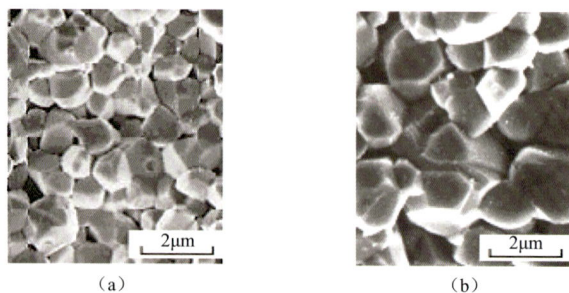

（a）   （b）

图 2-45　溶胶-凝胶法制备样品（a）与氧化物法并掺杂制备样品（b）的微观结构比较

溶胶-凝胶法制备样品的磁导率和品质因数与氧化物法制备样品的比较分别如图 2-46 和图 2-47 所示。由图可见，对于相同的配方，采用氧化物法制备的样品

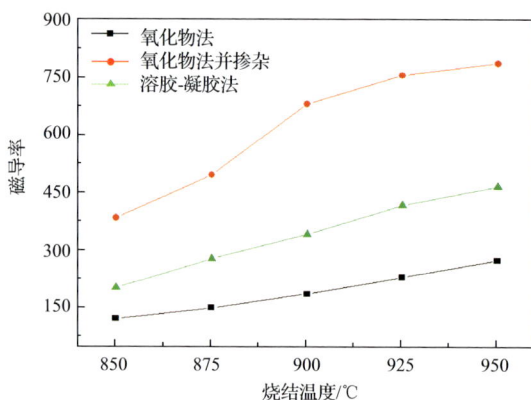

图 2-46　各实验样品磁导率随烧结温度的变化

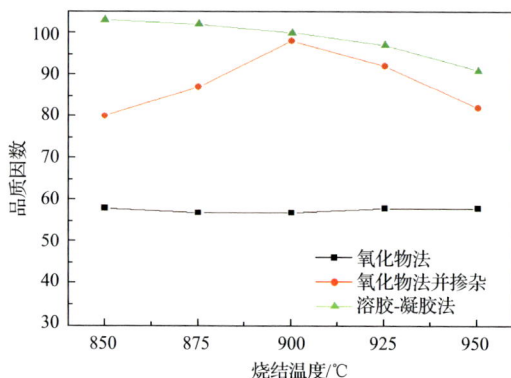

图 2-47　各实验样品品质因数随烧结温度的变化

无论是磁导率还是品质因数都远低于另外两组样品，且目测样品也略泛铁红色，表明样品尚未烧结成熟。而对于氧化物法并掺杂制备的样品，无论在哪个烧结温度点，都具有最高的磁导率，这与其具有较高的烧结密度和较大的晶粒尺寸有关。但是，其品质因数的表现却不太突出，在 900℃烧结获得最高值后（主要与其烧结密度的陡升有关），随烧结温度的进一步上升品质因数出现较大的下降趋势，估计与 Bi_2O_3 的挥发以及晶粒内气孔增多有关。而采用溶胶-凝胶法制备的样品磁导率始终不太高，这是由于溶胶-凝胶法制备的纳米微粉起始尺寸很小，要长到大尺寸晶粒不易。并且纳米微粉的高表面活性使得粉料在成型时难以相互结合紧密，也限制了晶粒的生长。从图 2-45 也可看出，在 900℃烧结时溶胶-凝胶法制备的样品晶粒尺寸明显小于氧化物法并掺杂制备的样品，因此其磁导率也低于后者。至于品质因数，由于溶胶-凝胶法制备的样品晶粒较小，高电阻率的晶界相占的比例更高，因此样品整体的电阻率提高，涡流损耗降低，且没有非磁性物质的掺杂，因此具有更高的品质因数。

综合以上对比分析，采用溶胶-凝胶法可以有效促进 NiCuZn 铁氧体的低温致密化，获得较高的烧结密度和品质因数。但是，由于没有进行任何低熔物掺杂，在本小节实验配方基础上采用溶胶-凝胶法制备的样品在 850℃以上烧结时密度还略低于采用氧化物法并掺杂制备样品的烧结密度。因此，为了提高溶胶-凝胶法制备样品的烧结密度，应再适当提高主配方中 CuO 的含量或加入少量的低熔助烧剂。此外，由于溶胶-凝胶法制备样品的晶粒尺寸较小，因此其磁导率不是太高。

2.5.5　复合法的提出

根据前面的研究分析，无论是采用氧化物法还是溶胶-凝胶法制备低温烧结铁氧体材料，都有各自技术上的优势和劣势。如果采用氧化物法，虽然成本低廉、工艺成熟且适合批量化大生产，但为了实现铁氧体在 900℃低温烧结致密化，必须掺入适量的低熔氧化物或玻璃态混合物。这些非磁性物质的掺入不可避免的会在一定程度上恶化铁氧体材料以及片式电感器件的电磁性能。而如果采用溶胶-凝胶法，不仅成本较高，而且由于晶粒的生长不够大，材料的磁导率也难以显著提高。考虑到溶胶-凝胶法制备的纳米铁氧体微粉不仅具有高活性，而且化学成分也与原始配方相同，如果采用这种纳米微粉作为氧化物法中的助烧掺杂物，不仅有助于促进材料的低温烧结，而且由于没有其他非磁相掺杂物加入，铁氧体材料也不会受到助烧剂削弱或恶化性能的影响，因而有望获得更高的电磁性能。

2.5.6　复合法实验过程及分析

根据前面的研究，当 NiCuZn 主配方中 CuO 含量为 0.2mol%时，采用溶胶-

凝胶法制备的样品烧结密度还不算很高，考虑到本小节实验中不再进行其他低熔氧化物的掺杂，因此将主配方分子式中 CuO 的含量提高到 0.25wt%，并降低 NiO 的含量到 0.15wt%，以期获得更高的烧结密度。

首先根据 2.3 节所述的氧化物法铁氧体制备工艺，以 Fe_2O_3、ZnO、NiO 和 CuO 为起始原料，按表 2-6 所示的配方经称料、一次球磨、烘干、预烧等工序后，再按表 2-6 所示方案进行掺杂。其中掺杂用的纳米铁氧体微粉则按照 2.3 节所述溶胶-凝胶法制备，各种硝酸盐的配比也遵循配方$(Ni_{0.15}Cu_{0.25}Zn_{0.6}O)_{1.02}(Fe_2O_3)_{0.98}$。各实验样品的编号如表 2-6 所示。其中 1 号样品采用氧化物法，不加入任何助烧剂制备；2 号样品采用了 1.5wt% Bi_2O_3 低熔氧化物掺杂；3～6 号样品则加入了不同质量分数的纳米铁氧体微粉助烧剂。为了与溶胶-凝胶法制备样品相比较，7 号样品则由纳米铁氧体微粉直接造粒、成型制成生坯样品。

表 2-6　各实验样品配方、制备方法及掺杂示意

编号	铁氧体组分	制备方法	助烧剂及其用量/wt%	
			Bi_2O_3	纳米铁氧体微粒
1	$(Ni_{0.15}Cu_{0.25}Zn_{0.6}O)_{1.02}(Fe_2O_3)_{0.98}$	氧化物法		
2	$(Ni_{0.15}Cu_{0.25}Zn_{0.6}O)_{1.02}(Fe_2O_3)_{0.98}$	氧化物法	1.5	
3	$(Ni_{0.15}Cu_{0.25}Zn_{0.6}O)_{1.02}(Fe_2O_3)_{0.98}$	氧化物法		10
4	$(Ni_{0.15}Cu_{0.25}Zn_{0.6}O)_{1.02}(Fe_2O_3)_{0.98}$	氧化物法		20
5	$(Ni_{0.15}Cu_{0.25}Zn_{0.6}O)_{1.02}(Fe_2O_3)_{0.98}$	氧化物法		30
6	$(Ni_{0.15}Cu_{0.25}Zn_{0.6}O)_{1.02}(Fe_2O_3)_{0.98}$	氧化物法		40
7	$(Ni_{0.15}Cu_{0.25}Zn_{0.6}O)_{1.02}(Fe_2O_3)_{0.98}$	溶胶-凝胶法		

以上各实验样品的烧结密度随烧结温度的变化如图 2-48 所示。由图可见，采用氧化物法且未进行任何助烧剂掺杂的 1 号样品，其烧结密度在各个烧结温度点都低于其他实验样品，且与烧结温度几乎呈线性关系，表明为使该实验样品足够致密化，需要更高的烧结温度。而采用溶胶-凝胶法制备的 7 号样品则在各个烧结温度点都具有最高的烧结密度，并且当烧结温度达到 900℃以后，烧结密度随烧结温度的进一步提高增长已很微小，表明在此温度点已能使样品获得足够高的致密度。而进行 1.5wt% Bi_2O_3 掺杂的 2 号样品，其致密化状况随烧结温度的变化与 7 号样品接近，而当烧结温度超过 900℃后，密度甚至还略有些下降，这或许与 Bi_2O_3 的挥发以及气孔率提高有关。对于采用纳米铁氧体微粉作为助烧剂的 3～6 号样品，随着纳米铁氧体微粉掺杂量的增多，样品在各个烧结温度点的烧结密度也不断提高，且当纳米铁氧体微粉掺杂量达到 30wt%以后，样品的致密化程度已经与采用 1.5wt% Bi_2O_3 掺杂的样品接近，进一步提高纳米铁氧体微粉的掺杂量，烧结密度的提高已经很小。

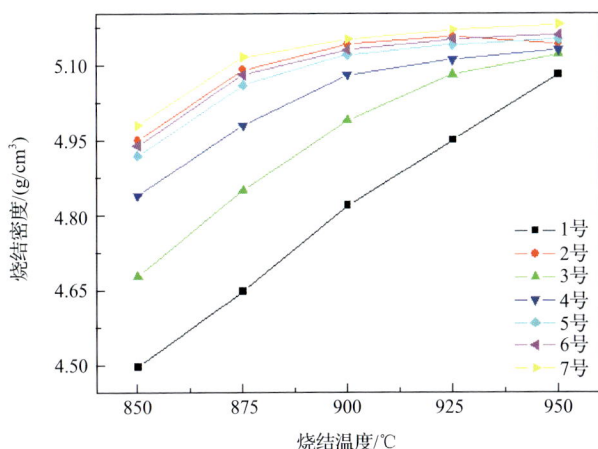

图 2-48　各实验样品烧结密度随烧结温度的变化

　　图 2-49 和图 2-50 分别为各烧结样品磁导率和品质因数随烧结温度的变化。由图可见，进行 30wt%纳米铁氧体微粉掺杂的 5 号样品具有最高的磁导率，纳米铁氧体微粉的掺杂量过多或过少都使得 NiCuZn 铁氧体的磁导率下降。而采用溶胶-凝胶法制备的 7 号样品以及进行 1.5wt% Bi_2O_3 掺杂的 2 号样品虽然致密化程度都很好，但在磁导率上的表现均不突出。采用氧化物法且未进行任何掺杂制备的 1 号样品由于致密化程度不够高，磁导率处于最低位置。随着烧结温度的提高，铁氧体样品的烧结密度几乎都在提高，且晶粒生长更大，因此磁导率随烧结温度的提高都呈现明显的上升趋势。

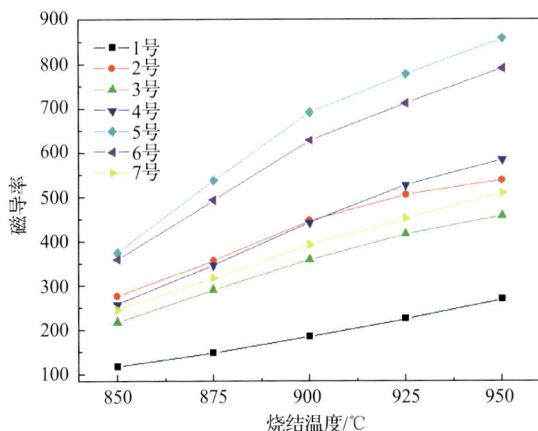

图 2-49　各实验样品磁导率随烧结温度的变化

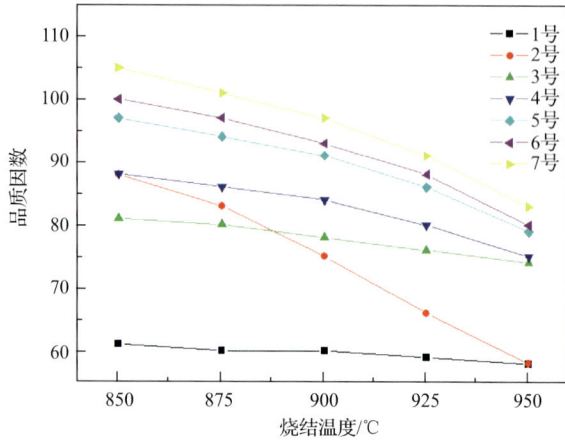

图 2-50 各实验样品品质因数随烧结温度的变化

对于铁氧体的品质因数而言，采用溶胶-凝胶法制备的 7 号样品具有最高的品质因数。而进行纳米铁氧体微粉掺杂的样品品质因数则随纳米微粉掺杂量的增多而提高。随着烧结温度的提高，所有实验样品的品质因数都呈下降趋势，其中 1.5wt% Bi_2O_3 掺杂的 2 号样品表现最为明显，而未进行任何掺杂的 1 号样品则几乎没有变化。

为了详细探讨以上这些实验现象的内在影响因素，下面对 900℃烧结时各实验样品的微观结构进行检测并示于图 2-51。由图可见，对于 1 号样品，晶粒间出

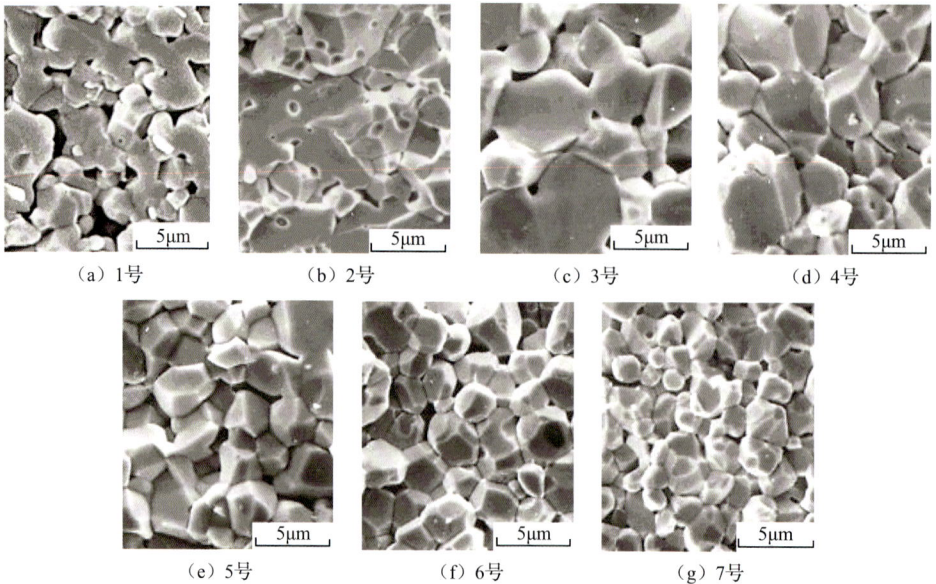

（a）1号　　　　　（b）2号　　　　　（c）3号　　　　　（d）4号

（e）5号　　　　　（f）6号　　　　　（g）7号

图 2-51 各实验样品于 900℃烧结时的微观结构

现明显的空隙，表明样品烧结尚未完全，尚未充分实现致密化。而进行 1.5wt% Bi_2O_3 掺杂的 2 号样品虽然具有较大平均晶粒尺寸，但不均匀的晶粒生长以及晶粒内陷气孔也清晰可见。对于进行纳米铁氧体微粉掺杂的 3~6 号样品，随着纳米微粉掺杂量的增多，晶粒尺寸逐渐减小。采用溶胶-凝胶法制备的 7 号样品则具有最小的晶粒尺寸。

我们知道，铁氧体的磁导率由畴壁位移和磁畴转动做贡献。畴壁位移难易程度与晶粒尺寸、晶粒均匀性及气孔率等有很大关系，而磁畴转动难易则与样品的烧结密度关系很大。1.5wt% Bi_2O_3 掺杂的 2 号样品虽然烧结密度足够高，晶粒尺寸也够大，但是非磁性的助烧剂 Bi_2O_3 在一定程度上会向铁氧体内扩散，导致晶格出现缺陷，进而导致晶粒尺寸的均匀性变差以及晶粒内气孔率增高，阻碍畴壁的位移，影响了材料磁导率的提高。对于进行 30wt%纳米铁氧体微粉掺杂的 5 号样品，其烧结密度较高，且晶粒尺寸也较大，晶粒生长也较为均匀，因此具有最高的磁导率。而当纳米铁氧体微粉掺杂量过少时，烧结密度不够高；当纳米铁氧体微粉掺杂量过多时，晶粒尺寸又偏小，因此磁导率都偏低一些。

铁氧体材料的品质因数与材料的烧结密度、微观结构（包括晶粒尺寸、晶粒内气孔率、晶界特性等）密切相关。一般烧结密度越高、晶粒尺寸越小、晶界越厚、晶粒内气孔率越低，材料的品质因数就越高。对于溶胶-凝胶法制备的 7 号样品，由于烧结密度最高，晶粒尺寸最小且均匀，因此具有最高的品质因数。而对于纳米铁氧体微粉掺杂的样品则随着纳米微粉掺杂量的增多，烧结密度逐渐提高，晶粒尺寸逐渐减小，因而品质因数也逐步提高。Bi_2O_3 掺杂的 2 号样品则由于晶粒的均匀性较差以及晶粒内气孔较多，品质因数也不是太高。对于未进行任何掺杂的 1 号样品，虽然随着烧结温度的升高晶粒尺寸也会增大，但其烧结密度的上升趋势也很明显，其对品质因数产生的正面影响与晶粒增大、晶界变薄对品质因数的负面影响相当，因而品质因数随烧结温度无明显变化。

综上分析，采用溶胶-凝胶法制备的纳米铁氧体微粉作为氧化物法中的助烧掺杂剂可以有效改善 NiCuZn 铁氧体的烧结特性和电磁性能。由于该纳米铁氧体微粉具有与主配方相同的化学组成，不会在促进铁氧体材料低温烧结的同时，对其电磁性能产生不良影响，因而能够获得性能较好的低温烧结 NiCuZn 铁氧体材料。

2.6　片式电感结构优化设计和制备工艺研究

2.6.1　材料器件一体化制备技术

为了验证前面研制的低温烧结 NiCuZn 铁氧体材料在片式电感器件中的实际

应用效果，本小书将进行片式电感的试制研究，制备工艺采用 LTCC 流延叠层技术。所谓 LTCC 技术，就是将低温烧结陶瓷粉制成厚度精确而且致密的生瓷带，在生瓷带上利用激光或机械打孔、微孔注浆、精密导体浆料印刷等工艺制出所需要的电路图形，并将多个无源元件埋入其中，然后叠压在一起，在 900℃下烧结，制成三维电路网络的无源集成组件[36-38]。也可制成内置无源元件的三维电路基板，在其表面可以贴装 IC 和有源器件，制成无源/有源集成的功能模块，具体制造流程如图 2-52 所示。

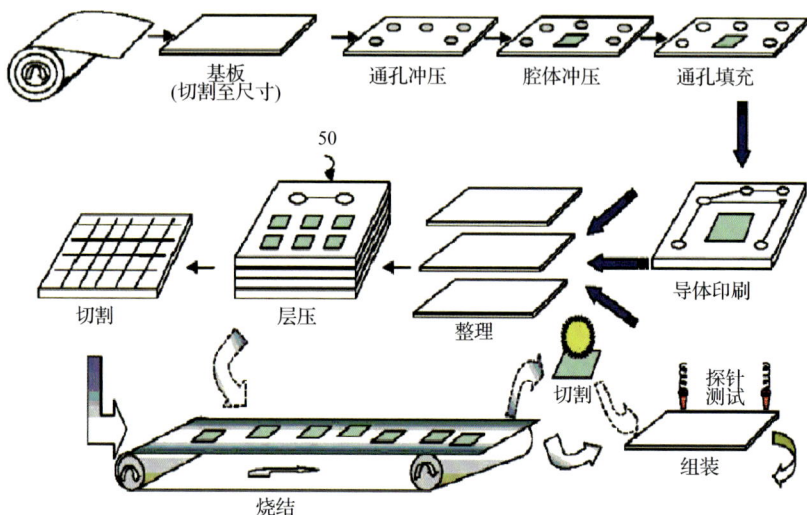

图 2-52 LTCC 工艺流程示意

利用 LTCC 技术，可以成功制造出多种无源以及无源/有源集成产品。按其技术层次，可粗略分为以下四类。

（1）高精度片式元件：如高精度片式电感器、电阻器、片式微波电容器等，以及这些元件的阵列。

（2）无源集成功能器件：如片式射频无源集成组件，包括 LC 滤波器及其阵列、定向耦合器、功分器、功率合成器、变压器、天线、延迟线、衰减器，共模扼流圈及其阵列，EMI 抑制器等。

（3）无源集成基板/封装：如蓝牙模块基板、手机前端模块基板、集总参数环行器基板等。

（4）功能模块：如蓝牙模块、手机前端模块、天线开关模块、功放模块、开关电源模块等。

相对于传统的器件及模块加工工艺，采用 LTCC 技术具有以下优点：

（1）陶瓷材料具有优良的高频高品质因数特性。

（2）使用电导率高的金属材料作为导体材料，有利于提高电路系统的品质因数。

（3）可以制作线宽小于 50μm 的细线结构电路。

（4）可适应大电流及耐高温特性要求，并具备比普通 PCB 电路基板更优良的热传导性。

（5）具有较好的温度特性，如较小的热膨胀系数、较小的介电常数温度系数。

（6）可以制作层数很多的电路基板，并可将多个无源元件埋入其中，有利于提高电路的组装密度。

（7）能集成的元件种类多、参量范围大，除电感、电阻、电容外，还可以将敏感元件、EMI 抑制元件、电路保护元件等集成在一起。

（8）可以在层数很多的三维电路基板上，用多种方式键连集成电路（IC）和各种有源器件，实现无源/有源集成。

（9）一致性好，可靠性高，耐高温、高湿、冲振，可应用于恶劣环境。

（10）非连续式的生产工艺，允许对生坯基板进行检查，从而有助于提高成品率，降低生产成本。

（11）与薄膜多层布线技术具有良好的兼容性，二者结合可实现更高组装密度和更好性能的混合多层基板和混合型多芯片组件（MCM-C/D）。

因此，LTCC 技术以优异的电学、机械、热学及工艺特性，成为电子元器件小型化、集成化和模块化的首选方式。

但是，采用 LTCC 技术制备的片式器件由于工艺复杂，器件结构细微的变动都需要印刷、打孔、叠层、切割等工艺做很大的调整，甚至重新制备印刷丝网，无法像传统元器件那样很容易地通过性能表征来调整设计。因此，在实际制备之前，最好先对器件的结构进行参数优化及性能预测，以缩短器件的设计和开发周期，提高器件实际研制的成功率。为此，可借助目前市面上的电磁场仿真软件，如 Ansoft HFSS、CST、IE3D 等来进行片式器件的结构设计和性能仿真，获得具有参考价值的信息，指导片式器件的实际研制。

2.6.2　Ansoft HFSS 仿真软件简介及设计过程

当前的电磁场仿真软件主要有 3D 和 2.5D 两种，前者为三维结构全波电磁场分析软件，目前国际上最出名的 3D 仿真软件有 Ansoft HFSS 和 CST 两种。相比之下，Ansoft HFSS 软件模拟仿真结果准确性更高，但其运算的时间也较长，对工作机要求较高。本小节将采用 Ansoft HFSS 软件进行片式电感的结构优化设计及性能仿真。

Ansoft HFSS 软件可分析仿真任意三维无源结构的电磁场，在模型建立、参数设定后，通过对电磁场的分析计算可得到器件的特征信息。同时，Ansoft HFSS

的自适应网格加密技术使 FEM 方法得以实用化。初始网格（将几何结构划分为四面体单元）的产生是以几何结构形状为基础的，利用初始网格可以快速解算并提供场解信息，以区分出高场强或大梯度的场分布区域。然后只在需要的区域将网格加密细化，其迭代法求解技术节省计算资源并获得最大精确度。必要时还可方便地使用人工网格化来引导优化加速网格细化匹配的解决方案。Ansoft HFSS 设计流程如图 2-53 所示。

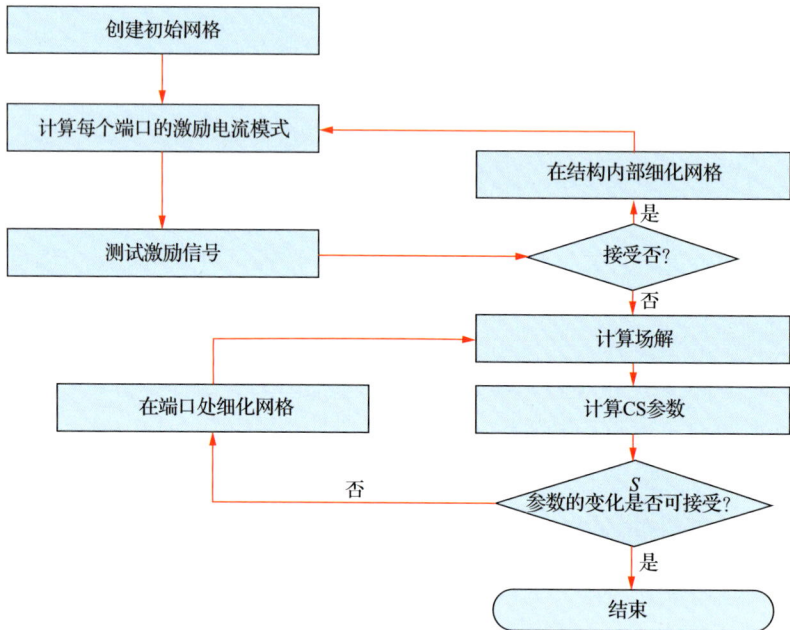

图 2-53　Ansoft HFSS 设计流程图

采用 Ansoft HFSS 软件进行片式电感设计和仿真可分为以下几步。

（1）建立模型。先确定片式电感的结构类型，其结构尺寸可先参数化，在 Ansoft HFSS 软件的画图界面画出结构图。为使其与真实状况尽可能匹配，对于不需要仿真优化的结构尺寸尽量和真实状况接近。

（2）材料设计。在 Ansoft HFSS 软件的材料设置界面中，选择银作为电极材料，按实际情况设置铁氧体陶瓷特性参数。

（3）边界及仿真模拟运算频率范围设置。在 Ansoft HFSS 软件的边界设置界面中，分别设置输入输出端；在运算设置界面中，设定运算分析的频率范围。

（4）运算分析。运算分析过程根据运算精度以及模型的复杂程度不同而时间长短不同，运算结束后可得到模拟曲线。根据运算结果，可对结构参数进行调整，再进行仿真运算，如此反复修正，直到达到满意的结果。

2.6.3　片式电感结构设计及优化

1.　片式电感类型

片式电感器件又称为嵌入式被动元件，一方面它是无源器件，另一方面它的导线是内嵌在铁氧体陶瓷材料内部。采用 LTCC 技术实现的片式电感，按内嵌绕线方式的不同可分为很多种类[39]，高性能软磁铁氧体材料与之相适应，如图 2-54 所示。

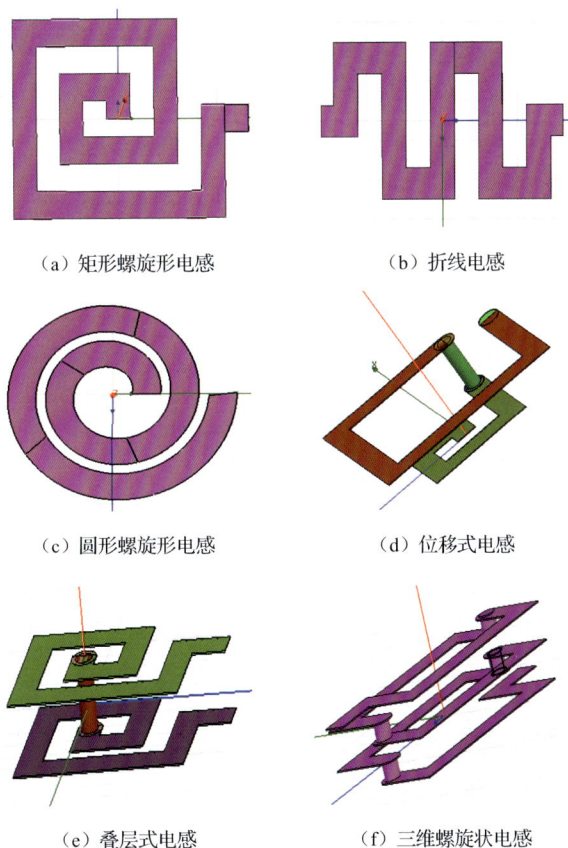

（a）矩形螺旋形电感　　　　　　　　　（b）折线电感

（c）圆形螺旋形电感　　　　　　　　　（d）位移式电感

（e）叠层式电感　　　　　　　　　（f）三维螺旋状电感

图 2-54　片式电感结构种类

从提高集成度的角度考虑，具有三维结构的后三种片式电感结构 [图 2-54（d）～（f）] 更为合理，但线路也更复杂。而在后三种片式电感的设计结构中，综合考虑集成度及工艺可行性，又以最后一种结构最为合理。因此，在本小节研究工作中，也是针对这种结构模型进行片式电感的设计和实际制备。

2.　片式电感结构模型及性能仿真过程

为了尽量与实际片式电感结构相吻合，在本小节片式电感设计过程中，限定其外形尺寸为 0603 型（长 0.06in×宽 0.03in）。其中，矩形绕线的长边长用参数 a 表示，短边长用参数 b 表示，绕线线宽用参数 w 表示，绕线距上下边界的距离用参数 u 表示，流延铁氧体膜厚固定为 30μm，印刷银浆厚度固定为 6μm，绕线匝数 N 从 1 匝至 5.5 匝变化。绕线匝数改变会使得片式电感的结构发生根本变化，不能简单通过参数化来实现，因此对于不同绕线匝数的片式电感模型需要分别作图来进行仿真。以绕线匝数为 5.5 匝的片式电感为例，其结构示意图如图 2-55 所示。

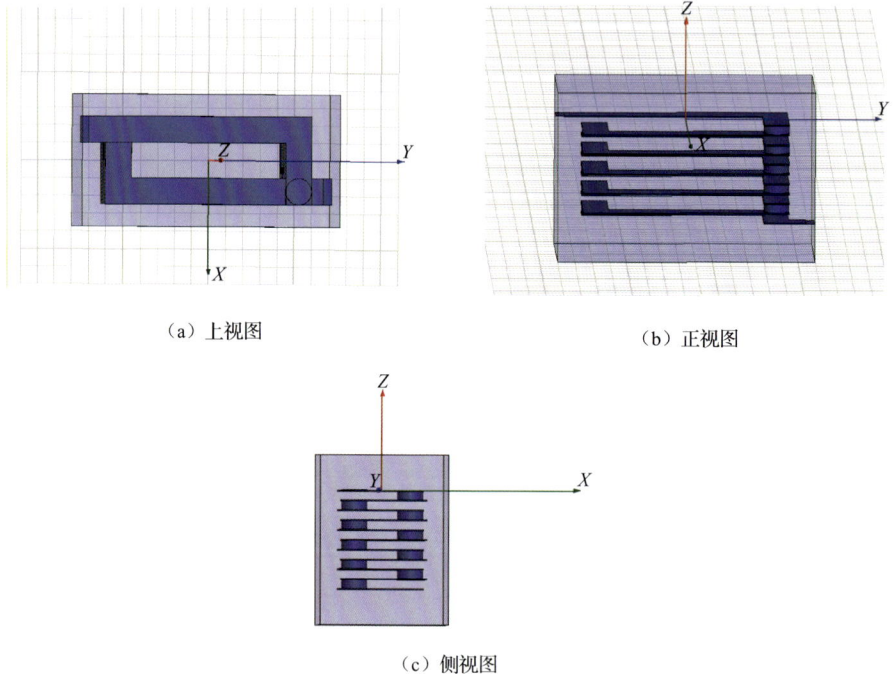

（a）上视图   （b）正视图

（c）侧视图

图 2-55　片式电感的结构示意

在利用有限元法计算电磁场时，先将该片式电感区域剖分成许多个四面体的小单元，每个单元称为一个网格。在片式电感模型的银导线和拐角处网格划分得更密一些，有助于提高计算的精度。经过网格划分的片式电感模型示意如图 2-56 所示。

由于麦克斯韦方程组是场矢量之间的关系表达式，如果直接用来求解电磁场问题，在数学上存在较大困难。因此，为了计算电磁场分布和大小，引入位函数作为求解的辅助量。由于磁通 B 的散度恒为零，可以令 $B = \nabla \times A$，其中 A 为矢量位，单位为 Wb/m。根据麦克斯韦方程组可得

$$\nabla \times E = -\frac{\partial}{\partial t}(\nabla \times A)$$

$$\nabla \times \left(E + \frac{\partial A}{\partial t} \right) = 0$$

（2-95）

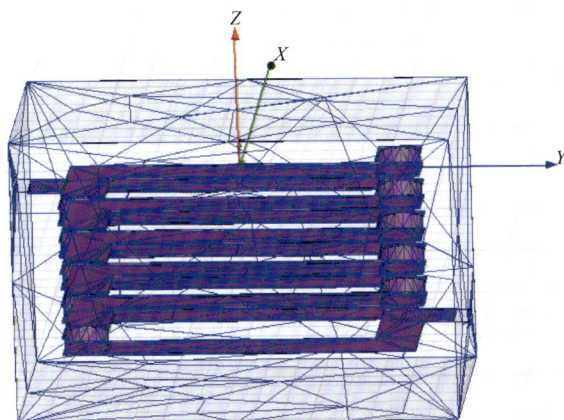

图 **2-56**　片式电感网格划分图

而无旋的矢量又可以用一个标量函数的梯度来替代，令

$$E + \frac{\partial A}{\partial t} = -\nabla \Phi \qquad (2\text{-}96)$$

则有

$$E = -\nabla \Phi - \frac{\partial A}{\partial t} \qquad (2\text{-}97)$$

其中，Φ 为标量位，单位为 V。如果能够计算出空间位函数 A 和 Φ 的值，也就可以直接算出电场强度 E。基于洛伦兹条件和麦克斯韦方程，可得到位函数的微分方程为

$$\nabla^2 A + \omega^2 \mu\varepsilon A = -\mu J$$
$$\nabla^2 \Phi + \omega^2 \mu\varepsilon \phi = -\frac{\rho}{\varepsilon} \qquad (2\text{-}98)$$

其中，J 为电流密度；ω 为角频率；μ 为磁导率；ε 为介电常数；ρ 为电荷密度；ϕ 为电势能密度。

原则上讲，根据位函数的微分方程并结合边界条件就可以计算得到位函数，进而计算出任意点的 E 和 H 值。但是采用这种方式计算比较困难。根据有限元法求解位函数的思想，可以把边值问题的求解问题，转化成在给定的求解区域和边界条件下，求使位函数的能量泛函达到极小值时的问题。对于具有通式

$$-\nabla(k_1\nabla\varphi) + k_2\varphi = k_3 \quad （其中 k_1、k_2、k_3 为系数，\varphi 为位函数） \qquad (2\text{-}99)$$

的位函数微分方程，它在边界 Γ 上至少有部分的边界条件是狄利克雷（Dirichlet）问题，即 $\varphi = F(s)$，而其余的边界则满足组曼或者混合边界条件，可写为 $\dfrac{\partial \varphi}{\partial n} + q(s)\varphi = b(s)$，则对应于微分方程（2-99）和边界条件的能量泛函可表示为

$$I(\varphi) = \int_{V(\Gamma)} \left(k_1 |\nabla \varphi|^2 + k_2 \varphi^2 - 2k_3 \varphi \right) \mathrm{d}V + \int_{s(\Gamma)} (q\varphi^2 - 2b\varphi) \mathrm{d}s \qquad （2\text{-}100）$$

求解式（2-100）的极小值与求解含边界条件的微分方程（2-99）是完全等价的。在得出各个节点的有限元方程后，将区域中所有节点有限元方程按一定法则进行累加，形成总体有限元方程组。然后利用超松弛迭代法求解有限元方程组，得到区域内各个节点上的位函数值。而每个网格单元内各点的位函数则可通过周围节点上的位函数插值计算得到。在确定区域内各点的位函数值后，根据式（2-95）和式（2-96）就可以计算出区域内各点的电磁场大小，而片式电感的传输 S 参数以及电感量和品质因数也很容易计算得到。这些具体的计算工作都可以借助 Ansoft HFSS 软件来解决。

3. 绕线长边长度变化对片式电感性能影响

为了明确片式电感结构中各个待定参数对其电感量和品质因数影响的大小并由此确定最优化的结构参数，在性能仿真过程中，先将其他待定参数设定为一典型值（不一定是最优值），然后持续改变待优化的结构参数，通过对仿真得到的片式电感性能的对比并结合实际制备工艺来确定最优化的结构参数。在对片式电感各个结构参数进行逐步优化后，即可获得最优化的片式电感结构设计方案。

首先，为衡量绕线长边长度变化对片式电感性能的影响，对绕线短边长度取典型值 500μm，线宽取典型值 200μm，绕线距上下边界的距离取典型值 150μm，绕线匝数固定为 5.5 匝，铁氧体材料的磁导率设定为 485，品质因数设定为 115。长边长度 a 的变化对片式电感性能的影响如图 2-57 和图 2-58 所示。

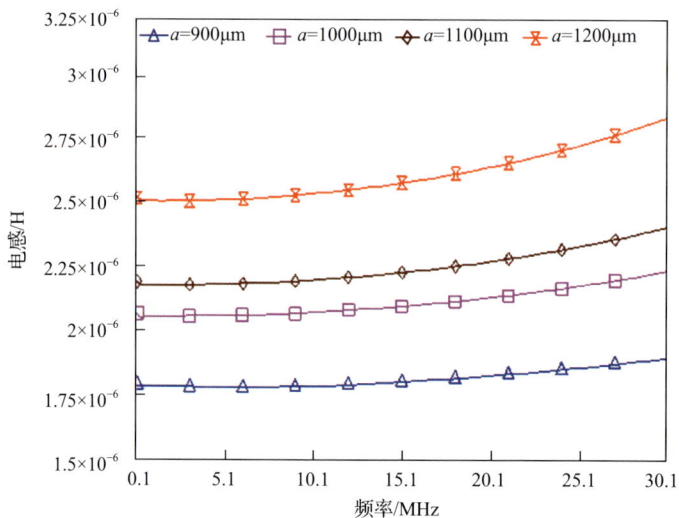

图 2-57　不同绕线长边长度 a 对电感频率特性的影响

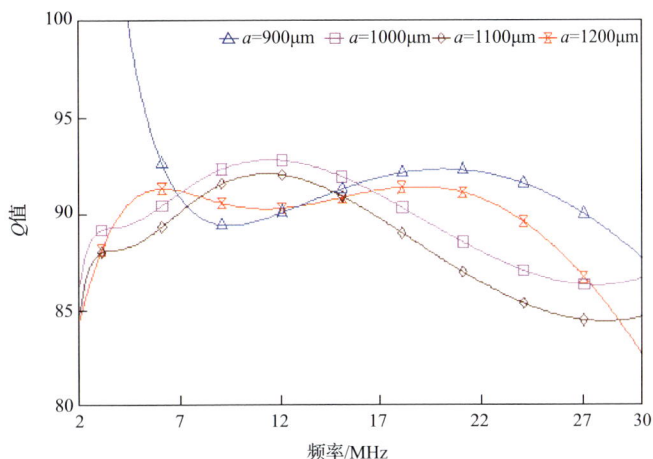

图 2-58　不同绕线长边长度 a 对 Q 值频率特性的影响

由图可见，随着绕线长边长度 a 的增加，片式电感的电感量在仿真频段内都呈明显的上升趋势。这主要是因为随着长边长度 a 的增加，相当于绕线的面积加大，对应电感磁芯的等效截面积也增大，因而电感量增加。但仿真出的 Q 值随频率波动较大，其与绕线长边长度 a 的关系不明朗。再考虑到 0603 型片式电感长度方向的尺寸容限为 1500μm（0.06in）左右，绕组距左右边界尚需保留一定距离，因此确定长边长度 a 取 1200μm 为宜。

4. 绕线短边长度变化对片式电感性能影响

为衡量绕线短边长度改变对片式电感性能的影响，对绕线长边长度取优化值 1200μm，线宽取典型值 200μm，绕线距上下边界的距离取典型值 150μm，绕线匝数固定为 5.5 匝，铁氧体材料的磁导率设定为 485，品质因数设定为 115。短边长度 b 的变化对片式电感性能的影响如图 2-59 和图 2-60 所示。

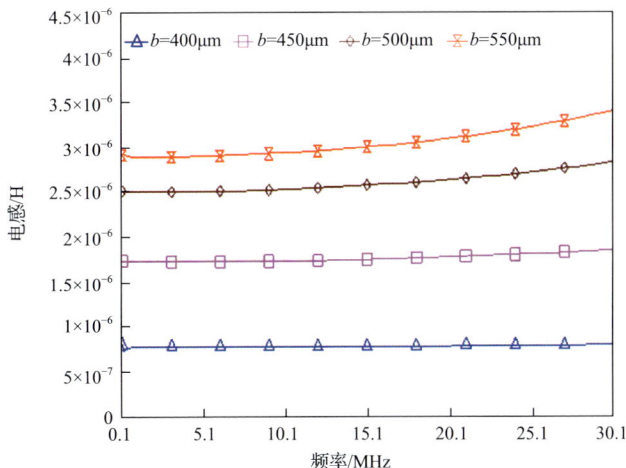

图 2-59　不同绕线短边长度 b 对电感频率特性的影响

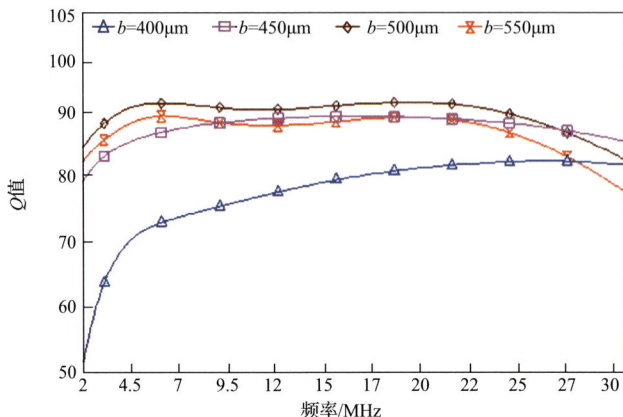

图 2-60　不同绕线短边长度 b 对 Q 值频率特性的影响

由图可见，随着绕线短边长度 b 的增加，片式电感的电感量明显上升，其原因与增加长边长度一样，因为短边长度 b 增加，相当于绕线的面积加大，对应电感磁芯的等效截面积也增大，因而电感量增加。Q 值随着短边长度 b 的增加先明显上升，随后上升幅度趋缓，当短边长度 b 为 500μm 时 Q 值达到最大。此后进一步增大短边长度 b，Q 值开始略微减小。再考虑到 0603 型片式电感宽度方向的尺寸容限为 750μm（0.03in）左右，并且绕组需要与左右边界保持一定距离，因此综合考虑确定短边长度 b 取 500μm 为宜。

5. 绕线距上下边界的距离变化对片式电感性能影响

为衡量绕线距上下边界的距离对片式电感性能的影响，对绕线长边长度取优化值 1200μm，短边长度取优化值 500μm，绕线线宽取典型值 200μm，绕线匝数固定为 5.5 匝，铁氧体材料的磁导率设定为 485，品质因数设定为 115。绕线距上下边界的距离 u 变化对片式电感性能的影响如图 2-61 和图 2-62 所示。

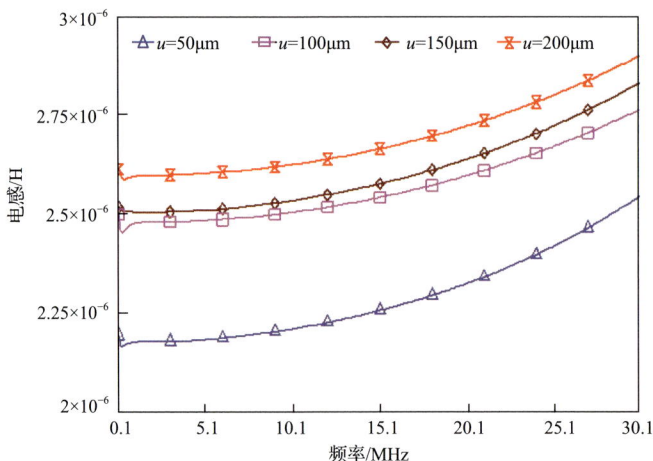

图 2-61　绕线距上下边界的距离 u 对电感频率特性的影响

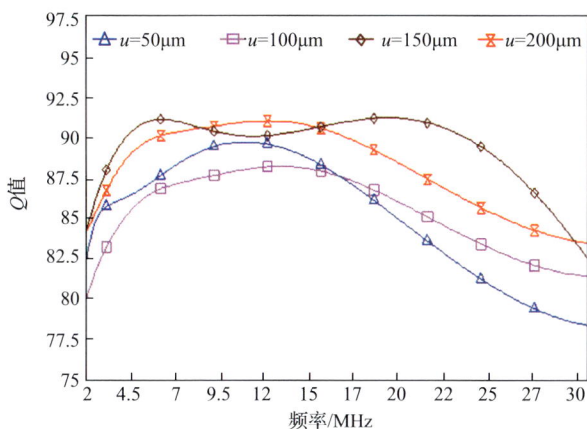

图 **2-62**　绕线距上下边界的距离 u 对 Q 值频率特性的影响

由图可见，随着绕线距上下边界的距离 u 的增加，电感量呈明显上升趋势，这是因为在其他参数固定的前提下，绕线距上下边界的距离越大，越有利于磁通在磁芯内形成闭合回路。Q 值随频率的波动较大，与 u 的关系不甚明显，但 u=150μm 时在仿真频段内 Q 平均值相对较高。虽然增大 u 值可以比较显著地提高片式电感的电感量，但 u 值增加也相当于使片式电感整体的高度增加，因而会导致其体积增大。因此，u 的取值也不能过大。结合前面的仿真结果，确定 u 值取 150μm 为宜。

6. 绕线线宽变化对片式电感性能影响

为衡量绕线线宽变化对片式电感性能的影响，对绕线长边长度取优化值 1200μm，短边长度取优化值 500μm，绕线距上下边界的距离取优化值 150μm，绕线匝数固定为 5.5 匝，铁氧体材料的磁导率设定为 485，品质因数设定为 115。绕线线宽 w 变化对片式电感性能的影响如图 2-63 和图 2-64 所示。

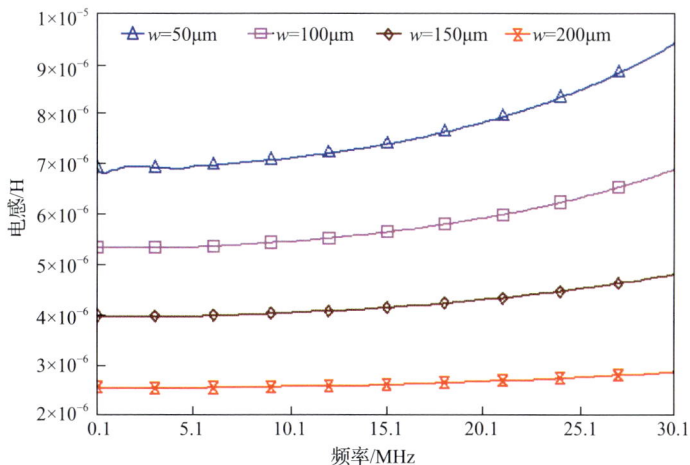

图 **2-63**　不同绕线线宽 w 对电感频率特性的影响

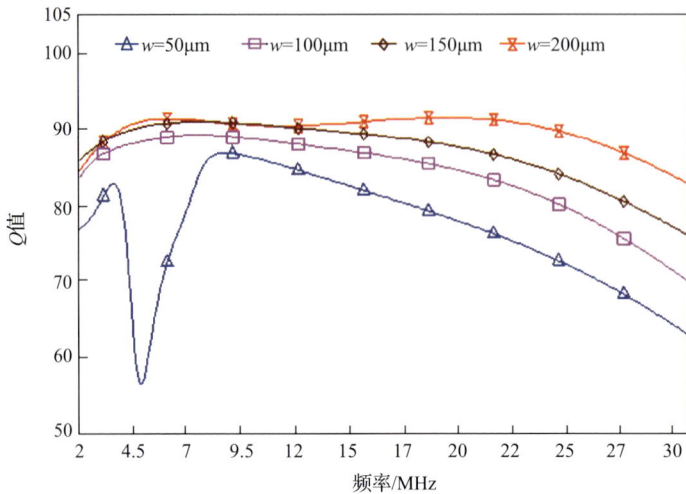

图 2-64　不同绕线线宽 w 对 Q 值频率特性的影响

　　由图可见，绕线线宽对片式电感的电感量影响很大，线宽越宽，电感量越小。这主要是由于绕线线宽增加，绕线内磁芯的等效截面积变小，从而导致电感量降低。Q 值则随线宽的增加不断提高，这主要是由于线宽增加，绕线的电阻值降低。而线宽为 50μm 的片式电感 Q 值在 4.5MHz 附近出现陡降，可能还受到一些尺寸临界效应的影响。再考虑到片式电感的制备工艺因素，线宽过窄会使得印刷工艺极为困难，此外，在实际片式电感烧结过程中，还会有少量的导线银浆会渗析到铁氧体陶瓷中，如果线宽过窄，这可能会导致绕线电阻过大甚至短路，大大降低片式电感的成品率。因此，综合考虑制备工艺及仿真的电磁性能，确定绕线线宽 w 取 100μm 为宜。

7. 绕线匝数变化对片式电感性能影响

　　为衡量绕线匝数对片式电感性能的影响，对绕线长边长度取优化值 1200μm，短边长度取优化值 500μm，绕线线宽取优化值 100μm，绕线距上下边界的距离取优化值 150μm，铁氧体材料的磁导率设定为 485，品质因数设定为 115。对于不同绕线匝数 N 的片式电感分别采用 Ansoft HFSS 软件建模并进行仿真，绕线匝数的改变对片式电感性能影响如图 2-65 和图 2-66 所示。

　　由图可见，随着绕线匝数 N 的增加，电感量显著提高。而 Q 值随频率的变化波动较大，与匝数的关系不是太明显。从整体来看，在频率较高时，匝数越多的片式电感 Q 值越低，这可能与匝数增加时绕组间分布电容影响增大有关。

　　我们知道，对于常规的绕线式电感器，漆包线绕制在有效长度为 l_e、有效截面积为 A_e 的磁芯上，其电感量与绕线匝数的平方成正比。而对于片式电感而言，由于结构形式发生了很大变化，其电感量与绕线匝数显然不再满足平方正比的关系，但可通过数值拟合的方法来确定电感量与绕线匝数之间的比例关系。对于按

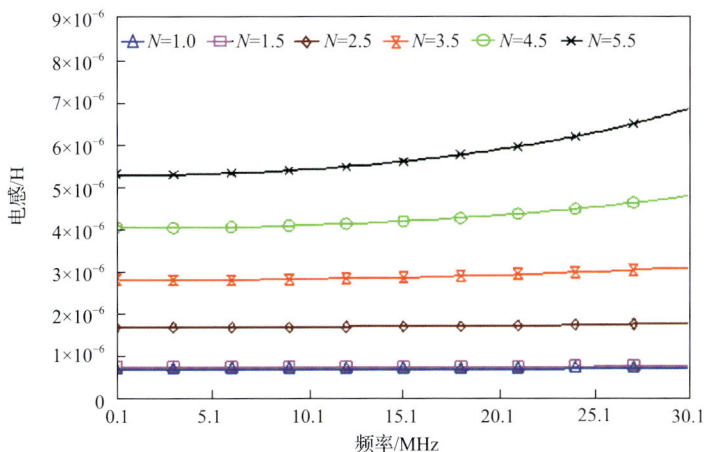

图 2-65　绕线匝数对电感频率特性的影响

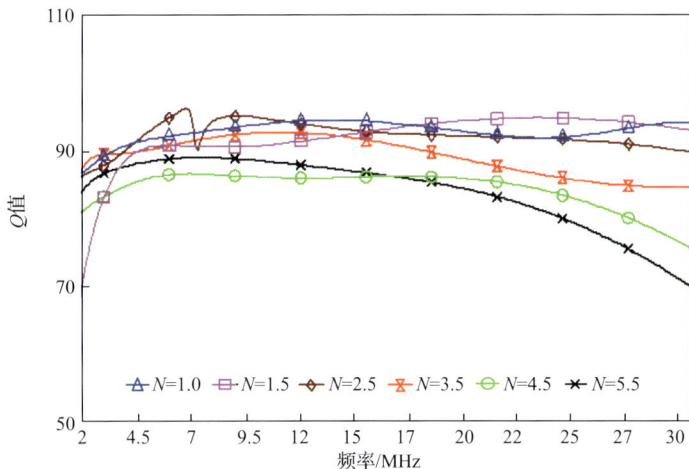

图 2-66　绕线匝数对 Q 值频率特性的影响

前述结构（a=1200μm、b=500μm、w=100μm、u=150μm、铁氧体膜厚 30μm、印刷银浆厚度 6μm）及材料（磁导率为 485、Q=115）设定的片式电感，其电感量 L 与匝数的关系可表示为

$$L = L_0 N^x \qquad (2\text{-}101)$$

其中，x 为待定系数；L_0 为绕线为 1 匝时的电感量。

　　从实际制备片式电感的角度考虑，由于端电极分别位于两端，因此银浆引线也应始于一端，中止于另一端，从而使绕线匝数多出半匝。因此，为与实际状况尽量相符，在拟合时也都取的是单半匝的仿真数据。以 5MHz 时不同绕线匝数片式电感的仿真电感值为参考，借助 Origin 软件，可得到如图 2-67 所示拟合曲线。

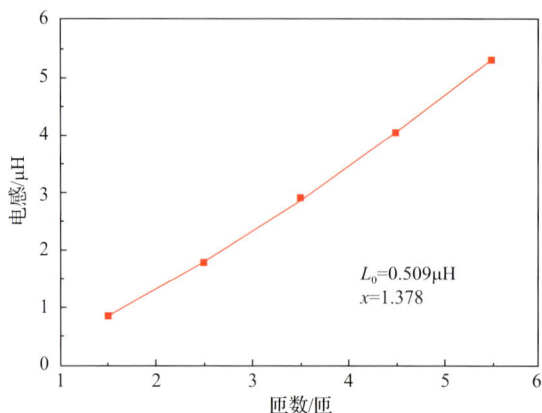

图 2-67　经拟合得到的电感与匝数的关系曲线

经拟合得到的 $L_0 = 0.509\mu H$，$x = 1.378$，即对于按前面优化的结构参数及材料制备的片式电感，其电感量与匝数的关系可用公式

$$L = 0.509 N^{1.378} \tag{2-102}$$

进行估算。可见，叠层片式电感的电感量与匝数的正比指数值比常规绕线式电感结构小了不少，这一方面与片式电感为绕线内嵌式结构有关，另一方面片式电感也难以像常规绕线电感一样保证磁通截面几乎处处相等，对电感量也会造成一定的影响。此外，在单半匝的片式电感结构中，实际多出的半匝线圈并未构成完整绕组，对电感量的贡献很小，因而也会影响到电感与匝数的指数关系。

2.6.4　实际片式电感制备工艺过程

片式电感的制备采用完整的 LTCC 工艺，具体流程如图 2-68 所示。

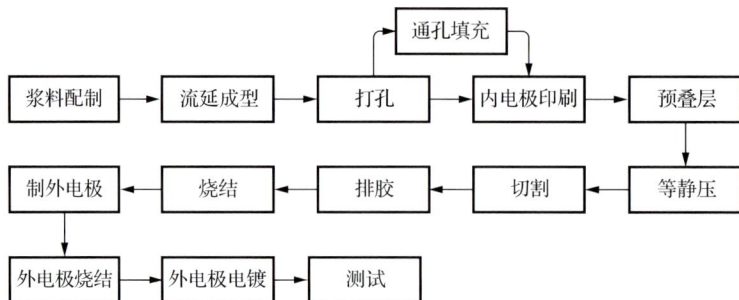

图 2-68　片式电感的制备工艺流程

考虑到适合批量化开发的需要，采用 2.3 节氧化物法并进行 Bi_2O_3、WO_3 和 Co_2O_3 组合掺杂制备的在 1MHz 时磁导率为 485，品质因数为 115 的铁氧体粉料进行片式电感的研制。整个片式电感的制备工艺都在电子科技大学 LTCC 工艺线上

进行。其中的关键工艺技术包括：流延工艺、打孔和填孔工艺、印刷工艺、叠层和热压工艺、共烧工艺等。

对于流延工艺，具体包括配料、排气和流延三道工序。在浆料配制过程中，铁氧体粉料的颗粒大小、均匀性以及与增塑剂、黏合剂的配比都对最后流延膜的性能有很大影响。此外，还要考虑控制好浆料的黏度，并由此确定补加溶剂的多少。在排气过程中，应尽量减少浆料因球磨混料产生的气泡，降低流延膜产生缺陷的概率。为此可加入适量去泡剂及低速慢滚来去泡。在进行浆料流延时，为获得膜厚均匀、缺陷少的铁氧体膜，需要对流延速度、刮刀高度以及干燥区烘料板的温度进行精确控制，确定最佳的控制参数。经过实验效果的对比，最终确定流延浆料中铁氧体粉料、增塑剂和黏合剂的配比为 $1:0.44:0.35$ 时流延效果较好，混料过程中采用料/球比为 $1:4$ 的 ZrO_2 球作为球磨介质，适当添加溶剂以使浆料的黏度在 $900\sim1200cP$（$1cP=10^{-3}Pa\cdot s$，$25^{\circ}C$）之间。由于流延浆料经烘干后的厚度大约仅为流延厚度的 1/4，因此，为了获得厚度为 $30\mu m$ 的流延铁氧体膜片，流延刮刀的高度应设定为 $120\mu m$。

对于打孔和填孔工艺，由于其直接影响到布线的密度以及最终片式电感的成品率，因此也极为关键。在打孔前，首先需要根据片式电感的结构设计要求自创打孔文件，然后将其转化成打孔机能识别的格式。正式打孔时，主要需对膜片进行精确定位，以确保打孔位置的偏移在容许范围内。在本小节实验中采用冲孔法进行机械打孔。在填孔过程中，由于采用丝网印刷法进行，为了保证每个通孔内都填满银浆，不仅需要精确调整丝印台的位置，确保丝网上的孔与丝印台上膜片上的孔位置完全一致，而且需要适当控制银浆浓度及印刷速度，以保证银浆能充分填入到膜片孔中。经验证，为了获得较好的填孔效果，银浆黏度控制在 $1000Pa\cdot s$ 左右为宜。

印刷工艺与填孔工艺基本一致，所采用的设备也可通用，只是丝网结构不同而已。为了达到良好的印刷效果，主要是将膜片定好位，其次是控制好银浆浓度，确保印刷质量。

在叠层和热压工艺中，需要将印刷过电极的各层生瓷片按预先设计的层数和次序重叠在一起，在一定温度和压力下使它们紧密相连，形成一个完整的多层坯体。在这一工艺过程中，为保证多层生瓷片能有效互联，需要确保每一层都定位准确。此外，热压时的压力也要控制合适，如果压力太小，容易使层与层之间起泡分层；而如果压力过大，又容易导致膜片受力不均，出现叠层错位等问题。

在共烧工艺中，主要是需要合理设置烧结曲线，不仅要确保铁氧体晶化成熟，还应使渗入到铁氧体中的银浆尽量少。为此，需要对升温曲线、保温时间及降温曲线进行优化设置。最终，基于烧结效果和效率的综合考虑，在此按 $2.5^{\circ}C/min$ 的升温速率升温至 $900^{\circ}C$ 并保温 2h 进行烧结。降温过程中控制 10h 降至 $250^{\circ}C$，然后随炉自然冷却，待温度低于 $120^{\circ}C$ 后取出。

本小节实验制备片式电感过程中所采用的部分关键设备如图 2-69 所示。

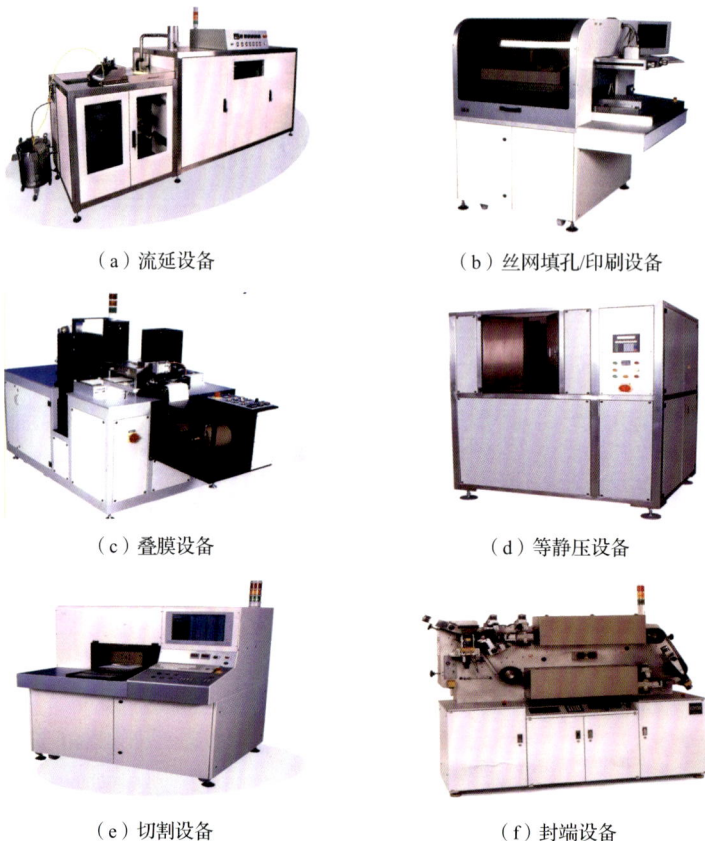

（a）流延设备

（b）丝网填孔/印刷设备

（c）叠膜设备

（d）等静压设备

（e）切割设备

（f）封端设备

图 2-69　部分 LTCC 片式电感制备设备示意

2.6.5　片式电感性能分析

在本小节实验中，采用前述工艺，控制铁氧体膜厚为 30μm，印刷银浆厚度为 6μm，绕线长边长度 1200μm，短边长度 500μm，银浆线宽 100μm，绕线距上下边界 150μm，绕线匝数分别为 1.5 匝、2.5 匝、3.5 匝、4.5 匝和 5.5 匝，经过完整的 LTCC 工艺流程，制备出片式电感。在 5MHz 测试时，各片式电感的实测电感值和预测电感值与绕线匝数的关系如图 2-70 所示。

无论对于哪种绕线匝数的片式电感，其电感量都比仿真预测值偏低。这主要是因为经过 LTCC 工艺后，片式电感中磁芯的磁导率与标样环的磁导率产生差异。此外，在片式电感共烧过程中，Ag 电极材料和铁氧体材料之间也不可能真正完全紧密结合、毫无影响，实际上总会有少量的 Ag 渗入到铁氧体中，因而也会对铁氧体的电磁性能造成负面影响，导致实际片式电感的电感量比预测值偏低。

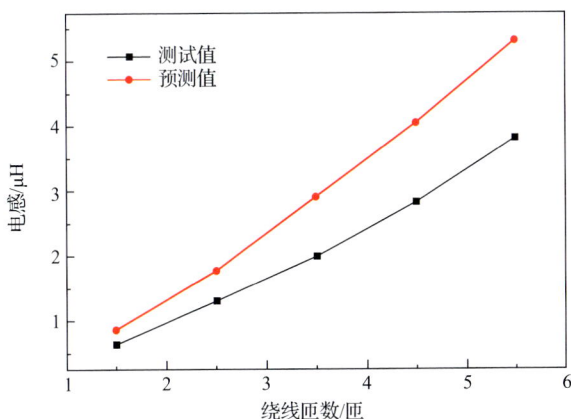

图 2-70　实测电感量和预测电感量与匝数之间的关系

　　实际片式电感的电感值与其绕线匝数之间的拟合关系，如图 2-71 所示。由图可见，电感量与绕线匝数的指数关系与预测值很接近，表明片式电感结构对其实际电感量的影响与仿真预测效果是非常吻合的。只是片式电感的制备工艺影响了材料的磁导率，从而使得实测片式电感的电感量与预测值之间出现了差异。如果能进一步改进和优化片式电感的制备工艺，使磁芯磁导率能尽量与材料标样环接近，则可以实现片式电感的仿真预测值与实测值基本一致。

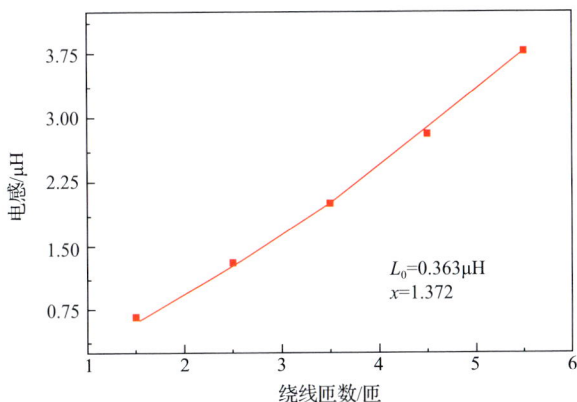

图 2-71　实际片式电感经拟合得到的电感量与绕线匝数的关系曲线

　　实际制备片式电感的品质因数随频率的变化如图 2-72 所示。由图可见，实际片式电感的品质因数也都比预测值低，且随频率的改变变化也较明显。这主要是因为在仿真过程中，并没有考虑铁氧体材料磁导率和品质因数随频率的变化特点。此外，仿真过程也无法考虑共烧过程中出现的 Ag 电极和铁氧体之间互渗对损耗的影响。但这并不是说片式电感品质因数的仿真没有实际意义。事实上，仿真的结果主要是反映片式电感结构设计对其品质因数的影响，并由此确定最佳的结构参数。

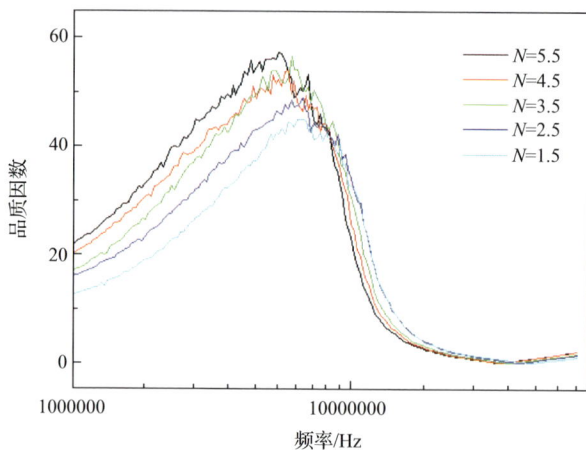

图 2-72 片式电感品质因数的频率特性

本小节实验中研制的实际片式电感外形及微观结构分别如图 2-73 和图 2-74 所示。由图可见，本小节实验过程研制出的片式电感外形良好，微观结构中 Ag 电极与铁氧体材料之间区分明显，相互渗透和开裂现象不是太明显，具有较好的界

图 2-73 实际片式电感外形图

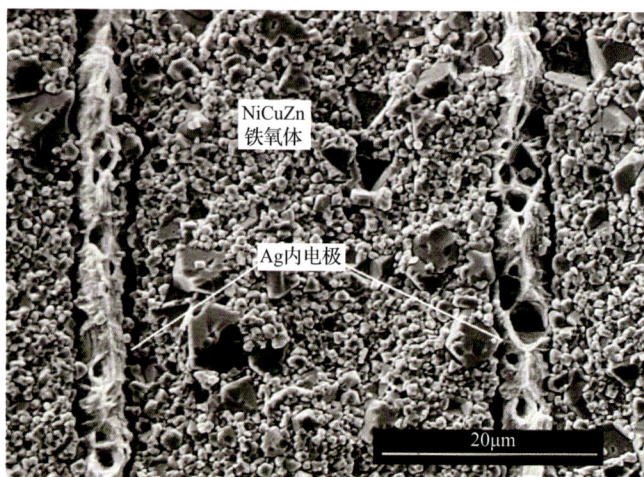

图 2-74 实际片式电感微观结构图

面结合状态。但铁氧体晶粒的平均尺寸也明显低于标样环的晶粒尺寸，并且有个别异常晶粒生长的情况出现，估计是与 LTCC 制备工艺中出现的某些缺陷有关。这些因素都使得片式电感磁芯的磁导率低于标样环磁芯的磁导率，进而导致片式电感的实际电感值低于仿真预测值。

参 考 文 献

[1]　苏桦. 低温烧结 NiCuZn 铁氧体（LTCF）材料及叠层片式电感应用研究. 成都: 电子科技大学, 2006.

[2]　Yu L M, Cao S X, Liu Y S, et al. Thermal and structural analysis on the nanocrystalline NiCuZn ferrite synthesis in different atmospheres. J Magn Magn Mater, 2006, 301: 100-106.

[3]　Nakano. The study of low temperature sintering NiCuZn ferrites for multilayer ferrite chip. International Conference on Ferrite, 2005: 25-27.

[4]　Razzitte A C, Fano W G, Jacobo S E. Electrical permittivity of Ni and NiZn ferrite-polymer composites. Physica B, 2004, 354: 228-231.

[5]　Zhong H, Zhang H W. Effects of different sintering temperature and Mn content on magnetic properties of NiZn ferrites. J Magn Magn Mater, 2004, 283: 247-250.

[6]　Verma S, Pradhan S D, Pasricha R. A novel low-temperature synthesis of nanosized NiZn ferrite. J Am Ceram Soc, 2005, 88: 2597-2599.

[7]　Wang Y R, Wang S F. Liquid phase sintering of NiCuZn ferrite and its magnetic properties. Inter J Inorg Mater, 2001, 3: 1189-1192.

[8]　Pal M, Brahma P, Chakravorty D. Magnetic and electrical properties of nickel-zinc ferrites doped with bismuth oxide. J Magn Magn Mater, 1996, 152: 370-374.

[9]　Ahmed T T, Rahman I Z, Rahman M A. Study on the properties of the copper substituted NiZn ferrites. J Mater Proc Tech, 2004, 153-154: 797-803.

[10]　Qu W G, Wang X H, Li L T. Preparation and performance of NiCuZn-Co_2Y composite ferrite material. Mater Sci Eng, 2003, B99: 274-277.

[11]　Low K O, Sale F R. The development and analysis of property-composition diagrams on gel-derived stoichiometric NiCuZn ferrite. J Magn Magn Mater, 2003, 256: 221-226.

[12]　Yue Z X, Zhou J, Li L T, et al. Synthesis of nanocrystalline NiCuZn ferrite powders by sol-gel auto-combustion method. J Magn Magn Mater, 2000, 208: 55-60.

[13]　Li B, Yue Z X, Qi X W, et al. High Mn content NiCuZn ferrite for multiplayer chip inductor application. Mater Sci Eng, 2003, B99: 252-254.

[14]　Zhang H W, Zhong H, Liu B Y, et al. Electromagnetic properties of a new ferrite ceramic low-temperature cocalcined (LTCC) composite materials. IEEE Trans Magn, 2005, 41(10): 3454-3456.

[15]　Hong S H, Park J H, Choa Y H, et al. Magnetic properties and sintering characteristics of NiZn(Ag, Cu) ferrite for LTCC applications. J Magn Magn Mater, 2005, 290-291: 1559-1562.

[16]　Qi X, Zhou J, Yue Z, et al. A ferroelectric ferromagnetic composite material with significant permeability and permittivity. Adv Func Mater, 2004, 14: 920-926.

[17]　Miao C L, Zhou J, Yue Z X, et al. Cofiring behavior of NiCuZn ferrite/PMN ferroelectrics di-layer composites. Trans Nonferr Meta Soc China, 2005, 15(2): 225-228.

[18]　Jeong J, Han Y H, Moon B C, et al. Effects of Bi_2O_3 addition on the microstructure and electromagnetic properties of NiCuZn ferrites. J Mater Sci, 2004, 15(5): 303-306.

[19]　Murthy S R. Low temperature sintering of NiCuZn ferrite and its electrical, magnetic and elastic properties. J Mater

Sci Let, 2002, 21(8): 657-660.

[20] Gao F, Qu S B, Yang Z P. Interface and ionic interdiffusion in cofired ferroelectric/ferrite multilayer composites. J Mater Sci Let, 2002, 21(1): 15-19.

[21] Murhy S R. Low temperature sintering of NiCuZn ferrite and its electrical, magnetic and elastic properties. J Mater Sci, 2004, 15: 303-306.

[22] Li Y, Zhao J P, Han J C, et al. Combustion synthesis and characterization of NiCuZn ferrite powders. Mater Res Bull, 2005, 40: 981-989.

[23] Sun J J, Li J B, Sun G L. Synthesis of dense NiZn ferrites by spark plasma sintering. Ceram Inter, 2002, 28: 855-859.

[24] Yan M, Hu J, Luo W. Preparation and investigation of low firing temperature NiCuZn ferrites with high relative initial permeability. J Magn Magn Mater, 2006, 303: 249-255.

[25] Hsu W C, Chen S C, Kuo P C, et al. Preparation of NiCuZn ferrite nanoparticles from chemical co-precipitation method and the magnetic properties after sintering. Mater Scien Eng, 2004, B111: 142-149.

[26] Caltun O F, Spinu L, Stancu A, et al. Study of the microstructure and of the permeability spectra of Ni-Zn-Cu ferrites. J Magn Magn Mater, 2002, 242-245: 160-162.

[27] Bhaskar A, Kanth B R, Murthy S R, et al. Electrical properties of Mn added MgCuZn ferrites prepared by microwave sintering method. J Magn Magn Mater, 2004, 283: 109-116.

[28] Rezlescu N, Rezlescu E, Popa P D, et al. Copper ions influence on the physical properties of a magnesium-zinc ferrite. J Magn Magn Mater, 1998, 182: 199-206.

[29] Wang S F, Wang Y R, Yang T C K, et al. Effects of processing on the densification and properties of low-fire NiCuZn ferrites. Scripta Mater, 2000, 43: 269-274.

[30] Hu J, Yan M, Luo W. Preparation of high-permeability NiZn ferrites at low sintering temperatures. Phys B, 2005, 368: 251-260.

[31] Su H, Zhang H W, Tang X L, et al. High-permeability and high-curie temperature NiCuZn ferrite. J Magn Magn Mater, 2004, 283: 157-163.

[32] Su H, Zhang H W, Tang X L, et al. Effects of calcining temperature and heating rate on properties of high-permeability NiCuZn ferrites. J Magn Magn Mater, 2006, 302: 278-281.

[33] Kim W C, Kim S J, Lee S W, et al. Growth of ultrafine NiZnCu ferrite and magnetic properties by a sol-gel method. J Magn Magn Mater, 2001, 226-230: 1418-1420.

[34] Wang L, Li F S. Mossbaur study of nanocrystalline Ni-Zn ferrite. J Magn Magn Mater, 2001, 223: 233-237.

[35] Gang X, Wei G B, Yang X J, et al. Characterization and size-dependent magnetic properties of $Ba_3Co_2Fe_{24}O_{41}$ nanocrystals synthesized through a sol-gel method. J Mater Sci, 2000, 35: 931-934.

[36] Miao C L, Zhou J, Cui X M, et al. Cofiring behavior and interfacial structure of NiCuZn ferrite/PMN ferroelectrics composites for multilayer LC filters. Mater Sci Eng B, 2006, 127(1): 1-5.

[37] Chen W P, Wang J, Wang D Y, et al. Hydrogen-induced resistance degradation in NiCuZn ferrites. Phys B, 2004, 353(1-2): 41-45.

[38] Chen W P, Qi J Q, Wang Y, et al. Hydrogen-induced degradation in NiCuZn ferrite-based multilayer chip inductors. Mater Lett, 2005, 59(13): 1636-1639.

[39] Axelsson A K, Alford N M. Bismuth titanates candidates for high permittivity LTCC. J Euro Ceram Soc, 2006, 26(10-11): 1933-1936.

第3章

高频 Co_2Z 型六角铁氧体材料

3.1 绪论

3.1.1 引言

软磁铁氧体材料是铁与一种或多种适宜的金属氧化物组成的复合氧化物材料。由于软磁铁氧体材料具有高磁导率、高电阻率和低损耗等特点，并且具有批量生产容易、性能稳定、机械加工性能高、可利用模具制成各种形状的磁芯以及成本低等优点，目前广泛应用于通信、传感、音像设备、开关电源和磁头工业等方面。首先是电感、磁珠和 LC 滤波器等元件的应用频率不断提高，需要能应用于更高频段的高性能软磁铁氧体材料与之相适应[1,2]。目前，工业生产的软磁铁氧体材料主要有两大类：属于立方尖晶石结构的 Mn-Zn、Ni-Zn 系铁氧体和属于平面型六角晶系的系列铁氧体。根据斯诺克公式[3]，尖晶石结构的 Mn-Zn、Ni-Zn 系铁氧体最高使用频率受到立方晶体结构的限制。目前 Ni-Zn 铁氧体是直到 100MHz 的中高频段广泛应用的软磁铁氧体材料，但是在超过 100MHz 的频段，电磁感应引起的趋肤效应和涡流损耗将导致性能显著劣化而无法使用，从而限制了该类铁氧体材料向高频化方向的发展。研究显示：在使用频率低于 300MHz 的范围内，用尖晶石结构的 NiCuZn 系铁氧体作磁芯是比较理想的[4,5]。但是 NiCuZn 系铁氧体的斯诺克乘积仍然比较小，自然共振频率在 400MHz 附近。在 300MHz 以上的频段用它作磁芯势必损耗急剧增大，电感 Q 值明显降低，因而不适用于制造使用频率更高的电感及相关器件。随着无线电、微波和通信技术的飞速发展，超高频段的电子设备在商业化应用中越来越重要，人们迫切需要能应用于更高频段并能适应器件小型化、轻量化和高品质发展趋势的磁性介质材料。在众多的软磁铁氧体材料中，平面型六角晶系铁氧体由于具有较高的磁晶各向异性，相对于尖晶石铁氧体，其频带得到显著扩展，有望用于片式电感、LC 滤波器，以及用作微波吸收剂等[6,7]。尤其是 Z 型六角铁氧体材料，因具有高的起始磁导率，直到吉赫兹（GHz）频段的铁磁共振频率，高的居里温度，优良的温度、振动和时间稳定性，有希望成为超高频片式电感用铁氧体材料和超高频段抗电磁干扰（EMI）对策元件用微波铁氧体材料。图 3-1 给出 Co_2Z 六角铁氧体与 NiCuZn 铁氧体阻抗的比较，Co_2Z 六角铁氧体的应用频率范围明显向高频方向移动。

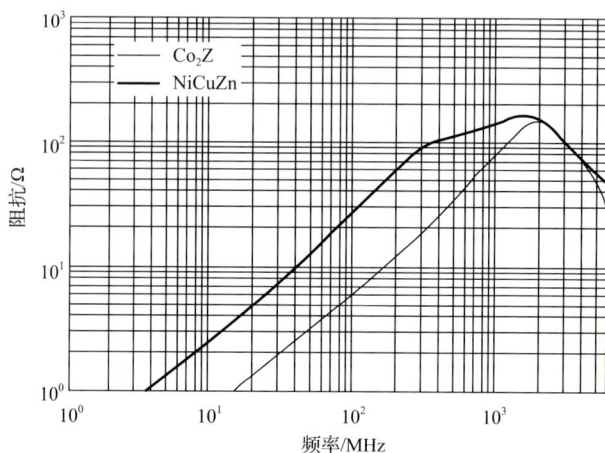

图 **3-1**　Co_2Z 六角铁氧体与 NiCuZn 铁氧体的阻抗比较

其次，国外的低温共烧陶瓷（LTCC）技术已经进入成熟期，很多国际知名的无源电子元器件的生产企业纷纷进入这一领域，如日本的株式会社村田制作所（以下简称村田）、TDK 株式会社、太阳诱电株式会社和美国的 Johanson 科技公司等。目前在 SMT 中开发的表面贴装元件主要是三种无源器件，即片式电阻、片式电容和片式电感。由于片式电感的生产技术难度大，因此其技术进程相对滞后于片式电容和片式电阻，影响了电子产品的整体发展。片式电感主要分为两类：多层片式电感和绕线式片式电感。多层片式电感具有体积小、可靠性高、磁屏蔽性好、适用于表面安装和自动装配等优点。美国、日本等国家的部分产品已经系列化和标准化，如日本的 TDK、太阳诱电、村田和东光株式会社，美国的 AEM 等公司不断推出种类繁多的片式电感。在多层片式电感的研究和工业化方面，日本走在了世界前面，目前日本的厂商占据了大部分市场，尤其是在高频应用方面，日本的 TDK 株式会社、村田、太阳诱电株式会社和 TOKO 株式会社都有自谐振频率高于 4GHz 的产品。美国的水平仅次于日本，再往后是韩国。国内要相对落后一些，但近年来已有部分学者开展了卓有成效的研究，并有一些厂家开始实现工业化生产。

目前国际市场上的片式电感主要有两种：一种是以 NiCuZn 系铁氧体为基础的工作频率为 300MHz 以下的中高频片式电感；另一种是以低介玻璃或陶瓷为基

础的工作频率为 1GHz 以上的超高频片式电感。而在计算机、电视以及国防领域常用的 300MHz～1GHz 之间的超高频段，至今尚未形成规模化生产，整体研发水平和深度相对较弱，亟须应用于超高频段的高性能片式电感及其相关电子器件。Z 型六角铁氧体以其在超高频段优良的电磁性能成为制作超高频用多层片式电感元件及在超高频段抗电磁干扰元件用的最具有研究价值的材料之一。

　　Z 型六角铁氧体由于具有高的起始磁导率、截止频率和使用稳定性等优点而成为超高频段重要的候选软磁铁氧体材料。但是 Z 型六角铁氧体在片式化方面尚存在一些问题。首先是纯的 Z 相的合成。从晶体结构的观点来看，Z 型六角铁氧体是六角晶系铁氧体家族中结构最为复杂的化合物，相当于两种六角铁氧体之和，即 M 型（BaFe₁₂O₁₉）和 Y 型（Ba₂Me₂Fe₁₂O₂₂）六角铁氧体之和。由于晶体结构与组成的复杂性，采用传统的陶瓷工艺，Z 型六角铁氧体的合成和烧结温度一般在 1250℃以上，并且稳定范围很狭窄，合成过程中常发现有多种结构的铁氧体相共生，很难形成单一、稳定的相，造成 Z 型六角铁氧体材料性能严重偏低，从而制约了 Z 型六角铁氧体在高频片式电感与抗 EMI 中的应用。因此，单相 Z 型六角铁氧体的合成是实现其片式化的前提和技术关键。其次是低温烧结问题。Z 型六角铁氧体高的合成温度使得预烧料活性较差，如何在保证一定电磁性能的前提下实现低温烧结是制造超高频多层片式电感元件的关键技术之一。从高导电性和低成本考虑，多层片式电感元件中通常选择银为内电极材料，这就要求 Z 型六角铁氧体材料在具有高磁导率、高品质因数及低损耗的同时，烧结温度低于 900℃（采用银-钯合金电极要求低于 1150℃），以防因银电极扩散造成内导体电阻率增大，从而引起电磁性能的恶化。目前人们主要通过优化工艺条件、改进制备方法（如溶胶-凝胶法、固相反应法和熔盐合成法等）、离子取代和掺杂等一系列措施来改善 Z 型六角铁氧体的烧结性能和高频特性[8]。然而，由于物相结构的复杂性，烧结体密度和磁导率、品质因数等参数仍然不尽理想。因此，开展超高频段应用急需的磁性介质——Z 型六角铁氧体材料制备工艺及其相关的合成机制、掺杂改性机制和低温烧结机制等方面的研究是十分必要的。

3.1.2　国内外研究现状

　　平面六角结构的软磁铁氧体是一类具有层状结构的磁铅石型磁性材料，其晶胞是由两类微观结构单元（尖晶石块和钡层）通过一定顺序堆垛而成的。一般在常温范围内易磁化方向处于垂直于六角晶轴的平面内，晶体具有一定的各向异性，在固定方向的外加强磁场下成型时，能排列成一种扇状组织。其晶粒一般是扁平状，短轴为六角晶轴（c 轴），片状面即为从优平面。根据堆垛方式和组成的不同，六角晶系铁氧体又可分为 M、X、Y、W、Z 和 U 型六种。各种结构的化学组成如图 3-2 所示，分子式分别为 B=BaFe₂O₄, M=BaFe₁₂O₁₉, S=MeFe₂O₄, T=BaFe₄O₇,

W=BaMe$_2$Fe$_{16}$O$_{27}$，X=Ba$_2$Me$_2$Fe$_{28}$O$_{46}$，U=Ba$_4$Me$_2$Fe$_{36}$O$_{60}$，Y=Ba$_2$Me$_2$Fe$_{12}$O$_{22}$ 和 Z=Ba$_3$Me$_2$Fe$_{24}$O$_{41}$。其中以 Z 型六角铁氧体的超高频软磁性能较好。例如，分子式中 Me 为 Co 的 Z 型六角铁氧体，即 Co$_2$Z 六角铁氧体，它的起始磁导率 μ_i 为 15 左右，取向后可达到 30 以上，铁磁共振频率直到吉赫兹频段，居里温度为 410℃，温度、振动和时间稳定性均较高[9,10]。从目前的研究情况来看，Z 型六角铁氧体是超高频段替代尖晶石铁氧体的最佳磁性介质材料，有望用作超高频片式电感用铁氧体材料和超高频段抗电磁干扰对策元件用微波铁氧体材料。

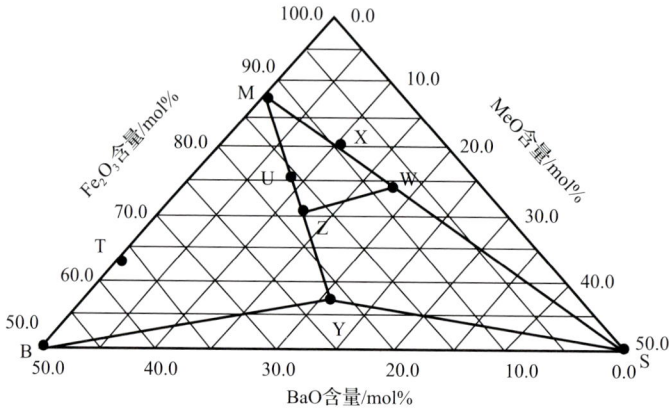

图 3-2　BaO-MeO-Fe$_2$O$_3$ 三元体系的化学组成图

　　Z 型六角铁氧体是由 Philips 实验室于 20 世纪 50 年代首先开发出来的，但其后来的研究并不多见。直到 20 世纪 90 年代以来，随着通信和微波技术的发展，电子元器件向小型化、高频化方向发展，原有的被广泛研究和产业化应用的尖晶石结构的软磁铁氧体材料已不再适合在更高频段使用，人们才转而关注有望在超高频段应用的具有较大磁晶各向异性的平面型六角晶系铁氧体，Z 型六角铁氧体材料才重新进入研究者的视野。

　　作为超高频段重要候选软磁介质材料的 Z 型六角铁氧体的晶体结构复杂且烧结温度较高（一般在 1250℃以上）。为了实现与内电极低温共烧并获得具有良好高频软磁性能的 Z 型六角铁氧体材料，促进多层片式电感元件向高频方向发展，必须将 Z 型六角铁氧体的烧结温度降低到可以与银（或者银-钯合金）内电极共烧的温度以下，一般降低到 900℃（或者 1150℃）以下。故而，Z 型六角铁氧体合成过程中的相变反应、掺杂改性以及低温烧结的实现，受到国内外研究者的关注。

1. Z 型六角铁氧体的合成

　　从晶体结构出发，Z 型六角铁氧体在理论上可视为是由同属于六角晶系的 M 型（BaO·6Fe$_2$O$_3$）与 Y 型（2BaO·2MeO·6Fe$_2$O$_3$）相铁氧体按照一定排列顺序合成的，即 Z 相和 M 相、Y 相之间存在如下近似关系：Z=M+Y。根据 Hongguo Zhang

等[10]、Hsing-I Hsiang 等[11]、R. C. Pullar 等[12]、王依琳和王琦等采用不同方法合成 Co_2Z 的研究结果，Co_2Z 六角铁氧体的基本生成顺序依次为

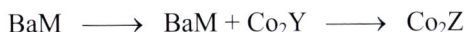

$$BaM \longrightarrow BaM + Co_2Y \longrightarrow Co_2Z$$

多项研究均指出 Z 相不是由三种简单氧化物通过一次反应直接生成的，而是先生成过渡中间相，随着合成温度的升高再由中间相最终生成 Z 相。因为 M 相与 Y 相的形成温度远低于 Z 相，因此，在烧结过程中首先出现的将是 M 相与 Y 相，而 M 相与 Y 相只能在一定能量条件下才出现有序排列最终形成 Z 相。因此，烧结温度降低之后，Z 相较难形成。

鉴于合成没有混杂 M 相与 Y 相的纯 Z 相是比较困难的，而相的纯度将直接影响到器件的性能，国内外研究者除了通过改进固相反应法的工艺条件、掺杂等手段改善 Z 相纯度之外，还积极探索新型工艺方法以获得纯的 Z 型六角铁氧体粉体。Hsing-I. Hsiang 等研究了熔盐法制备 Co_2Z 粉体的物相构成和磁性能。王琦等采用共沉淀法制备 Co_2Z 粉体，重点剖析了合成过程中的动力学变化。周济等改进制粉工艺，采用软化学方法，以金属乙酸盐为原料，柠檬酸为凝胶剂，应用柠檬酸络合法合成了 Co_2Z 六角铁氧体超细粉。经过各种分析手段证明使用该方法制备的 Co_2Z 超细粉料在进行低温烧结后，瓷体中完全是 Z 相，没有检测出其他相。该超细粉料的烧结活性高于固相反应法制备的 Co_2Z 粉料。烧结后的瓷体具有细晶结构。此外，他们还发现用 Cu^{2+} 部分取代 Co^{2+}，当取代量适当时，可促进 Z 相在低温下的形成，并稳定 Z 相，同时 Cu^{2+} 取代也可提高 Z 型六角铁氧体材料的磁性能[13]。J. Jeong 等采用两步固相反应法合成了比较纯的 Z 相。这种两步合成法相对于传统的一步合成法在工艺上重复步骤较多，但与化学法相比较，工艺过程依然简单，有利于工业化生产。

2. 掺杂改性

通过掺杂改性来进一步改善和提高材料的电磁性能是 Z 型六角铁氧体材料的研究热点之一。研究工作主要集中于探讨掺杂离子对 Co_2Z 组分中 3 种金属阳离子（Ba^{2+}、Co^{2+} 和 Fe^{3+}）的分别取代与 Z 型六角铁氧体材料电磁性能之间的关系。

1）Ba^{2+} 的取代

Ba^{2+} 的离子半径（$r_0=0.143nm$）较大，与 O^{2-} 的离子半径（$r_0=0.132nm$）比较接近，因此，Ba^{2+} 在 Co_2Z 的晶格中不能进入 O^{2-} 的空隙位置中，而是占据 O^{2-} 位置，与 O^{2-} 一起参与晶格的构成，从而导致 Co_2Z 六角铁氧体复杂的晶体结构。Ba^{2+} 可被离子半径较小的 Sr^{2+}（$r_0=0.116nm$）取代，这种取代可以增加 Co_2Z 六角铁氧体的磁晶各向异性，从而使其截止频率向高频方向移动。日本的 Kimura O、T. Nakamura 等[14,15]研究了 Sr^{2+} 取代 Ba^{2+} 对热压 Co_2Z 六角铁氧体磁性能的影响。研究发现在一定的取代范围内 [材料组成为 $2CoO \cdot 3Ba_{1-x}Sr_xO \cdot 12Fe_2O_3$（$x \leqslant 0.5$）]，$Co_2Z$ 的磁导率随 Sr^{2+} 取代量的增加而增大，当 $x=0.5$ 时，起始磁导率达到最大值。

1GHz 时的品质因数为 3.9，是无取代材料品质因数的 3 倍，但进一步的取代将导致其磁导率下降。研究表明以一定量的 Sr^{2+} 取代 Ba^{2+} 是提高 Co_2Z 六角铁氧体磁性能的有效途径。Pb^{2+} 的离子半径为 0.132nm，与 Ba^{2+} 和 O^{2-} 的离子半径相近，用 Pb^{2+} 可分别取代 Ba^{2+} 或者 O^{2-}。Hongguo Zhang 等的研究表明，Pb^{2+} 取代 Ba^{2+} 后，由于 Pb^{2+} 和 Fe^{3+} 之间的反应，减少了 Fe^{3+} 的数量，使得 Fe^{3+} 之间的强相互作用减弱，从而引起 Co_2Z 六角铁氧体起始磁导率的减小。

2）Co^{2+} 的取代

Co^{2+} 是强磁性离子。Co^{2+} 在 Co_2Z 晶体中的存在是造成 Co_2Z 六角铁氧体具有复杂磁性能的重要原因。用 Zn^{2+}、Cu^{2+}、Fe^{2+} 和 Mn^{2+} 等弱磁性离子取代具有强磁性的 Co^{2+}，不仅可以增加 Z 型六角铁氧体的分子磁矩，促进低温下 Z 相的形成，改善和提高 Z 型六角铁氧体的软磁性能，还可以降低材料的成本。

Xiaohui Wang 等[16,17]研究了 Zn^{2+}、Cu^{2+} 取代 Co^{2+} 对 Z 型六角铁氧体电磁性能的影响。研究发现引入 Zn^{2+} 取代后，组分为 $Ba_3Co_{2-x}Zn_xFe_{24}O_{41}(0.0 \leqslant x \leqslant 2.0)$ 的材料体系中，随着 Zn^{2+} 取代量的增加，Z 型六角铁氧体的起始磁导率显著增大，但进一步的取代将导致起始磁导率显著减小。对组成为 $Ba_3Co_{2-x}Cu_xFe_{24}O_{41}(0.0 \leqslant x \leqslant 0.6)$ 材料的研究表明，随着 Cu^{2+} 对 Co^{2+} 取代量的增加，Z 型六角铁氧体的起始磁导率显著增大，当 $x=0.0$ 时，起始磁导率为 6.5，而当 $x=0.6$ 时，起始磁导率增至 13。起始磁导率的显著增加是 Cu^{2+} 取代 Co^{2+} 后对六角铁氧体的晶粒大小、致密度等烧结特性的改变所致。此外，Cu^{2+} 的取代可促进 Z 相在更低温度下形成，并且使六角铁氧体的介电常数与高频损耗都减小，介电弛豫与损耗峰均随 Cu^{2+} 取代量的增加而向高频方向移动。

日本学者 T. Tachibana 等采用固相反应法合成了组成为 $Ba_3Co_{2-x}Fe_{24+x}O_{41}$（$x=0.0\sim0.6$）的六角铁氧体粉料，报道了烧结过程中的高氧分压和 Fe^{3+} 取代 Co^{2+} 对 Z 型六角铁氧体磁性能的影响。研究表明，在适当的取代范围内，Fe^{3+} 对 Co^{2+} 的取代可以促进 Z 型六角铁氧体材料在较低烧结温度和较低氧分压下形成。适当提高氧分压（P_{O_2}=101.3kPa）可使取代后的 Z 型六角铁氧体材料在数百兆赫兹频段下保持高达 20 以上的相对磁导率。添加 Cu-Si 和 Mn 的样品在 1250℃以上的温度烧结时有可能获得单一的 Z 相。Jianer Bao 等[18]研究了 Mn^{2+} 取代 Co^{2+} 对 Z 型六角铁氧体磁性能的影响。研究发现在一定的取代范围内，Mn^{2+} 取代 Co^{2+} 可促进晶粒的生长，长大的晶粒减小了畴壁位移中的阻力，使材料呈现出较小的矫顽力，从而使材料的磁损耗减小。由于 Mn^{2+} 与 Co^{2+} 相比较，Mn^{2+} 具有较弱的磁性，Mn^{2+} 取代 Co^{2+} 后，减小了六角铁氧体晶体的磁晶各向异性，同时增加了六角铁氧体的饱和磁化强度，从而提高了材料的起始磁导率。结果显示，Mn^{2+} 取代 Co^{2+} 可改善 Z 型六角铁氧体材料的综合磁性能。Junichi Nakane 等[19]研究了 Li^+ 取代 Co^{2+} 对 Z 型六角铁氧体磁性能的影响。研究发现，当取代量 $x=0.3$ 时可显著改善六角铁氧体的高频性能，同时体积密度和起始磁导率最大，矫顽力出现极小值。

3）Fe^{3+}的取代

Fe^{3+}是 Co$_2$Z 分子中数量最多的磁性离子，在对 Ba^{2+}、Co^{2+}等离子进行取代的同时，许多学者研究了 Mn^{2+}、Cr^{3+}等离子取代 Fe^{3+}对 Z 型六角铁氧体电磁性能的影响。Jianer Bao 等[20]研究了 Mn^{2+}取代 Fe^{3+}后的 Ba$_3$Co$_2$Fe$_{23-12x}$Mn$_{12x}$O$_{41}$(0.0 ≤ x < 0.1)材料。在一定的取代范围内，Co$_2$Z 的起始磁导率随取代量 x 的增加而增大，介电常数随 x 的增加却呈减小趋势。x=0.02，烧结温度为 1160℃保温 6h 的 Co$_2$Z 材料，起始磁导率最大，同时介电常数最小。进一步增加取代量将导致 Co$_2$Z 材料的介电常数增加，起始磁导率降低，从而使磁性能恶化。Takeshi Tachibana 等[21]采用少量助烧剂的方法对 Cr^{3+}取代 Fe^{3+}后 Co$_2$Z 材料电磁性能的变化规律做了详细研究。研究发现，Cr^{3+}取代 Fe^{3+}可使 Co$_2$Z 材料的截止频率向高频方向移动，同时取代后材料的起始磁导率得到提高，通过调节氧分压，可使材料在 400MHz 以前的起始磁导率保持较高值。Cr^{3+}对 Fe^{3+}的取代提高了材料的综合磁性能，展宽了 Co$_2$Z 六角铁氧体材料的使用频率。泽田大成等研究了 Gd^{3+}取代 Fe^{3+}后的 Ba$_3$Co$_2$Gd$_x$Fe$_{24-x}$O$_{41}$(0.0 ≤ x < 1.0)材料。Gd^{3+}在 Co$_2$Z 六角铁氧体中的固溶使得烧结密度增加，同时改变了磁晶各向异性，在一定范围内添加 Gd^{3+}可使六角铁氧体的起始磁导率增加。神岛谦二等研究了 Zn^{2+}-Ti^{4+}取代 Fe^{3+}后的 Co$_2$Z 六角铁氧体材料。研究发现当取代量 x=0.85 时，由于促进了致密化过程，起始磁导率达到最大值。当 x=0～1 时，Z 相为主晶相。高取代量样品中发现 M 相、Y 相以及尖晶石等相态的存在。

上述研究表明，离子掺杂对改善和提高 Z 型六角铁氧体材料的电磁性能有着非常显著的影响。研究不同离子掺杂对 Z 型六角铁氧体电磁性能的影响规律，对综合利用这些规律找到并优化在一定工艺条件下具有最佳综合电磁性能的实用 Z 型六角铁氧体材料有着非常重要的理论指导意义。

3. 低温烧结

Z 型六角铁氧体是近年来高频用软磁铁氧体材料研究中的热点，具有高的居里温度、高的品质因数、良好的化学稳定性、高的截止频率以及高频下起始磁导率较高等优良的软磁性能。磁铁氧体共烧陶瓷（MFCC）的关键技术是实现软磁铁氧体介质与 Ag（或 Ag-Pd 合金）内电极的共烧结，这就要求其中的铁氧体材料低温烧结和高性能兼备。但是一般的六角晶系铁氧体的烧结温度较高（1200～1300℃），实现低温烧结较为困难。目前，对 MFCC 用 Z 型六角铁氧体的研究主要集中在以下三个方面：①改变工艺条件。通过采用超细粉磨技术以及加入少量助烧剂的方法[22]，借助液相烧结来降低烧结温度。②选择合适的配方以及改性添加剂来改变材料的微结构[16,23-25]。③利用新型的软化学法制备高活性的粉料，使铁氧体材料在较低烧结温度下快速致密化，从而有效提高低温烧结 Z 型六角铁氧体材料的性能[26-28]。目前研究较多的可实现 Z 型六角铁氧体材料低温液相烧结的助烧剂有两大类，即低熔点氧化物和低熔点玻璃。低熔点氧化物有 Bi_2O_3、Bi_2O_3-CuO 系等；低熔点玻璃有硼硅玻璃、PbO-CuO 玻璃及 PbO-B_2O_3 玻璃等。为了降低 Z 型六角铁氧体的烧结温度，人们借鉴了 NiCuZn 系铁氧体随 Cu 含量的增加而烧结温度降低的特点，用 Cu 置换二价元素或采用直接添加 CuO 的方法，可使六角铁氧体烧结温度降低至 1100℃左右。若要使其烧结温度降低至 1000℃以下，还需添加一定量的 PbO、V_2O_5、WO_3 及 Bi_2O_3 等低熔点氧化物，但添加 PbO、V_2O_5 和 WO_3 会与 Ag 内电极发生反应，促进 Ag 的扩散而产生不利结果，因而添加一定量的 Bi_2O_3 成为降低六角铁氧体烧结温度的有效手段。Bi_2O_3 的熔点为 830℃，是一种良好的烧结促进剂，通过上述方法有望获得用于高频片式电感的六角铁氧体材料。

　　Z 型六角铁氧体材料通常采用传统的固相反应法合成。以 Co_2Z 为例，基本制备过程为：采用工业原料 $BaCO_3$、Co_3O_4 和 Fe_2O_3 按 Ba：Co：Fe 的原子摩尔比 3：2：24 称料，用去离子水进行湿式球磨混合，在 1200～1350℃下预烧 2h。预烧后的粉料中加入适量助烧剂，再用去离子水将其球磨至比表面积为 6.5～22.5m²/g。将得到的粉料加入浓度 6 wt%～10 wt%的聚乙烯醇水溶液进行造粒，压制成环状和片状坯体，在 900～1000℃的空气中烧结，测量其电磁特性及密度。为了降低烧结温度，在 CuO 和 Bi_2O_3 含量一定的情况下，增大预烧料的比表面积，可使其在较低的温度下实现致密化。远藤真视、中野敦之等球磨了比表面积为 6.5m²/g、11.5m²/g、16.5m²/g、20.5m²/g 和 22.5m²/g 的几种粉料进行烧结，结果发现采用比表面积为 16.5m²/g 的粉料烧结收缩率比采用 6.5m²/g 和 11.5m²/g 的粉料明显增大，而采用比表面积为 20.5m²/g 和 22.5m²/g 的粉料烧结收缩率与采用 16.5m²/g 的粉料相比增加并不显著，但生产成本却比采用 16.5m²/g 的粉料大得多。从生产成本和收缩率两方面综合考虑，选择比表面积为 16.5m²/g 的粉料进行烧结为宜。在此基础上，他们研究了 CuO 和 Bi_2O_3 添加量的影响，结果显示 5.0wt% CuO 和 5.0wt% Bi_2O_3 的复合添加可获得最好的收缩效果。经过对晶界及其附近化学成分的分析，发现 Bi_2O_3 主要分布在晶界，而 CuO 主要分布在晶粒中，因此可推测在烧结过程中液相 Bi_2O_3 促进了晶界物质的扩散，而 Cu^{2+} 则促进了晶粒内物质的移动。复合添加 5.0wt% CuO 和 5.0wt% Bi_2O_3 烧结而成的 Z 型六角铁氧体的起始磁导率为 3.6，截止频率为 1.75GHz。相对于用 NiCuZn 系铁氧体制备的片式电感，用低温烧结六角铁氧体制备的多层片式电感（1608 型，2.5 匝）的阻抗向高频方向移动，因此该材料更适合制造工作在吉赫兹频率范围的高品质因数的小型铁氧体电感器件。

　　Hongguo Zhang 等研究了 Bi_2O_3 作为烧结助剂对 Co_2Z 六角铁氧体烧结特性的影响。研究发现，添加了 Bi_2O_3 的样品在较低烧结温度下产生较大的体积收缩率；随着 Bi_2O_3 含量的增加，Co_2Z 六角铁氧体的体积密度增大。添加 3.0wt% Bi_2O_3 的

Co₂Z 六角铁氧体在 980℃烧结可获得最大的烧结密度。日本 TDK 株式会社的 Nakano 等研究了能与 Ag 内电极低温共烧的 Z 型六角铁氧体，用来制造吉赫兹频率范围的 MFCC。六角晶系铁氧体的制备采用常规的固相反应法，原材料为 $BaCO_3$、Co_3O_4 和 Fe_2O_3，按 Ba：Co：Fe 原子摩尔比 3：2：24 配料。同时还配制了用 NiO、MnO、ZnO 和 MgO 置换部分 Co_3O_4 的 Z 型六角铁氧体。球磨混料 16 h，在空气中 950～1300℃预烧 2h。预烧料加入 1.0wt%～5.0wt%的硼硅玻璃、CuO 和/或 Bi_2O_3 作为助烧剂进行二次球磨。将得到的粉料压制成环形和长方体坯件，在 930℃下烧结。图 3-3 是低温烧结 Co₂Z 六角铁氧体和低温烧结 NiCuZn 铁氧体的磁谱曲线。显然，Co₂Z 六角铁氧体的高频特性比 NiCuZn 铁氧体有很大提高。

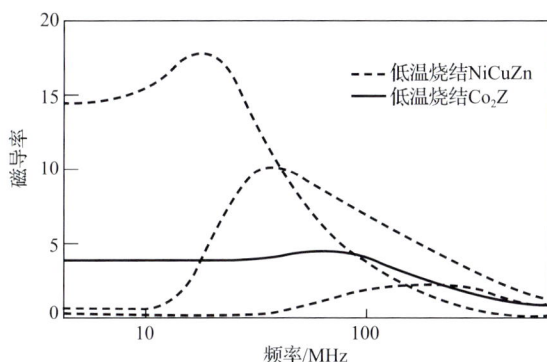

图 3-3　低温烧结 Co₂Z 六角铁氧体和低温烧结 NiCuZn 铁氧体的磁谱曲线

燕小斌等分别采用单独添加低熔点氧化物 B_2O_3、复合添加 B_2O_3-Bi_2O_3 以及添加 B_2O_3 与 Cu^{2+} 取代结合等方式对固相反应法制备低温烧结 Co₂Z 六角铁氧体进行了研究，系统分析了低熔点氧化物添加量对 Co₂Z 六角铁氧体的烧结特性、显微结构及电磁性能的影响规律。研究发现，适量添加 B_2O_3 可将 Co₂Z 六角铁氧体的烧结温度从 1250℃降低至 1000℃左右。随着 B_2O_3 添加量的增加，以溶解-析出为主的传质过程得以更好地进行，使六角铁氧体进一步致密，但由于 Z 相形成能量条件的限制，溶解-析出的最终产物为 M 相。复合添加 B_2O_3-Bi_2O_3 可抑制晶粒的异常长大，得到晶粒细小、均匀的显微结构。添加 2.5wt% B_2O_3 的 $Co_{1.4}Cu_{0.6}$Z 六角铁氧体具有良好的磁导率频率特性，其起始磁导率 μ_i=2.5，有可能用作高频多层片式电感器的介质材料。Hsing-I. Hsiang 等研究了添加 PbO-CuO 玻璃对 Co₂Z 六角铁氧体烧结行为的影响。研究发现，纯 Co₂Z 在 1150℃烧结时的相对密度为 93%，而添加了 2.0wt% PbO-CuO 玻璃的 Co₂Z 在 1100℃烧结时相对密度就已经达到 90%，当烧结温度为 1150℃时可获得最大为 97%的相对密度。显然，PbO-CuO 玻璃的添加显著促进了 Co₂Z 六角铁氧体的致密化过程，降低了烧结温度。

普通陶瓷粉料较难烧结，重要的原因之一就在于它们有较大的晶格能和较稳定的结构状态，质点迁移需要较高的活化能，即活性较低。而采用颗粒细小、比表面积大、表面活性高的单分散超细陶瓷粉料，初期烧结基本上是在一次颗粒间进行，由于颗粒间扩散距离短，因而仅需要较低的烧结温度和烧结活化能。特别是采用具有极大比表面积的纳米粉体，更能显著降低烧结温度。清华大学新型陶瓷与精细工艺国家重点实验室的周济教授领导的"863"计划重大项目课题组采用软化学方法研制出低温烧结 Z 型六角铁氧体磁粉。该磁粉压制成生坯，在 870～930℃空气中烧结，获得晶粒均匀致密的微观结构，没有出现巨晶且为单一 Z 相。900℃烧结的样品起始磁导率为 4～6，有望用于制造吉赫兹频率范围的多层片式电感。

到目前为止，国内外学者在 Z 型六角铁氧体的低温烧结和性能优化等方面的研究中取得了一些重要的成果，如采用烧结助剂降低六角铁氧体烧结温度的机制以及对离子掺杂改性六角铁氧体规律的掌握等。但对于工业化生产与应用来讲，Z 型六角铁氧体材料仍然存在许多问题。例如，烧结温度高，引入烧结助剂后，烧结温度虽然降低，但在磁体中引入了另相，导致 Z 型六角铁氧体综合性能下降；而利用柠檬酸前驱体法制备超细粉的工艺过程复杂，降温效果有限，仍需要结合添加烧结助剂才可使六角铁氧体的烧结温度降低到 900℃以下；在离子掺杂改性方面，对离子复合掺杂与 Z 型六角铁氧体电磁性能的关系研究较少。所以如何寻找到既可以降低烧结温度又可以改善和提高 Z 型六角铁氧体综合电磁性能的烧结助剂，以及如何利用离子单独掺杂时对 Z 型六角铁氧体电磁性能的影响规律进行复合掺杂，从而找到并优化出性能最优的实用 Z 型六角铁氧体材料配方和制备工艺等成为进一步研究的方向。同时有必要对工业化生产中的许多问题进行更为深入的研究，如 Z 型六角铁氧体对生产工艺的敏感性以及烧结温度、气氛等因素对 Z 型六角铁氧体性能的影响规律等，以加快高频用软磁铁氧体材料的产业化进程。从已报道的资料来看，日本 TDK 和美国 Motorola 等公司都在开展相关研究，其中日本做了大量的关于结构-性能、烧结气氛-性能等方面的基础研究工作。我国在 Z 型六角铁氧体产业化开发，特别是在加快 Z 型六角铁氧体多层片式电感产业化应用方面积累了一定的经验和技术基础，但是研究的广度和深度尚显不足。在掌握该材料结构-性能-工艺关系的基础上，进一步研发和拓展 Z 型六角铁氧体的新应用领域，使 Z 型六角铁氧体成为制造高频片式电感元件和在吉赫兹频段抗 EMI 元件用的理想材料成为该领域努力的方向。

3.1.3 实验合成方法

1. 固相反应法

传统的陶瓷工艺——固相反应法是目前制备 Z 型六角铁氧体的主要方法。其工艺流程简图如图 3-4 所示。采用分析纯级别的金属氧化物作原料，按化学计量比配料，物料在水介质中用行星式球磨机一次球磨后烘干，过筛后将粉料进行预烧，得到预烧料。预烧料加入掺杂物质，再进行二次球磨，之后烘干、造粒、成型，压制成圆片（Φ18mm，厚度 1～3mm）和环形样品（Φ18mm×8mm，厚度 3～5mm）后烧结，得到的烧结体样品进行结构和性能测试分析。

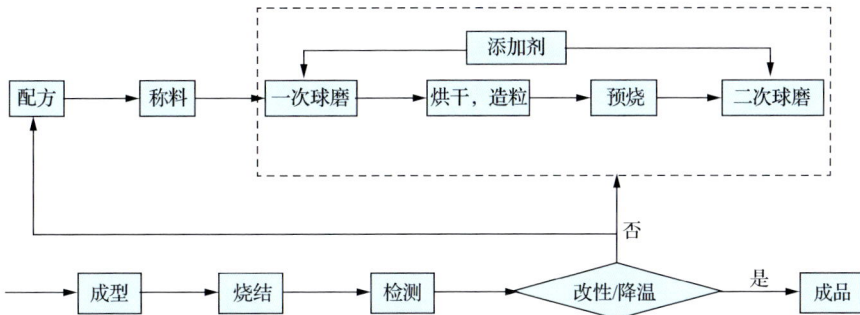

图 3-4 固相反应法制备铁氧体的工艺流程图

下面就固相反应法制备铁氧体的工艺流程中的几个主要环节进行简要说明。

（1）球磨：配料之后的球磨称为一次球磨，其目的是使物料混合均匀，以利于预烧时的固相反应完全。如果原料颗粒较粗，在此工序予以磨细，以增加原料的活性。预烧后的球磨称为二次球磨，其主要作用是将预烧料碾磨成一定颗粒尺寸的粉体，以利于成型。

（2）预烧：预烧即在某一高温下保持一段时间，对粉料均匀加热，使其发生充分反应，使晶粒生长均匀，性能提高。预烧的作用在于使一次球磨后活性提高的粉料颗粒相互接触、质点扩散进而发生固相反应。由于预烧过程中固相反应未彻底完成，故需要进行二次球磨，使其发生固相反应的部分暴露出来。经过干压成型后，在烧结过程的中前期继续进行未彻底完成的固相反应。

（3）成型：成型的作用是将分散性的粉料按照要求压制成一定形状和几何尺寸的坯件，并使其具有一定的密度，在后面的烧结过程中完成固相反应。坯件成型的方法很多，本小节选用普通的干压成型方法制备 Z 型六角铁氧体。压制好的坯件在室温下晾干或在烘干炉中烘干，使其具有一定的强度，再送到烧结炉中进行烧结。

（4）烧结：铁氧体烧结是指将成型坯件在高温常压或加压条件下，使内部颗粒间相互结合，将气孔排出，提高材料强度、密度和性质，形成烧结体的过程。烧结过程是制备铁氧体的关键环节。

实验中使用的主要原料与工艺设备清单分别如表 3-1 和表 3-2 所示。

表 3-1　实验用主要原料清单

品名	纯度（含量）/%	生产厂家
Fe_2O_3	99.5	韩国进口
$BaCO_3$	99.0	成都市金城化学试剂有限公司
Co_3O_4（层状）	98.6	成都蜀都电子粉体材料厂
Co_3O_4（片状）	98.5	重庆申渝化学试剂厂
CuO	99.0	北京化工厂有限责任公司
ZnO	99.5	上海市嘉定区外冈第二化工厂有限公司
PZTS	—	自制
Bi_2O_3	99.4	成都市科龙化学试剂有限责任公司
Nb_2O_5	99.9	北京化工厂有限责任公司
聚乙烯醇	99（水解度99%）	进口分装

表 3-2　实验用主要工艺设备清单

设备名称	型号
电子天平	JA4103/JA5002
硅钼棒高温烧结炉	SX-7.7-16
干燥箱	XMT-152A
球磨机	QM-SB
油压机	J1245-IC

2. 溶胶-凝胶法

从已报道的研究工作来看，应用于 Z 型六角铁氧体合成的软化学法以溶胶-凝胶法为主。溶胶-凝胶法是从金属的有机化合物溶液出发，在溶液中通过化合物的水解、聚合，把溶液制成溶有金属氧化物或氢氧化物微粒子的溶胶液，进一步反应使其凝胶化，再把凝胶加热，可制成非晶体玻璃、多晶体陶瓷等。凝胶体大部分情况下是非晶体，通过处理才能转变成多晶体。

溶胶-凝胶过程按其产生的机制大致可以分为三种类型：传统胶体型、无机聚合物型和络合物型。在传统胶体型中，以金属醇盐法的溶胶为主，通过金属醇盐的水解与缩聚反应得到溶胶。通过溶胶的进一步缩聚得到凝胶，再经热处理得到纳米材料。在无机原料途径中，溶胶一般通过无机盐的水解制得，经溶胶-凝胶化转变成凝胶，再经干燥和焙烧后形成纳米晶材料。对于醇盐法而言，由于醇盐价格昂贵，而且许多低价金属醇化物不溶或微溶于醇，使此类型溶胶-凝胶过程在制备低价金属为主材料的应用方面受到限制。无机原料途径不适宜多组分体系，特别是当各前驱体的反应活性不同和水解缩聚速度不匹配时，会造成成分的偏析。该方法特别适宜单组分材料的制备，因而应用也受到限制。为此，人们将金属离子形成络合物，使其成为可溶性产物，然后经过络合物型溶胶-凝胶过程形成凝胶，经不同的处理过程得到不同形态的产物。此法可以将各种金属离子均匀地分布在凝胶中，显示了溶胶-凝胶法最基本的优越性，因而目前备受重视。络合物法是把金属的可溶性盐溶于溶剂中，在络合剂的作用下，形成金属离子的络合物溶胶，经溶胶-凝胶过程形成凝胶，经过不同的后续工序处理得到产品。

Z 型六角铁氧体通常采用柠檬酸盐络合物法合成。柠檬酸在一定的 pH 下能与多种金属离子络合，反应后的络合物在高温下发生固相反应，生成六角铁氧体。将柠檬酸铁、乙酸钴、氢氧化钡和柠檬酸按照化学计量比在去离子水中配成混合溶液，加入少量氨水调节 pH 为 7 左右，然后在 60～90℃加热形成柠檬酸络合物的水溶胶，在 135℃烘干得到干凝胶，干凝胶在 1200～1250℃预烧得到 Z 型六角铁氧体粉料。该方法的工艺过程较为复杂，生产效率不高，而且要消耗大量价格较贵的柠檬酸。这里对 Co₂Z 型六角铁氧体的溶胶-凝胶法合成路线进行了改进和简化。采用水解度 99% 的聚乙烯醇替代柠檬酸作为络合剂。选择聚乙烯醇的原因是其分子内包含大量的羟基极性基团，能与金属离子形成良好的化学键，促进金属离子在聚乙烯醇高分子的网络中均匀分布，有利于最终形成分散性良好的粉体。按比例称取各种金属离子的硝酸盐，在去离子水中溶解后，倒入热的聚乙烯醇水溶液中，溶胶化后烘干得到干凝胶，干凝胶在 1200～1250℃预烧得到 Z 型六角铁氧体粉料。

3. 纳米-微米颗粒组配工艺

采用固相反应法制备组成为 $Ba_3(Co_{0.4}Zn_{0.6})_2Fe_{24}O_{41}$ 的六角铁氧体粉料。实验所用的原料为分析纯级别的 $BaCO_3$、Fe_2O_3、ZnO 和 Co_3O_4 等。一次球磨后的粉料干燥后在 1270℃预烧 2h，得到预烧料（SSRM）。

采用水解度 99% 的聚乙烯醇替代柠檬酸作为络合剂，按比例称取各种金属离子的硝酸盐，在去离子水中溶解后，倒入热的聚乙烯醇水溶液，溶胶化后烘干得到干凝胶，干凝胶在 1200～1250℃预烧得到超细 Z 型六角铁氧体（NZHP）粉料。将 NZHP 粉料按比例加入 SSRM 中，二次球磨，烘干。干燥后的粉料用聚乙烯醇水溶液造粒，压制成环状坯体（Φ18mm×8mm，厚度 3～5mm）备用。坯体在 900～1000℃烧结 6h 后炉冷至室温，升温速率为 2℃/min。

3.2　Z 型六角铁氧体的固相反应合成

3.2.1　Z 型六角铁氧体引入

Co₂Z 具有典型的平面六角 Z 型铁氧体结构和高的磁晶各向异性场，在超高频段应用时，具有高起始磁导率 μ_i、高品质因数 Q 和高截止频率 f_c 等优良性能，自

然共振频率 f_r 比尖晶石铁氧体高一个数量级，理论计算该材料的共振频率高达 3.4GHz。但由于其结构与组成较复杂，采用传统的陶瓷工艺烧结时很难形成单一、稳定的相，从而对电磁性能造成不利影响。因此，研究以 Co_2Z 为代表的 Z 型六角铁氧体的动力学形成过程，对控制其物相构成、显微结构和性能具有十分重要的意义。

高温下的固相合成反应，也称为制陶反应。各种陶瓷材料、金属氧化物以及多种类型的复合氧化物等均是借高温下组分间的固相反应来合成的。固相反应法也是铁氧体制备最常采用的合成方法。

铁氧体粉料的制备中一般需要经过预烧和烧结两个过程。预烧是指配方组成中的金属氧化物粉末在低于熔点温度下，通过金属离子或空位的扩散，完成大部分固相反应和部分晶体生长，同时促进致密化过程。预烧的目的在于：①对最终产品定形时的收缩起控制作用，关系着材料的气孔率与结构均匀性，从而关系着产品的性能；②某些原料在烧结中发生分解而放出气体，有的反应还要膨胀，预烧过程可以避免坯体破坏；③为了改善压制性能，预烧后体积大大减小，压缩比下降；④完成固相反应后再球磨，使最终产品的晶粒生长均匀，有利于提高性能。铁氧体的预烧过程一般是在固态颗粒表面互相接触而产生体扩散的情况下进行的，此时铁氧体中各氧化物发生的化学反应即固相反应。固相反应完成后，有 $90\%\sim95\%$ 的原始粉料已生成新相。固相反应过程与温度密切相关。随着温度的上升，固相反应大致可分为六个阶段：①表面接触期；②形成表面孪晶期；③孪晶发展与巩固期；④全面扩散期；⑤反应产物结晶期；⑥形成的化合物晶格结构校正期。烧结通常是成型后的素坯在常压或加压下高温（低于熔点）加热，在高温作用下坯体体积收缩、比重增加、密度和强度提高。烧结过程不一定发生化学反应。由于质点的温度活动性引起质点迁移由量变到质变，质点的迁移将引起一系列变化，如坯件水分和黏合剂的排出、酸盐分解、固相反应、致密化、晶体生长、氧化、还原、脱锌以及离子有序、无序分布等。

在陶瓷材料制备工艺中，粉体颗粒间的固相反应在预烧过程就基本完成，烧结过程中化学反应较少，主要发生致密化过程，使得材料体积减小、密度增加、强度提高。烧结过程中的传质机制主要分为黏滞流动、蒸发凝结、表面扩散、体扩散、晶粒边界移动和塑性流动六种。大部分情况下，六种机制并非单一控制烧结，完整的烧结过程中六种机制都可能参与。

根据烧结过程中气孔率的不同，可把烧结过程分为以下三个阶段。

（1）烧结初期。不同性质的固体颗粒互相接触，在表面形成颈部生长，不过总体上还未出现晶粒生长，收缩率仅为百分之几。该阶段包括了一次颗粒间一定程度的界面即颈的形成（颗粒间的接触面积从零开始，增加并达到一个平衡状态）。烧结初期，正如 Coble 所指出的，不包括晶粒生长。

（2）烧结中期。烧结中期始于晶粒生长开始之时，并伴随颗粒间界面的广泛形成。此时，气孔仍是互相连通成连续网络，而颗粒间的晶界仍是相互孤立而不形成连续网络。大部分致密化过程和部分显微结构发展产生于这一阶段。即当密度达到理论值的 60%左右时，晶体开始生长，各颗粒的界面逐渐合并，结构中仍有完全连续的气相，气孔与晶粒边界相通，密度随时间对数增加。由于晶粒尺寸增加，致密化速率有所下降，大约在理论密度的 90%时，气相变为不连续，中间阶段停止。

（3）烧结后期。烧结过程中气孔变成孤立而晶界开始形成连续网络。在这一阶段，孤立的气孔常常位于两晶粒界面、三晶粒界面的界线或多晶粒的结合点处，也可能被包裹在晶粒中。烧结后期致密化速率明显变慢，而显微结构发展如晶粒生长则较迅速。如果发生异常晶粒生长，大量气孔陷入晶粒内部，并与晶界隔绝，不能有任何更多的收缩，烧结过程实际停止；如果异常晶粒生长现象可避免，则最后的百分之几的气孔可排除，停止在晶粒边界上的气孔消除达到高密度，某些情况下，可接近 X 射线衍射理论密度。

烧结初期的模型一般以理想双球模型为基础，根据不同的表面扩散途径建立不同适用模型。烧结中期过程是坯体发生致密化的主要过程。在烧结中期过程完成时，材料的气孔率降低到 5%左右，模型以十四面体晶粒和晶粒边界圆柱形气孔通道进行描述。烧结后期模型一般仍然采用中期的结构，但是此时晶粒边界的气孔由连续分布变为非连续分布。烧结体中存在晶粒、晶界、气孔以及第二相等，其性质取决于构成晶粒的结晶物质的特性，而且还受微观结构（晶界、气孔和第二相等）影响很大。微观结构与粉末原料特性有关，又与烧结过程相关。烧结过程的基本推动力是表面能。原料粉末颗粒越细，比表面积越大，烧结速度越快；晶界越多，物质迁移距离越短，促使气孔扩散、致密化的速度越快。

3.2.2 固相反应法制备 Z 型六角铁氧体的相转变过程分析

Z 型六角铁氧体的晶体结构属于六角晶系，$P6_3/mmc$ 点阵群，氧原子与钡原子沿晶体的 c 轴方向紧密堆积了 22 个原子层，共 140 个原子构成，晶体结构如图 3-5 所示。图 3-5 给出的是沿 c 轴的一个纵剖图，其中的 R 结构是由钡层与上下 2 个氧离子层所组成，S 结构是由 R 块之间纯属立方密堆的 2 个氧离子层组成，T 结构是由 2 个相邻的钡层与上下 2 个氧离子层所组成。R^*、S^*、T^* 分别是 R、S、T 关于 c 轴镜面对称的结构。Co₂Z 六角铁氧体的晶体结构就是由这些基本结构单元沿 c 轴方向堆砌而成的，其排列顺序为 $RSTSR^*S^*T^*S^*$，晶体结构常数 a 和 c 分别为 0.588nm 和 5.230nm。在所有的六角晶系铁氧体中，Z 型六角铁氧体的结构是最为复杂的。

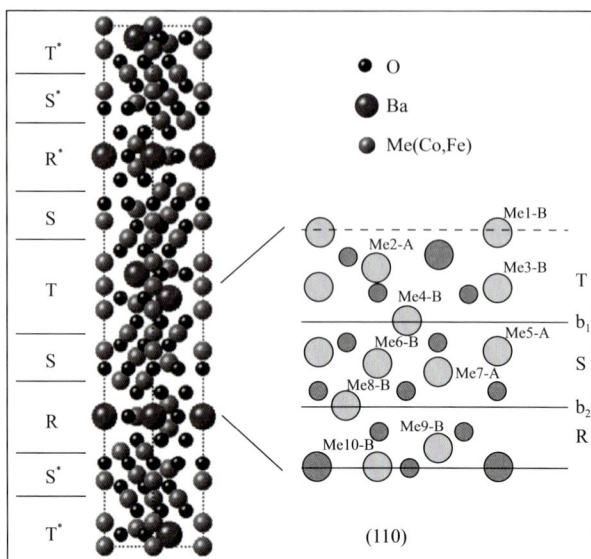

图 3-5　Z 型六角铁氧体晶体结构沿(110)面的剖视图

Z 型六角铁氧体常采用固相反应法制备。实验中发现 Z 型六角铁氧体的相转变过程与化学组成、制备条件（如预烧温度）等因素密切相关。

1. 预烧温度的影响

实验发现，Co_3O_4 的形貌对固相反应法合成 Z 型六角铁氧体的相转变过程影响显著。采用层状 Co_3O_4 的粉料在 $1200\sim1300℃$ 范围内预烧很难转化为 Z 相，而在 $1300℃$ 以上预烧粉料黏结并难以破碎，因而，该种粉料不适合制备低温烧结 Z 型六角铁氧体。不同类型 Co_3O_4 对六角铁氧体制备过程和性能的影响将在 4.2.4 节进行深入分析，这里仅讨论采用片状 Co_3O_4 的情况。表 3-3 和图 3-6 给出在空气中 $600\sim1350℃$ 预烧后粉料的 X 射线衍射结果。$BaCO_3$ 和 Fe_2O_3 在 $700℃$ 左右开始发生反应，生成部分 $BaFe_2O_4$ 相，并残留到 $900℃$。接着，在 $900℃$ 左右开始生成 M 相（$BaFe_{12}O_{19}$），M 相一直残留到 $1150℃$。$1150℃$ 后出现 Y 相（$Ba_2Co_2Fe_{12}O_{22}$）和 M 相共存，$1200℃$ 主晶相转变为 Y 相，伴有少量的 Z 相（$Ba_3Co_2Fe_{24}O_{41}$）。随着预烧温度的升高，Z 相含量增加，在 $1250\sim1300℃$ 之间主晶相转变为 Z 相。但是，到 $1350℃$ 时出现 W 相（$BaCo_2Fe_{16}O_{27}$），推测是 Z 相部分分解转化为 W 相。

从表 3-3 和图 3-6 可以推断，采用固相反应法制备 Z 型六角铁氧体可能的反应过程：$700\sim800℃$：$BaCO_3 \longrightarrow BaO + CO_2 \uparrow$，$BaO + Fe_2O_3 \longrightarrow BaFe_2O_4$；$900\sim1150℃$：$BaO + 6Fe_2O_3 \longrightarrow BaFe_{12}O_{19}$；$1150\sim1200℃$：$6BaO + 2Co_3O_4 + 18Fe_2O_3 \longrightarrow 3Ba_2Co_2Fe_{12}O_{22} + O_2 \uparrow$；$1200\sim1300℃$：$BaFe_{12}O_{19} + Ba_2Co_2Fe_{12}O_{22} \longrightarrow Ba_3Co_2Fe_{24}O_{41}$；$>1300℃$，$Ba_3Co_2Fe_{24}O_{41} \xrightarrow{\text{部分分解转化}} BaCo_2Fe_{16}O_{27}$。

表 3-3　预烧温度对样品晶相构成的影响

编号	预烧温度/℃	晶相
ST600	600	Fe$_2$O$_3$
ST700	700	Fe$_2$O$_3$（少量 BaFe$_2$O$_4$）
ST800	800	BaFe$_2$O$_4$
ST900	900	BaM（少量 BaFe$_2$O$_4$）
ST1000	1000	BaM
ST1100	1100	BaM
ST1150	1150	BaM（少量 Co$_2$Y）
ST1200	1200	Co$_2$Y（少量 Co$_2$Z）
ST1250	1250	Co$_2$Z
ST1280	1280	Co$_2$Z
ST1300	1300	Co$_2$Z
ST1350	1350	W

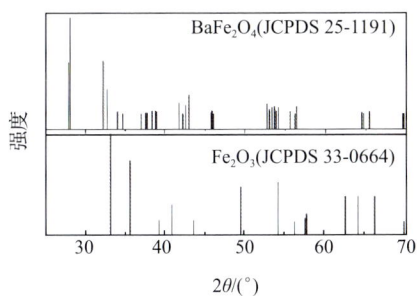

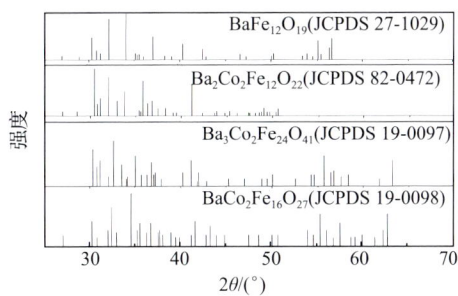

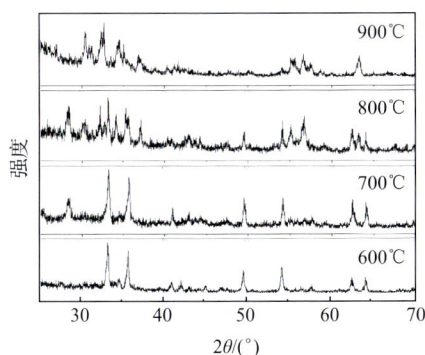

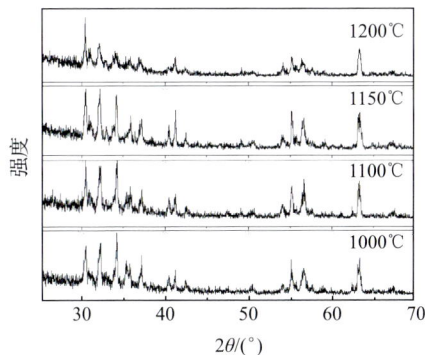

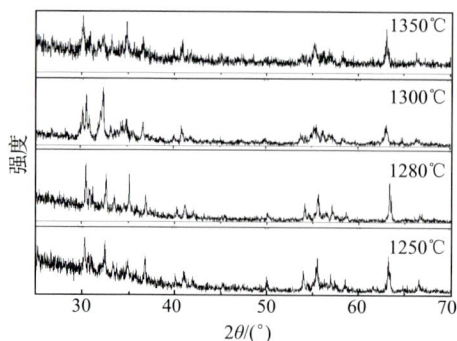

图 3-6　预烧温度对 Z 型六角铁氧体相转变过程的影响

上述反应发生和存在的温度及范围不是绝对的，各反应可能存在部分交叉。此外，在最终产物中往往发现少量中间相的存在。

2. Sr 含量的影响

鉴于 Sr 与 Ba 同族，类似于 $BaTiO_3$-$SrTiO_3$ 体系，Ba 和 Sr 在 BaZ-SrZ 体系中也能形成完全固溶系。另一方面，Ba^{2+} 和 Sr^{2+} 的离子半径分别为 0.143nm 和 0.116nm，相差较多，因此可预期各向异性将进一步增大，从而改善高频特性，进一步扩展使用频带。实验发现，$(Ba_{1-x}Sr_x)_3Co_2Fe_{24}O_{41}$（$x$=0～1）的相变温度随 x 变化而变化。图 3-7 为不同 Sr 含量样品预烧后的 X 射线衍射图谱，可以看出：在 1300℃ 预烧时，在 Sr 取代样品中观察到部分 Z 相变换为 W 相；如果 Ba 完全被 Sr 取代，则成为 W 单相。在 1200℃ 预烧时，在高浓度 Sr 取代样品中观察到主晶相由 Z 相转变为 Y 相和 M 相。显然，部分 Sr^{2+} 取代 Ba^{2+} 有可能导致 M 相的生成温度推后，Z 单相的温度范围变窄，W 相的出现温度降低。基于物相构成、电磁性能及工艺控制考虑，Sr 取代量控制在 0～0.5 为宜。其中 x=0.3 和 x=0.5 对应的适宜合成温度区间分别为 1220～1240℃ 和 1200～1220℃。

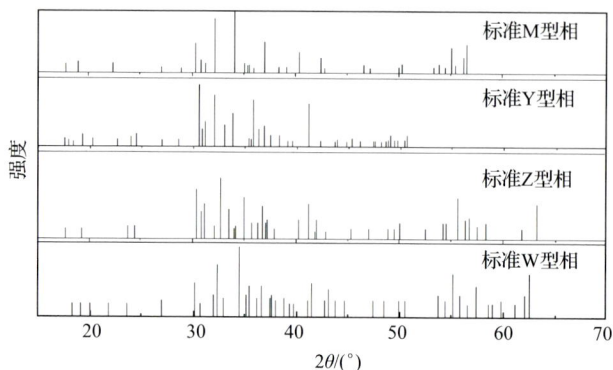

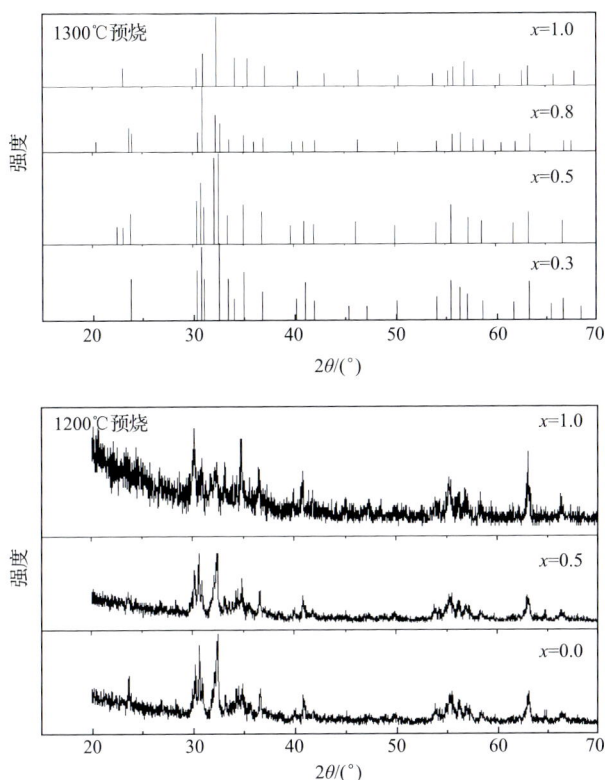

图 3-7 预烧温度对$(Ba_{1-x}Sr_x)_3Co_2Fe_{24}O_{41}$（$x=0\sim1$）铁氧体物相构成的影响

3.2.3 工艺条件对 Z 型六角铁氧体微观结构和磁性能的影响

根据理论计算，Co₂Z 六角铁氧体的共振频率 f_r（复数磁导率的虚部 μ'' 为最大值时对应的频率）理论值高达 3.4GHz，但多年的研究显示，采用普通陶瓷工艺制得的材料的共振频率只有 1.4GHz。Z 型六角铁氧体材料本身结构与组成的复杂性，加之制备条件的限制，使得采用一般的氧化物陶瓷工艺制得的材料磁参数不甚理想，限制了这种材料及产品的市场化。因此，针对制备工艺与 Z 型六角铁氧体材料的组成、结构与性能之间的关系展开深入研究，改进传统工艺，具有重要的实际意义。虽然对于某一特定的材料，其电磁性能的差异绝大多数是由材料的组成不同而引起的，但是对于铁氧体，即便在配方相同的情况下，不同工艺条件也能使其电磁性能各不相同[16]。正是由于铁氧体对工艺条件特别敏感这一特性，实验过程中工艺参数的选取对材料性能有很大影响。下面就传统陶瓷工艺过程中的几个主要方面对 Z 型六角铁氧体性能的影响展开讨论。

实验将综合分析 Z 型六角铁氧体的烧结特性，探讨预烧工艺、烧结温度、保温时间和降温方式等与材料显微结构及性能的复杂关系。此外，考虑到 Z 型六角铁氧体与永磁六角铁氧体同属于六角晶系结构，将永磁六角铁氧体干法制造工艺中的"磁化处理"措施移植到其制造过程中，伴随坯体内部取向度的提高，磁各向异性增强，由此可期待进一步扩展使用频率。实验所用的原料为分析纯级别的 Fe_2O_3、$BaCO_3$、Co_3O_4 和 $SrCO_3$ 等。按组成 $2CoO \cdot 3Ba_{1-x}Sr_xO \cdot 10.8Fe_2O_3$（$x=0,0.5$）称量配料，在行星式球磨机上用钢球进行湿式混合，将一次球磨后的物料烘干，过 80 目筛/in，加入浓度为 8wt% 的聚乙烯醇水溶液进行造粒，升温到 1200℃ 并保温 2h 进行预烧。预烧料经二次球磨、烘干、过筛，备用。一部分粉料混入适量的聚乙烯醇水溶液造粒后，在油压机上于 50 MPa 下压成片状及环形坯体，最后在 1200～1300℃ 烧结；另一部分粉料混入适量的羧甲基纤维素（CMC）水溶液，在 JK 型快速充磁机上经强磁场处理后烘干，过 40 目筛，然后造粒、成型和烧结。预烧料的磁性能采用振动样品磁强计（VSM）测量。

1. 预烧温度的影响

众所周知，晶格不规则、晶格缺陷、表面能等是影响粉料活性的主要因素。粉料粉碎过程中固体微粉的分散度增大，成为开放性孔隙和结构的状态，因此粒度越细，比表面积越大、活性越高。同时，粉碎产生的晶格不规则、晶格应变、晶格扰乱及晶格缺陷等，引起化学反应平衡状态发生变化，活化能降低，活性增加，从而可以降低烧结温度。因此，预烧温度（T_p）对烧结性能的影响主要是不同预烧料在粉碎过程中受到机械力化学作用引起粒度细化而导致粉料的活性不同。预烧工艺对 Z 型六角铁氧体晶相构成、烧结行为、显微结构及电磁性能的影响如表 3-4、表 3-5、图 3-8、图 3-9、图 3-10 和图 3-11 所示。可以看出，预烧工艺不仅对固相反应法合成 Z 型六角铁氧体的微观结构有着显著影响，而且对各主要电磁性能参数影响显著。

表 3-4 为不同预烧工艺下获得的样品的 XRD 分析结果。实验表明在其他条件不变的情况下，改变预烧温度和升温速率对样品的主晶相没有影响。图 3-8 为样品 STV1-2 与 STV7-2 的 XRD 图谱。可见，升降温制度相同，预烧温度不同，样品的 XRD 图谱差异明显。已知粉末样品衍射线相对强度 $I_{相对} = P_{hkl}F_{hkl}^2\varphi(\theta)e^{-2M}A(\theta)$，其中 P_{hkl} 为多重性因子；F_{hkl}^2 为结构因子；e^{-2M} 为温度因子；$\varphi(\theta)$ 为角度因子；$A(\theta)$ 为吸收因子。在实验条件下，晶体的晶系确定后，$I_{相对}$ 反映的即 F_{hkl}^2。样品 STV7-2 在 2θ 为 32.63° 代表($10\underline{1}6$)面的衍射峰为第一强峰，晶体平面结构取向增强；而低温预烧样品 STV1-2 在 2θ 为 32.63° 代表的($10\underline{1}6$)面的衍射峰降为次强峰。此外，低温预烧样品 STV1-2 的 X 射线衍射峰背底略有抬高，2θ 为 35.02° 的衍射峰高升高，表明在升降温制度不变的条件下，预烧温度将影响样品的微观结构，低温预烧样品的晶体结构单轴型取向增强。

表 3-4　预烧工艺对六角铁氧体晶相构成的影响

样品	预烧温度/℃	升温速率/(℃/min)	冷却方式	晶相
STV1-1	1200	1	炉冷	Co_2Z
STV1-2	1200	2	炉冷	Co_2Z
STV1-3	1200	3	炉冷	Co_2Z
STV7-1	1270	1	炉冷	Co_2Z
STV7-2	1270	2	炉冷	Co_2Z
STV7-3	1270	3	炉冷	Co_2Z

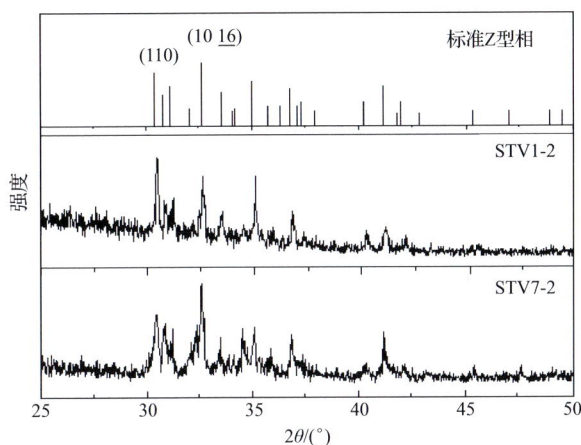

图 3-8　不同预烧温度 Z 型六角铁氧体样品的 XRD 图谱

图 3-9 为不同预烧温度下得到的样品的 SEM 图。可以看出，在相同的升降温制度下，采用高的预烧温度获得的样品晶形呈平面型，而相对较低的预烧温度得到的样品晶形为长板条状，呈单轴型。这与图 3-8 反映的结果是一致的。究其原因，可能是由于低温预烧得到的粉料活性较高，有利于固相反应的进行，粉料活性满足晶体结构重排的动力学要求，则六角铁氧体呈单轴型。此外，预烧温度相同，但升温速率不同的样品，衍射峰的差异并不十分显著，这一现象与图 3-9 的趋势完全相符，表明预烧温度对 Z 型六角铁氧体结构的影响大于升温速率的影响。

由前面的分析可知，预烧温度的变化显著改变了 Z 型六角铁氧体的微观结构。随着预烧温度的升高，粉料活性降低，晶粒生长速度减缓，与此同时，较高的初始密度有利于烧结密度的提高，得到晶粒尺寸相对较小但较为致密的显微结构。对于低温预烧的样品，由于粉料活性较高，烧结过程中晶粒的生长速度远大于气孔的排出速度，往往在晶粒内部包裹部分气孔，个别样品出现"巨晶"现象。由于气孔率的增加，低温预烧样品往往对应相对较低的烧结密度，显微结构分析的结果与表 3-5 一致。由表 3-5 可以看出，烧结体的密度随着预烧温度的升高而增大。但预烧温度过高烧结密度反而下降，当预烧温度为 1270℃时，烧结密度达到最大值。已知预烧温度的升高，有利于增加预烧料的体收缩率。随着预烧温度的升高，成型体的初始密度逐渐增加，有利于烧结密度的提高。不过，成型密度并不是决定烧结密度的唯一因素。另一个重要的影响因素是粉料的活性。随着预烧温度的增加，更多的晶格缺陷被修正，预烧料的活性降低，即烧结变得困难。低预烧温度时粉料疏松，含有大量气孔，加上烧结速度快，烧结后期大量气孔来不及排出而残留在烧结体中，导致烧结体密度减小。当预烧温度过高时，虽已有大量气孔排出，但预烧料活性较低，因而烧结密度也下降。显然，通过改变预烧温度可以调整显微结构从而在一定程度上改善材料的烧结性能。在合适的预烧温度下，预烧块密度不太大，且易于破碎，粉料具有较高的活性，烧成阶段晶粒均匀生长，结晶速度不太快，气孔率低，晶界较小。若单独从烧结性能考虑，1250～1270℃为适宜的预烧温度区间。

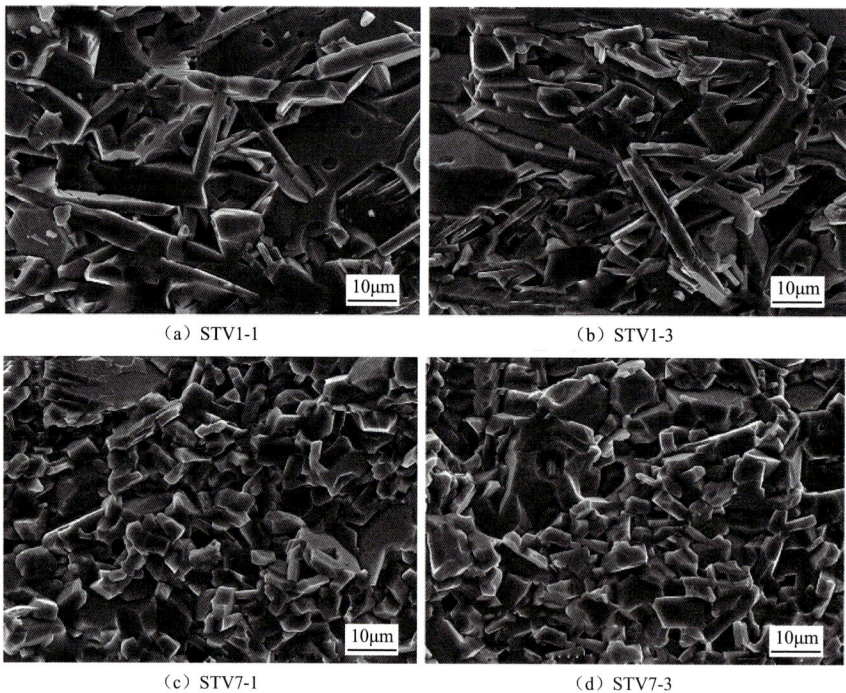

（a）STV1-1 （b）STV1-3

（c）STV7-1 （d）STV7-3

图 3-9 预烧温度对六角铁氧体显微形貌的影响

表 3-5 预烧温度对烧结密度、比饱和磁化强度和矫顽力参数的影响

样品	预烧温度/℃	初始密度/(g/cm³)	烧结密度/(g/cm³)	比饱和磁化强度/(emu/g)	矫顽力/Oe
T1	1150	3.45	4.83	47.0	239
T2	1200	3.56	4.86	47.3	160
T3	1250	3.68	4.93	47.6	107
T4	1270	3.70	4.96	47.8	13
T5	1290	3.76	4.91	51.3	13

对照表 3-5 和图 3-6 可知，提高预烧温度有利于 Z 相的合成，同时 M 相、Y 相等中间相含量减少，预烧料的比饱和磁化强度略有增加，而矫顽力明显减小，表现出典型的软磁 Z 相的特征。图 3-10 给出了预烧温度对 Z 型六角铁氧体磁谱曲线的影响。可以看出，随着预烧温度的升高，六角铁氧体的起始磁导率由 9.8 增加至 12.1，截止频率由 760MHz 减小至 630MHz 附近，与斯诺克公式相符。一般而言，起始磁导率与两种磁化机制有关：磁畴转动机制和畴壁位移机制。磁畴转动实际上是由烧结密度决定的，随着烧结密度的增加而增强。畴壁位移主要由晶粒尺寸决定。首先，致密的显微结构将导致单位体积磁矩的增加。致密化不仅使得气孔引起的退磁场降低，还有利于磁畴转动，这将使得起始磁导率增加。采用相对较高的预烧温度，由于高的烧结密度和致密的显微结构，样品的起始磁导率达到最大值。另外，由于较大的晶粒尺寸和相对较高的烧结密度，采用 1200℃ 预烧得到的样品的起始磁导率也接近极值。磁致损耗受显微结构的影响，与晶粒尺寸成反比[29,30]。故而，1250℃ 得到的样品的品质因数较高。例如，10MHz 时，1250℃ 预烧的样品品质因数为 80；而 1150℃ 预烧的样品品质因数为 74。进一步提高预烧温度，由于部分铁氧体的高温分解现象加剧，铁氧体的磁导率和品质因数均有不同程度的下降。总而言之，1250℃ 的预烧过程对获得高磁导率和高品质因数是更可取的。

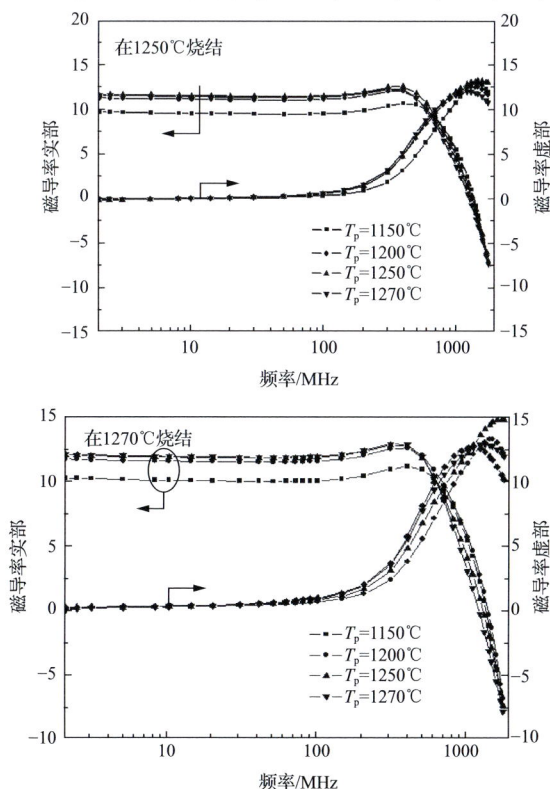

图 3-10 预烧温度对 Z 型六角铁氧体磁谱曲线的影响

另外，由图 3-11 可以看出，随着预烧温度的升高，介电常数逐渐增加。根据 Neel 模型，铁氧体八面体位（B 位）的 Fe^{2+} 和 Fe^{3+} 之间的电子跃迁决定了电子电导和介电极化[31]。介电常数的产生是因为在高温烧结时发生如下转换：

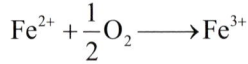

$$Fe^{2+} + \frac{1}{2}O_2 \longrightarrow Fe^{3+}$$

随着烧结温度的增加，烧结过程中体系内的氧含量减少，促使反应向左移动，Fe^{2+} 产生并存在于材料与相应的电感器件中，从而使铁氧体材料产生半导化趋势，介电常数增大，介电损耗相应增加。采用缺铁配方、降低烧结温度以及在氧气气氛中烧结是改善材料介电特性的有效途径。

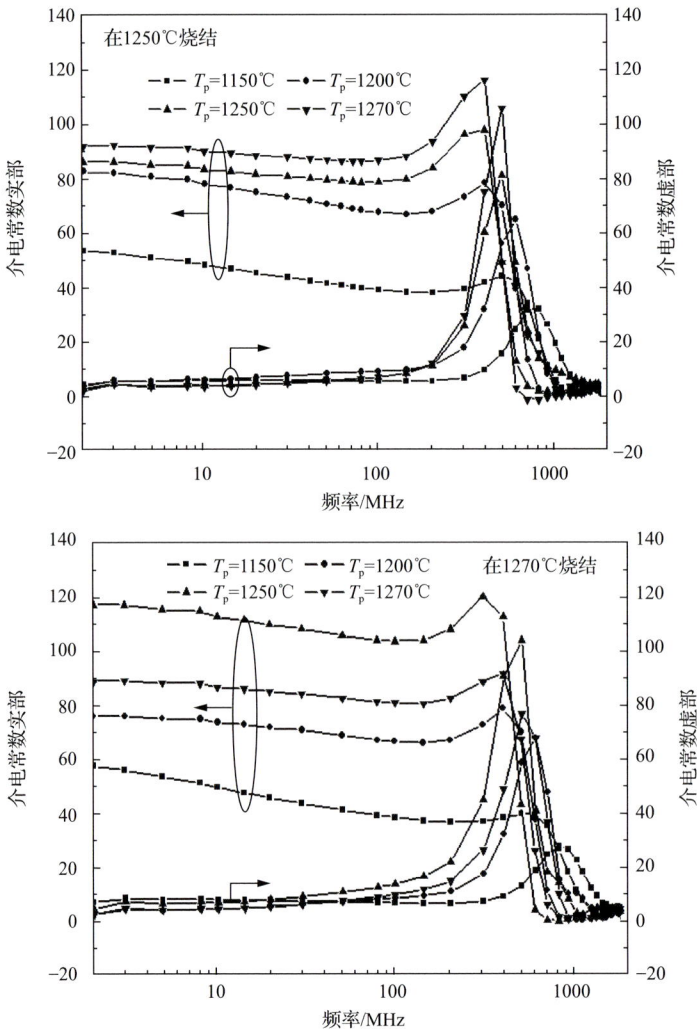

图 3-11 预烧温度对 Z 型六角铁氧体介电谱曲线的影响

2. 升降温速率的影响

在其他条件固定的情况下，改变烧结过程的升温速率，实验结果显示电磁性能并无显著变化。进一步观察预烧料的 SEM 图（图 3-12）可以看出，预烧料显微结构呈现典型的扁平状晶形特征。显然，在预烧过程中，伴随固相反应进行的同时出现了六角铁氧体晶粒的生成和部分显微结构的发展。因此，预烧过程的升温速率将有可能是影响 Z 型六角铁氧体材料性能的重要因素。

（a）v_s=1℃/min　　　　　　　　　　（b）v_s=3℃/min

（c）v_s=1℃/min　　　　　　　　　　（d）v_s=3℃/min

图 3-12　预烧过程的升温速率对预烧料［（a）、（b）］和烧结体［（c）、（d）］显微结构的影响

进一步分析表 3-6 的实验数据可以看出，预烧过程的升温速率对烧结体的电磁性能影响显著。预烧过程的升温速率 v_s=1℃/min 时得到样品的品质因数 Q 明显优于其他条件，烧结体样品的截止频率 f_c（复数磁导率的实部和虚部相等，即 $Q=\mu'/\mu''$=1 所对应的频率）较高。对比不同升温速率下制得的预烧料的显微结构不难看出，v_s=1℃/min 的预烧料样品［图 3-12（a）］晶粒相对细小，显微结构的均匀性明显优于 v_s=3℃/min 的样品［图 3-12（b）］，表明较低的升温速率将有利于得到较均匀的细晶粒结构［图 3-12（c）］。反之，较快的升温速率得到的样品粗大晶粒相对较多，虽然平均晶粒尺寸增大，起始磁导率略有提高，但与此同时，将产生较宽的再生颗粒尺寸分布，致使烧结过程中二次再结晶现象加剧［图 3-12（d）］，Q 值降低，f_c 呈下降趋势。烧结过程的降温速率对磁导率的频率特性影响不是特别显著，降温速率的减缓使得 Q 值有所增加（样品 V1 的 Q 值明显优于其他样品），

对介电常数频率特性的影响则较为显著（图 3-13）。相对较低的降温速率，将使同一温度条件下体系内的氧分压有所提高，有利于减弱晶界处的半导体化趋势，即促使反应向右移动 $Fe^{2+} + \frac{1}{2}O_2 \rightarrow Fe^{3+}$，介电常数和介电损耗相应降低。

表 3-6　预烧过程的升温速率及烧结过程的降温速率对 Z 型六角铁氧体磁性能的影响

样品	升温速率 /(℃/min)	降温速率 /(℃/min)	100MHz		300MHz		600MHz		截止频率 /MHz
			μ'	Q	μ'	Q	μ'	Q	
V1	1	1	9.07	49.2	9.73	15.9	12.0	3.93	992
V2	2	1	9.43	26.8	10.1	9.14	11.3	2.54	924
V3	3	1	10.8	20.5	11.6	6.68	12.1	1.92	823
V4	4	1	11.1	14.5	11.7	4.99	11.0	1.57	789
V5	1	炉冷	9.0	22.1	9.58	7.32	10.1	2.16	924
V6	1	2	9.26	25.2	9.91	8.28	10.8	2.38	925

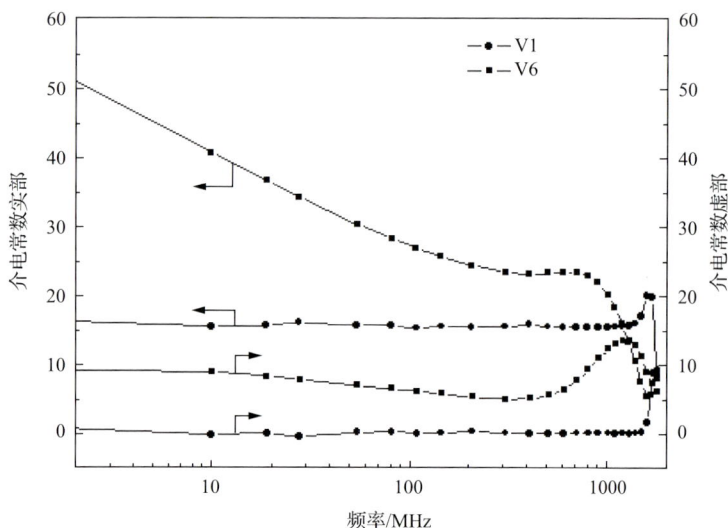

图 3-13　降温速率对烧结体样品介电谱曲线的影响

3. 烧结温度的影响

实验结果表明，烧结温度(T_s)显著改变样品的磁特性。当 T_s=1200℃时，材料的起始磁导率 μ_i 相当低(μ_i<5)；适当提高烧结温度，随着致密化和显微结构的完善，平均晶粒尺寸增大，材料的起始磁导率增加。由平面从优铁氧体斯诺克公式

$$(\mu_i - 1)f_r = \frac{1}{6\pi}\gamma M_s\left(\sqrt{\frac{H_\varphi}{H_\theta}} + \frac{H_\theta}{H_\varphi}\right)$$

（μ_i 为起始磁导率；f_r 为共振频率；γ 为旋磁比；M_s 为饱和磁化强度；H_φ 为沿 φ 方向的各向异性场；H_θ 为沿 θ 方向的各向异性场）可知，截止频率呈下降趋势。图 3-14 给出不同烧结温度六角铁氧体的磁谱曲线，

可以看出，T_s=1300℃的样品虽然起始磁导率较高，但品质因数、截止频率等远低于 T_s=1220℃的样品。不同温度下烧结的样品的磁谱曲线呈现出迥然不同的特征，T_s=1300℃的样品在 100MHz 以上 μ'' 明显高于 T_s=1220℃的样品。为了获得低损耗的 Z 型六角铁氧体，建议在 1220～1250℃相对较低的温度下烧结。

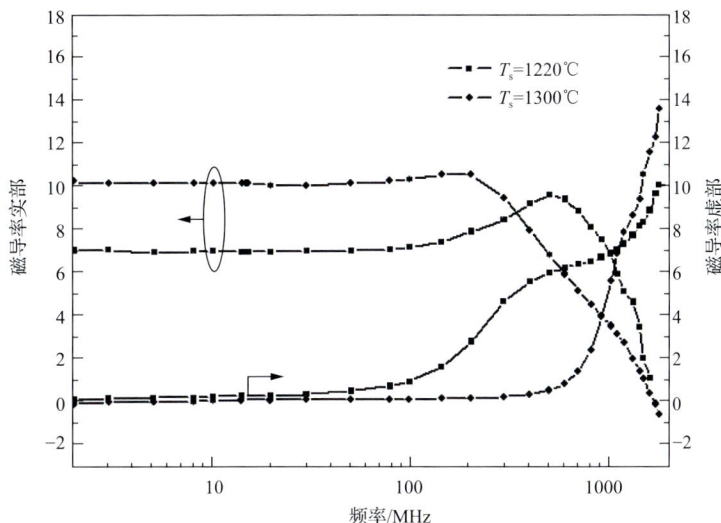

图 3-14　不同烧结温度六角铁氧体的磁谱曲线

4. 保温时间的影响

图 3-15 是 $Ba_3Co_2Fe_{24}O_{41}$ 铁氧体在 1220℃分别经 1h 和 3h 保温后的磁谱曲线。可以看出，随着烧结过程保温时间的延长，起始磁导率 μ_i 增加，截止频率降低。

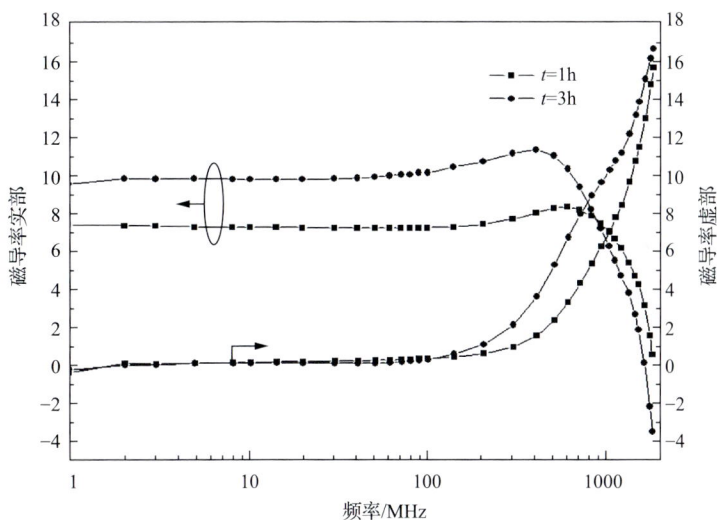

图 3-15　不同保温时间六角铁氧体的磁谱曲线

进一步研究表 3-7 列出的数据发现：①掺 Sr 的样品比未加 Sr 的样品截止频率有一定的扩展，但掺 Sr 后磁导率实部却有所下降。这是由于 Sr^{2+} 的离子半径比 Ba^{2+} 的离子半径小，掺 Sr 样品的各向异性程度显著提高，所以材料的磁晶各向异性场增加；而由 $\mu_i \propto 1/K_1$ 可知必会导致 μ_i 的减小，同时由斯诺克公式共振频率 $f_r \propto 1/\mu_i$ 可知，磁晶各向异性的增加有利于展宽频带。②在其他条件相同的情况下，延长保温时间，由于平均晶粒尺寸增大，起始磁导率 μ_i 增加，截止频率相应降低。当保温时间 $t=$1h 时，截止频率 $f_c=$1.0GHz；当保温时间 $t=$3h 时，截止频率 $f_c=$790MHz。在接近截止频率附近的频段由于弛豫和共振的原因，品质因数 Q 随之显著降低。但值得注意的是，100MHz 时 Q 值在 $t=$3h 附近出现极大值（表 3-7），究其原因，有可能是随着保温时间的延长，晶粒生长渐趋完善，μ_i 和 Q 值增加；而当 $t>$3h 后，继续延长保温时间，由于晶粒变宽，长径比下降，形状各向异性程度有所降低，晶格共振加强，导致损耗有所增加。

表 3-7　保温时间对 Z 型六角铁氧体磁性能的影响

样品	保温时间/h	100MHz		300MHz		1GHz		截止频率/MHz
		μ'	Q	μ'	Q	μ'	Q	
BT1	1	7.16	29.1	7.63	8.77	—	—	1011
BT2	3	10.1	50.1	11.1	5.42	—	—	775
BT3	4	11.0	18.2	11.8	5.98	—	—	802
BT4	5	11.8	14.7	12.5	4.85	—	—	766
ST1	1	5.12	52.1	5.21	31.4	8.14	9.29	1680
ST2	3	5.04	—	5.3	58.9	8.3	7.28	1620
ST3	4	5.63	29.5	5.7	18.3	8.42	6.03	1670
ST4	5	5.49	—	5.75	34.9	8.94	6.16	1620

注：BT 组样品的组成为 $Ba_3Co_2Fe_{24}O_{41}$；ST 组样品的组成为 $(Ba_{0.5}Sr_{0.5})_3Co_2Fe_{24}O_{41}$。

5. 磁化处理的影响

磁化处理样品的组成为 $Ba_3Co_2Fe_{24}O_{41}$ 和 $(Ba_{0.5}Sr_{0.5})_3Co_2Fe_{24}O_{41}$。成型前引入强磁场磁化处理措施，脉冲磁化电压为 400V（$H>$3.5kOe）。在对磁化处理样品进行的 SEM 移动视场观察过程中注意到：在通常的板状晶体结构中出现了具有明显扇形特征的微结构，对于 1300℃烧结的样品，微结构中二次再结晶现象的程度明显减弱（图 3-16）。对照图 3-12，本小节实验中出现的微结构呈现出一定的扇形特征，晶粒的纵横比 m [片状样品 $m=w/(th)^{1/2}$，其中 w 为长度，t 为厚度，h 为宽度] 相对较大。表 3-8 列出磁化处理对六角铁氧体磁性能的影响。可以看出，经磁化处理后的样品截止频率有不同程度的展宽，其中组成为 $Ba_3Co_2Fe_{24}O_{41}$ 的样品变化更显著。

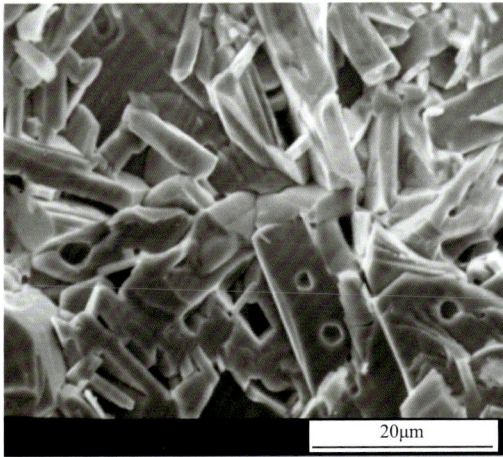

图 **3-16** 磁化处理后样品的特殊微结构

表 3-8 磁化处理对六角铁氧体磁性能的影响

样品	烧结温度 /℃	未经磁化处理			磁化处理后		
		μ'(100MHz)	f_c/GHz	f_r/GHz	μ'(100MHz)	f_c/GHz	f_r/GHz
BP1	1220	7.8	0.87	1.3	6.5	1.0	>1.8
BP2	1240	9.5	0.78	0.92	7.17	0.99	>1.8
SP1	1220	5.2	1.68	>1.8	5.1	1.68	>1.8
SP2	1240	6.7	1.10	>1.8	6.7	1.1	>1.8

注：BP 组样品组成为 $Ba_3Co_2Fe_{24}O_{41}$；SP 组样品组成为 $(Ba_{0.5}Sr_{0.5})_3Co_2Fe_{24}O_{41}$。

分析这些微结构的晶粒生长，可以看出与一般混乱分布的情况不同，更有利于得到纵横比 m 相对较大的晶粒。磁化过程的强磁场处理有利于得到较为规则的颗粒排布，这种排布在微区得到部分保留。烧结后期接近致密的材料中，晶粒通过晶界向其曲率中心（大颗粒向小颗粒）移动实现晶粒生长。根据 Lange 和 Keller 的分析[32]，存在一临界颗粒尺寸比 R_{ic}，当两颗粒初始半径 $r_{i1}/r_{i2}>R_{ic}$，晶界可以移动；反之如果 $r_{i1}/r_{i2}<R_{ic}$，晶界则不能移动。前者的推动力 $\Delta\mu_n \propto (1/r_{i1}-1/r_{i2})$，磁化处理有利于颗粒层状排列，使得不同颗粒之间的曲率半径之差在 c 轴方向较小，因而导致推动力的减小。与此同时，$r_{i1}/r_{i2}<R_{ic}$ 的颗粒相对增多，即颗粒的生长在这种条件下受到一定程度的限制。由于特殊微结构的出现以及微结构内颗粒生长的受限，有利于得到纵横比 m 相对较高的长条状晶粒。多晶试样中的形状各向异性场 $H_{shape}=M(N_w-N_h)\approx 2t(2h/w)^{1/2}/\pi$（$M$ 为磁化强度，N_w 为晶粒宽度，N_h 为晶粒高度），由斯诺克公式可知，共振频率 f_r 随 m 增加而增加。虽然微区内的显微结构生长受到影响，但是周围的大片区域仍类似于通常的情况，由于体系的复杂性，目前很难用定量的晶粒尺寸关系来表征。

由于 BaZ-SrZ 可以任意比例固溶，相同条件下得到的 $(Ba_{0.5}Sr_{0.5})_3Co_2Fe_{24}O_{41}$

样品的烧结密度和收缩率等指标都相对较高，预烧料的晶形发育较为充分，然而较大的晶粒尺寸却不利于磁场下的定向，因此磁化处理对$(Ba_{0.5}Sr_{0.5})_3Co_2Fe_{24}O_{41}$的影响并不显著。从实验结果来看，将磁化处理措施引入到传统陶瓷工艺制备 Z 型六角铁氧体的工艺过程后，材料的共振频率 f_r 可达 1.8GHz 以上，截止频率 f_c 有不同程度的提高。该方法的应用将有可能促使目前普遍采用的传统陶瓷工艺制备该类材料的性能进一步提高。

3.3　Z 型六角铁氧体的掺杂改性

3.3.1　掺杂改性引入

磁化现象源于畴壁位移和磁畴共振两种机制的叠加，而磁畴结构与畴壁厚度取决于各能量（磁晶各向异性能、应力能和退磁能等）平衡时的最小值。很明显，显微结构包括结晶状态（晶粒大小、完整性和均匀性）、晶界状态、气孔（大小与分布）和另相（多少与分布）等影响着磁化过程的动态平衡从而影响起始磁导率 μ_i。对于烧结多晶体而言，气孔、晶粒和晶界是研究显微结构的主要内容。气孔常常集中在晶界而不大量形成存在于晶粒内部，如果工艺控制不当，气孔也会大量涌入晶粒内部。一般在烧结过程中晶粒长大常被少量第二相或气孔所抑制，只有曲率半径比平均曲率半径大得多的那些界面才能移动，即界面高度弯曲的晶粒才能够长大，而基质材料仍保持均匀的晶粒尺寸。起始阶段中少量的大晶粒比周围的细晶粒排列更为一致，这些大晶粒作为二次再结晶的晶核，从而产生高度定向的最终产品。二次再结晶现象在铁氧体陶瓷材料的制备中是不可避免的。球磨时间过长，在球磨过程中混入过多的铁屑以及预烧温度过高、烧结过程升温速率过快等，都容易产生非连续的结晶长大。伴随严重的二次再结晶现象，一方面，过快的晶粒生长导致晶粒内部包裹大量的气孔，使得气孔率升高，畴壁位移困难，致使起始磁导率 μ_i 急剧下降；另一方面，晶粒的长大使晶界变薄，电阻率下降，从而导致材料的涡流损耗上升，以及大晶粒引起的弛豫和共振，这些原因都将使得材料的品质因数降低。在 Z 型六角铁氧体材料的制备过程中因为原料的波动二次再结晶现象很容易发生。实验发现二次再结晶现象的存在对 Z 型六角铁氧体的显微结构和电磁性能有着显著影响，因此，显微结构的控制及优化势在必行。

Z 型六角铁氧体材料由于具有较大的磁晶各向异性，其频带相对于 Mn-Zn、Ni-Zn 系铁氧体得到相当扩展。但是 Z 型六角铁氧体本身结构与组成的复杂性决定了其制备过程中存在许多问题和困难。其中，二次再结晶现象对六角铁氧体显微结构均匀性和电磁性能有着显著影响。通常引入微量的掺杂助剂是调整显微结构的重要手段，而通过掺杂改性来进一步改善和提高材料的电磁性能也是 Z 型六角铁氧体材料的研究热点之一。结合 Z 型六角铁氧体逐渐向宽频、高导和磁电复合性能方向的发展，这里，实验研究了 Y_2O_3、Nb_2O_5 和 $Pb_{0.95}Sr_{0.05}(Zr_{0.52}Ti_{0.48})O_3$（PZTS）添加剂对 Z 型六角铁氧体物相构成、显微结构演变和电磁性能的影响机制。

3.3.2　Y_2O_3 掺杂对 Z 型六角铁氧体微观结构和电磁性能的影响

研究掺杂工艺对固相反应法制备 Z 型六角铁氧体材料高频特性的影响具有重要的理论和实际意义。有报道称 Y_2O_3 掺杂 Z 型六角铁氧体有可能用于展宽频带。本小节实验工作研究了 Y_2O_3 掺杂对六角铁氧体物相构成、显微结构和电磁性能的影响。采用固相反应法制备 Z 型六角铁氧体。实验中所用的原料为分析纯级别的 $BaCO_3$、Fe_2O_3、ZnO、Co_3O_4 和 Y_2O_3 等，按 $Ba_3(Co_{0.4}Zn_{0.6})_2Y_xFe_{24-x}O_{41}$（$x$=0.0～1.0）的化学计量称量配料。一次球磨后的粉料经干燥后在 1200℃预烧 2h。然后将粉料过 80 目筛，添加适量的 $MnCO_3$ 以抑制 Fe^{2+} 的出现，湿磨至平均粒度为 1μm。干燥后的粉料用浓度为 8wt%的聚乙烯醇水溶液造粒，压制成环状坯体备用。坯体在 1200～1300℃烧结 3h 后炉冷至室温。用 X 射线衍射（XRD）和断口扫描电镜（SEM）分别分析预烧料和烧结体的物相构成和显微形貌，用阿基米德（Archimedean）排水法测试烧结体样品的密度，在 HP4291B 射频材料/阻抗分析仪上测试样品在 1MHz～1.8GHz 频段内的磁谱和介电谱曲线。

1. Y_2O_3 对 Z 型六角铁氧体微观结构的影响

不同 Y_2O_3 含量（对应 x=0.0～1.0）Z 型六角铁氧体样品的典型粉末 X 射线衍射谱图如图 3-17 所示。由图 3-17 可以看出，所有样品的主晶相为平面六角 Z 相；

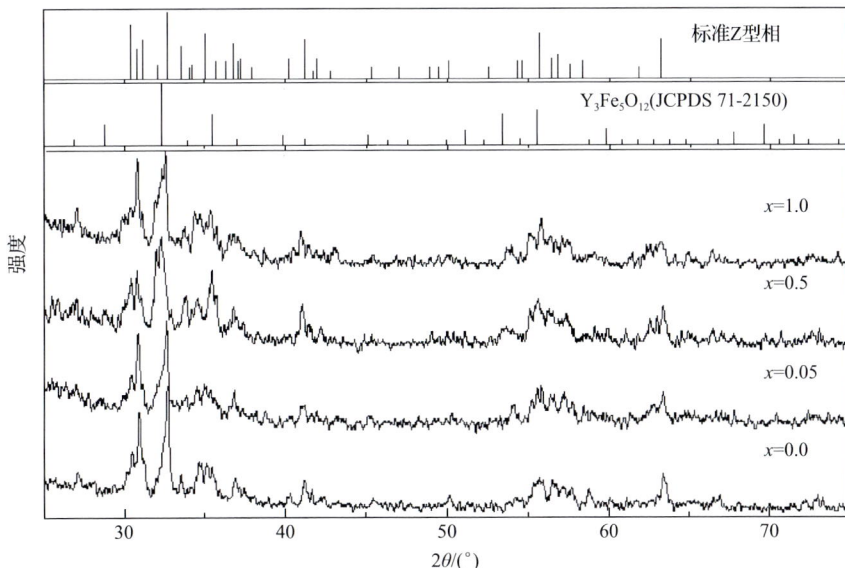

图 3-17　不同 Y_2O_3 含量 Z 型六角铁氧体样品的 XRD 图谱

随着 Y_2O_3 含量的增加，$Y_3Fe_5O_{12}$ 石榴石相析出。与此同时，Z 相的衍射峰向低角度端略微移动。衍射峰向低端移动的现象说明，在烧结过程中有部分 Y^{3+} 进入到六角铁氧体的晶格结构中。Y^{3+} 的离子半径（$r_0=0.892nm$）与 Fe^{3+} 的离子半径（$r_0=0.064nm$）比较接近，因此，Y^{3+} 具有占据 Z 型六角铁氧体八面体（B）位的趋势，当部分 Y^{3+} 进入晶格替代 Fe^{3+} 进入 B 位时将引起晶格膨胀。

很多实验发现：在 1200～1300℃烧结的 Z 型六角铁氧体样品的 XRD 图谱中常出现如图 3-18 所示的异常情况。在 d（晶面间距）值 5.2Å 和 6.3Å 附近，XRD 图谱中出现了高强度的衍射峰，而且这些衍射峰的强度因烧结温度的不同而略有变化。对照同一组预烧料的 XRD 图谱，与正常情况相似，显然这一异常情形的出现与烧结过程密切相关。对烧结过程中可能出现的氧化物、中间相和 W 相进行了一一排查，并未发现可能在该位置出现衍射峰的相态。进一步观察 SEM 图显示各烧结温度点样品的显微结构具有类似性，典型显微形貌如图 3-19（a）所示。由图 3-19（a）可见，样品由粗大晶粒（约 50μm）和分布其间的小晶粒（约 5μm）构成。根据以上情况可以推知由于出现了较为严重的二次再结晶现象，粗大晶粒的弛豫与共振导致异常衍射峰的出现。

不同 Y_2O_3 含量烧结体样品的典型显微结构如图 3-19 所示。显然，Y^{3+} 不仅对晶格常数、物相构成产生影响，而且对材料的显微结构也产生了较为显著的影响。由图 3-19 可以看出，Y_2O_3 掺杂明显改善了 Z 型六角铁氧体的显微结构。未掺杂的烧结体样品中，可清楚地观察到异常的晶粒生长现象，大量的气孔出现在晶粒内部和晶界处。与此相反，所有含有 Y_2O_3 的样品，均具有相对细小的晶粒结构，无巨晶出现。此外，随着 Y_2O_3 含量的增加，烧结体的平均晶粒尺寸逐渐减小。这一实验结果暗示析出的石榴石相作为第二相将抑制异常的晶粒生长。

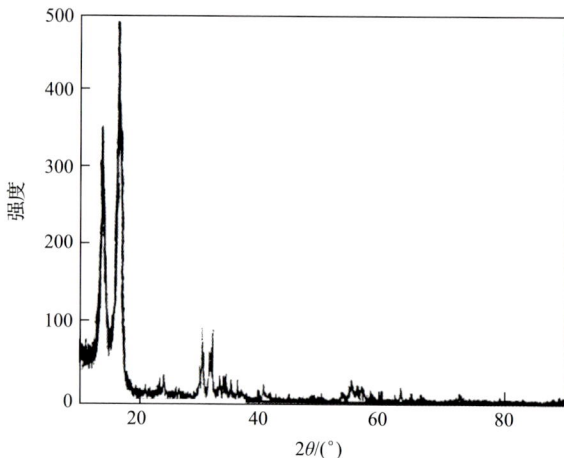

图 3-18 异常的 XRD 图谱

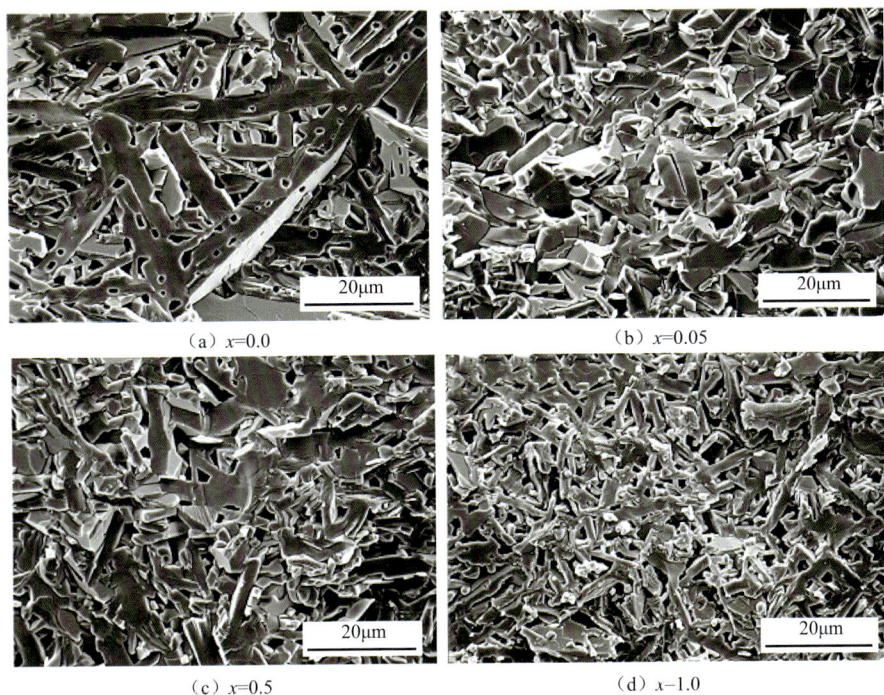

（a）$x=0.0$　　　　　　　　　　（b）$x=0.05$

（c）$x=0.5$　　　　　　　　　　（d）$x-1.0$

图 3-19　Y_2O_3 掺杂 Z 型六角铁氧体样品的 SEM 图

2. Y_2O_3 对 Z 型六角铁氧体致密化过程的影响

接着研究了 Y_2O_3 掺杂量对 Z 型六角铁氧体致密化过程的影响，实验结果如图 3-20 所示。显然，Y_2O_3 的掺杂对致密化过程有着显著影响。不同烧结温度得到的实验规律类似：微量 Y_2O_3 掺杂有助于致密化过程，但随着掺杂量的增加，烧

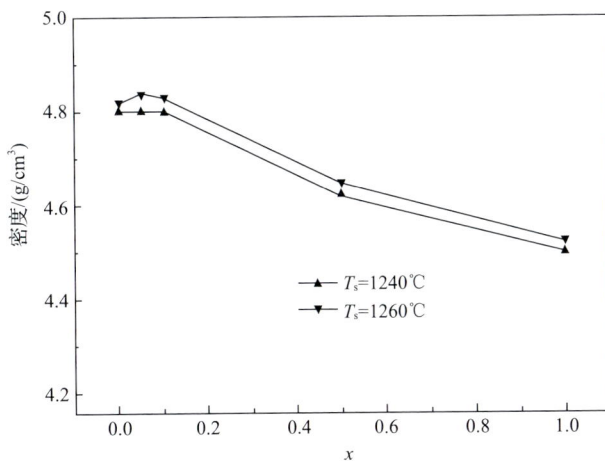

图 3-20　六角铁氧体烧结密度随 Y_2O_3 含量的变化

结密度有所降低，所有烧结体样品的密度为 4.6~4.9g/cm³。对照图 3-17 和图 3-19，掺入少量 Y₂O₃ 后，由于出现晶格失稳和晶格畸变而加剧了体扩散，从而促进了烧结过程的进行。当 x 超过固溶极限时，部分石榴石相在晶界析出，析出的石榴石相作为第二相将抑制晶粒的生长，并在晶界处形成较多的空隙，最终将导致烧结密度的下降。

3. Y₂O₃ 对 Z 型六角铁氧体电磁性能的影响

Y₂O₃ 含量对 Z 型六角铁氧体电磁性能的影响如图 3-21 所示。显然，Y₂O₃ 掺入后，样品的特性参数发生了较显著的变化。Z 型六角铁氧体的复数磁导率随 Y₂O₃ 含量和频率的变化关系如图 3-21（a）所示。由图 3-21（a）可以看出，当掺入微量的 Y₂O₃ 时，起始磁导率 μ_i 随 Y₂O₃ 含量的增加而增大；当 x 超过 0.05 时，μ_i 随 Y₂O₃ 含量的增加而减小。所有样品的共振频率达到 1.8GHz 以上。x=0.05 的样品在 1240℃ 烧结后起始磁导率最大可达 12 左右，截止频率在 800MHz 以上。这可能归因于二次再结晶现象被抑制引起的气孔率减小和致密度的增加。致密化不仅使得气孔引起的退磁场降低，还有利于磁畴转动，这将使得起始磁导率增加。根据 Globus 模型，起始磁导率主要与 K_1 和微观结构有关，其函数关系如下所示：

$$\mu_i \propto \frac{\mu_0 M_s^2 D_m}{\left(K_1 + \frac{3}{2}\lambda_s \sigma\right)\beta^{\frac{1}{3}}\delta} \tag{3-1}$$

其中，μ_i 为起始磁导率；M_s 为饱和磁化强度；D_m 为平均晶粒尺寸；K_1 为磁晶各向异性常数；λ_s 为饱和磁致伸缩系数；σ 为应力因子；β 为含杂体积浓度；δ 为畴壁厚度。

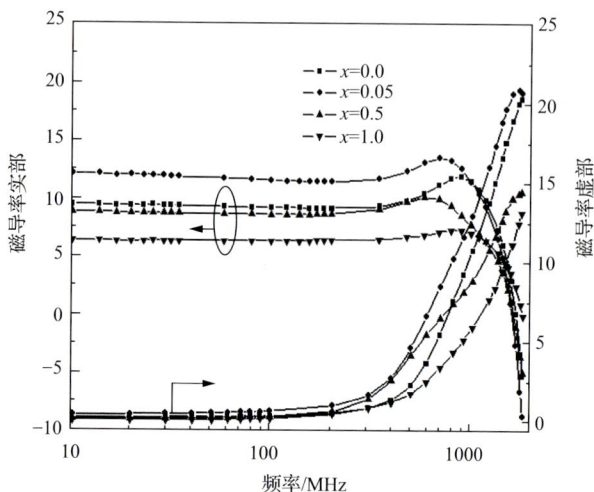

（a）

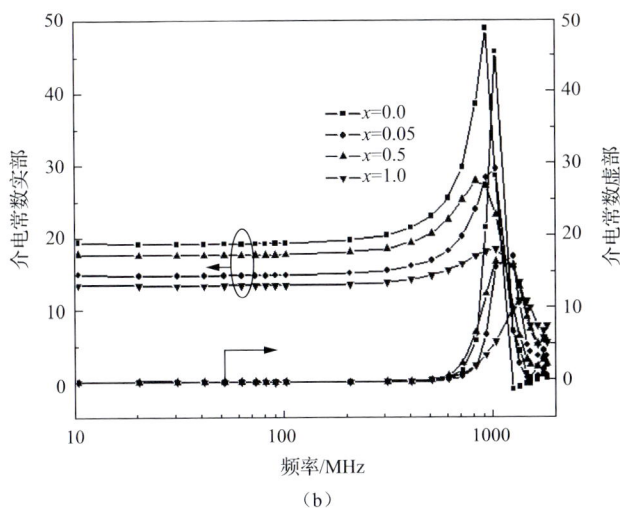

(b)

图 3-21　Y_2O_3 含量对六角铁氧体磁谱曲线（a）和介电谱曲线（b）的影响

随着 Y_2O_3 含量的增加，一方面平均晶粒尺寸 D_m 减小（图 3-19）；另一方面由于 $Y_3Fe_5O_{12}$ 石榴石相的饱和磁化强度 $M_s = 1747 \times \dfrac{10^3}{4\pi}$ A/m，远小于 Z 型六角铁氧体的饱和磁化强度（纯 Co₂Z 的 $M_s = 3350 \times \dfrac{10^3}{4\pi}$ A/m），因此，当 $x > 0.05$ 时，继续增加 Y_2O_3 含量将使得掺杂后六角铁氧体的饱和磁化强度减小。根据式（3-1），两方面的原因综合作用将导致 Y_2O_3 掺杂六角铁氧体的起始磁导率随掺杂量的增加呈现先增大后减小的变化。与此同时，样品的截止频率从 0.99GHz 增加到 1.15GHz。Z 型六角铁氧体的介电常数随 Y_2O_3 含量和频率的变化关系如图 3-21（b）所示。由图 3-21（b）可以看出，随着 Y_2O_3 含量的增加，介电常数有所降低。根据 Neel 的模型，铁氧体八面体位（B 位）的 Fe^{2+} 和 Fe^{3+} 之间的电子跃迁决定了电子电导和介电极化。增加 Y^{3+} 后，一方面，部分的 Fe^{3+} 移动到四面体位置使得八面体位置的 Fe^{2+} 和 Fe^{3+} 之间的电子跃迁减弱；另一方面，平均晶粒尺寸的减小有助于提高晶界电阻，结果使得介电常数的实部减小。介电常数的减小和磁导率频率特性的可调，有利于该材料在高频电感方面的应用。

3.3.3　Nb₂O₅ 掺杂对 Z 型六角铁氧体微观结构和电磁性能的影响

鉴于采用普通陶瓷工艺制得的 Z 型六角铁氧体材料致密度和磁导率偏低的问题，本小节实验工作研究了 Nb₂O₅ 掺杂对 Z 型六角铁氧体电磁特性的影响规律。通过对其微观结构和电磁参数的测试分析，探讨了工艺条件和 Nb₂O₅ 掺杂量对该材料的物相构成、显微结构和电磁性能的影响，阐述了 Nb₂O₅ 掺杂 Z 型六角铁氧体的烧结温度、致密化、显微结构演变和电磁性能之间的关系。采用固相反应法制备六角铁氧体。实验所用的原料为分析纯级别的 $BaCO_3$、Fe_2O_3、ZnO、Co_3O_4 和 Nb_2O_5 等，按 $Ba_3(Co_{0.4}Zn_{0.6})_2Fe_{24}O_{41}$ 的化学计量称量配料。一次球磨后的粉料经干燥后在 1270℃预烧 2h，以实现 Z 相主晶相。然后将粉料过 80 目筛，添加适量的 Nb_2O_5（x=0.0wt%～2.0wt%），湿磨至平均粒度为 1μm。干燥后的粉料用聚乙烯醇水溶液造粒，压制成环状坯体备用。坯体在 1200～1300℃烧结 3h 后炉冷至室温。样品编号用 Z******表示，字母 Z 后面的六位数字中的前四位表示烧结温度，后两位表示 Nb_2O_5 含量。用 X'Pert PRO MPD 型 X 射线衍射仪分析预烧料和烧结体的物相构成。用 S-530 扫描电镜观察样品的断口显微形貌。烧结体样品的体密度采用 Archimedean 排水法测量。用 HP4291B 射频材料/阻抗分析仪测试样品的磁性能（起始磁导率、损耗因子 $F=1/\mu Q$）。用 SY8232B-H 分析仪测试样品的磁滞回线。用 SZ-82 数字四探针测试仪测试抛光样品的电阻率。

1. Nb_2O_5 对 Z 型六角铁氧体微观结构的影响

不同 Nb_2O_5 含量 Z 型六角铁氧体的典型 XRD 图谱如图 3-22 所示。其中，Y、Z 和 M 分别指 Y 相、Z 相和 M 相的衍射峰，N 指铌酸盐相。由图 3-22 可以看出，随着 Nb_2O_5 含量的增加，样品的主晶相转变为 Z 相；与此同时，M 相和微量铌酸盐相析出。不同于含有 Nb_2O_5 的样品，在不含 Nb_2O_5 的样品 Z126000 的图谱中发现有少量 Y 相衍射峰与 Z 相衍射峰共存。XRD 分析显示，随着 Nb_2O_5 含量的增加，Z 相的衍射峰抬高，峰宽窄化，并且衍射峰向低角度端略有移动。衍射峰向低角度端移动的现象说明在烧结过程中有部分 Nb^{5+} 进入到铁氧体的晶格结构中。Nb^{5+} 的离子半径（r_0=0.069nm）与 Fe^{3+} 的离子半径（r_0=0.064nm）非常接近，因此，Nb^{5+} 具有占据六角铁氧体的八面体位（B 位）的趋势，当 Nb^{5+} 进入晶格替代 Fe^{3+} 进入 B 位时将引起晶格膨胀。

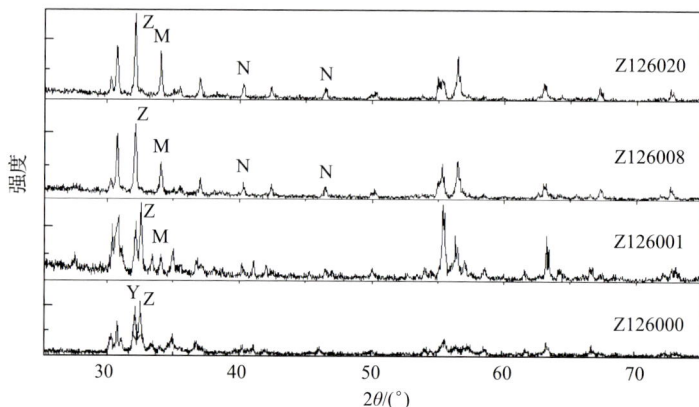

图 3-22　不同 Nb_2O_5 含量六角铁氧体样品的 XRD 图谱

不同 Nb$_2$O$_5$ 含量烧结体样品的典型显微结构如图 3-23 所示。显然，Nb^{5+}的掺杂不仅对六角铁氧体的晶格常数和物相构成产生影响，而且对材料的显微结构影响显著。由图 3-23（a）可以看出，Nb$_2$O$_5$ 掺杂明显促进了 Z 型六角铁氧体的晶粒生长。Z122000（x=0.0wt%）样品的平均晶粒尺寸约为 2μm，掺杂 Nb$_2$O$_5$ 后，样品的平均晶粒尺寸增加至 5～10μm。未掺杂样品在 1260℃烧结后得到的 Z126000样品，可清楚地观察到异常的晶粒生长现象，大量的气孔出现在晶粒内部和晶界处。与此相反，所有含有 Nb$_2$O$_5$ 的样品，均具有致密、均匀的显微结构，无"巨晶"出现，仅在晶界处发现有极少量的微小气孔。这一实验结果暗示：在较低的

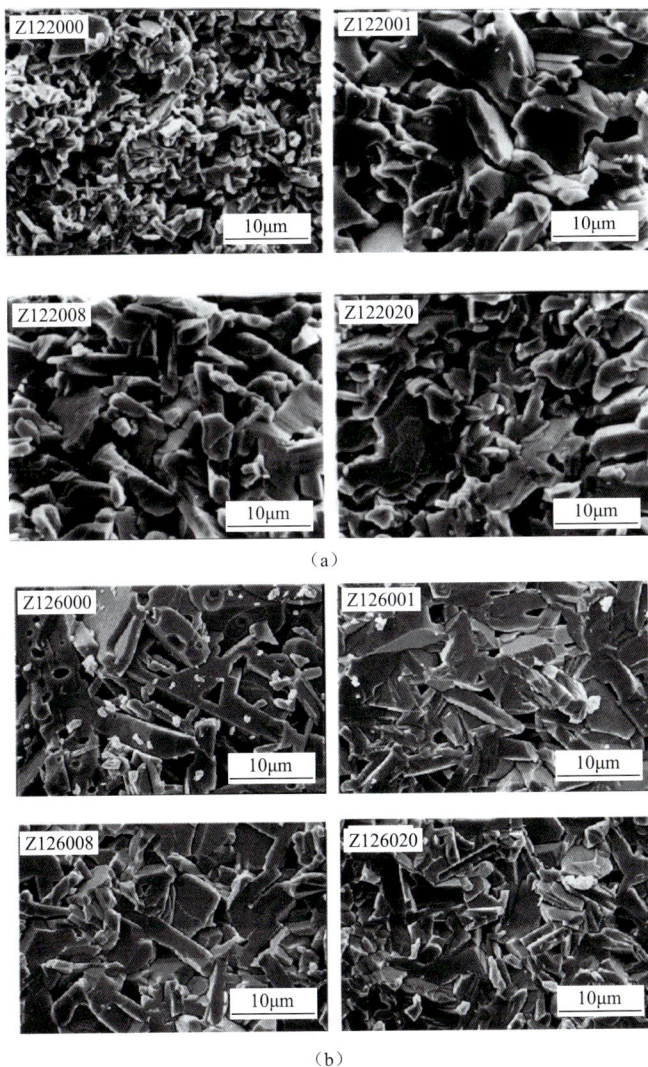

（a）

（b）

图 3-23　不同 Nb$_2$O$_5$ 含量六角铁氧体样品的 SEM 图

烧结温度下，Nb^{5+} 取代 Fe^{3+} 而导致六角铁氧体晶格畸变和晶格失稳，Nb^{5+} 作为反应中心促进了晶粒的生长进而增进了 Z 型六角铁氧体的烧结过程。而在较高的烧结温度下，析出的铌酸盐相作为第二相将抑制异常的晶粒生长。

2. Nb_2O_5 对 Z 型六角铁氧体致密化过程的影响

进一步研究了不同烧结温度下 Nb_2O_5 含量对 Z 型六角铁氧体致密化过程的影响，实验结果如图 3-24 所示。由图 3-24 可以看出，Nb_2O_5 的掺杂明显促进了烧结过程。当烧结温度 T_s=1220℃或者 1240℃时，由于晶粒生长和气孔排除过程的影响，烧结密度曲线变得非常复杂。当 T_s=1260℃时，所有烧结体样品的密度为 4.9～5.2g/cm^3，当 x<0.8wt%时，烧结密度随 Nb_2O_5 含量的增加而增大；当 x>0.8wt%时，烧结密度随 Nb_2O_5 含量的增加而减小。含有 0.8wt% Nb_2O_5 的样品在 1260℃烧结时，相对密度可达 96%。在 1280℃烧结的样品中可观察到少量的熔蚀孔洞，可能是由部分铁氧体相的挥发引起，其烧结密度明显低于 T_s=1260℃的样品。由于 Nb_2O_5 的熔点为 1485℃，因此 Nb_2O_5 添加剂促进烧结过程的机制不能用液相烧结的机制来解释。根据 H. T. Kim 的工作和前述的实验现象，可以推知部分 Nb^{5+} 在六角铁氧体中溶解，即部分 Nb^{5+} 在烧结过程中进入晶粒内部。由于在掺入 Nb_2O_5 的过程中未观察到任何低熔点相，因此可以认为：掺入 Nb_2O_5 后，由于 Nb^{5+} 取代 Fe^{3+} 导致六角铁氧体晶格失稳和晶格畸变而加剧了体扩散，从而促进了烧结过程的进行。对照图 3-22 和图 3-23，当 x>0.8wt%时，由于超过固溶极限，部分铌酸盐相在晶界析出，析出的铌酸盐相作为第二相将抑制晶粒的生长，并在晶界处形成较多的空隙，最终导致烧结密度的降低。

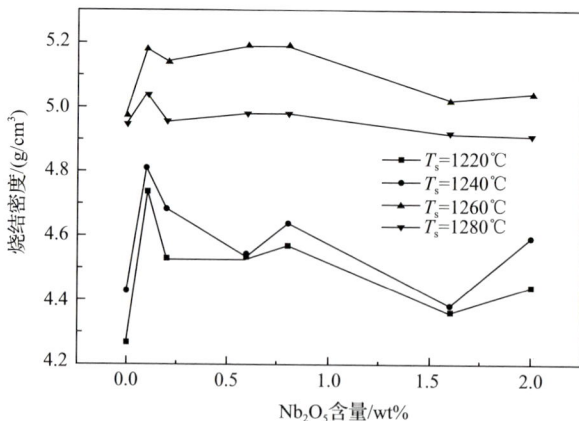

图 3-24　Nb_2O_5 含量对六角铁氧体烧结密度的影响

3. Nb_2O_5 对 Z 型六角铁氧体电磁性能的影响

Nb_2O_5 含量对 Z 型六角铁氧体磁性能的影响如图 3-25、图 3-26 和图 3-27 所示。显然，Nb_2O_5 掺入后，样品的各项指标均发生了较大变化。

　　Z 型六角铁氧体的复数磁导率随 Nb_2O_5 含量和频率的变化关系如图 3-25 所示。由图 3-25 可以看出，当 x 不超过 0.8wt%时，起始磁导率 μ_i 随 Nb_2O_5 含量的增加而增大；当 x 超过 0.8wt%时，μ_i 随 Nb_2O_5 含量的增加而减小。铁磁共振峰值从超过 1GHz 降到 400MHz 左右，样品的磁损耗在 100MHz～1GHz 范围内显著增加。含有 0.8wt% Nb_2O_5 的样品在 1260℃烧结后起始磁导率最大可达 32 左右，共振频率在 400MHz 以上。这可能归结于磁晶各向异性常数和显微结构的变化。由图 3-25 还可以看出，随着烧结温度的提高，所有样品在低频段的磁导率实部基本上是增加的，与铁氧体的正常烧结行为相符。不同于其他软磁铁氧体，平面六角铁氧体的磁晶各向异性常数由 K_{U1}、K_{U2} 和 K_{U3} 表示。常温下 $Ba_3(Co_{0.4}Zn_{0.6})_2Fe_{24}O_{41}$

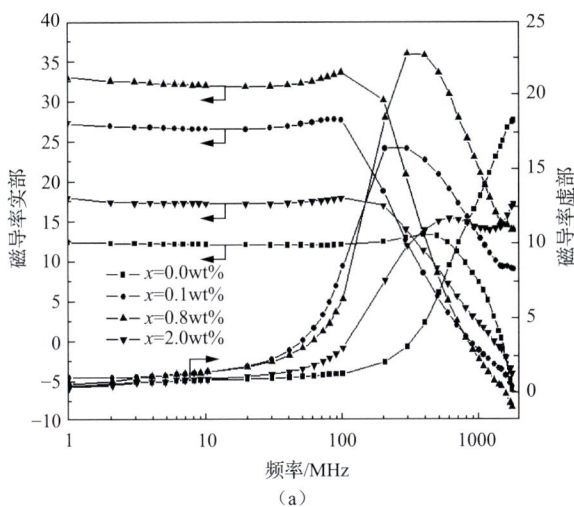

（a）

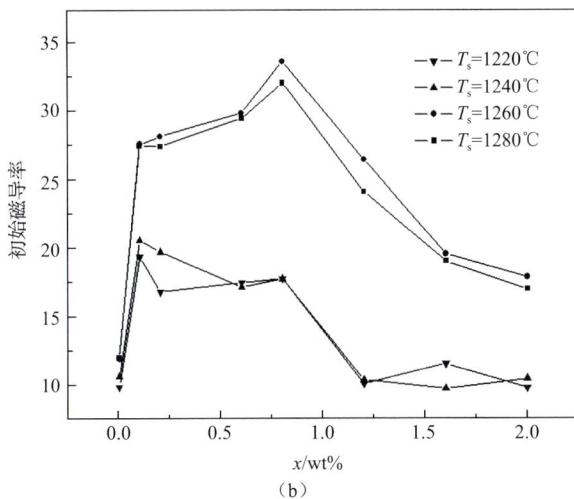

（b）

图 3-25　Nb_2O_5 含量对六角铁氧体磁谱曲线（a）和起始磁导率（b）的影响

六角铁氧体的磁晶各向异性平面从优，$K_{U1}+K_{U2}<0$。由于掺入微量 Nb_2O_5 而出现的 M 型六角铁氧体具有相当强的单轴各向异性，其 $K_{U1}>0$。随着 Nb_2O_5 含量的增加，少量 M 相与 Z 相共存，两相复合的结果导致磁晶各向异性常数减小。

当 x 小于 0.8wt%时，M 相和 Z 相的复合将引起磁晶各向异性常数的减小，根据式（3-1），起始磁导率 μ_i 随 Nb_2O_5 含量的增加而增大。含有 0.8wt% Nb_2O_5 的样品，在晶粒内未观察到气孔，仅在晶界处观察到极少量的气孔。致密均匀的大晶粒显微结构和最高的烧结密度，使得内应力 σ 和退磁场减小，进而实现了高的品质因数 Q 和最高的起始磁导率。相反，当 x 大于 0.8wt%时，有效磁晶各向异性常数随着 M 相的增多而增大，β 增大，D_m 减小，μ_i 将降低。

对照图 3-22 和图 3-25，一方面，Nb_2O_5 掺入 Z 型六角铁氧体促进了体扩散和晶粒生长，当 x 不超过 0.8wt%时，掺杂将导致起始磁导率 μ_i 的增加。根据斯诺克公式，$(\mu_i-1)f_r=\dfrac{1}{3}\pi\cdot\gamma\cdot M_s$（其中 μ_i 为起始磁导率；f_r 为自然共振频率；γ 为旋磁比；M_s 为饱和磁化强度），随着起始磁导率的增加，自然共振频率将向低频端移动。不同 Nb_2O_5 含量样品的磁滞回线如图 3-26 所示。对照图 3-22 和图 3-25 不难看出，矫顽力 H_c 的变化与物相构成和磁晶各向异性有关。这一结论与上面的分析相吻合。当 x 小于 0.8wt%时，M 相和 Z 相的复合使得六角铁氧体的磁晶各向异性减小，H_c 随着 Nb_2O_5 含量的增加而降低。反之，当 x 超过 0.8wt%时，有效磁晶

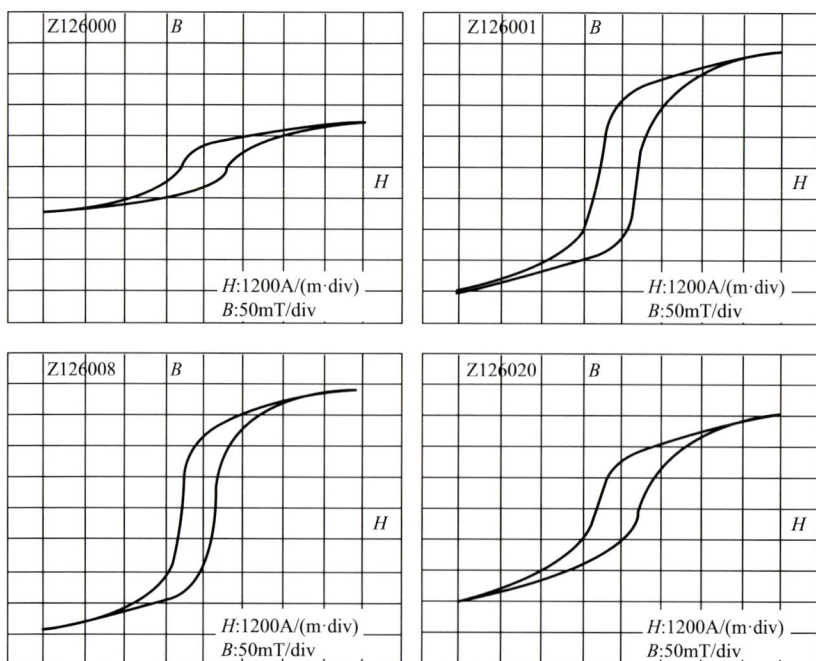

图 3-26　不同 Nb_2O_5 含量六角铁氧体样品的磁滞回线

各向异性随着 M 相含量的增加而增大。含有 0.8wt% Nb₂O₅ 的样品在 1260℃烧结后矫顽力最小值为 455A/m 左右。对于 x=0.1wt%、0.4wt%、0.8wt%、2.0wt% 的样品，测得电阻率分别为 0.12Ω·cm、0.05Ω·cm、0.27Ω·cm、4.8×10³Ω·cm。考虑烧结过程中的低氧分压条件，在六角铁氧体中有可能出现 $Ba_3^{2+}\left(Co_{0.4}^{2+}Zn_{0.6}^{2+}\right)_2 Fe_{2x}^{2+}Nd_x^{5+}Fe_{24-3x}^{3+}O_{41}$，从而使得 Fe^{2+} 浓度和电子跃迁概率增加，导致铁氧体晶粒电阻率的降低。当 x 超过固溶极限时，部分铌酸盐相在晶界析出，晶界电阻率增加。两方面的原因造成六角铁氧体电阻率的复杂波动。

损耗因子（$F=1/\mu Q$）随 Nb₂O₅ 含量的变化如图 3-27 所示。当 x=0.1wt% 时，少量 Nb^{5+} 的固溶作用，促进晶粒生长的作用较明显，如图 3-23（a）所示。从杂质平衡条件：$f = C\left(\dfrac{r_i}{D_m}\right)^x$（其中 f 为杂质的体积浓度；D_m 为平均晶粒尺寸；r_i 为杂质粒径；C 为比例系数；x=1～2）较小时，D_m 就较大。此时，晶粒汇集处孔隙较大，大量的孔隙阻碍了可逆畴壁移动，起始磁导率 μ_i 较低，而气孔的存在又使样品的电阻率 ρ 升高。由于 H_c 较高，磁致损耗较大，使得 F 较高。当 x<0.8wt% 时，随着 Nb₂O₅ 含量的增加，烧结体样品的密度不断上升。x=0.8wt% 的样品，晶粒内部几乎没有明显的气孔，仅在界面处有少量、微小的气孔。该样品具有均匀、致密的显微结构，较高的致密度（相对密度达 96%）有利于提高品质因数和起始磁导率，因而起始磁导率最大而损耗因子 F 最小。随着 Nb₂O₅ 含量的进一步增加，由于超出有限固溶的范围，出现含 Nb^{5+} 的高阻层使得晶界电阻率大幅度上升，F 降低。

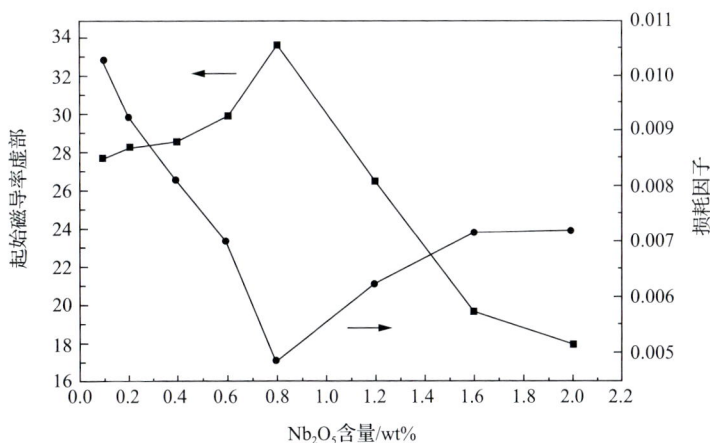

图 3-27　起始磁导率和损耗因子（$F=1/\mu Q$）随 Nb₂O₅ 含量的变化

综上所述，当在二次球磨过程中在 Z 型六角铁氧体中掺入 Nb_2O_5 后，将会形成主晶相为 Z 相，同时伴有 M 相和微量铌酸盐相的复合体系。适量 M 相与 Z 相的复合，会减小体系的磁晶各向异性。Nb_2O_5 的掺入不仅影响晶格常数和物相构成，而且还影响六角铁氧体的显微结构。在低温（1220℃）烧结过程中，Nb_2O_5 的掺入促进了晶粒生长和完善；在较高温度（1260℃）烧结过程中，析出的铌酸盐相有效抑制了异常晶粒生长现象。所有含有 Nb_2O_5 的样品均未观察到巨晶现象。Nb_2O_5 掺入后，伴随 Nb^{5+} 在六角铁氧体中的固溶，出现了晶格失稳和晶格畸变，从而增进了铁氧体的晶粒生长和体扩散，导致致密化的提升和起始磁导率的提高。含有 0.8wt% Nb_2O_5 的样品在 1260℃烧结，相对密度为 96%，最大磁导率为 32，最小矫顽力为 455kA/m，共振频率为 400MHz。

3.3.4 PZTS 掺杂对 Z 型六角铁氧体微观结构和电磁性能的影响

近年来，铁电-铁磁复合材料受到重视，利用其铁磁相的磁化与铁电相的电子极化的相互作用而使材料具备磁电效应等多种功能。这种材料具备电容、电感双性能，有望成为一种能同时制备电容及电感器件的多功能材料。Huang 等曾报道了 $Ba_{0.5}Sr_{0.5}TiO_3$（BST）掺杂 Z 型六角铁氧体的电磁特性。这里介绍一种铁电 $Pb_{0.95}Sr_{0.05}(Zr_{0.52}Ti_{0.48})O_3$（PZTS）材料对 Z 型六角铁氧体掺杂的思路。

实验工作选择具有高介电常数的 PZTS 作为铁电相，$Ba_3(Co_{0.4}Zn_{0.6})_2Fe_{24}O_{41}$ 六角铁氧体作为铁磁相，研究了 PZTS 掺杂对 Z 型六角铁氧体电磁特性的影响规律。通过其微观结构和电磁参数的测试分析，探讨了工艺条件和 PZTS 掺杂量对该材料的物相构成、显微结构和电磁性能的影响，阐述了 PZTS 掺杂 Z 型六角铁氧体的烧结温度、致密化、显微结构演化和电磁性能之间的关系。实验发现，在改善介电特性的同时，微量 PZTS 的掺杂还有助于起始磁导率的提升。

PZTS 粉料采用溶胶-凝胶法制备。基于自蔓延技术获得的超细（约 150nm）高活性的 PZTS 粉料用于复合材料的合成，其具体制备工艺路线如图 3-28 所示。分别称取一定量分析纯级别的硝酸铅、硝酸锶、硝酸锆和柠檬酸溶于适量的去离子水中，得到各自的溶液，标定其浓度。将一定量的草酸溶于去离子水中，一定量的柠檬酸溶于乙二醇中，然后往其中加入钛酸四丁酯，加热，搅拌，得到钛溶液，标定其浓度。按分子式 $Pb_{0.95}Sr_{0.05}(Zr_{0.52}Ti_{0.48})O_3$ 称取适量的硝酸铅溶液、硝酸锶、硝酸锆溶液和钛溶液，然后依次加入到柠檬酸溶液中。为了防止生成铅的柠檬酸物沉淀，用氨水调节溶液的 pH 至 7.0 左右。将溶液加热至约 100℃，不断蒸发水分，随着柠檬酸根同乙二醇的缩合最后得到棕黑色胶状物，再将其置于马弗炉中烧至 750℃，就得到产物 PZTS 微粉。

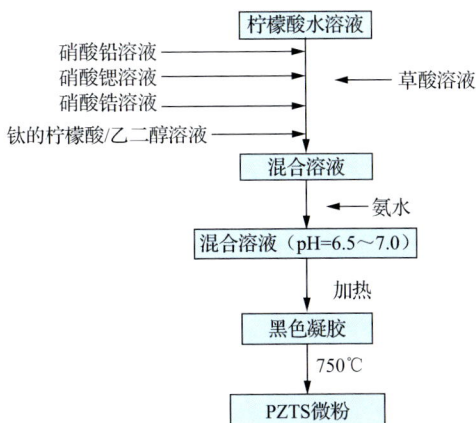

图 3-28　合成 PZTS 微粉的工艺流程

六角铁氧体采用固相反应法制备。实验所用的原料为分析纯级别的 $BaCO_3$、Fe_2O_3、ZnO 和 Co_3O_4 等，按 $Ba_3(Co_{0.4}Zn_{0.6})_2Fe_{24}O_{41}$ 的化学计量称量配料。一次球磨后的粉料经干燥后在 1270℃ 预烧 2h，以实现单一 Z 相。然后将粉料过 80 目筛，添加适量的 PZTS 粉料（x=0.0wt%～1.0wt%），湿磨至平均粒度为 1μm。干燥后的粉料用聚乙烯醇水溶液造粒，压制成环状和片状坯体备用。坯体在 1200～1300℃ 区间内烧结 3h 后炉冷至室温。用 X′Pert PRO MPD 型 X 射线衍射仪分析预烧料和烧结体的物相构成。用 S-530 扫描电镜观察样品的显微结构。烧结体样品的密度采用 Archimedean 排水法测量。用 HP4291B 射频材料/阻抗分析仪测试样品的电磁性能。

1. PZTS 对 Z 型六角铁氧体微观结构的影响

掺杂不同 PZTS 的 Z 型六角铁氧体样品的典型粉末 XRD 图谱如图 3-29 所示。由图 3-29 可以看出，所有样品的主晶相均为 Z 相。XRD 分析显示，随着 PZTS 掺杂量的增加，Z 相的衍射峰峰宽窄化，并且衍射峰向低角度端略有移动。衍射峰向低角度端移动的现象说明，在烧结过程中有少量 Ti^{4+}、Zr^{4+} 进入到晶格结构中。Ti^{4+} 的离子半径（r_0=0.069nm）和 Zr^{4+} 的离子半径（r_0=0.072nm）与 Fe^{3+} 的离子半径（r_0=0.064nm）非常接近，因此，Ti^{4+}、Zr^{4+} 具有占据 Z 型六角铁氧体的八面体位（B 位）的趋势。当部分 Ti^{4+}、Zr^{4+} 进入晶格替代 Fe^{3+} 进入 B 位时将引起晶格膨胀。

具有不同 PZTS 掺杂量的烧结体样品的典型显微形貌如图 3-30 所示。由图 3-30 可以看出，增加 PZTS 的掺杂量，对平均晶粒尺寸的影响并不显著。超细的 PZTS 粉料分布在扁平状的六角铁氧体晶粒周围，在部分高掺杂样品中可以观察到少量"熔蚀"洞。

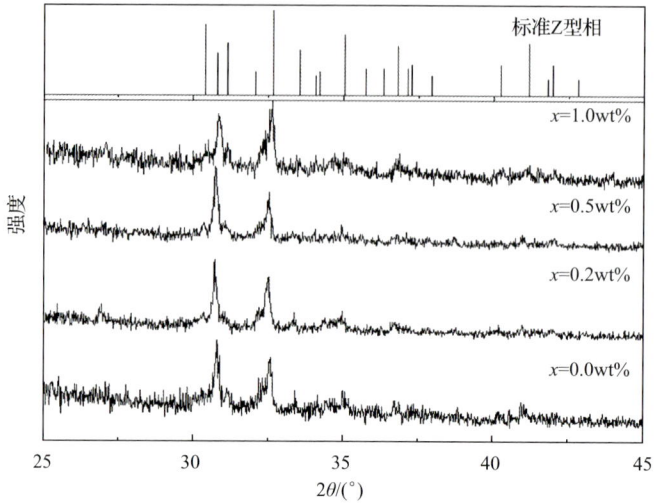

图 3-29 不同 PZTS 掺杂量 Z 型六角铁氧体样品的 XRD 图谱

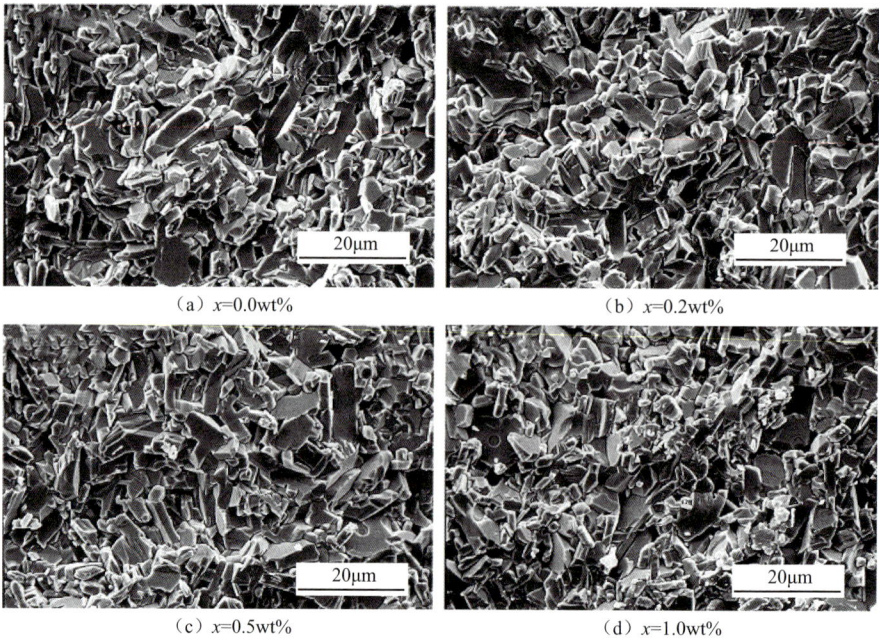

（a）x=0.0wt%

（b）x=0.2wt%

（c）x=0.5wt%

（d）x=1.0wt%

图 3-30 不同 PZTS 掺杂量 Z 型六角铁氧体样品的 SEM 图

2. PZTS 对 Z 型六角铁氧体致密化过程的影响

进一步研究了不同烧结温度下 PZTS 掺杂量对 Z 型六角铁氧体致密化过程的影响，实验结果如图 3-31 所示。由图 3-31 可以看出，PZTS 掺杂对烧结过程的影响较为复杂，所有陶瓷样品的密度为 4.6～4.9g/cm³。烧结温度较低时，随着掺杂量的增加，样品的烧结密度略有增加。但烧结温度的增加，反而导致烧结密度的减小。对照图 3-29 和图 3-30，加入 PZTS 后，由于 Ti^{4+}、Zr^{4+} 进入晶格替代 Fe^{3+} 进入 B 位时将引起晶格失稳和晶格畸变而加剧了体扩散，从而促进烧结过程的进行。但是，由于分布在晶粒之间的 PZTS 粉料活性较高，高温煅烧过程中出现的"熔蚀"和 PZTS 在晶界的析出导致气孔率升高致密化受阻。因此，PZTS 掺杂六角铁氧体适宜在相对较低的温度下烧结，掺杂量 $x=0.2wt\%$～$0.5wt\%$。

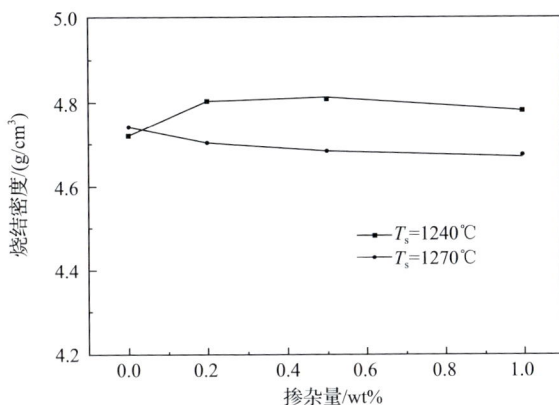

图 3-31　烧结密度随 PZTS 掺杂量的变化

3. PZTS 对 Z 型六角铁氧体电磁性能的影响

不同 PZTS 掺杂量 Z 型六角铁氧体样品在 1MHz～1.8GHz 频率范围内的复介电常数谱如图 3-32 所示。由图 3-32 可以看出，介电常数随着 PZTS 掺杂量的增加而增加，在 $x=0.5wt\%$ 时达到最大值；随着 x 的增加，铁磁共振峰向低频端移动，同时介电损耗明显增加。这可能主要取决于物相构成。

对于多晶铁氧体而言，电子极化和离子极化的共振频率出现在红外区。考虑到界面极化总是使 1MHz 以下的介电常数减小，因此 1MHz～1.8GHz 频率范围内介电性质的变化主要源于固有的电偶极化。而固有电偶极化主要归因于电畴结构、晶粒尺寸等。由于六角铁氧体的介电常数一般都不太大，而 PZTS 的相对介电常数 ε_r 比铁氧体要大得多，随着 PZTS 掺杂量的增加复合材料的 ε_r 增大，介电常数随着频率的增加缓慢减小。进一步增加 PZTS 的掺杂量，烧结密度降低和气孔率增加使得介电常数减小。

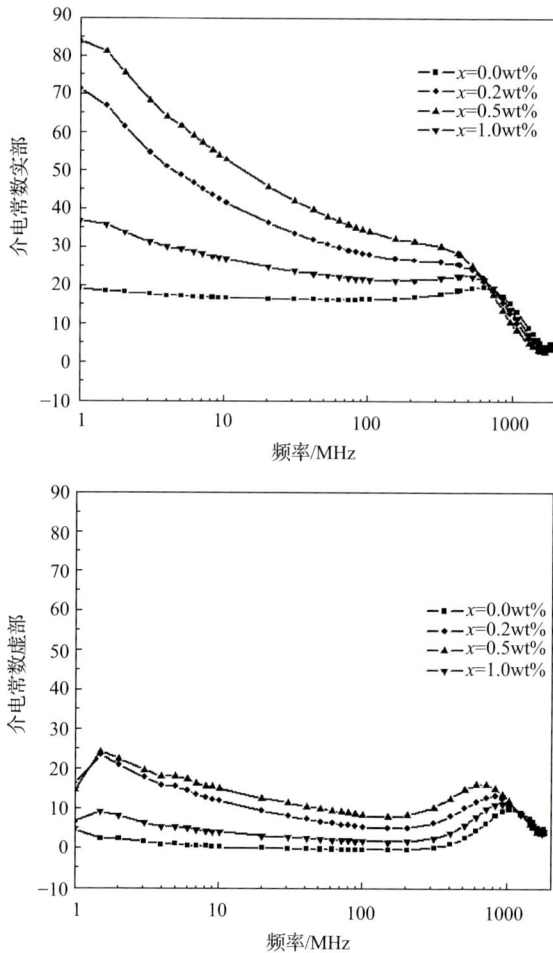

图 3-32 PZTS 掺杂量对六角铁氧体介电谱曲线的影响

　　PZTS 掺杂六角铁氧体材料的磁谱曲线如图 3-33 所示。由图 3-33 可以看出，起始磁导率 μ_i 随着 PZTS 掺杂量的增加先增大然后减小。这可能与烧结密度及物相构成的变化有关。当 $x=0.2wt\%$ 时，六角铁氧体材料的起始磁导率达到最大值（22～23），铁磁共振频率由 900MHz 减小到 600MHz 附近。对照图 3-29 和图 3-30，分析起始磁导率变化的原因可能是：由于纳米晶 PZTS 主要分布于六角铁氧体的大颗粒晶粒之间，少量 PZTS 掺杂时，部分 PZTS 与六角铁氧体发生固溶作用，晶格畸变的结果使晶格被活化从而有利于致密化过程。随着 PZTS 掺杂量的增加，大量存在于晶界的 PZTS 相将起到阻晶的作用，晶界处气孔率增加，烧结体的密度降低，使得磁体单位体积磁矩减小，起始磁导率减小。综合上述分析，PZTS 掺杂量 $x=0.2wt\%$～$0.5wt\%$ 时可获得相对较高的起始磁导率和介电常数。

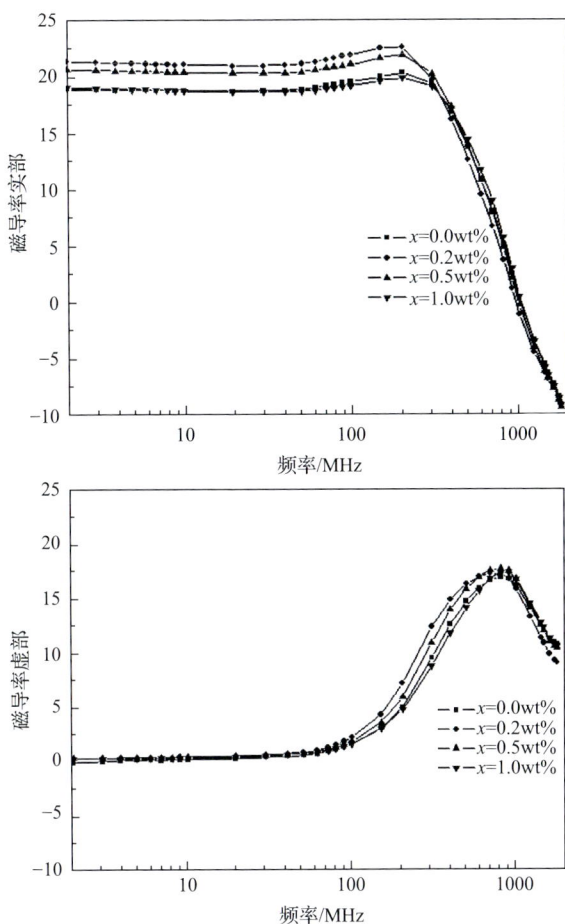

图 3-33　PZTS 掺杂量对六角铁氧体磁谱曲线的影响

3.4 　Z 型六角铁氧体的低温液相烧结

3.4.1　低温液相烧结引入

　　由于 Z 型六角铁氧体是六角晶系铁氧体中晶体结构最复杂的一个，非常庞大的晶胞以及"强各向异性" Co^{2+} 的存在导致制备的困难以及微观结构与性能的复杂性。纯的 Z 型六角铁氧体材料烧结温度高，一般在 1250℃以上，如此高的烧结温度使得材料很难与低熔点的金属内电极实现共烧。因此，为了实现与内电极低温共烧并获得具有良好高频电磁性能的 Z 型六角铁氧体材料，促进多层片式电感元件向高频方向发展，必须将 Z 型六角铁氧体材料的烧结温度降低到可以与内电极共烧的温度以下，一般降低到 900℃（或者 1150℃）左右。从已有的研究情况来看，通常采用以下两条途径来降低 Z 型六角铁氧体的烧结温度：①利用新型的软化学法制备高活性的粉料，使六角铁氧体材料在较低温度下快速致密化；②加入少量助烧剂，借助液相烧结来降低烧结温度。目前的研究结果显示，采用新型软化学制粉工艺由于降温幅度有限，往往需要结合添加助烧剂才能将 Z 型六角铁氧体的烧结温度降低到所需要的温度。相对而言，添加低熔点助烧剂降低烧结温度的方法简单、成本低，同时也可以使烧结体的晶粒生长均匀，由于微观组织得到改善，材料性能得到提高。采用添加低熔点助烧剂即利用液相烧结来实现低温共烧，液相对烧结过程的促进主要是由于液相在晶粒间形成的液体毛细管力以及晶粒原子在液相中的溶解-淀析。这里，主要介绍采用添加助烧剂的方法来制备低温烧结 Z 型六角铁氧体，在前期探索实验的基础上系统研究了单独掺杂 Bi_2O_3、复合掺杂 Bi_2O_3-SiO_2 和 Bi_2O_3-CuO 时 Z 型六角铁氧体的烧结行为、物相构成、显微结构和电磁性能与掺杂量、工艺过程、化学组成和 Co_3O_4 粉料的微观形貌之间的关系[33-35]。

3.4.2　Bi_2O_3 助熔 Z 型六角铁氧体材料的微观结构及电磁性能

Z 型六角铁氧体的电磁性能与其基本化学成分和掺杂剂的种类与用量密切相关。例如，为了获得高的起始磁导率，需要采用含 Zn 的配方。为了实现低温烧结，通常需要加入增进烧结和提高密度的 Bi_2O_3 添加剂。考虑到提高起始磁导率和低温烧结的要求，适宜的 Zn 含量取 1.2wt%，Bi_2O_3 含量为 0.1wt%～2.0wt%。根据前期的研究，注意到 Z 型六角铁氧体的性能与制备条件，如混合工艺、预烧温度等有十分密切的关系，因此本小节实验工作重点研究预烧温度、混合工艺和 Bi_2O_3 用量对 Z 型六角铁氧体的烧结行为、显微结构和电磁性能的影响。

低温烧结 Z 型六角铁氧体采用固相反应法制备。实验所用的原料为分析纯级别的 $BaCO_3$、Fe_2O_3、ZnO、Co_3O_4 和 Bi_2O_3 等，按 $Ba_3(Co_{0.4}Zn_{0.6})_2Fe_{24}O_{41}$ 的化学计量称量配料。经历不同时间（t_1=4～60h）一次球磨后的粉料干燥后在 1200～1300℃预烧 2h。然后将粉料过 80 目筛，添加适量的 Bi_2O_3（x=0.0wt%～2.0wt%），二次球磨至平均粒度为 1μm。干燥后的粉料用聚乙烯醇水溶液造粒，压制成环状坯体备用。坯体在 900～1000℃区间内取点烧结 6h 后炉冷至室温。用 X′Pert PRO MPD 型 X 射线衍射仪分析预烧料和烧结体的物相构成。用 S-530 扫描电镜观察样品的显微结构。烧结体样品的密度采用 Archimedean 排水法测量。用 HP4291B 射频材料/阻抗分析仪测试样品的电磁性能。

1. 预烧温度的影响

在不同预烧温度下获得的低温烧结六角铁氧体样品的 XRD 图谱如图 3-34 所

示。样品编号 SB1230 和 SB1280 分别指在 1230℃和 1280℃预烧后得到的烧结体样品。很显然，预烧温度对预烧料乃至烧结体样品的物相构成有着十分显著的影响。

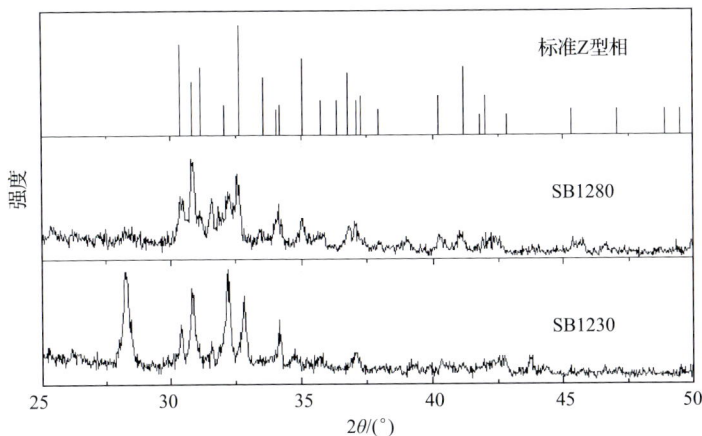

图 3-34　不同预烧温度下获得的低温烧结六角铁氧体样品的 XRD 图谱

由 3.2 节的分析可知，随着预烧温度的升高，预烧料的主晶相由 M 相转变为 Y 相，然后是 Y 相与 Z 相共存，最终转变为 Z 相。从前期的研究结果和文献报道来看，采用固相反应法制备 Z 型六角铁氧体的过程中，在预烧料中往往会检测到少量的 M 相和/或 Y 相的衍射峰，即残留的 M 相和/或 Y 相与 Z 相共存。由图 3-34 可以看出，高温预烧后得到的烧结体样品主晶相为 Z 相。而较低预烧温度下获得的样品，由于在预烧过程中 Z 相转变不充分，预烧料中残留部分中间相——M 相和/或 Y 相，在二次烧结过程中仍然未能彻底转变为 Z 相。该实验结果在一定程度上也表明 M+Y ——→ Z 反应所需的能垒很高，低熔点助烧剂 Bi$_2$O$_3$ 促进了烧结过程的进行，有利于致密化过程，但是尚不足以完成最终的相转变反应。

图 3-35（a）是在不同预烧温度下得到的六角铁氧体样品的磁导率实部。由图 3-35（a）可以看出，随着预烧温度的升高，起始磁导率从 3.3 增加至 7.5。当预烧温度 T_p=1280℃时，磁导率实部在各频率点达到最大值 [图 3-35（b）]。继续提高预烧温度，部分铁氧体相的高温分解导致磁导率反而降低。已知 $\mu_i \propto \dfrac{M_s^2}{aK + b\lambda_s \sigma}$，其中 M_s 为饱和磁化强度；K 为磁晶各向异性常数；λ_s 为饱和磁致伸缩系数；σ 为应力因子；a 和 b 为常数。对照图 3-34 和图 3-35，随着预烧温度的升高，六角铁氧体中 Z 相含量增加而中间相含量减少，起始磁导率随着饱和磁化强度的增加和磁晶各向异性常数的减小而增加。可见，获得高性能低温烧结 Z 型六角铁氧体的首要条件是预烧料为 Z 相。根据 3.2.2 节的分析结果，制备低温烧结 Z 型六角铁氧体的预烧温度通常控制在 1250～1280℃。

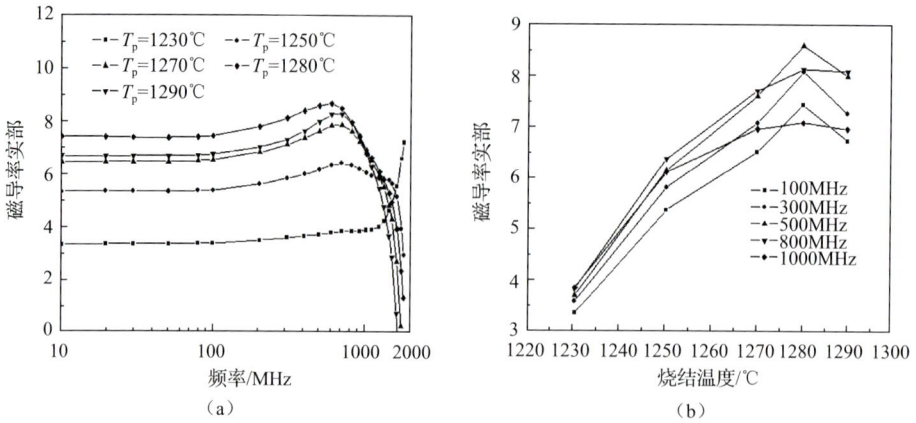

图 3-35　预烧温度对六角铁氧体磁谱曲线的影响

2. 混合工艺的影响

不同混合工艺对掺有 2.0wt% Bi_2O_3 Z 型六角铁氧体的烧结行为、显微结构和磁性能的影响如图 3-36、图 3-37 和图 3-38 所示。很明显地，采用不同的混合工艺，六角铁氧体的微观结构、致密化过程乃至磁性能均发生了十分显著的变化。采用不同混合工艺获得的 Z 型六角铁氧体样品的典型显微形貌如图 3-36 所示，其中 t_1 是一次球磨时间；t_2 是二次球磨时间。由图 3-36 可以看出，混合工艺的变化对六角铁氧体的显微结构有着非常显著的影响。随着混合时间的延长，平均晶粒尺寸减小，特别是采用 t_1=24h，t_2=6h 混合工艺的样品，具有相当均匀、致密的六角片状结构（平均晶粒尺寸约为 3μm）。此外，值得注意的是，采用 t_1=6h，t_2=12h 混合工艺得到的样品具有较大的平均晶粒尺寸，明显大于采用 t_1=6h，t_2=6h 混合工艺的样品。类似地，采用 t_1=24h，t_2=12h 混合工艺得到的样品的平均晶粒尺寸也明显大于采用 t_1=24h，t_2=6h 混合工艺得到的样品。该实验结果表明，二次球磨时间的延长明显促进了六角铁氧体的颗粒粗化（包括颗粒和气孔的生长）。

（a）t_1=6h, t_2=6h　　　　　　　　　　（b）t_1=24h, t_2=6h

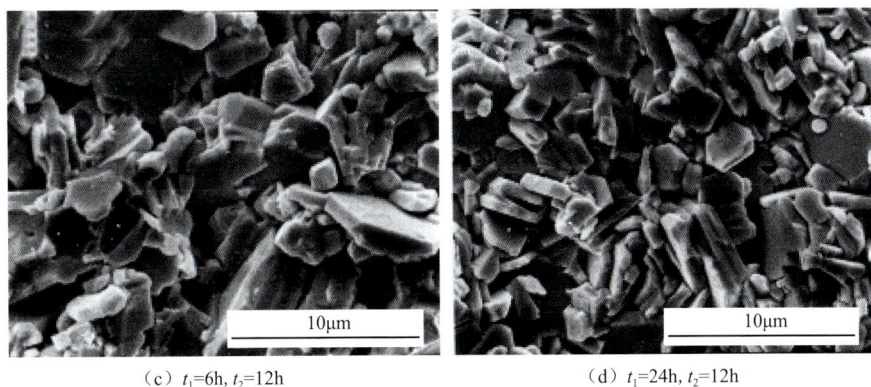

（c）t_1=6h, t_2=12h　　　　　　　　　（d）t_1=24h, t_2=12h

图 3-36　混合工艺对 Z 型六角铁氧体显微形貌的影响

　　Z 型六角铁氧体的初始密度（未烧结的成型体密度）和烧结密度（烧结体样品的体密度）随混合时间的变化如图 3-37 所示。由图 3-37 可以看出，在 t_2=6h 的条件下，当 t_1<24h 时，初始密度和烧结密度随一次混合时间的延长而增加；当 t_1>24h 时，初始密度和烧结密度随一次混合时间的延长而减小。随着球磨时间的延长，预烧料颗粒的平均粒径减小，成型过程中粉料的填充密度增加。一般而言，较高的初始密度有利于烧结密度的提高。但是，随着混合时间的继续增加，预烧料粉料的平均颗粒尺寸进一步减小，预烧料颗粒间的摩擦力随比表面积的增加而增大，导致坯体成型过程中所受的阻力增加，初始密度明显降低。非常低的初始密度和部分气孔的热力学稳定将影响到致密化过程。

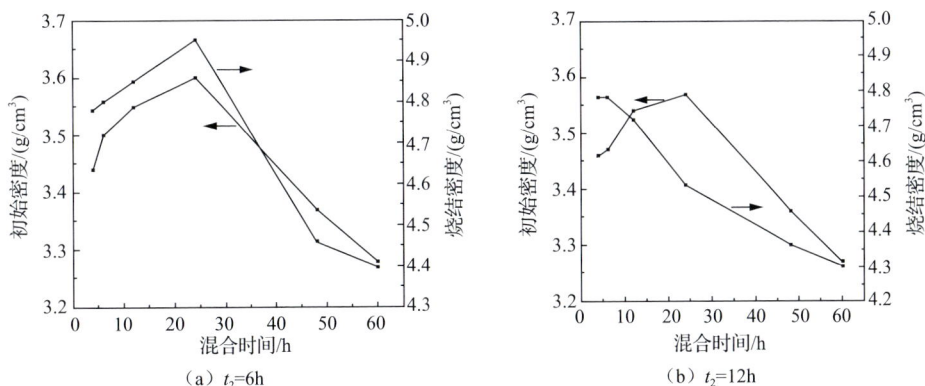

（a）t_2=6h　　　　　　　　　　　　　（b）t_2=12h

图 3-37　混合时间与初始密度和烧结密度的关系

　　当 t_2=12h 时，类似于 t_2=6h 的情况，初始密度随着一次球磨时间的增加先增大后减小；然而，烧结密度却随混合时间的增加单调下降。根据施剑林的工作和前述的实验现象，可以推断：在烧结阶段的后期，气孔周围颗粒间的物质传输在气孔热力学不稳定的情况下促进颗粒粗化和致密化过程；在气孔热力学稳定的情况下，只对颗粒粗化有贡献。延长二次混合时间的结果，是使样品的颗粒和气孔分布加宽，部分气孔由于热力学和动力学方面的原因而无法移除。因此，虽然在 $t_1=24h$，$t_2=12h$ 条件下获得的样品平均晶粒尺寸大于在 $t_1=24h$，$t_2=6h$ 获得的样品，即颗粒粗化，但是最终的烧结密度却明显低得多。

Z 型六角铁氧体的磁导率随频率和混合工艺的变化如图 3-38 所示。由图 3-38 可以看出，在 $t_2=6h$ 条件下，当 t_1 不超过 24h 时，起始磁导率 μ_i 随混合时间的延长而增大；与之相反，当 t_1 大于 24h 时，μ_i 随混合时间的延长而减小。采用 $t_1=24h$，$t_2=6h$ 的混合工艺，样品的起始磁导率达到最大值，共振频率在 1.8GHz 以上。这可能是烧结密度和显微结构改变的综合结果。一般而言，起始磁导率与两种磁化机制有关：磁畴转动机制和畴壁位移机制。磁畴转动实际上是由烧结密度决定的，随烧结密度的增加而增强。畴壁位移主要是由晶粒尺寸决定的。致密的显微结构将导致单位体积磁矩的增加。致密化不仅使得气孔引起的退磁场降低，还有利于磁畴转动，这将使得起始磁导率增加。

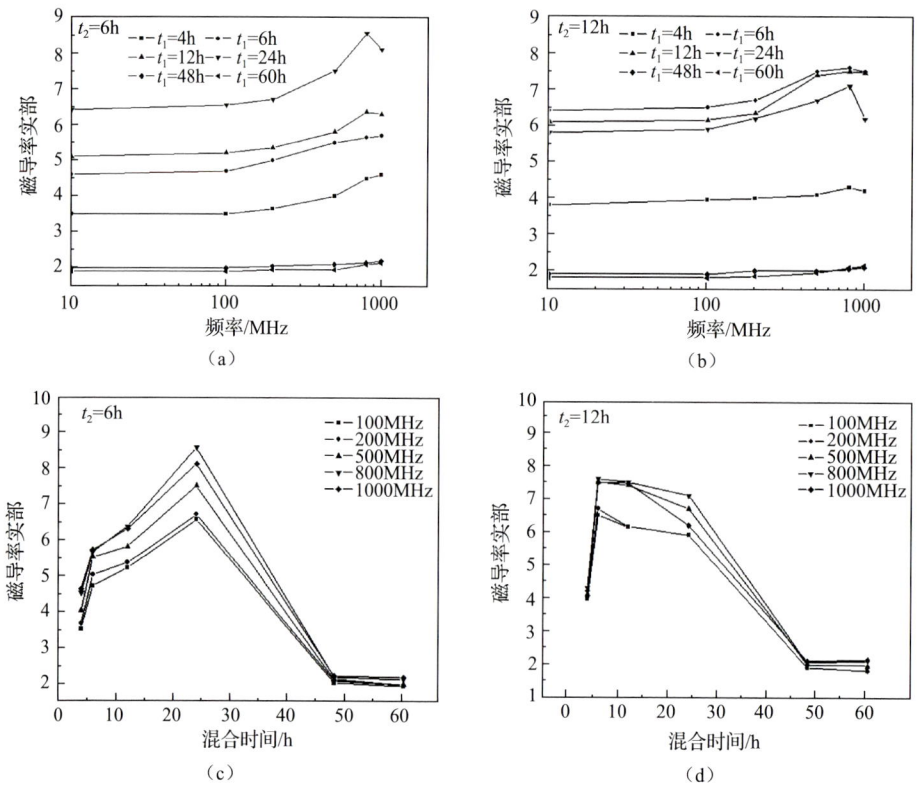

图 3-38 混合工艺对 Z 型六角铁氧体磁导率频率特性的影响

采用 t_1=24h，t_2=6h 的混合工艺，由于高的烧结密度和致密的显微结构，样品的起始磁导率达到最大值。另外，由于较大的晶粒尺寸和相对较高的烧结密度，采用 t_1=6h，t_2=12h 的混合工艺得到的样品的起始磁导率也达到极值。磁致损耗受显微结构的影响，与晶粒尺寸成反比。故而，t_1=24h，t_2=6h 得到的样品的品质因数较高（图 3-39）。例如，30MHz 时，t_1=24h，t_2=6h 的情况下，品质因数大于 200；而 t_1=6h，t_2=12h 的情况下，品质因数小于 120。总而言之，对制备低烧 Z 型六角铁氧体材料而言，t_1=24h，t_2=6h 的混合工艺是更可取的。

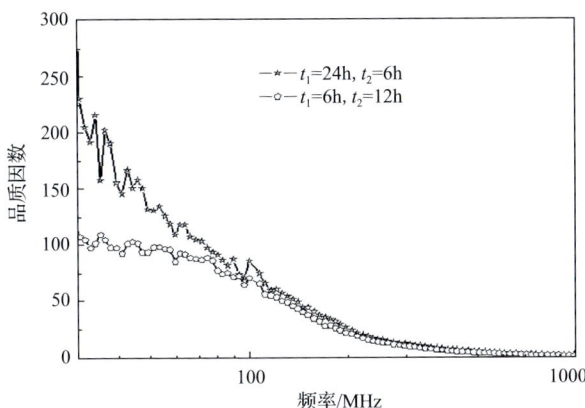

图 3-39　混合工艺对 Z 型六角铁氧体品质因数 Q 的影响

3. Bi₂O₃ 含量的影响

接下来，固定混合工艺为 t_1=24h，t_2=6h，然后研究 Bi₂O₃ 含量对 Z 型六角铁氧体物相构成和磁性能的影响。不同 Bi₂O₃ 含量烧结体样品的典型 X 射线衍射图谱如图 3-40 所示。其中，Z、Y 和 M 分别表示 Z 相、Y 相和 M 相的衍射峰。样品编号用 Z******表示。字母 Z 后面六位数字中的前四位表示烧结温度，后两位表示 Bi₂O₃ 含量。由图 3-40 可以看出，随着 Bi₂O₃ 含量的增加，主晶相转变为 Z 相。未掺杂的样品中发现有少量 Y 相的存在，但在所有掺杂样品中却未检测到 Y 相。XRD 分析表明，随着 Bi₂O₃ 含量的增加，Z 相的衍射峰强度增加，峰宽变窄。不过，XRD 图谱中未发现少量 Bi₂O₃ 的存在。Z 型六角铁氧体的结构可以看作是 BaM(BaFe₁₂O₁₉) 和 Co₂Y(Ba₂Co₂Fe₁₂O₂₂) 的组合。从简单氧化物并不容易直接得到 Z 相，而是从简单氧化物逐渐经过 M 相和 Y 相混合物，最终转变成 Z 相。分析图 3-40 可知，Bi₂O₃ 助剂促进了 M+Y ——→ Z 的转变反应，因此，残留中间相的含量明显减少。

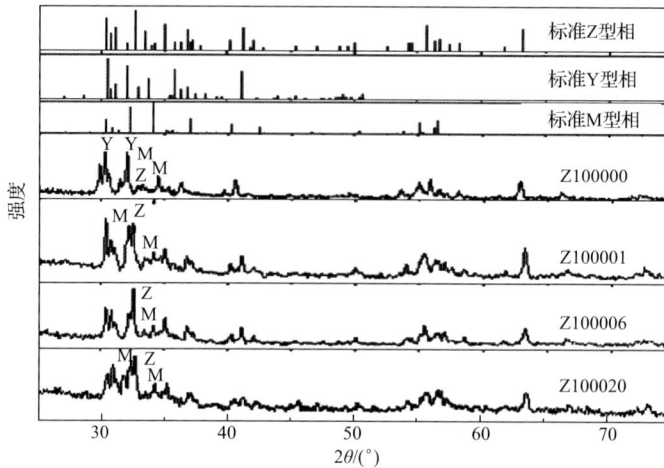

图 3-40 $Ba_3(Co_{0.4}Zn_{0.6})_2Fe_{24}O_{41}+x$wt% Bi_2O_3（$x=0.0, 0.1, 0.6, 2.0$）样品的 XRD 图谱

不同 Bi_2O_3 含量烧结体样品的典型显微结构如图 3-41 所示。未掺杂的纯的六角铁氧体在 1260℃下烧结，含有 0.1wt%～2.0wt% 的 Bi_2O_3 的样品在 900～1000℃下烧结。图 3-41（a）清楚地表明 Bi_2O_3 的低熔点（830℃）导致烧结过程中出现局部液相，明显地促进了六角铁氧体的晶粒生长和致密化过程。在未掺杂的样品 Z126000 中可观察到显著的异常晶粒生长现象，大量气孔出现在晶粒内部和晶界处。相反，所有掺杂 Bi_2O_3 的样品均具有完整、致密的平面六角结构，未出现巨晶现象，只是在晶界处发现有少量的气孔。该结果表明：在较低的烧结温度下，由于熔点较低，Bi_2O_3 助剂作为反应中心加速了六角铁氧体的体扩散过程，从而促进了晶粒生长并且增进了致密化过程；但在较高的烧结温度下，由于部分 Bi_2O_3 在晶界处的聚集，将会抑制异常的晶粒生长。当 x 超过 0.6 时，随着 Bi_2O_3 含量的增加，相转变反应由于 Bi_2O_3 的聚集而变得困难，Z 相形成受阻，与 Z 相共生的 M 相含量增加。

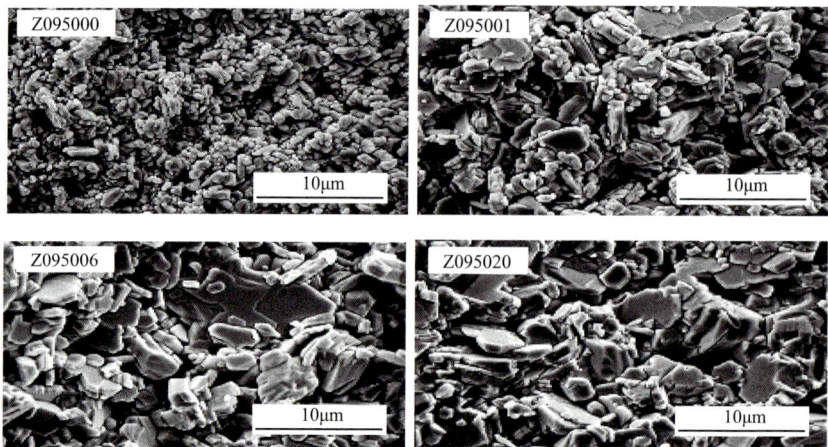

（a）

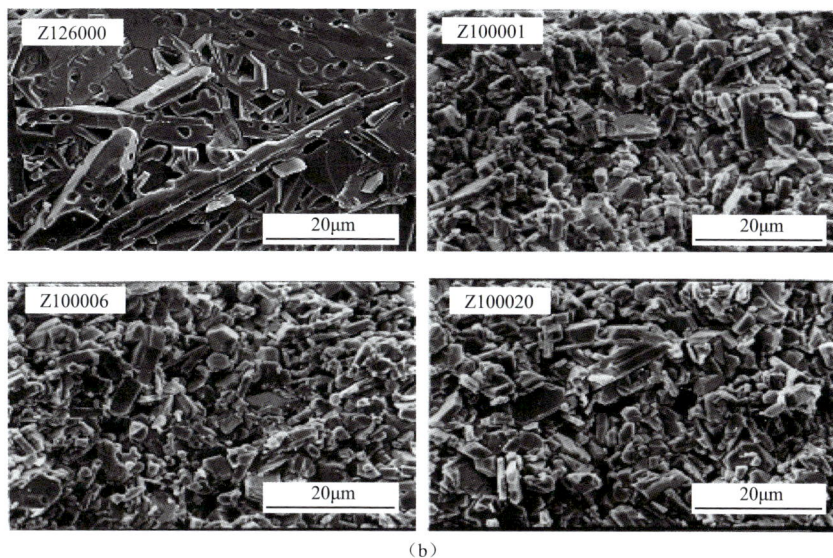

（b）

图 3-41　Ba$_3$(Co$_{0.4}$Zn$_{0.6}$)$_2$Fe$_{24}$O$_{41}$+$x$wt% Bi$_2$O$_3$（x= 0.0, 0.1, 0.6, 2.0）样品的 SEM 图

不同 Bi$_2$O$_3$ 含量 Z 型六角铁氧体的磁谱曲线如图 3-42 所示。由图 3-42 可以看出，当 x 小于 0.6 时，起始磁导率 μ_i 随 Bi$_2$O$_3$ 含量的增加而增大；当 x 大于 0.6 时，起始磁导率 μ_i 随 Bi$_2$O$_3$ 含量的增加而减小。铁磁共振频率大于 1.8GHz，截止频率随 x 在 900MHz～1.5GHz 范围内变化。这可能是由于磁晶各向异性改变的结果。随着烧结温度的升高，所有样品的低频磁导率基本上都在增加，符合铁氧体的正常磁性行为。

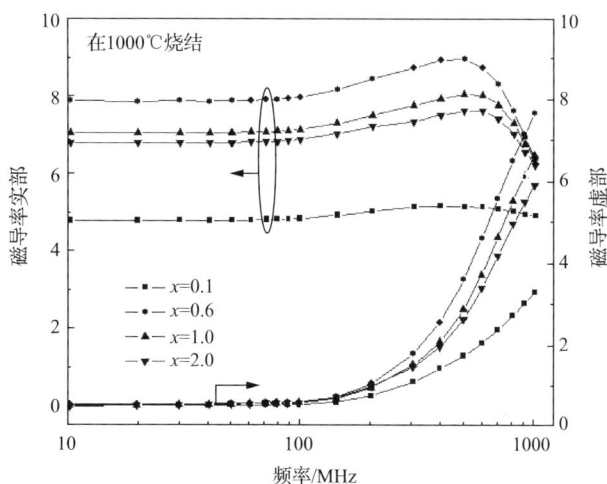

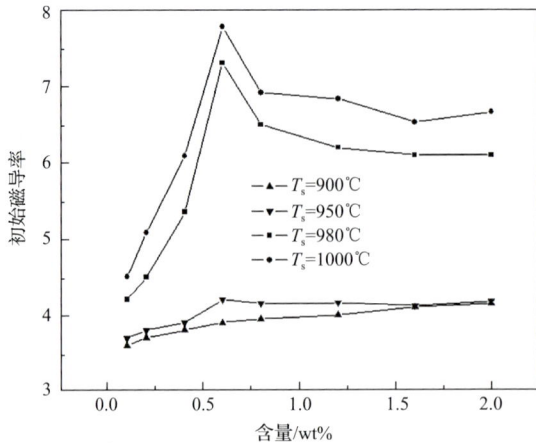

图 3-42 Bi_2O_3 含量对 Z 型六角铁氧体磁谱曲线的影响

已知起始磁导率 μ_i 反比于磁晶各向异性常数。平面六角结构的磁晶各向异性常数可表示为 K_{U1}、K_{U2} 和 K_{U3}。在室温条件下，Z 型六角铁氧体的磁晶各向异性是平面的，其 $K_{U1}+K_{U2}<0$。而与 Z 型六角铁氧体共生的残留 M 型六角铁氧体具有非常强的单轴各向异性，其 $K_{U1}>0$。通常情况下，M 相作为另相，将诱导退磁场及磁晶各向异性场，可能会引起起始磁导率的减小。研究发现，少量 M 相和 Z 相的共存有可能导致磁晶各向异性的降低。对照图 3-40 和图 3-42，当 x 低于 0.6 时，随着 Bi_2O_3 含量的增加，一方面，残留下来的中间相含量显著减少，导致六角铁氧体的磁晶各向异性常数减小；与此同时，Z 相含量随之增加，引起饱和磁化强度的增加和磁晶各向异性常数的减小，最终将使六角铁氧体的起始磁导率增加和截止频率降低。掺杂 0.6wt% Bi_2O_3 的样品，起始磁导率达到最大值（7），截止频率为 900MHz。相反，当 x 超过 0.6 时，由于有效磁晶各向异性常数随 M 相含量的增加而增大，起始磁导率将减小。

综上所述，本小节实验工作研究了预烧温度、混合工艺与具有不同 Bi_2O_3 含量的 Z 型六角铁氧体的致密化、显微结构演化和磁性能之间的关系，得到的结果是：获得高性能低温烧结 Z 型六角铁氧体的首要条件是预烧料为 Z 相。不同混合工艺过程改变了颗粒和气孔的分布，从而造成对最终烧结体显微结构和磁性能的调制。随着一次球磨时间的延长，样品的初始密度增加，晶粒的平均尺寸减小，二次球磨时间的延长明显促进了颗粒粗化。初始密度和气孔的分布共同决定了烧结密度和磁性能。当 $t_1=24h$，$t_2=6h$ 时，获得高的品质因数和最高的起始磁导率。在烧结过程中，Bi_2O_3 添加剂在较低温度下促进晶粒的生长和完整性，而在较高温度下，Bi_2O_3 在晶界的部分聚集有效抑制了晶粒的异常生长现象。由于较低的熔点，Bi_2O_3 添加剂可以促进致密化过程，提高低温烧结六角铁氧体的起始磁导率。

4. Co_3O_4 粉料的影响

由于采用固相反应法制备 Z 型六角铁氧体所需的能量较高，预烧料中往往含有未完全转化的中间相，致使低温烧结后的样品常见复杂的晶相构成，从而对最终产品的性能造成一定影响。因此，获得高性能低温烧结 Z 型六角铁氧体的首要条件是预烧料为 Z 相。当合成反应是高温固相反应时，在固态产物层中的扩散现象很复杂，会受到晶体缺陷、界面性质及颗粒分布等因素的影响。由六角铁氧体的晶体结构可以看出，Co_3O_4 与铁氧体的 S 块结构相关，Co_3O_4 粉料的微观形貌和反应活性对六角铁氧体的合成过程有着重要影响。市售 Co_3O_4 粉料的微观形貌由于各生产厂家制备工艺的不同而有较为显著的差异，从而对预烧料的物相构成、致密化过程乃至烧结体的电磁性能产生显著影响。根据实验条件选择不同生产厂家的两种纯度接近的 Co_3O_4 粉料进行研究。

1）Co_3O_4 粉料对微观结构的影响

两种 Co_3O_4 粉料的 XRD 图谱如图 3-43 所示。由图 3-43 可以看出，两种粉料的基本构成均为面心立方结构的 Co_3O_4 相（JCPDS 78-1970），未见明显的其他相的衍射峰。两种 Co_3O_4 粉料的显微形貌照片如图 3-44 所示。显然，这两种粉料的

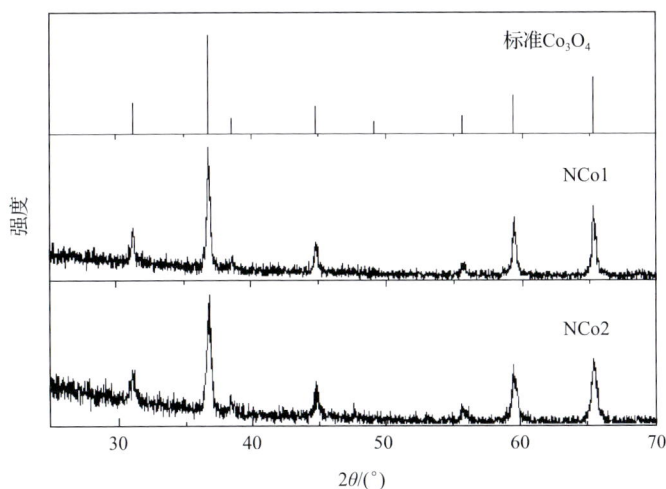

图 3-43　不同 Co_3O_4 粉料的 XRD 图谱

（a）　　　　　　　　　　　　　（b）

图 3-44　层状（a）和片状（b）Co_3O_4 粉料的显微形貌

微观形貌和聚结状态有着显著的差异：虽然两种粉料的小颗粒微观形貌均为球形，但 NCo1 型粉料的小颗粒聚结为较紧密的粗大层状结构（以下简称层状 Co_3O_4）；而 NCo2 型粉料的小颗粒形成较疏松的小圆片状团聚体（以下简称片状 Co_3O_4）。

　　制备低温烧结 Z 型六角铁氧体的预烧温度区间很窄，在 1250～1280℃之间，当预烧温度过低时会存在中间过渡态（M 相、Y 相和尖晶石相），不能保证 Z 相六角铁氧体的充分生成；而当预烧温度过高时，会使粉料聚结而难以破碎，还会出现部分铁氧体相的分解，生成 W 相以及其他更为复杂的氧化物相，这样的预烧料经过低温烧结不会生成单一的 Z 相。对于 Z 型六角铁氧体而言，由于90%以上的固相反应基本上是在预烧过程中完成的，因而可以说预烧是获得良好材料性能的关键工艺环节。在其他实验条件固定的情况下，分别采用两种不同的 Co_3O_4 粉料，将一次球磨后的粉体烘干后在 1200～1300℃温度区间内进行预烧，得到的预烧料进行 X 射线衍射分析，研究不同 Co_3O_4 原料对体系物相转变过程的影响。结果发现，Co_3O_4 粉料的变动对预烧料的物相构成影响显著。图 3-45 给出分别采用层状和片状 Co_3O_4 在 1270℃预烧后得到的预烧料 PCo-1 和 PCo-2 的 X 射线衍射结果。可以看出，采用层状 Co_3O_4 制得的粉料在 1270℃预烧后主要为 Y 相和 M 相，Z 相含量极少。相反地，采用片状 Co_3O_4 制得的粉料在 1270℃预烧后主晶相转变为 Z 相，而且 Z 相开始出现的温度（1250℃）明显低于采用层状 Co_3O_4 制得的粉料（1300℃）。由 3.2 节的相转变过程分析可知，900℃以后出现 M 相六角铁氧体，Y 相出现在 1100℃以后。而 Co_3O_4 在 900℃以上转变为 CoO，在 900～1100℃ Co^{2+} 进入 M 相六角铁氧体的晶体结构，形成固溶体。由六角铁氧体的晶体结构可以看出 Co_3O_4 与六角铁氧体的 S 块结构相关，Co_3O_4 粉料的微观形貌对六角铁氧体的合成过程有着重要影响。由前述分析可知，结构较为疏松的片状 Co_3O_4 具有较高的反应活性。

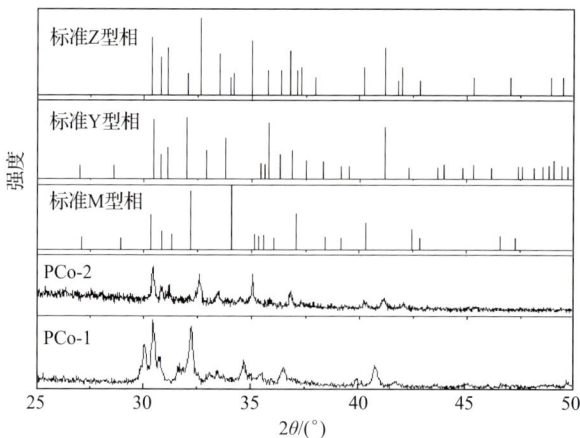

图 3-45　Co_3O_4 粉料对预烧料物相构成的影响

2）Co_3O_4 粉料对磁性能的影响

不同 Co_3O_4 粉料对 Bi_2O_3 六角铁氧体磁谱曲线的影响如图 3-46 所示。其中，SCo1 组和 SCo2 组分别为采用层状和片状 Co_3O_4 粉料得到的烧结体样品。x 表示 Bi_2O_3 的含量（质量分数）。由图 3-46 可以看出，在 900℃烧结时，采用片状 Co_3O_4 得到的样品的起始磁导率明显高于采用层状 Co_3O_4 得到的样品。结合图 3-45 的分析结果，Co_3O_4 粉料的变动对预烧料的物相构成影响显著，在相同的工艺条件下，采用片状 Co_3O_4 更有利于获得 Z 相含量较高的预烧料，最终得到 Z 相含量较高而中间相含量较低的烧结体样品。中间相含量的显著减少导致铁氧体磁晶各向异性常数减小；而 Z 相含量的增加促使饱和磁化强度增加。根据式（3-1），两方面的原因导致采用片状 Co_3O_4 得到相对较高的起始磁导率。此外，由图 3-46 还可以看出，随着 Bi_2O_3 含量从 0.1wt%增加到 2.0wt%，烧结体样品的起始磁导率均存在极大值，只是极大值对应的 Bi_2O_3 含量略有不同（从 0.6wt%到 1.0wt%）。对照图 3-45，推断极大值对应点的差异主要是由于采用片状 Co_3O_4 后致使预烧料中 Z 相含量增加。与文献报道不同，极值点存在的事实进一步说明，在二次球磨过程中引入 Bi_2O_3 助剂后，Bi_2O_3 在晶界的部分聚结现象，导致少量 M 相的析出和相转变过程受阻。由以上分析可以看出，制备低温烧结 Z 型六角铁氧体适宜采用片状 Co_3O_4 粉料。采用片状 Co_3O_4，掺入 1.0wt% Bi_2O_3 时获得的低温烧结样品具有最高的起始磁导率，高的品质因数值，高达 900MHz 的截止频率和 1.8GHz 以上的共振频率。

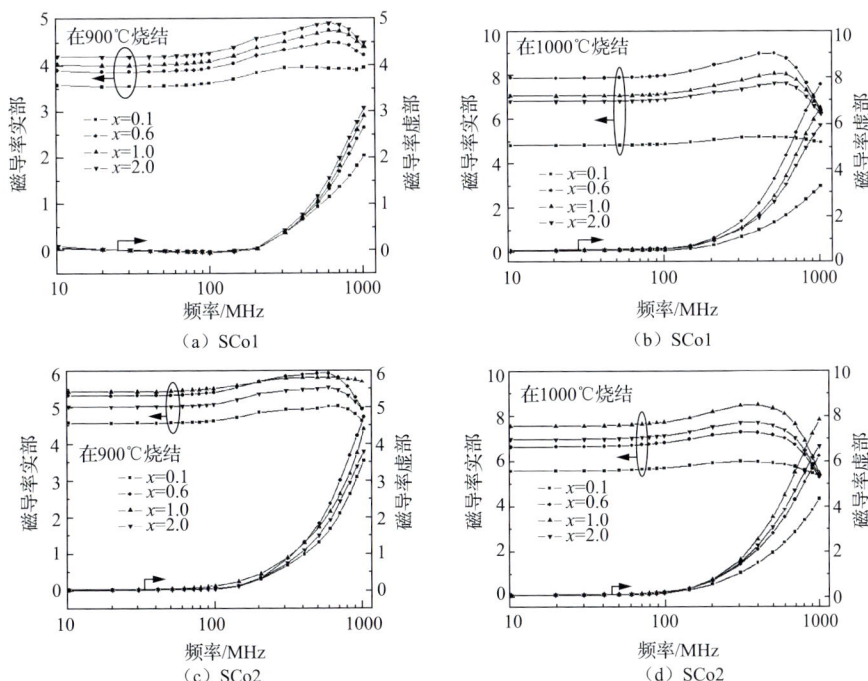

图 **3-46** Co_3O_4 对 Bi_2O_3 掺杂低温烧结 Z 型六角铁氧体磁谱曲线的影响

5. 配方组成的影响

为了获得高磁导率的六角铁氧体材料，常用非磁性的 Zn^{2+} 取代二价金属离子。究其原因，一般认为高共振频率铁氧体的磁导率主要是旋转磁化的贡献。由旋转磁化引起的磁导率和共振频率分别如式（3-2）和式（3-3）所示：

$$\mu_i - 1 = \frac{I_S}{3\mu_0 H_{a_1}} \tag{3-2}$$

$$f_r = \frac{\gamma}{2\pi}\sqrt{H_{a_1}H_{a_2}} \tag{3-3}$$

其中，f_r 为共振频率；μ_0 为真空磁导率；I_S 为饱和磁通密度；H_{a_1} 为在面内磁化旋转的各向异性场；H_{a_2} 为包含 c 轴磁化旋转的各向异性场；γ 为旋磁比。

由式（3-2）可知，二价金属离子置换引起磁导率上升是由元素置换引起各向异性场的变化及饱和磁通密度的变化造成的。由于 Zn^{2+} 倾向于占据四面体位（A位），通过掺杂非磁性的 Zn^{2+} 可使部分 Fe^{3+} 倾向于在八面体位（B位）分布，从而加强 B 位 Fe^{3+}-Fe^{3+} 的交换作用，提高材料的饱和磁通密度。此外，Zn^{2+} 取代强磁性的 Co^{2+} 降低了磁晶各向异性，两者综合作用的结果大大提高了材料的起始磁导率 μ_i。根据式（3-3）的计算，Zn^{2+} 取代后六角铁氧体材料的自然共振频率向低频方向移动。

根据文献报道和前期实验的结果可知，对于 $Ba_3Co_{2-x}Zn_xFe_{24}O_{41}(0 \leqslant x \leqslant 2)$ 六角铁氧体，起始磁导率在 $x=1.2$ 时达到极大值。但是实验发现，Zn 含量对 Z 型六角铁氧体的影响因基本配方而异。低温烧结 $(Ba_{0.7}Sr_{0.3})_3Cu_{0.5}Co_{1.5-x}Zn_xFe_{24}O_{41}$ $(0 \leqslant x \leqslant 1.5)$ 铁氧体的实验结果如图 3-47 和图 3-48 所示。由图 3-47 可以看出，Zn 含量对 $(Ba_{0.7}Sr_{0.3})_3Cu_{0.5}Co_{1.5-x}Zn_xFe_{24}O_{41}(0 \leqslant x \leqslant 1.5)$ 铁氧体显微结构的影响并不显著。图 3-48 给出不同 Zn 含量 $(Ba_{0.7}Sr_{0.3})_3Cu_{0.5}Co_{1.5-x}Zn_xFe_{24}O_{41}(0 \leqslant x \leqslant 1.5)$ 烧结体样品的磁谱曲线。由图 3-48 可以看出，与 $Ba_3Co_{2-x}Zn_xFe_{24}O_{41}(0 \leqslant x \leqslant 2)$ 六角铁氧体不同，$(Ba_{0.7}Sr_{0.3})_3Cu_{0.5}Co_{1.5-x}Zn_xFe_{24}O_{41}(0 \leqslant x \leqslant 1.5)$ 六角铁氧体在 $x=0.3$ 时起始磁导率达到极大值，之后迅速下降，并且高频损耗剧烈增加。根据前面的分析，Zn^{2+} 取代强磁性的 Co^{2+} 后，随着取代量的增加，各向异性场 H_{a_1} 降低而饱和磁通密度 I_S 增加，从而导致起始磁导率增加。但是，当 Zn^{2+} 取代量较大时，A 位上的磁性离子数目急剧减少，相应地，产生 A-B 位间超交换作用的磁性离子对数目下降，甚至 A-B 位间的超交换作用消失。而与此同时，B-B 位间超交换作用逐渐增强，导致 B 位磁性离子的磁矩反平行排列，结果使分子磁矩下降。

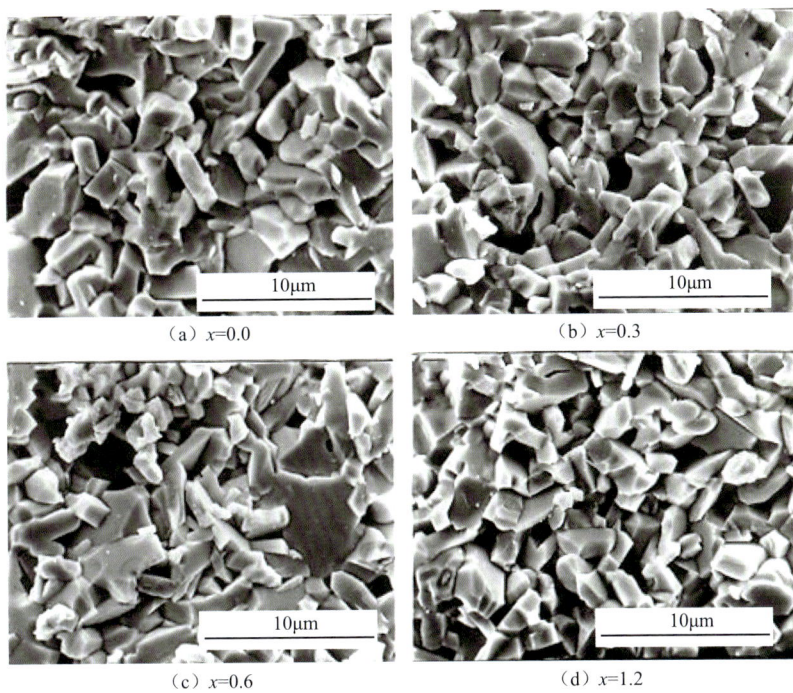

（a）x=0.0

（b）x=0.3

（c）x=0.6

（d）x=1.2

图 **3-47** $(Ba_{0.7}Sr_{0.3})_3Cu_{0.5}Co_{1.5-x}Zn_xFe_{24}O_{41}$（x=0.0,0.3,0.6,1.2）样品的 SEM 图

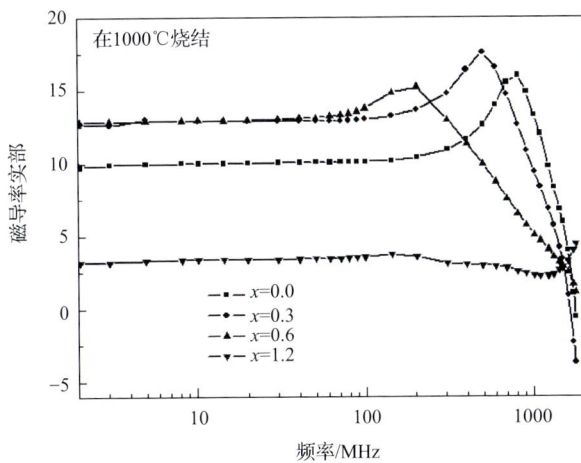

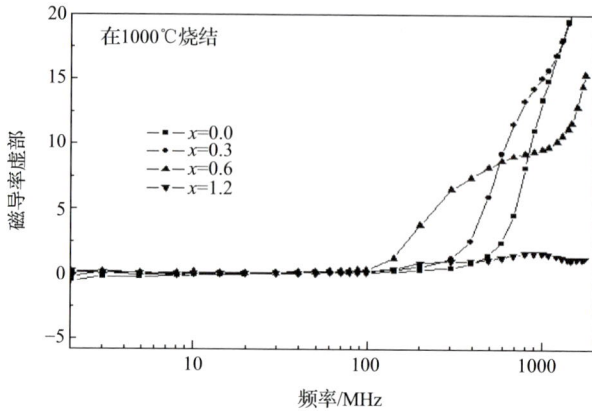

图 **3-48** $(Ba_{0.7}Sr_{0.3})_3Cu_{0.5}Co_{1.5-x}Zn_xFe_{24}O_{41}$（$x$=0.0,0.3,0.6,1.2）样品的磁谱曲线

从图 3-48 的实验结果来看，不同的配方组成，金属离子在 A 位、B 位的分布情况不同，Zn^{2+} 取代对 B 位 Fe^{3+}-Fe^{3+} 超交换作用的影响也不同。考虑到 Cu^{2+} 倾向于占据 B 位，导致部分 Fe^{3+} 分布在 A 位，结果使得在 $(Ba_{0.7}Sr_{0.3})_3Cu_{0.5}Co_{1.5-x}Zn_xFe_{24}O_{41}$ ($0 \leqslant x \leqslant 1.5$) 六角铁氧体中 Zn 取代的允许范围变窄。另外，在实验中注意到，分别在一次球磨和二次球磨过程中加入 CuO，得到的实验结果很接近。该结果表明 Cu 的分布过程在低温烧结过程中即可完成。Cu 主要分布在晶粒中，由于促进了晶粒内物质的移动而促进烧结。但是，CuO 用量超过固溶度后将在晶界析出，起阻晶作用，虽然由于 Bi_2O_3-CuO 的互溶烧结密度增加，但起始磁导率却显著降低（图 3-49）。

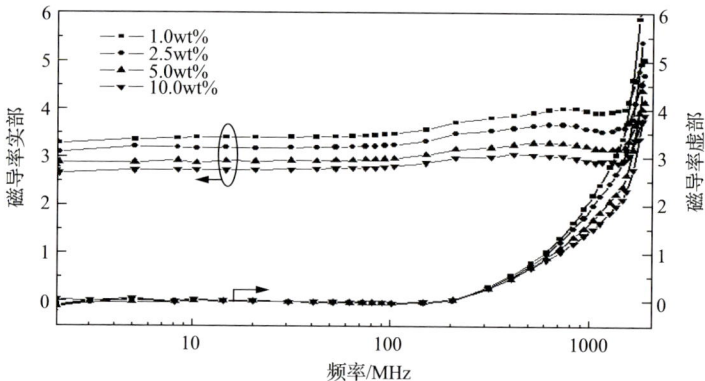

图 **3-49** Cu 过量对 $(Ba_{0.7}Sr_{0.3})_3Cu_{0.5}Co_{1.2}Zn_{0.3}Fe_{24}O_{41}$ 磁谱曲线的影响

3.4.3　Bi_2O_3-SiO_2 助熔 Z 型六角铁氧体材料的微观结构及电磁性能

为了获得高 Q 值的低温烧结 Z 型六角铁氧体，考虑到 SiO_2 添加剂对铁氧体晶

界的改善作用，结合前期实验工作，选择 Bi$_2$O$_3$-SiO$_2$ 作为复合掺杂剂，研究复合掺杂对微观结构和电磁性能的影响。采用固相反应法制备 Z 型六角铁氧体。实验所用的原料为 BaCO$_3$、Fe$_2$O$_3$、ZnO、Co$_3$O$_4$、Bi$_2$O$_3$ 和 SiO$_2$ 等。按照 Ba$_3$(Co$_{0.4}$Zn$_{0.6}$)$_2$Fe$_{24}$O$_{41}$ 的化学计量称量配料。在行星式球磨机上一次球磨 24h，粉料烘干后在 1270℃预烧 2h，得到组成为 Z 相的预烧料。然后，在预烧料中加入 1.0wt% Bi$_2$O$_3$ 和 $x$wt% SiO$_2$（x=0.0～8.0）添加剂，二次球磨 6h，干燥后的粉料用聚乙烯醇水溶液造粒，压制成环状和片状坯体。坯体在 900℃烧结。用 X'Pert PRO MPD 型 X 射线衍射仪分析烧结体的物相构成。用 S-4700 扫描电镜观察样品的显微结构。用 HP4291B 射频材料/阻抗分析仪测试样品的电磁性能。用 TH2682 型绝缘阻抗测试仪测试样品的电阻率。

1. Bi$_2$O$_3$-SiO$_2$ 掺杂对 Z 型六角铁氧体微观结构的影响

具有不同 Bi$_2$O$_3$-SiO$_2$ 掺杂量的低温烧结六角铁氧体样品的 XRD 图谱如图 3-50 所示。由图 3-50 可以看出，所有掺杂 Bi$_2$O$_3$-SiO$_2$ 添加剂的样品均为单一 Z 相，未见任何其他杂相的衍射峰。

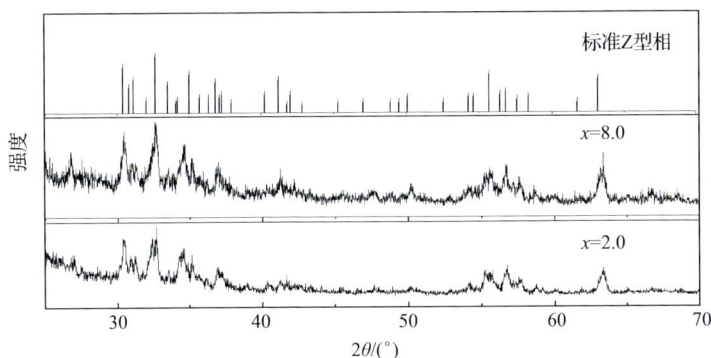

图 3-50　1.0wt% Bi$_2$O$_3$+$x$wt% SiO$_2$（x=2.0，8.0）掺杂六角铁氧体的 XRD 图谱

不同 Bi$_2$O$_3$-SiO$_2$ 掺杂量的低温烧结六角铁氧体的 SEM 图如图 3-51 所示。将图 3-51 与图 3-41 对照可以发现，Bi$_2$O$_3$-SiO$_2$ 复合掺杂样品的显微形貌与单独掺杂 Bi$_2$O$_3$ 的样品有明显不同。x=0（即单独掺杂 Bi$_2$O$_3$）的样品晶粒呈板状，平均晶粒尺寸为 2μm；而所有复合掺杂（x>0）的样品，与通常观察到的 Z 型六角铁氧体的显微形貌截然不同，晶粒均为薄片状（平均晶粒尺寸为 1μm），许多薄片堆积成层状的块，样品由大量的块堆垛而成。经过对晶界及其附近 EDS 分析显示 SiO$_2$ 在片状晶粒周围富集，而在面内浓度相对较低。根据物相构成和显微形貌分析结果可以认为：一方面，由于复合掺杂中引入的 SiO$_2$ 主要分散在晶粒边界处，在烧结过程中抑制了六角铁氧体的晶粒生长并对显微形貌造成影响；另一方面，在复合掺杂样品中，由于大量沿六角铁氧体晶粒平面方向晶界的出现，

有利于烧结后期的晶界移动和物质传输，促使 M+Y→Z 相转变反应的彻底完成。

（a）$x=2.0$ 　　　　　　　　　　　　（b）$x=4.0$

（c）$x=6.0$ 　　　　　　　　　　　　（d）$x=8.0$

图 3-51　1.0wt% Bi_2O_3+$x$wt% SiO_2（$x=2.0\sim8.0$）掺杂六角铁氧体的 SEM 图

2. Bi_2O_3-SiO_2 掺杂对 Z 型六角铁氧体电磁性能的影响

根据 3.4.2 节的研究结果，掺杂 1.0wt% Bi_2O_3 的 Z 型六角铁氧体的起始磁导率达到最大值，然而其品质因数在高频段下降较快。例如，在 900℃烧结的样品，在 100MHz 时品质因数达到 40，而在频率分别为 200MHz、300MHz、500MHz 和 1GHz 时，其品质因数依次迅速递减，分别为 12、7、3 和 1，这将限制该材料作为片式电感器在高频段的应用。为了改善高频特性，下面研究了 Bi_2O_3-SiO_2 复合掺杂对 Z 型六角铁氧体电磁特性的影响。

Bi_2O_3-SiO_2 掺杂量对六角铁氧体磁谱曲线的影响如图 3-52 所示。由图 3-52 可以看出，随着复合掺杂剂中 SiO_2 含量的增加，Z 型六角铁氧体的起始磁导率由 5.3 逐渐降低至 3～3.5。这主要归因于 Bi_2O_3-SiO_2 复合掺杂引起的晶粒细化。平均晶粒尺寸的减小将导致主要取决于晶粒尺寸的畴壁位移的贡献减小，由式（3-1）可知起始磁导率降低而截止频率向高频端移动。

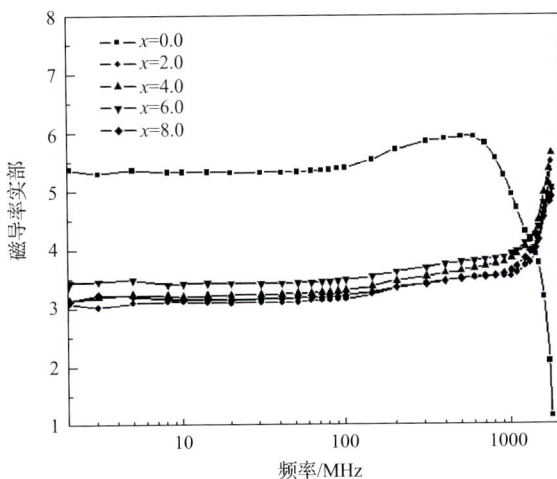

图 3-52　1.0wt% Bi_2O_3+xwt% SiO_2（x=0.0～8.0）掺杂六角铁氧体的磁谱曲线

　　当 x=0.0、2.0、4.0、6.0 和 8.0 时，六角铁氧体的绝缘电阻率分别为 1.2Ω·cm、2.3Ω·cm、3.5Ω·cm、3.8Ω·cm 和 6.2×10^8Ω·cm。电阻率随 SiO_2 掺杂量增加而增加的主要原因在于：随着 SiO_2 掺杂量的增加，铁氧体晶粒尺寸显著减小，晶界比例增加，从而导致直流电阻增大；另一方面，SiO_2 在晶界析出形成晶界高阻层也导致了电阻率的增加。图 3-53 给出了 Bi_2O_3-SiO_2 复合掺杂引起的 Q 值的变化。显然，引入 Bi_2O_3-SiO_2 复合掺杂后，电阻率增加使得涡流损耗降低从而有效提高了高频 Q 值，复合掺杂样品的 Q 值是单独掺杂 Bi_2O_3 样品的 2 倍以上。图 3-54 给出了 Bi_2O_3-SiO_2 复合掺杂对 Z 型六角铁氧体介电特性的影响。可见，随着 x 的增加，介电常数显著降低。在未掺杂时材料的介电常数为 11.4，当 SiO_2 掺杂量达到 8.0wt%时，其介电常数减少到了 8.4，同时介电损耗也相应降低。出现这一现象的原因可能是 SiO_2 的低介电常数（$\varepsilon_i\approx6$）以及晶粒细化。Z 型六角铁氧体是一种双性介

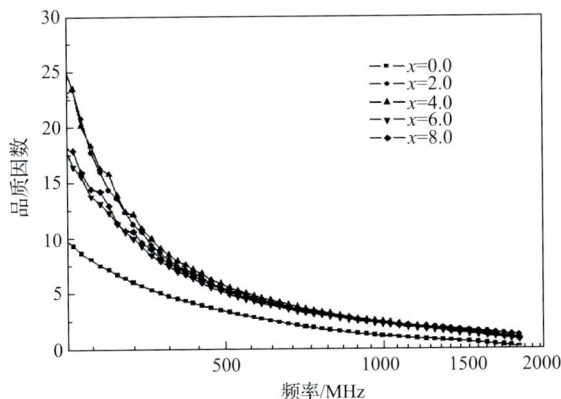

图 3-53　1.0wt% Bi_2O_3+xwt% SiO_2（x=0.0～8.0）掺杂六角铁氧体的品质因数

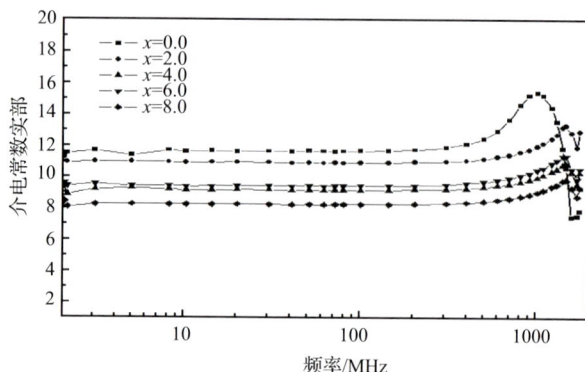

图 3-54　1.0wt% Bi_2O_3+xwt% SiO_2（x=0.0～8.0）掺杂六角铁氧体的介电谱曲线

质材料，既具有磁特性又具有介电特性，当其作为电感应用在电路中时，由于寄生电容的影响，将形成 LC 谐振电路，谐振频率 $f_r = 1/(2\pi\sqrt{LC})$，其中 L 为自感量，C 为电容量。因此，Bi_2O_3-SiO_2 复合掺杂 Z 型六角铁氧体由于导致介电常数的显著降低而可能获得高的共振频率。

3.5　Z 型六角铁氧体的软化学合成

3.5.1　软化学合成引入

实现铁氧体低温烧结的有效途径目前有两条：一是采用各种低温助剂，利用液相烧结机制促进烧结；二是采用高活性的粉料实现快速致密化。

为了实现六角铁氧体的低温致密化，在预烧料中常掺入一定量的低温助剂，如 Bi_2O_3、CuO 和 B_2O_3 等，利用液相烧结机制来实现低温烧结。研究发现引入低温助剂后出现另相往往使得磁性能变差，如起始磁导率显著降低、品质因数不高等问题，过多使用烧结助剂还会引起共烧过程中 Ag 电极的变形，不利于片式化应用；另外，部分种类的助剂引入后还有可能引起 Z 相部分分解，致使体系物相构成复杂化。因此，国内外有不少学者转而尝试采用各种软化学法合成 Z 型六角铁氧体，如共沉淀法、溶胶-凝胶（sol-gel）法等。一般而言，粉料的烧结特性因制备方法不同而有较大差异。普通陶瓷粉料较难烧结，其中重要的原因之一就在于它们有较大的晶格能和较稳定的结构状态，致使质点迁移需要较高的活化能，即活性较低。而采用颗粒小、比表面积大、表面活性高的单分散超细陶瓷粉料，使初期烧结基本上是在一次颗粒间进行，由于颗粒间扩散距离短，因而仅需要较低的烧结温度和烧结活化能。然而，相关研究结果显示：采用具有极大表面积的纳米粉体，六角铁氧体的磁体性能有所改善，但并不十分显著。而且粉料的预烧温度依然较高（1200～1250℃），要实现低温烧结仍需要引入一定量的低温助剂。因而，如何获得高活性的 Z 型六角铁氧体粉料，并实现在无助剂或较少助剂情况下的低温烧结具有重要的理论和实际意义[36-38]。

这里重点介绍不同粉料制备方式对 Z 型六角铁氧体合成过程、烧结性能和磁性能的影响。首先采用改进的溶胶-凝胶法合成超细的六角铁氧体粉料（NZHP），并分析 Z 型六角铁氧体的相转变过程。在此基础上设计纳米-微米粉料颗粒组配的新颖方法，避免引入其他杂相对磁性能的影响，探究超细粒子引入后对六角铁氧体致密化过程、显微结构演化以及磁性能的影响。

3.5.2　溶胶-凝胶法合成 Z 型六角铁氧体

表 3-9 和图 3-55 给出采用不同方法获得的组成相同的六角铁氧体粉料经 600～1250℃热处理后的 XRD 结果。XRD 分析显示：采用溶胶-凝胶法获得的前驱物在 600℃以后发生的可能反应过程与固相反应法类似，不过各反应阶段的温度区间不尽相同。采用溶胶-凝胶法，BaCO₃ 和 Fe₂O₃ 在 800℃左右开始生成 M 相（BaFe₁₂O₁₉），M 相一直残留到 1000℃左右。1100℃主晶相转变为 Y 相（Ba₂Co₂Fe₁₂O₂₂）。1150℃后开始出现 Z 相（Ba₃Co₂Fe₂₄O₄₁）。随着预烧温度的升高，Z 相含量增加。1200℃以后主晶相转变为 Z 相。在 1200～1250℃保持单一 Z 相，未见其他杂相的衍射峰存在。对照 3.2.2 节所述固相反应法合成 Z 型六角铁氧体的相转变过程，可以发现，采用溶胶-凝胶法后，各六角晶相（M 相、Y 相和 Z 相）出现的温度明显要低得多，表明采用溶胶-凝胶法得到的前驱物具有相对较高的反应活性。由图 3-55 还可以看出，采用溶胶-凝胶法，粉料在 1200℃预烧即可得到单一的 Z 相，合成温度明显低于传统的固相反应法（≥1250℃）。

表 3-9　预烧温度对不同方法合成样品晶相构成的影响

预烧温度/℃	晶相	
	溶胶-凝胶法	固相反应法
600	Fe₂O₃	Fe₂O₃
800	BaFe₂O₄ + BaM	BaFe₂O₄
1000	BaM	BaM
1100	Co₂Y	BaM
1150	Co₂Y（少量 Co₂Z）	BaM（少量 Co₂Y）
1200	Co₂Z	Co₂Y（少量 Co₂Z）
1250	Co₂Z	Co₂Z

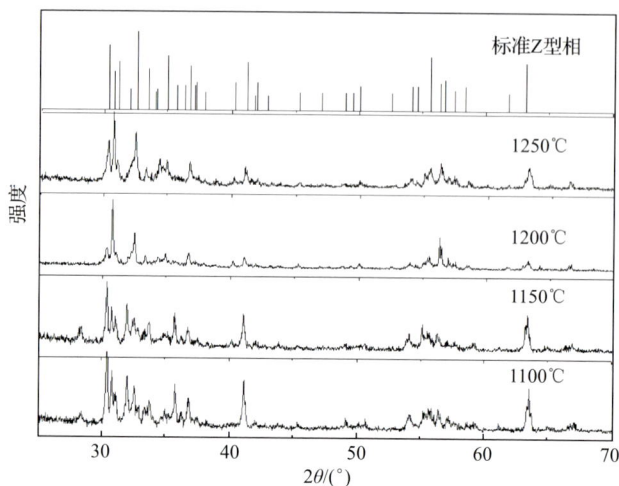

图 3-55　预烧温度对 Z 型六角铁氧体相转变过程的影响

根据 Scherrer 方程，$\beta = K\lambda/(D\cos\theta)$，则晶粒大小 $D = K\lambda/(\beta\cos\theta)$，其中 K 常称为晶体形状因子，在很大程度上与微晶的形状、晶面指数 (hkl)、β 和 D 所取的定义有关。当 $\beta_{1/2}$ 定义为晶粒大小引起的 (hkl) 衍射峰最大值的半高宽时，$K=0.9$。D 是沿晶体方向 (hkl) 的晶粒尺寸（nm），λ 是入射 X 射线的波长（nm），θ 为布拉格角。估算 (10$\underline{16}$) 晶面方向晶粒尺寸约为 40nm。

3.5.3　纳米-微米颗粒组配工艺制备低温烧结 Z 型六角铁氧体

采用固相反应法制备组成为 $Ba_3(Co_{0.4}Zn_{0.6})_2Fe_{24}O_{41}$ 的 Z 型六角铁氧体粉料。实验所用的原料为分析纯级别的 $BaCO_3$、Fe_2O_3、ZnO 和 Co_3O_4 等，一次球磨后的粉料经干燥后在 1270℃ 预烧 2h，得到预烧料 SSRM。采用水解度 99% 的聚乙烯醇替代柠檬酸作为络合剂，按比例称取各种金属离子的硝酸盐，在去离子水中溶解后，倒入热的聚乙烯醇水溶液，溶胶化后烘干得到干凝胶，干凝胶在 1200～1250℃ 预烧得到同成分 Z 型六角铁氧体纳米粉料（NZHP）。将纳米粉料按比例（x=10wt%、20wt%、30wt%、40wt%）加入预烧料 SSRM 中，二次球磨，烘干。干燥后的粉料用聚乙烯醇水溶液造粒，压制成环状坯体备用。坯体在 900℃ 烧结 6h 后炉冷至室温，升温速率为 2℃/min。研究不同纳米-微米颗粒组配工艺对 Z 型六角铁氧体烧结行为、显微结构和磁性能的影响。实验结果如图 3-56、图 3-57 和表 3-10 所示。可以看出，采用纳米-微米颗粒组配工艺后，六角铁氧体的显微形貌和性能有了显著变化。

图 3-56 是掺入不同含量纳米粉料的 Z 型六角铁氧体样品的 SEM 图。值得注意的是：所有掺入同成分纳米粉料的样品，与通常观察到的 Z 型六角铁氧体的显

微形貌明显不同，晶粒均为薄片状，许多薄片堆积成层状的块。所有掺入纳米粉料制得的样品都是由较大的块和分布其间的小块所构成。表 3-10 列出了烧结体样品的密度。可以看出，掺入纳米粉料的样品烧结密度为 4.65～4.76g/cm³，接近采用固相反应法掺杂 1.0wt% Bi₂O₃ 制得的样品。掺入 30wt%纳米粉料的样品烧结密度最高。

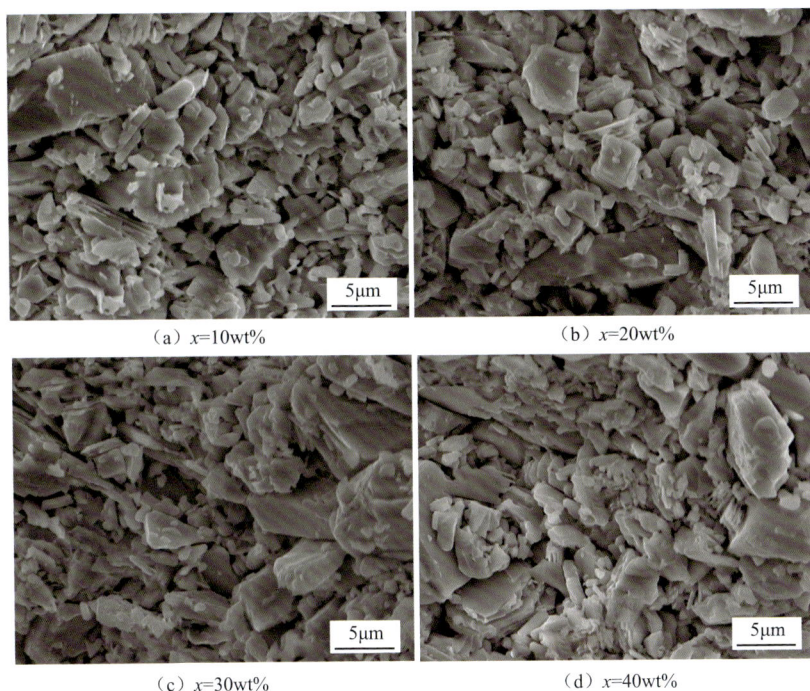

（a）x=10wt%　（b）x=20wt%　（c）x=30wt%　（d）x=40wt%

图 3-56　掺入不同含量纳米粉料的 Z 型六角铁氧体样品的 SEM 图

表 3-10　纳米粉料含量对 Z 型六角铁氧体性能的影响

样品	Bi₂O₃ 含量/wt%	NZHP 含量/wt%	烧结密度/(g/cm³)	μ_i	Q(100MHz)
N1	1.0	—	4.73	5.3	70
N2	—	10	4.65	5.0	426
N3	—	20	4.68	5.2	233
N4	—	30	4.76	5.4	174
N5	—	40	4.66	5.2	73

已知采用溶胶-凝胶法制得的纳米颗粒具有较固相反应法制得的微米颗粒大得多的比表面积和表面能，而表面能是烧结过程的基本推动力。由于具有高表面能的纳米颗粒包围在同成分的微米颗粒周围，增加了颗粒间的接触面积和颗粒间的物质传输，从而促进了致密化过程和显微结构的完善。所有掺入纳米粉料的样

品的起始磁导率为 5.0～5.4，接近掺杂 1.0wt% Bi_2O_3 制得的样品。掺入 30wt% 纳米粉料的样品的起始磁导率最高。软磁铁氧体的磁化来源于磁畴转动和畴壁位移。磁畴转动与烧结密度相关，而畴壁位移取决于晶粒尺寸和烧结密度。在 900℃ 烧结时，掺杂 1.0wt% Bi_2O_3 的样品具有高的烧结密度和大的平均晶粒尺寸，但其起始磁导率并不是特别高，这可能是由于非磁性 Bi_2O_3 进入铁氧体晶粒结构后减小了单位体积磁矩。而掺入纳米粉料的样品由于具有相对较大的晶粒尺寸、较高的烧结密度和不含其他任何不同化学成分的助剂，因而具有较高的起始磁导率，尤其是 Q 值显著提高。相应地，对照图 3-57 和图 3-46 可以发现，采用纳米-微米颗粒组配工艺制得的六角铁氧体具有更高的截止频率。

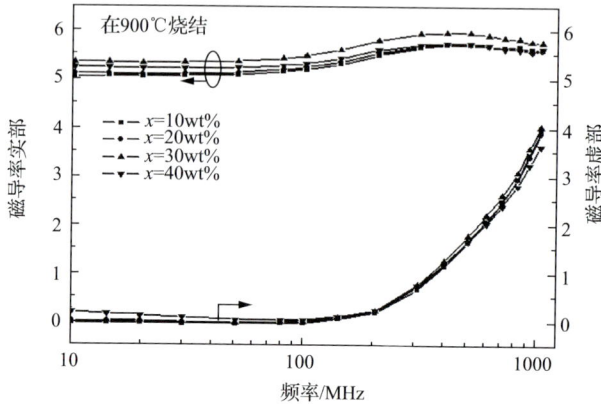

图 3-57 掺入不同含量纳米粉料的 Z 型六角铁氧体样品的磁谱曲线

铁氧体的 Q 值主要取决于烧结密度和显微结构（包括晶粒尺寸、气孔、晶界性质等）。在各种物质传输途径中，对烧结后期致密化过程和晶粒完善起重要作用的传输途径为晶界移动。而晶界移动的推动力与颗粒间的等效粒径有关。研究发现，二次球磨后的微米预烧料颗粒呈扁平状，掺入纳米粉料后，纳米颗粒包围在微米级颗粒（约 1μm）周围，不同级别颗粒间存在较大的尺寸差。而物质传输的化学势 $\Delta\mu \propto (1/r_{i1} - 1/r_{i2})$，其中 r_{i1} 和 r_{i2} 为不同颗粒的等效粒径，显然，纳米粉料的掺入减小了颗粒间物质传输的化学势，促进了晶界移动和显微结构的完善。六角铁氧体自身的晶体结构特点决定了高温煅烧后的微米颗粒呈扁平状，晶粒平面方向的粒径差远大于 c 轴方向。因此，掺入纳米颗粒后的晶粒生长表现为平面择优。一方面，大量沿六角铁氧体晶粒平面方向晶界的出现，有利于烧结后期的晶界移动和物质传输，促使 M+Y ——→ Z 相转变反应的完成；另一方面，掺入预烧料 SSRM 中的纳米颗粒分散在微米颗粒周围，促进了颗粒间的接触以及颗粒之间的物质扩散，从而促进了致密化和显微结构的完善。此外，同成分的颗粒组配工艺避免了常用的非磁性烧结助剂掺杂引起的磁性能降低，在获得相对较高的磁导率的同时，品质因数得到明显改善。

参 考 文 献

[1] 贾利军. 高频 Z 型六角铁氧体材料研究. 成都: 电子科技大学, 2008.

[2] Zhang H W, Zhong H, Liu B Y, et al. Electromagnetic properties of a new ferrite-ceramic low temperature cocalcined (LTCC) composite materials. IEEE Trans Magn, 2005, 41(10): 3454-3456.

[3] Snoek J L. Gyromagnetic resonance in ferrite. Nature, 1947, 160(7): 90.

[4] Nakamura T. Low-temperature sintering of Ni-Zn-Cu ferrite and its permeability spectra. J Magn Magn Mater, 1997, 168: 285-291.

[5] Su H, Zhang H W, Tang X L, et al. Sintereng characteristics and magnetic propertied of NiCuZn ferrites for MLCI applications. Mater Sci Eng, 2006, B129: 172-175.

[6] Pullar R C, Appleton S G, Stacey M H, et al. The manufacture and characterization of aligned fibres of the ferroxplana ferrites Co_2Z, 0.67CaO-doped Co_2Z, Co_2Y and Co_2W. J Magn Magn Mater, 1998, 186: 313-325.

[7] Bai Y, Zhou J, Gui Z L. Complex Y-type hexagonal ferrites: an ideal material for high-frequency chip magnetic components. J Magn Magn Mater, 2003, 264: 44-49.

[8] Zhang H G, Li L T, Zhou J, et al. Dielecric characteristics of Cu modifield Z-type planar hexaferrite. IEEE, IEEE International Symposium on Applications of Ferroelectrics, 2000, 2: 859-862.

[9] Caffarena V R, Ogasawara T, Capitaneo J L, et al. Magnetic properties of Z-type $Ba_3Co_{1.3}Zn_{0.3}Cu_{0.4}Fe_{24}O_{41}$ nanoparticles. Mater Chem Phys, 2007, 101(1): 81-86.

[10] Zhang H G, Li L T, Wang Y L, et al. Low-temperature sintering and electromagnetic properties of copper-modified Z-type hexaferrite. J Am Ceram Soc, 2002, 85(5): 1180-1184.

[11] Hsiang H I, Chang C H. Molten salt synthesis and magnetic properties of $3BaO·2CoO·12Fe_2O_3$ powder. J Magn Magn Mater, 2004, 278: 218-222.

[12] Pullar R C, Stacey M H, Taylor M D, et al. Decomposition, shrinkage and evolution with temperature of aligned hexagonal ferrite fibres. Acta Mater, 2001, 49: 4241-4250.

[13] Wang X H, Ren T L, Li L T, et al. Synthesis hexaferrite of Cu modified Co_2Z with planar structure by a citrate precursor method. J Magn Magn Mater, 2001, 234: 255-260.

[14] Kimura O, Matsumoto M, Sakakura M. Enhanced dispersion frequency of hot-pressed Z-type magnetoplumbite ferrite with the composition $2CoO·3Ba_{0.5}Sr_{0.5}O·10.8Fe_2O_3$. J Am Ceram Soc, 1995, 78 (10): 2857-2860.

[15] Nakamura T, Hankui E. Control of high-frequency permeability in polycrystalline (Ba,Co)-Z-type hexagonal ferrite. J Magn Magn Mater, 203, 257: 158-164.

[16] Zhang H G, Li L T, Zhou J, et al. Magnetic behavior of different modifications in low-fired Z-type polycrystalline hexaferrite. Mater Lett, 2000, 46: 315-319.

[17] Wang X H, Li L T, Su S Y, et al. Electromagnetic properties of low-temperature sintered $Ba_3Co_{2-x}Zn_xFe_{24}O_{41}$ ferrites prepared by solid state reaction method. J Magn Magn Mater, 2004, 280: 10-13.

[18] Bao J E, Zhou J, Yue Z Y, et al. Nonlinear magnetic properties of Mn-modified $Ba_3Co_2Fe_{24}O_{41}$ hexaferrite. IEEE Trans Magn, 2004, 40(4): 1947-1951.

[19] Nakane J, Kamichima K, Kakizaki K, et al. High frequency of Li substituted Co_2Z hexagonal ferrites. J Jpn Soc Powder Metall, 2007, 54(4): 232-235.

[20] Bao J E, Zhou J, Yue Z Y, et al. Electrical and magnetic studies of $Ba_3Co_2Fe_{23-x}Mn_{12x}O_{41}$ Z-type hexaferrites. Mater Sci Eng B, 2003, B99: 98-101.

[21] Tachibana T, Nakagawa T, Takada Y. Influence of ion substitution on the magnetic structure and permeability of Z-type hexagonal Ba-ferrites $Ba_3Co_{2-x}Fe_{24+x-y}Cr_yO_{41}$. J Magn Magn Mater, 2004, 284(1-3): 369-375.

[22] Zhang H G, Zhou L, Wang Y L, et al. Microstucture and physical characteristics of novel Z-type hexaferrite with Cu

modification. J Electroceram, 2002, 9: 73-79.

[23] Zhang H G, Zhou J, Yue Z X, et al. Investigation of low-temperature sintering of Pb-modified Co$_2$Z hexaferrite. Mater Sci Eng B, 1999, B65: 184-186.

[24] Zhang H G, Li L T, Wu P G, et al. Investigation on structure and properties of low-temperature sintered composite ferrites. Mater Res Bull, 2000, 35: 2207-2215.

[25] Wang X H, Li L T, Yue Z X, et al. Effect of SiO$_2$ additive on the high-frequency properties of low-temperature fired Co$_2$Z. J Magn Magn Mater, 2004, 271: 301-306.

[26] Zhang H G, Zhou J, Yue Z X, et al. Synthesis of Co$_2$Z hexagonal ferrite with planar structure by gel self-propagating method. Mater Lett, 2000, 43: 62-65.

[27] Wang X H, Li L T, Gui Z L, et al. Preparation and characterization of ultrafine hexagonal ferrite Co$_2$Z powders. Mater Chem Phys, 2002, 77: 248-253.

[28] Dong W H, Yong H H. Co$_2$Z type hexagonal ferrite prepared by sol-gel method. Materr Chem Phys, 2006, 95: 248-251.

[29] Kondo K, Chiba T, Yamada S, et al. Effect of microstructure on magnetic properties of Ni-Zn ferrites. J Magn Magn Mater, 2003, 254-255: 541-543.

[30] Kondo K, Chiba T, Yamada S, et al. Analysis of power loss in Ni-Zn ferrites. J Appl Phys, 2000, 87: 6229-6231.

[31] Autissier D. Microwave behavior in Z type hexaferrites. Key Eng Mater, 1997, 1(132-136): 1424-1427.

[32] Lange F F, Keller B J. Thermodynamics of densification-part II gain growth in porous ompacts and relation to densification. J Am Ceram Soc, 1989, 75(5): 735.

[33] Globus A, Duplex P, Guyot M. Determination of initial magnetization curve from crystallites size and effective anisotropy field. IEEE Trans Magn, 1971, 7: 617-622.

[34] Zaspalis V T, Antoniadis E, Papazoglou E, et al. The effect of Nb$_2$O$_5$ dopant on the structure and magnetic properties of MnZn-ferrites. J Magn Magn Mater, 2001, 250: 98-109.

[35] Kim H T, Im H B. Effects of Bi$_2$O$_3$ and Nb$_2$O$_5$ on the magnetic properties on Ni-Zn ferrites and lithum ferrites. IEEE Trans Magn, 1982, 18 (6): 1541-1543.

[36] Rikukawa H. Relationship between microstructures and magnetic properties of ferrites containing closed pores. IEEE Trans Magn, 1982, 18: 1535-1558.

[37] Zhang H W, Shi Y, Zhong Z Y. Electric and magnetic properties of a new ferrite-ceramic composite material. Chin Phys Lett, 2002, 19(2): 269-272.

[38] Huang P, Deng L J, Xie J L, et al. Effect of BST additive on the complex permeability and permittivity of Z-type hexaferrite in the range of 1MHz~1GHz. J Magn Magn Mater, 2004, 271: 97-102.

第4章

铁电/铁磁复合材料

4.1 绪论

4.1.1 引言

随着信息、通信和互联网技术的高速发展，集成、互联封装及精密加工技术日趋完善，这有力推动了电子器件、整机和系统的小型化、轻量化和多功能化进程[1]。面对高性能、高集成度器件制作要求的不断提高，复合材料在功能集成上的优势越来越明显。在常规电子设备和系统中，电容、电感、电阻等无源元件的数量约是有源元件的 10 倍，而在某些无线通信系统和移动终端产品中则可高达50～100 倍。如果能实现分立的电容、电感等器件在同一单元或模块中的集成，将能大大节约整机空间，简化制作工艺，降低生产成本。选择介电性能优异的铁电相材料与磁性能优异的铁磁相材料并以特定方式复合，可以得到不同性能的铁电/铁磁复合材料，它们因兼有电容和电感两种特性，为许多电子器件中电容、电感部分的高密度集成提供了更多方法，也为设计开发新结构的功能器件提供了更大空间，可被广泛应用于抗电磁干扰（EMI）器件开发[2-4]、无源器件集成[5-7]、天线小型化、电磁波的吸收等诸多领域[8,9]。另一方面，相比全球电子产品市场对片式元件需求的稳步上升，片式元件的小型化逐渐接近极限，外形尺寸从第一代的"1206"（3.2mm×1.6mm）发展到目前的"01005"（0.4mm×0.2mm），而"0201"（0.6mm×0.3mm）以下的尺寸会给组装操作带来很大困难。由于 20 世纪 80 年代诞生的表面组装技术（SMT）受限于印制电路板（PCB）增加焊点数和减小复杂度之间的矛盾，于是对无源集成技术的革新势在必行。低温共烧陶瓷（LTCC）技术是一种多层陶瓷制造和整合组件技术，可实现无源元件的内埋集成。这种三维集成方式不受平面尺寸限制，能有效提高集成密度，以其优异的电子、热机械和

互联等特性逐步成为目前无源集成的主流方式。虽然 LTCC 技术发展迅速，但与其相适应的材料种类仍比较单一，这一需求正吸引国内外越来越多研究者的兴趣，加速了材料体系的多元化、复合化发展。

4.1.2 高性能铁电/铁磁复合材料

得到介电性能和磁性能优良的铁电/铁磁复合材料既需要对两相材料进行选择，也需要对两相比例以及制备方法进行研究。铁电相材料可选用铁电性陶瓷、晶体或聚合物，铁磁相材料可选用铁磁性金属、合金或亚铁磁性的铁氧体等。目前，针对铁电/铁磁复合材料在抗 EMI 器件及无源集成中的应用，研究较多的复合体系是从高磁导率、高 Q 值的镍系铁氧体或高频性能优异的六角钡铁氧体中选择铁磁相材料，从 $BaTiO_3$（BTO）、$Ba_{1-x}Sr_xTiO_3$（BSTO）、$PbZr_xTi_{1-x}O_3$（PZT）等高介电常数、低损耗的铁电陶瓷中选择铁电相材料，然后进行相互组合得到的二相或多相复合材料[10-14]，下面简要介绍几类有代表性的体系。

1. 典型复合体系

1）钛酸钡基陶瓷/镍系铁氧体

$BaTiO_3$ 陶瓷是一种强介电材料，在电子陶瓷工业中被广泛使用[15]，其不仅具有高介电常数、低介电损耗[16,17]，还可以通过掺杂或离子取代等方法调节介电性能，具有很高的灵活性[18,19]。镍系铁氧体具有高的磁导率、电阻率、化学稳定性及优良的频率特性[20-23]。因此，由 $BaTiO_3$ 基陶瓷和镍系铁氧体组合成的各类复合体系成为研究的热点。2001 年，电子科技大学张怀武等用 $BaTiO_3$ 陶瓷和 Mn^{2+}、Co^{4+}、Bi^{3+} 等离子掺杂的 NiCuZn 铁氧体（NCZF）复合，在 1280℃和 1320℃烧结得到了在 1kHz～1.8GHz 频域内磁导率为 5.6～10，介电常数为 10～50 的复相陶瓷。此后，他们又采用固相法低温合成了性能优良的 Y^{3+}、Dy^{3+}、Ce^{4+} 等离子掺杂的 BTO/NCZF 复相陶瓷，并就复合和磁化机制作了论述。2004 年，清华大学周济课题组把溶胶-凝胶法合成的纳米 $BaTiO_3$ 和 NiCuZn 铁氧体粉末按不同比例混合，在 950～1250℃下用固相反应法合成出介电和软磁性能优良的 $BTO/Ni_{0.2}Cu_{0.2}Zn_{0.6}Fe_{1.96}O_4$ 复合材料，还系统研究了它们的磁化和电极化机制。2007 年，浙江大学杜丕一等在 1220℃下采用固相法合成的 $BTO/Ni_{0.55}Zn_{0.45}Fe_{2.03}O_4$ 复合材料中发现明显的渗流作用，找到一种大幅提高体系介电性能的方法。S. S. Kalarickal 和 D. R. Patil 等用 BSTO 分别与 NiZn 铁氧体（NZF）和 Ni 铁氧体（NF）混合，在 1200℃以上烧结得到两类复相陶瓷 BSTO/NZF 和 BSTO/NF，研究了它们的静态磁性能及高频介电性能。R. S. Devan 等研究了 $BaTiO_3/Ni_{0.93}Co_{0.02}Cu_{0.05}Fe_2O_4$ 体系介电性能随温度的变化，认为其可以作为电容材料，同时分析了组分变化对磁性能的影响。

2）含铅铁电陶瓷/镍系铁氧体

在含铅的高介电陶瓷中，有代表性的是 1954 年发现的 $PbZr_xTi_{1-x}O_3$ 陶瓷，除了优异的压电特性外，这类陶瓷的介电性能也很突出，并且已经实现商业化。2001 年，宾夕法尼亚大学的 J. Ryu 等通过 $1100 \sim 1300 ℃$ 固相烧结得到一系列的 $PZT/NiCo_{0.02}Cu_{0.02}Mn_{0.1}Fe_{1.8}O_4$ 复相陶瓷材料，系统研究了它们的烧结行为、介电性能和磁电性能。2009 年，张怀武课题组又研究了低温烧结 Co_2O_3 掺杂 PZT/NCZF 复相陶瓷，得到了起始磁导率为 $11 \sim 15$，介电常数为 $42 \sim 56$，最大 Q 值在 200 以上的优良性能。此后他们又研究了 P_2O_5-Co_2O_3 掺杂的 PZT/NCZF 复相陶瓷，在提高体系磁导率的同时降低了介电损耗。此外，还有许多研究工作是采用含铅的三元或多元系铁电陶瓷分别与镍系铁氧体进行复合。周济课题组利用 $Pb(Mg_{1/3}Nb_{2/3})O_3$-$Pb(Zn_{1/3}Nb_{2/3})O_3$-$PbTiO_3$ 和 $0.8Pb(Ni_{1/3}Nb_{2/3})O_3$-$0.2PbTiO_3$ 分别与 $Ni_{0.2}Cu_{0.2}Zn_{0.6}Fe_2O_4$ 复合，研究了它们的磁化、极化现象以及磁导率和 Q 值的变化。R. T. Hsu 等合成了 $Pb(Ni_{1/3}Nb_{2/3})O_3$-$PbZrO_3$-$PbTiO_3$/$(Ni_{0.3}Cu_{0.1}Zn_{0.6}O)(Fe_2O_3)_{0.8}$ 复合材料，实现了体系在 $900 ℃$ 以下的致密化，研究了磁导率、Q 值和介电常数等随铁电相含量的变化。

3）铁电陶瓷/钡铁氧体

近几年，电子器件在超高频的应用与日俱增，这也吸引了一些研究者把目标转向高频钡铁氧体与高介电的铁电陶瓷之间的复合。2007 年，Y. Bai 等用三元系铁电陶瓷 $0.8Pb(Ni_{1/3}Nb_{2/3})O_3$-$0.2PbTiO_3$ 与 Y 型钡铁氧体 $Ba_2Zn_{1.2}Cu_{0.8}Fe_{12}O_{22}$ 在 $950 \sim 1250 ℃$ 烧结复合，把材料磁导率的截止频率提高到 1GHz 附近，同时得到了可观的介电常数。2009 年，C. Wang 等用不同量的 $BaTiO_3$ 包覆 $BaFe_{12}O_{19}$，得到了饱和磁化强度略低于纯钡铁氧体，介电常数为 $4 \sim 5$，在 $2 \sim 18GHz$ 性能稳定的复合材料。

2. 制备方法

制备前面讨论的几类铁电/铁磁复合材料时，需要把两种或多种单相铁电陶瓷和铁氧体混合，并以特定的方式使它们紧密结合，形成均一的体系。常见的实施方法有如下几种。

1）原位复合法

根据要制备的复合体系的构成，把所需的各种起始氧化物粉末按严格的成分比例混合，先在高温下共熔，然后按一定速率降至室温，使共晶液相相继沉积为交替排列的铁电相和铁磁相。

1972 年，荷兰 Philip 实验室的 J. van Suchtelen 以 $BaCO_3$、$CoCO_3$、TiO_2 和 Fe_2O_3 为初始原料，首先用这种方法成功制得 $BTO/CoFe_2O_4$ 复合材料，如图 4-1 所示[24]。此后，Philip 实验室的研究人员又用该法制备了 $BTO/Ni(Co,Mn)Fe_2O_4$ 复合材料。由于反应温度过高，在合成过程中不可避免会有杂相生成。J. van Suchtelen 所制备的 $BTO/CoFe_2O_4$ 两相复合材料中就出现了 Co_2TiO_4、$(BaFe_{12}O_{19})_y(BaCo_6Ti_6O_{19})_{1-y}$ 等杂相[25,26]，这在一定程度上恶化了体系的电磁性能[27,28]。

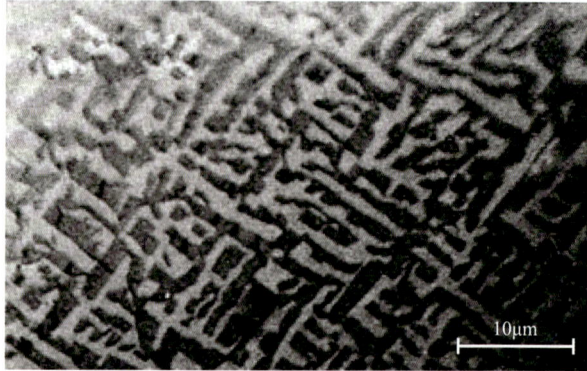

图 4-1 原位复合法制备的 BTO/CoFe$_2$O$_4$ 块材

2）固相烧结法

固相烧结法建立在传统陶瓷烧结工艺的基础上，一般包括两个阶段：第一阶段，分别合成需要的铁电相材料和铁磁相材料；第二阶段，把两相材料混合均匀后进行固相烧结。在第一阶段中，两相材料的合成方法不只局限于固相反应，还可结合共沉淀法、溶胶-凝胶法、水热法等不同工艺。与原位复合法相比，它有四个明显的优点：其一，各相材料的比例、颗粒尺寸及烧结温度更容易控制；其二，烧结温度较低，铁电相和铁磁相不容易发生化学反应；其三，合成灵活性更高，可以结合多种工艺；其四，合成过程简单，制作成本较低。

1978 年，Philips 实验室的 Boomgaard 和 Born 把已经烧结成相的 BaTiO$_3$ 粉末和 Ni(Co,Mn)Fe$_2$O$_4$ 粉末按不同比例混合，然后在不会导致各相分解的温度下进行二次烧结，成功合成了磁电性能优良的复合材料[29]。此后，美国、俄罗斯和印度等国家的研究团队也相继用固相烧结工艺制备了各类铁电/铁磁复合陶瓷材料[30-34]，包括 PZT/CoFe$_2$O$_4$、BTO/CoFe$_2$O$_4$、BTO/CuFe$_{1.6}$Cr$_{0.4}$O$_4$、Ba$_{0.8}$Pb$_{0.2}$TiO$_3$/ CuFe$_2$O$_4$ 等诸多组合。由于固相烧结法工艺简单，流程易控制，适合大批量生产，到目前为止仍是合成此类复合材料的主要手段。

3）微波烧结法

对材料进行微波烧结始于 20 世纪 60 年代，由美国 W. R. Tinga 和 W. A. G. Voss[35] 首先提出，此后法国的 A. J. Berteaud 和 J. C. Badot[36] 对微波烧结技术进行了系统研究。对陶瓷材料的微波烧结与传统的固相烧结法有着本质区别，传统烧结是将热量从材料外部向内输送，而在微波加热过程中，热量直接源于材料内部对微波能量的吸收。微波烧结法的主要优点是可以快速均匀地加热材料，避免材料开裂和内部热应力的形成，还可以根据材料不同成分对微波能量吸收的差异进行选择性烧结，其面临的主要问题是材料介质特性数据和设备的缺乏。

印度的研究团队在用微波烧结技术研究铁电/铁磁复合材料的合成中做了较

多工作。K. Sadhana 等用该法合成了 BTO/Ni$_{0.53}$Cu$_{0.12}$Zn$_{0.35}$Fe$_{1.88}$O$_4$，着重研究了其在射频段的磁性能和介电性能。R. Rani 等用该法制备了不同 NiZn 铁氧体含量的 PZT/NZF 复相陶瓷，研究了组分对其铁电性能的影响。

4）高能球磨法

高能球磨技术诞生于 20 世纪 60 年代末，当时 J. S. Benjamin 等把该技术用于氧化物弥散强化合金的制备。目前，除了制备金属材料以外，高能球磨技术还被广泛用于制备纳米级非晶材料、陶瓷、陶瓷基金属复合材料等新型材料，因其可以得到传统方法难以合成的非晶、准晶、过饱和固溶体等亚稳态材料而备受关注。该技术存在的主要问题是产品颗粒不均匀，易发生团聚，机器结构复杂，且研磨介质易发生磨损而引入杂质。

新加坡的 W. Chen 等[37]把商业用的 PZT 和 CoFe$_2$O$_4$ 粉体经高能球磨后通过旋涂制成厚膜，研究了该复合材料的热性能、极化性能和磁性能。J. L. Chen 等把 PZT 和 Ni$_{0.93}$Co$_{0.02}$Cu$_{0.05}$Fe$_2$O$_4$（NCCF）粉体混合后高能球磨，然后经传统陶瓷烧结制得了 PZT/NCCF 复相陶瓷，研究了 40Hz～1MHz 的介电频率特性、温度特性及压电性能。

4.1.3　低温共烧陶瓷技术

低温共烧陶瓷（LTCC）技术是出现于 20 世纪 80 年代的一种多层陶瓷基板技术，当时用以改善高密度安装的多层陶瓷基板的性能，从而满足大型计算机运算速度提升的需要。近年来，微电子和通信技术的高速发展以及移动网络系统应用的迅速普及对电子器件的尺寸、集成度、性能和稳定性都提出了更高的要求。然而，目前的整机系统中无源元件和有源器件的比例在 20∶1 到 100∶1 的范围内，无源元件已经成为整机产品中体积、质量和安装成本的主要部分，无源元件小型化、集成化以至模块化的趋势也越来越明显。在这一背景下，集无源元件、互联和封装于一体的 LTCC 技术逐渐发展成高密度、系统级电子封装的理想方式。

1. 工艺流程与技术优势

LTCC 技术结合了多层陶瓷元件技术和多层电路图形技术，其工艺流程如图 4-2 所示：先将低温烧结陶瓷材料制成生瓷带，接着对各层生瓷带进行平行加工（裁切、打孔、填孔、印刷）得到需要的图形，然后将它们叠压成型后在 1000℃以下与金属内导体共烧制成三维高密度基板或集成器件。在加工过程中既可内置电阻、电容、电感等无源元件，又可在表面贴装 IC 和有源器件，表现出良好的兼容性和对空间的利用率。

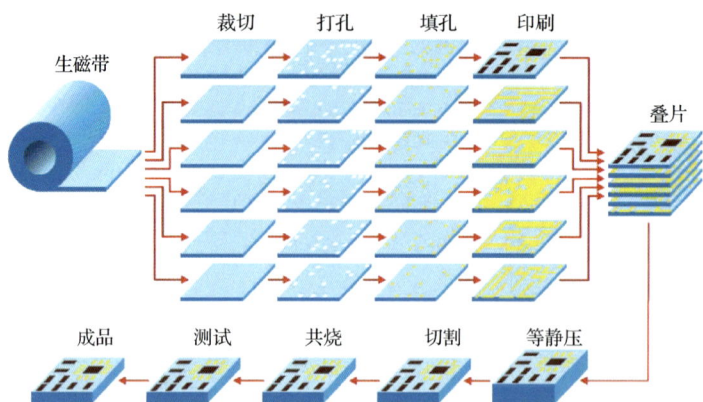

图 4-2　LTCC 工艺流程

与其他互联封装技术，如印制电路板（PCB）技术、高温共烧陶瓷（HLCC）技术和厚膜混合集成电路（HIC）技术相比，LTCC 技术的主要优势分别体现在：①与 PCB 技术相比，不仅材料导热性更好，而且由于可以在基板内置无源元件，其电路尺寸可以减小近 50%。②与 HLCC 技术相比，采用高电导率的金属或合金作为导体，减少了额外的电路损耗，更适合制作射频和微波电路互联基板。③LTCC 技术是平行加工技术，不仅可以提高效率，而且每层可以单独检查，避免了传统厚膜工艺中顺序印刷可能出现因后续工艺问题而导致前期加工成果报废的弊端，大大降低了制造成本。同时，LTCC 技术还能实现互联封装一体化，克服了 HIC 技术不仅互联层数有限，还需要独立的封装外壳的弱点。此外，LTCC 技术的优点还表现在如下方面：①节约成本：制造技术相对简单廉价，而且部分加工步骤可以实现自动化，生产效率高，适合大规模生产的需要。②加工自由度高：生瓷带或基板可以切割成不同形状，对不同层可以根据需要使用不同成分的生瓷带。③空间利用率高：可以设计和制作三维电路，对信号层的数目几乎没有限制。④节省面积：高密度的导体布线能力，随着工艺改进，线宽、间距及通孔直径可以小至 0.075mm。⑤高频特性优良：选用低介电常数和低插损的材料作基板，高电导率的金属或合金作导体，应用频率可以超过 30GHz。⑥可靠性高：LTCC 模块密封性好，抗腐蚀，耐高温（工作环境温度可以高达 350℃），不怕震动冲击。

2. 发展状况与产品类型

早在 20 世纪 50 年代，美国无线电（RCA）公司就开发了生片流延制造技术、过孔形成技术和多层叠层技术，这些基本工艺技术构成了目前多层陶瓷基板技术的雏形。此后，IBM 公司在这一技术领域取得领先地位，并将其应用在 80 年代初期的大型计算机电路板的基板制造上。当时的多层基板用氧化铝绝缘材料和高熔点导体材料（Mo、W、Mo-Mn）在 1600℃的高温共烧制得，即所谓的高温共烧陶瓷（HTCC）。80 年代中期，随着大型计算机产业的发展，HTCC 基板面临着许多新的问题：其一，集成度的增加需要进一步提高陶瓷基板上的配线密度，而在线宽减小的情况下 Mo、W 等高熔点金属导线的电阻增大，信号衰减严重；其二，为了保证连接大规模集成电路器件时接触良好，基板的热膨胀要与硅器件的热膨胀相接近；其三，为了实现信号高速传输，必须保证基板材料有低的介电常数；其四，过高的烧结温度限制了其与传统厚膜技术的结合；其五，HTCC 基板不适合填埋无源元件，而且为了避免高熔点金属被氧化，在烧结过程中对气氛也有较高要求。为了解决上述问题，LTCC 技术在 HTCC 技术的基础上应运而生，根据材料体系的不同烧结温度一般控制在 900~1000℃，这使其可以与 HIC 技术相兼容。20 世纪 90 年代初，IBM 公司和富士通公司推出的用低介电常数陶瓷和铜布线材料制造的多层基板首先成功进入商业应用，这掀起了 LTCC 陶瓷基板的开发热潮。此后，富士通和 NEC 公司又开发了用玻璃和陶瓷混合制作大面积多层 LTCC 基板的方法。从 20 世纪 90 年代中后期至今，应用在移动通信设备中的电子器件及模块等已逐步转向高频无线方面，而系统方案和硬件技术的共同发展也有力推动了移动终端设备的多功能化、高性能化和超小型化进程。一方面，为了遏制因此而增加的电路尺寸，迫切需要将各种高频功能模块和无源器件置于基板内部；另一方面，为了实现高速数据通信，人们期待能满足高频、宽带要求的电子器件和基板，这为 LTCC 技术的成长提供了有利的环境。值得一提的是，在 LTCC 技术发展的大背景下还诞生了一个分支技术，即低温共烧铁氧体（LTCF）技术。与 LTCC 技术相比它起步较晚，最大的区别是材料体系局限于可低温烧结的各类铁氧体，典型的产品有各种片式电感、变压器、EMI 滤波器、EMI 磁珠阵列、磁性基板等。由于 LTCF 技术采用的工艺流程与 LTCC 技术大致相同，因此常被归入 LTCC 技术范畴内。

目前，LTCC 技术已经处于产业化阶段，广泛应用在计算机、军事、航空航天、无线通信、宽带互联技术、汽车和医疗电子等领域。LTCC 产品已经不再局限于陶瓷基板，而是随着 LTCC 技术的发展日趋多元化，可以按结构、功能和集成度大致分为五类——片式元件、功能器件、封装外壳/基板、功能模块和微系统，具体描述如下。

①片式元件：包括高精度的片式电容器（C）、电感器（L）、电阻器（R），以及由这些元件构成的阵列。②功能器件：包括 LC 滤波器及其阵列、双工器、功分器、定向耦合器、延迟线、衰减器、收发开关、Balun 转换器、天线、EMI 抑制器、压控振荡器（VCO）、变压器、共模扼流圈及其阵列等射频无源集成组件。③封装外壳/基板：表面波器件封装、蓝牙模块基板、手机前端模块基板、集总参数环形器基板等。④功能模块：蓝牙模块、前端模块、接收模块、天线开关模块、车用雷达和 GPRS 模块、汽车电源控制耦合器模块等。⑤微系统：先将一个或多个非电学的功能集成到一块 LTCC 基板中形成敏感元器件，再在基板上集成其他电学单元构成完整的微小系统，如以 LTCC 结构为基础的加速度计、振动传感器、电化学传感器、加热或冷却系统等。在这些产品中片式无源元件（C、L、R）和

无源射频组件（滤波器、振荡器等）与终端电子产品紧密相关，涵盖计算机、消费电子、通信和汽车电子等诸多领域，所以市场需求量最大，其中消费电子和通信产品分别占需求量的 25% 和 22%。据美国 Primark 咨询公司在 21 世纪初的统计，全世界每秒组装在 PCB 板上的片式电阻器和电容器均已超过 10000 只，片式元件市场的巨大和稳定由此可见一斑。

日本市场调研公司 Navian 的调查显示，LTCC 产业在 2003 年后发展迅速，平均增长速度达到 17.7%；中国台湾工业技术研究院产业经济与趋势研究中心（IEK）的调查结果也表明，2004～2007 年间全球 LTCC 市场的复合增长率约为 21.8%，LTCC 技术正成为全球研究机构与电子产品制造商竞相追逐的焦点。全球 LTCC 产品制造商中，国外的企业占据了 90% 以上，市场占有率前九位的公司有日本的村田（MuRata）、京瓷（Kyocera）公司、TDK 株式会社、太阳诱电（Taiyo Yuden）株式会社，德国的罗伯特·博世（Bosch）公司和爱普科斯（EPCOS）公司，英国的西麦克微电子技术（C-MAC）有限公司，美国的西迪斯（CTS）公司及法国的 Sorep-Erulec 公司，市场份额及产品种类分布如图 4-3 所示。国外厂商由于投入已久，在产品性能、技术开发、材料设计及规格制定等方面均占有领先优势。由于电子终端产品发展滞后，国内的 LTCC 器件开发比发达国家至少落后五年，从材料、设计到加工都缺乏技术的积累，企业一般从国外引进设备进行生产，如深圳南玻电子有限公司、浙江正原电气股份有限公司等从事 LTCC 射频器件，多层基板及通信、传输模块的生产和开发；深圳顺络电子股份有限公司从事 LTCC 无源元件的生产；成都市南虹制冷工程有限公司、广东风华高新科技股份有限公司、华润三九医药股份有限公司和迅达电子（苏州）有限公司等企业也均已引进美国 AEM 或 TDK 的片式电感等元器件的生产线。可见，国内多数企业均看准了无源片式元器件的巨大市场需求，在基础的 C、L、R 元件上大力投入；同时，面对移动通信和消费电子产品对滤波器、压控振荡器（VOC）、功率放大器（PA）等功能器件和无源组件需求量的迅速增长，也不断加大生产开发力度，像体积小、价格低的 LTCC 片式 LC 滤波器已经在许多移动通信产品中使用。

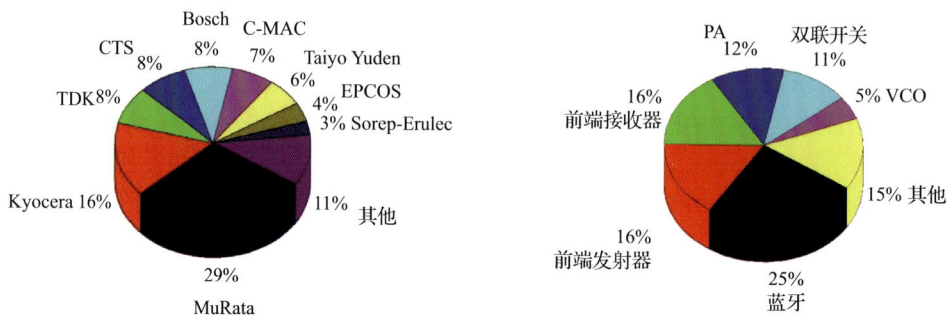

图 4-3 全球 LTCC 市场份额及产品类型分布

3. 材料与器件设计的发展及需求

LTCC 材料按成分可分为微晶玻璃、玻璃/陶瓷复合物和液相烧结陶瓷三类，其中液相烧结陶瓷不是典型的 LTCC 材料，一般要在陶瓷材料中添加约 10wt% 的低熔点化合物作为烧结助剂。对陶瓷基板材料的开发主要集中在微晶玻璃和玻璃/陶瓷复合物两大体系，这方面的工作 IBM 公司走在前列。早在 1981 年他们就报道了在 1000℃ 以下与 Au、Ag 或 Cu 共烧的堇青石（$MgO-Al_2O_3-SiO_2$）微晶玻璃基板[38]，此后又开发了以 α-堇青石为主晶相，与 Cu 共烧的高性能微晶玻璃基板。20 世纪 80 年代中期，日本的计算机制造商 NEC 和富士通公司又用玻璃与陶瓷混合的方法开发了可与 Cu 共烧的硼硅酸盐玻璃/Al_2O_3 体系基板材料。在上述两大材料体系中有代表性的商业化产品分别是美国 Ferro 公司的 A6 系列（$CaO-B_2O_3-SiO_2$ 系微晶玻璃）和 DuPont 公司的 951AT（硼硅酸铅玻璃/Al_2O_3）。

LTCC 材料根据用途又可分为基板材料、封装材料和器件材料，其性能直接决定了最终产品的性能，需要考虑如下指标。

（1）相对介电常数 ε_r 是最重要的指标，一般在 4～100 的范围内，根据不同的设计需要可以选择具有不同介电常数的材料。ε_r 在 4～12 范围内的低介电常数材料一般用作基板层，而高介电常数的材料则主要用作电容层。在电子陶瓷封装中，信号传输的速度至关重要，陶瓷的介电常数越低对信号延迟作用越小，延迟时间 t_d 可表示为

$$t_d = l\sqrt{\varepsilon_r / c} \tag{4-1}$$

其中，l 为线长；ε_r 为基板的相对介电常数；c 为光速。可见低介电常数基板有助于提高信号传输速率。如果在设计的射频器件中想实现电容、电感、滤波器或天线具有较小的填埋尺寸，则要选用 $\varepsilon_r > 20$ 的高介电常数材料。目前，美国的 DuPont、Ferro 和德国的 Heraeus 三家公司生产出几类 $\varepsilon < 10$ 的生瓷带，国内的深圳南玻电子有限公司开发出介电常数为 9.1、18.0 和 37.4 的三种生瓷带，考虑到设计不同工作频率的器件的需要，实现 ε_r 的系列化将是国内 LTCC 材料开发的趋势。

（2）材料的介电损耗 $\tan\delta$ 也是在设计器件时需要考虑的一个重要因素。它不仅会直接带来器件损耗的增大，还会使工作频率发生偏移，所以希望损耗值尽可能小。此外，还希望尽可能考虑介电性能的温度稳定性。

（3）材料的共烧匹配性是 LTCC 材料研究的另一个热点。将不同介质层（电容、电感、电阻、导体等）共烧时，要控制不同界面间的反应和扩散，使各介质层在致密化速率、烧结收缩率及热膨胀速率等方面尽量达到一致，从而减少层裂、翘曲等缺陷的产生。实现陶瓷和铁氧体，不同陶瓷之间的共烧匹配仍是 LTCC 片式器件制作工艺中的关键性技术难题，专门针对这方面的研究工作也有很多。

（4）材料的热机械性能也很重要，包括热传导性能和热膨胀系数（CET）。对于高频和高集成器件，不能快速散热会直接影响器件的性能和使用寿命，一般要保证工作温度低于 100℃。而 LTCC 材料的 CET 要尽可能与一起组装的电路板和

芯片的 CET 相匹配。当 LTCC 组件和硅基材料一起组装时，其 CET 应该在 4ppm/℃ 左右；当与氧化铝类材料一起组装时，CET 应该为 7～9ppm/℃；而与 PCB 一起组装时，CET 则要达到 12～20ppm/℃。

（5）LTCC 材料应该考虑与电极材料间的化学稳定性，材料组分如果与导体材料发生反应会直接改变线路传输特性，引起器件性能恶化。

LTCF 材料中较为成熟的是 NiCuZn 系列，另外研究得较多的还有 MnZn 和 MgCuZn 系列软磁铁氧体，以及 YIG 钇铁石榴石、LiZn 系列等旋磁铁氧体。在国际上，低温共烧 NiCuZn 铁氧体材料已经实现系列化，主要代表有 LSF 系列铁氧体材料。对于 LTCF 材料，研究的重点集中在根据器件需求进一步优化各体系的软磁、旋磁性能，电性能，机械性能等。对于软磁性能而言希望得到高的磁导率、Q 值和饱和磁化强度等。

此外，对材料的研究工作不仅局限于寻找和完善可低温化的体系，还包括对液相烧结机制的探索，开发不以牺牲材料性能为代价的降温方法，以及在有效介质理论和有效场论的基础上开发可计算材料电性能的软件等诸多方面。

LTCC 器件的设计包括电性设计、应力设计和热设计等诸多方面，其中以电性设计最为关键。LTCC 器件中包含较多等效分立元件，相互间耦合非常复杂，当工作频率较高时，在设计过程中需要更多地采用电磁场概念，过去的集总参数电路设计的方法已经无法使用。现在常用的设计流程包括原理图设计、优化、布版、电磁场仿真等几大步骤，一般会使用到不同的软件，如采用 ADS（advanced design system，先进设计系统）设计和优化原理图，采用 Ansoft HFSS、CST、Momentum、Empire XcCel、EMDS（electromagnetic design system，电磁设计系统）等软件进行布版和电磁场仿真，而基于不同算法的电磁场仿真软件在不同的设计环节上各有优势，需要结合实际情况选择使用。目前，Ansoft、CST、安捷伦科技有限公司等软件和仪器公司都已开发出适合 LTCC 设计的通用平台，也有专用设计软件发布，同时还对部分设计问题提出了解决方案。

LTCC 设计技术的发展也以市场的需求为导向，包括蓝牙、手机前端模块、无线局域网、区域多点传输服务等很多高频应用领域得到了越来越多的关注。2003 年，K. L. Wu 等进行了 LTCC 内埋射频电路、压控振荡器（VCO）模块、带通滤波器、毫米波层状波导等高频应用方面的设计工作。TDK 株式会社的 V. Napijalo 等提出了一种基于精确元件模型和电磁场仿真的移动通信前端模块的设计方法，减少了样品迭代次数，缩短了设计周期。2005 年，K. Rambabu 等设计了一种新构型的 LTCC 滤波器，通过全电容耦合提高了原有设计的阻滞特性。2007 年，TM Research & Development 公司的 Z. Ambak 等把基于时域有限差分法（FDTD）的三维电磁场仿真软件 Empire XcCel 用于设计准确的 LTCC 射频/微波电路模型，并与基于矩量法（MoM）的软件 Momentum 的设计结果进行了对比。此外，国外有些公司还对 LTCC 无源器件和模块在结构模拟、通孔导体、电极与内连线、细线工艺、接地面与布局等诸多方面提出了完整的设计规则与要求，进一步完善了 LTCC 设计技术。在国内 LTCC 产品以无源元件和组件占较大比例，通过高产量降低产品成本，因此对基础元件和组件设计经验的积累既有助于降低能耗，提高成品率和产品质量，也为模块及系统产品的设计打下良好的基础，促进国内 LTCC 产业形成一种由低到高（材料—元件—组件—模块—系统）的完整、稳健的发展模式。

4.2　低温烧结 $BaTiO_3(CaTiO_3)/NiCuZn$ 铁氧体复相陶瓷研究

4.2.1　两种复相陶瓷的制备

按照 $(Ni_{0.6}Cu_{0.24}Zn_{0.16}O)_{1.02}(Fe_2O_3)_{0.98}$ 称取分析纯级别的 NiO、CuO、ZnO、Fe_2O_3 粉末并置于钢罐中，以去离子水为介质球磨 12h，其中原料：水：大球：小球=1：1：1：2（质量比），球磨机转速 250r/min。湿磨后的氧化物混合料烘干后过 40 目筛，然后按照图 4-4（a）所示的预烧曲线得到在空气中 800℃煅烧的 NiCuZn 铁氧体（NCZF）预烧粉。

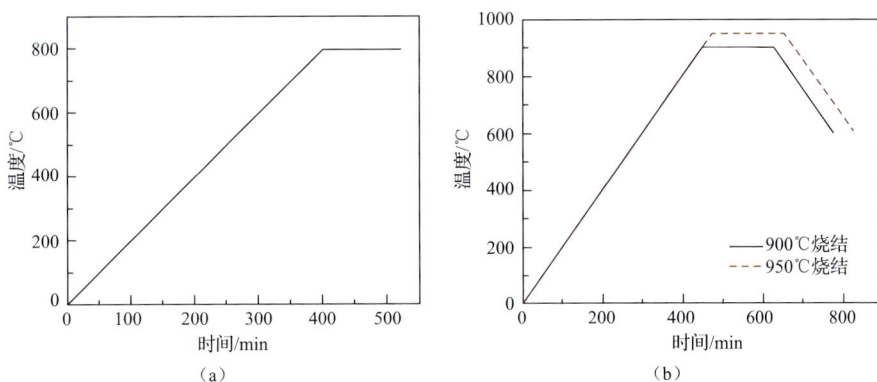

图 4-4　（a）铁氧体预烧曲线；（b）复相陶瓷在不同温度的烧结曲线

将铁氧体预烧粉平均分为两份，分别添加占预烧粉质量 10%的 $BaTiO_3$（BTO）和 5.8%的 $CaTiO_3$（CTO）（满足铁氧体与介电陶瓷的摩尔比为 10：1），混合后得到两份复合粉体，再各添加 2wt% Bi_2O_3 作为助烧剂，然后用相同工艺湿磨 12h。两份复合粉体烘干后添加 10wt%聚乙烯醇造粒，过筛。取 40 目和 100 目筛网间的颗粒在 4.9MPa 下置于不同模具中成型，得到厚度 2~3mm 的圆环（Φ8mm×18mm）和圆片（Φ18mm）生坯。将生坯按照图 4-4（b）所示的 900℃和 950℃烧结曲线在空气中煅烧得到用于测试的 BTO/NCZF 和 CTO/NCZF 复相陶瓷样品。另取部分 NiCuZn 铁氧体预烧粉添加 2wt% Bi_2O_3 后重复上述工艺，制得 900℃和 950℃烧结的铁氧体样品用作对比。

4.2.2 相组成、烧结性能与微结构分析

1. 相组成分析

800℃预烧的铁氧体粉体在 X 射线衍射仪（XRD，RINT2000，Rigaku 株式会社，Cu K$_\alpha$ 辐射）上的测试结果如图 4-5 所示。由图可知，预烧粉的尖晶石相在 800℃已经形成，在 2θ 约为 37° 位置的衍射峰较强，说明还有较多的 NiO 未参与成相。

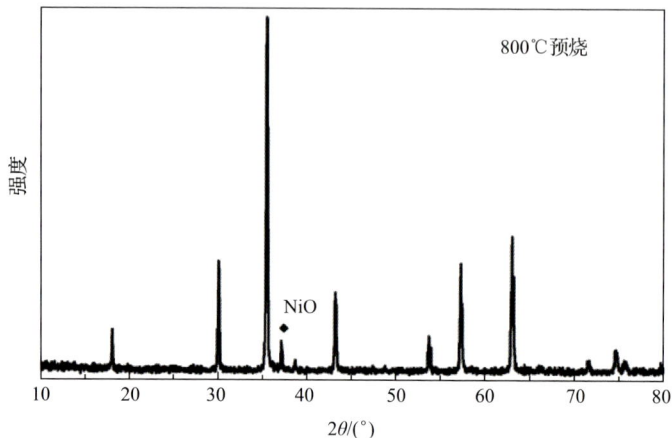

图 4-5　800℃预烧的 NCZF 粉末 XRD 图谱

在 900℃烧结的铁氧体、CTO/NCZF 和 BTO/NCZF 复相陶瓷样品的 XRD 图谱如图 4-6 所示。NiCuZn 铁氧体的各个衍射峰位置与文献报道的完全一致，没有

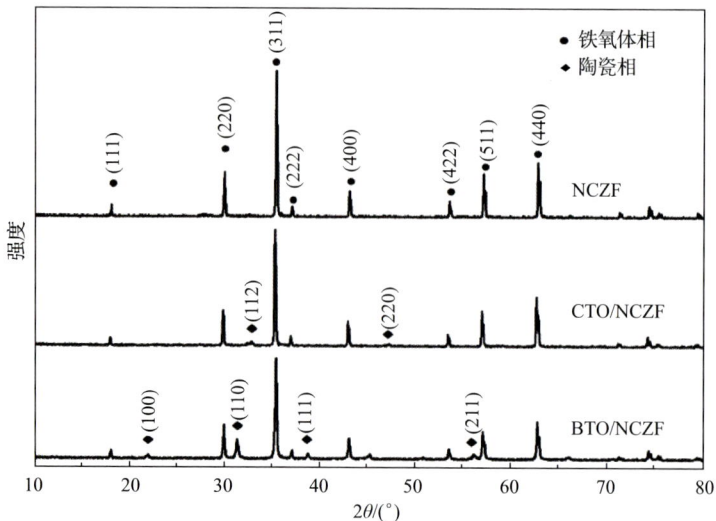

图 4-6　900℃烧结铁氧体及复相陶瓷的 XRD 图谱

发现杂相。在 CTO/NCZF 复相陶瓷的图谱中除了铁氧体的衍射峰，已经可以看到 $CaTiO_3$ 在 2θ 约为 33° 的最强峰和 2θ 约为 47° 的次强峰。在 BTO/NCZF 复相陶瓷的图谱中，$BaTiO_3$ 最强的三个衍射峰（2θ 约为 31°、39° 和 56°）都已可以清晰看到。对于两种复相陶瓷，除了铁氧体相和陶瓷相以外均未发现有杂相生成，说明已经制备成功。

2. 烧结性能分析

根据 XRD 测试图得到 NiCuZn 铁氧体的晶格常数 $a=8.38$Å；$CaTiO_3$ 相的晶格常数为 $a=5.456$Å，$b=7.650$Å，$c=5.379$Å；$BaTiO_3$ 相的晶格常数为 $a=4.043$Å，$c=3.998$Å。因此，各个纯相物质的理论密度可以由式（4-2）计算：

$$D_x = ZM / N_A V \tag{4-2}$$

其中，Z 为单个晶胞包含的分子式的数目；M 为分子量；N_A 为阿伏伽德罗常数；V 为单个晶胞的体积。复相陶瓷的理论密度由式（4-3）计算：

$$D_x = (W_1 + W_2) / [(W_1 / D_1) + (W_2 / D_2)] \tag{4-3}$$

其中，W_1 和 W_2 分别为铁氧体和介电陶瓷的质量分数；D_1 和 D_2 分别为它们的理论密度。样品的实际密度由阿基米德排水法测量，计算公式为：

$$D = m_0 / (m_0 - m_w) \tag{4-4}$$

其中，m_0 为干燥的样品在空气中测得的质量；m_w 为去离子水煮制的样品悬挂浸没于水中后测得的质量。由 $(D / D_x) \times 100\%$ 得到样品的相对密度。

由上述方法计算的 NiCuZn 铁氧体、$CaTiO_3$、$BaTiO_3$ 及复相陶瓷的理论密度和测量密度如表 4-1 所示。

表 4-1　样品的理论密度与测量密度

样品密度/(g/cm³)		NCZF	CTO	BTO	CTO/NCZF	BTO/NCZF
理论值		5.363	4.023	5.993	5.266	5.415
测量值	900℃烧结	5.349	3.159	5.201	4.934	5.034
	950℃烧结	5.295	—	—	5.221	5.304

NiCuZn 铁氧体和两种复相陶瓷在 900℃ 和 950℃ 烧结后相对密度变化的对比如图 4-7 所示。2wt% Bi_2O_3 助熔的 NiCuZn 铁氧体在 900℃ 已经可以达到 99% 以上的相对密度，当烧结温度达到 950℃ 时相对密度略有下降。这是因为过高的温度会引起聚集在晶界处的助烧剂及一些低熔点物质挥发，增加结构上的缺陷。相比之下，两种复相陶瓷的相对密度随烧结温度的升高显著增加，说明少量介电陶瓷的引入让体系致密化难度大大增加。在相同温度下，CTO/NCZF 的相对密度均高于 BTO/NCZF，表明在与铁氧体等摩尔量复合时 $BaTiO_3$ 对体系致密化过程的抑制作用强于 $CaTiO_3$。

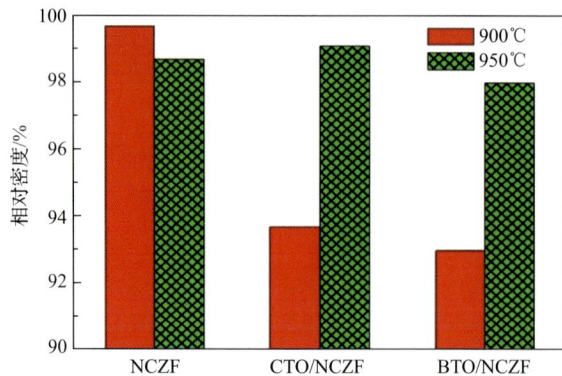

图 4-7　铁氧体和复相陶瓷在不同烧结温度下的相对密度变化

3. 微结构分析

由扫描电镜（SEM，JEOL JSM-6490）对 900℃和 950℃烧结的铁氧体及复相陶瓷断面测试得到的结果如图 4-8 所示。在相同的烧结温度下，铁氧体的晶粒生长充分，尺寸分布较为均匀，晶界明显且气孔较少；两种复相陶瓷的微结构相似，晶粒生长都很不充分，颗粒尺寸小，晶界模糊且有较多孔隙。这也是造成 900℃烧结复相陶瓷的相对密度远小于铁氧体的相对密度的原因之一。950℃烧结铁氧体的背散射图片以及晶界处能量色散 X 射线谱（EDS，EDAX-TSL）的测试结果见图 4-9。

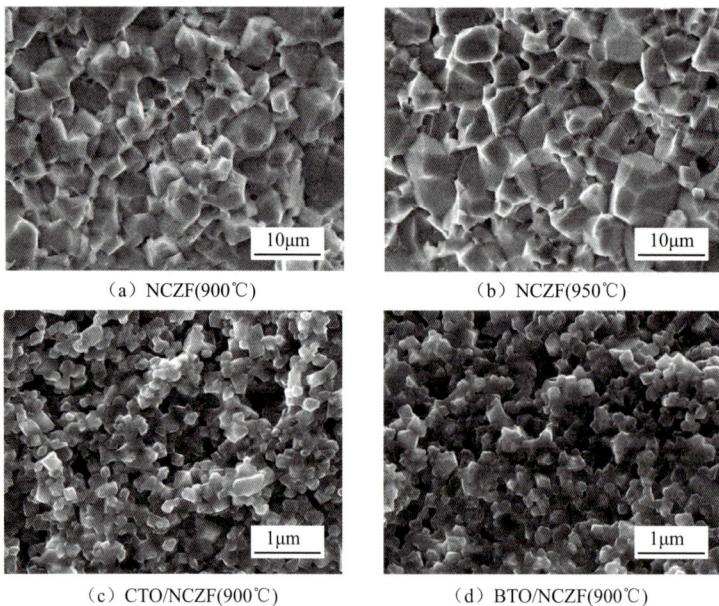

（a）NCZF(900℃)　　　　　　　　（b）NCZF(950℃)

（c）CTO/NCZF(900℃)　　　　　　（d）BTO/NCZF(900℃)

图 4-8　不同烧结温度下铁氧体和复相陶瓷的微结构

在晶界附近明显检测到 Bi 元素的存在，此外，在局部区域还发现了大小晶粒尺寸相差较大的异常生长。通过对扫描电镜图分析粗略计算出 900℃和 950℃烧结的铁氧体的平均晶粒尺寸分别为 4.9μm 和 5.2μm，说明随温度升高晶粒仍然有一定程度的生长。但温度过高也会引起晶界处 Bi_2O_3 的缺失和局部晶粒异常生长，导致缺陷增多，开气孔尺寸变大，从而造成相对密度的下降。同在 900℃烧结的两种复相陶瓷的平均晶粒尺寸相近（仅约为 0.6μm），可见，少量介电陶瓷对铁氧体晶粒的生长也会产生很强的抑制作用。

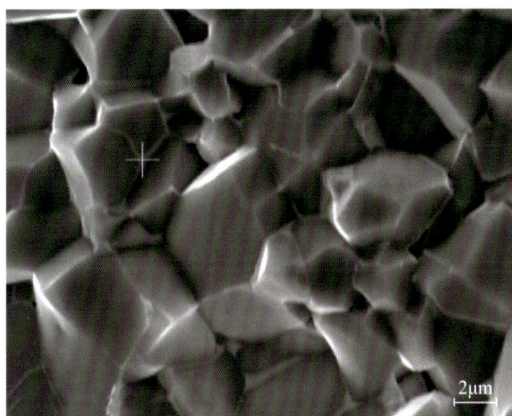

（a）

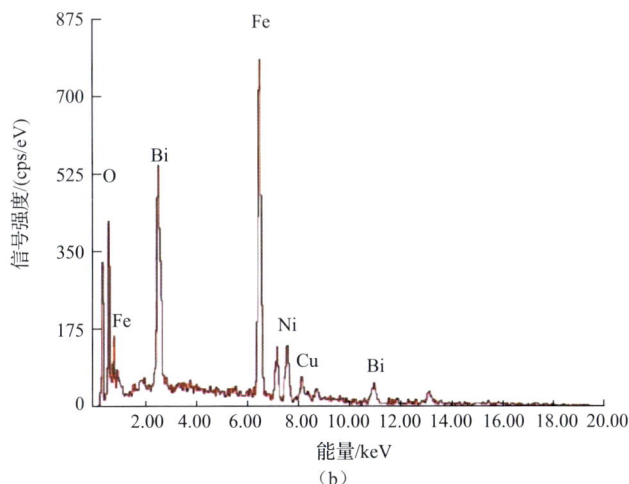

（b）

图 4-9 950℃烧结铁氧体的背散射图（a）和能谱图（b）

4.2.3 磁性能研究

对两种复相陶瓷的磁性能研究包括三个部分：其一，测量和分析材料的宏观磁性能参数，并利用前面的一些研究结论辅助对性能变化的研究；其二，把多晶铁氧体及复合材料磁导率机制的研究方法运用到对复相烧结陶瓷磁导率机制的研究中，通过分解宏观性能参数来为微观机制的研究提供可量化依据；其三，通过对多晶铁氧体磁路模型的修正建立复相陶瓷磁导率与微观结构变化的联系。

1. 磁性能参数测试与分析

材料复数磁导率（μ' 为实部，μ'' 为虚部）的测试是通过把前面制备的环状样品放置在射频材料/阻抗分析仪（RF I/MA，HP4291B）的夹具上完成，测试频率范围为 1MHz～1.8GHz，计算公式为

$$\dot{\mu} = \frac{\dot{Z}_{\mathrm{m}}}{\mathrm{j}\omega\mu_0} \frac{2\pi}{h\ln\dfrac{b}{c}} + 1 \qquad (4\text{-}5)$$

其中，$\dot{\mu}$ 为相对复数磁导率；$\dot{Z}_{\mathrm{m}}$ 为校准后的测试阻抗值；μ_0 为真空磁导率；h 为样品厚度；b 为样品外径；c 为样品内径。品质因数 Q 的计算公式为

$$Q = \mu'/\mu'' \qquad (4\text{-}6)$$

材料的饱和磁化强度 M_{s} 与矫顽力 H_{c} 的测试在振动样品磁强计（VSM，MODEL BHV-525）上完成。

图 4-10 和图 4-11 分别给出了 900℃和 950℃烧结的铁氧体与复相陶瓷的复数磁导率和 Q 值随频率变化的关系。随着烧结温度从 900℃升高到 950℃，铁氧体和复相陶瓷的 μ' 值都有不同程度的增加（1MHz 处的 μ' 值：NCZF 从 45 增加到 47，CTO/NCZF 从 18 增加到 25，BTO/NCZF 从 15 增加到 18），同时各样品的 μ'' 峰值也向低频移动，截止频率均有不同程度的降低（NCZF 从 171MHz 降到 163MHz，CTO/NCZF 从 419MHz 降到 298MHz，BTO/NCZF 从 488MHz 降到 406MHz），以 CTO/NCZF 的变化最为明显。J. L. Snoek 曾把高频损耗与转动或自旋共振相联系，并给出了如下公式：

$$(\mu_{\mathrm{s}} - 1)f_{\mathrm{r}} = C \qquad (4\text{-}7)$$

其中，μ_{s} 为尖晶石铁氧体的静态磁导率；f_{r} 为共振频率；C 为常数。可见，Snoek 公式约束了磁导率和共振频率的变化，随着材料磁导率的增加，它的共振频率会相应减小，实验结果与这一规律相符。此外，900℃和 950℃烧结的样品中复相陶瓷的 Q 值都比铁氧体有明显提高。对于这两种复相陶瓷，在 900℃烧结时，CTO/NCZF 在 1～46MHz 的频域内 Q 值为 60～165，BTO/NCZF 在 1～64MHz 的频域内 Q 值为 60～129；而当烧结温度升高到 950℃时，CTO/NCZF 在 10～46MHz 的频域内 Q 值才为 40～120，BTO/NCZF 在 20～55MHz 的频域内 Q 值为 77～585。随着温度升高，CTO/NCZF 的高 Q 值频域明显减小，而 BTO/NCZF 虽然最大 Q 值显著升高，但其 Q 值大于 60 的频域也明显减小。

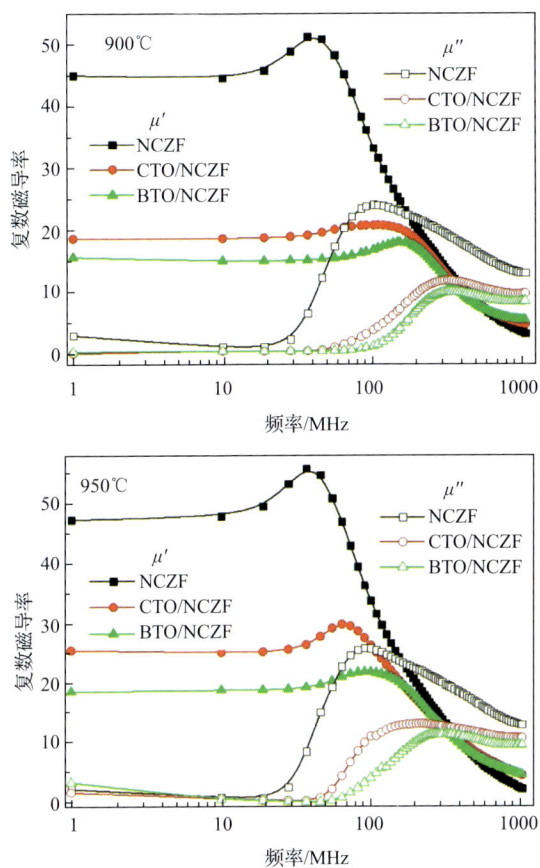

图 4-10　不同烧结温度下样品的复数磁导率随频率的变化

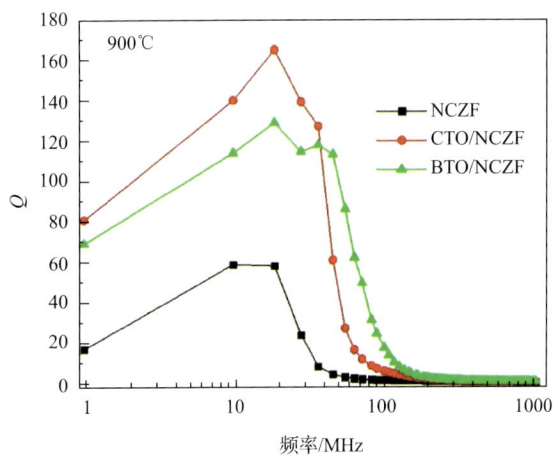

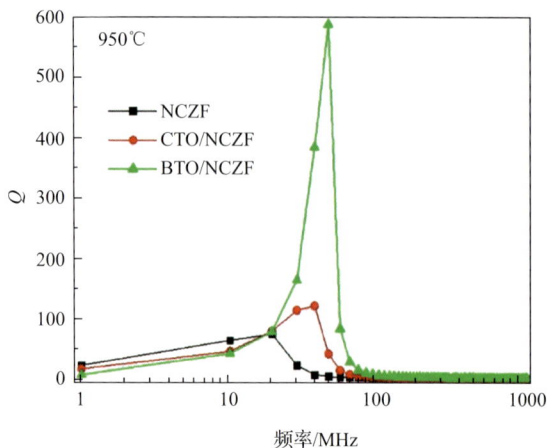

图 **4-11** 不同烧结温度下样品的 Q 值随频率的变化

　　结合前面对材料相对密度的研究可以发现，随着烧结温度增加，两种复相陶瓷的相对密度增加，磁导率升高，而铁氧体相对密度下降，磁导率也升高，这说明存在其他因素对磁导率有较大影响。根据前面对微结构的分析，铁氧体的平均晶粒尺寸随温度升高也有一定程度增加，可见，磁导率对晶粒尺寸的变化更为敏感。对于同一温度下烧结的不同样品，复相陶瓷的磁导率远小于铁氧体的磁导率，即使在 950℃烧结，三种样品相对密度接近的情况下这种差异依然很大。此外，同是复相陶瓷，BTO/NCZF 的磁导率又要低于 CTO/NCZF。对上述这些变化需要结合材料的磁化机制来研究。

　　磁性材料在磁化过程中有三种机制：磁畴壁的位移磁化过程，磁畴转动磁化过程和顺磁磁化过程。三种机制对磁体的磁化贡献可表示为

$$\Delta M_{\mathrm{H}} = \Delta M_{位移} + \Delta M_{转动} + \Delta M_{顺磁} \tag{4-8}$$

则磁化率表示为

$$\begin{aligned} \chi &= \frac{\Delta M_{\mathrm{H}}}{\Delta H} = \frac{\Delta M_{位移}}{\Delta H} + \frac{\Delta M_{转动}}{\Delta H} + \frac{\Delta M_{顺磁}}{\Delta H} \\ &= \chi_{位移} + \chi_{转动} + \chi_{顺磁} \end{aligned} \tag{4-9}$$

由于顺磁磁化过程对磁化的贡献很小，只在外加磁场强度很大时才会显示，因此，磁化过程可以简化成畴壁位移和磁畴转动两种基本运动方式：

$$\Delta M_{\mathrm{H}} = \Delta M_{位移} + \Delta M_{转动} \tag{4-10}$$

　　对于一般的金属软磁材料和高磁导率的软磁铁氧体材料，在弱磁场下其磁化机制以畴壁位移为主。而对于两种复相陶瓷，根据含杂模型，$CaTiO_3$ 和 $BaTiO_3$ 可以看成铁氧体内部存在的杂质，它们的存在对畴壁位移有两种作用：杂质的穿孔作用和退磁场作用，前者会改变杂质颗粒的畴壁面积从而引起畴壁能变化，对畴壁位移形成阻力；后者是畴壁位移引起杂质界面自由磁极分布的变化，从而造

成杂质周围退磁场能的变化，最终导致阻力增大。当复合体系中两种介电陶瓷颗粒尺寸较小时，对畴壁位移形成的阻力将主要为穿孔作用引起的畴壁能变化，而略去退磁场能变化。随着复合体系中介电陶瓷含量增加，当较多的杂质和孔隙严重阻碍甚至冻结畴壁位移时，弱场下的磁化机制则以磁畴转动磁化为主。因此，两种复相陶瓷的磁导率与铁氧体相比的显著变化与两种磁化机制对磁化过程贡献程度的变化联系紧密，具体内容在下一小节中叙述。

图 4-12 给出了 900℃烧结的铁氧体、复相陶瓷的磁滞回线以及饱和磁化强度 M_s 与矫顽力 H_c 的对比图。与铁氧体相比，两种复相陶瓷有较低的 M_s 和较大的 H_c；而复相陶瓷之间对比，CTO/NCZF 有较低的 M_s 和较大的 H_c。增加对畴壁位移的阻力或畴转磁化的阻力都会引起矫顽力的提高，前者可以通过增加杂质的体积浓度来实现，后者需要在材料形成单畴颗粒的前提下，提高材料的磁各向异性来实现。显然，通过在铁氧体中引入非磁性杂质制备的复相陶瓷中，畴壁位移受阻是引起矫顽力提高的主要原因。根据含杂模型中畴壁位移阻力变化对 H_c 的影响：

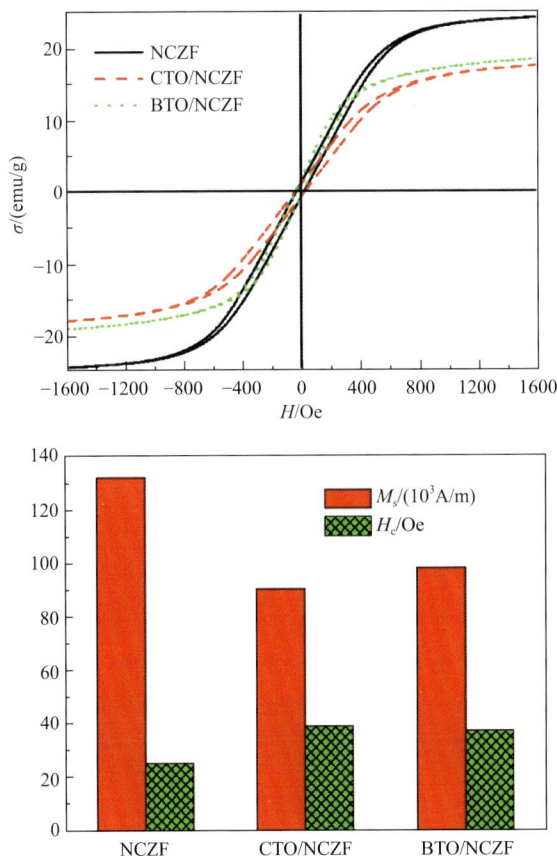

图 4-12　900℃烧结样品的磁滞回线及相关参数对比

$$H_c = \bar{H}_0 \sim \frac{\beta^{2/3}}{\mu_0 M_s} \qquad (4\text{-}11)$$

其中，$\bar{H}_0$ 为临界磁场强度的平均值；β 为杂质的体积浓度；μ_0 为真空磁导率。由晶胞结构和晶格常数可推算出，一个 $CaTiO_3$ 分子占的体积约为 $5.6 \times 10^{-23} cm^3$，一个 $BaTiO_3$ 分子占的体积约为 $6.5 \times 10^{-23} cm^3$，因此，在体积浓度近似的情况下有较低 M_s 的 CTO/NCZF 的 H_c 较高。

2. 两种磁化机制的参数提取与研究

1953 年，G. T. Rado 在对一种商业用镁铁氧体的磁谱研究中发现了两种独立存在的共振。他认为这两种共振源于两种磁化过程，即畴壁位移和磁畴转动，并且在任何烧结铁氧体中都存在，在 MnZn、NiZn 等铁氧体的磁谱中没有被同时观察到的原因是它们发生了重叠。此后，T. Nakamura、T. Tsutaoka 等研究了 NiZn、MnZn 铁氧体及复合材料在动态磁化过程中的磁导率频散，并深入分析了微结构对磁化机制的影响。

对于以 NiCuZn 铁氧体为主相的复相陶瓷也可以通过磁谱拟合提取出与两种磁化机制相关的参数，这将有助于了解不同杂质引入对复合体系磁化机制的影响。样品的复数磁导率谱由上述两种磁化机制共同作用，则可描述为

$$\mu(\omega) = 1 + \chi_{dw}(\omega) + \chi_{spin}(\omega) \qquad (4\text{-}12)$$

其中，χ_{dw} 为畴壁位移贡献的磁化率；χ_{spin} 为磁畴转动贡献的磁化率。由于制备的铁氧体在频散刚出现的位置表现出共振特性，因此把畴壁位移产生的磁谱设定为共振型。根据 Y. Natio 的分析，铁氧体中的磁畴转动具有很大的阻尼系数，所以把由磁畴转动产生的磁谱设定为弛豫型。则上述两部分的动态磁化率分别可以表示为

$$\chi_{dw}(\omega) = \frac{K_{dw}\omega_{dw}^2}{\omega_{dw}^2 - \omega^2 + i\beta\omega} \qquad (4\text{-}13)$$

$$\chi_{spin}(\omega) = \frac{K_{spin}}{1 + i(\omega/\omega_{spin})} \qquad (4\text{-}14)$$

其中，K_{dw}、ω_{dw} 和 β 分别为静态壁移磁化率、畴壁共振频率和畴壁位移的阻尼系数；K_{spin} 和 ω_{spin} 分别为静态磁畴转动磁化率和畴内磁化强度转动共振的弛豫频率；ω 为测试频率。根据式（4-12）～式（4-14）对测试磁谱进行拟合得到的参数见表 4-2。

表 4-2   两种磁化机制的拟合参数

样品名称	烧结温度/℃	畴壁位移成分			磁畴转动成分	
		K_{dw}	ω_{dw} /MHz	β (×10^8)	K_{spin}	ω_{spin} /MHz
NCZF	900	20.391	187.601	2.630	23.279	502.154
	950	19.279	212.529	4.902	29.986	300.109
CTO/NCZF	900	3.894	343.090	2.466	14.292	582.279
	950	4.088	220.054	2.980	23.402	378.165

续表

样品名称	烧结温度/℃	畴壁位移成分			磁畴转动成分	
		K_{dw}	ω_{dw}/MHz	$\beta\,(\times 10^8)$	K_{spin}	ω_{spin}/MHz
BTO/NCZF	900	3.252	371.242	2.198	10.895	753.181
	950	3.920	305.338	2.970	17.008	511.744

又知复数磁导率可表示为

$$\mu(\omega) = \mu' - \mathrm{i}\mu'' \tag{4-15}$$

综合式（4-12）～式（4-15）可得 μ' 和 μ'' 的表达式分别为

$$\mu' = 1 + \frac{K_{spin}}{1+(\omega/\omega_{spin})^2} + \frac{K_{dw}[1-(\omega/\omega_{dw})^2]}{[1-(\omega/\omega_{dw})^2]^2 + (\beta\omega/\omega_{dw}^2)^2} \tag{4-16}$$

$$\mu'' = \frac{K_{spin}(\omega/\omega_{spin})}{1+(\omega/\omega_{spin})^2} + \frac{K_{dw}(\beta\omega/\omega_{dw}^2)}{[1-(\omega/\omega_{dw})^2]^2 + (\beta\omega/\omega_{dw}^2)^2} \tag{4-17}$$

把表 4-2 中的拟合参数代入式（4-16）和式（4-17）就可以计算出复数磁导率实部和虚部随频率变化的曲线，测试和拟合结果对比见图 4-13。

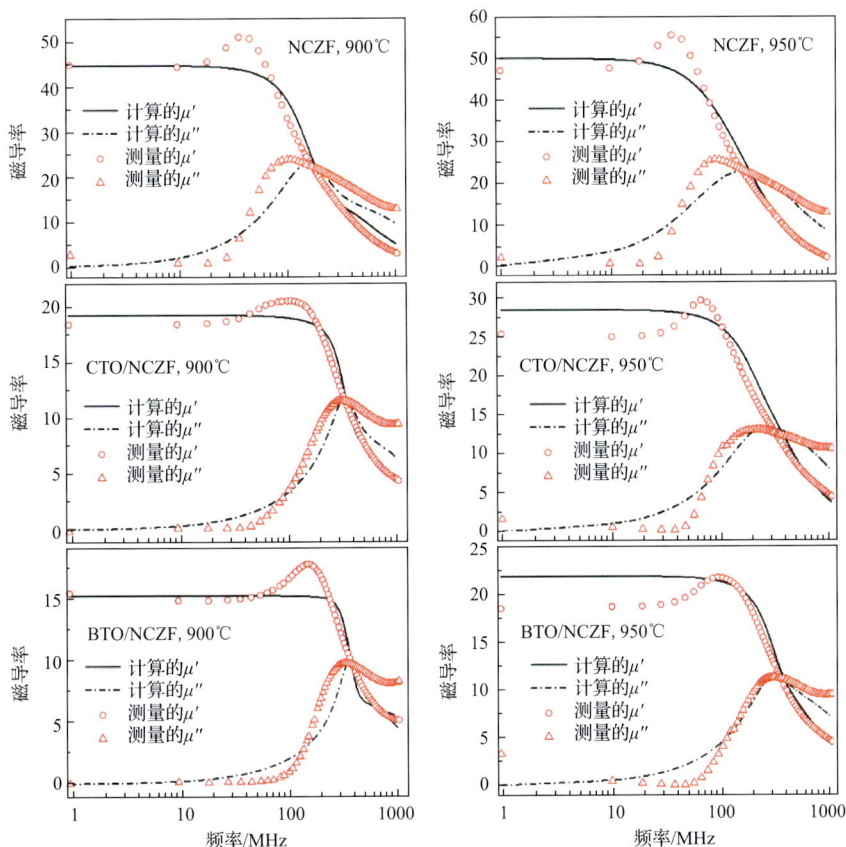

图 **4-13**　不同烧结温度样品的测试磁谱与拟合磁谱

图 4-13 给出了两种磁化机制对 900℃和 950℃烧结样品的静态磁化率贡献的对比。可以看出，磁畴转动机制对铁氧体和复相陶瓷的静态磁化率的贡献占主导，而且随着烧结温度的升高贡献程度继续增大。相比之下，铁氧体中畴壁位移机制的贡献随着温度升高略有下降，因为晶粒生长的不均匀及致密度的下降都会使畴壁位移变得更困难。而复相陶瓷中畴壁位移机制的贡献随温度升高略有增加，这与致密度的显著提高和晶粒进一步生长有关。这里，通过计算两种复相陶瓷中介电陶瓷的体积分数有助于进一步分析磁化机制的变化，根据以下公式：

$$f_c = \frac{\rho_i - \rho_{fi}}{\rho_{ci} - \rho_{fi}} \times D \tag{4-18}$$

其中，ρ_{ci} 和 f_c 分别为介电陶瓷的理论密度和在实际样品中所占的体积分数；ρ_i 和 ρ_{fi} 分别为复相陶瓷和铁氧体的理论密度；D 为复相陶瓷的致密度。将表 4-1 中的数据代入可求得 CTO/NCZF 和 BTO/NCZF 中介电陶瓷分别占 6.7vol%和 7.7vol%，即在铁氧体中引入杂质的浓度。如图 4-14 所示，对于同一烧结温度下的三个样品，随着介电陶瓷体积分数的增加，两种磁化机制的贡献都在减小，但畴壁位移机制贡献的降低对杂质的引入非常敏感，磁畴转动机制贡献的减小则相对较平缓。对于静态磁化过程，多晶铁氧体的固有转动磁化率和 180° 畴壁磁化率又可以分别用下列公式描述：

$$\chi_{spin} = 4\pi M_s / (H_A + H_D) \tag{4-19}$$

$$\chi_{dw} = 3\pi M_s^2 D / (4\gamma) \tag{4-20}$$

其中，H_A 为磁各向异性场；H_D 为退磁场；D 为晶粒直径；γ 为畴壁能。对于两种复相陶瓷，H_D 远大于 H_A，而且随着杂质体积分数增加 H_D 继续增大，这导致 K_{spin} 的缓慢下降。而在铁氧体中引入介电陶瓷后，K_{dw} 的迅速减小与晶粒尺寸的大幅减小关系紧密。

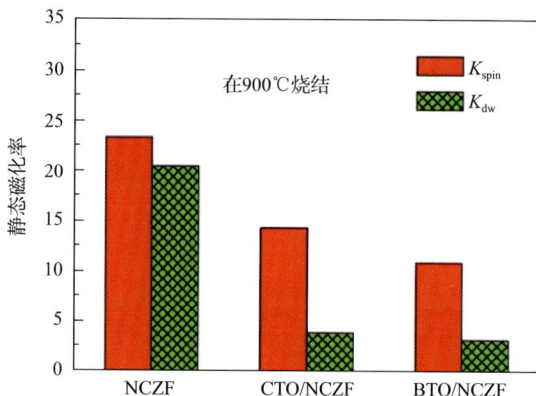

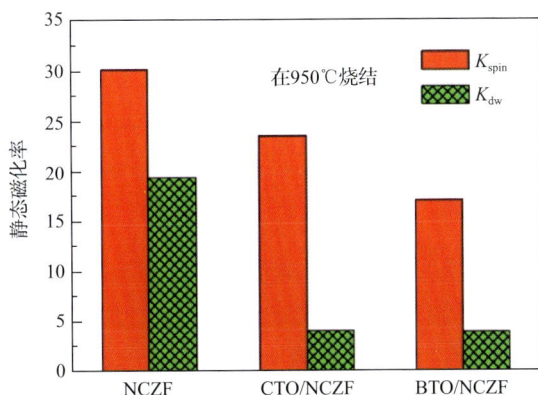

图 4-14　两种磁化机制对样品静态磁化率的贡献

3. 磁路模型的修正与应用

对磁化机制及对磁导率贡献程度的研究有助于了解复合材料磁导率变化的本质原因，并为材料的微观结构设计提供参考依据。然而在实际应用中，如果能根据材料的宏观物性参数推测一些性能变化，无疑能为实现复合材料性能的系列化提供很大便利。

磁路模型在铁氧体中的应用则把微观结构变化对磁导率的影响通过材料密度变化反映出来。1990 年，M. T. Johnson 和 E. G. Visser 提出一种用于研究高磁导率多晶铁氧体的晶粒尺寸与转动磁导率之间关系的模型：固有磁导率为 μ_i，直径为 D 的铁氧体晶粒被厚度为 δ 的非磁性（或低磁导率）的晶界包围，晶界中含有增加晶界电阻的杂质，模型结构如图 4-15 所示。把交替排列的晶粒和晶界看成内场强度为 H 的螺线管，根据安培定律：

$$\oint H\mathrm{d}l = NI \tag{4-21}$$

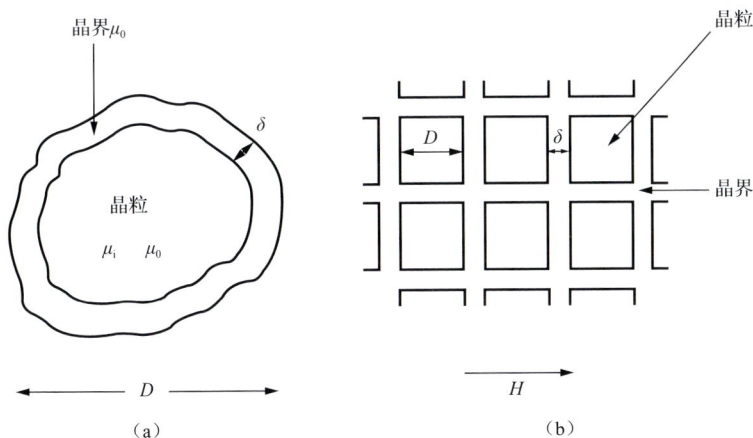

图 4-15　磁路模型示意图

对每一个周期长度（$D+\delta$）有如下两种等价的表示方法

$$\frac{B\delta}{\mu_0}+\frac{BD}{\mu_i\mu_0}=NI=\frac{B(D+\delta)}{\mu_{\text{eff}}\mu_0} \tag{4-22}$$

将式（4-22）化简可以得到

$$\mu_{\text{eff}}=\frac{\mu_i(1+\delta/D)}{1+\mu_i(\delta/D)} \tag{4-23}$$

其中，B 为磁感应强度；μ_{eff} 为测试得到的有效磁导率；δ/D 为间隙参数。

对于两种复相陶瓷，由于介电相 $CaTiO_3$ 和 $BaTiO_3$ 的含量都较低，当它们在铁氧体主相中分散均匀后，可以认为构成铁氧体晶界的一部分，则可用上述模型进行计算。要准确得到 μ_{eff} 和 μ_i 间的关系，对 δ/D 值的计算很重要，当体系由铁氧体变换为两相复合材料时，间隙参数的计算方法也要重新修正。

图 4-16 给出了复相陶瓷单位结构理想状态与实际状态的对比。在理想状态下，介电陶瓷均匀包围着铁氧体晶粒，且复合体系中没有孔隙，则可得到复相陶瓷理论密度的表达式：

$$\rho_i=\frac{\rho_{fi}D^3+\rho_{ci}[(D+\delta)^3-D^3]}{(D+\delta)^3} \tag{4-24}$$

其中，ρ_{fi} 和 ρ_{ci} 分别为铁氧体和介电陶瓷的理论密度。经过变形得到理论间隙参数的表达式：

$$\frac{\delta}{D}=\left(\frac{\rho_{fi}-\rho_{ci}}{\rho_i-\rho_{ci}}\right)^{\frac{1}{3}}-1 \tag{4-25}$$

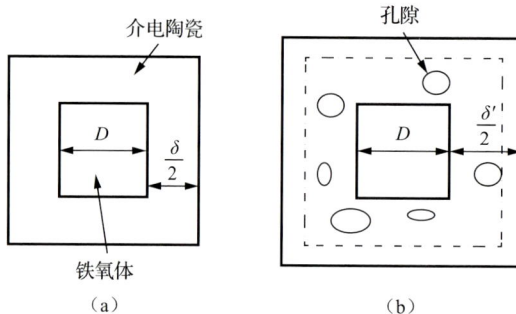

图 4-16　复相陶瓷中单位结构的理想状态（a）和实际状态（b）

假设两相复合的实际状态是由理想状态中引入孔隙（质量可以忽略）得到，同时为了简化计算认为孔隙不出现在铁氧体晶粒中，则晶界厚度由 δ 扩大到 δ'，可得到复相陶瓷实际密度的表达式：

$$\rho=\frac{\rho_i(D+\delta)^3}{(D+\delta')^3} \tag{4-26}$$

化简得到

$$\frac{\delta'}{D} = \left(\frac{\delta}{D} + 1\right)\left(\frac{\rho_i}{\rho}\right)^{\frac{1}{3}} - 1 \qquad (4\text{-}27)$$

把式（4-25）代入式（4-27）得到修正后的间隙参数与密度的关系式：

$$\frac{\delta'}{D} = \left(\frac{\rho_{fi} - \rho_{ci}}{\rho_i - \rho_{ci}} \times \frac{\rho_i}{\rho}\right)^{\frac{1}{3}} - 1 \qquad (4\text{-}28)$$

当体系为单相铁氧体时，取 $\rho_{ci} = 0$，代入式（4-28）可得

$$\frac{\delta'}{D} = \left(\frac{\rho_{fi}}{\rho}\right)^{\frac{1}{3}} - 1 \qquad (4\text{-}29)$$

其中，ρ 为烧结铁氧体的测试密度。式（4-29）与文献给出的计算公式一致，因此给出的复相陶瓷间隙参数的计算方法是合理的。把表 4-1 中的铁氧体和复相陶瓷的密度参数分别代入式（4-29）和式（4-28）即可求出各个样品的修正间隙参数值，详见表 4-3。

表 4-3　不同温度烧结样品的测试磁导率和修正的间隙参数

样品名称	NCZF	CTO/NCZF		BTO/NCZF	
	950℃	900℃	950℃	900℃	950℃
δ/D (×10⁻³)	4.26	47.86	28.30	54.47	36.26
μ' (1MHz)	47.30	17.61	25.42	13.92	18.54

　　把表 4-3 中的数据结合式（4-23）即可拟合出铁氧体在 1MHz 的固有磁导率 μ_i 为 58.92，再代入式（4-23）可绘出有效磁导率随间隙参数的变化关系，如图 4-17 所示。在铁氧体中引入介电陶瓷对微结构的影响反映在数值上即是间隙参数的显著增大。造成这种变化的原因：一是铁氧体晶粒尺寸的明显减小；二是晶界厚度的增大。上述两个因素的作用程度与杂质浓度变化联系紧密，可以在拟合曲线上分成两个阶段讨论：①当引入杂质量较少时，晶粒生长对杂质浓度变化很敏感，晶粒尺寸随杂质浓度增加而迅速减小，成为磁导率降低的主导因素；②当杂质浓度水平较高时，铁氧体晶粒尺寸已经接近临界，对杂质浓度的继续增加不再敏感，此时，磁导率的降低因素又转为以晶界厚度增加为主导。可见，第一阶段是影响磁导率整体水平变化的关键阶段。这里，第一阶段在拟合曲线上大致对应于 $\delta/D < 0.05$ 的区域，而两种复相陶瓷的间隙参数正好处于这一阶段中，这就从另一个角度解释了为什么少量介电陶瓷引入铁氧体后磁导率也会大幅下降。

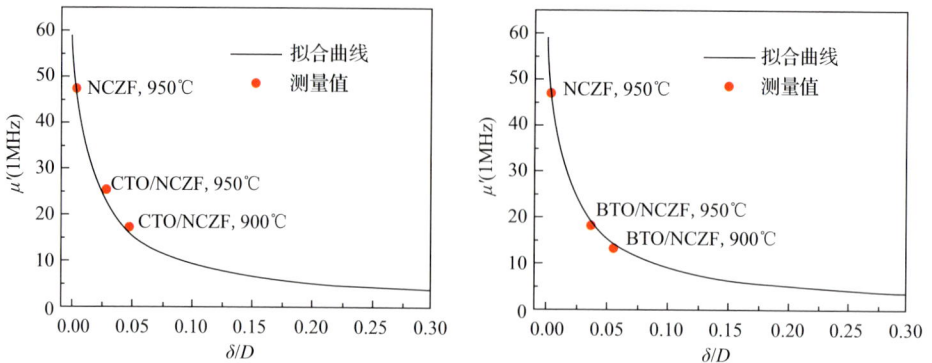

图 4-17　样品磁导率随间隙参数变化的测量结果和拟合曲线

4.2.4　介电性能研究

对复相陶瓷介电性能的研究主要沿两个方向展开：其一，分析作为主相的 NiCuZn 铁氧体自身的介电机制，研究引入介电陶瓷后会对这种机制产生什么样的影响或者是否会有新的机制出现；其二，对比引入不同的第二相对体系介电性能的贡献，建立一种根据不同单相材料的介电性能预测复合后体系介电性能的方法。

1. 介电性能参数测试与分析

材料复介电常数（ε' 为实部，ε'' 为虚部）的测试是通过把前面制备的片状样品放置在射频材料/阻抗分析仪（RF I/MA，HP4291B）的夹具上完成，测试频率范围为 1MHz～1.8GHz，计算公式为

$$\dot{\varepsilon}_{r} = \frac{\dot{Y}_{m}}{j\omega\varepsilon_{0}}\frac{d}{S} \tag{4-30}$$

其中，$\dot{\varepsilon}_{r}$ 为相对复介电常数；$\dot{Y}_{m}$ 为校准后的测试导纳；ε_{0} 为真空介电常数；d 为样品厚度；S 为测试夹具的下电极面积。材料介电损耗的计算公式为

$$\tan\delta = \frac{\varepsilon''}{\varepsilon'} \tag{4-31}$$

图 4-18 给出了 900℃和 950℃烧结的铁氧体与复相陶瓷的复介电常数随频率的变化关系。可以发现，参与复合的两种介电陶瓷中，高介电常数的 $BaTiO_3$ 对体系介电性能的提升作用比 $CaTiO_3$ 明显得多。950℃烧结的样品中这种现象尤为明显，1GHz 以前 NCZF 的 ε' 为 12～14，CTO/NCZF 的 ε' 为 16～17，而 BTO/NCZF 的 ε' 达到 21～24，比铁氧体几乎提高了一倍。所有样品在 1GHz 附近出现了明显的介电频散。此外，对于 900℃烧结的样品，两种复相陶瓷在低频也出现了频散的迹象，以 BTO/NCZF 最为明显，这需要结合电介质的动态极化机制来分析。

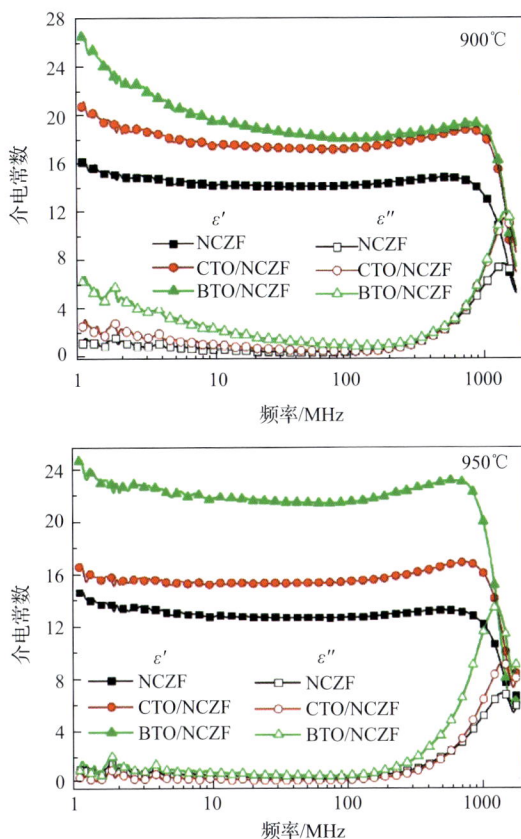

图 4-18　不同烧结温度下样品的复介电常数随频率的变化

对于一般电介质，电极化的基本过程有三种：电子的位移极化、离子的位移极化和偶极子的定向极化。电子位移极化是外电场使电介质中的原子、分子、离子等粒子的电子云相对原子核发生位移而引起的，它对外电场响应时间极短（$10^{-16} \sim 10^{-14}$ s）。在电场作用下，任何电介质都会发生这种极化。离子位移极化主要出现在离子晶体、玻璃、陶瓷等无机电介质中，是由于电场作用使正、负离子发生相对位移而产生感应偶极矩，其对外电场响应时间为 $10^{-13} \sim 10^{-12}$ s。偶极子定向极化是由极性电介质中具有固有偶极矩的偶极子在电场作用下重新定向排列产生。偶极子的来源既可以是非晶态极性有机电介质的分子或分子链节，也可以是极性晶体中的缺陷或杂质（如空格点、弱束缚离子等）。偶极子的定向极化对外电场响应时间较长，根据偶极子的类型，响应时间为 $10^{-8} \sim 10^{-2}$ s，甚至更长。此外，对于含有杂质的电介质或内嵌其他介质的复合介质，还存在一种极化方式，即界面极化。它的产生是由于介质内部存在导通区域的不均匀分布，在外电场作用下，电荷在导通区域和不导通区域的界面聚集，从而导致低频极化率大大增加，可以引起 kHz～MHz 频率范围内的介电常数变化。这种现象也称作 Maxwell-Wagner 效应，最早由 J. C. Maxwell 提出，此后又由 Wagner 做了大量深入研究。

在静电场下，上述三种基本的电极化过程都参与作用，此时对于一定的电介质而言，介电常数是恒定值。而在变化电场中，电介质极化的建立和消失都有一个响应过程，需要一定时间，这导致极化时间函数 $P(t)$ 与电场的时间函数 $E(t)$ 不一致，$P(t)$ 滞后于 $E(t)$ 且函数形式也发生相应变化，此时介电常数需要用复数表示，相应的变化也可以在介电频谱中反映出来。图 4-19 给出了不同极化机制下复介电常数随频率的变化关系，其中实线表示复介电常数的实部，虚线表示复介电常数的虚部。随着外场频率的增加，偶极子的定向极化因为响应时间较长最先跟不上电场变化而发生频散，复介电常数实部明显下降，虚部出现峰值。离子位移极化因为响应时间较短，在定向极化不起作用后仍能及时响应外场频率变化。但当频率进入红外区并与离子固有振动频率一致时开始发生共振，此后，离子位移极化也不再起作用。电子位移极化响应时间最短，在可见光区仍能发挥作用，在这一阶段，对应的介电常数称为光频介电常数。

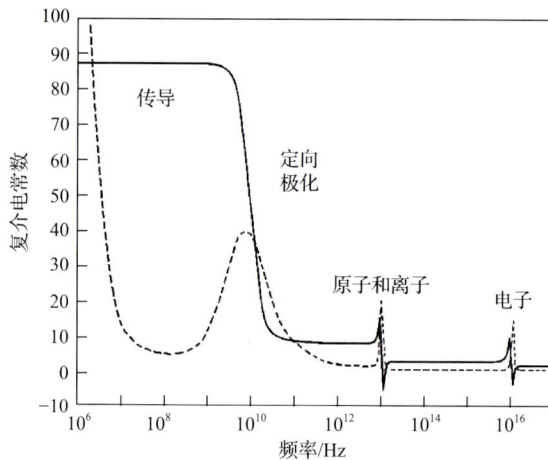

图 4-19　不同极化机制下复介电常数随频率的变化

由于 NiCuZn 铁氧体是各个样品的主要成分，因此，在 1GHz 附近出现的介电频散可能是由铁氧体中的弱束缚离子、晶格缺陷等形成的偶极子定向极化对外场频率响应滞后造成的。对于 900℃烧结的两种复相陶瓷在 1MHz 附近的频散，在 950℃烧结的样品中已经不明显。又知复相陶瓷在 950℃烧结的致密度远大于在 900℃烧结的，因此这种低频频散和材料微结构变化关系密切，应该是由界面极化引起的。因为低致密度样品的晶粒有更多缺陷，晶界处也有更多杂质（包括引入的介电陶瓷），而且疏松的微结构提供了更多的界面，易于电荷聚集。这属于铁氧体正常的介电行为，在掺杂的 NiZn、MgZn 铁氧体中都有过报道。

图 4-20 给出了 900℃和 950℃烧结的铁氧体与复相陶瓷的介电损耗随频率的变化关系。对于 900℃烧结的样品，两种复相陶瓷在低频处都出现高于铁氧体的介电损耗，随着频率增加损耗先逐渐减小，到 200MHz 以后又开始迅速增加。其中，CTO/NCZF 在 40～170MHz 范围内 $\tan\delta$ <0.02，BTO/NCZF 在 57～230MHz 范围内 $\tan\delta$ <0.05。对于 950℃烧结的复相陶瓷，低频段的高损耗现象已经消失，只剩下在 1GHz 附近的高损耗峰。其中，CTO/NCZF 在 256MHz 以前 $\tan\delta$ <0.03，BTO/NCZF 在 240MHz 以前 $\tan\delta$ <0.05。电介质在红外频段以前的介电损耗主要包括电导损耗和极化损耗。其中，电导损耗是由电场作用下介质中的漏电流引起的，而极化损耗是由偶极子极化等较为缓慢的极化过程造成的。两种复相陶瓷在 900℃烧结时出现的低频高损耗在 950℃烧结时消失了，说明由疏松的微结构引起的电导损耗做出主要贡献。不同烧结温度的各个样品在 1GHz 附近的损耗峰则主要是由多晶铁氧体及引入杂质后产生的各类偶极子在极化过程中发生能量损耗引起的。

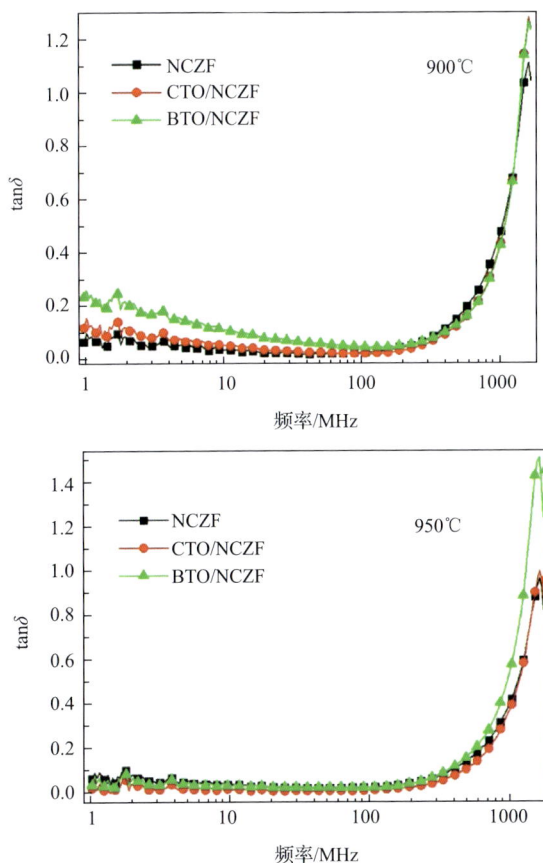

图 **4-20**　不同烧结温度下样品的介电损耗随频率的变化

2. 有效介质理论的应用

对于二元复合体系，当一相以填充的形式均匀分散在另一相中，则复合体系的介电常数可以根据两种单相物质的介电常数进行估算。作为一种经典的混合法则，基于平均场理论的 Maxwell-Garnett（MG）方程在预测填充相所占体积分数较小的混合体系的介电性能时效果较好。假设二元复合体系的结构如图 4-21 所示：在介电常数为 ε_e 的基体介质中随机分布着介电常数为 ε_i 的球形内嵌介质，内嵌介质的总体积分数为 f。基于上述模型可以进行如下推导。

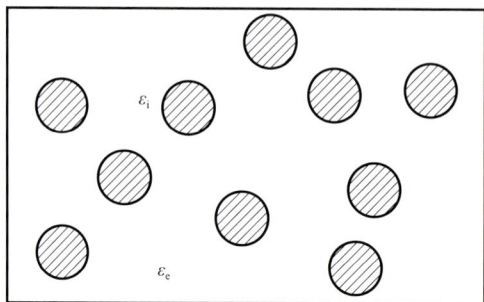

图 4-21　MG 方程的理论原型

首先，体系的平均电场强度 $\langle E \rangle$ 和平均电流密度 $\langle D \rangle$ 的关系可写成

$$\langle D \rangle = \varepsilon_{\text{eff}} \langle E \rangle \tag{4-32}$$

其中，ε_{eff} 为体系的有效介电常数。通过对复合体系不同部分电场的加权，$\langle D \rangle$ 和 $\langle E \rangle$ 又可以分别表示为

$$\langle D \rangle = f\varepsilon_i E_i + (1-f)\varepsilon_e E_e \tag{4-33}$$

$$\langle E \rangle = fE_i + (1-f)E_e \tag{4-34}$$

假设内电场 E_i 和外电场 E_e 恒定，且令 $E_i = AE_e$，则有

$$\varepsilon_{\text{eff}} = \frac{f\varepsilon_i A + \varepsilon_e(1-f)}{fA + (1-f)} \tag{4-35}$$

取 $A = 3\varepsilon_e/(\varepsilon_i + 2\varepsilon_e)$，代入式（4-35）得到

$$\varepsilon_{\text{eff}} = \varepsilon_e + 3f\varepsilon_e \frac{\varepsilon_i - \varepsilon_e}{\varepsilon_i + 2\varepsilon_e - f(\varepsilon_i - \varepsilon_e)} \tag{4-36}$$

式（4-36）就是著名的 MG 方程。

对于两种复相陶瓷，NiCuZn 铁氧体都是作为基体介质，而 $CaTiO_3$ 和 $BaTiO_3$ 陶瓷分别作为嵌入相。由于这里的复合包含烧结过程，不同于简单的混合，要考虑材料内部孔隙率的变化，因此需要重新设定一套计算方法。这里分三步进行：首先，借助 MG 方程估算所选用的铁氧体和介电陶瓷在单独烧结时介电常数的理论值；然后，把两相材料的介电常数理论值代入 MG 方程求解复相陶瓷介电常数的理论值；最后，再借助 MG 方程和复相陶瓷的致密度估算有孔隙情况下复相陶

瓷的介电常数值。

对于单相的铁氧体和介电陶瓷，孔隙的存在可以看成以空气为嵌入相，则有 $\varepsilon_i = 1$，孔隙所占的体积分数可表示为 $1 - D$，其中 D 是单相材料的致密度。根据 MG 方程可以写出

$$\varepsilon_{\text{eff}} = \varepsilon_e + 3(1 - D)\varepsilon_e \frac{1 - \varepsilon_e}{1 + 2\varepsilon_e - (1 - D)(1 - \varepsilon_e)} \qquad (4\text{-}37)$$

从式（4-37）可以解出

$$\varepsilon_e = \frac{1}{2}\left(\sqrt{K^2 + 2\varepsilon_{\text{eff}}} - K \right) \qquad (4\text{-}38)$$

其中，ε_e 为单相材料的理论介电常数；$K = [\varepsilon_{\text{eff}}(D - 3) - 2D + 3]/2D$。

由式（4-38）可以计算出铁氧体和介电陶瓷的理论介电常数，分别记为 ε_{fi} 和 ε_{ci}，代入式（4-36）可以计算出在不考虑结构缺陷的情况下，两相物质复合能达到的理论介电常数 ε_{id}：

$$\varepsilon_{\text{id}} = \varepsilon_{\text{fi}} + 3 f_{\text{ci}}\varepsilon_{\text{fi}} \frac{\varepsilon_{\text{ci}} - \varepsilon_{\text{fi}}}{\varepsilon_{\text{ci}} + 2\varepsilon_{\text{fi}} - f_{\text{ci}}(\varepsilon_{\text{ci}} - \varepsilon_{\text{fi}})} \qquad (4\text{-}39)$$

其中，f_{ci} 为介电陶瓷的理论体积分数。

最后，用 ε_{id} 替换式（4-37）中的 ε_e 则可得到考虑了孔隙因素的复相陶瓷的介电常数 ε，表示为

$$\varepsilon = \varepsilon_{\text{id}} + 3(1 - D)\varepsilon_{\text{id}} \frac{1 - \varepsilon_{\text{id}}}{1 + 2\varepsilon_{\text{id}} - (1 - D)(1 - \varepsilon_{\text{id}})} \qquad (4\text{-}40)$$

其中，D 为复相陶瓷的致密度。

图 4-22 给出了两种复相陶瓷在不同烧结温度下的介电频谱的测试结果（用符号点标记）与修正 MG 方程计算结果（用线标记）的对比。计算曲线是以 900℃ 烧结的 NiCuZn 铁氧体（加 2wt% Bi_2O_3）、$CaTiO_3$ 和 $BaTiO_3$ 的测试频谱为基础数据，经过上述式（4-37）到式（4-40）的运算流程得到。对于 900℃ 烧结的两种复相陶瓷，MG 方程计算结果相比测试结果都有不同程度的偏低。造成这种偏移的原因主要有两点：其一，对于致密度偏低的样品，孔隙对体系的影响不能忽略，但为了简化计算，认为孔隙处的成分是空气，并取介电常数为 1。然而疏松样品的孔隙中往往包含水、未参与成相的氧化物等介电常数较高的杂质，简化处理则会导致计算值偏小。其二，对单相物质理论介电常数的推算方法并未考虑晶粒生长带来的影响，如 900℃ 烧结的两种单相介电陶瓷并未加助烧剂，而在实际复合体系中，添加的助烧剂对介电陶瓷晶粒的生长也会有一定的促进作用。另外，界面极化对 BTO/NCZF 在低频处介电性能的影响是 MG 方程无法评估的。而在 950℃ 烧结的样品中，CTO/NCZF 的测试曲线与计算曲线吻合得很好，BTO/NCZF 的测试曲线与计算曲线的偏差却变大了。虽然随着烧结温度升高，两个体系的致密度都有不同程度的提高，但预测效果却大相径庭，这间接说明高介电常数陶瓷的晶

粒生长对体系介电性能的影响越来越明显。BaTiO$_3$的介电常数远大于CaTiO$_3$，随着体系致密度提高和晶粒生长，仅根据孔隙的变化来估计它的理论介电性能势必会带来较大误差。因此，给出的改进的计算方法在预测致密度较高且两相介电常数差异不大的复合体系时能有较好的效果。

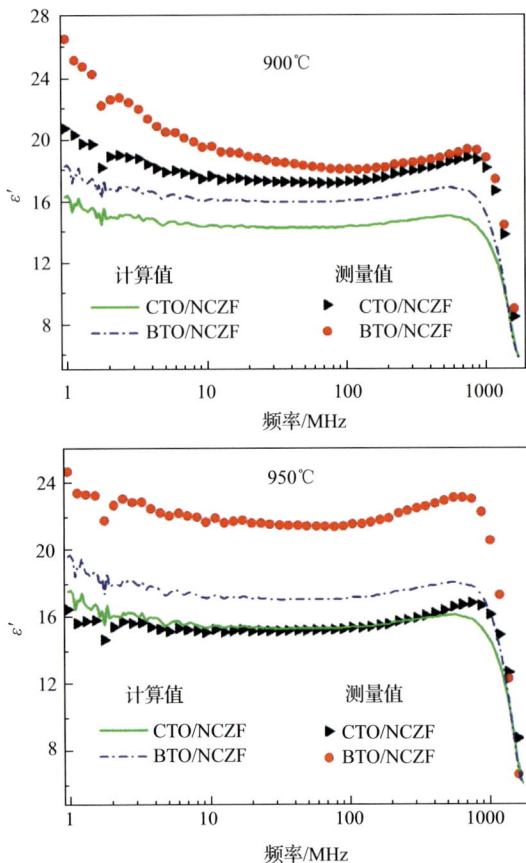

图4-22 复相陶瓷介电频谱的测试结果与修正MG方程计算结果的对比

4.3 化学合成BaTiO$_3$对低温烧结铁电/铁磁复相陶瓷性能的影响

4.3.1 铁电/铁磁复相陶瓷的制备

BTO/NCZF复相陶瓷的制备分三步，即溶胶-凝胶法合成BaTiO$_3$粉体，固相反应法合成NiCuZn铁氧体预烧粉和两种粉体按不同比例复合烧结，具体过程如下。

首先，按 Ba^{2+}：Ti^{4+}=1：1（摩尔比）称取硬脂酸钡和钛酸正丁酯并溶于适量无水乙醇中，水浴加热使反应物混合均匀。按 H_2O：Ba^{2+}=10：1（摩尔比）缓慢加入去离子水，60℃水浴加热反应 2h 得到溶胶。然后，将溶胶置于 120℃烘箱中保温 12h 得到干凝胶。最后，把干凝胶在 800℃煅烧 2h 得到 $BaTiO_3$ 粉体。实验使用的化学原料见表 4-4。

表 4-4　实验试剂纯度及来源

名称	级别	含量	生产厂家
硬脂酸钡	分析纯	96.5wt%	成都市科龙化工试剂厂
钛酸正丁酯	分析纯	≥98.5%	成都市科龙化工试剂厂
无水乙醇	分析纯	≥99.7%	成都市科龙化工试剂厂

按照 $(Ni_{0.37}Cu_{0.2}Zn_{0.43}O)_{1.02}(Fe_2O_3)_{0.98}$ 称取分析纯级别的 NiO、CuO、ZnO、Fe_2O_3 粉末来制备 NiCuZn 铁氧体预烧粉，制备工艺同 4.2 节中所述。然后，将 $BaTiO_3$ 粉体和铁氧体预烧粉分别按照两相质量比 BTO/NCZF(x)=0wt%，5wt%，10wt%，15wt%和20wt%混合，再各添加 2wt% Bi_2O_3 作助烧剂，湿磨 12h。球磨后的混合粉体经干燥、造粒、过筛、成型，在空气中 900℃烧结得到不同 $BaTiO_3$ 添加量的样品。

4.3.2　相组成、烧结性能与微结构分析

1. 相组成分析

800℃煅烧的 $BaTiO_3$ 粉体的 XRD 图谱如图 4-23 所示，没有发现其他杂相生成。对应 2θ 约 45°的(200)衍射峰没有出现裂分，说明合成的 $BaTiO_3$ 粉体为立方相，在其他化学合成法中也出现过类似结果。根据 Scherrer 公式对图谱拟合计算出所合成粉体的平均晶粒尺寸约 52.3nm。900℃烧结的铁氧体和复相陶瓷的 XRD 图谱如图 4-24 所示，随着 $BaTiO_3$ 添加量的增大，复相陶瓷中出现的和 $BaTiO_3$ 相关的衍射峰越来越多，强度也越来越大。除铁氧体和 $BaTiO_3$ 以外没有发现杂相生成，说明复相陶瓷已经成功合成。

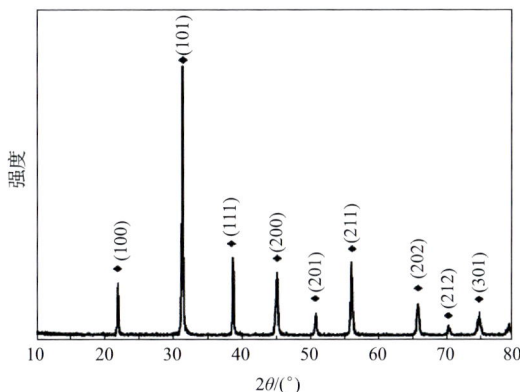

图 4-23　800℃煅烧的 $BaTiO_3$ 粉体的 XRD 图谱

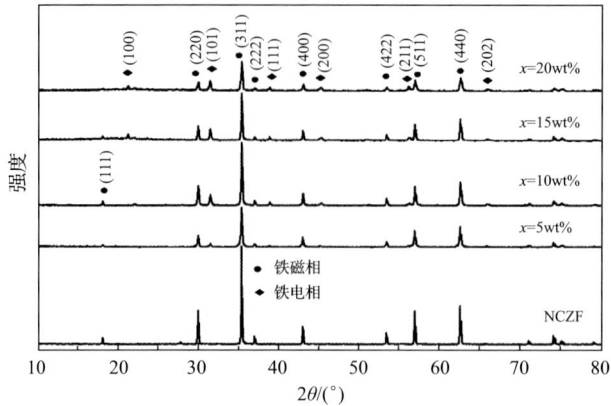

图 4-24 900℃烧结的铁氧体及复相陶瓷的 XRD 图谱

2. 烧结性能和微结构分析

根据 XRD 测试图得到 NiCuZn 铁氧体的晶格常数 a=8.41Å，$BaTiO_3$ 粉体的晶格常数 a=4.003Å，c=4.009Å，同样由式（4-2）和式（4-3）计算出样品的理论密度，由式（4-4）得到样品的测量密度，详见表 4-5。

表 4-5 900℃烧结样品的理论密度和测量密度

密度/(g/cm³)	BTO	NCZF	x=5wt%	x=10wt%	x=15wt%	x=20wt%
理论值	6.028	5.394	5.421	5.446	5.469	5.490
测量值	—	5.368	4.993	5.340	5.306	5.357

900℃烧结样品的相对密度随 $BaTiO_3$ 粉体添加量的变化如图 4-25 所示。当往铁氧体中加入 5wt% $BaTiO_3$ 时，制得的复相陶瓷的相对密度相比铁氧体迅速下降。随着 $BaTiO_3$ 添加量的增加，复合体系相对密度又有明显回升。当 x 从 10wt% 变化到 20wt% 时，复合体系的相对密度变化较小。可见，当选用化学法合成的 $BaTiO_3$ 纳米粉与固相反应法合成的铁氧体复合时，体系的致密化过程不再简单地随着 $BaTiO_3$ 添加量的增加而变得困难，其变化规律需要结合微结构来分析。900℃烧结复相陶瓷的平均晶粒尺寸（从 SEM 图中随机选取 100 颗完整晶粒进行尺寸统计）随 $BaTiO_3$ 粉体添加量的变化如图 4-26 所示。虽然 $BaTiO_3$ 添加量从 5wt% 增加到 20wt% 的过程中相对密度变化并未呈现出明显的规律性，各样品的平均晶粒尺寸却表现出整体逐步下降的趋势。这说明增加高活性 $BaTiO_3$ 粉体的添加量对体系晶粒细化作用明显，而且晶粒尺寸下降到一定程度有助于体系相对密度的提高。

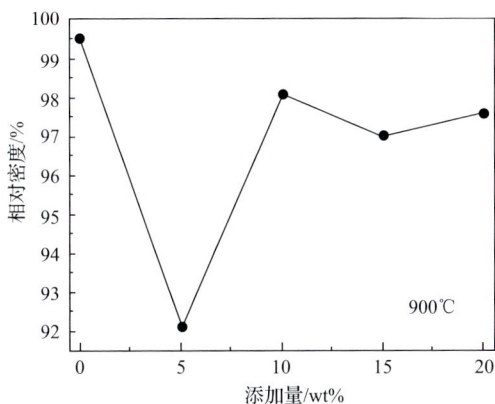

图 4-25 900℃烧结样品的相对密度随 BaTiO₃ 粉体添加量的变化

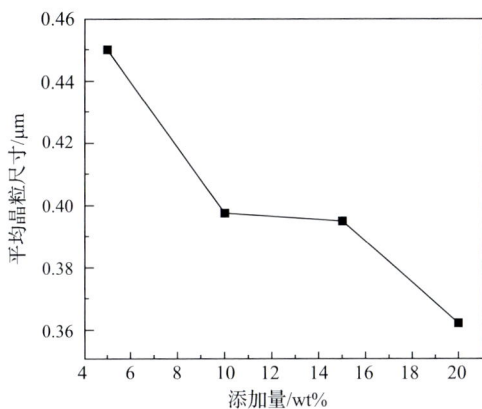

图 4-26 900℃烧结样品平均晶粒尺寸随 BaTiO₃ 添加量的变化

图 4-27 给出了溶胶-凝胶法合成的 BaTiO₃ 粉体及 900℃烧结的 NiCuZn 铁氧体的 SEM 图。可以看到，BaTiO₃ 粉体局部团聚很严重，部分分散得较好的颗粒的尺寸与通过 XRD 图谱拟合得到的平均尺寸（52.3nm）大致在一个数量级。而在与 BaTiO₃ 复合前，NiCuZn 铁氧体的晶粒生长很充分，平均尺寸约 5.4μm。

（a）

（b）

图 4-27 800℃煅烧 BaTiO₃ 粉体（a）和 900℃烧结铁氧体（b）的微观形貌

图 4-28 是 900℃烧结的四种复相陶瓷的断面 SEM 图。仅添加 5wt% BaTiO$_3$ 粉体就使铁氧体的微结构由大晶粒的致密堆积变成了小晶粒的疏松分布，晶粒尺寸下降了近一个数量级，晶粒生长受到严重抑制。BaTiO$_3$ 添加量不同的四个样品具有类似的微结构，但 x=5wt% 的样品开气孔尺寸明显大于其他三个样品，这是造成其相对密度大幅偏低的一个重要原因。

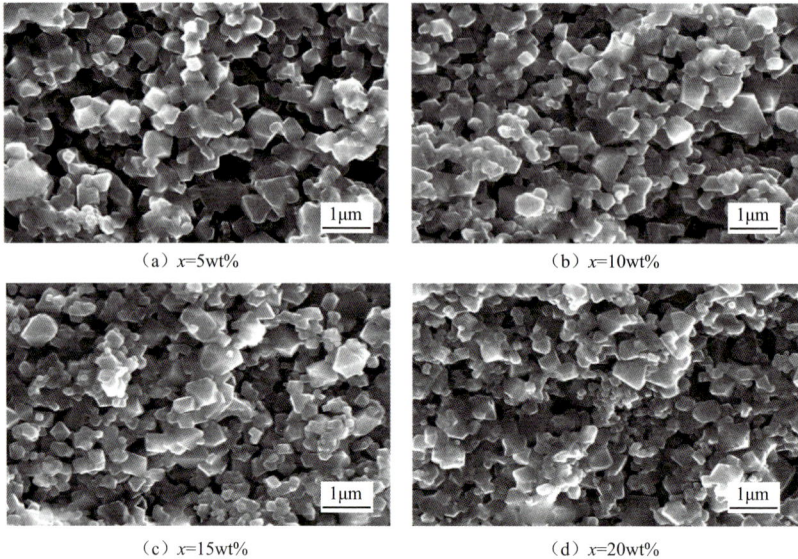

（a）x=5wt%　　　　　　　　（b）x=10wt%

（c）x=15wt%　　　　　　　　（d）x=20wt%

图 4-28 900℃烧结复相陶瓷断面的微观形貌

图 4-29 是 x=5wt% 样品的背散射图及局部高亮区域的能谱图。背散射图中的高亮度区域是由局部物质导电性差造成的，能谱分析表明这类区域聚集了较多的 BaTiO$_3$ 晶粒。可以看出，很少量的 BaTiO$_3$ 纳米粉体在铁氧体中很难分散均匀，而且局部聚集的现象较明显，这种杂质分布的不均匀和铁氧体晶粒生长的不均匀共同导致了含有大尺寸孔隙的疏松微结构的形成。

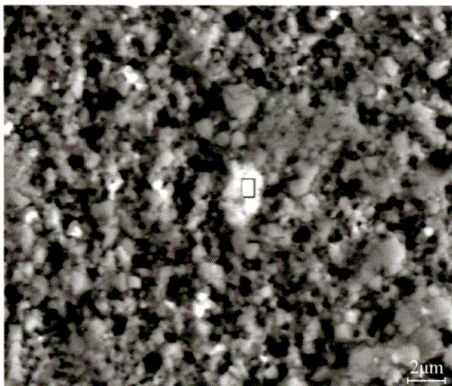

（a）

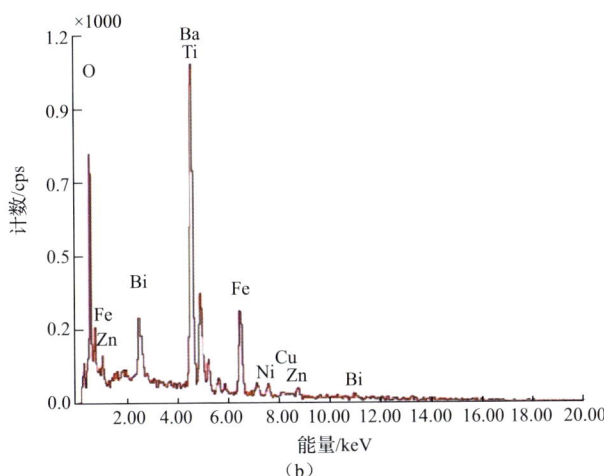

図 **4-29**　$BaTiO_3$ 添加量为 5wt%的复相陶瓷的背散射图（a）及能谱图（b）

4.3.3　磁性能研究

材料的高频复数磁导率（μ' 和 μ''）、Q 值、饱和磁化强度 M_s 与矫顽力 H_c 的测试同 4.2 节中描述。低频磁导率的测试在精密 LCR 测试仪（Agilent 4284A）上完成，测试频率范围为 20Hz～1MHz，计算公式为

$$\mu' = \frac{L}{2N^2 h \ln \dfrac{D}{d}} \times 10^7 \tag{4-41}$$

$$\mu'' = \frac{R}{4\pi N^2 h f \ln \dfrac{D}{d}} \times 10^7 \tag{4-42}$$

其中，L 和 R 分别为测量的电感量（H）和等效电阻值（Ω）；N 为磁环上所绕线圈匝数；h 为环的厚度（m）；d 和 D 分别为环的内径和外径（m）；f 为测试频率（Hz）。

图 4-30 给出了各个样品的磁滞回线，以及 H_c 和 M_s 随 $BaTiO_3$ 添加量的变化。随着 $BaTiO_3$ 粉体添加量的增加，饱和磁化强度 M_s 的变化是一个先增后减的过程。由于 M_s 是磁性材料的内禀性质，在一般情况下，随着磁性成分含量的减少，复合体系的 M_s 值应表现为下降的趋势。但 $BaTiO_3$ 添加量从 5wt%到 15wt%的三个复相陶瓷样品的 M_s 均高于铁氧体，且 5wt%样品有最高的 M_s 值（324.04×10³A/m），可能是因为少量纳米晶的引入为铁氧体提供了更多的可能成为磁性来源的缺陷或氧空位。而对于微结构相似的四个复相陶瓷样品，M_s 值随 $BaTiO_3$ 添加量的增加呈现出正常的下降趋势。矫顽力 H_c 的变化可以分为三个阶段：刚加入少量 $BaTiO_3$ 时，H_c 有很显著的增大；$BaTiO_3$ 添加量从 5wt%增加到 15wt%的过程中，随着晶粒尺寸的逐渐减小 H_c 进一步提高；此后，虽然晶粒尺寸进一步减小，但 H_c 的变

化已经不太明显。第一阶段 H_c 的显著增加是微结构的巨大变化导致畴壁位移明显受阻造成的；此后晶粒尺寸的减小进一步提高了畴壁位移的难度，而较多的晶界及缺陷也可能成为畴壁钉扎的中心，这使 H_c 又有一定程度的提高；晶粒尺寸小到一定值后对 H_c 的影响不再明显，除非采用其他方法，如提高材料各向异性，增加磁畴转动磁化阻力，H_c 才会继续增加。

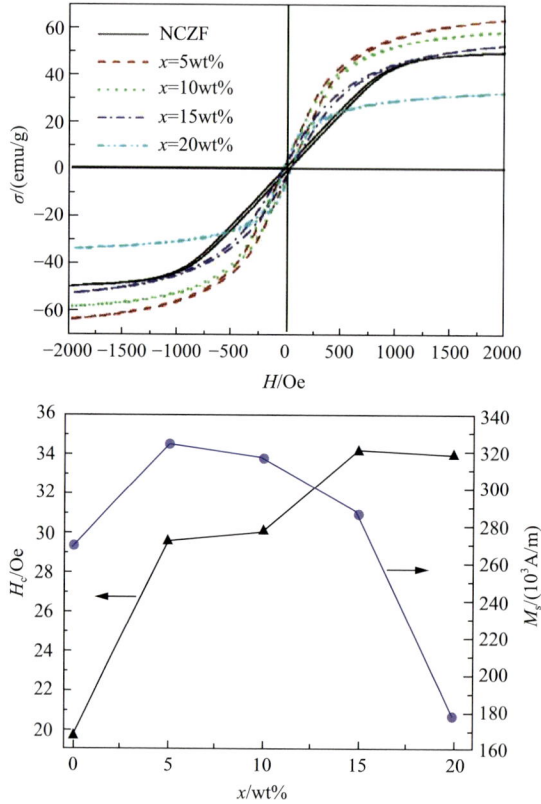

图 4-30　样品的磁滞回线以及 H_c、M_s 随 $BaTiO_3$ 添加量的变化

图 4-31 给出了各样品的磁导率实部 μ' 和虚部 μ'' 随频率的变化。与 M_s 值变化不同的是，随着 $BaTiO_3$ 添加量的增加，μ' 一直下降且趋势由快变慢，μ'' 峰值逐渐减小的同时向高频移动，这与 4.2.4 节中铁氧体与不同介电陶瓷复合时观察到的现象相似。添加 5wt%的 $BaTiO_3$ 时，1MHz 的 μ' 值为 35.8，仅约为铁氧体 μ' 值（142.4）的 1/4；而分别添加 15wt%和 20wt%的 $BaTiO_3$ 时 μ' 已经变化不大，其 1MHz 时的值分别为 16 和 15.7。

图 4-32 给出了各个样品的 Q 值随频率变化的关系。铁氧体在 2MHz 有最大 Q 值（约 64），而复相陶瓷的最大 Q 值都出现在 20MHz 附近，且随着 $BaTiO_3$ 添加量的增加先减小后增大，x=5wt%的样品有最大 Q 值（75）。

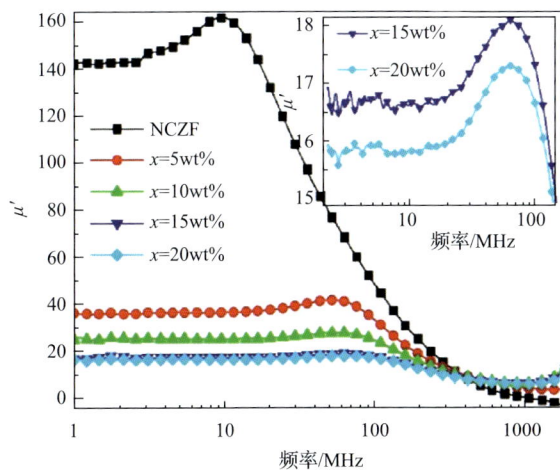

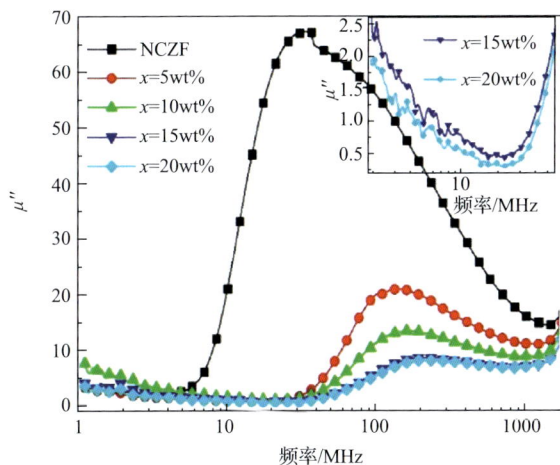

图 **4-31** 样品的磁导率实部和虚部随频率的变化

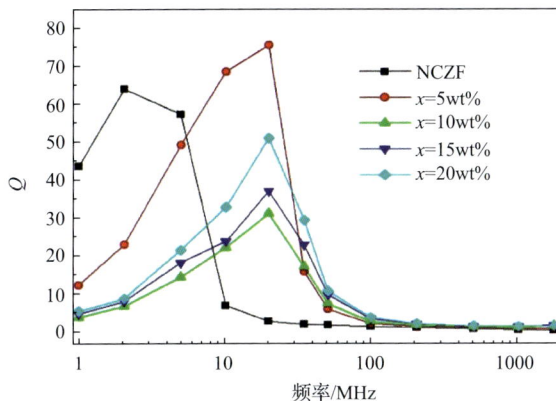

图 **4-32** 样品的 Q 值随频率的变化

前面提到过铁氧体的磁化机制有畴壁位移和磁畴转动两种，且通过分离不同机制贡献的磁导率得知，在低频磁导率铁氧体和制备的复相陶瓷中磁畴转动机制对磁导率的贡献占主导。对于铁氧体，如果其他因素保持不变，随着晶粒尺寸的增大，磁导率会普遍提高。Globus 和 Duplex 对钇铁石榴石和 NiZn 铁氧体的研究牢固地确立了晶粒尺寸对磁导率的主导作用。他们发现晶粒尺寸在 $1\sim10\mu m$ 之间时，磁导率 μ 几乎正比于晶粒直径 D。而对于晶粒尺寸小于 $2\mu m$ 的样品，畴壁位移磁化率能降到非常小的值，当晶粒尺寸小于 $0.2\mu m$ 后可以得到单畴颗粒，此时的磁导率完全由磁畴转动机制贡献。在复相陶瓷中，铁氧体晶粒尺寸的大幅减小和杂质浓度的提高都使畴壁位移机制的贡献大大弱化，这里不妨假设磁导率完全由磁畴转动机制贡献，则对于无规则取向的磁化矢量有

$$\mu_s - 1 = 4\pi\chi = \frac{2\pi M_s^2}{K} \tag{4-43}$$

其中，M_s 为饱和磁化强度；K 为各向异性常数；μ_s 为低频或静态磁导率。而在无任何外场时，磁化强度围绕给出共振频率的各向异性场随着垂直于易轴的交变场进动，又可得到

$$f_r = \frac{\gamma}{2\pi}H_a = \frac{\gamma}{2\pi}\frac{4K}{3M_s} \tag{4-44}$$

其中，f_r 为共振频率；H_a 为各向异性场；γ 为磁机械比，电子自旋的 $\gamma/2\pi$ 约为 2.8MHz/Oe。由式（4-43）和式（4-44）消去 K 得到

$$(\mu_s - 1)f_r = \frac{4}{3}\gamma M_s \tag{4-45}$$

这里给式（4-45）右边加一个修正系数 k，则 μ_s 可表示为

$$\mu_s = \frac{4}{3}k\gamma\frac{M_s}{f_r} + 1 \tag{4-46}$$

在 100Hz 测试的低频磁导率、饱和磁化强度和共振频率 f_r（取图 4-31 中各样品磁导率实部减小为 1MHz 对应值的一半时的频率）见表 4-6。

表 4-6　900℃烧结样品的磁性能参数

样品	μ' (100Hz)	f_r /MHz	M_s /(10^3A/m)
NCZF	142.40	57.74	268.94
x=5wt%	35.77	197.23	324.04
x=10wt%	24.37	247.94	316.66
x=15wt%	15.98	346.03	285.99
x=20wt%	15.74	360.57	177.32

把表 4-6 中的 f_r 和 M_s 值代入式（4-46）可计算出各样品的低频磁导率，取 $k=0.078$ 时，计算值与 100Hz 下测试值的对比如图 4-33 所示。对于 $BaTiO_3$ 添加量

不同的四个复相陶瓷样品，低频磁导率的计算结果与测试结果较吻合；而对于铁氧体计算值与测试值相比却出现了较大偏差。这间接说明了此处使用的磁导率较高的铁氧体中，畴壁位移机制对磁化过程的贡献不容忽视，而在与 $BaTiO_3$ 复合后的四个样品中，磁畴转动磁化过程占主导，于是用单一机制推算磁导率变化与测试结果取得了较好的一致。因此，在对微结构变化有一定程度了解的情况下，不提取详细的磁化机制参数也可以对体系中发生的磁化机制转化进行初步判断。

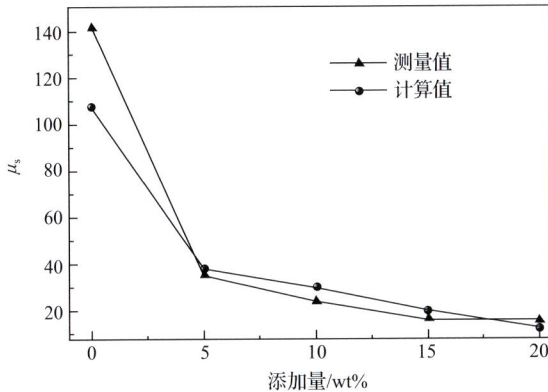

图 4-33　样品低频磁导率计算值和测试值对比

同样，由式（4-28）和式（4-29）可分别求出复相陶瓷和铁氧体的间隙参数，详见表 4-7。再把表中的数据结合式（4-23）即可拟合出铁氧体的固有磁导率 μ_i 为 184.38，再代入式（4-23）可绘出有效磁导率随间隙参数的变化关系，如图 4-34 所示。显而易见，除 $x=5wt\%$ 的复相陶瓷以外，其他样品的测试值都与计算曲线符合得很好。在前面已经分析过，铁氧体晶粒尺寸变化和杂质含量变化都会影响间隙参数的值，但磁导率却对因铁氧体晶粒尺寸变化而造成的间隙参数变化要敏感得多。对于 $x=5wt\%$ 的样品，其杂质含量很低但孔隙率又明显高于其他样品，对修正间隙参数的增加孔隙贡献占了主导，而铁氧体晶粒尺寸变化的贡献并不大，反映在计算结果上夸大了铁氧体晶粒尺寸的减小程度，造成拟合曲线上的磁导率低于复相陶瓷样品的实际磁导率。在对不同 $BaTiO_3$ 添加量的多个复相陶瓷样品同时使用修正的磁路模型时，由于磁导率对 $BaTiO_3$ 添加量较低的样品的间隙参数变化更敏感，因此更希望得到其致密度最大时的间隙参数，这样才能较准确地反映磁导率和微结构的变化关系。此外，将 $x=10wt\%$ 的样品和 4.2 节中 $BaTiO_3$（平均粒径约 0.4μm）添加量相同，烧结温度（900℃）也相同的复相陶瓷进行对比发现，前者的间隙参数（$35.7×10^{-3}$）明显小于后者（$54.47×10^{-3}$），可见提高 $BaTiO_3$ 粉体的反应活性可以有效减小复合体系的间隙参数。

表 4-7　900℃烧结各样品的测试磁导率和间隙参数

样品	NCZF	x=5wt%	x=10wt%	x=15wt%	x=20wt%
δ/D ($\times10^{-3}$)	1.61	42.81	35.7	53.43	64.93
μ' (1MHz)	142.4	35.77	24.37	15.98	15.74

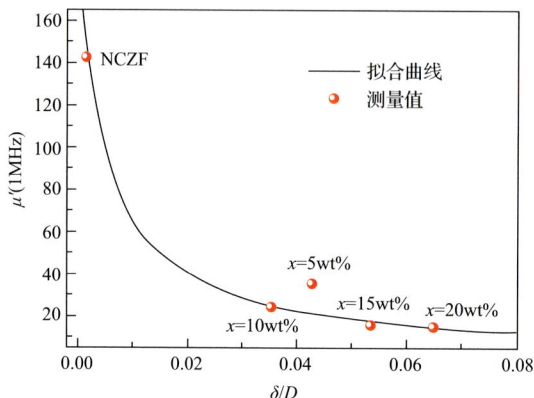

图 4-34　样品磁导率随间隙参数变化的测量结果和拟合曲线

4.3.4　介电性能研究

材料复介电常数（ε' 为实部，ε'' 为虚部）和介电损耗 $\tan\delta$ 的测试同 4.2.4 节中的描述。各个样品的复介电常数和介电损耗随频率的变化如图 4-35 所示。在发生介电频散前，不同 $BaTiO_3$ 添加量的复相陶瓷的 ε' 值均小于铁氧体的 ε' 值，但各个复相陶瓷的 ε'' 峰均比铁氧体向高频有了不同程度的迁移。复相陶瓷 ε' 的变化并没有随 $BaTiO_3$ 添加量的增加呈现出明显的规律性。x=5wt%和 x=20wt%的复相陶瓷样品的介电损耗明显比铁氧体的低，且分别在 1～150MHz 和 1～300MHz 的频域内 $\tan\delta$ <0.02。x=10wt%和 x=15wt%的复相陶瓷样品介电损耗相对较高，分别在 8.5～177MHz 和 4.5～420MHz 的频域内 $\tan\delta$ <0.03。

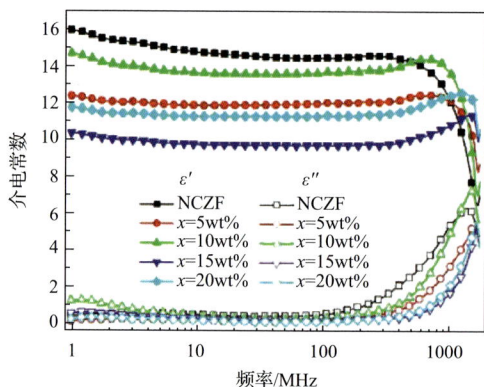

(a)

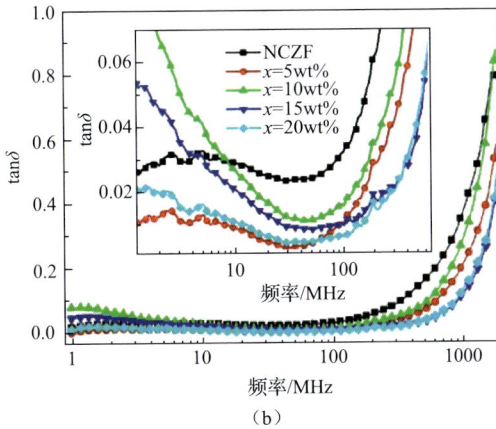

图 4-35 样品复介电常数（a）和损耗（b）随频率的变化

图 4-36 给出了 BaTiO$_3$ 添加量对介电常数和损耗的影响，其中图 4-36（a）对比了介电常数和相对密度的变化趋势，图 4-36（b）不仅给出了介电常数随成分的变化，还对比了频率变化对单一成分损耗的影响。从图 4-36（a）可以看出，介电常数的变化趋势和相对密度的变化趋势有一定的近似，但在 BaTiO$_3$ 添加量高于 10wt%以后变化程度有较大差异。在图 4-36（b）中，不同样品的损耗对频率变化的敏感程度也表现出较大差异。这里可以把体系介电性能的变化分四个阶段讨论：其一，x=5wt%的样品和铁氧体相比介电常数和损耗同时下降，且损耗对频率变化并不明显，这与铁氧体晶粒尺寸的迅速减小（从 5.4μm 变为 0.45μm）联系紧密。N. Sivakumar 等对 NiZn 铁氧体的研究表明，晶粒尺寸的减小会同时导致介电常数和介电损耗的下降。而微量 BaTiO$_3$ 粉体的加入不足以弥补铁氧体结构变化引起的介电常数下降，但可以提高晶界电阻，这也有助于降低介电损耗。其二，从 x=5wt%变化到 x=10wt%的过程中，体系的介电常数和损耗同时增加，且 x=10wt%样品的损耗随频率增加迅速降低。这里可以用 Maxwell-Wagner 模型解释：当 BaTiO$_3$ 达到一定含量时，复相陶瓷中可以形成一种双层介电结构——导电性相对较好的铁氧体作为一层，同时被晶界处导电性较差、较薄的 BaTiO$_3$ 层分割，其中晶界对较低频段的介电性能影响较大，而晶粒对高频段的介电性能影响大，这造成了低频条件下介电常数和损耗的增加。其三，BaTiO$_3$ 添加量的继续增加会破坏前面形成的双层结构，于是介电常数和损耗又开始下降。其四，从 x=15wt%变化到 x=20wt%的过程中，BaTiO$_3$ 陶瓷对介电性能的贡献已不容忽视，因此介电常数重新增加，损耗进一步下降。此时损耗的减小源于低损耗 BaTiO$_3$ 陶瓷含量的增加，所以它对频率的变化不再敏感。根据 G. Arlt 等的研究，当 BaTiO$_3$ 晶粒尺寸小于 0.7μm 时，介电常数会随晶粒尺寸减小急剧降低，可见添加纳米 BaTiO$_3$ 粉体虽然有助于体系的低温致密化，但也限制了其提高体系介电常数的能力。

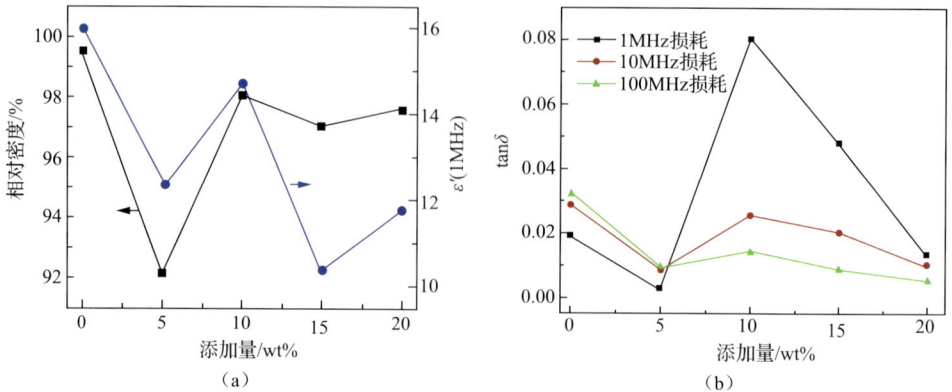

图 4-36　BaTiO₃ 添加量对介电常数（a）和损耗（b）的影响

4.4 低温烧结多元氧化物掺杂铁电/铁磁复相陶瓷性能研究

4.4.1 Li₂CO₃-V₂O₅ 对 BaTiO₃ 微结构和性能的影响

1. 样品制备

往分析纯级别的 BaTiO₃ 粉体（平均粒径约 0.4μm）中添加 4.5wt%的 Li₂CO₃-V₂O₅ 混合粉体，并与不同尺寸的锆球（比例同 4.2.1 节中描述）一起置于聚四氟乙烯罐中，以去离子水为介质湿磨 12h。所得混合物干燥后造粒、过筛、成型得到片状生坯。选用与 4.2.1 节中相同的升降温速率和保温时间分别在 900℃、950℃和 1000℃烧结得到不同样品。

2. 烧结性能和微结构分析

根据 BaTiO₃ 粉体的 XRD 图谱得到晶格常数 a=4.043Å，c=3.998Å，由式（4-2）计算出理论密度为 5.993g/cm³，样品的实际密度由排水法测得。样品相对密度随烧结温度的变化及不同烧结温度下的断面微结构如图 4-37 所示。烧结温度从 900℃上升到 1000℃的过程中，样品相对密度先增大后减小，在 950℃时相对密度达到最大值（94.65%）。从微结构变化看出，900℃烧结的样品晶粒生长均匀，晶界清晰，大颗粒尺寸为 1~2μm。950℃和 1000℃烧结的样品微结构相似，晶粒出现畸形生长且表面有熔化的迹象，晶界难以辨认，晶粒内有较多闭气孔和生长不完全的小晶粒。由此推断温度升高不仅会导致部分液相挥发，在晶粒中留下气孔，还可能会促进 Li⁺进入 BaTiO₃ 晶格，导致缺陷增多甚至杂相生成。

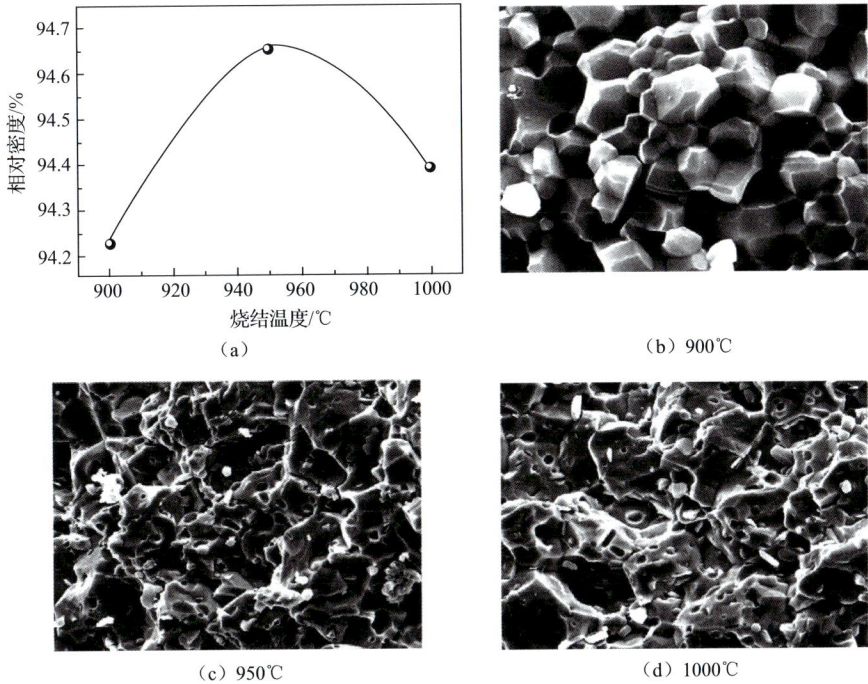

（a）

（b）900℃

（c）950℃

（d）1000℃

图 4-37　Li_2CO_3-V_2O_5 掺杂 $BaTiO_3$ 陶瓷相对密度及微结构随烧结温度的变化

3. 介电性能分析

不同温度烧结的 Li_2CO_3-V_2O_5 掺杂 $BaTiO_3$ 陶瓷的复介电常数（ε' 和 ε''）随频率的变化如图 4-38 所示。ε' 随烧结温度的增加先降低再升高，900℃烧结的样品具有最高值，且随频率增加三个样品在 1GHz 附近都出现了共振，共振频率随烧结温度的升高先增大后减小，ε'' 在共振频率也出现相对应的峰值，也随烧结温度升高先增大后减小。类似现象在其他文献中也有过报道。对比前面的分析可知，在掺杂体系中相对密度的提高不一定有助于介电性能的提高，还有其他机制对介电性能产生更大影响。I. E. Reimanis 等在研究 LiF 掺杂 $MgAl_2O_4$ 陶瓷的烧结行为时发现，不同的烧结温度会引起 Li^+ 在晶界和晶格间的迁移，而在这里可能是因为类似过程的发生导致了 $BaTiO_3$ 陶瓷介电常数发生显著变化。在 900℃烧结时，杂质主要以液相的形式出现在晶界处，体系的致密化主要通过液相烧结机制实现。温度升高到 950℃以后，固相烧结的扩散传质也越来越明显，较多 Li^+ 进入 $BaTiO_3$ 晶格，虽然相对密度进一步提高，但影响了 $BaTiO_3$ 晶格中离子的极化，使介电常数迅速下降。当温度继续升高到 1000℃，部分已固溶的 Li^+ 又因挥发离开 $BaTiO_3$ 晶格使介电常数又有回升，但同时也引起微结构的缺陷，导致相对密度的下降。因此，选择占 $BaTiO_3$ 质量 4.5%的 Li_2CO_3-V_2O_5 掺杂时 900℃的烧结温度比较适宜。

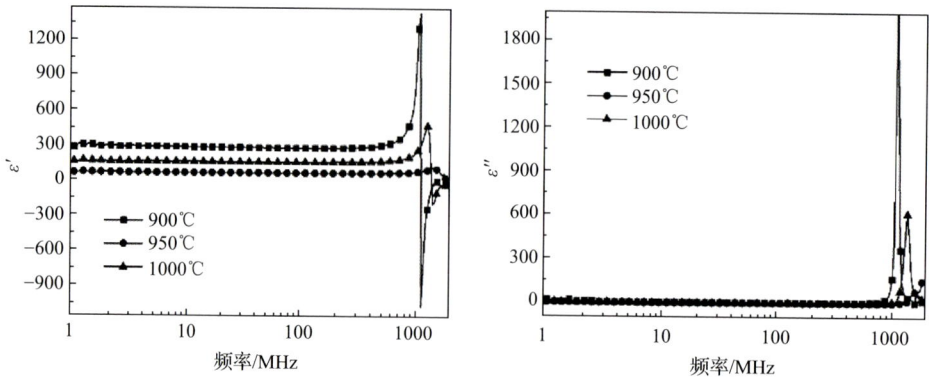

图 4-38　不同温度烧结的 Li_2CO_3-V_2O_5 掺杂 $BaTiO_3$ 的复介电常数随频率的变化

4.4.2　Bi_2O_3-Li_2CO_3-V_2O_5掺杂铁电/铁磁复相陶瓷性能研究

1. 样品制备

按照 4.2.1 节中的配方和工艺制备 NiCuZn 铁氧体预烧粉。随后，将 $BaTiO_3$ 粉体和铁氧体预烧粉分别按照两相质量比 BTO/NCZF(x)= 0wt%、10wt%、20wt%、30wt%和40wt%混合，再分别添加占铁氧体质量2%的 Bi_2O_3 和占 $BaTiO_3$ 质量4.5% 的 Li_2CO_3-V_2O_5，湿磨 12h。球磨后的混合粉体经干燥、造粒、过筛、成型，并按照 4.2.1 节中 900℃和950℃的烧结曲线在空气中煅烧得到成品。

2. 成相分析

900℃烧结的铁氧体和掺杂复相陶瓷的 XRD 图谱如图 4-39 所示。随着 $BaTiO_3$

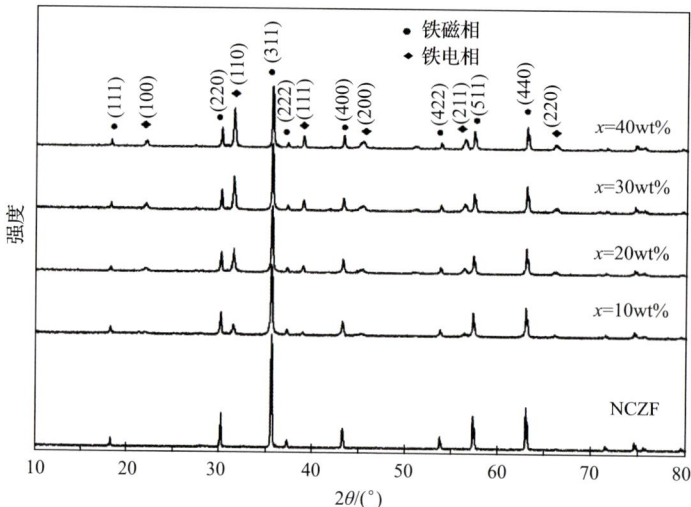

图 4-39　900℃烧结铁氧体及掺杂复相陶瓷的 XRD 图谱

添加量的增大，复相陶瓷中出现的和 BaTiO$_3$ 相关的衍射峰越来越多，强度也越来越大。除铁氧体相和 BaTiO$_3$ 相以外没有发现因加入掺杂剂而生成的杂相，说明复相陶瓷已经成功合成。

3. 烧结性能和微结构分析

把 4.2.2 节中给出的铁氧体和 BaTiO$_3$ 的晶格常数代入式（4-2）和式（4-3）计算出样品的理论密度，由式（4-4）得到样品的测量密度，详见表 4-8。900℃和950℃烧结样品的相对密度随 BaTiO$_3$ 添加量的变化如图 4-40 所示。在 900℃烧结的样品中，x=10wt%、30wt% 和 40wt% 的复相陶瓷的相对密度略低于铁氧体的相对密度，但都已经达到较高的水平。相比之下，x=20wt% 的复相陶瓷与其他样品相比相对密度下降幅度较大。当烧结温度升高到 950℃时，各个样品的相对密度均出现不同程度的下降，BaTiO$_3$ 添加量越高的样品下降幅度越大。因为 Li$_2$CO$_3$-V$_2$O$_5$ 掺杂量正比于 BaTiO$_3$ 添加量，因此在 BaTiO$_3$ 含量高的样品中，由过烧结造成液相挥发而留下的缺陷相对较多，其相对密度下降幅度也就更大。

表 4-8　900℃和950℃烧结样品的理论密度和测量密度

密度/(g/cm^3)		BTO	NCZF	x=10wt%	x=20wt%	x=30wt%	x=40wt%
理论值		5.993	5.363	5.415	5.459	5.496	5.529
测量值	900℃	—	5.349	5.367	5.270	5.447	5.454
	950℃	—	5.295	5.188	4.963	5.093	5.009

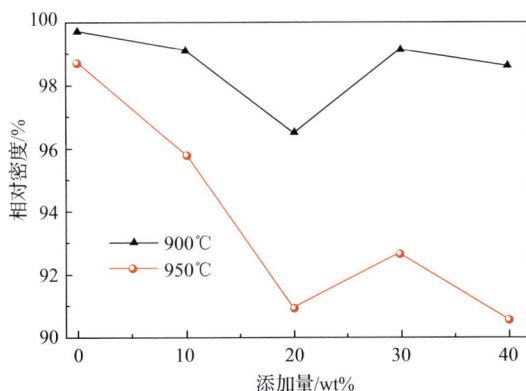

图 4-40　900℃和950℃烧结样品的相对密度随 BaTiO$_3$ 添加量的变化

图 4-41 给出了 900℃烧结的各个复相陶瓷样品断面的 SEM 图。在 x=10wt% 的样品中 BaTiO$_3$ 对铁氧体晶粒生长的抑制作用没有像在 4.2.2 节的相同成分样品（仅掺杂 2wt% Bi$_2$O$_3$）中表现的突出，连续分布的大尺寸铁氧体晶粒还占较大比例，说明额外添加的 Li$_2$CO$_3$-V$_2$O$_5$ 助剂对促进晶粒低温下生长的作用比单一氧化物掺杂效果明显。因此，与铁氧体相比它的相对密度也下降不多。在 x=20wt% 的

样品中，连续分布的大晶粒已经消失，但局部晶粒尺寸均匀性较差，且有较大孔隙，这可能是引起相对密度下降的原因之一。$x=30wt\%$ 和 $40wt\%$ 的两个样品的微结构很相似，晶粒细化程度较高，且尺寸比较均匀，这使它们也具有较高的相对密度。

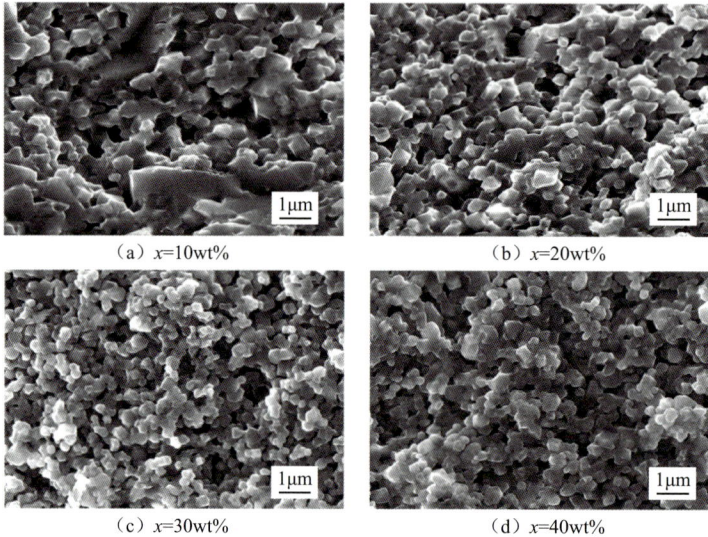

（a）$x=10wt\%$　　　　　　　　　　（b）$x=20wt\%$

（c）$x=30wt\%$　　　　　　　　　　（d）$x=40wt\%$

图 4-41　900℃烧结复相陶瓷断面的微观形貌

4. 磁性能研究

材料的高频复数磁导率（μ' 和 μ''）、饱和磁化强度 M_s 与矫顽力 H_c 的测试同 4.2.3 节中描述。900℃烧结的各个样品的磁滞回线，以及 H_c 和 M_s 随 BaTiO$_3$ 添加量的变化如图 4-42 所示。各个复相陶瓷样品的 M_s 值均明显低于铁氧体，且随着 BaTiO$_3$ 添加量的增加 M_s 先逐渐减小，然后又有所增加。虽然非磁性杂质含量的增加会使单位体积材料中的磁矩数减小，但这里不同样品中铁氧体晶粒的生长程度以及可能出现的掺杂剂对尖晶石结构中部分离子的取代都会影响到复相陶瓷单位体积的有效磁矩数。例如，$x=40wt\%$ 的样品比 $x=30wt\%$ 的样品铁氧体含量少但却有更高的 M_s 值，其较高的 Li$_2$CO$_3$-V$_2$O$_5$ 掺杂量也会更有效地促进铁氧体相的晶粒生长。各个样品的 H_c 随着 BaTiO$_3$ 添加量的增加先增后减，其变化趋势大致与 M_s 相反。由式（4-11）可知 H_c 正比于杂质浓度，反比于 M_s。BaTiO$_3$ 添加量从 0wt% 增加到 30wt% 时，M_s 总体呈下降趋势，显然 H_c 持续增加；BaTiO$_3$ 添加量从 30wt% 增加到 40wt% 时，M_s 有更大幅度的增加，于是整体表现为 H_c 的下降。

图 4-43 给出了 900℃烧结样品的磁导率实部 μ' 和虚部 μ'' 随频率的变化。当 BaTiO$_3$ 添加量从 0wt% 增加到 30wt% 时，μ' 逐渐减小，μ'' 峰值逐渐下降且向高频移动；当 BaTiO$_3$ 添加量从 30wt% 继续增加到 40wt% 时，μ' 略有增加，同时 μ'' 峰

值也有小幅上升，这一变化与前面 M_s 的变化相对应。同样，根据式（4-12）～式（4-14）对 900℃烧结的复相陶瓷样品的测试磁谱进行拟合，得到的相关参数见表 4-9。把表 4-9 中的拟合参数代入式（4-16）和式（4-17）就可以计算出复数磁导率实部和虚部随频率变化的曲线，测试和拟合结果对比见图 4-44。

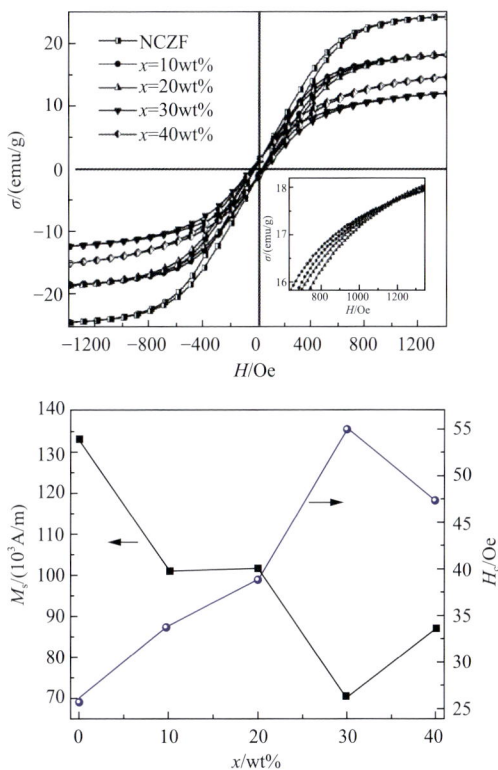

图 4-42 900℃烧结样品的磁滞回线以及 H_c、M_s 随 BaTiO$_3$ 添加量的变化

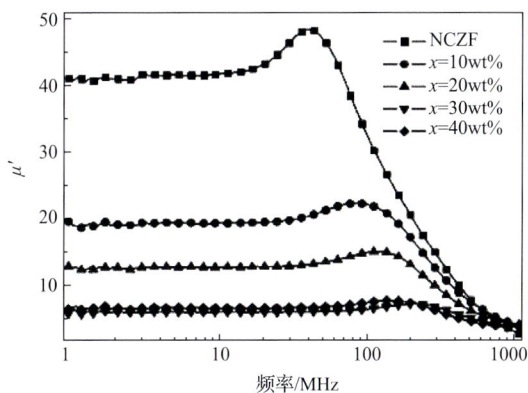

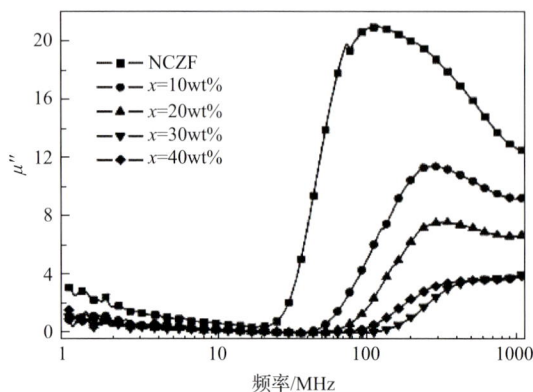

图 4-43　900℃烧结样品的磁导率实部和虚部随频率的变化

表 4-9　900℃烧结复相陶瓷的磁化机制拟合参数

x/wt%	畴壁位移成分			磁畴转动成分	
	K_{dw}	ω_{dw} (×10^7rad/s)	β (×10^9)	K_{spin}	ω_{spin} (×10^8rad/s)
10	4.572	4.637	5.127	19.990	3.877
20	5.688	1.972	1.842	13.641	3.884
30	6.097	1.704	1.715	5.707	8.911
40	5.096	2.251	2.225	6.530	5.975

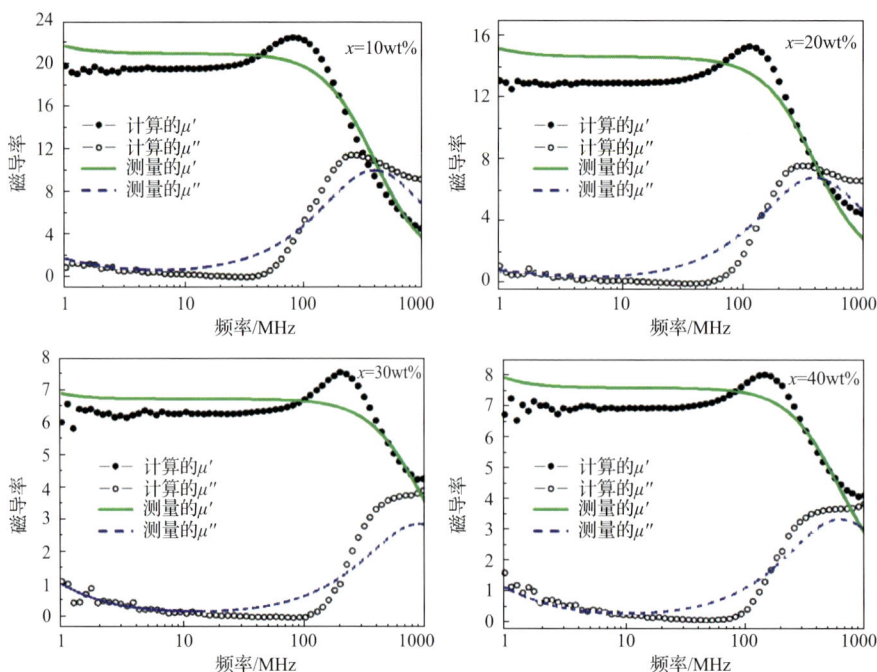

图 4-44　不同复相陶瓷样品的测试磁谱与拟合磁谱

图4-45给出了900℃烧结复相陶瓷的磁化机制参数随BaTiO$_3$添加量变化的曲线。除 x=40wt%的样品以外，随着 BaTiO$_3$ 添加量的增加 K_{dw} 和 ω_{spin} 逐渐增加，而 K_{spin} 和 ω_{dw} 逐渐减小。当 BaTiO$_3$ 添加量从 20wt%变化到 40wt%，K_{spin} 的变化趋势与 M_s 的变化趋势一致，这符合式（4-19）的描述。与 x=20wt%的样品相比，x=10wt%的样品有相近的 M_s 值却有更高的 K_{spin} 值。这是由于它具有更大的晶粒尺寸和更低的孔隙率，导致退磁场低于 x=20wt%的样品。BaTiO$_3$ 添加量从 10wt%变化到 30wt%的过程中晶粒尺寸逐渐变得均匀，这有利于畴壁的移动，K_{dw} 也相应有小幅度的增加。此外，从图中还可以看出 K_{dw} 的变化反比于 ω_{dw}，K_{spin} 的变化反比于 ω_{spin}，这与 Snoek 定律相符。

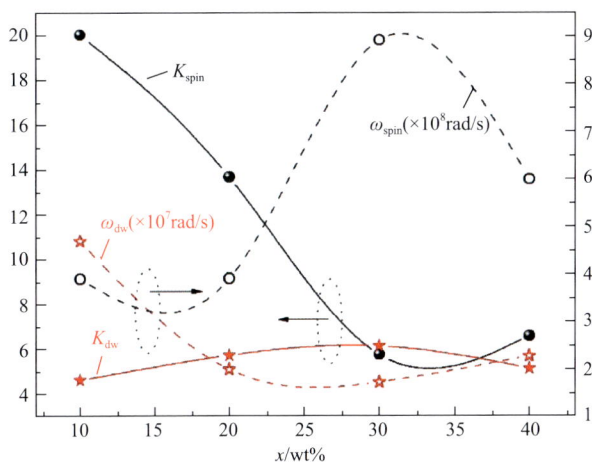

图 **4-45**　两种磁化机制的相关参数随 BaTiO$_3$ 添加量的变化

图4-46给出了900℃和950℃烧结复相陶瓷的磁导率与间隙参数的变化关系，其中符号点对应于不同烧结温度样品的测试结果，虚线是由 4.2.3 节中制备的样品拟合的曲线，实线是由制备的各样品拟合的曲线。可以看出，由相同铁氧体和BaTiO$_3$ 在不同掺杂条件下制备的样品拟合出的固有磁导率值出现一定偏差，对应的两条曲线在间隙参数较小的位置略有分离，但整体一致性较好。由前面对烧结性能的分析可知，烧结温度的升高使各个复相陶瓷样品的致密度都出现较大幅度的下降，这种情况下 x=10wt%和 20wt%的样品明显远离拟合曲线，而 x=30wt%和40wt%的样品却仍然与曲线符合较好。可见，对于 BaTiO$_3$ 添加量较低的样品，致密度与其所能达到的最大值相差越大，它的磁导率测试值与计算值的偏离越明显，这里再次验证了 4.3.3 节中的分析。

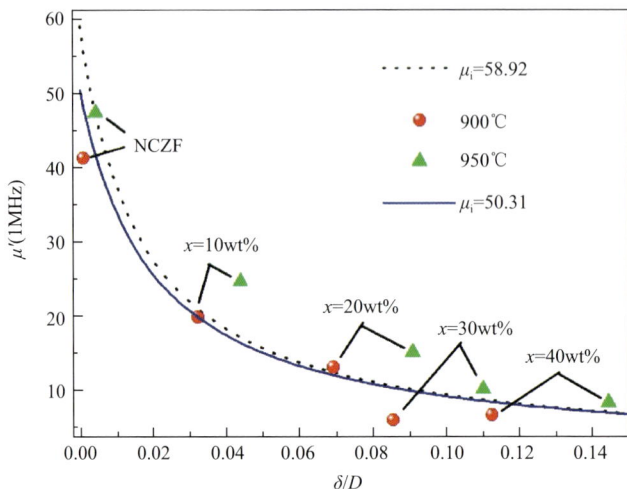

图 4-46　900℃和 950℃烧结样品磁导率随间隙参数变化的测量结果和拟合曲线

5. 介电性能研究

材料的介电常数 ε' 和介电损耗 $\tan\delta$ 的测试同 4.2.3 节中的描述。900℃烧结样品的复介电常数和介电损耗随频率的变化如图 4-47 所示。铁氧体 $x=10wt\%$ 和 $20wt\%$ 的样品的 ε' 在 1MHz～1GHz 范围内保持较稳定的值，分别为 20～23 和 28～31。$x=30wt\%$ 和 $40wt\%$ 的样品在低频同时出现了明显的高介电常数（在 1MHz 分别达到 167.4 和 256.4）和高介电损耗（在 1MHz 分别达到 0.595 和 0.667），并且随着频率增加它们都迅速减小。这是典型的 Maxwell-Wagner 型界面极化现象，源于一定含量的 $BaTiO_3$ 在铁氧体晶界处形成连续分布的高电阻率层，使电荷在界面处聚集，导致低频极化率显著增加。

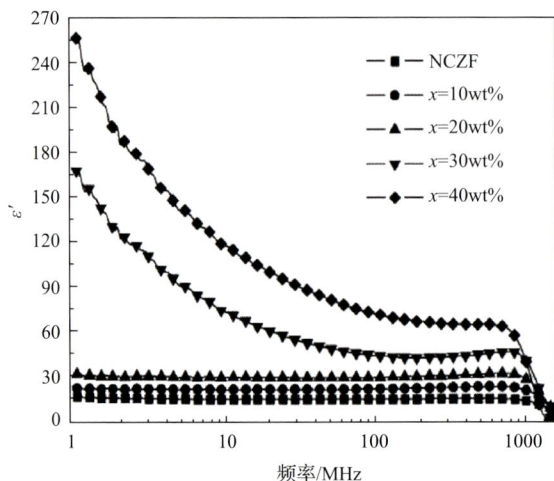

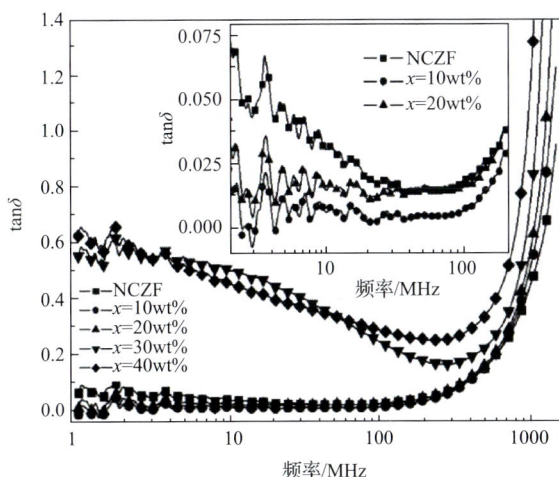

图 4-47　900℃烧结样品的介电常数及损耗随频率的变化

图 4-48 不仅给出了 900℃烧结样品的介电常数和损耗随 BaTiO$_3$ 添加量的变化，还对比了频率变化对单一成分的介电常数和损耗的影响。当 BaTiO$_3$ 添加量从 0wt%变化到 20wt%时，ε' 由 16.14（1MHz）逐渐增加到 31.24（1MHz），且随频率增加各组分的变化幅度都不大；$\tan\delta$ 由 0.06（1MHz）下降到 0.004（1MHz），在频率超过 100MHz 以前各组分对应的数值也都保持较低的水平。当 BaTiO$_3$ 的添加量从 20wt%上升到 40wt%，ε' 和 $\tan\delta$ 在低频的数值都迅速增加，且增幅随频率增加又显著减小，这时对应于界面极化的发生。因此，BaTiO$_3$ 添加量超过 20wt%的样品的介电常数和损耗的频率稳定性都不好，不适合宽频、低损耗器件的制作。

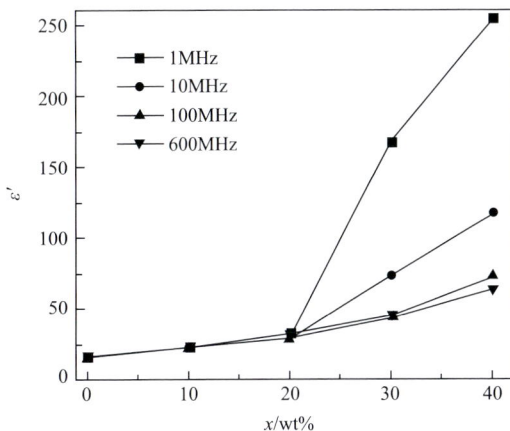

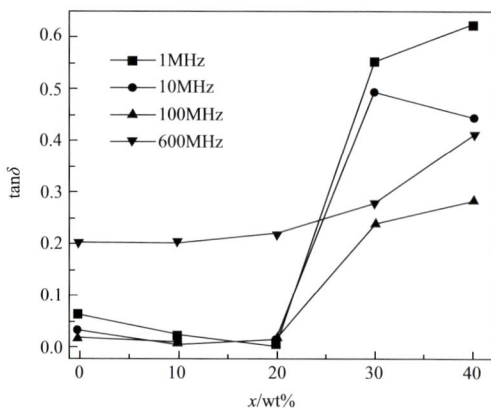

图 4-48　BaTiO₃ 添加量对 900℃烧结样品的介电常数和损耗的影响

4.5　低温烧结铁电/铁磁/玻璃复合材料性能研究及器件制作

4.5.1　BBSZ 玻璃对铁电/铁磁复相陶瓷性能的影响

1. BBSZ 玻璃的制备

取分析纯级别的 H_3BO_3、Bi_2O_3、SiO_2 和 ZnO 按摩尔比 6：5：2：7 混合后置于聚四氟乙烯罐中，随后以去离子水为介质湿磨 12h。浆料烘干后在 1000℃煅烧 1h，淬火，再碾磨成粉体。所得粉体的 XRD 图谱如图 4-49 所示，在 2θ 为 $20°\sim40°$ 的位置出现了一个明显的非晶包，说明有玻璃相生成。

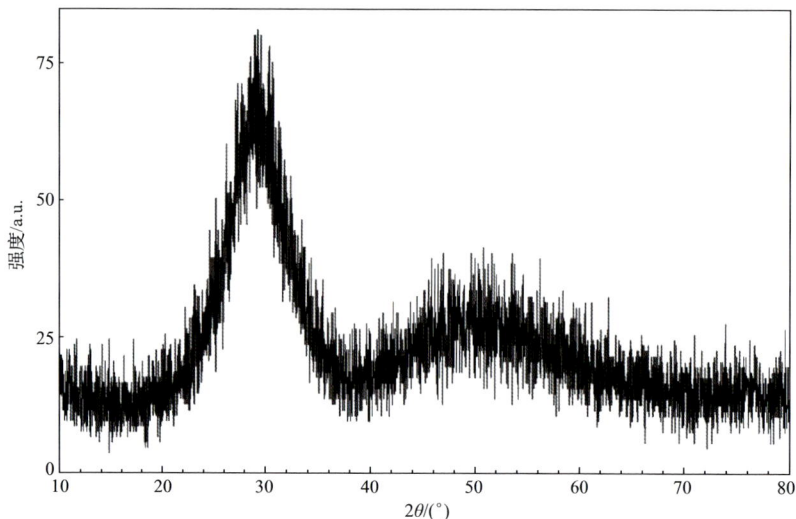

图 4-49　制备的 BBSZ 玻璃粉的 XRD 图谱

2. 铁电/铁磁/玻璃复合材料的制备

取 4.3.1 节中的 NiCuZn 铁氧体预烧粉和 $BaTiO_3$ 粉体按照质量比 5：1 混合，平均分成六份，再根据 BBSZ/(NCZF+BTO)(x)= 0wt%、1wt%、2.4wt%、4wt%、10wt%和 20wt%分别添加不同量的 BBSZ 玻璃粉，湿磨 12h。球磨后的混合粉体经干燥、造粒、过筛和成型，并按照 4.2.1 节中 900℃烧结曲线在空气中煅烧得到不同玻璃含量的样品。

3. 烧结性能和微结构分析

三相复合材料的实际密度仍采用排水法测量，根据式（4-4）计算。理论密度由以下公式计算：

$$D_x = \frac{W_1 + W_2 + W_3}{\dfrac{W_1}{D_1} + \dfrac{W_2}{D_2} + \dfrac{W_3}{D_3}} \tag{4-47}$$

其中，W_1、W_2 和 W_3 分别为铁氧体、$BaTiO_3$ 和 BBSZ 玻璃的质量分数；D_1、D_2 和 D_3 分别为它们的密度。计算得到的理论密度和测量密度值详见表 4-10。

表 4-10　900℃烧结样品的理论密度和测量密度

密度/(g/cm³)	x=0wt%	x=1wt%	x=2.4wt%	x=4wt%	x=10wt%	x=20wt%
理论值	5.459	5.462	5.468	5.475	5.497	5.529
测量值	5.264	5.348	5.324	5.195	5.310	5.354

900℃烧结样品的相对密度随 BBSZ 玻璃添加量的变化如图 4-50 所示。可以看出相对密度的变化分三个阶段：当加入 1wt%的 BBSZ 玻璃时，复合体系的相对密度有了明显提高；在 BBSZ 玻璃添加量从 1wt%增加到 4wt%的过程中，样品相对密度出现较大幅度的下降；随着添加量从 4wt%继续增加到 20wt%，体系的相对密度又重新开始升高。这一变化过程可以结合体系的微结构变化来分析。

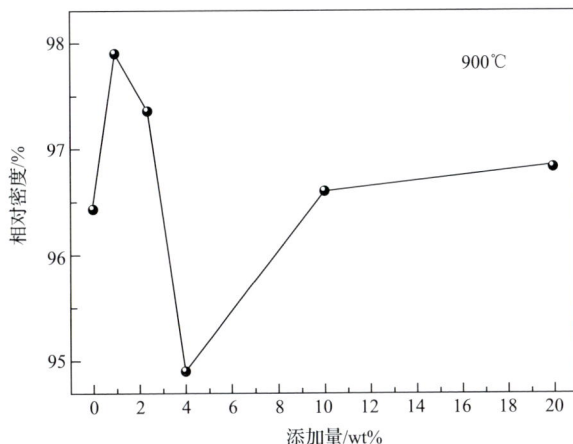

图 4-50　900℃烧结样品的相对密度随 BBSZ 玻璃添加量的变化

图 4-51 给出了 900℃烧结样品断面的 SEM 图。复相陶瓷添加 1wt% BBSZ 玻璃后的微观结构与添加前相比变化并不明显，这表明玻璃的添加量不足以使复合体系的晶粒有大幅生长，但相对密度的提高从侧面说明少量低熔点玻璃就能有效减少孔隙，降低体系的疏松程度。从 x=2.4wt%和 x=4wt%的样品中可以看到颗粒尺寸整体提高，而且个别晶粒得到较充分生长，特别是 x=4wt%的样品中已经出现个别大尺寸晶粒与大量小尺寸晶粒并存的畸形结构，同时也导致大尺寸孔隙的出现，所以该样品的相对密度有明显下降。形成这种微结构的原因可能是玻璃相在体系中分布不均匀，引起局部晶粒的异常生长。x=10wt%和 x=20wt%的样品的

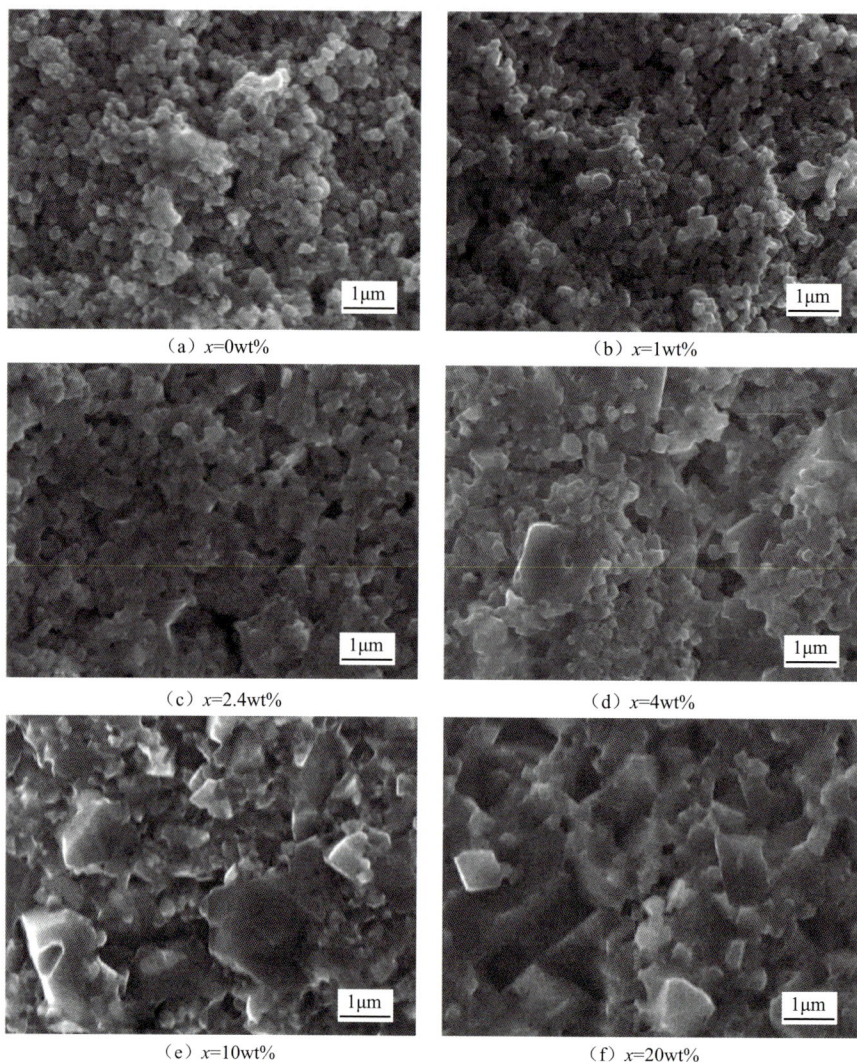

（a）x=0wt%

（b）x=1wt%

（c）x=2.4wt%

（d）x=4wt%

（e）x=10wt%

（f）x=20wt%

图 **4-51** 900℃烧结样品断面的 SEM 图

微结构相比前面的样品又有新的变化，晶粒尺寸的均匀度和大尺寸晶粒所占的比例都有明显提高，说明此时由玻璃相物质形成的液相能浸润体系中绝大部分的晶粒，因此样品的相对密度又开始逐渐增加。

4. 磁性能和介电性能研究

材料高频复数磁导率（μ' 和 μ''）和 Q 值的测试见 4.2.3 节中描述，材料的高频介电参数（ε' 和 $\tan\delta$）的测试见 4.2.4 节中描述。

图 4-52 给出了 900℃烧结样品的 μ'、μ'' 和品质因数 Q 随频率的变化。在 BBSZ 添加量从 0wt%增加到 20wt%的过程中，μ' 逐渐增加，但添加量超过 10wt%以后 μ' 增幅明显减小，同时 μ'' 峰也随 μ' 的增加向低频移动。根据 Globus 的模型，频散频率减小意味着平均晶粒尺寸的增加，这会使畴壁位移对磁导率产生更多贡献。因此，结合样品微结构分析，BBSZ 添加量从 0wt%到 10wt%过程中晶粒的逐步生

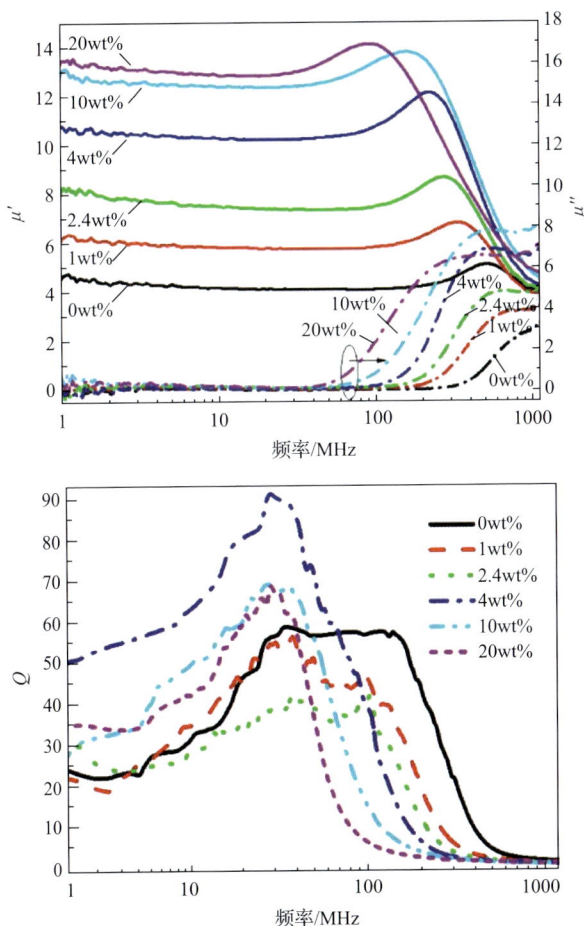

图 4-52　900℃烧结样品的复数磁导率和品质因数随频率的变化

长导致磁导率持续增加。复合体系中铁氧体晶粒尺寸的变化和非磁性物质的含量都会影响磁导率的变化，BBSZ 添加量达到 20wt%时，非磁性的 BBSZ 对体系磁性能的稀释作用相比铁氧体晶粒生长对磁性能的贡献已经不能忽略，这使得磁导率增幅明显减小。从 Q 值随频率的变化可以看出，x=1wt%和 x=2.4wt%的样品的品质因数峰值和分布的频域都要小于没添加 BBSZ 的样品。当 BBSZ 添加量达到 4wt%时，100MHz 以前的 Q 值有了明显提升。x=10wt%和 x=20wt%的样品的 Q 值分布比较接近，但与 x=4wt%的样品相比又有一定程度下降。

图 4-53 给出了 900℃烧结样品的 ε' 和 $\tan\delta$ 随频率的变化。没有添加 BBSZ 的样品在低频具有很高的 ε' 和 $\tan\delta$ 值，并且随着频率的增加它们的值都迅速下降。该现象在前面已经多次提到，是由复相陶瓷中两相导电性差异引起的 Maxwell-Wagner 型界面极化。随着 BBSZ 玻璃添加量的增加，低频下的频散现象逐渐消失，原因有两点：其一，晶粒生长使晶界缺陷、界面断层的堆积及氧空位的数目减少；其二，当 BBSZ 玻璃在复合体系中以单独一相存在时，复相陶瓷中原有的介电结

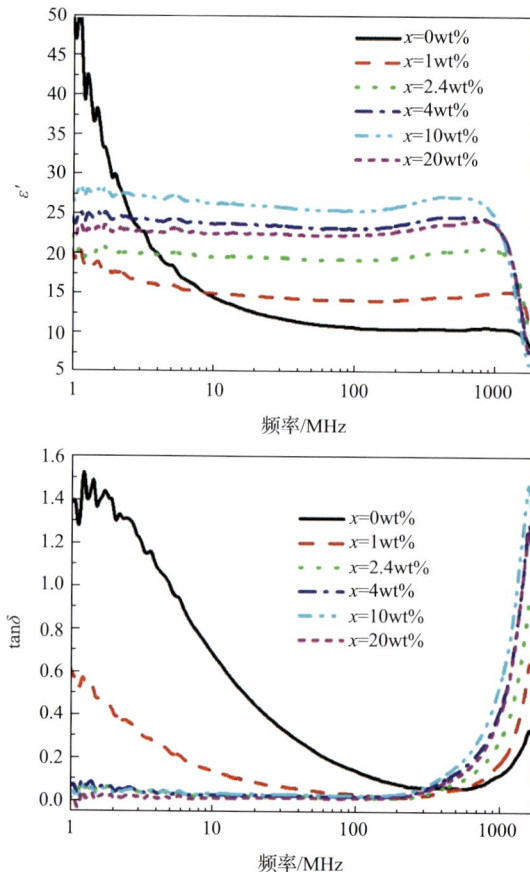

图 4-53　900℃烧结样品的复介电常数和损耗随频率的变化

构被破坏，界面极化现象逐渐消失。对于 $x=1wt\%\sim10wt\%$ 的样品，ε' 随 BBSZ 玻璃添加量的增加而增加，但 $x=20wt\%$ 的样品的 ε' 相比 $x=10wt\%$ 的样品出现了明显下降。一方面，随着 BBSZ 玻璃添加量的增加，体系中越来越多的晶粒得到充分生长，这引起介电常数的增大；另一方面，BBSZ 玻璃的介电常数（20～21）与 NiCuZn 铁氧体（14～16）接近，要远低于 $BaTiO_3$，因此，对 BBSZ 玻璃含量较高的样品（如 $x=20wt\%$），低介电相含量的增加对体系介电性能的稀释作用就不能忽略，这导致了 $x=20wt\%$ 样品介电常数的减小。BBSZ 玻璃对降低体系介电损耗的作用也很明显，当添加量达到 2.4wt% 时，低频介电损耗已经低于 0.07，而 $x=10wt\%$ 和 $x=20wt\%$ 的样品在 200MHz 前的介电损耗可以低于 0.03。

仅考虑磁性能和介电性能发现 $x=4wt\%$、$10wt\%$ 和 $20wt\%$ 的样品都可以用于 65MHz 低通滤波器的制作，但由烧结性能分析可知 $x=4wt\%$ 的样品在 900℃ 烧结时致密度明显偏低，因此把它排除。$x=10wt\%$ 的样品和 $x=20wt\%$ 的样品磁导率接近，但前者介电常数明显高于后者，而且 BBSZ 玻璃添加量更少，所以选择 $x=10wt\%$ 的样品用于器件制作。

5. 有效介质理论在三相复合体系中的应用

在 4.2 节中提出了一种运用 Maxwell-Garnett（MG）方程预测低温烧结两相复合体系的介电性能的方法，但仅研究了单一组分复相陶瓷的介电常数的频率特性。J. V. Mantese 等采用不同的有效介质法则分别预测了 $BaTiO_3/Cu_{0.2}Mg_{0.4}Zn_{0.4}Fe_2O_4$ 复相陶瓷中两相比例变化对体系有效磁导率和介电常数的影响，研究结果表明两相复合体系中任意一相所占体积分数较小时，用 MG 法则预测的结果较准确。这里的三相复合体系中，$BaTiO_3$ 与铁氧体的体积比约为 3∶17，BBSZ 玻璃添加量为 20wt% 时所占的体积不到总体积的 1/6，由于主相与其他两相的体积分数相差较大，在经过一些简化处理后仍然可以用 MG 法则对体系的磁性能和介电性能进行预测。这里把两相复合体系的 MG 方程改写为如下形式：

$$(\psi_{eff}-\psi_e)/(\psi_{eff}+2\psi_e) = f(\psi_i-\psi_e)/(\psi_i+2\psi_e) \qquad (4\text{-}48)$$

其中，ψ_{eff} 为复合体系的介电常数或磁导率；ψ_e 为主相的介电常数或磁导率；ψ_i 为嵌入相的介电常数或磁导率；f 为嵌入相的体积分数。

当用式（4-48）预测体系的介电性能时，考虑到 NiCuZn 铁氧体与 BBSZ 玻璃的介电常数相差较小，原来的三相体系可以看成由高介电常数的 $BaTiO_3$（BTO）作嵌入相，低介电常数的铁氧体/玻璃混合物（NCZF+BBSZ）作主相的两相体系，然后假设主相完全由玻璃或铁氧体构成就可以分别计算出复合体系介电常数的上界和下界。图 4-54（a）、（c）和（e）分别给出了样品介电常数在 1MHz、10MHz 和 100MHz 的测试值及计算的边界值随低介电相（NCZF+BBSZ）体积分数的变化。在测试曲线中，1wt%～10wt% 和 10wt%～20wt% 两部分分别对应于两个阶段的变化。BBSZ 玻璃添加量从 1wt% 增加到 10wt% 的过程中，测量的介电常数随着低介电相体积分数的增加而增加［图4-54（a）中 $x=1wt\%$ 样品的介电常数与图4-54（c）和（e）中的值相比反常增加是由于界面极化，在这里作为一个特例］，这与预测的变化趋势（体系介电常数随低介电相体积分数的增加而减小）正好相反。这里，BBSZ 玻璃主要起两个作用：其一，作为烧结助剂促进晶粒的生长；其二，作为低介电相或非磁性相对复合体系的介电性能或磁性能起稀释作用。当 BBSZ 添加量总体水平较低时，它对体系介电性能的稀释作用可以忽略。这时，随着 BBSZ 添加量的提高对体系介电常数的增加有两方面的贡献：一是它的介电常数要高于作为

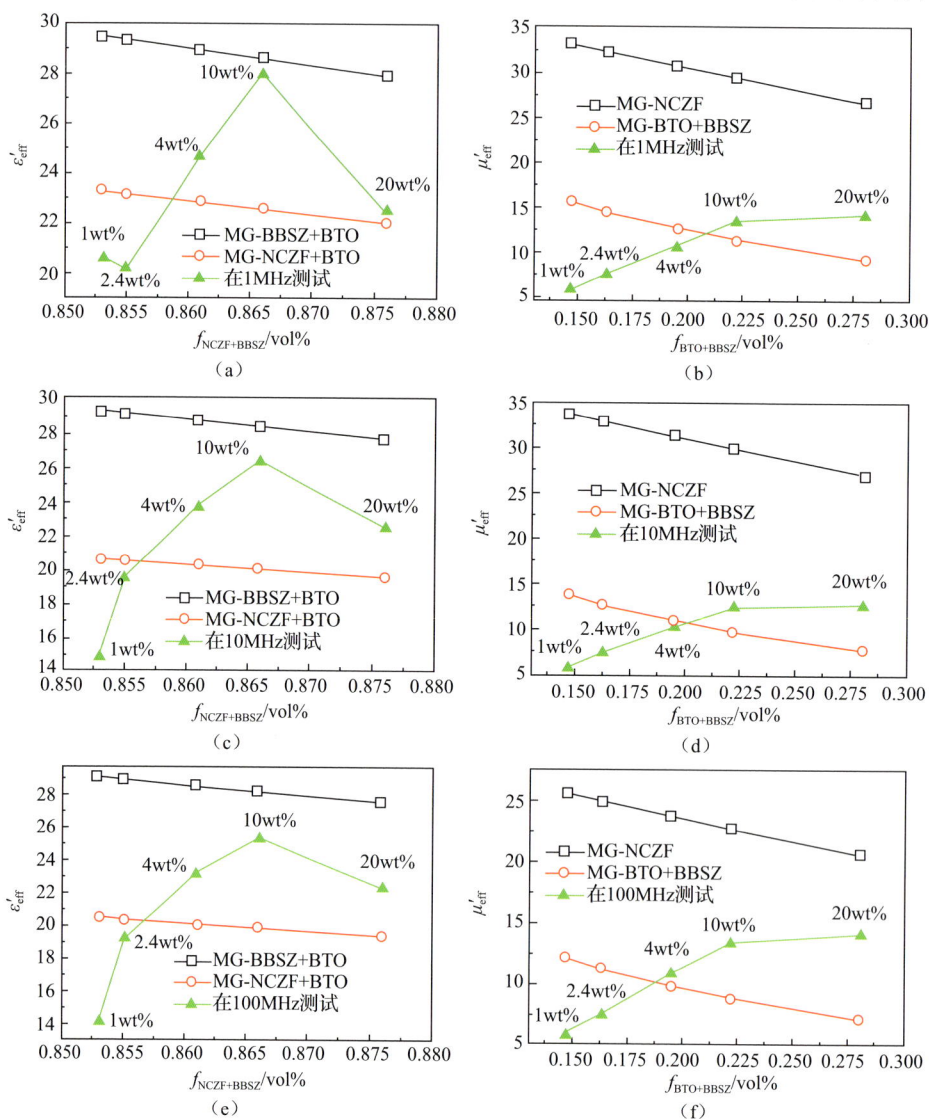

图 4-54　不同样品介电常数和磁导率的测试值与计算的边界值随体积分数的变化

主相的铁氧体，其添加量一定程度的增加有助于体系介电常数的提高；二是它对两相晶粒生长的促进作用也有利于增加体系的介电常数。从图 4-54（a）中发现，x=10wt%的样品的介电常数几乎与上界的值相等，而上界值是在假设铁氧体全被 BBSZ 玻璃替代的前提下得到的，这从侧面证明了晶粒生长对体系介电性能贡献的存在。BBSZ 玻璃添加量从 10wt%增加到 20wt%的过程中，BBSZ 添加量对高介电相的体积分数的影响逐渐明显，而晶粒生长又已经比较充分，于是介电常数随 BBSZ 添加量的继续增加而减小，变化过程开始与边界的变化趋势一致。

当用式（4-48）预测体系的磁性能时，原来的三相体系又可以看成由磁性相（NCZF）和非磁性相（BTO+BBSZ）组成的两相体系，假设主相由磁性相或非磁性相构成就能分别计算出上界和下界。图 4-54（b）、（d）和（f）分别给出了样品磁导率在 1MHz、10MHz 和 100MHz 的测试值及计算的边界值随非磁性相（BTO+BBSZ）体积分数的变化。此时，测试曲线的变化仍然可分成 1wt%～10wt%和 10wt%～20wt%两部分。BBSZ 玻璃添加量从 1wt%增加到 10wt%的过程中，测试磁导率随非磁性相体积分数的增加几乎呈线性增长，这与预测的变化趋势（体系磁导率随非磁性相体积分数的增加而减小）也相反。在这一阶段，随着 BBSZ 玻璃添加量的增加，越来越多的铁氧体晶粒明显生长，促使磁导率一直增加，这从前面的微结构变化也可以看出。BBSZ 玻璃添加量从 10wt%增加到 20wt%的过程中，虽然磁导率仍然在增加，但其变化趋势明显偏离了之前的线性增长方向，并开始接近预测的变化趋势。由微结构变化看出晶粒生长并没有停止，但其对体系磁导率的贡献被高含量的非磁性相所弱化。

因此，在某一固定的烧结温度下，当复合体系的晶粒不再随玻璃相添加量的提高而有明显生长时，用上述方法可以较准确地给出复合体系磁导率和介电常数的变化范围。

4.5.2　LTCC 低通滤波器的设计与制作

1. 滤波器的种类与特性

滤波器就是能从包含不同频率成分的信号中提取出特定频率成分信号的器件，在各类电子设备中有着广泛的应用。根据不同的标准可以把滤波器分为不同的类别：根据网络中是否有能源可以分为有源和无源滤波器；根据使用频段可分为低频、高频、甚高频及微波等滤波器；根据所用元件的特征可分为 LC 滤波器、晶体滤波器、陶瓷滤波器、机械滤波器和声表面波滤波器等；而根据通带特性又可分为低通滤波器、高通滤波器、带通滤波器、带阻滤波器和全通滤波器。

图 4-55 给出了四类典型滤波器的理想特性图，从图中可以看出理想的低通滤波器能让截止频率 f_c 之前的信号无损失通过，但高于 f_c 的所有信号将完全衰减；理想的高通滤波器只允许高于 f_c 的信号无损失通过，而低于 f_c 的信号完全衰减；

理想的带通滤波器让处于中心频率 f_c 附近一定频率范围内的信号都无损失通过，但处在该范围以外的所有信号都将完全衰减；理想的带阻滤波器的滤波特性则与理想带通滤波器完全相反。

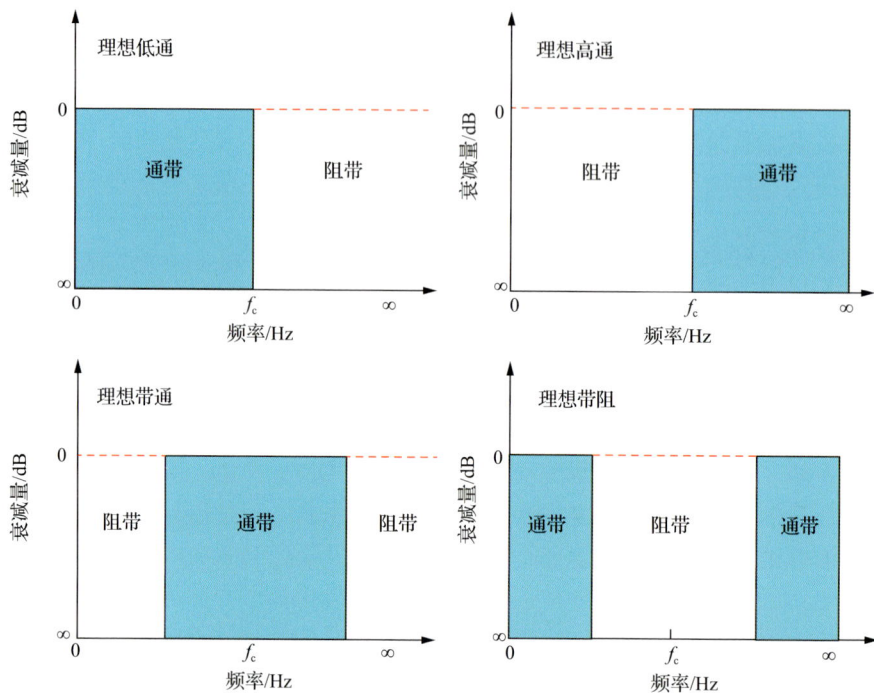

图 4-55　四类滤波器的理想特性图

　　经过对实际滤波器的设计和制作发现，它对信号的衰减不可能像理想情况中那样在截止频率处发生突变，而是以截止频率为分界线缓慢变化。此外，滤波器的设计特性和测量特性也往往大相径庭。以低通滤波器为例，图 4-56 给出了它的

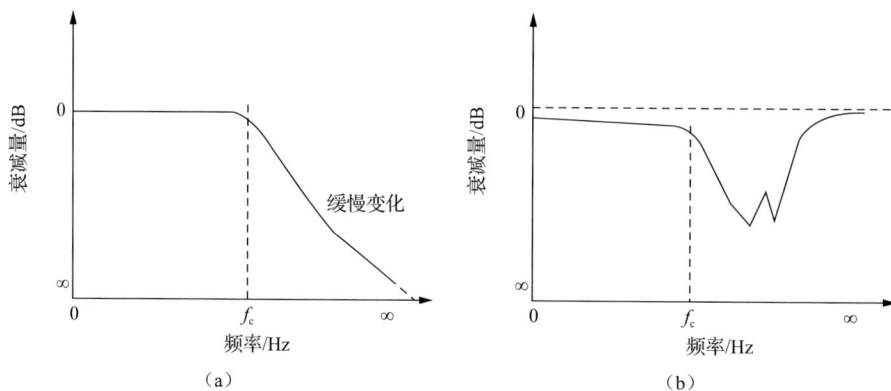

图 4-56　低通滤波器的设计（a）与测试（b）特性的对比

设计衰减特性与实物测量出的衰减特性的对比。可以看出设计特性的阻带衰减量随着频率的增加会持续增大，但实际制作过程中使用的电容和电感都不可能具有理想特性，因此，测试出的阻带衰减情况常与设计特性有较大出入。

2. LC 滤波器设计基础

考虑到理想滤波特性难以实现，实际的设计工作一般是基于某个函数形式来进行，而由不同函数得到的滤波特性又各自具备鲜明特点，因此可以根据实际需求选择合适的类型。表 4-11 给出了几种常见函数类型以及相对应滤波器的特性。

表 4-11　几种函数类型及其对应滤波器的特性

类型	特性
巴特沃斯型	通带内响应最平坦
切比雪夫型	截止特性很好，群延时特性不太好，通带内有等波纹起伏
逆切比雪夫型	阻带内有零点
椭圆函数型	通带内有起伏，阻带内有零点，截止特性比其他滤波器都好
贝塞尔型	通带内延时特性最平坦，截止特性很差
高斯型	通带内延时特性开始缓慢变化，趋于零值速度慢，截止特性差
勒让德型	截止特性比巴特沃斯型好，可以用小的器件值实现

综合分析各类滤波器的特性时，可能会涉及的主要技术参数归纳如下：

（1）RF 插入损耗：理想情况下，理想滤波器接入射频电路中时，不会在其通带内引入任何功率损耗。但在现实中滤波器固有的、一定程度的功率损耗无法消除。插入损耗定量描述了功率响应幅度与 0dB 基准的差值，其表达式为

$$\text{IL} = 10\lg\frac{P_{\text{in}}}{P_{\text{L}}} = -10\lg\left(1 - |\Gamma_{\text{in}}|^2\right) \tag{4-49}$$

其中，P_{L} 为滤波器对负载的输出功率；P_{in} 为滤波器从信号源得到的输入功率；$|\Gamma_{\text{in}}|$ 为沿信号源往滤波器方向的反射系数。

（2）波纹：通过定义波纹系数可以定量描述通带内信号响应的平坦度，即响应幅度的最大值与最小值之差，以 dB 或 Neper 为单位。

（3）带宽：作为带通滤波器的重要指标，其定义为通带内对应于 3dB 衰减量的上边频与下边频之差，表示为

$$\text{BW}^{3\text{dB}} = f_{\text{U}}^{3\text{dB}} - f_{\text{L}}^{3\text{dB}} \tag{4-50}$$

（4）矩形系数：用于描述滤波器在截止频率附近对曲线变化响应的迅速程度，一般指 60dB 带宽与 3dB 带宽的比值，也可以根据实际指标调整，表示为

$$\text{SF} = \frac{\text{BW}^{60\text{dB}}}{\text{BW}^{3\text{dB}}} = \frac{f_{\text{U}}^{60\text{dB}} - f_{\text{L}}^{60\text{dB}}}{f_{\text{U}}^{3\text{dB}} - f_{\text{L}}^{3\text{dB}}} \tag{4-51}$$

（5）阻带抑制：前面提到过，理想滤波器在阻带频段内有无穷大的衰减，但实际上我们只能得到与滤波器元件的数量及性能相关的有限衰减量。通常为了建

立其与矩形系数的联系，以 60dB 作为设计值，但也可以根据实际需要调整。

以 LC 低通滤波器为例，其设计过程如图 4-57 所示。首先选择某一形式的原型滤波器，这包括函数类型及基本结构的确定，然后查出归一化滤波器的所有元件值，最后根据要求进行截止频率和特征阻抗的变换。这种方法以归一化低通滤波器的设计数据为基准，根据确定的变换法则就可以得到任意截止频率和特征阻抗下的滤波器的具体参数，简化了滤波器的设计过程。

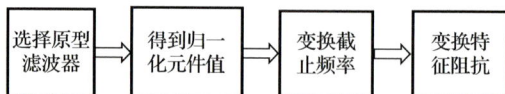

选择原型滤波器 → 得到归一化元件值 → 变换截止频率 → 变换特征阻抗

图 4-57　低通滤波器的设计过程

在可以用上述方法设计的滤波器中，巴特沃斯型滤波器因为设计简单，且在性能上又无明显缺点而得到广泛应用。此外，它对构成滤波器的元件的 Q 值要求较低，更利于制作及实现设计目标。理想低通滤波器的巴特沃斯逼近基于这样的假设：在零频率处的平坦响应比其他频率的响应更为重要。其归一化传递函数为全极点型，且全部的根都在单位圆上。巴特沃斯型低通滤波器的衰减与频率的关系可表示为

$$A_{dB} = 10\lg\left[1 + \left(\frac{\omega}{\omega_c}\right)^{2n}\right]$$ （4-52）

其中，ω 为给定的角频率；ω_c 为 3dB 截止角频率；n 为滤波器的阶数。n 值越大，通带变得越平坦，而通带边缘则越陡峭。取 $\Omega = \omega/\omega_c$ 作为相对于 ω_c 的归一化频率，在 $\Omega = 0$ 处滤波器的功率转移函数具有最大可能数目的零导数，因此把具有这种响应的滤波器又称为最平低通原型滤波器。由于最平响应随 Ω 的增加单调上升，因此通带和阻带均无波动。基于上述分析，在后面的设计中选用巴特沃斯型滤波器作为原型滤波器。

3. 65MHz 低通滤波器的设计

设计 3dB 截止频率为 65MHz，在 140MHz 以后带外抑制大于 20dB 的叠层片式低通滤波器，截止频率允许的偏差范围为 ±5%。整个设计过程包括四个阶段：第一，通过对原型滤波器归一化值的变换得到满足设计目标的各元件参数，并通过 ADS 电路仿真给出滤波器电路的传输特性与反射特性。第二，对电感的三维结构进行 Ansoft HFSS 仿真，满足电路仿真给出的电感量要求。第三，对电容的三维结构进行 Ansoft HFSS 仿真，实现电路仿真给出的电容量要求。第四，以上两步的仿真结果为参考，对滤波器的三维结构进行仿真，得到满足设计要求的仿真结果。

原型滤波器选用巴特沃斯型，结构为三阶 π 型，其截止频率为 $1/(2\pi)$ Hz，特征阻抗为 1Ω，各个归一化的元件值如图 4-58 所示。经过截止频率变换为 65MHz，

特征阻抗变换为 $50\,\Omega$ 后得到的各元件值和电路结构如图 4-59 所示。

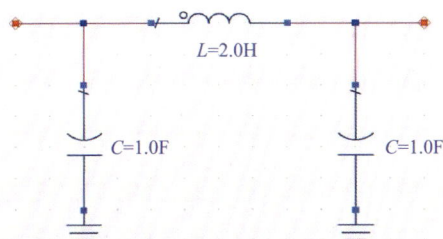

图 4-58　三阶 π 型结构及归一化的元件值

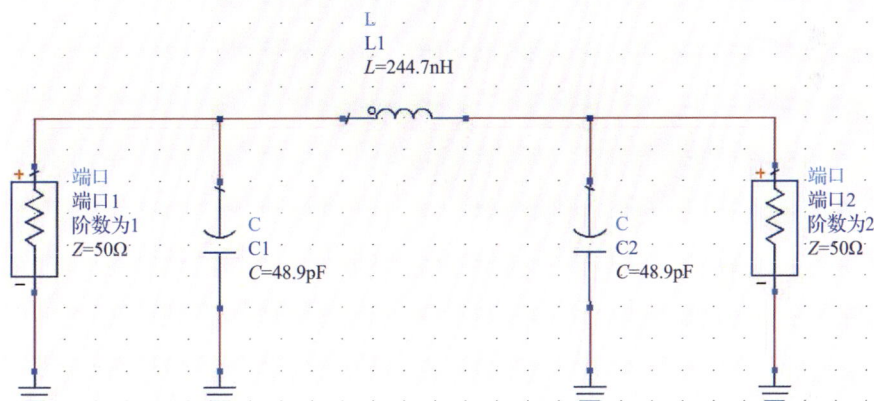

图 4-59　对各个元件去归一化后的电路图

根据图 4-59 的电路结构进行 ADS 仿真得到的 S_{21} 和 S_{11} 参数变化如图 4-60 所示。3dB 截止频率为 65.30MHz，在 140.3MHz 以后带外抑制大于 20dB，满足设计指标。

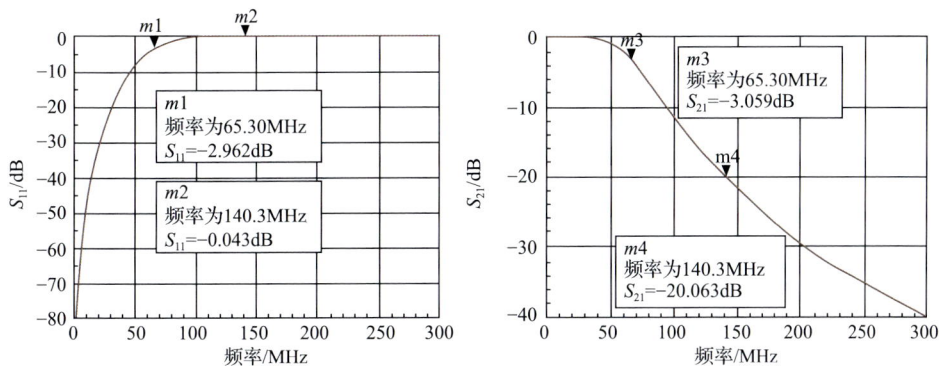

图 4-60　65MHz 低通滤波器 ADS 仿真结果

对电感的三维仿真选择 4.5.1 节中 10wt% BBSZ 添加量的三相复合材料（相对磁导率 13，截止频率 585MHz），采用由 L 形单元叠层形成的埋入式螺旋结构，平面尺寸按照 0805（2.0mm×1.2mm）封装标准设计，结构模型见图 4-61。仿真时的有效电感量 L_{eff} 由下列公式计算：

$$L_{\text{eff}} = \frac{-1}{2\pi f \cdot \text{Im}(Y_{11})} \tag{4-53}$$

电感量的仿真结果如图 4-62 所示，其数值在 65MHz 前与设计值 245nH 偏差不大。

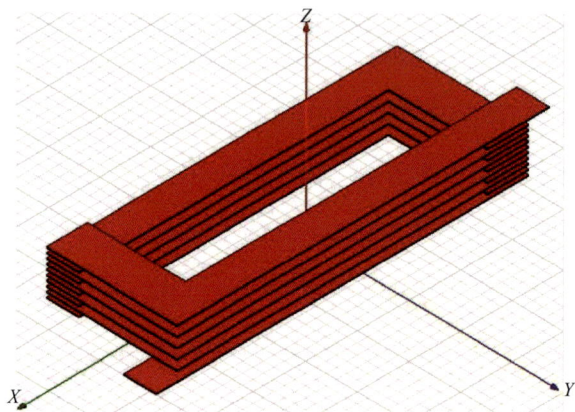

图 4-61　三维电感结构

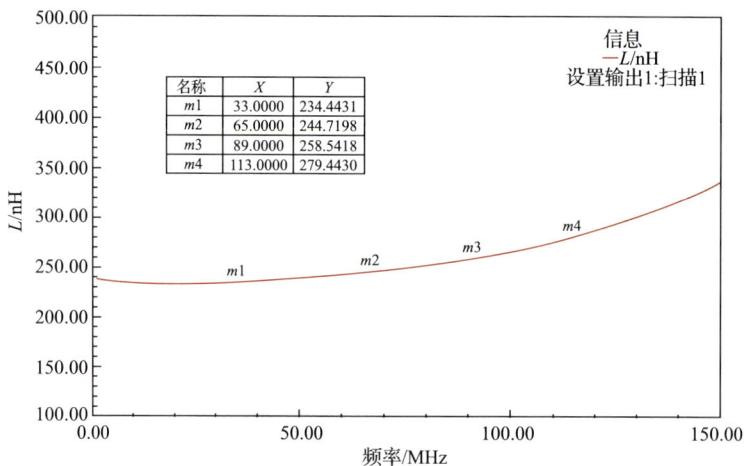

名称	X	Y
m1	33.0000	234.4431
m2	65.0000	244.7198
m3	89.0000	258.5418
m4	113.0000	279.4430

图 4-62　三维电感的 Ansoft HFSS 仿真结果

常见的 LTCC 内埋电容有金属-绝缘层-金属和垂直交叉电容两种结构，这里选择后者，该结构使中部电容单元的上、下电极同时也作为两端电容单元的下电极和上电极，有利于用较少的层数实现较大的电容量，具体结构见图 4-63。电容单元仿真中选用的材料与电感仿真中相同，其相对介电常数约为 26。仿真时的有

效电容量 C_{eff} 由下列公式计算：

$$C_{eff} = \frac{-1}{2\pi f \cdot \text{Im}(Z_{11})} \qquad (4\text{-}54)$$

电容量的仿真结果如图 4-64 所示，其数值随频率变化稳定性很好，在 65MHz 前与设计值 49pF 偏离很小。

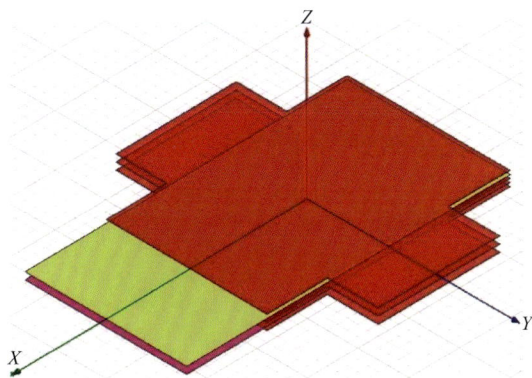

图 **4-63**　三维电容结构

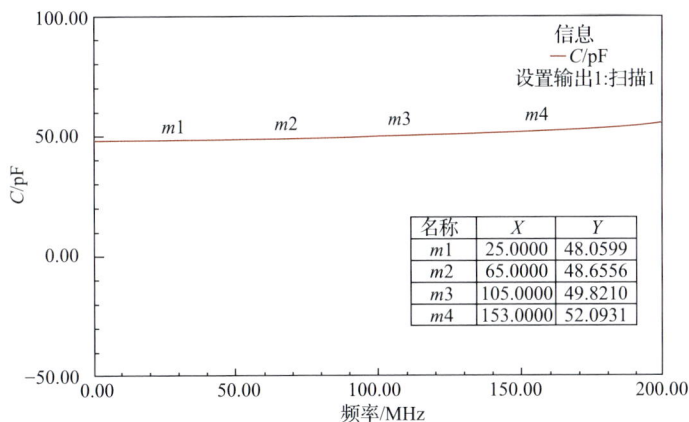

名称	X	Y
m1	25.0000	48.0599
m2	65.0000	48.6556
m3	105.0000	49.8210
m4	153.0000	52.0931

图 **4-64**　三维电容的 Ansoft HFSS 仿真结果

以电感部分和电容部分单独仿真的结果为参考，通过组合得到完整的滤波器结构，考虑到电感层与电容层之间还存在耦合效应，需要对组合后的结构参数进行微调，从而满足设计指标的要求。最后确定 65MHz 低通滤波器的结构如图 4-65 所示，电感部分居中，两个并联的电容部分位于两端，有效图形共 21 层（电感 11 层，电容 10 层），四端封端，三维尺寸为 2.0mm×1.2mm×0.8mm。由于电感层和电容层采用同一材料制作，因此不用考虑共烧匹配问题。

图 4-66 给出了图 4-65 中三维结构的仿真结果，3dB 截止频率为 65MHz，带

外抑制在 121MHz 以后超过 20dB，满足设计指标。此外，Ansoft HFSS 仿真结果与 ADS 仿真结果之间会稍有偏差，这是因为 ADS 中采用集总元件建立等效模型，不考虑电路中的寄生效应，而在 Ansoft HFSS 中使用上述模型仿真时考虑了各元件中的耦合效应。

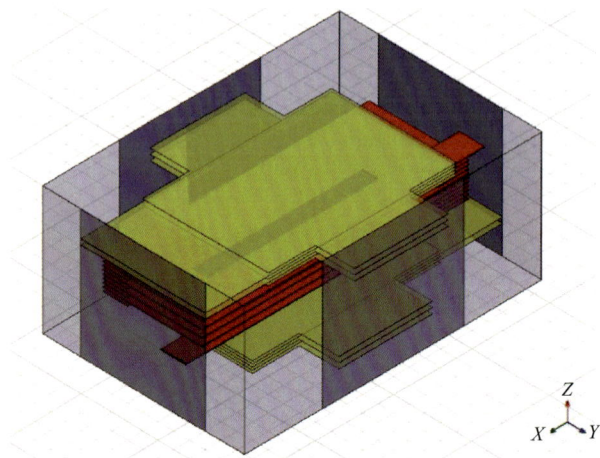

图 4-65　65MHz 低通滤波器的三维结构

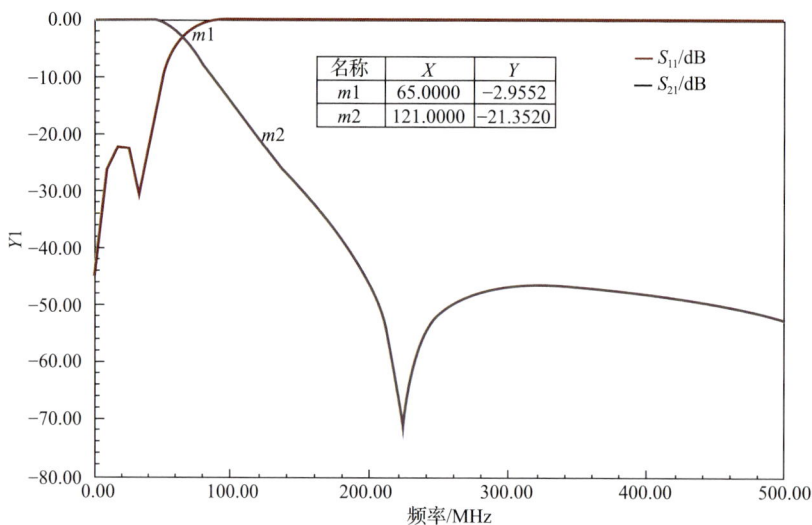

名称	X	Y
m1	65.0000	−2.9552
m2	121.0000	−21.3520

图 4-66　65MHz 低通滤波器的 Ansoft HFSS 仿真结果

4. 65MHz 低通滤波器的制作

制作 LTCC 滤波器的主要工艺步骤为备料、球磨、流延、膜片裁切、打孔、填孔、丝网印刷、叠片、等静压、切割、排胶、烧结、封端和烧银，简要描述如下。

（1）备料和球磨：用烧杯称取适量溶剂（甲苯、乙醇）、分散剂和增塑剂，与锆球和制备的粉料一起置于球磨罐中，球磨混合 6h。然后称取适量黏合剂倒入罐中，再球磨 4h。检查浆料黏度，如果较高，用甲苯/乙醇混合溶剂稀释。滤出浆料，称量，置于空罐中慢速滚动消泡。

（2）流延和裁切：先将 PET 膜带安装到流延机上，设置流延刀片与膜带间距、膜带位置、浆料流量等参数。把浆料倒入盛料桶中，开启流延机和浆料传送器，10～30min 后从回收滚筒上取部分膜片测量厚度，如与设计要求有偏差可调整刀片与台面距离。这里，根据设计流延出的膜片厚度为 22μm。流延好的膜片在裁切机上切割成 20cm×16cm 的规格。

（3）打孔和填孔：挑选厚度符合要求的切割过的膜片，按照准备印刷的图形类别及用途调用不同的打孔文件逐张打孔。孔的类型有对位孔、定位孔和方向孔，打完孔的膜片要检查是否有没穿透的孔。对用于制作电感部分的膜片，层与层之间需要用通孔互联，用导电浆料填孔，填完孔的膜片在干燥炉中烘干。图 4-67（a）给出了填孔后的膜片外形，图 4-67（b）为填孔位置的放大图。

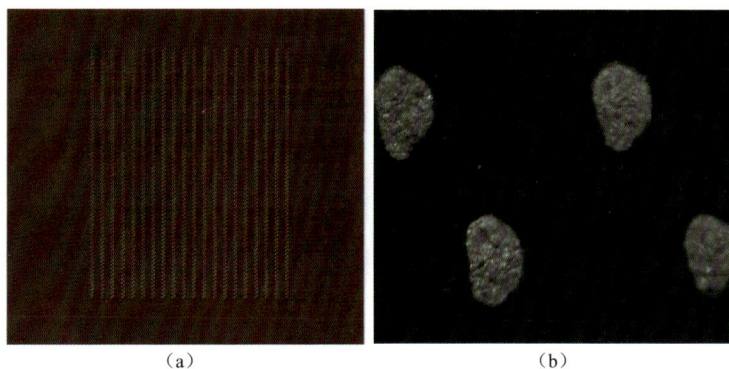

（a） （b）

图 4-67　填孔后的膜片（a）及局部放大图（b）

（4）丝网印刷：丝网印刷顾名思义需要先根据设计要求制作用于印制不同图形的丝网，然后才在丝印机上印制不同用途的膜片。这里制作电感部分需要用三种丝网，制作电容部分需要用两种丝网。电感丝网的三种图形分别是两个引出端［图 4-68（a）和（c）］和一个基本重复单元［图 4-68（b）］；电容丝网包括从不同端引出的两种基本图形，分别如图 4-68（d）和（e）所示。每印制一种新的图形前要与之前印制的图形进行印刷对位，确保不同图层重叠时每个图形单元能准确对应。图 4-69 分别给出了电感结构单元之间的对位效果，以及电感与电容结构单元之间的对位效果。印刷后的膜片在显微镜下检查印刷质量，合格的膜片在干燥炉中适当烘干。

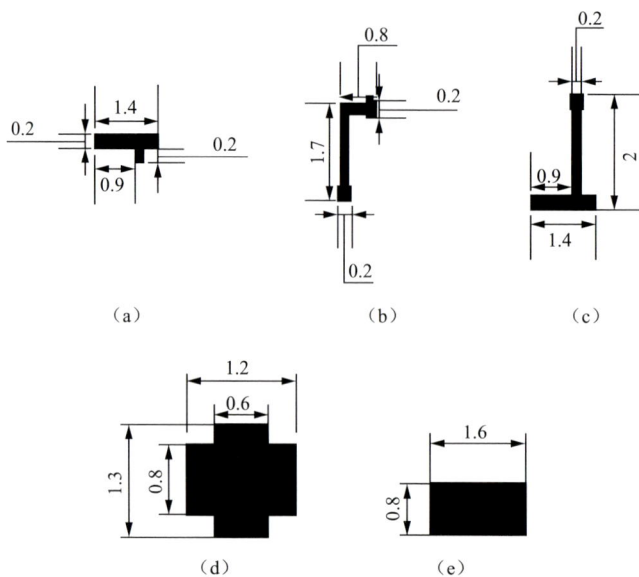

（a）　　　　　　　　（b）　　　　　　　　（c）

（d）　　　　　　　（e）

图 4-68　电感丝网和电容丝网的单元图形及尺寸

图中数值对应单位均为 mm

图 4-69　不同图形对位后的效果

（5）叠片：根据前一节设计的滤波器三维结构模型，把印制了不同图形的膜片按顺序排好，另外在最底端和最顶端，以及电感部分和电容部分的膜片之间额外添加一定数目的空白膜片对有效图层进行保护。然后把膜片依次紧密堆叠到带对位柱的垫板上，在此过程中保证膜片上的对位孔与对位柱的排列方向一致。放置完膜片后把垫板安装到叠片机上，在一定压力下逐层压实得到一个完整的多层生坯，也称为巴块。

（6）等静压和切割：把上一步得到的巴块在干燥炉中适度烘干，用塑料膜抽真空封装，放入等静压机的压力缸中，调节温度和压力，静置 40min。将等静压后的巴块固定在卡纸上，放到预热台加热片刻后置于切割台上，用中心定位器校正巴块中心位置，再依照切割线的位置逐刀切割。

（7）排胶和烧结：将切割后的器件生坯摆放到氧化锆垫板上，放入排胶炉中在 380℃排胶，冷却取出后再放入烧结炉中在 900℃烧结。

（8）封端和烧银：对大批量的产品采用机器封端，少量产品可以手工封端。机器封端时，先开启干燥炉，设定炉温和带速，预热后核对环境温度。选择合适的封端钢带，并将烧结好的熟坯放入组件仓，设定程序后即可进行。封端后的熟坯在氧化锆垫板上摆放好，然后置于烧银炉的传送带入口处，待垫板移动到出口处时烧结结束，得到待测试的成品。

最后制得的符合 0805 封装标准的 65MHz 低通滤波器的实物如图 4-70 所示，其中图 4-70（a）为有尺寸示意的样品，图 4-70（b）为放大的样品图。

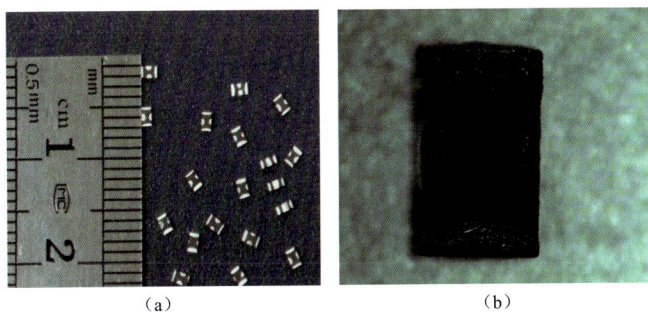

(a)   (b)

图 4-70　滤波器实物尺寸图（a）和放大图（b）

5. 滤波器性能测试与分析

65MHz 低通滤波器的性能测试在 Agilent N5230A 型矢量网络分析仪上进行，测试频率范围为 300kHz～1GHz。图 4-71 和图 4-72 分别给出了滤波器的 S_{21} 曲线和 S_{11} 曲线。测得 3dB 截止频率为 66.3MHz，在 145MHz 时带外抑制达到 20dB，在 145MHz～1GHz 的范围内带外抑制都大于 20dB。与设计目标相比，3dB 截止频率和 20dB 点的频率分别向高频移动了 2% 和 3.6%，偏差在允许的范围内。设备的加工精度，每个工艺环节的控制，以及器件微结构中的缺陷都可能引起实际性能的偏差。例如，在叠层工艺中层数越多，累积误差越大，此外，膜片材料物理性质的差异也会带来不同程度的错位，这些问题都会引起电容值和电感值的偏差。

图 4-71　65MHz 低通滤波器的 S_{21} 曲线

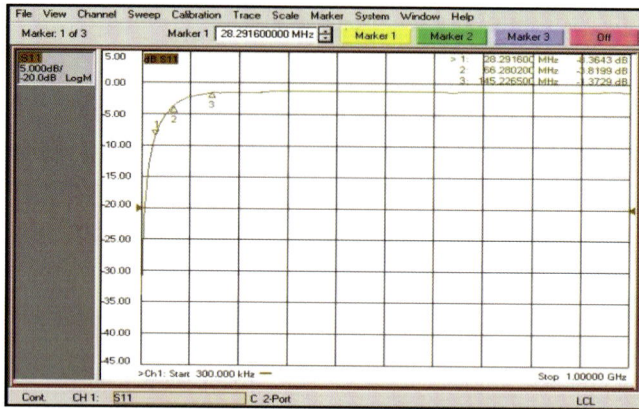

图 4-72　65MHz 低通滤波器的 S_{11} 曲线

　　图 4-73 给出了复合材料与银浆界面处的 SEM 图，各层厚度均匀，没有翘曲，共烧匹配良好，这有利于滤波器基本性能的实现。此外，银浆两侧的材料致密，没有明显的缺陷，但界面处气孔较多且局部有异常生长的大晶粒存在，可能会引起实际性能的偏差。

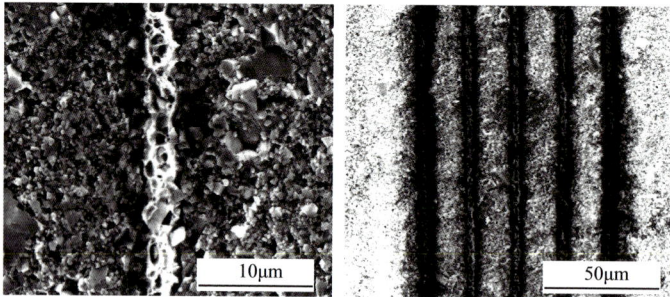

图 4-73　复合材料与银浆界面处的微观结构

4.6　低温烧结 Bi$_4$Ti$_3$O$_{12}$/NiCuZn 铁氧体复相陶瓷性能研究

4.6.1　Bi$_4$Ti$_3$O$_{12}$ 掺杂 NiCuZn 铁氧体性能研究

1. 样品制备

　　按照 $Ni_{0.6}Cu_{0.24}Zn_{0.16}Fe_2O_4$ 称取分析纯级别的 NiO、CuO、ZnO、Fe$_2$O$_3$ 粉体，使用 4.2.1 节中的工艺球磨，干燥，得到均匀的混合粉料，然后在 850℃煅烧 2h 得到 NCZF 预烧粉。再按照 Bi$_4$Ti$_3$O$_{12}$ 称取分析纯级别的 Bi$_2$O$_3$ 和 TiO$_2$ 粉体，使用

4.2.1 节中的工艺球磨，干燥，得到均匀的混合粉料，然后在 770℃煅烧 2h 得到 BIT 预烧粉。将两种预烧粉分别按照质量比 BIT/NCZF(x)= 0wt%、1wt%、2wt%、4wt%和 8wt%混合，湿磨 12h。球磨后的混合粉体经干燥、造粒、过筛和成型，并采用 4.2.1 节中 900℃烧结曲线在空气中煅烧得到不同 BIT 掺杂量的样品。

2. 成相分析

900℃烧结的不同铁氧体样品和 BIT 粉体的 XRD 图谱如图 4-74 所示。900℃煅烧的 BIT 粉体已经成相，加入少量 BIT 粉体没有使尖晶石结构发生改变，当 BIT 添加量达到 8wt%时，其主要的衍射峰在掺杂铁氧体的 XRD 图谱中已经可以观察到。

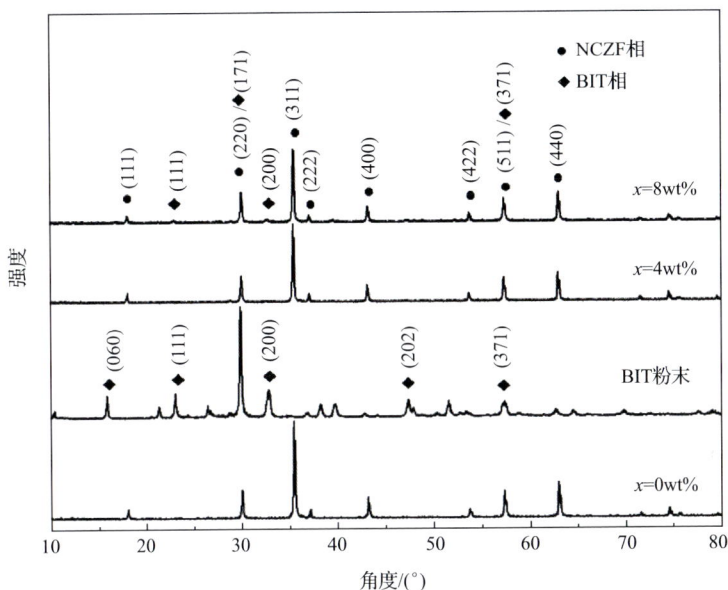

图 4-74　900℃烧结样品及 BIT 预烧粉的 XRD 图谱

3. 烧结性能和微结构分析

根据 XRD 测试图得到 900℃烧结 NiCuZn 铁氧体的晶格常数 a=8.377Å；BIT 陶瓷的晶格常数 a=5.449Å，b=32.934Å，c=5.42Å，代入式（4-2）和式（4-6）分别计算出未掺杂和掺杂后铁氧体样品的理论密度，由式（4-4）得到各样品的测量密度，各数值详见表 4-12。

表 4-12　900℃烧结样品的理论密度和测量密度

密度/(g/cm³)	x=0wt%	x=1wt%	x=2wt%	x=4wt%	x=8wt%	BIT
理论值	5.349	5.367	5.386	5.415	5.490	8.002
测量值	5.226	5.052	5.320	5.346	5.382	—

900℃烧结样品的相对密度随 BIT 添加量的变化如图 4-75 所示，整个过程可分为三个阶段：当加入 1wt%的 BIT 时，铁氧体的相对密度明显下降；随着 BIT 添加量从 1wt%增到 2wt%，其相对密度又大幅度上升；在 BIT 添加量从 2wt%增加到 8wt%的过程中，铁氧体的相对密度又开始缓慢下降。这一变化过程可以结合体系的微结构变化来分析。

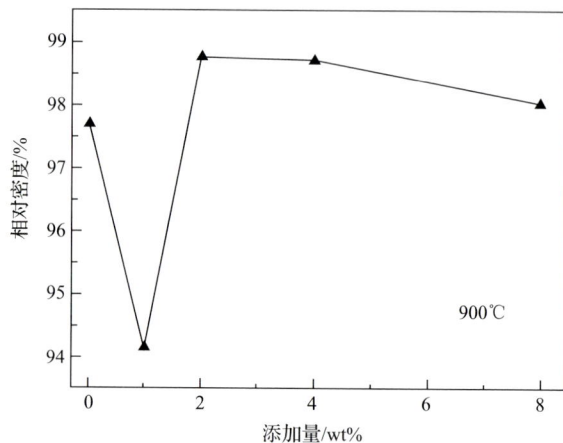

图 4-75　900℃烧结样品的相对密度随 BIT 添加量的变化

图 4-76 给出了 900℃烧结不同 BIT 添加量的铁氧体的断面 SEM 图。铁氧体

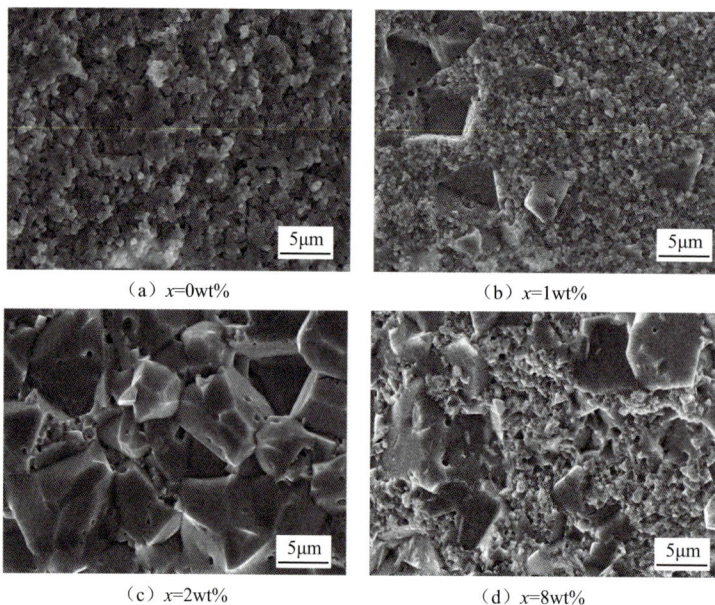

（a）x=0wt%　　　　　（b）x=1wt%

（c）x=2wt%　　　　　（d）x=8wt%

图 4-76　900℃烧结不同 BIT 添加量的铁氧体的断面 SEM 图

在添加 1wt% BIT 后的微观结构比没添加时有明显变化，出现了大部分小晶粒和个别异常生长的大晶粒共存的现象，导致其相对密度有明显下降，类似的情况在 BBSZ 玻璃助烧 $BaTiO_3$/NiCuZn 铁氧体复相陶瓷时也出现过（4.5.1 节）。当添加量增加到 2wt%时，多数晶粒都得到了充分生长，尺寸为 5～15μm 且排列紧密，晶粒内部有较小的闭气孔存在，此时的样品相对密度最高（约 98.8%）。当添加量达到 8wt%时，前面出现的晶粒尺寸较为均匀的微结构被破坏，除了少量晶粒仍有较大尺寸外，多数晶粒的生长被严重抑制，因此相对密度有所下降。

4. 磁性能研究

材料的高频复数磁导率（μ' 和 μ''）的测试同 4.2.3 节中描述。图 4-77 给出了 900℃烧结样品的 μ' 和 μ'' 随频率的变化。起初，μ' 随着 BIT 添加量的增加迅速上升，在 x=2wt%的样品中 μ' 值最高，μ'' 的峰值则逐渐向低频移动，这符合 Snoek 定律的描述。此后，随着添加量从 2wt%增加到 8wt%，μ' 逐渐下降，μ'' 的峰值也逐渐减小，这与铁氧体晶粒尺寸的减小有紧密联系。结合微结构可知，添加量从 0wt%到 2wt%时，μ' 的快速上升是因为铁氧体晶粒的明显生长。然而添加量从 2wt%到 8wt%时 μ' 的下降原因有两点：其一，过量的 BIT 陶瓷抑制了铁氧体晶粒的生长，导致不均匀颗粒的形成和密度的减小；其二，过量的非磁性 BIT 对磁性成分有一定的稀释作用。此外，x=2wt%和 x=4wt%的样品在低频处也显现出频散迹象，对应的损耗峰出现在 1MHz 以前。J. Smit 等认为除了高频处由共振引起的主要频散外，在尖晶石结构的含铜铁氧体和含二价铁离子的铁氧体中还可能会在较低频段出现由弛豫引起的频散。弛豫过程可以唯象地描述为加一个磁场 H 后磁化强度 M 不能立即达到最终的平衡值 M_∞，M 随时间变化由下列函数给出：

$$\frac{\mathrm{d}M}{\mathrm{d}t} = \frac{1}{\tau}(M_\infty - M) \tag{4-55}$$

解以上方程得到

$$M = \chi_\infty[1 - \exp(-t/\tau)]H = [1 - \exp(-t/\tau)]M_\infty \tag{4-56}$$

其中，τ 为弛豫时间，即从加磁场 H 开始到 M 小于平衡值 M_∞ 的量不到 M_∞/e 所需的时间。χ_∞ 由下式定义：

$$M_\infty = \chi_\infty H \tag{4-57}$$

如果外加磁场为交变磁场，则

$$H = H_0 \exp(\mathrm{i}\omega t) \tag{4-58}$$

代入式（4-55）可解得

$$M = \frac{\chi H}{1 + \mathrm{i}\omega t} \tag{4-59}$$

由此可得到磁导率实部和虚部的表达式分别为

$$\mu' = 1 + \frac{4\pi\chi_\infty}{1 + \omega^2\tau^2} \tag{4-60}$$

$$\mu'' = \frac{4\pi\chi_\infty\omega\tau}{1+\omega^2\tau^2}$$

（4-61）

可见，随着频率 ω 的变化，μ' 和 μ'' 同时会发生变化，这就导致了磁频散现象，而弛豫过程往往不是单一过程，即常数 τ 不是单一数值，而是有一定分布范围的弛豫常数谱。

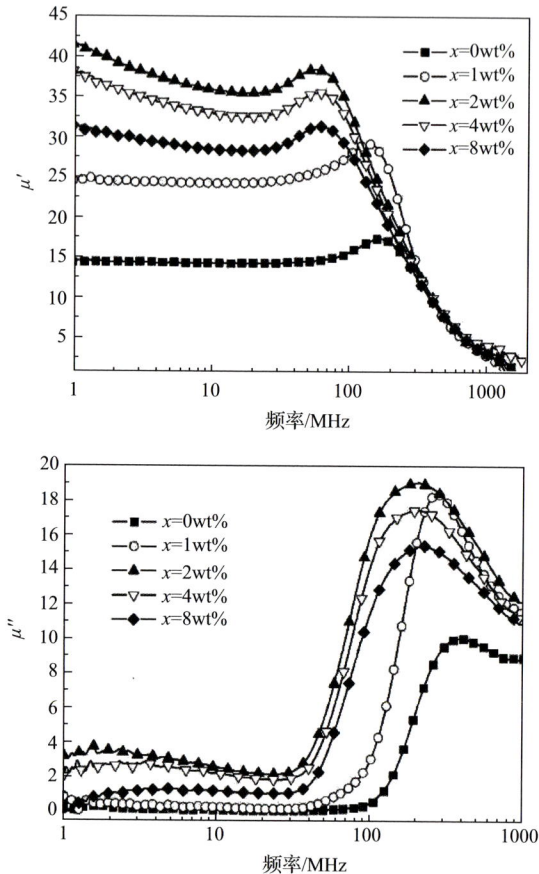

图 4-77　900℃烧结样品的磁导率实部和虚部随频率的变化

把表 4-12 中未掺杂和掺杂铁氧体的密度参数分别代入式（4-29）和式（4-28）求出各个样品的间隙参数值，然后结合式（4-24）拟合出铁氧体的固有磁导率 μ_i，再代入式（4-23）可绘出有效磁导率随间隙参数的变化关系，如图 4-78 所示。由于 x=2wt%和 x=4wt%的样品磁导率在低频段受弛豫过程影响变化明显，式（4-23）中的有效磁导率 μ_{eff} 的测试频率选择在弛豫消失后且高频频散发生前频段中，这里取 20MHz，对应 μ_i 的值为 51.08。可以看出，x=1wt%、2wt%和4wt%的样品的测试值在拟合曲线附近，而 x=0wt%和8wt%的样品的测试值分别位于拟合曲线的下方和上方。对于 x=0wt%的样品，在 900℃的烧结温度下多数晶粒生长不充分，尺寸不到 1μm，同时孔隙也很小，因此间隙参数不大。如果把它的孔隙和晶粒同比例放大，则可得到间隙参数不变但晶粒生长充分的样品，此时的磁导率会大幅提高，从而接近拟合曲线。不难发现，前面和曲线符合得较好的三个样品的晶粒都有了明显生长，这就解释了未掺杂铁氧体磁导率远低于拟合值的原因。而 x=8wt%的样品的磁导率测试值要明显高于拟合值，类似的情况在 4.3 节和 4.4 节都出现过。这说明 900℃烧结得到的相对密度并不是它的最大相对密度，造成相对密度减小的原因可能是 BIT 添加量偏高，引起多余的 BIT 从铁氧体中溢出，导致缺陷和孔隙的增多。

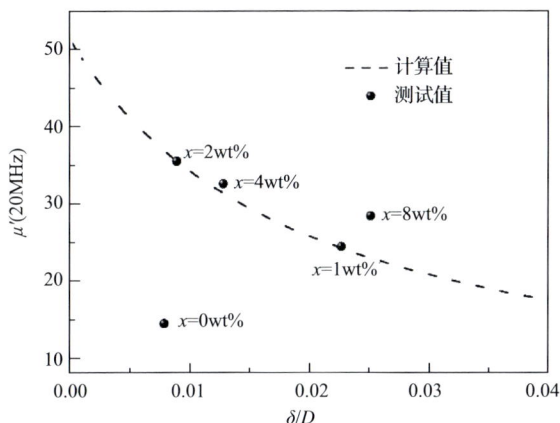

图 4-78　900℃烧结样品磁导率随间隙参数变化的测量结果和拟合曲线

5. 介电性能研究

材料的高频介电参数（ε' 和 $\tan\delta$）的测试见 4.2.4 节中描述。图 4-79 给出了 900℃烧结样品的 ε' 和 $\tan\delta$ 随频率的变化。对于未掺杂和 BIT 添加量为 1wt%、2wt% 和 4wt%的铁氧体样品，在较低频段都不同程度地表现出较高的 ε' 和 $\tan\delta$ 值，且它们随着频率的增加都逐渐降低，这都属于由不均匀介电结构引起的 Maxwell-Wagner 型界面极化。这里可以看成由大尺寸、导电性较好的铁氧体晶粒和分割这些晶粒且导电性较差的薄层物质组成的双层结构。对于未掺杂的铁氧体而言，上述可以看成晶界的薄层物质由杂质、缺陷和水组成；而对于掺杂的铁氧体，该层主要由细小的 BIT 晶粒构成。当频率超过 42MHz 以后，具有较大晶粒尺寸的 x=2wt%、4wt%和 8wt%的铁氧体的 ε' 明显高于未掺杂的铁氧体，特别是掺杂 8wt%的铁氧体在 15～200MHz 的频域内有稳定的 ε' 值（15.9～16.4）。另外，合适的 BIT 添加量可以有效减小未掺杂铁氧体的介电损耗。x=1wt%和 8wt%的铁氧体分别在 100～170MHz 和 15～200MHz 的范围内有 $\tan\delta$ <0.03，而对于 x=2wt%的铁氧体，在 58～200MHz 的范围内有 $\tan\delta$ <0.05。

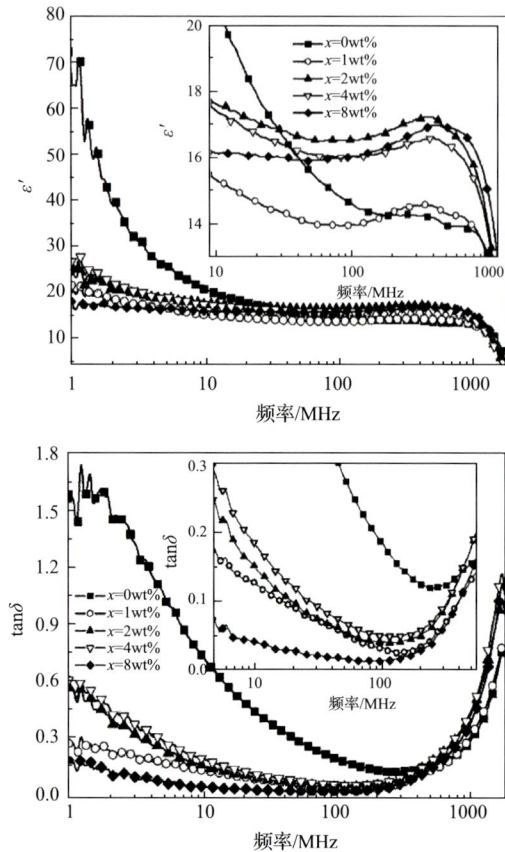

图 **4-79** 900℃烧结样品的复介电常数和损耗随频率的变化

4.6.2 Bi₄Ti₃O₁₂/NiCuZn 铁氧体复相陶瓷性能研究

1. 样品制备

按照 $Ni_{0.25}Cu_{0.2}Zn_{0.55}Fe_2O_4$ 称取分析纯级别的 NiO、CuO、ZnO、Fe_2O_3 粉体，使用 4.2.1 节中的工艺球磨，干燥，得到均匀的混合粉料，然后在 800℃煅烧 2h 得到 NCZF 预烧粉。再按照 $Bi_4Ti_3O_{12}$ 称取分析纯级别的 Bi_2O_3 和 TiO_2 粉体，使用 4.2.1 节中的工艺球磨，干燥，得到均匀的混合粉料，然后在 770℃煅烧 2h 得到 BIT 预烧粉。将两种预烧粉分别按照不同比例混合，即 $(1-x)$ NCZF + x BIT，其中 x= 0wt%、10wt%、30wt%、50wt%、70wt%、90wt%和100wt%，然后湿磨 12h。球磨后的混合粉体经干燥、造粒、过筛、成型，并采用 4.2.1 节中 900℃烧结曲线在空气中煅烧得到不同 BIT 添加量的复相陶瓷。

2. 烧结性能和微结构分析

900℃烧结复相陶瓷的相对密度随 BIT 含量的变化如图 4-80 所示，整个过程可以分为三个阶段：当 BIT 添加量由 0wt%增加到 10wt%时，体系的相对密度有明显下降；随着 BIT 添加量从 10wt%上升到 30wt%，其相对密度又有一定提高；在 BIT 添加量从 30wt%变化到 100wt%的过程中，体系的相对密度呈缓慢下降的趋势。这一变化过程可以结合体系的微结构变化（图 4-81）分析。x=10wt%的样品中铁氧体晶粒尺寸为 5～15μm，生长充分，但同时也出现了较大的开气孔，这是其相对密度比 x=0wt%的样品低的主要原因。x=30wt%的样品比 x=10wt%的样品气孔尺寸明显变小，且晶粒尺寸更均匀，于是相对密度又有回升。当 BIT 添加量增加到 50wt%时，开气孔的数目明显增多，导致相对密度又开始下降。

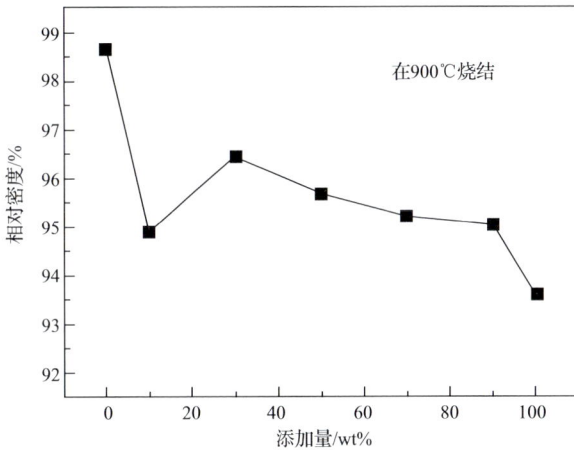

图 **4-80**　900℃烧结复相陶瓷的相对密度随 BIT 添加量的变化

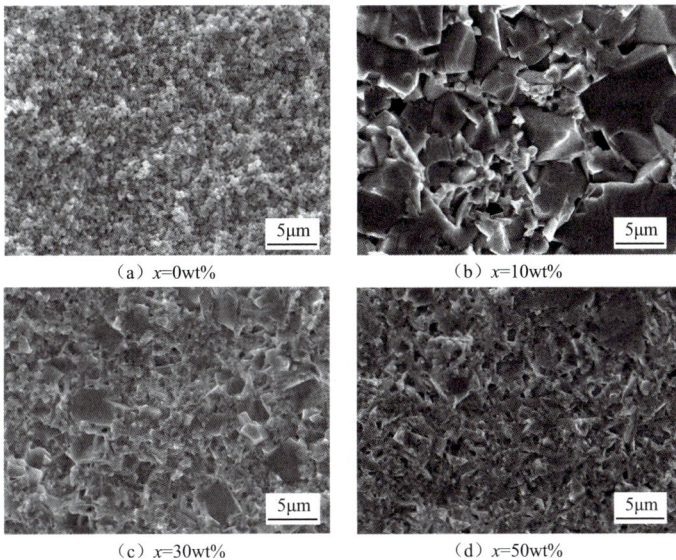

（a）x=0wt%　　　　　　　　　（b）x=10wt%

（c）x=30wt%　　　　　　　　　（d）x=50wt%

图 **4-81**　900℃烧结不同 BIT 添加量的复相陶瓷的断面 SEM 图

3. 磁性能和介电性能研究

材料高频复数磁导率（μ' 和 μ''）的测试见 4.2.3 节中描述，高频介电参数（ε'、ε'' 和 $\tan\delta$）的测试见 4.2.4 节中描述。

图 4-82 给出了 900℃烧结样品的磁导率实部 μ' 和虚部 μ'' 随频率的变化。随着 BIT 添加量的增加，μ' 开始先有明显的增加，同时伴随着 μ'' 峰值的迅速提高，对于 $x=10\text{wt}\%$ 的样品，10MHz 前 μ' 在 165～171 的范围内变化。BIT 添加量超过 10wt% 以后，μ' 又随其增加而快速下降，μ'' 峰值也相应地快速减小。在 BIT 添加量从 0wt% 增加到 10wt% 的过程中，铁氧体晶粒尺寸的大幅增加使 μ' 和 μ'' 明显增大，这源于畴壁位移对磁导率的贡献。当 BIT 添加量达到 30wt% 时，其对铁氧体晶粒生长的抑制已经比较明显，畴壁位移贡献的减小使 μ' 和 μ'' 同时下降。在 BIT 添加量从 10wt% 变化到 50wt% 的过程中，μ' 减小的同时 μ'' 峰值逐渐向高频移动，这符合 Snoek 定律的描述。

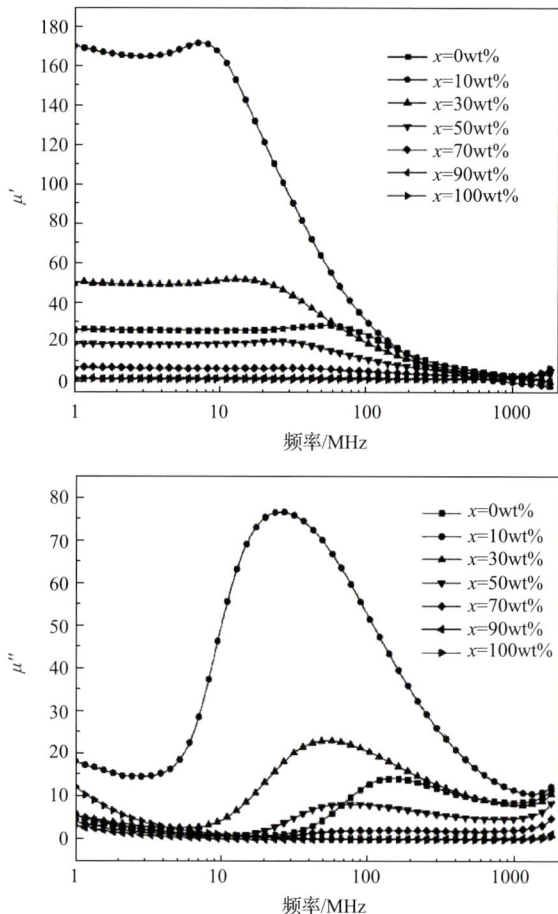

图 4-82 900℃烧结样品的磁导率实部和虚部随频率的变化

图 4-83 给出了 900℃烧结样品的 ε' 和 ε'' 随频率的变化。对于各个复相陶瓷样品，ε' 随着 BIT 添加量的增加而上升。对于 x=0wt%和 10wt%的样品，ε'' 在 1.8GHz 前没有出现明显的峰。当 BIT 添加量从 30wt%增加到 100wt%，ε'' 峰逐渐明显，并且从 1.15GHz 移动到 1.8GHz。图 4-83 的插图给出了 1MHz 的介电损耗随 BIT 添加量的变化，当 BIT 添加量达到 10wt%时，$\tan\delta$ 有最大值（0.47）。此后，介电损耗随 BIT 添加量继续增加迅速减小，当 BIT 添加量为 70wt%时 $\tan\delta$ <0.03。

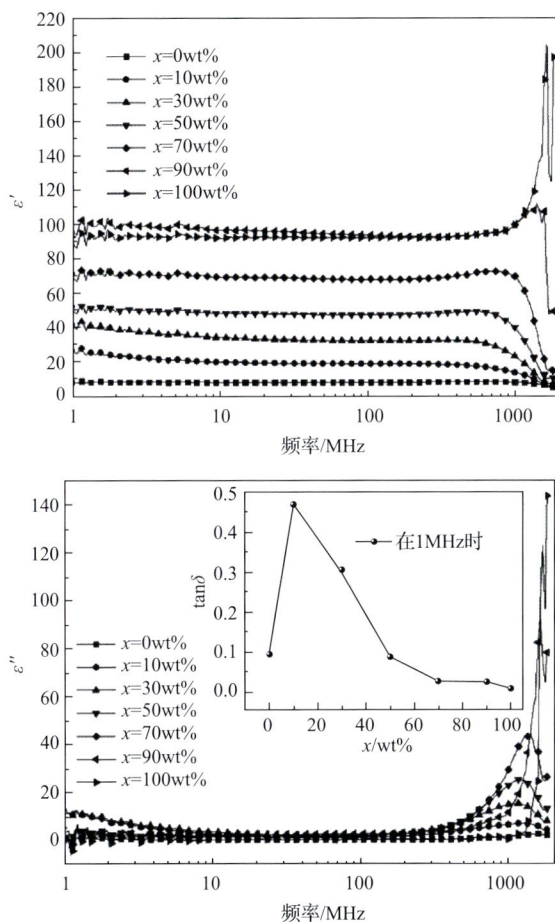

图 4-83 900℃烧结样品的介电常数实部及虚部随频率的变化

参 考 文 献

[1] 凌味未. 低温共烧（LTCC）铁电/铁磁复合材料与器件研究. 成都: 电子科技大学, 2001.

[2] Mantese J V, Micheli A L, Dungan D F. Ferroelectric-ferromagnetic composite materials: US5512196. 1996-04-30.

[3] Mantese J V, Micheli A L, Dungan D F. Filter with ferroelectric-ferromagnetic composite materials: US5856770. 1999-01-05.

[4] Sengupta L C, Sengupta S. Ceramic ferrite/ferroelectric composite material: US6063719. 2000-05-16.

[5] Qi X W, Zhou J, Li B R, et al. Preparation and spontaneous polarization-magnetization of a new ceramic ferroelectric-ferromagnetic composite. J Am Ceram Soc, 2004, 87(10): 1848-1852.

[6] Shen J H, Bai Y, Zhou J, et al. Magnetic properties of a novel ceramic ferroelectric-ferromagnetic composite. J Am Ceram Soc, 2005, 88(12): 3440-3443.

[7] Peng T M, Hsu R T, Jean J H. Low-fire processing and properties of ferrite+dielectric ceramic composite. J Am Ceram Soc, 2006, 89(9): 2822-2827.

[8] Mosallaei H, Sarabandi K. Magneto-dielectrics in electromagnetics: concept and applications. IEEE Trans Antennas Propag, 2004, 52: 1558-1567.

[9] Kong L B, Li Z W, Lin G Q, et al. Ni-Zn ferrites composites with almost equal values of permeability and permittivity for low-frequency antenna design. IEEE Trans Magn, 2007, 43: 6-10.

[10] Jia L J, Zhang H W, Li T, et al. Dielectric and magnetic properties of 0.4PZT+0.6NiCuZn-ferrite composites modified with P_2O_5-Co_2O_3. J Appl Phys, 2010, 107: 09E309.

[11] Hsu R T, Peng T M, Jean J H. Electrical properties of low-fire ferroelectric+ferrimagnetic ceramic composite. Jpn J Appl Phys, 2006, 45(7): 5841-5846.

[12] Bai Y, Zhou J, Gui Z L, et al. A ferromagnetic ferroelectric cofired ceramic for hyperfrequency. J Appl Phys, 2007, 101: 083907.

[13] Bai Y, Xu F, Qiao J L, et al. The static and hyper-frequency magnetic properties of a ferromagnetic-ferroelectric composite. J Magn Magn Mater, 2009, 321: 148-151.

[14] Wang C, Han X J, Xu P, et al. Magnetic and dielectric properties of barium titanate-coated barium ferrite. J Alloys Compd, 2009, 476: 560-565.

[15] Beauger A, Mutin J C, Niepce J C. Synthesis reaction of metatitanate $BaTiO_3$. J Mat Sci, 1983, 18: 3041-3046.

[16] Arlt G, Hennings D, de With G. Dielectric properties of fine-grained barium titanate ceramics. J Appl Phys, 1985, 58(4): 1619-1625.

[17] Wang L Q, Liu L, Xue D F, et al. Wet routes of high purity $BaTiO_3$ nanopowders. J Alloys Compd, 2007, 440: 78-83.

[18] Chou X J, Zhai J W, Yao X. Dielectric tunable properties of low dielectric constant $Ba_{0.5}Sr_{0.5}TiO_3$-Mg_2TiO_4 microwave composite ceramics. Appl Phys Lett, 2007, 91: 122908.

[19] Xu H H, Jin D R, Wu W B, et al. Intra-grain composition nonuniform barium strontium calcium titanate ceramics by sol-gel pervasion techniques. J Phys D: Appl Phys, 2009, 42: 065403.

[20] Kondo K, Chiba T, Yamada S, et al. Analysis of power loss in Ni-Zn ferrites. J Appl Phys, 2000, 87(9): 6229-6231.

[21] Matsuo Y, Inagaki M, Tomozawa T, et al. High performance NiZn ferrite. IEEE Trans Magn, 2001, 37(4): 2359-2361.

[22] Kim J S, Ham C W. The effect of calcining temperature on the magnetic properties of the ultra-fine NiCuZn-ferrites. Mater Res Bull, 2009, 44: 633-637.

[23] Dimri M C, Verma A, Kashyap S C, et al. Structural, dielectric and magnetic properties of NiCuZn ferrite grown by citrate precursor method. Mater Sci Eng B, 2006, 133: 42-48.

[24] van Suchtelen J. Product properties: a new application of composite materials. Philips Res Repts, 1972, 27: 28-37.

[25] Boomgaard J V O, van Run A M J G, van Suchtelen J. Magnetoelectricity in piezoelectric-magnetostrictive composites. Ferroelectrics, 1976, 10: 295-298.

[26] Testino A, Mitoseriu L, Buscaglia V, et al. Preparation of multiferroic composites of $BaTiO_3$-$Ni_{0.5}Zn_{0.5}Fe_2O_4$ ceramics. J Eur Ceram Soc, 2006, 26: 3031-3036.

[27] de Frutos J, Matutes-Aquino J A, Cebollada F, et al. Synthesis and characterization of electroceramics with magnetoelectric properties. J Eur Ceram Soc, 2007, 27: 3663-3666.

[28] Ling W W, Zhang H W, Song Y Q, et al. Low-temperature sintering and electromagnetic properties of ferroelectric-ferromagnetic composites. J Magn Magn Mater, 2009, 321: 2871-2876.

[29] Boomgaard J V D, Born R A J. A sintered magnetoelectric composite material $BaTiO_3$-Ni(Co, Mn)Fe_2O_4. J Mater Sci, 1978, 13: 1538-1548.

[30] Harshe G, Dougherty J P, Newnham R E. Magnetoelectric effect in composite materials. Proc SPIE, 1993, 1919: 224-235.

[31] Bichurin M I, Kornev I A, Petrov V M, et al. Investigation of magnetoelectric interaction in composite. Ferroelectrics, 1997, 204: 289-297.

[32] Patankar K K, Patil S A, Sivakumar K V, et al. AC conductivity and magnetoelectric effect in $CuFe_{1.6}Cr_{0.4}O_4$-$BaTiO_3$ composite ceramics. Mater Chem Phys, 2000, 65: 97-102.

[33] Patankar K K, Mathe V L, Mahajan R P, et al. Dielectric behavior and magnetoelectric effect in $CuFe_2O_4$-$Ba_{0.8}Pb_{0.2}TiO_3$ composites. Mater Chem Phys, 2001, 72: 23-29.

[34] Duong G V, Groessinger R. Effect of preparation conditions on magnetoelectric properties of $CoFe_2O_4$-$BaTiO_3$ magnetoelectric composites. J Magn Magn Mater, 2007, 316: e624-e627.

[35] Tinga W R, Voss W A G. Microwavepower Engineering. New York: Academic, 1968: 189-199.

[36] Berteaud A J, Badot J C. High temperature microwave heating in refractory materials. J Microwave Power, 1976, 11(4): 315-320.

[37] Chen W, Wang Z H, Ke C, et al. Preparation and characterization of Pb($Zr_{0.53}Ti_{0.47}$)O_3/$CoFe_2O_4$ composite thick films by hybrid sol-gel processing. Mater Sci Eng B, 2009, 162: 47-52.

[38] Kumar A H, Falls W, Peter N Y, et al. Glass-ceramic structures and sintered multilayer substrates thereof with circuit patterns of gold, silver or copper: US4301324. 1981-11-17.

第5章

等磁介铁氧体-复合软磁

5.1 绪论

5.1.1 研究背景

　　天线作为无线通信的"眼睛"正在向高增益、宽频带、多功能、集成化、高传输速率的方向发展。新型天线材料、新物理机制、LTCC（低温共烧陶瓷）/LTCF（低温共烧铁氧体）工艺的天线技术迅猛发展，带动了现代无线通信技术的集成与阵列化[1-5]。未来高技术对无线通信提出了新的要求，尤其是随着通信的发展，5G甚至 6G 通信的研究和普及成为当前热点，这给卫星天线、蓝牙天线提出了新要求[6]。高数据传输速率、低延迟、低能源消耗、低成本、高系统容量和大规模设备连接将是发展方向，各种通信平台都离不开天线对信号的实时收集与处理。基于此，寻找和发明一系列新型天线材料、构建新天线结构、实现多功能宽带化天线的接收与发射成为现代无线通信体系目前研究的主要问题。其中，天线对信号的收发成效则成为决定无线通信平台生存能力的关键技术。因此，为了适应未来高技术条件下高性能天线技术需要，研究新型低损耗、高性能的 LTCC 基共形天线集成材料、探索天线新的天线单元，实现高精度、小型化、集成化、多功能化等性能成为近期无线通信技术发展方向和急需。

　　为了实现上述目标，需要从三方面出发考虑。一是先进的封装工艺和制造技术。现阶段，发展日趋成熟的这些工艺技术实现了无线通信系统的小型化和集成化，如越来轻薄的平板计算机、手机，越来越小的卫星[7]。二是器件的设计。例如，先进的阵列天线构建了单个芯片驱动任意天线单元都可收发雷达波、驱动数个相邻的天线就具有一个雷达功能的新型相阵结构，实现了高精度、反隐身、远作用距离的探测和成像的特点。然而，上面两方面的发展已经相当成熟，其研究进程也因为瓶颈的存在而相对缓慢。同时，也都是基于应用材料特定的性能来设计、开发和实现的，所以再好的工艺技术和设计也要受限于基体材料的性能。因此，探索和研究高性能的电子信息材料成为第三个重要的方面。其中，对于应用于 VHF（甚高频）波段的天线材料是一个热门的研究。磁介材料是一类既具有磁性能又具有介电性能的材料，这可以让其在应用中既可以做无源器件中的电容，也可以做电感，这样既提高了空间利用率也节约了成本。同时，由于可以对电磁波进行强烈吸收，这些材料可用于尽量减少各种电磁辐射和干扰。

铁氧体材料同时具有磁导率和介电常数，其中大部分具有很高的电阻，保证了它们可以在 VHF 频段中使用。因此，铁氧体是实现低磁介损耗的最好材料之一。而用于制备磁介质材料的铁氧体首先必须具有良好的软磁特性。比较好的选择主要有两种软磁铁氧体类型：尖晶石和六角铁氧体。尖晶石铁氧体具有较高的磁导率，在 VHF 等频段内的应用十分广泛，它们的磁导率可以在很宽的范围内通过改变组分、改善合成条件以及掺杂等手段调控，使之和介电常数匹配，但是最大的挑战是实现高磁介性能后如何减小磁损耗和介电损耗。此外，根据 Snoek 极限理论，材料的磁导率和截止频率呈负相关关系，在保证较高磁导率的前提下如何提高应用频率也是一个难点[8]。所以，探究铁氧体高频磁介性能和机制形成的原因，从根本上找到调控材料高频磁介性能的手段和方法，提高应用频率且不影响磁导率，最终实现理想的高频磁介性能和低磁介损耗，对于快速发展到 5G 甚至 6G 通信的小型化、集成化、高性能具有深远意义。

5.1.2 磁介铁氧体材料发展现状

1. 磁介铁氧体材料发展概述

近年来无线通信系统小型化的不断发展，对天线尺寸和体积的减小提出了迫切的要求[9,10]。已知天线的特征尺寸主要由传输波长决定，而工作于 VHF 波段的天线，主要是音频天线承担了比较大的研究任务。与此同时，天线设计理论经过多年的发展已经趋于成熟，仅仅通过改变或者优化结构设计很难在天线小型化方面取得突破。因此，开辟其他路径来实现小型化十分重要，其中实现天线小型化的一个关键因素是提高天线基材料小型化特性。使用高介电材料是小型化天线的首选。然而，这种方法有两个主要缺点：一是电场会高度集中在高介电常数区域，从而导致比较低的天线效率和窄的工作频段；二是高介电常数介质材料的特性阻抗很低，使得这种天线很难在自由空间实现比较好的阻抗匹配。上述问题可以用新型磁介材料来解决，根据介质传输波长的计算原理[11-14]：

$$\lambda = \frac{c}{f\sqrt{\varepsilon_r \mu_r}} \approx \frac{c}{f\sqrt{\varepsilon' \mu'}} \tag{5-1}$$

其中，λ 为天线基板内的传输波长；c 为光在真空中的传播速率；f 为天线的谐振频率；ε_r 和 μ_r 分别为天线基板的相对介电常数和磁导率；ε' 和 μ' 分别为天线基板的相对介电常数和磁导率实部。在缩短波长和减小天线尺寸方面，提高材料的磁导率和提高其介电常数具有相同的效果。此外，如果能达到接近相等的介电常数和磁导率，天线阻抗可以和自由空间相匹配[15]：

$$Z = \sqrt{\frac{\mu_0 \mu_r}{\varepsilon_0 \varepsilon_r}} \approx \sqrt{\frac{\mu_0 \mu'}{\varepsilon_0 \varepsilon_r'}} = \eta_0 \qquad (5\text{-}2)$$

其中，Z 为天线的阻抗，自由空间的阻抗为 η_0，阻抗匹配对提高天线的效率有很大好处[16,17]。此外，从天线应用的观点来看，磁介质材料必须有足够低的磁损耗和介电损耗角正切值，以尽量减少天线的损耗。前面提到的铁氧体材料是实现高频磁介性能比较好的选择，但是铁氧体作为磁介材料首先必须具有良好的软磁特性。可以考虑两种类型的铁氧体：尖晶石铁氧体和六角晶系铁氧体。尖晶石铁氧体具有更高的磁导率，但是它们的 Snoek 极限即截止频率远低于六角晶系铁氧体。因此这两种铁氧体都具有优势，主要看截止频率[18]。此外，为了进一步提高小型化因子 n（$n = \sqrt{\mu_r \varepsilon_r} \approx \sqrt{\mu' \varepsilon'}$），也称为反因子[19]，具有较大的及匹配的磁导率和介电常数是首选，所以一些陶瓷或者有机媒介也可以选择。这里研究对象是 Mg 尖晶石铁氧体，除因其具有较高磁导率外，低损耗特性也对天线基板十分有用。

尖晶石铁氧体作为软磁材料近年来受到广泛关注和研究，它具有不同于其本体结构的重要的电子学、光学、电学和磁性能，是目前最重要的磁介材料之一[20-23]。其分子结构式为 AB_2O_4，其中 A 主要是 +2 价态阳离子，如 Mg^{2+}、Ni^{2+}、Mn^{2+}、Co^{2+}、Cu^{2+} 等。B 一般是 Fe^{3+} 及其取代离子。一般在尖晶石中，离子的分布可以用 $(A_{1-\lambda}B_\lambda)_A[A_\lambda B_{2-\lambda}]_B O_4$ 来表示，其中，括号里面的表示分布在四面体位（A 位）的离子，方括号里面的表示分布在八面体位（B 位）的离子。一个尖晶石的晶体中，单位晶胞由 8 个 AB_2O_4 组成，总共有 32 个 O^{2-} 占据立方面的中心，建立基本的框架，金属离子则分布在 O^{2-} 的两种空隙内。一种空隙包含由 6 个 O^{2-} 形成的 8 个立体结构，即八面体位，通常由半径大的阳离子如 Fe^{3+} 填充；而另一种空隙包含 4 个 O^{2-} 结构，即四面体结构，由半径较小的离子如 Mg^{2+} 填充。由上述内容可知，一个晶胞含有 64 个四面体位和 32 个八面体位，然而，阳离子并没有完全填充这些空隙（约占据 1/4），因此存在一定的空位，且由 O^{2-} 搭建而成的晶胞框架容易变化，造成晶体内部离子的迁移和移动，以及阳离子化合价态的改变。这些离子迁移和价态改变是改变磁性能和介电性能的最主要原因。尖晶石可以分为三种类型，分别为正型尖晶石、反型尖晶石和混合型尖晶石。如果二价阳离子全部处于四面体 A 位，则为正型尖晶石；如果二价阳离子全部处于八面体 B 位，则为反型尖晶石；如果 A 位和 B 位上都有二价阳离子占据，则为混合型尖晶石，又称中间型尖晶石。混合型尖晶石的三维晶体结构如图 5-1 所示。图 5-1（a）显示了球状或者棒状形式的混合型尖晶石模型，其中橙色球表示在 A 位的铁离子，金色球表示在 B 位的铁离子，红色球表示氧离子，蓝色球表示二价金属离子。在图 5-1（b）中[24]，多面体模型显示了铁离子和二价金属离子同时占据 A 位和 B 位的氧离子面心立方网络，其中，四面体 A 位用橙色表示，八面体 B 位用金色和蓝绿色表示。

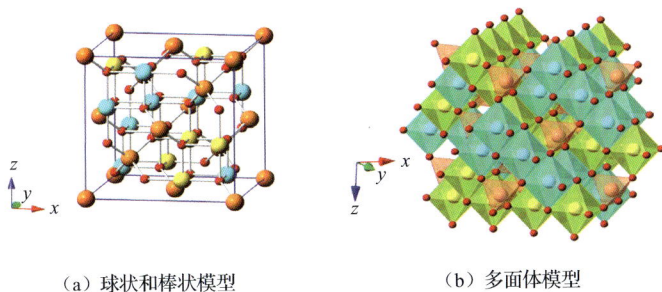

（a）球状和棒状模型　　　　　（b）多面体模型

图 5-1　混合型尖晶石铁氧体结构图

尖晶石铁氧体磁性能的来源是由于金属离子间通过氧离子而发生的间接交换作用。铁氧体内部总是有两种或者两种以上的阳离子，这些阳离子各自具有大小不等的磁矩（有些则不具有磁性能），而且占据 A 位和 B 位的离子数目也不相同，因此晶体内部做磁矩的反平行取向而导致的磁矩矢量的抵消作用并不一定使磁矩完全消失，而是保留了剩余磁矩，从而表现出铁磁性能，即磁性能。尖晶石铁氧体的磁导率可以在比较宽范围内调节，但是在 VHF 波段左右的频率域内，其介电常数只能微调。因此，最好的办法是通过调节铁氧体的磁导率来和介电常数匹配，同时最大的挑战是获得低的磁介损耗。n 型半导体铁氧体材料除了具有比较高的电阻率及低的磁介损耗，L. B. Kong 教授等首次研究了缺铁 $MgFe_{1.98}O_4$ 尖晶石铁氧体来作为磁介材料[25]。他们发现在 1125℃下烧结 2h 的 $MgFe_{1.98}O_4$ 样品在 3～30MHz 频率域内的 $\mu'\approx\varepsilon'=6.7$，同时具有小于 10^{-2} 的磁损耗和介电损耗。然而，它的致密性比较差，仅仅只有 70% 的相对密度，这对于它在应用方面会是一个问题。然后他们选择了 $MgFe_{1.98}O_4+Bi_2O_3$ 来实现需要的磁介性能。最终发现，Bi_2O_3 对于微观结构尤其是致密性和晶粒生长的影响很大。当加入质量分数为 2%～3% 的 Bi_2O_3 时，材料拥有比较低的介电损耗和高的直流（DC）电阻率，但磁导率比介电常数偏高。因此，他们进一步研究了 $MgFe_{1.98}O_4+Bi_2O_3$ 体系材料，通过用钴离子取代镁离子后发现，当材料配方为 $Mg_{0.96}Co_{0.04}Fe_{1.98}O_4+3\% \ Bi_2O_3$ 时，其介电常数和磁导率几乎相等且均接近于 10。同时，其磁损耗约为 10^{-2}，介电损耗低于 0.01，如图 5-2 所示。之后，Teo 等研究了 $Li_{0.50}Fe_{2.50}O_4+Bi_2O_3$ 和 $Li_{0.50-0.50x}Co_xFe_{2.50-0.50x}O_4$（$x=0.01$～0.07）$+Bi_2O_3$ 材料体系[26-29]，详细比较了 Bi_2O_3 的成分、钴离子取代量及烧结温度对于这些磁介材料的致密性、微观结构、DC 电阻率及磁介性能的影响。结果发现，分布在 B 位的 Co^{2+} 会导致单轴各向异性，尤其是阳离子空位的存在。用 Co 对 $Li_{0.50}Fe_{2.50}O_4$ 进行改性，使制备具有优良磁介性能的铁氧体陶瓷成为可能。最终，在温度低于 950℃下烧结的 $Li_{0.50-0.50x}Co_xFe_{2.50-0.50x}O_4$（$x$=0.030～0.035）铁氧体陶瓷具有 13～15 且匹配的磁导率和介电常数，同时，它们的磁介电损耗也很低。截至目前，尖晶石铁氧体作为磁介材料得到广泛研究，但是其很难满足磁介匹配、低损耗性能、高频率和低烧结温度。

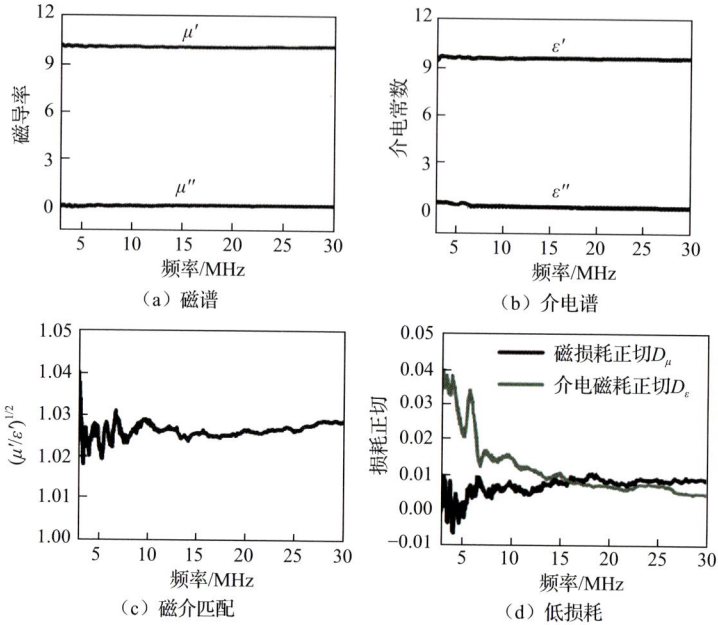

（a）磁谱   （b）介电谱

（c）磁介匹配   （d）低损耗

图 5-2　MgCo 铁氧体高频磁介特性

六角铁氧体的 Snoek 极限较高，可以用表达式（5-3）描述[30]：

$$(\mu'-1)f_0 = \frac{1}{4\pi}\gamma M_s \sqrt{\frac{H_k^\theta}{H_k^\phi}} \tag{5-3}$$

其中，f_0 为截止频率；γ 为旋磁比；M_s 为饱和磁化强度；H_k^θ 为垂直方向偏转的各向异性场；H_k^ϕ 为水平方向偏转的各向异性场。由于 H_k^θ 比 H_k^ϕ 大两个数量级，六角铁氧体的 Snoek 极限远大于尖晶石铁氧体的，见式（5-4）：

$$(\mu'-1)f_0 = \frac{1}{3\pi}\gamma M_s \tag{5-4}$$

其中，M_s 为块体磁性材料的饱和磁化强度，它与材料本身的组分有关；γ 为旋磁比，是一个固定值。这表明即使具有相同的磁导率，六角铁氧体的截止频率也远高于尖晶石铁氧体。所以，六角铁氧体有比较大的优势。但是，六角铁氧体的损耗较大，如何降低损耗来应用于天线基板是一个比较大的挑战。Bae 教授等首次采用了溶胶-凝胶法和传统的固相反应法研究了 Z 型（Co$_2$Z）钡铁氧体作为磁介材料，发现得到的 Co$_2$Z 铁氧体具有相对较低的磁损耗，因为它们具有相对较小的晶粒以及均匀的晶粒尺寸。但是，其损耗还是在 10^{-1} 数量级，而且所用固相反应法不适合大规模生产[31]。Q. Xia 等选择 $BaFe_{9.6}Co_{1.2}Ti_{1.2}O_{19}$（BaM）作为磁介材料。他们采用两步烧结法得到了均匀、致密、良好晶粒的微观结构，实现了降低 54% 的磁损耗。随后使用此材料加工了一个螺旋天线，其以铁氧体为基板，如图 5-3 所示[32]。电子科技大学的张怀武、苏桦教授等使用传统的固相反应法深入研究了 WO_3 添加剂对于 $(Ba_{0.5}Sr_{0.5})_3Co_2Fe_{24}O_{41}+xWO_3$（$x$=0.0%、0.1%、0.2%、0.3% 和 0.4%）体系磁介性能的影响。WO_3 的添加明显限制了晶粒过度生长，此外高价态的 W^{6+} 导致氧空位的产生，使得活化能增加，加强了烧结过程中的扩散。结果显示，当 WO_3 添加量为 0.2% 时，材料的磁导率和介电常数均接近于 13，在 10～250MHz 的频率域内，介电损耗低于 0.02，而磁损耗在 100MHz 以后达到了 0.05，在 250MHz 以后高于 0.1，是一个比较高的数值[33]。

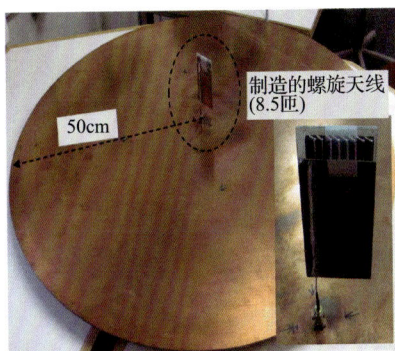

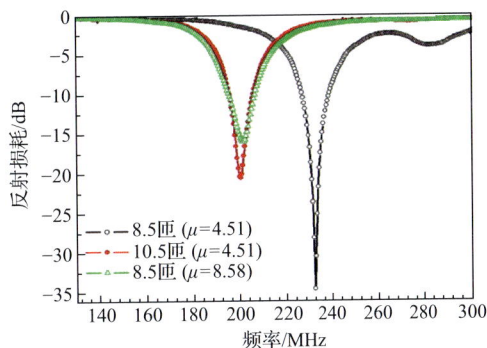

（a）螺旋天线实物图   （b）螺旋天线的反射损耗

图 5-3 基于 BaM 磁介材料的基板及螺旋天线

为了进一步降低损耗，特别是材料的磁损耗，他们随后采用了两步烧结工艺来控制晶粒生长，提高密度。当样品加热到 1200℃，然后迅速淬火到 1150℃，保温 3h，结果在 200MHz 处降低了约 42% 的磁损耗和约 62% 的介电损耗。磁损耗减小的一个原因是抑制了晶内畴壁的运动，从而降低了磁滞损耗。另一个原因是较低的烧结温度抑制了 Fe^{2+} 的出现，这有利于提高铁氧体的直流电阻率，减少涡流损耗。介电损耗减小的主要原因也是 Fe^{2+} 的形成受到抑制。最后，他们还采用六边形磁介材料制作了地面数字媒体广播天线，并取得了良好的效果，验证了材料的适用性，如图 5-4 所示。通过以上研究，证明了只要能有效降低其磁损耗和介电损耗，六角晶系铁氧体可以成为高性能的磁介材料。但是，如果应用频率过高（300MHz）或过低（10MHz），六角基磁介材料都存在一些不足或困难。通过对比可以发现，尖晶石铁氧体虽然截止频率相对较低，但是磁导率和介电常数可以实现更高的数值，其磁损耗和介电损耗也可以更低，所以在 VHF 频段应该成为优先选择。

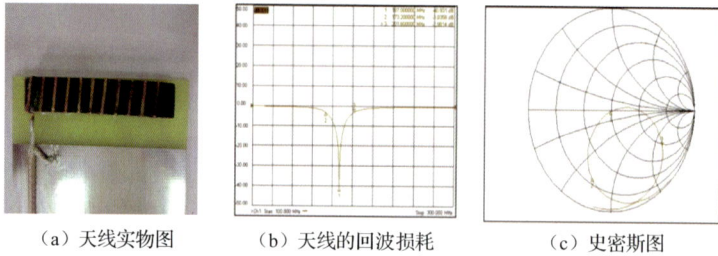

(a) 天线实物图　　　　(b) 天线的回波损耗　　　　(c) 史密斯图

图 5-4　基于 Co_2Z 铁氧体的螺旋形天线[32]

2. Mg 基铁氧体陶瓷的结构和性能

近年来，含 Mg 化合物以及 Mg 系尖晶石铁氧体在许多领域，如医疗、信息储存、半导体材料和设备、催化、传感和生物等方面都有诸多应用[34-37]。在电子信息材料方面，由于具有良好的低损耗特性和烧结性能，Mg 基铁氧体也可以用作天线基材。同时，作为软磁材料，其良好的物理和化学稳定性，优良的磁介性能包括较高的电阻率、较低的矫顽力，以及较低的涡流损耗特别适合在高频领域内使用。Mg 基铁氧体应用领域如图 5-5 所示。混合型尖晶石结构的 Mg 基铁氧体具有优良的磁性能和介电性能，已被提出作为天线基材的候选材料之一。这是因为可以通过用其他离子如钴、钛、锰和镍离子等来取代组成 Mg 基铁氧体的金属离子即镁和铁离子，它们的磁性能和介电特性很容易得到调节，实现所需要的磁介性能。在混合型尖晶石结构的 Mg 基铁氧体中，镁/铁离子均占据了四面体（A）和八面体（B）的位置。每个位点所占镁/铁离子的比例取决于其合成方案，尤其是在离子取代的情况下，取代的离子通过改变 A 位和 B 位之间由氧离子连接的超交换相互作用来控制磁性能和介电性能。一般的交换作用包括：$Fe_{(B)}^{3+}$-O-$Fe_{(A)}^{3+}$、$Fe_{(B)}^{3+}$-O-$Mg_{(B)}^{2+}$、$Fe_{(A)}^{3+}$-O-$Mg_{(B)}^{2+}$、$Fe_{(B)}^{3+}$-O-$Fe_{(B)}^{3+}$ 和 $Fe_{(B)}^{3+}$-O-$Mg_{(A)}^{2+}$。基于此，近年来许多学者针对 Mg 基铁氧体在高频段的应用，做了许多关于其磁介性能的探索和研究。早在 1999 年，就有学者研究了 Mg-Li 铁氧体的微观结构及高频介电性能，实现了对 Mg 基铁氧体的初步探索。之后的几年内 Mg 基铁氧体逐渐吸引了研究者的热情并得到了快速发展。2007 年，新加坡国立大学的 L. B. Kong 教授等在 *Acta Materialia* 杂志上发表了一篇文章，研究了不同添加量的 Bi_2O_3 对 Mg 陶瓷铁氧体 DC 电阻率、磁导率和介电常数的影响，目标是提高其磁介性能，以实现天线设计的小型化。通过改变添加量，最终得到比较合适的性能。结果表明，在 1～30MHz 的频率域内，材料实现了磁介匹配和低损耗特性。在此后的几年中，随着技术手段的发展和工业技术的提升，针对 Mg 基铁氧体在高频段的应用也到了快速发展时期，尤其是截止频率的提升，主要是磁导率的截止频率是一个重难点。截至目前，实现了磁介匹配的 Mg 基铁氧体的截止频率约为 100MHz，这对于现阶段高速发展的无线通信来讲十分低，因此如何提高 Mg 基铁氧体作为高频天线基材料的截止频率是关注和研究的方向。此外，实验结果表明 Mg 基铁氧体作为天线基材料的磁介性能较好，但是并没有学者将材料加工成天线然后验证材料的可应用性。

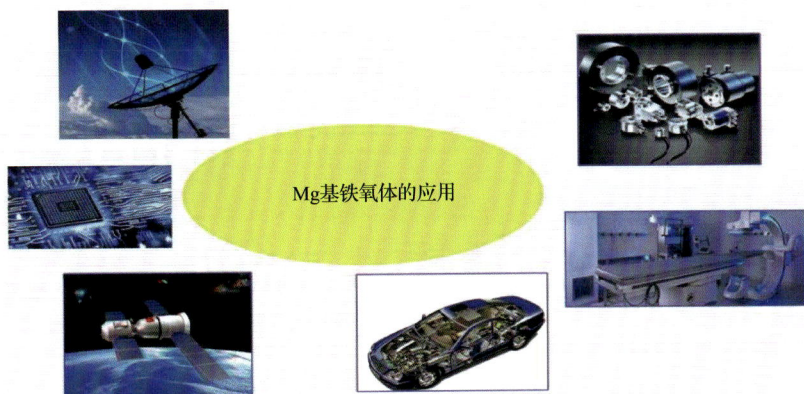

图 5-5 Mg 基铁氧体等磁介材料的应用

5.1.3 低温共烧陶瓷/铁氧体技术以及甚高频微带天线

天线是无线系统中的重要部件，有分离和集成两种形式。分离天线十分常见，集成天线也已逐渐进入大家的视野。集成天线主要分为片式天线（AoC）和封装天线（AiP）两大类型。AoC 通过半导体材料与工艺将天线和其他电子元件及电路集成在同一个芯片上。为了平衡天线的成本和辐射性能，AoC 技术在太赫兹波段的应用更加广泛一些。AiP 技术是利用封装材料采用封装工艺把天线和芯片集成在封装系统内实现系统级无线功能的一种封装技术。它较好地兼顾了天线良好性能、低成本及小型化，是近些年来天线封装技术的最常用手段，从而受到主流芯片和封装加工方的好评。AiP 技术承接了硅基半导体工艺集成度升高的发展态势，为系统级天线封装提供了优良的实施办法。此外，AiP 技术将天线触角伸向集成电路、封装、材料与工艺等领域，提倡多领域协同发展与系统级优化。

1. 低温共烧陶瓷/铁氧体技术

近年来兴起的 LTCC/LTCF 技术让日益严峻的电子器件与集成封装技术面临的新挑战得到缓解。它主要将低温烧结陶瓷粉制成厚度精确而且致密性高的生瓷料带，在生瓷料带上应用激光打孔、微孔注浆、精密导体浆料印刷等工艺制备出要求的电路图形，再将多个组件（如电容、电阻、滤波器、阻抗转换器、耦合器等）埋入多层陶瓷基板中，然后按照所需厚度进行叠层，使用银、铜、金等金属作为内外电极，在低于 960℃的温度下烧结成各层独立的高密度电路板。也可将生瓷料带加工成内置无源元件的多层电路基板，然后在它的表面贴装 IC 和有源器

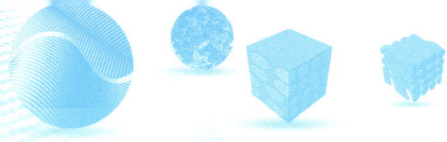

件，制成无源/有源集成的多功能模块，可进一步将电路小型化、高密度化与集成化，尤其适用于高频通信电路组件。通过这种技术可以成功地加工出多种高技术LTCC 产品。现今多个不同类型、不同性能的无源元器件集成在一个封装内的方法有多种，最主要的有 LTCC 技术、薄膜技术、硅片半导体技术、多层电路板技术等。LTCC 技术是无源集成的主流技术。LTCC 集成加工组件包括各种基板上装配或内埋各式有源或无源组件的产品，整合型组件包含零组件（components）、基板（substrates）与模块（modules）。

2. 甚高频天线

甚高频（VHF）天线依然具有较大的市场份额及市场规模。调查显示，2014～2025 年全球 VHF 天线行业市场规模及预测如下：2014 年全球 VHF 天线行业市场规模 6.58 亿美元，2019 年全球 VHF 天线行业市场规模 8.88 亿美元，预测到 2025 年，全球 VHF 天线行业市场规模 10.88 亿美元。2014～2025 年全球 VHF 天线行业产能及预测如下：2014 年全球 VHF 天线行业产能 7183.66 万件，2019 年全球 VHF 天线行业产能 9640.01 万件，预测 2025 年全球 VHF 天线行业产能 11593.36 万件。如此大的市场需求表明 VHF 天线的研发仍然需要投入巨大的资源，其研究依然是一个热点。VHF 主要是作较短距离的信号传送，与高频（HF）不一样的地方在于，VHF 信号不会受到电离层反射的影响，但是经常会受环境因素（如地形）的影响。此外，由于这个波段的电磁波波长相对较长，这样的天线一般电尺寸很小或紧凑性好，特别是在这个波段的较低频段。因此，这些电小天线容易遭受低带宽（BW）和低辐射效率的后果。针对这个问题，许多研究者做了相应的研究，一种增加这种电小天线 BW 的有效方法是用平台安装的激活安装天线的平台作为一个大的辐射器，并使用平台本身作为主要散热器。这个概念已经在多输入多输出天线、多波段天线、模式合成、用于近垂直入射天波通信及专门增加带宽的通信系统中得到检验。R. Ma 等研究了利用特征模理论设计增强带宽的电小型甚高频天线平台应用于车载系统，它在 VHF 波段工作带宽得到提升。

3. 圆极化微带天线

1）圆极化天线的重要性能参数

（1）天线的方向图：在辐射过程中，天线可视作圆心，以其辐射的强度在不同方向辐射能量的图形称为天线的方向图。天线方向图是衡量天线性能的重要图形，可以从天线方向图中观察到天线的各项参数。

（2）方向性系数：在离天线某一距离处，天线在最大辐射方向上的辐射功率流密度与相同辐射功率的理想无方向性天线在同一距离处的辐射功率流密度之比即为方向性系数。方向性系数（D）可以用式（5-5）表示：

$$D = \frac{4\pi F^2(\theta,\varphi)}{\int_0^{2\pi} \mathrm{d}\varphi \int_0^{\pi} F^2(\theta,\varphi)\sin\theta \mathrm{d}\theta} \tag{5-5}$$

其中，$F(\theta, \varphi)$为归一化方向图的函数表达式。一般情况下，最大辐射方向上的方向性系数受到最大关注，其表达式可以变换为

$$D = \frac{4\pi}{\int_0^{2\pi} \mathrm{d}\varphi \int_0^{\pi} F^2(\theta, \varphi) \sin\theta \mathrm{d}\theta} \tag{5-6}$$

（3）效率：通常天线的效率 η 是指天线的发射效率，表示天线将电信号转换成电磁波的效率，也表示天线辐射出去的功率（P_{out}）与输入到天线的有功功率（P_{total}）的比值，其值小于 1。这主要是因为输入阻抗与馈电线的特性阻抗不匹配而导致能量损耗。天线的效率可以用式（5-7）表示：

$$\eta = \frac{P_{out}}{P_{total}} = \frac{P_{out}}{P_{loss} + P_{out}} \tag{5-7}$$

其中，P_{loss} 为损耗功率。基材料的磁损耗和介电损耗对天线的效率影响很大。另外，天线基材料的阻抗和天线的结构也对效率影响很大。这里的低磁介损耗，阻抗匹配有助于提高天线的辐射效率。

（4）增益：由式（5-8）可知，天线的增益 G 是效率和方向性系数的乘积，即

$$G = \eta D \tag{5-8}$$

换个说法，增益表示在输入功率相等的条件下，实际天线与理想的辐射单元在空间同一点处所产生信号的功率密度之比。它定量地描述一个天线把输入功率集中辐射的程度。显然，增益与天线方向图有密切关系，方向图主瓣越窄，副瓣越小，增益越高。天线增益用来衡量天线朝一个特定方向收发信号的能力，是选择基站天线最重要的参数之一。

（5）阻抗带宽：电压反射系数 S_{11} 小于–10dB 的频率域称为阻抗带宽。

（6）相对带宽和宽带天线：由式（5-9）可知，天线的相对带宽定义为信号带宽与中心频率之比：

$$f_{foc} = 2\frac{f_H - f_L}{f_H + f_L} \tag{5-9}$$

其中，f_H 和 f_L 分别为上限和下限频率。窄带（narrow band）的相对带宽小于 1%，宽带（broad band）的相对带宽为 1%~25%，超宽带（ultra-wideband，UWB）的相对带宽大于 25%。

（7）轴比：任意极化波的瞬时电场矢量的端点轨迹为一椭圆，椭圆的长轴 $2A$ 和短轴 $2B$ 之比称为轴比（axial ratio，AR）。轴比是圆极化天线的一个重要性能指标，代表圆极化的纯度。轴比不大于 3dB 的带宽，定义为天线的圆极化带宽，也称为轴比带宽。它是衡量整机对不同方向信号增益差异性的重要指标。

2）微带贴片天线的基本原理

G. A. Deschamps 博士最初提出了微带线理论。20 世纪 80 年代，随着微波集成理论的兴起和航空航天对小型化、低轮廓的苛求与日俱增，微带天线逐渐进入研究者视野。经过逐渐探索与研究，现如今微带天线的理论和技术发展已相当成熟，其中最典型的微带贴片天线的模型图如图 5-6 所示。从正面可以观察到，微带贴片天线由一面为金属地的铁氧体基板和长方形导体贴片作为辐射器。从俯视图来看，长方形导体贴片主要为微带馈电线和辐射单元。从侧视图来看，微带天线的辐射机制是通过馈电，电磁波被贴片和接地板激发，然后由贴片和接地板之间的缝隙对外辐射，因而这种天线也可以看成一种缝隙天线。如图 5-6（d）所示，由等效原理可知，用磁流 J_m 可以等效在贴片边缘处切向的电场 E_t^m：

$$J_m = -n \times E = a_z E_t^m \tag{5-10}$$

因为波长远大于铁氧体基片的厚度，而 E_t^m 沿 x 方向且为常数，因而等效磁流可以用式（5-11）表达：

$$I_m = a_z E_t^m \times 2h = a_z \times 2U_M \tag{5-11}$$

其中，$U_M = E_t^m h$，为贴片两边缘和接地板的电压。然后沿长度为 W 的缝隙将强度为 I_M 的磁流元积分，就可得到一个缝隙的辐射场：

$$E_\varphi = -\mathrm{j}\frac{WU_M}{\lambda}\frac{\sin\left(\dfrac{\pi W}{\lambda}\cos\theta\right)}{\dfrac{\pi W}{\lambda}\cos\theta}\sin\theta\frac{\mathrm{e}^{-\mathrm{j}\beta r}}{r} \tag{5-12}$$

其中，$\beta = 2\pi/\lambda$；θ 为 r 与 z 轴的夹角。根据式（5-12），只需要乘以距离为 L 长度的二元阵因子就可以得到微带矩形贴片天线的辐射场：

$$E_\varphi = -\mathrm{j}\frac{2U_M}{\pi r}\frac{\sin\left(\dfrac{\pi W}{\lambda}\cos\theta\right)}{\cos\theta}\sin\theta\cos\left(\frac{\beta L}{2}\sin\theta\cos\varphi\right)\mathrm{e}^{-\mathrm{j}\beta r} \tag{5-13}$$

从式（5-13）可得到两个主平面的方向函数：

$$F_E\left(\theta = 90°, \varphi\right) = \cos\left(\frac{\beta d}{2}\cos\varphi\right) \approx \cos\left(\frac{\pi}{2}\cos\varphi\right) \tag{5-14}$$

$$F_H\left(\theta, \varphi = 90°\right) = \frac{\sin\left(\dfrac{\pi W}{\lambda}\cos\theta\right)}{\dfrac{\pi W}{\lambda}\cos\theta}\sin\theta \tag{5-15}$$

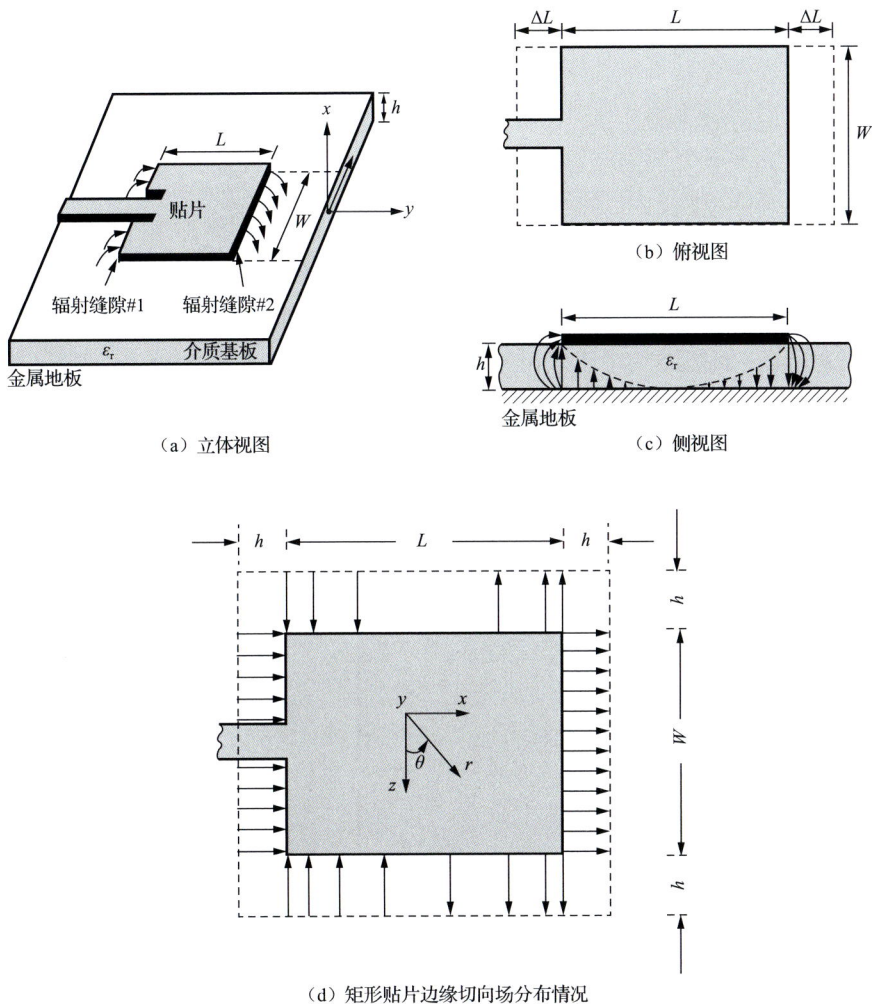

（a）立体视图

（b）俯视图

（c）侧视图

（d）矩形贴片边缘切向场分布情况

图 5-6　侧馈微带矩形贴片天线模型

5.2　Cd^{2+}取代对 Mg 和 Mg-Co 铁氧体结构及磁介性能的影响

5.2.1　Cd^{2+}取代的意义

低温共烧陶瓷（LTCC）和低温共烧铁氧体（LTCF）技术作为当前高集成技术的主流方向，为高密度、小型化、系统级电子封装（SIP）提供了前沿思路。高频天线更小的电尺寸和物理尺寸、更高程度的集成化、更便于加工制作的需求正吸引更多的研究热情。在这种情况下，一类应用于天线基板的，具有高介电常数、高磁导率以及磁导率和介电常数在很宽频率域内接近相等，低磁损耗和介电损耗的磁介双性材料正好能满足上述需求。一方面，为了得到较小尺寸的天线辐射贴片单元，需要相对较大的介电常数和磁导率，它们的关系可以用式（5-16）表示：

$$L_{\text{patch}} = \frac{c}{22 f_{\text{r}} \mu_{\text{eff}} \varepsilon_{\text{eff}}} \tag{5-16}$$

其中，L_{patch} 为贴片天线的长度；c 为真空中光的传播速度；f_{r} 为共振频率；μ_{eff} 为天线基材料的相对磁导率；ε_{eff} 为基材料的相对介电常数。从式（5-16）可以得出，应用高介电常数和高磁导率的磁介材料作为天线的基材料，可以双重实现贴片天线的小型化。其中，单纯获得高介电常数的材料比较容易，但是这种仅提高天线基材料介电常数的方法会存在很多问题，最主要的就是容易激起表面波，将电场束缚在基板内部，造成天线辐射性能下降，如低增益、窄带宽等。这主要是因为高介电区域限制以及天线基材料与自由空间的阻抗不匹配。同时，由式（5-1）可知，对于天线基材料，提高该材料的相对磁导率能使天线的尺寸缩小 $\sqrt{\mu'\varepsilon'}$ 倍。因此，实现磁介匹配的同时，适当提高磁导率和介电常数是实现天线小型化、高性能的一个方向。

如何制备具有良好高频磁介性能的 Mg 基铁氧体是研究重点。特选取 Bi_2O_3 氧化物作为助烧剂，以降低烧结温度，实现低温烧结。此外，引入的 Bi_2O_3 最终形成具有比较强介电性能的 $Bi_{24}Fe_2O_{39}$，在一定程度上提升了材料的介电性能。这里详细讨论了等磁介 Mg 基铁氧体的合成过程，Mg 基铁氧体的相成分、微观结构以及磁性能、介电性能的测试与分析。由于 Mg 基铁氧体是混合型尖晶石铁氧体，即在 Mg 基铁氧体中，镁离子和铁离子在四面体（A）位和八面体（B）位均有分布，这两种离子的分布显著影响其磁性能，尤其是具有磁性的铁离子。所以，基于 Mg 基铁氧体结构的特殊性，如何调节镁离子和铁离子的分布来调控铁氧体的高频磁性能和介电性能作为研究的思路，实现磁介复合是研究的主要内容和核心问题。因此，采用了 A 位离子取代和 B 位离子取代的方法。首先，研究 A 位离子取代时选择了 Cd^{2+} 作为取代物进行实验。Mg 基铁氧体由于具有高电阻率、高磁导率和较低的磁损耗在调控材料的磁性能方面具有重要意义。Cd^{2+} 是一种非磁性的二价金属离子，在取代铁氧体的金属离子后占据 A 位。尖晶石铁氧体的磁性能是由分布在 A 位和 B 位上的磁性离子类型和亚晶格间（A-B 位）和亚晶格内（A-A 位、B-B 位）的相互交换作用的相对强度决定的。而 Cd^{2+} 在调节这种交换作用来调控磁性能方面也有显著效果。同时，由于 Cd^{2+} 较大的离子半径，在尖晶石晶格中可能会造成晶粒的增加或者晶格畸变，而且目标材料的性能都可以在可察觉的范围内得到改善。带有自由 5s5p 轨道的 Cd^{2+} 的电子构型允许它与氧离子形成共价键（sp^3 杂化），并使其只占据 A 位。因此，首先选择 Cd^{2+} 来取代 A 位的

Mg^{2+} 进行实验，并研究其高频磁介性能。然后讨论并分析不同 Cd^{2+} 取代量以及不同烧结温度对上述参数指标的影响。最后通过优化烧结温度获得一种可应用于甚高频（VHF）的小型化高性能的天线基材料。

5.2.2　Mg-Cd 铁氧体制备及性能研究

1. 原料试剂

分析纯级别的氧化镁（MgO，>99%）、氧化镉（CdO，>99%）、三氧化二铁（Fe_2O_3，>99%）、氧化铋（Bi_2O_3，>99.9%）及聚乙烯醇（PVA），全部购买于上海阿拉丁生化科技股份有限公司。去离子水为实验室自制，PVA 黏合剂是由购买的 PVA 加入一定比例的去离子水按照一定浓度稀释而成。

2. Mg-Cd 铁氧体制备及性能表征

$Mg_xCd_{1-x}Fe_2O_4$（x=0.00、0.15、0.30、0.45）铁氧体的制备过程如下：按照上述化学计量式计算并称量出所需氧化物质量。将所有原料与氧化锆球和去离子水按照 1∶1.5∶2 的比例放入行星式球磨机中混合球磨 12.0h。然后将混合料烘干待取用。将烘干的混合原料放入高温马弗炉中在 900℃下预烧结，保温 4.0h。向预烧料中加入 2.5wt%的 Bi_2O_3 作为助烧剂进行二次球磨并烘干。取出混合粉料并加入 10.0wt%的 PVA 黏合剂造粒，过 100 目筛。将造成粒的均匀混合颗粒稍微烘干后在 8MPa 左右压力下液压成圆片和圆环。最后将圆环和圆片置于马弗炉中在 910℃下焙烧 6.0h。采用日本 Rigaku 株式会社的 X 射线衍射仪（Cu K_α 射线，波长为 1.5418Å）以衍射的方式从 10°到 80°测定 Mg-Cd 铁氧体的 XRD 图谱。铁氧体的晶体结构用 GSAS 软件经过 Rietveld 精修拟合出来。Mg-Cd 铁氧体样品横截面微结构由日本 HITACHI 的扫描电镜（SEM，S-3400N）拍得，其放大倍数为 6000 倍。样品的比表面参数通过美国 Quantachrome 仪器公司的 Autosorb-1 测试设备在 N_2 气氛中测得，测量方法为 BET（Brunauer-Emmett-Teller）法。运用美国 Quantum Design 公司旗下的振动样品磁强计（VSM，SQUID）可以测试 Mg-Cd 铁氧体的磁滞回线。样品的介电常数和静态磁导率通过美国 Agilent 科技有限公司的阻抗分析仪（impedance analyzer，E4991B）测得，测试频率域从 1.0MHz 到 1.5GHz。样品的密度通过阿基米德排水法测得。所有的测试均在空气中进行，测试温度约为 30℃。

3. Mg-Cd 铁氧体测试结果与分析

1）相成分分析

在 910℃下烧结的不同 Cd^{2+} 取代量的 Mg 铁氧体粉末的 XRD 图谱如图 5-7 所示。其中，图 5-7（a）显示了不同 Cd^{2+} 取代量的 Mg 铁氧体粉末从 10°到 80°的 XRD 图谱，从 34.6°到 35.8°的图谱如图 5-7（b）所示。其中可以观察到两种不同的相：主相为 $MgFe_2O_4$ 尖晶石相，第二相为 $Bi_{24}Fe_2O_{39}$（BFO）介电相。其中，$MgFe_2O_4$ 尖晶石相通过对应的 XRD 比对卡中的 JCPDS 22-1086 确定，空间群为

Fd-3*m*227，表明在此实验条件下成功合成了尖晶石 Mg 铁氧体。$Bi_{24}Fe_2O_{39}$ 介电相通过比对 JCPDS 42-0201 确定，表明添加的 Bi_2O_3 与一部分 Fe_2O_3 合成了 $Bi_{24}Fe_2O_{39}$。此外，从图 5-7（a）中可以看出，随着 x 从 0.00 增加到 0.45，主相的峰略微地向更低的 2θ 方向即左边移动，尤其是在 35°左右的主峰，其放大图如图 5-7（b）所示。这种偏移一方面是因为取代的 Cd^{2+} 的离子半径（0.095nm）大于被取代的 Mg^{2+} 的离子半径（0.072nm），随着 Cd^{2+} 取代量的增加，晶体的晶格常数也随之增加，导致峰向左边偏移。晶格常数可以通过式（5-17）计算出来：

$$a = d_{hkl}(h^2 + k^2 + l^2)^{\frac{1}{2}} \tag{5-17}$$

其中，a 为晶格常数；h、k、l 为最大强度峰的面间距离为 d_{hkl} 的平面的米勒指数（Miller indices）。晶格常数在 Rietveld 精修中计算出来，结果显示在表 5-1 中。晶体的晶粒尺寸可以用式（5-18）计算出来：

$$D = \frac{0.9\lambda}{\beta\cos\theta} \tag{5-18}$$

其中，λ 为 X 射线的波长；θ 为布拉格角（Bragg's angle）；β 为最大宽度的一半（以弧度计）。根据式（5-18），计算出来的晶粒尺寸罗列在表 5-1 中。可以看出，随着 Cd^{2+} 取代量增加，样品的晶粒尺寸逐渐减小。

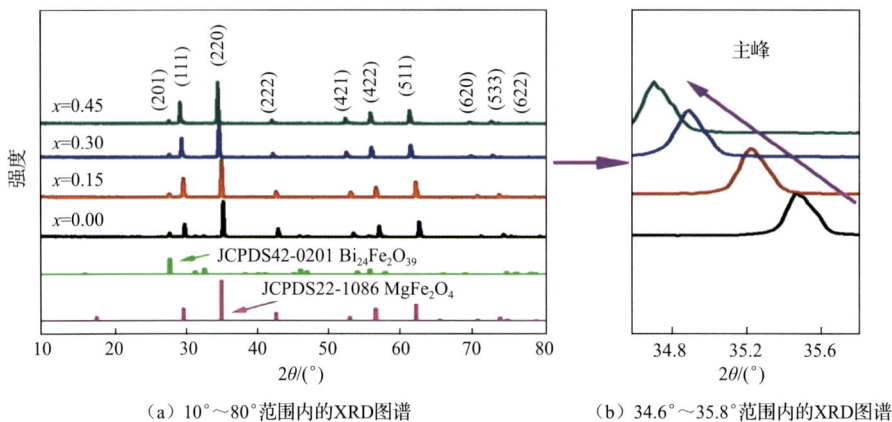

（a）10°～80°范围内的XRD图谱　　　　　　（b）34.6°～35.8°范围内的XRD图谱

图 5-7　910℃烧结的具有不同 Cd^{2+} 取代量的 Mg 铁氧体的 XRD 图谱

表 5-1　不同 Cd^{2+} 取代量的 Mg 铁氧体的 Rietveld 精修结果及参数

Cd^{2+}取代量	A 位离子	B 位离子	晶格常数/Å	晶粒尺寸/nm	χ^2	ω_{R_p}/%	R_p/%
0.00	$(Mg^{2+}_{0.4}Fe^{3+}_{0.6})$	$[Mg^{2+}_{0.6}Fe^{3+}_{1.4}]$	8.3887(2)	65.79	1.97	10.86	9.42
0.15	$(Mg^{2+}_{0.31}Cd^{2+}_{0.15}Fe^{3+}_{0.54})$	$[Mg^{2+}_{0.54}Fe^{3+}_{1.46}]$	8.4963(1)	64.96	2.03	11.32	8.92
0.30	$(Mg^{2+}_{0.29}Cd^{2+}_{0.3}Fe^{3+}_{0.41})$	$[Mg^{2+}_{0.41}Fe^{3+}_{1.59}]$	8.5052(3)	64.25	1.85	9.51	10.04
0.45	$(Mg^{2+}_{0.28}Cd^{2+}_{0.45}Fe^{3+}_{0.27})$	$[Mg^{2+}_{0.27}Fe^{3+}_{1.73}]$	8.5126(4)	63.07	1.94	10.13	9.94

注：晶格常数中小括号内数值为误差。

基于 XRD 图谱和上述描述，Cd^{2+} 取代的 Mg 铁氧体的结构细节通过 Rietveld 精修表征出来。精修结果和参数如表 5-1 和图 5-8 所示。从表 5-1 和图 5-8 可以看出样品的精修结果和测试结果一致性很高，结构性参数，包括加权分布因子（ω_{R_p}）、分布因子（R_p）及可靠性因子（χ^2）都比较低，表明精修的可靠性较高。同时，如表 5-1 所示，Cd^{2+} 取代的 Mg 铁氧体的离子分布表明，取代的 Cd^{2+} 分布在晶体的正四面体位（A 位），而 Mg^{2+} 和 Fe^{3+} 分布在正八面体位（B 位），且 Mg^{2+}/Fe^{3+} 在 A/B 位的分布随着 Cd^{2+} 取代量的增加也有相应变化，从而导致变化的超交换作用，相关讨论将在后面给出。

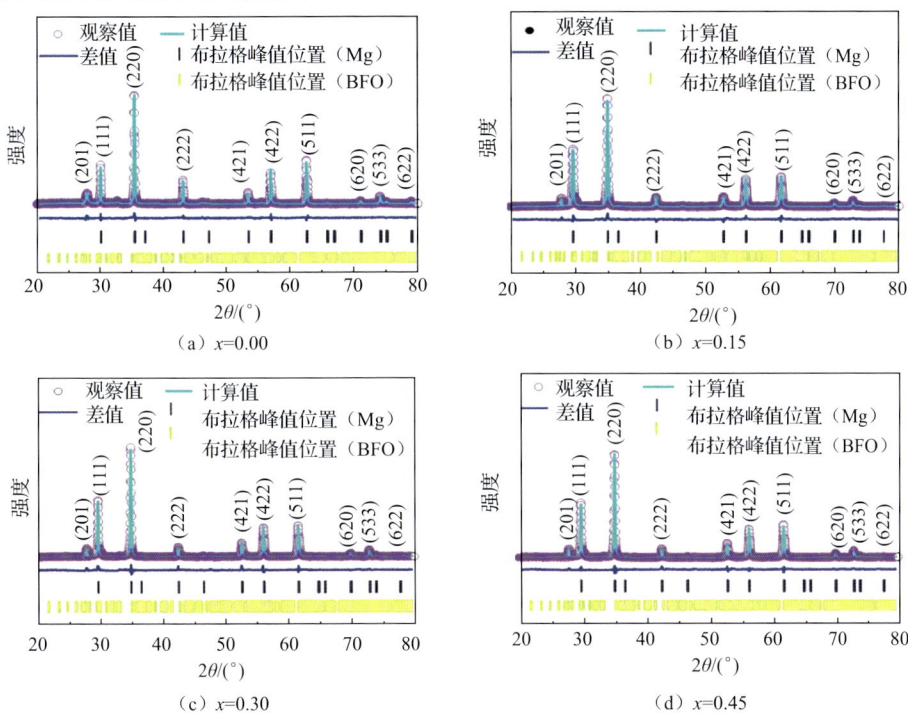

图 5-8　910℃烧结的不同 Cd^{2+} 取代量的 Mg 铁氧体的 Rietveld 精修结果图

为了进一步弄明白 Cd^{2+} 取代对 Mg 铁氧体微结构的影响，样品的理论密度和体密度也得到研究。其中，样品的理论密度也就是 XRD 密度可以由式（5-19）计算出：

$$\rho_{\mathrm{T}} = \frac{8M_W}{N_{\mathrm{A}} \times a^3} \tag{5-19}$$

其中，M_W 为分子质量，N_{A} 为阿伏伽德罗常数。

理论密度的结果可以从 Rietveld 精修的结果中导出，如表 5-2 和图 5-9 所示。可以看出，随着 Cd^{2+} 取代量的增加，样品的体密度先增大后减小，在 $x=0.15$ 时达到最大值，而理论密度在逐渐增大，从而样品的相对密度在减小。样品的相对密度与理论密度和体密度的关系可以用式（5-20）表示：

$$\rho_R = \frac{\rho_E}{\rho_T} \times 100\% \qquad (5\text{-}20)$$

其中，ρ_T、ρ_R 和 ρ_E 分别为样品的理论密度、相对密度和体密度。由此可以得到，样品的相对密度随着 Cd^{2+} 取代量的增加而减小。这意味着样品的致密性随着 Cd^{2+} 取代量的增加而降低，这是由样品的空隙数量和晶界绝缘导致的。另外，当 $x=0.45$ 时，样品的相对密度最低，但依然高于 89%，意味着所有样品形成了相对致密的结构。基于上述分析，一个 Mg-Cd 铁氧体的三维晶体图可以直观看出其结构，如图 5-10 所示，在这个结构中，每个二价金属阳离子（Cd^{2+}/Mg^{2+}）与四个 O^{2-} 连接形成 A 位，剩下的金属阳离子与六个 O^{2-} 连接形成 B 位。

表 5-2　不同 Cd^{2+} 取代量的 Mg 铁氧体的微观结构参数

取代量	平均晶粒尺寸/μm	理论密度/(g/cm³)	体密度/(g/cm³)	相对密度/%
0.00	0.67	4.92	4.58	93.09
0.15	0.74	5.09	4.72	92.78
0.30	0.85	5.10	4.61	90.39
0.45	1.03	5.13	4.61	89.86

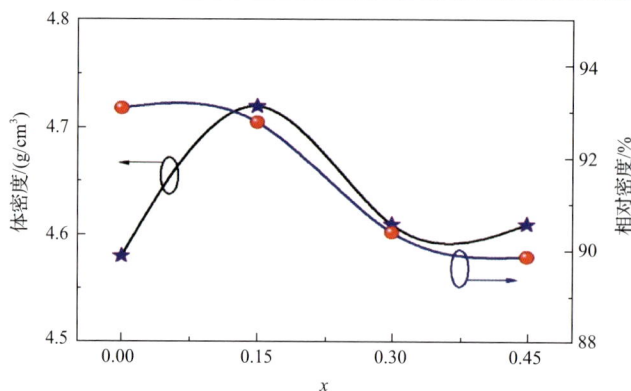

图 5-9　910℃烧结的不同 Cd^{2+} 取代量的 Mg 铁氧体的体密度和相对密度

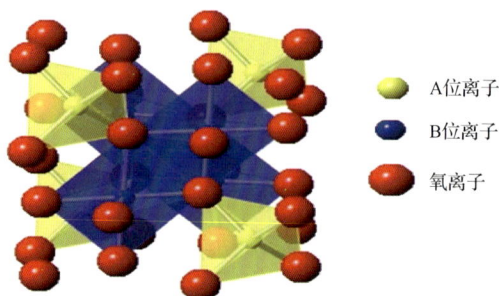

图 5-10　910℃烧结的不同 Cd^{2+} 取代量的 Mg 铁氧体的晶体结构图

2）微观结构分析

910℃烧结的不同 Cd^{2+} 取代量的 Mg 铁氧体横截面的表面微结构如图 5-11 所示。从整体上看，只有一部分的尖晶石状的晶粒可以被观察到，而剩余的晶粒则呈现不规则状态。原因是在温度为 910℃下烧结的 Bi_2O_3 以液态形式存在，然后流入晶粒与晶粒之间的空隙并连接两个或多个尖晶石晶粒形成较大的晶粒，导致不规则不均匀的颗粒出现，或者出现个别的 $Bi_{24}Fe_2O_{39}$ 化合物。根据 Image-Pro Plus 软件计算出来的结果，所有样品的晶粒尺寸在 0.6～1.1μm 之间，随着 Cd^{2+} 取代量的增加，样品的平均晶粒尺寸从 0.67μm 上升到 1.03μm。样品的平均晶粒尺寸通过式（5-21）算出：

$$G_a = \frac{1.5 L_t}{MN} \tag{5-21}$$

其中，G_a 为样品的晶粒尺寸；L_t 为总长度；M 和 N 分别为放大倍数和截取的总数量。

如图 5-11（a）所示，当 x 为 0.00 时，Mg-Cd 铁氧体晶粒尺寸非常小，平均晶粒尺寸小于 0.7μm，但晶粒大小比较平均，且大部分晶粒呈现尖晶石形貌。然而，当少量的 Cd^{2+}（$x=0.15$）被引入后，铁氧体晶粒开始生长，出现少量明显的尺寸较大的晶粒，但是不规则生长仍不太明显，晶粒间孔隙依然存在，如图 5-11（b）所示。当进一步增加 Cd^{2+} 取代量后，如图 5-11（c）和（d）所示，Mg-Cd 铁氧体样品的平均晶粒尺寸大于 0.8μm，这主要是由引入 Cd^{2+} 和 Bi_2O_3 共同作用导致的。

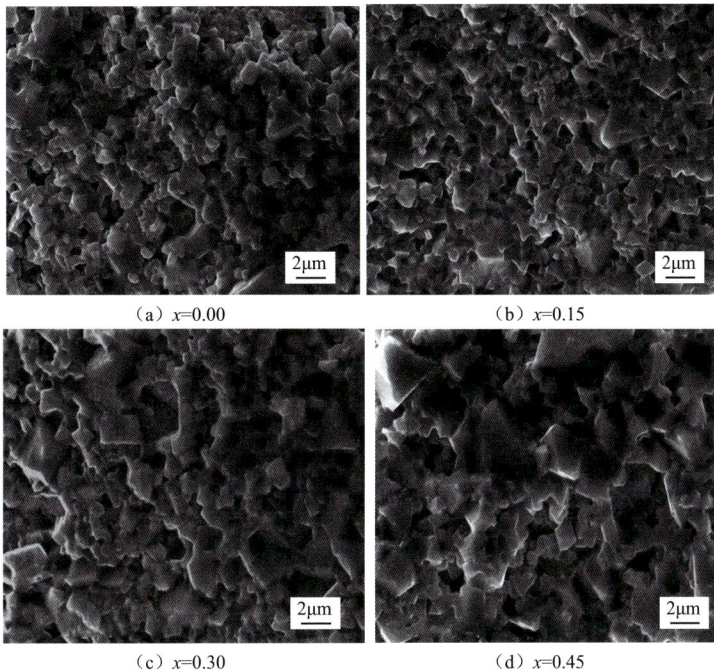

（a）$x=0.00$　　　　　　　　（b）$x=0.15$

（c）$x=0.30$　　　　　　　　（d）$x=0.45$

图 5-11　Mg-Cd 铁氧体的 SEM 图

一方面，如前面所述，取代的 Cd^{2+} 的离子半径（0.095nm）大于被取代的 Mg^{2+} 的离子半径（0.072nm），随着 Cd^{2+} 取代量的增加，晶粒尺寸增大。另一方面，Bi_2O_3 是一种优良的低熔点助烧剂，在910℃下液态的 Bi_2O_3 能有效促进晶粒的生长。因此，随着晶粒变大，液态的 Bi_2O_3 进入晶界并形成较大的不规则的晶粒也越来越多，但是样品的孔隙率也越来越大，孔洞的数量也越来越多，导致样品的相对密度随着 Cd^{2+} 取代量的增加而减小。这是由于当产生更多不规则形状的颗粒时，晶粒之间的空隙变大，这与前面的讨论一致。

3）比表面分析

为了更进一步研究 Cd^{2+} 取代量对铁氧体样品的微观结构影响，与微观结构有关的微观表面形貌和孔洞性采用比较广泛的 Brunauer-Emmett-Teller（BET）方法表征。采用这种方法，样品的等温吸附曲线可以通过 N_2 测定，进而得到重要的比表面参数，如比表面积、孔洞体积、平均孔洞尺寸等。如图 5-12 所示，其描述了用 Barrett-Joyner-Halenda（BJH）模型拟合的不同 Cd^{2+} 取代量的 Mg 铁氧体的孔洞信息及吸附曲线。从图 5-12（a）可以看出样品的朗缪尔磁滞曲线（Langmuir hysteresis curve），表明样品呈现介孔（孔径为 2～50nm）特性。N_2 的物理吸附随着样品有效孔隙体积的增大而增加，从而决定了样品中孔的形状可以观察到。从图 5-12（b）可以看出，样品的平均晶粒尺寸分布随着 Cd^{2+} 取代量的增加而向更大尺寸方向移动，尤其是当 $x=0.45$ 时，在 5～10nm 范围内分布的晶粒明显更多，这说明 Cd^{2+} 的引入使得样品的平均晶粒尺寸有所增大。不同 Cd^{2+} 取代量的 Mg 铁氧体的比表面积、孔洞体积及平均孔洞尺寸如表 5-3 所示。从表 5-3 中可以观察到，随着 x 从 0.00 增加到 0.45，样品的比表面积也单调地从 71.075m^2/g 增加到 123.952m^2/g。

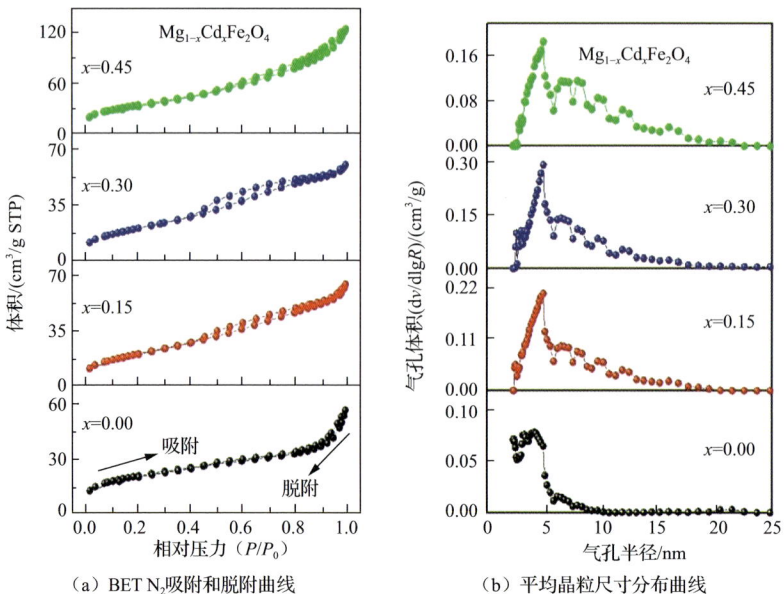

（a）BET N_2 吸附和脱附曲线　（b）平均晶粒尺寸分布曲线

图 5-12　910℃烧结的不同 Cd^{2+} 取代量的 Mg 铁氧体的比表面图

表 5-3　910℃烧结的不同 Cd^{2+} 取代量的 Mg 铁氧体的 BET 比表面积测试结果

项目	参数	x			
		0.00	0.15	0.30	0.45
表面区域	BET 表面区域/(m^2/g)	71.075	75.550	75.649	123.952
	BJH 吸附孔的累积表面积/(m^2/g)	46.695	70.379	73.418	115.371
	BJH 脱附累积的孔隙表面积/(m^2/g)	60.492	87.417	92.630	135.469
孔隙体积	单点吸附总孔隙体积/(cm^3/g)	0.083	0.093	0.099	0.191
	BJH 吸附孔累积体积/(cm^3/g)	0.043	0.072	0.0740	0.131
	BJH 气孔的脱附累积体积/(cm^3/g)	0.055	0.086	0.087	0.156
孔隙尺寸	平均孔隙宽度/nm	4.135	4.957	5.264	6.175
	BJH 平均孔径/nm	3.67	4.027	4.111	4.526
	BJH 脱附平均孔径/nm	3.61	3.723	3.965	4.597

4）磁性能分析

磁性能是衡量 Mg-Cd 铁氧体能否作为良好天线基材料比较重要的参数之一。为了分析不同 Cd^{2+} 取代量对 Mg 铁氧体磁性能的影响，通过振动样品磁强计测得的在温度为 910℃下烧结的不同 Cd^{2+} 取代量的 Mg 铁氧体的磁滞回线如图 5-13（a）所示。从图 5-13（a）中可以看出，铁氧体材料显示了软磁特性，以及磁性能随着 Cd^{2+} 取代量的升高表现出明显的增强趋势。尤其是两个参数，即饱和磁化强度（M_s）和矫顽力（H_c）可以通过测到的磁滞回线数据算出，它们的数值随着 Cd^{2+} 取代量的变化趋势如图 5-13（b）所示。可以很明显看出，随着 x 从 0.00 增加到 0.45，铁氧体的饱和磁化强度从最开始的 32.07emu/g 上升到 41.74emu/g。这个现象可以用奈耳双亚晶格［Neel's two-sublattice（位点 A 和位点 B 的子晶格）］模型来解释。基于此模型，材料的磁序表现为铁磁性能，其由 A 位的磁矩（M_A）和 B 位的磁矩（M_B）共同作用来决定，其中 M_A 和 M_B 遵循反向平行的关系。而 A 位和 B 位之间的超交换作用在决定 A-A 和 B-B 相互作用的磁矩方面起着关键作用：它将在 A 位的阳离子按照一个方向排列，在 B 位的阳离子按照相反的方向排列。从 Rietveld 精修结果可以总结出，作为取代的 Cd^{2+} 占据 A 位，驱使 Fe^{3+} 向 B 位移动，造成 A 位的 Fe^{3+} 含量较少而 B 位的 Fe^{3+} 含量增加。在本小节研究中的铁氧体，Fe^{3+} 是唯一一种具有磁性能的离子，它的磁矩是 $5\mu_B$。因为 Mg^{2+} 和 Cd^{2+} 都是非磁性离子，所以材料的净磁矩只依赖于 Fe^{3+} 在 A 位和 B 位的含量。由此可知，材料的净磁矩是在增加的，因为其来源于 B 位和 A 位磁矩的矢量差的模，而 M_B 增加，M_A 减小。

910℃烧结的不同 Cd^{2+} 取代量的 Mg 铁氧体样品矫顽力（H_c）如图 5-13（b）所示。从图中可以观察到，当 x=0.00 时，样品的矫顽力是 98.15Oe，然后急剧下降到 70.88Oe（x=0.15），最后当 x=0.45 时，H_c 缓慢下降到 63.75Oe。这表明随着 Cd^{2+} 取代量的增加，矫顽力下降，这是由于 Cd^{2+} 具有负的各向异性，产生了减小的磁晶各向异性常数，其是决定矫顽力的一个关键因素。与此同时，材料的 M_s 和 H_c 呈负相关关系，这与实验结果也是一致的。

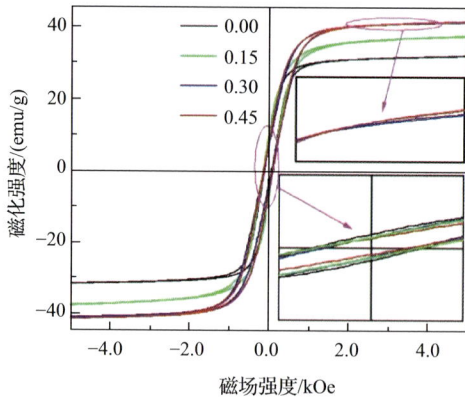

（a）材料的磁滞回线

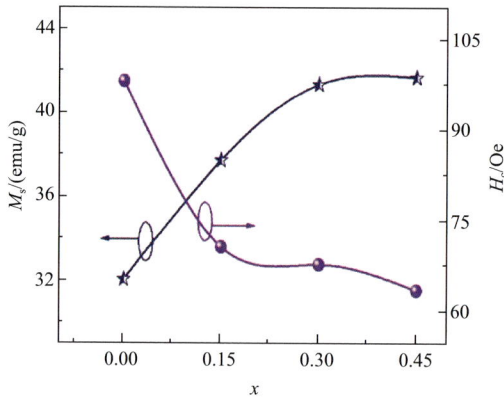

（b）材料的饱和磁化强度和矫顽力曲线

图 5-13 910℃烧结的不同 Cd^{2+} 取代量的 Mg 铁氧体的磁性能曲线

不同 Cd^{2+} 取代量的 Mg 铁氧体的复静态磁导率随频率从 1MHz 升高到 1GHz 的变化曲线如图 5-14（a）所示。从图中可以得出，对于相同烧结温度（910℃）的样品，随着 Cd^{2+} 取代量的升高，Mg 铁氧体的磁导率实部（μ'）也跟着增加。例如，当 $x=0.15$ 时，910℃烧结的 Mg 铁氧体的磁导率实部在频率为 1MHz 到 100MHz 的范围内约为 26，而 $x=0.30$ 的 Mg 铁氧体的磁导率实部在频率为 1MHz 到 90MHz 的范围内约为 30。这是由于一方面 Cd^{2+} 取代量更有利于铁氧体晶粒的生长，从而促进磁导率的增加。另一方面，Cd^{2+} 取代量的增加不仅提高了净磁矩，进而提高了饱和磁化强度（M_s），而且降低了材料的磁晶各向异性常数（K_1）。它们之间的关系遵循式（5-22）：

$$\mu' \propto \frac{M_s}{K_1 + \lambda_s \delta} \tag{5-22}$$

其中，$\lambda_s \delta$ 为磁内应力，是一个相当小甚至可以忽略的数，它对 H_c 的影响微乎其微。由式（5-22）可知，μ' 与 M_s 呈正相关而与 K_1 呈负相关关系。由上述讨论可知，M_s 增大而 K_1 减小，故而 μ' 升高。另外，μ' 的大小也与自旋和畴壁运动有密切的关系。尤其是在 SEM 图中，增加的 Cd^{2+} 取代量导致较大的晶粒尺寸，使得畴壁移动得到增强，产生了较大的 μ'。通常情况下，μ' 与自旋和畴壁移动的关系可以用式（5-23）、式（5-24）和式（5-25）表示：

$$\mu = 1 + \mu_{spin} + \mu_d \tag{5-23}$$

$$\mu_d = \frac{2\pi M_s^2 D}{4\gamma} \tag{5-24}$$

$$\mu_{spin} = \frac{2\pi M_s^2}{K_1} \tag{5-25}$$

其中，μ_d 和 μ_{spin} 分别为畴壁的磁化率和特征自旋度；γ 为畴壁能量，是一个由被取代物决定的常数。基于此公式可知，μ' 与 M_s 和晶粒尺寸 D 相关，这与前面的结果一致。

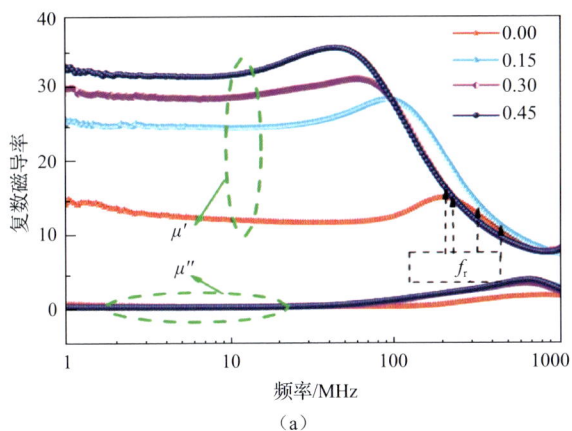

（a）

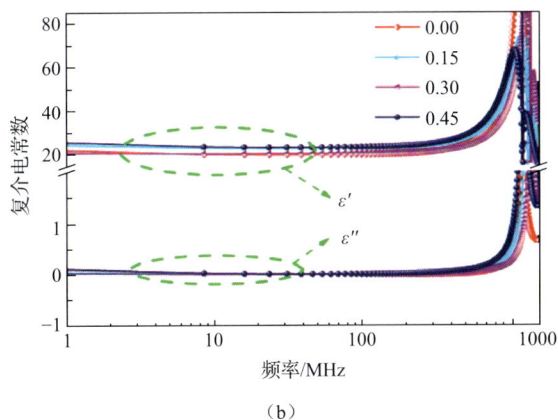

（b）

图 5-14　不同 Cd^{2+} 取代量的 Mg 铁氧体的复数磁导率图谱（a）和复介电常数图谱（b）

从 Mg 磁性铁氧体实际应用来讲，截止频率 f_r 是另一个重要的考量参数。从图 5-14（a）中大致可以看出，$x=0.45$ 时的 Mg 铁氧体样品具有最高的磁导率和较低的截止频率，这对于 Mg 铁氧体的应用提出了诸多限制，而当 $x=0.00$ 时，样品的磁导率较低，不符合研究要求。因此，需要详细研究分析 Mg-Cd 铁氧体在 $x=0.15$ 和 0.30 时的磁导率与截止频率的关系。如图 5-14（a）所示，910℃烧结温度下不同 Cd^{2+} 取代量的 Mg 铁氧体磁导率虚部（μ''）随频率的变化图。对于没有 Cd^{2+} 取代的样品，磁导率虚部有很宽的峰。然而，随着 Cd^{2+} 取代量的增加，峰明显往低频方向移动，这说明 Mg-Cd 铁氧体样品的截止频率逐渐降低。根据 Snoek 定律，磁性块体材料的截止频率 f_r 和静态磁导率 μ_r 满足式（5-4）。可知，随着 Cd^{2+} 取代量的增加，材料的截止频率是下降的。同时，在所探讨的频率域内，Mg-Cd 铁氧体样品的 μ'' 随频率变化表现出比较平稳的趋势，它们的数值介于 10^{-1} 到 10^0 的数量级之间。因而，数量级达到 10^{-2} 的磁损耗（$\tan\delta_\mu$）可以通过关系 μ''/μ' 得到。其中，$\tan\delta_\mu$ 来源于磁畴壁移动相对于工作交变磁场的滞后，它主要由三个部分组成：涡流损耗（$\tan\delta_e$）、磁滞损耗（$\tan\delta_a$）和剩余损耗（$\tan\delta_c$）。其中，涡流损耗 $\tan\delta_e$ 来源于 H_c 引起的电磁感应。从根本上讲，$\tan\delta_a$ 主要受材料的微观结构影响，包括晶粒的均匀性、晶粒尺寸、孔洞性。$\tan\delta_c$ 与材料中的二价铁离子密切相关，从总体来讲，它对样品的总体损耗影响比较小。从前面的讨论来看，样品的磁损耗比较小受益于良好的微观结构以及比较小的矫顽力。

5）介电性能分析

介电性能是材料作为天线基材料应该具有的最基本的性能，其衡量指标可以用介电常数来表示，主要包括实部（ε'）和虚部（ε''）两个部分，也称复介电常数。不同 Cd^{2+} 取代量的 Mg 铁氧体的复介电常数随频率从 1MHz 升高到 1GHz 的变化曲线如图 5-14（b）所示。从图中可以看出，在频率为 1MHz 到 500MHz 的较宽范围内，无论 ε' 还是 ε'' 都保持着比较平稳的状态。从 500MHz 开始，随着频率的升高，ε' 和 ε'' 急剧升高，然后在 1GHz 左右达到峰值。其中，在 1MHz 到 500MHz 的范围内，所有 Mg-Cd 铁氧体的 ε' 值都在 20 至 30 之间，说明 Cd^{2+} 的引入对于 Mg 铁氧体介电性能的影响没有磁性能的影响那么大，这是因为铁氧体材料的极化机理——低位移极化和弛豫极化，使得 ε' 变化不大。但是，可以观察到，随着 Cd^{2+} 取代量的增加，ε' 呈现缓慢增加的态势，这是由晶粒尺寸增加引起的。同时，最终形成 BFO 的 Bi_2O_3 添加对于所有样品的 ε' 影响比较大。根据图 5-14（b）可以发现，ε'' 的值介于数量级为 10^{-2} 到 10^{-1} 之间，这使得样品的介电损耗角正切（$\tan\delta_\varepsilon$）的数量级低至 10^{-4} 到 10^{-3} 之间，对于天线基材料来说，这是一个比较低的损耗值。通常 $\tan\delta_\varepsilon$ 也产生于三个因素：介电弛豫、热传导和共振损耗。介电弛豫损耗与在高频段滞后于应用场的弛豫极化有关。传输损耗来源于电导率，主要受材料的结构因素如纯度，均匀性的晶界及氧空位的影响。共振损耗主要存在于较高频率域内，可以忽略不计。

6）重要参数比较

通过不同量的 Cd^{2+} 取代 Mg 来探索具有接近于 1 的特征阻抗，较高小型化因子的 Mg-Cd 铁氧体。通过对比可以发现，当 $x=0.15$ 时，样品的参数最符合要求，随着测试频率点变化的 Mg-Cd 铁氧体的特征阻抗（$Z=\mu'/\varepsilon'$）和小型化因子 $[M_f=(\mu'/\varepsilon')^{1/2}]$ 如图 5-15 和表 5-4 所示。其中，图 5-15 描述了在频率为 1MHz、10MHz、50MHz、100MHz 及 150MHz 下的 Z 和 M_f。从图中可以发现，在 1～150MHz 的频率域内，样品的相对阻抗接近于 1.0，在 1.0 至 1.3 之间浮动，证明材料可以和传播媒介实现阻抗匹配。同时，可以观察到样品的小型化因子介于 23 和 26 之间，这对于天线基材料来说是一个非常可观的数值。通过表 5-4 可以发现，在宽至 1～150MHz 的频率域内，样品的磁损耗在 10^{-2} 数量级，介电损耗在 10^{-3} 数量级上，说明样品的损耗很小，满足实验和科研要求。

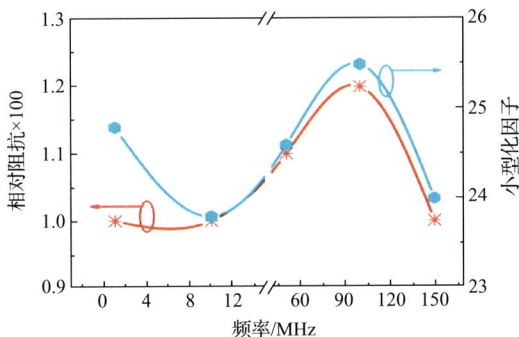

图 **5-15**　不同测试频率下 Mg-Cd 铁氧体的小型化因子和特征阻抗图谱

表 **5-4**　$x=0.15$ 时 Mg-Cd 铁氧体的参数

F/MHz	μ'	$\tan\delta_\mu$	ε'	$\tan\delta_\varepsilon$	M_f	RI×100
1	2.5×10^1	2.1×10^{-2}	2.5×10^1	1.3×10^{-3}	2.5×10^1	1.0
10	2.5×10^1	3.2×10^{-2}	2.3×10^1	1.1×10^{-3}	2.4×10^1	1.0
50	2.6×10^1	3.1×10^{-2}	2.3×10^1	2.7×10^{-3}	2.5×10^1	1.1
100	2.8×10^1	4.6×10^{-2}	2.3×10^1	4.4×10^{-3}	2.6×10^1	1.2
150	2.5×10^1	8.2×10^{-2}	2.3×10^1	6.5×10^{-3}	2.4×10^1	1.0

注：RI 表示相对阻抗。

5.2.3　Mg-Cd-Co 铁氧体制备及性能研究

1. 原料试剂

原料为分析纯级别的氧化镁（MgO，>99%）、氧化镉（CdO，>99%）、三氧化二铁（Fe_2O_3，>99%）、氧化铋（Bi_2O_3，>99.9%）、三氧化二钴（Co_2O_3）及聚

乙烯醇（PVA），从成都市科隆化学品有限公司购买。上述试剂实验前均没有经过其他处理。去离子水为实验室自制，PVA 黏合剂为购买 PVA 加入一定比例的去离子水按照一定浓度稀释而成。

2. Mg-Cd-Co 铁氧体制备及性能表征

实验过程描述如下：Mg-Cd-Co 磁性铁氧体的化学计量式为 $Mg_xCd_{1-x}Co_{0.05}Fe_{1.95}O_4$，其中 x 的值为 0.0、0.2、0.3、0.4。样品的制备过程具体描述如下：按照上述 Mg-Cd-Co 铁氧体的化学计量式计算并称量出所需氧化物的量。将原料与金属锆球和去离子水按照 1∶1.5∶2 的比例放入行星式球磨机中进行第一次混合球磨 12.0h，然后取出烘干待取用。取出烘干的粉料放入高温马弗炉中在 900℃下预烧结 4.0h，然后向预烧料中加入 5wt%的 Bi_2O_3 进行二次球磨并取出烘干。向其中加入 10.0wt%的 PVA 黏合剂在研钵中造粒，过 100 目筛。将造粒的均匀混合颗粒稍微烘干后在 10MPa 左右压力下液压成圆片和圆环。将液压成型的圆片和圆环置于马弗炉中在 930℃下焙烧 4.0h，在 500℃排胶 2.0h，烧结时，升降温速率均为 2.0℃/min。

Mg-Cd-Co 铁氧体样品的 XRD 图谱通过采用日本 Rigaku 株式会社的 X 射线衍射仪（Cu K_α 射线，波长为 1.5418Å）由衍射的方式测到，衍射角从 20°到 120°。铁氧体的晶体结构采用 GSAS 软件经过 Rietveld 精修拟合出来。样品横截面微结构由日本 HITACHI 的扫描电镜（SEM，S-3400N）拍摄得到，其放大倍数为 6000 倍。运用美国 Quantum Design 公司旗下的振动样品磁强计（VSM，SQUID）可以测试 Mg-Cd-Co 铁氧体样品的磁滞回线。样品的介电常数和静态磁导率的影响通过美国 Agilent 科技有限公司的阻抗分析仪（E4991B）测得，测试频率域从 1.0MHz 到 1.0GHz。样品的体密度通过阿基米德排水法测得。

3. Mg-Cd-Co 铁氧体测试结果与分析

1）相成分分析

在 930℃下烧结的不同 Cd^{2+} 取代量 $MgFe_{1.95}Co_{0.05}O_4$ 铁氧体的 XRD 图谱如图 5-16 所示。通过与晶格面(111)、(220)、(311)、(222)、(400)、(421)、(422)、(511)、(620)、(533)、(444)对比发现，所有 Mg-Cd-Co 铁氧体样品都与纯尖晶石 $MgFe_2O_4$ 铁氧体有相同的衍射峰。纯 $MgFe_2O_4$ 铁氧体的标准 PDF 卡片号为 22-1086。这说明 Cd^{2+} 和 Co^{3+} 的引入并没有改变 $MgFe_{1.95}Co_{0.05}O_4$ 铁氧体的相。同时，由晶格面(201)、(222)、(423)可以发现，样品的相成分中还有与 $Bi_{24}Fe_2O_{39}$（BFO）一致的峰，其 PDF 卡片号为 42-0201。这表明添加进来的 Bi_2O_3 中的 Bi^{3+} 与游离的 Fe^{3+} 和 O^{2-} 结合形成 BFO。结合过程可以用式（5-26）表示：

$$24Bi^{3+}+2Fe^{3+}+39O^{2-} \longrightarrow Bi_{24}Fe_2O_{39} \tag{5-26}$$

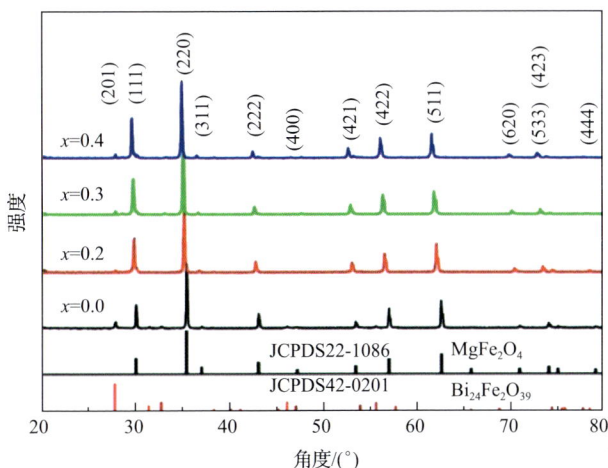

图 **5-16**　不同 Cd^{2+} 取代量 $MgFe_{1.95}Co_{0.05}O_4$ 铁氧体的 XRD 图谱

相成分分析的结果表明材料具有两相, 但是一部分 BFO 介电相的峰强比较弱或不存在, 这主要是因为一部分 Bi^{3+} 经过高温挥发了。一般情况下 BFO 的合成温度在 935℃左右, 超过这个温度 Bi^{3+} 会挥发。运用 GSAS 结构精修软件, 不同 Cd^{2+} 取代量 $MgFe_{1.95}Co_{0.05}O_4$ 铁氧体的 XRD 测试数据用 Rietveld 精修方法进行拟合, 结果如图 5-17 所示。其中, 红色的小圆圈代表根据测试得到的图谱, 蓝色的断线表示拟合出来的最接近测试的图谱, 橄榄绿色的实线表示测试和拟合得到的差, 垂直的酒红色的短线表示布拉格峰对应的位置。从图 5-17 中可以观察到, 测试得到的数据和拟合得到的数据之间的差异很小, 说明精修拟合的结果比较理想。这可以通过如表 5-5 中比较低的可靠性因子, 包括低的卡方检验值 ($\chi^2<2$)、加权分布因子 ($\omega_{R_p}<10\%$) 和分布因子 ($R_p<8\%$) 看出。同时, 表 5-5 中罗列了精修的其他结果, 包括占据 A 位的离子、占据 B 位的离子。从表 5-5 中还可以观察到, 无论离子含量为多少, Cd^{2+} 始终占据 A 位, 这就造成了 A 位与 B 位之间的离子移动, 使得样品的结构和性能随着 Cd^{2+} 取代量的变化而变化, 相关讨论将在后面进行。

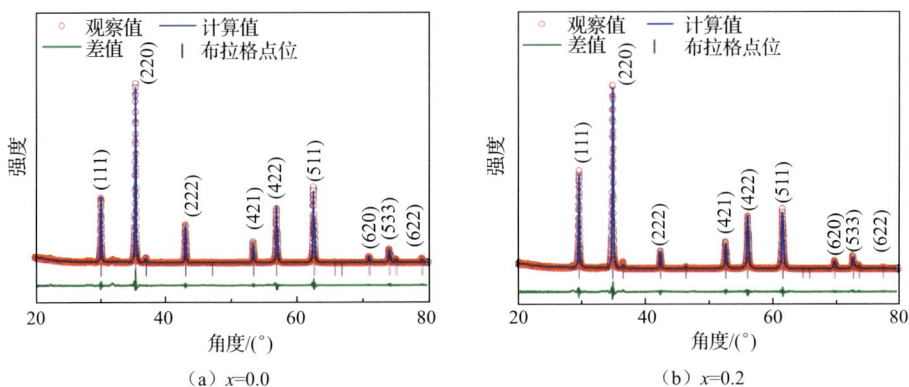

（a）$x=0.0$　　　　　　　　　　（b）$x=0.2$

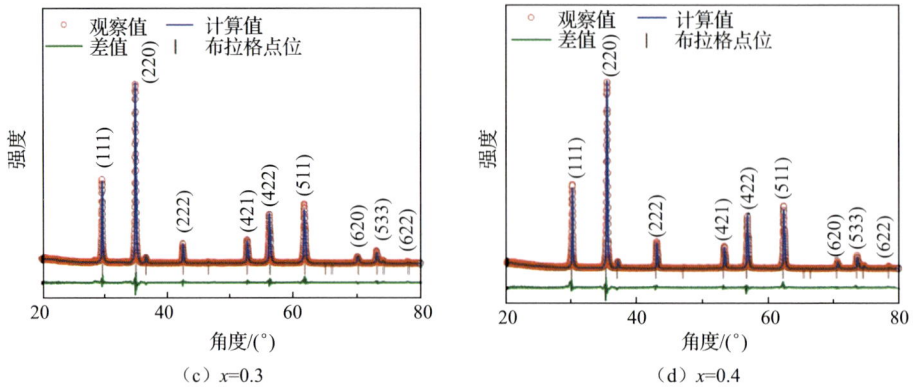

（c）x=0.3　　　　　　　　　　（d）x=0.4

图 5-17　930℃烧结的不同 Cd^{2+} 取代量的 Mg-Cd-Co 铁氧体的 Rietveld 精修结果图

表 5-5　不同 Cd^{2+} 取代量的 Mg-Cd-Co 铁氧体的 Rietveld 精修结果

x	A 位离子	B 位离子	χ^2	ω_{R_p}/%	R_p/%
0.0	$(Mg^{2+}_{0.7}Fe^{3+}_{0.3})$	$[Mg^{2+}_{0.3}Co^{3+}_{0.05}Fe^{3+}_{1.65}]O^{4-}$	1.83	9.21	7.34
0.2	$(Mg^{2+}_{0.26}Cd^{2+}_{0.2}Fe^{3+}_{0.54})$	$[Mg^{2+}_{0.54}Co^{3+}_{0.05}Fe^{3+}_{1.41}]O^{4-}$	1.78	8.6	6.76
0.3	$(Mg^{2+}_{0.23}Cd^{2+}_{0.3}Fe^{3+}_{0.47})$	$[Mg^{2+}_{0.47}Co^{3+}_{0.05}Fe^{3+}_{1.48}]O^{4-}$	1.87	9.70	7.93
0.4	$(Mg^{2+}_{0.2}Cd^{2+}_{0.4}Fe^{3+}_{0.4})$	$[Mg^{2+}_{0.4}Co^{3+}_{0.05}Fe^{3+}_{1.55}]O^{4-}$	1.87	9.75	7.97

注：χ^2、ω_{R_p} 和 R_p 是可靠性因子。

2）微结构分析

在 930℃下烧结的不同 Cd^{2+} 取代量的 Mg-Cd-Co 铁氧体样品的截断面扫描电镜图如图 5-18 所示。在图 5-18（a）中可以观察到，当 x=0.0 时，Mg-Cd-Co 铁氧体样品的晶粒颗粒相对比较小，但是晶粒尺寸大小分布比较均匀，晶粒之间的缝隙相对较大，样品的致密性不高。随着 x 升高到 0.2，样品开始出现大一点的晶粒，而且晶粒与晶粒之间的空隙减小，样品的致密度变高。然而，晶粒尺寸的分化也开始出现，均匀性较差。按照此规律一直到 x 升高至 0.4 时，样品出现很多比较大的晶粒，同时依然存在一部分小颗粒，这说明 Cd^{2+} 取代量的增加提高了晶粒尺寸，提升了致密度，但是降低了均匀性。这主要是因为 Cd^{2+} 具有比 Mg^{2+} 大的离子半径，Cd^{2+} 取代量的升高增大了晶粒尺寸。运用统计学中的一种现行截断方法，可以计算出不同 Cd^{2+} 取代量样品的平均晶粒尺寸，它们分别为 1μm、1.7μm、2.3μm 和 2.8μm，对应 x 的值为 0.0、0.2、0.3 和 0.4。总体来讲，Cd^{2+} 取代量的增加提高了样品的晶粒尺寸和致密度，减少了晶粒间的孔洞和缝隙，样品的结构得到优化。

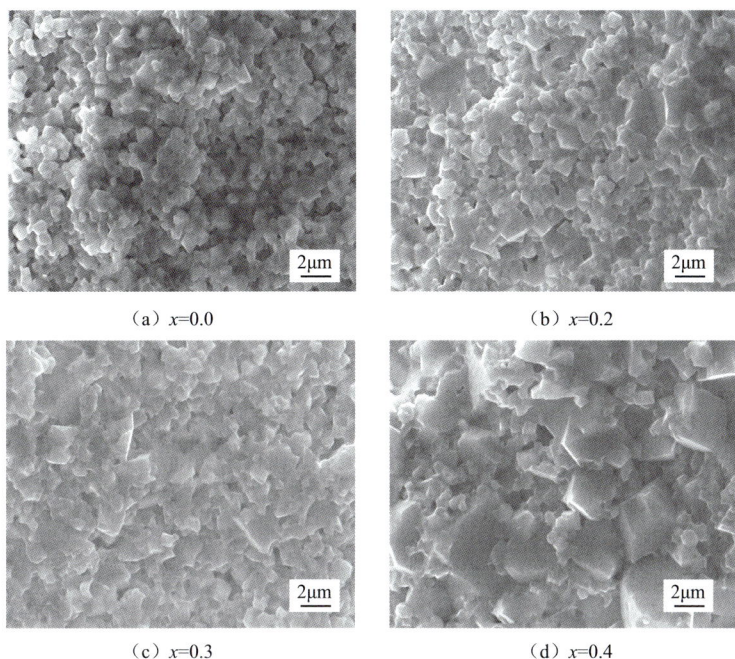

（a）x=0.0　　　　　　　　　　（b）x=0.2

（c）x=0.3　　　　　　　　　　（d）x=0.4

图 5-18　不同 Cd^{2+} 取代量 Mg 铁氧体的扫描电镜微结构图

3）磁介性能分析

从前面的论述可知，软磁材料 Mg 基铁氧体具有比较高的饱和磁化强度和相对较低的矫顽力。不同 Cd^{2+} 取代量的 Mg-Cd-Co 铁氧体样品的磁性能如图 5-19 所示。图 5-19（a）描述了铁氧体样品的磁化强度随测试磁场和 Cd^{2+} 取代量的变化。当外加测试磁场为 1000Oe 时，不同 Cd^{2+} 取代量 Mg-Cd-Co 铁氧体样品的磁化强度达到饱和。尽管 Cd^{2+} 取代量不一样，但是所有样品均表现出明显的软磁特性，随着 Cd^{2+} 取代量升高，样品的磁性能主要包括饱和磁化强度（M_s）和矫顽力（H_c）呈现相反的变化规律。如图 5-19（b）所示，样品的饱和磁化强度随着 Cd^{2+} 取代量的增加而单调增加，其数值大约从 28.96emu/g 上升到 43.05emu/g。造成 M_s 升高的主要原因如 5.2.2 节分析，引入的非磁性离子 Cd^{2+} 占据 A 位，造成 Fe^{3+} 向 B 位移动，而 Mg^{2+} 向 A 位移动，使得 A 位与 B 位之间的超交换作用得到增强，材料的磁性能上升。另一方面，对于铁氧体材料，更大的晶粒尺寸有助于提高饱和磁化强度。同时，由图 5-19（b）可知，随着 x 从 0.0 升高到 0.2，样品的矫顽力从约 93.94Oe 单调递减到 58.69Oe，然后随着 x 增加到 0.4 缓慢地增加到 67.02Oe。形成这种趋势的原因主要可能是磁晶各向异性常数的变化，它们呈现正相关关系，如式（5-27）所示：

$$M_s = \frac{0.96K_1}{H_c} \tag{5-27}$$

此外，由式（5-27）可知，饱和磁化强度（M_s）和矫顽力（H_c）的变化呈负相关关系，这也是二者呈现相反变化趋势的原因。

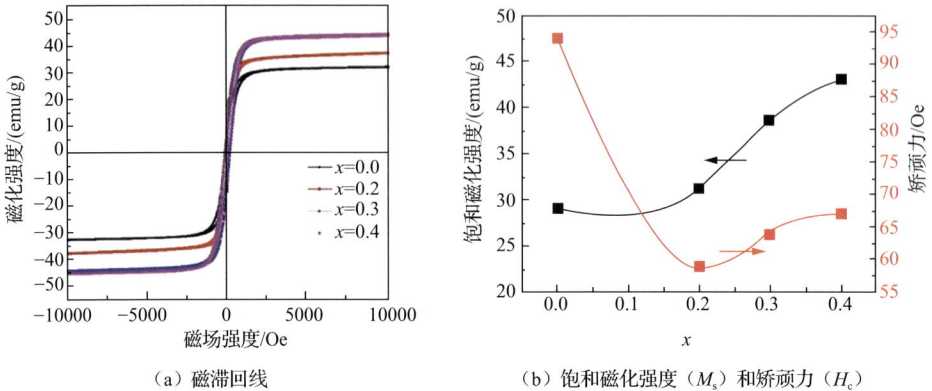

（a）磁滞回线　　　　　　　　（b）饱和磁化强度（M_s）和矫顽力（H_c）

图 5-19　不同 Cd^{2+} 取代量的 Mg-Cd-Co 铁氧体样品的磁性能

不同 Cd^{2+} 取代量的 Mg-Cd-Co 铁氧体样品在高频段（1MHz～1GHz）内的复介电常数和磁导率随频率的变化情况如图 5-20 所示。图 5-20（a）展示了 Cd^{2+} 取代的 Mg-Cd-Co 铁氧体样品的介电常数实部（ε'）在 1～600MHz 频率域内保持比较平稳的状态。ε' 随着 x 从 0.0 增加到 0.3 而从约 25 增加到 31，然后当 x 增加到 0.4 时，ε' 略微减小至 26。造成这一现象的原因主要可能是不断增加的 Cd^{2+} 取代量使得样品的晶粒尺寸增加，ε' 相应升高。如图 5-18（d）所示，当 x 为 0.4 时，样品中存在较多数量的微小晶粒，造成晶粒均匀性较低，这些小晶粒和不均匀性在很大程度上决定了样品的 ε' 会变小。此外，如图 5-20（a）显示的介电常数虚部（ε''）在 1～100MHz 范围内的数值约为 0.02，这样，由式（5-28）计算出来的介电损耗角正切（$\tan\delta_\varepsilon$）低至 8×10^{-4}，这是一个相当低的数值。

$$\tan\delta_\varepsilon = \frac{\varepsilon''}{\varepsilon'} \tag{5-28}$$

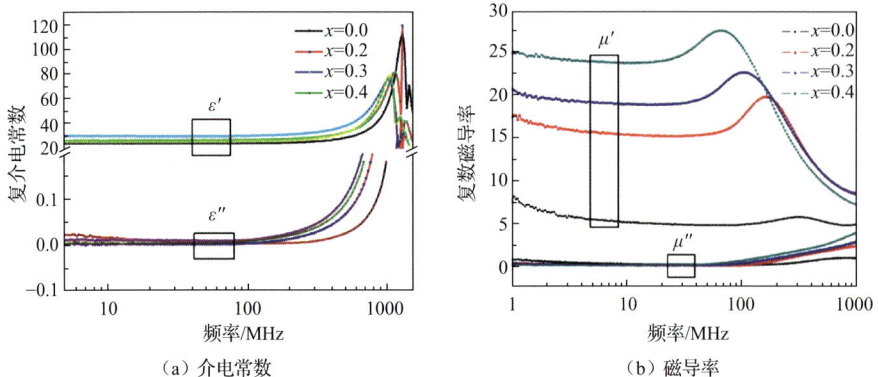

（a）介电常数　　　　　　　　（b）磁导率

图 5-20　Cd^{2+} 取代后的 Mg-Cd-Co 铁氧体样品的磁/介电谱

对于 BFO，当温度升高至 930℃时，助烧剂 Bi_2O_3 转变成液态，然后分散并流到 Mg-Cd-Co 铁氧体晶粒表面间，产生比较致密的微观结构。而介电损耗主要依赖于微观机制，根据 Jonathan 等的报道，晶界对于单晶和多晶陶瓷的介电损耗有决定性影响。除此之外，Stuart 等的研究结果表明孔隙率也是决定介电损耗的一个因素，它们的关系可以用式（5-29）表示：

$$\tan\delta_\varepsilon = (1-P)\tan\delta_0 + C_n P^n \tag{5-29}$$

其中，$\tan\delta_0$ 为具有理想的完全致密结构的介电损耗；P 为孔隙率；C_n 为依赖于材料本身的一个常数。在式（5-29）中，$(1-P)\tan\delta_0$ 表示材料的本质损耗，$C_n P^n$ 表示材料的外部损耗。明显地，根据前面的讨论，比较致密的微观结构使得材料的外部损耗较低，最终得到比较低的外部损耗。

图 5-20（b）显示了 Cd^{2+} 取代后的 Mg-Cd-Co 铁氧体样品的磁导率随频率的变化图。由 Globus 和磁路模型可知，铁氧体的磁导率 μ_r 可用式（5-30）表示：

$$\mu_r = \frac{\mu_i[1+(\delta/D)]}{1+\mu_i(\delta/D)} \tag{5-30}$$

其中，μ_i 为铁氧体的固有磁导率；D 为平均晶粒尺寸；δ 为铁氧体晶界的厚度。对于这里研究的铁氧体，样品的晶界厚度变化不大，因而，样品的磁导率主要依赖于平均晶粒尺寸，式（5-30）可以变形为

$$\mu_r = 1 + \frac{\mu_i - 1}{1+\mu_i(\delta/D)} \tag{5-31}$$

由式（5-31）可知，μ_r 与平均晶粒尺寸 D 呈正相关关系，再由图 5-18 可知，随着 Cd^{2+} 取代量升高，样品的晶粒尺寸从 1μm 升高到 2.8μm，可知，δ/D 的值将逐渐减小，μ_r 会增加。从图 5-20（b）中可以看到，当 x 从 0.0 增加到 0.4 时，在频率为 1～100MHz 的范围内，铁氧体样品的磁导率实部 μ' 从约 6 增加到 25。根据式（5-4）表达的 Snoek 定律，Cd^{2+} 取代量升高增大铁氧体晶粒尺寸导致磁导率依次增加，所以截止频率迅速减小。如图 5-20（b）所示，所有铁氧体的截止频率 f_r 均超过 100MHz。

作为应用于天线基板的磁性铁氧体材料，磁损耗是另一个非常重要的考察参数，因为其直接影响天线的性能和辐射效率。不同 Cd^{2+} 取代量的 Mg-Cd-Co 铁氧体样品的磁导率虚部（μ''）随频率的变化曲线如图 5-20（b）所示。在图中，μ'' 的值在 10^{-1}～10^0 数量级之间，这样类似于 $\tan\delta_\varepsilon$ 定义出来的磁损耗角正切 $\tan\delta_\mu$ 达到 10^{-2} 级别，是一个很低的数值。由于磁损耗源于铁氧体材料在磁化过程中产生的能量损耗。如前面讨论，在高频交变磁场中，磁损耗构成因素分为三部分：涡流损耗（$\tan\delta_e$）、磁滞损耗（$\tan\delta_a$）及剩余损耗（$\tan\delta_c$）。它们的关系可以用式（5-32）描述：

$$\tan\delta_\mu = \tan\delta_e + \tan\delta_a + \tan\delta_c \tag{5-32}$$

其中，$\tan\delta_e$ 是最为常见的损耗，主要是在交变磁场下产生的涡流与晶格发生作用以热量的形式释放从而造成能量损耗。而涡流损耗通常与交变磁场频率呈正相关，与材料电阻率成反比。磁滞损耗由铁氧体材料的磁滞效应产生，等于磁滞回线所围成面积对应能量值，与材料矫顽力相关。所以，本小节研究中磁损耗主要来自铁氧体的矫顽力。通过改变磁滞系数，适当降低矫顽力，减小磁滞回线的面积，可以降低磁滞损耗。正如前面提到的一样，随着 Cd^{2+} 取代量的升高，Mg-Cd-Co 铁氧体样品的矫顽力下降，$\tan\delta_a$ 随之下降。$\tan\delta_e$ 在本小节研究中对于总体损耗的影响可以忽略不计。所以，本小节实验研究中较低的磁损耗主要来源于比较致密的微观结构和较低的矫顽力。

作为高频天线基材料，与空气相匹配的归一化特征阻抗（$Z/Z_0\approx1$）是一个非常重要的参数，即材料的 μ' 和 ε' 接近相等，实现等磁介。其中当 x 为 0.4 时，由图 5-20 以及对应的测试数据可以得到不同 Cd^{2+} 取代量 Mg-Cd-Co 铁氧体样品在 1～1000MHz 频率域内的复数磁导率和介电常数随频率变化的数值：在 1～100MHz 频率域内，样品的磁导率和介电常数接近相等，这样就实现了等磁介和阻抗匹配的目的（$\mu'=25.9$，$\varepsilon'=26$，$Z/Z_0=1$，100MHz）。表 5-6 中列出的在不同频率点下的磁导率和介电常数实部，磁介损耗，归一化阻抗值也可以看出上述结论。

表 5-6　在不同频率下 x 为 0.4 时的参数

频率点/MHz	μ'	ε'	$\tan\delta_e(\times10^{-2})$	$\tan\delta_u(\times10^{-3})$	归一化阻抗 Z/Z_0
10	26	26.2	3	1	0.996
30	26	26.4	4	1	0.992
50	26.2	26	3	2	1.007
80	28	26.2	5	3	1.033
100	25.9	26	7	6	0.999

5.3　Sm³⁺取代对 Mg-Cd 铁氧体结构及磁介性能的影响

5.3.1　Sm³⁺取代的意义

前面主要研究了 Cd^{2+} 取代对少量 Bi_2O_3 助烧的尖晶石 Mg 基铁氧体（$MgFeO_4$ 和 $MgFe_{1.95}Co_{0.05}O_4$）的微结构、高频磁性能和介电性能的影响，同时针对这些影响的原因及机制进行深入的分析和探讨。首先，通过调节 Cd^{2+} 取代量在低温（小于 960℃）下采用传统的固相反应法合成的 Mg-Cd 铁氧体陶瓷材料具有比较接近的磁导率和介电常数，比较大的小型化因子以及非常低的磁损耗和介电损耗，这有助于提高材料在 VHF 天线上的应用。上述方法是通过引入离子替代 A 位的离子，其结果是实现 A 位与 B 位的离子迁徙，在很大程度上改变磁性能。基于此方法，可尝试用其他金属离子替代 B 位离子，来实现 A 位、B 位的离子移动，达到调控磁介性能的目的。通过比较，最终选择了稀土 Sm^{3+} 来作为替代主体。因为稀土离子具有比较稳定的正三价、不配对的 4f 电子以及很强的自旋轨道耦合和角动量。因此，稀土离子取代 Fe^{3+} 可以产生 4f-3d 耦合，这有助于决定材料的磁晶各向异性，因而可以得到比较理想的应用于高低频的磁性材料。而且少量的稀土离子取代铁氧体材料中的 Fe^{3+} 可以改变铁氧体的结构特征、磁性能和介电性能，提高工作频率。许多稀土可以表现出顺磁特性。Sm 属于稀土元素，由于它难以被磁化，作为取代基的 Sm^{3+} 更倾向于进入 B 位。所以选择 Sm^{3+} 取代 B 位的 Fe^{3+}，并研究其高频磁介特性。

本节依然采用传统的固相反应法制备 Mg-Cd-Sm 铁氧体作为高频天线基材料。研究了不同含量的 Sm^{3+} 取代后的 Mg-Cd 铁氧体在高频范围的相成分、微观结构、磁性能及介电性能，通过 XRD 测试、Rietveld 精修，磁谱、介电谱的测试与分析，论证了 Sm^{3+} 取代 Mg-Cd 铁氧体后的产物在高频天线应用方面的可行性。

5.3.2　Mg-Cd-Sm 铁氧体制备及性能研究

1. Mg-Cd-Sm 铁氧体制备及性能表征

1）原料试剂

分析纯级别的氧化镁（MgO，>99%）、氧化镉（CdO，>99%）、氧化钐（Sm_2O_3，>99%）、三氧化二铁（Fe_2O_3，>99%）、氧化铋（Bi_2O_3，>99.9%）及聚乙烯醇（PVA）均购买于上海阿拉丁生化科技股份有限公司。试剂使用之前均未做任何处理。PVA 黏合剂和去离子水均在实验室相应的设备中制成。

2）Mg-Cd-Sm 铁氧体制备及性能表征

Mg-Cd-Sm 铁氧体采用传统的固相反应法制备，具体合成方法如下：①根据 Mg-Cd-Sm 铁氧体的化学计量式 $Mg_{0.8}Cd_{0.2}Fe_{2-x}Sm_xO_4$（$x$=0.00、0.02、0.04、0.06、0.08、0.10）中各成分的配比称取定量的 MgO、CdO、Sm_2O_3、Bi_2O_3 和 Fe_2O_3，其中 Bi_2O_3 作为 Mg-Cd-Sm 铁氧体低温烧结的助烧剂在二次球磨中加入。将称取的原料混合放入聚四氟乙烯球磨罐中，用行星式球磨机球磨 12h，让直径比较大的颗粒磨小。在球磨过程中，粉料的质量与锆球和去离子水的质量比为 1：2：1.5。随后将湿料取出烘干。②将烘干后的粉料在马弗炉中以 900℃的温度在空气中进行预烧结处理，保温时间为 4h。③将预烧后的 Mg-Cd-Sm 铁氧体粉末加入 2.5wt%的 Bi_2O_3 完成二次球磨，然后烘干待取用。④取出烘干的二次球磨粉料并加入 10wt%的 PVA 黏合剂混合，在研钵中磨成均匀的小颗粒，用 80 目的过样筛甄选后，在 10MPa 压力下液压成圆片和圆环。⑤将液压成型的样品放入马弗炉中在 950℃下烧结 4h。

低温烧结的 Mg-Cd-Sm 铁氧体样品的 XRD 图谱由日本 Rigaku 株式会社生产的 X 射线衍射仪（Cu K_α 射线）测试得到。具体的测试条件为：X 射线的扫描速度为 $3.0°/min$，步进角度为 $0.02°$，扫描角度范围为 $10°\sim80°$。Mg-Cd-Sm 铁氧体样品的横截面微观形貌结构由日本 HITACHI 的扫描电镜（SEM，S-3400N）扫描得到，放大倍数为 10000 倍。Mg-Cd-Sm 铁氧体样品的磁性能测试由美国 Quantum Design 公司生产的振动样品磁强计（VSM，SQUID）完成。Mg-Cd-Sm 铁氧体样品的磁谱和介电谱在频率为 1MHz～1.5GHz 范围内的变化趋势由美国 Agilent 科技有限公司的阻抗分析仪（E4991B）测试得到。Mg-Cd-Sm 铁氧体样品的体密度由美国 AND 公司的自动测试密度仪器（GF-300D）测得，其原理是阿基米德排水法。

2. Mg-Cd-Sm 铁氧体测试结果与分析

1）相成分分析

对 Mg-Cd-Sm 铁氧体进行了 XRD 相成分测试,结果如图 5-21 所示。如图 5-21（a）所示，它表示了一个标准的尖晶石结构的 $MgFe_2O_4$ 的 XRD 图谱，参考 PDF 卡片号 22-1086，表明尽管 Sm^{3+} 取代了 Fe^{3+}，但是材料的尖晶石 Mg 铁氧体的内在晶体结构并没有发生改变。在实验方案中添加了助烧剂 Bi_2O_3，但是在图 5-21（a）中没有检测到任何 Bi_2O_3 或者 Bi-Fe 氧化物的相，说明几乎没有 Bi_2O_3 进入晶格中，这是因为 Bi_2O_3 的熔点不高于 900℃，高于此温度，Bi_2O_3 就变成液态进入晶格，如前面讨论的，当温度超过 935℃时，Bi_2O_3 将会挥发。同时，如图 5-21（b）所示，随着 Sm^{3+} 取代量的升高主峰会向左偏移，这是因为比起 Fe^{3+} 来，Sm^{3+} 具有更大的离子半径，通常大的离子半径会让晶格常数增加，主峰因此向左偏移，具体的晶格常数值见表 5-7。

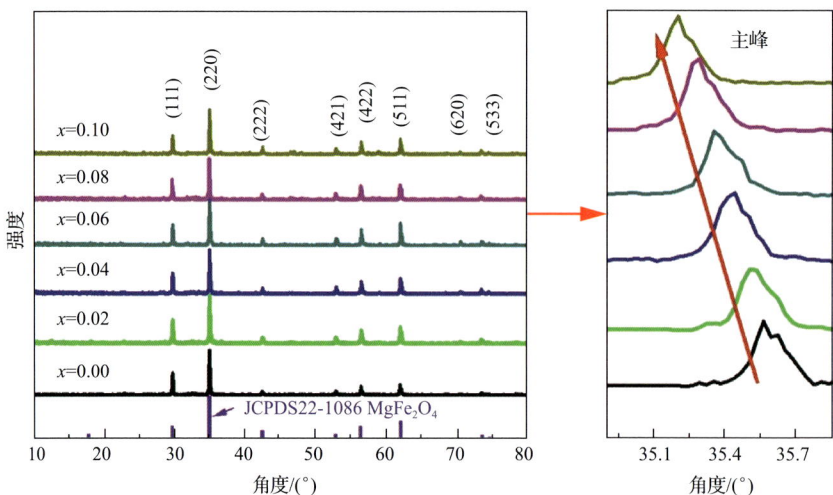

（a）$10°\sim80°$ 范围内的XRD图谱   （b）$35°\sim36°$ 的XRD图谱

图 5-21 不同 Sm^{3+} 取代量的 Mg-Cd 铁氧体的 XRD 图谱

表 5-7　$Mg_{0.8}Cd_{0.2}Fe_{2-x}Sm_xO_4$ 铁氧体样品精修结果及参数

x	A 位离子	B 位离子	晶格常数/Å	χ^2	ω_{R_p}/%	R_p/%
0.00	$(Mg^{2+}_{0.48}Cd^{2+}_{0.2}Fe^{3+}_{0.32})$	$[Mg^{2+}_{0.32}Fe^{3+}_{1.68}]O^{4-}$	8.4531(2)	1.81	9.76	8.56
0.02	$(Mg^{2+}_{0.47}Cd^{2+}_{0.2}Fe^{3+}_{0.33})$	$[Mg^{2+}_{0.33}Sm^{3+}_{0.02}Fe^{3+}_{1.65}]O^{4-}$	8.4696(4)	1.85	10.01	8.92
0.04	$(Mg^{2+}_{0.45}Cd^{2+}_{0.2}Fe^{3+}_{0.35})$	$[Mg^{2+}_{0.33}Sm^{3+}_{0.04}Fe^{3+}_{1.61}]O^{4-}$	8.4755(1)	1.94	10.87	10.04
0.06	$(Mg^{2+}_{0.45}Cd^{2+}_{0.2}Fe^{3+}_{0.35})$	$[Mg^{2+}_{0.35}Sm^{3+}_{0.06}Fe^{3+}_{1.59}]O^{4-}$	8.4826(2)	1.76	8.98	7.89
0.08	$(Mg^{2+}_{0.44}Cd^{2+}_{0.2}Fe^{3+}_{0.33})$	$[Mg^{2+}_{0.36}Sm^{3+}_{0.08}Fe^{3+}_{1.59}]O^{4-}$	8.4903(3)	2.19	11.73	10.16
0.10	$(Mg^{2+}_{0.43}Cd^{2+}_{0.2}Fe^{3+}_{0.33})$	$[Mg^{2+}_{0.37}Sm^{3+}_{0.10}Fe^{3+}_{1.57}]O^{4-}$	8.5011(5)	2.03	10.85	10.28

Rietveld 精修后样品的结构特征得以更加深入研究，精修的结果如图 5-22 和表 5-7 所示。从图 5-22 中可以看出，拟合的结果和实际测量结果的误差很小，说明精修的可靠性很高，这可以从表 5-7 中比较小的可靠性因子（χ^2、ω_{R_p}、R_p）观察到。表中同时列出了精修的其他结果，包括离子在 A 位和 B 位的分布以及晶格常数。从中可以看出，作为取代基的 Sm^{3+} 只占据 B 位，尽管其取代量在变化。同时，随着 Sm^{3+} 取代量的增加，一部分 Mg^{2+} 从 A 位迁移到 B 位，其间相同数量的 Fe^{3+} 从 B 位迁移到 A 位，晶格常数也从 8.4531Å 上升到 8.5011Å。

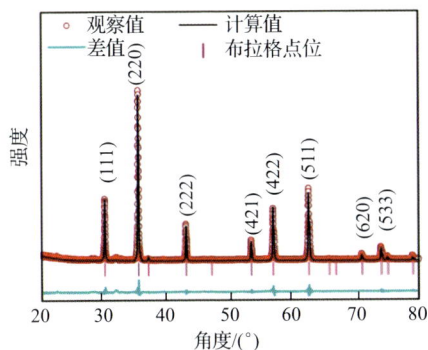

（a）x=0.00

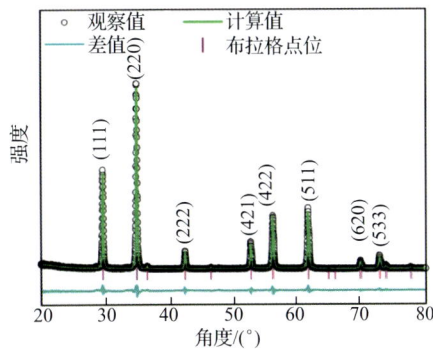

（b）x=0.02

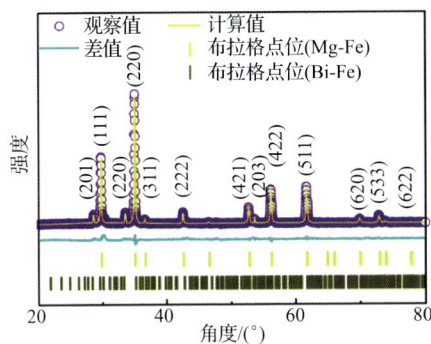

（c）x=0.04

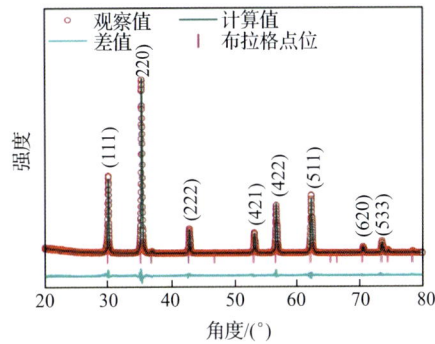

（d）x=0.06

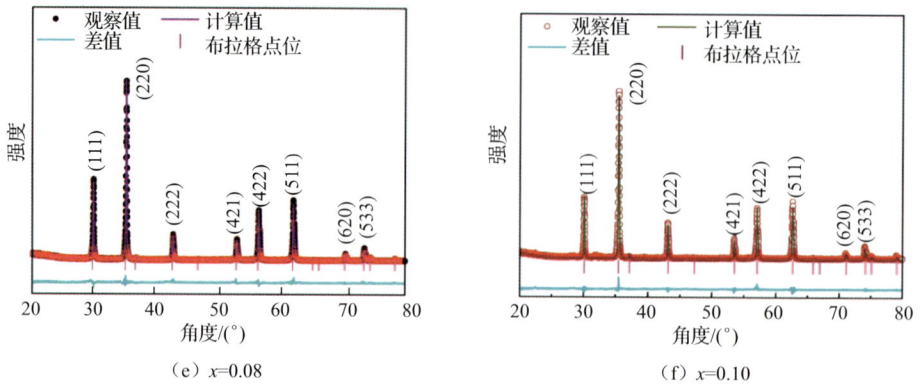

（e）$x=0.08$ （f）$x=0.10$

图 5-22 不同 Sm^{3+} 取代量的 Mg-Cd 铁氧体的 XRD 精修结果图

2）微结构分析

不同 Sm^{3+} 取代量的 Mg-Cd 铁氧体的 SEM 图如图 5-23 所示。从图中可以看出，样品的晶粒呈现比较直观的尖晶石结构，随着 Sm^{3+} 取代量的变化，晶粒尺寸和致密性呈现明显变化。首先是晶粒尺寸，其变化情况分为两个阶段：第一阶段，随着 x 从 0.00 上升到 0.06，晶粒尺寸逐渐增大；第二阶段，随着 x 继续上升到 0.10，晶粒尺寸又逐渐减小。

（a）$x=0.00$

（b）$x=0.02$

（c）$x=0.04$

（d）$x=0.06$

（e）$x=0.08$　　　　　　　　　　（f）$x=0.10$

图 5-23　不同 Sm^{3+} 取代量的 Mg-Cd 铁氧体的 SEM 图

在第一阶段，晶粒尺寸增大意味着晶粒生长，而烧结过程中晶界的迁移率主要从两个方面决定晶粒的生长。第一个方面是主体离子的晶界扩散率是由缺陷的化学性质和掺杂-缺陷关系所改变的。这里晶粒尺寸增大的原因是 Sm^{3+} 流动性较高导致液相烧结，这些离子流入晶粒之间的空隙并帮助晶粒生长。第二个方面是取代量升高的 Sm^{3+} 在晶界分离并限制晶界移动。在第二阶段，当 x 超过 0.06 时，晶粒尺寸的减小是在晶界上沉积了过多的 Sm^{3+} 导致晶粒的团聚和开放区域的出现，这些团聚和开放区域限制了晶粒生长，晶粒尺寸下降。通过谢勒方程（Scherrer equation），符合结晶性质的平均晶粒尺寸可以估算出，如表 5-8 所示。对于材料的致密性，样品的微观结构在 x 从 0.00 上升到 0.06 时变得更加致密，这是因为气孔变少了，然后随着 x 升高到 0.10，由于气孔含量的升高，样品的致密性又变得差一点。另一方面，样品的致密性和晶粒尺寸的变化趋势接近。如图 5-24 和表 5-8 所示，可以观察到不同 Sm^{3+} 取代量下样品经实验测得的体密度（ρ_B）和相对密度（$\rho_R=\rho_B/\rho_T$）。可以看出，如前面所述，样品的体密度和相对密度先升高后下降。同时，所有样品的相对密度 ρ_R 高于 90%，意味着样品具有比较致密的微观结构。

表 5-8　不同 Sm^{3+} 取代量的 $Mg_{0.8}Cd_{0.2}Fe_{2-x}Sm_xO_4$ 铁氧体样品参数

x	AGZ/μm	$\rho_T/(g/cm^3)$	$\rho_B/(g/cm^3)$	$\rho_R/\%$
0.00	2.97	4.871	4.445	91.26
0.02	3.12	5.034	4.647	92.32
0.04	3.43	5.060	4.711	93.11
0.06	3.89	5.096	4.771	93.62
0.08	2.78	5.047	4.645	92.07
0.10	2.64	4.99	4.511	90.42

注：AGZ 表示平均晶粒尺寸。

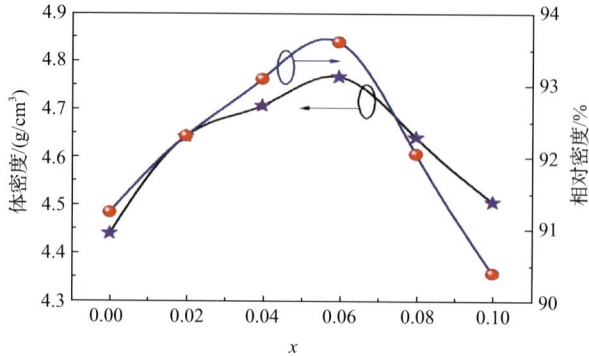

图 5-24　不同 Sm^{3+} 取代量的 Mg-Cd 铁氧体的体密度和相对密度

3）磁性能分析

图 5-25 描述了不同 Sm^{3+} 取代量的样品的磁性能。从图 5-25（a），即样品的磁滞回线中可以看出，通过 Sm^{3+} 调控样品具有更加明显的软磁性能，包括较高的饱和磁化强度（M_s）和较低的矫顽力（H_c）。如图 5-25（b）所示，样品的 M_s 随着 Sm^{3+} 取代量先升高后降低，在 $x=0.06$ 时出现拐点，而 H_c 正好相反，先减小后增大。总体来讲，Sm^{3+} 的添加提升了材料总体的磁性能。M_s 增大的原因是晶粒尺寸的增加以及孔洞的减少。而 M_s 的减小则是因为添加过量的 Sm^{3+} 后，样品的晶格扭曲畸变，导致 Mg—Fe—O（Mg—Sm—O）的键角出现改变。此外，较小的晶粒尺寸以及较差的致密性也会影响 M_s，主要是晶粒间游离的磁畴壁位移的阻力减小。对于 H_c，其变化趋势符合前面描述的 M_s 与 H_c 的关系，这正好解释其变化趋势与 M_s 相反。

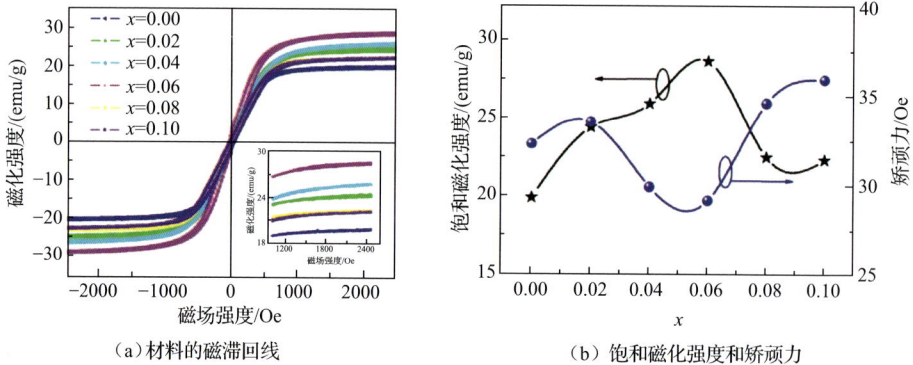

（a）材料的磁滞回线　　　　　　　　（b）饱和磁化强度和矫顽力

图 5-25　不同 Sm^{3+} 取代量的 Mg-Cd 铁氧体的磁性能曲线

不同 Sm^{3+} 取代量的样品的磁谱如图 5-26（a）所示，可以看出，磁导率实部（μ'）和 M_s 的变化趋势一样，先升高后降低。根据式（5-22），μ' 主要依赖于 M_s，所以它们的变化趋势一样。在 1～150MHz 范围内，磁导率虚部对应的值均小于 1，所以材料的磁损耗较小（约 3×10^{-2}）。

如图 5-26（b）所示，不同 Sm^{3+} 取代量的样品的介电谱表明，无论实部（ε'）还是虚部（ε''），在 1～500MHz 内都保持比较稳定的状态。随着 x 从 0.00 升高到 0.06，ε' 从 20 逐渐升高到 25。当 x 进一步上升到 0.08 时，ε' 下降到约 21.5。最终当 x 达到 0.10 时，ε' 又回升至 25。在第一个阶段，ε' 升高可以归结于晶粒尺寸和致密性的增加。在第二个阶段，ε' 的下降是由于晶粒生长受到 Sm^{3+} 的抑制，产生许多小尺寸的晶粒。在第三个阶段，ε' 再次上升是由于界面极化和本征电偶极化。随着 Sm^{3+} 取代量的进一步增加，界面极化和本征电偶极化增强。从图 5-26（b）中可以看到，ε'' 大约在 10^{-2} 数量级，计算得到的 $\tan\delta_\varepsilon$ 低至 10^{-3} 甚至 10^{-4} 数量级，这主要是因为如前所述的比较致密的微观结构和适当而均匀的晶粒尺寸。

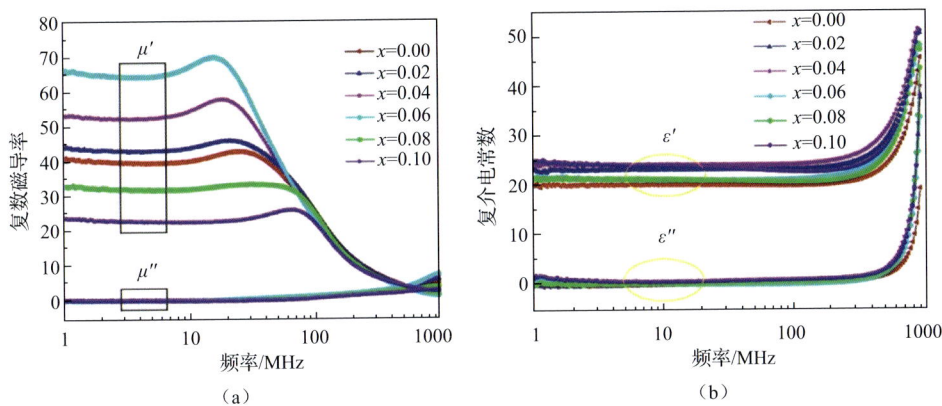

图 **5-26**　不同 Sm^{3+} 取代量的 Mg-Cd 铁氧体的复数磁导率（a）和复介电常数（b）

4）磁介匹配性能

从材料的磁谱和介电谱中可以得出，当 x 为 0.10 时，在 1～100MHz 频率域内，铁氧体材料的 μ' 约为 25，ε' 约为 25，它们非常接近，这样就实现了磁介匹配，如图 5-27 所示。

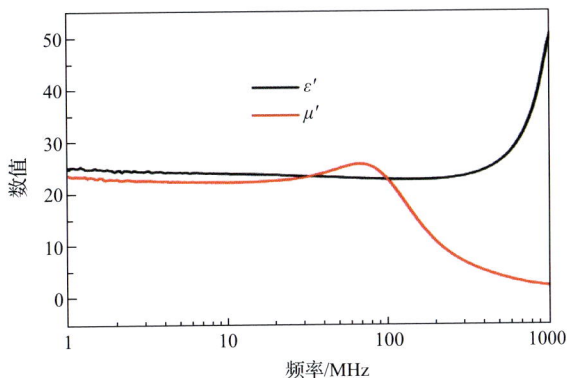

图 **5-27**　样品的磁介匹配特性

5.4 Ga^{3+}取代对 Mg-Cd 铁氧体结构及磁介性能的影响

5.4.1 Ga^{3+}取代的意义

  5.2 节主要研究了 Cd^{2+}取代对少量 Bi_2O_3 助烧的尖晶石 Mg 基铁氧体（$MgFeO_4$ 和 $MgFe_{1.95}Co_{0.05}O_4$）的微结构、高频磁性能和介电性能的影响，同时针对这些影响的原因及机制进行了深入的分析和探讨。首先，通过调节 Cd^{2+}取代量在低温（小于 960℃）下采用传统固相反应法合成的 Mg-Cd 铁氧体陶瓷材料具有比较接近的磁导率和介电常数，比较大的小型化因子以及非常低的磁损耗和介电损耗，使得所研究的铁氧体材料在应用于 VHF 频段的小型化天线上具有比较优良的表现和前景。5.3 节内容主要研究了针对 Sm^{3+}在 B 位取代 $Mg_{0.8}Cd_{0.2}Fe_2O_4$ 铁氧体作为天线基材料的相结构、微观形貌结构、磁性能以及高频磁介性能的影响。XRD 精修结果发现，Sm^{3+}在 B 位取代 Fe^{3+}造成 A 位与 B 位的离子迁移，提高了磁性能，进而提高了磁导率。同时，Sm^{3+}取代改变了晶粒尺寸，微调了介电性能。这样，适量的 Sm^{3+}取代让 Mg-Cd 铁氧体具有良好的高频磁介性能，但是其截止频率依然不够高。

  5.2 节和 5.3 节分别研究了 A 位和 B 位离子取代对 Mg 基铁氧体作为天线基材料的高频磁介性能的影响，最终实现了比较理想的目标性能。但是，用 Sm^{3+}在 B 位取代 Fe^{3+}得到的 Mg-Cd-Sm 铁氧体的截止频率约为 300MHz，这依然是不够高的数值。因此，进一步尝试用其他正三价的离子取代 B 位的 Fe^{3+}，以期材料在满足阻抗匹配、高小型化因子及高宽带因子的前提下，实现更高的截止频率。

  Ga^{3+}取代对铁氧体的电磁性能有重要影响，如磁场微观结构、电导率、相变温度均会减小，同时提高磁弹性响应的灵敏度，让磁介材料的磁性能更稳定，改变微观结构以降低介电损耗。取代后的结果发现 Ga^{3+}更容易占据 B 位。更重要的是，Ga^{3+}取代降低了复合材料的电导性和介电损耗，这对于该研究意义极大，因而选择使用 Ga^{3+}进行 B 位取代，以期获得更好的高频磁介性能和低损耗特性。因此，为了研究 B 位的离子替代对 Mg 基铁氧体相成分、微观结构和磁介性能的影响，进一步研究了 Ga^{3+}取代后的高频磁介性能。主要研究内容如下：①研究低温下制备具有低损耗、高截止频率、均匀晶粒的 Mg-Cd-Ga 铁氧体陶瓷，分析 Ga^{3+}取代对低温烧结 Mg-Cd 铁氧体相成分和微观结构的影响。②研究 Ga^{3+}取代量对 Mg-Cd 铁氧体高频磁介性能的影响，并找到最合适的 Ga^{3+}取代量以实现所制备的铁氧体样品具有相对匹配的阻抗（$Z \approx \eta_0$）、较高的小型化因子（n）和宽带因子（BWR）。③优化烧结温度。在温度低于 960℃下，设置多个温度点烧结，探索最佳烧结温度以实现更好的磁介性能，在满足相对匹配的阻抗、较高的小型化因子和宽带因子的条件下，需要样品具有比较低的磁损耗和介电损耗。

5.4.2　Mg-Cd-Ga 磁性铁氧体制备及性能研究

1. 原料试剂

原料试剂的来源和进一步处理均与 5.3 节相同。

2. Mg-Cd-Ga 铁氧体制备及性能表征

本小节主要阐述了采用传统的固相反应法合成 Mg-Cd-Ga 铁氧体的实验过程。对于 Mg-Cd-Ga 铁氧体，合成方法如下：①根据 Mg-Cd-Ga 铁氧体的化学计量式 $Mg_{0.8}Cd_{0.2}Fe_{2-x}Ga_xO_4$（$x$=0.00、0.06、0.12、0.18）中各成分的配比称取定量的 MgO、CdO、Ga_2O_3、Bi_2O_3 和 Fe_2O_3，其中 Bi_2O_3 作为 Mg-Cd-Ga 铁氧体低温烧结的助烧剂在二次球磨中使用。将称取的原料混合球磨 4h，取出烘干。②将上一步烘干后的粉料在马弗炉中以 900℃ 的温度在空气中进行预烧结处理，保温时间为 4h。③向预烧后的 Mg-Cd-Ga 铁氧体粉末中加入 2.5wt% Bi_2O_3 后完成二次球磨。将球磨混合后浆料放入烘箱中烘干待取用。④取出烘干的二次球磨粉料并加入 10wt% 的 PVA 黏合剂混合，在研钵中磨成均匀的小颗粒，在 10MPa 压力下液压成圆片和圆环。⑤将液压成型的样品放入马弗炉中在 920℃ 下烧结 4h，升降温速率均为 2℃/min，烧结气氛为空气。

烧结后的 Mg-Cd-Ga 铁氧体样品的 XRD 图谱由日本 Rigaku 株式会社生产的 X 射线衍射仪（Cu K_α 射线）测试得到。其测试条件为：X 射线的扫描速度为 2.0°/min，步进角度为 0.03°，扫描角度范围为 10°～80°。Mg-Cd-Ga 铁氧体样品的横截面微观形貌通过日本 HITACHI 的扫描电镜（SEM，S-3400N）测试得到，放大倍数为 6000 倍。Mg-Cd-Ga 铁氧体样品的磁滞回线由美国 Quantum Design 公司生产的振动样品磁强计（VSM，SQUID）测定。Mg-Cd-Ga 铁氧体样品的磁谱和介电谱在频率为 1MHz～1.5GHz 范围内的变化趋势由美国 Agilent 科技有限公司的阻抗分析仪（E4991B）测试得到。Mg-Cd-Ga 铁氧体样品的体密度通过美国 AND 公司的自动测试密度仪器（GF-300D）测得，其原理是阿基米德排水法。

3. Mg-Cd-Ga 铁氧体测试结果与分析

1）相成分分析

样品的结构表征，包括晶相的确定、晶格常数等参数的处理通过测试的 XRD 数据得到。在 920℃ 下烧结的不同 Ga^{3+} 取代量的 Mg-Cd 铁氧体 $Mg_{0.8}Cd_{0.2}Fe_{2-x}Ga_xO_4$（$x$=0.00、0.06、0.12、0.18）的 XRD 图谱如图 5-28 所示。如图 5-28（a）所示，所有 Mg-Cd-Ga 铁氧体样品都具有类似的衍射峰，且所有的峰由多相复合而成。首先，样品的衍射面(111)、(220)、(311)、(222)、(421)、(422)、(511)、(620)、(533)和(622)对应于主相，与标准 JCPDS 数据库中的 $MgFe_2O_4$ 峰几乎一致，证实了主体上材料具有正常尖晶石结构。同时，由图 5-28（a）中紫色标记出来的衍射晶面(201)、(220)和(203)可以证实与标准 JCPDS 数据库中 $Bi_{24}Fe_2O_{39}$（BFO）对应的峰的存在，意味着 Bi-Fe 介电化合物的形成。总体上，所有的峰表明目标材料既具有磁性能，又具有介电性能。此外，从图 5-28（a）中可以观察到，随着 Ga^{3+} 取代量的增加，样品的尖晶石峰向 2θ 更高的角度（向右）偏移，尤其是(220)晶面显示的主峰向右移动最为明显，其放大图如图 5-28（b）所示。造成这种移动的原因是 Ga^{3+} 取代使样品的晶格常数减小，因为 Ga^{3+} 具有比 Fe^{3+} 更小的离子半径，Ga^{3+} 取代 B 位的 Fe^{3+} 诱发内应力，导致晶格畸变和扩张。

（a）10°～80°范围内的XRD图谱　　　　（b）34°～36°的XRD图谱

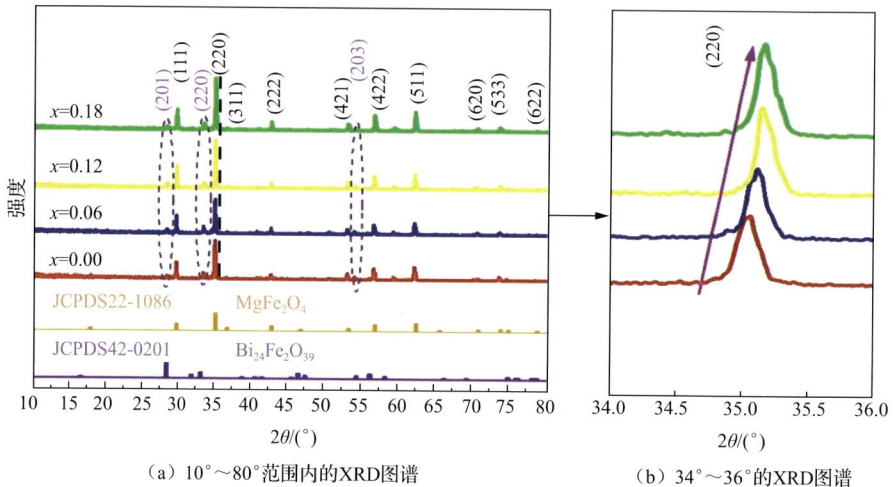

图 **5-28** 不同 Ga^{3+} 取代量的 Mg-Cd 铁氧体的 XRD 图谱

为了深入研究三价 Ga^{3+} 对 Mg-Cd 铁氧体晶体结构的影响，运用 GSAS 软件对所有 Mg-Cd-Ga 铁氧体样品的 XRD 测试数据进行了结构精修。值得注意的是，精修的起始模型假定为

$$(Mg_{0.26}Cd_{0.2}Ga_cFe_{0.54-c})_{Tetrahedral}[Mg_{0.54}Fe_{1.46}]_{Octahedral}O_4 \qquad (5-33)$$

经过逐步的拟合迭代，最终得到的精修结果如图 5-29 所示。图中显示样品 XRD 测试数据与拟合计算数据误差很小，说明精修的结果可信度较高。精修的离子占位、晶格常数和可靠性因子如表 5-9 所示，其中显示的可靠性因子较低（$\chi^2<2.2$，$\omega_{R_p}<11\%$，$R_p<10\%$）也说明了精修的可靠性。另外，在表 5-10 中，对于不同 Ga^{3+} 取代量的 Mg-Cd 铁氧体，Mg^{2+} 和 Fe^{3+} 在四面体位（A 位）和八面体位（B 位）都有所分配，而 Cd^{2+} 只分布在 A 位上，作为取代基的 Ga^{3+} 会替代 B 位上的 Fe^{3+} 而只占据 B 位。因此添加 Ga^{3+} 后，Ga^{3+} 能够进入 Mg-Cd 铁氧体晶格，并取代 B 位的 Fe^{3+}。此外，从表中可以看到，样品的晶格常数随着 Ga^{3+} 取代量的增加而减小，这与前面的讨论一致。总之，Ga^{3+} 的引入改变了 Mg-Cd 铁氧体的晶相结构，改变了晶格常数，并造成 A 位与 B 位之间不同元素的离子含量变化，使 Mg^{2+} 和 Fe^{3+} 发生迁移。

（a）$x=0.00$

（b）$x=0.06$

（c）$x=0.12$

（d）$x=0.18$

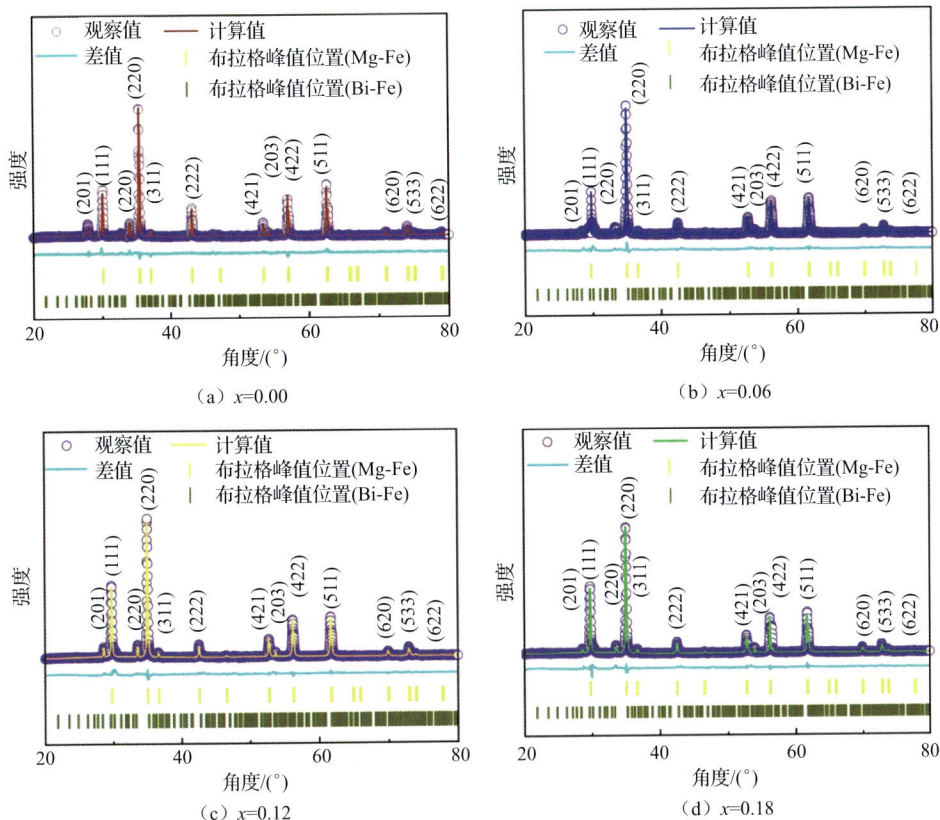

图 5-29　$Mg_{0.8}Cd_{0.2}Fe_{2-x}Ga_xO_4$ 铁氧体样品 XRD 精修结果图

表 5-9　**不同 Ga^{3+} 取代量的 Mg-Cd 铁氧体样品的精修结果**

x	A 位离子	B 位离子	晶格常数/Å	χ^2	ω_{R_p}/%	R_p/%
0.00	$(Mg^{2+}_{0.48}\ Cd^{2+}_{0.2}Fe^{3+}_{0.32})$	$[Mg^{2+}_{0.32}Fe^{3+}_{1.68}]$	8.4402(0.002)	2.04	10.32	8.52
0.06	$(Mg^{2+}_{0.47}Cd^{2+}_{0.2}Fe^{3+}_{0.33})$	$[Mg^{2+}_{0.33}Ga^{3+}_{0.06}Fe^{3+}_{1.61}]$	8.3891(0.001)	1.96	9.95	7.97
0.12	$(Mg^{2+}_{0.45}Cd^{2+}_{0.2}Fe^{3+}_{0.35})$	$[Mg^{2+}_{0.35}Ga^{3+}_{0.12}Fe^{3+}_{1.53}]$	8.3523(0.002)	1.75	8.94	7.12
0.18	$(Mg^{2+}_{0.44}Cd^{2+}_{0.2}Fe^{3+}_{0.36})$	$[Mg^{2+}_{0.36}Ga^{3+}_{0.18}Fe^{3+}_{1.46}]$	8.3319(0.003)	2.12	10.89	9.34

注：晶格常数括号内为对应误差。

表 5-10　**不同 Ga^{3+} 取代量的 Mg-Cd 铁氧体样品的结构参数**

x	理论密度/(g/cm³)	体密度/(g/cm³)	相对密度/%
0.00	4.831	4.581	94.83
0.06	4.763	4.540	95.32
0.12	4.730	4.491	94.95
0.18	4.652	4.437	95.38

2）微结构分析

为了研究取代的 Ga^{3+} 对 Mg-Cd 铁氧体微观结构（主要是晶粒尺寸和致密性）的影响，样品的横截面图像通过 SEM 得到。不同 Ga^{3+} 取代量的 Mg-Cd 铁氧体的 SEM 图如图 5-30 所示。通过一种线性方法可以得到，随着 Ga^{3+} 取代量增加，样品的平均晶粒尺寸从 1.88μm 减小到 0.42μm。这说明 Ga^{3+} 的引入会抑制铁氧体晶粒的生长。然而随着 Ga^{3+} 取代量增加，Mg-Cd 铁氧体晶粒间孔隙明显减小，这表明 Ga^{3+} 取代 Fe^{3+} 后 Mg-Cd 反应活化能降低，有利于 Mg-Cd 铁氧体晶粒低温下的致密化。这是因为 Ga^{3+} 具有比 Fe^{3+} 更小的离子半径，随着 Ga^{3+} 取代量的增加，样品的晶粒变小，同时变得更加均匀，这样晶粒之间的竞争生长得到抑制，导致致密性升高。此外，由精修计算出来的 XRD 理论密度和阿基米德排水法测试得到的体密度可以计算出样品的相对密度（体密度/理论密度），其结果如图 5-31（a）所示。同时，从表 5-10 中可以观察到，随着 Ga^{3+} 取代量的增加，样品的理论密度和体密度均逐渐下降，但是样品的相对密度先升高，再下降最后再上升。这说明在 $x=0.12$ 时，样品的晶粒之间存在间隙，使样品的孔隙率升高，相对密度变小，当 $x=0.18$ 时，样品变得更加致密，孔隙率减小。总体而言，所有样品的相对密度都大于 94.5%，意味着样品的致密性较高。

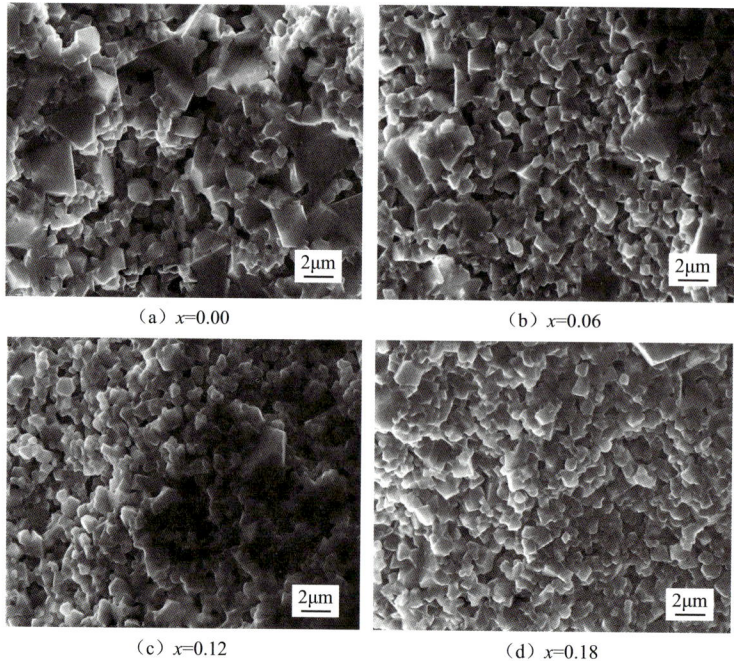

（a）$x=0.00$　　　　　　　　　　（b）$x=0.06$

（c）$x=0.12$　　　　　　　　　　（d）$x=0.18$

图 5-30　不同 Ga^{3+} 取代量的 Mg-Cd 铁氧体的 SEM 图

3）磁性能和介电性能分析

不同 Ga^{3+} 取代量的 Mg-Cd 铁氧体磁性能通过 VSM 测得，得到的磁滞回线如

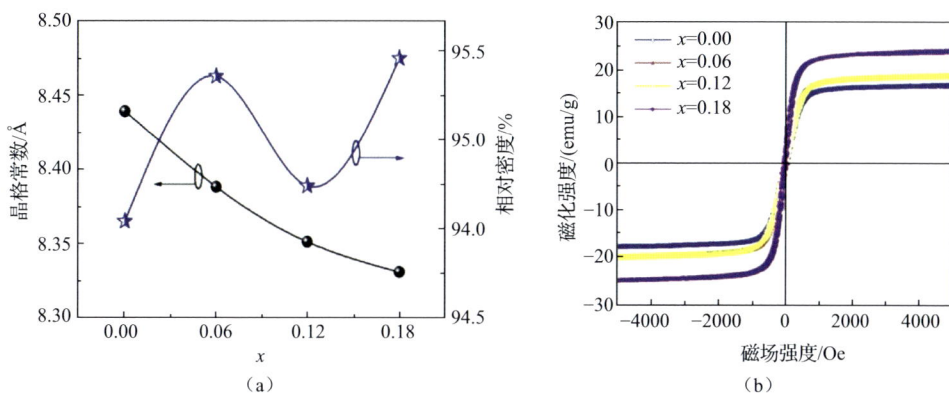

图 **5-31** 不同 Ga^{3+} 取代量的 Mg-Cd 铁氧体的晶格常数和相对密度（a）及磁滞回线（b）

图 5-31（b）所示。在外加测试的偏置磁场强度达到 1000Oe 处，Mg-Cd-Ga 铁氧体磁化几乎达到饱和状态。随着 Ga^{3+} 取代量的增加，样品的磁性能明显增强。主要反映在上升的饱和磁化强度（M_s）和下降的矫顽力（H_c），其变化趋势如图 5-31（b）所示。图 5-31（b）中显示了比较直观的 M_s 和 H_c 的变化趋势。随着 x 从 0.00 升高到 0.18，铁氧体样品的 M_s 从约 18emu/g 单调上升到 25emu/g，而 H_c 正好相反，从约 56.5Oe 略微下降到 54.5Oe。当 Ga^{3+} 取代量比较少时，较低的 M_s 源于晶格缺陷以及 A 位与 B 位之间较弱的超交换作用。随着 Ga^{3+} 的不断引入，其在 B 位的占据量越来越多，这可以促进提高自旋磁矩，进而提高 M_s。

此外，Ga^{3+} 取代影响 Mg-O-Ga 和 Mg-O-Fe 的亚晶格交换能。同时，Mg-O-Fe 的交换能比 Fe-O-Fe 的交换能低。因而，M_s 增大反映了亚晶格之间的交换能随 Ga^{3+} 取代量的增加而增大。对于随 Ga^{3+} 取代量增加而逐渐降低的 H_c，主要原因是逐渐增大的 M_s。不同 Ga^{3+} 取代量的 Mg-Cd 铁氧体的磁导率实部和虚部如图 5-32（a）和（b）所示。在图 5-32（a）中，当 Ga^{3+} 取代量 $x=0.18$ 时，样品的磁导率实部达到最大值（μ' 约为 55，10MHz）。相比于未取代的 Mg-Cd 铁氧体样品（μ' 约为 10），磁导率实部逐渐增加，这是因为铁氧体样品饱和磁化强度 M_s 的急剧增加。根据式（5-22），铁氧体材料的磁导率大小与 M_s 呈正相关关系。同时，从图中可以看出，Mg-Cd-Ga 铁氧体的截止频率随着 Ga^{3+} 取代量的增加明显从接近 500MHz 减小到低于 100MHz，在 $x=0.06$ 时约为 400MHz。因此，为了获得具有高截止频率和适当磁导率的 Mg-Cd-Ga 铁氧体样品，适当地选取 Ga^{3+} 取代量尤为重要。在图 5-32（b）中，样品的磁导率虚部（μ''）在 1～100MHz 频率域内极低，尤其是在 1～50MHz 内，样品的 μ'' 低于 1。这样，由 μ''/μ' 计算出来的 $\tan\delta_\mu$ 至多为 0.025，是一个较低的损耗数值。

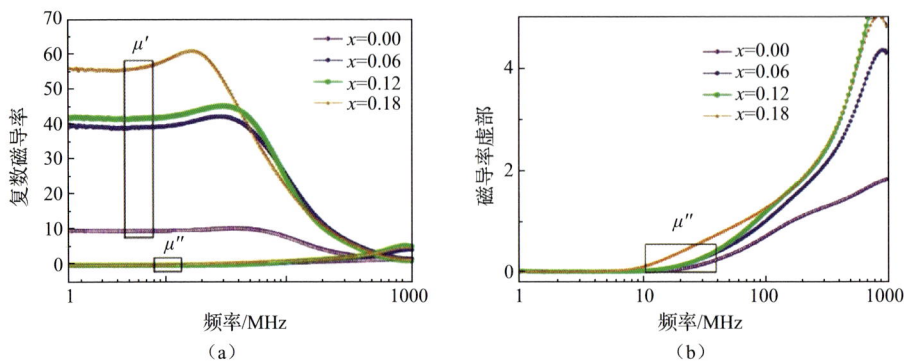

图 **5-32** 不同 Ga^{3+} 取代量 Mg-Cd 铁氧体的复数磁导率（a）和虚部磁导率（b）随频率的变化

920℃烧结温度下不同 Ga^{3+} 取代量的 Mg-Cd 铁氧体的复介电常数和介电常数虚部在 1MHz～1GHz 内的变化如图 5-33（a）和（b）所示。图 5-33（a）中的介电常数实部（ε'）在 20～25 之间波动，随 Ga^{3+} 取代量的增加先增大后减小，在 x=0.12 处达到最大值（ε'约为 24，10MHz），表明 Ga^{3+} 取代对样品介电性能的影响没有对磁导率的影响大。其中，介电常数增大的原因是界面极化和本征电偶极化的增强，在介电常数上升阶段，这两种极化对于 ε' 的影响比微观结构大。但是当 Ga^{3+} 取代量继续增加后，晶粒尺寸减小的速度加快，其对于 ε' 的影响又占据主导地位，因而介电常数急剧减小。图 5-33（b）中显示的介电常数虚部（ε''）在 1～100MHz 频率域内始终低于 0.1，根据 $\varepsilon''/\varepsilon'$ 得到的介电损耗 $\tan\delta_\varepsilon$ 处于一个非常低的数量级（10^{-4}～10^{-3}）。在这里，样品的介电性能受两方面的影响：一是 Bi_2O_3 添加剂，形成了具有介电性能的 BFO，让所有样品的 ε' 得到提高；二是在烧结过程中，液相的 Bi_2O_3 填充了晶格之间的缝隙，产生了比较致密的微观结构，得到比较低的介电损耗。

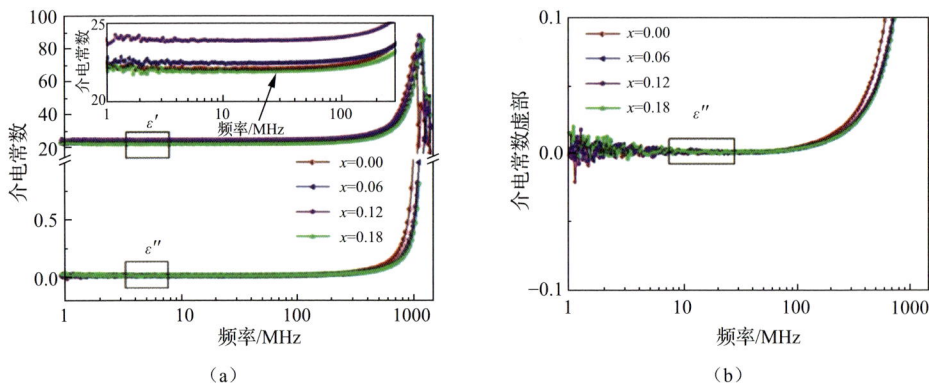

图 **5-33** 不同 Ga^{3+} 取代量 Mg-Cd 铁氧体复介电常数（a）和介电常数虚部（b）随频率的变化

4）重要参数分析

为了探索出具有最佳磁介性能的铁氧体样品，合适的 Ga^{3+} 取代量需要确认，通过比较在 50MHz 处的阻抗$[Z = (\mu'/\varepsilon')^{1/2}]$和宽带因子$[BW = Z / (4 + 17\mu'\varepsilon')^{1/2}]$，得出结果如图 5-34 和表 5-11 所示。可以看到当 x 为 0.00 时，样品的阻抗较低，为 0.67，当 x 为 0.06 时，样品的宽带因子比较低，当 x 为 0.12 时，样品的阻抗最接近于 1，并且宽带因子较高。这里的目标是找到比较大的宽带因子，较宽的工作频率以及接近于 1 的阻抗。综合起来看，当 x 为 0.12 时，样品的各个参数均表现良好，是最佳的取代量。

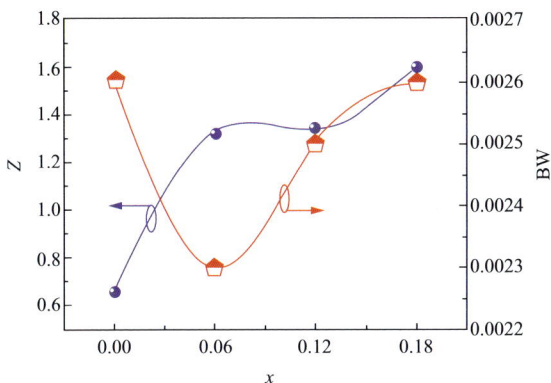

图 **5-34**　不同 Ga^{3+} 取代量 Mg-Cd 铁氧体的阻抗（Z）和宽带因子（BW）

表 **5-11**　　不同 Ga^{3+} 取代量的 **Mg-Cd** 铁氧体的参数

x	μ'	ε'	Z	BW
0.00	10	22	0.67	0.0026
0.06	40	22.5	1.33	0.0023
0.12	42	23.5	1.34	0.0025
0.18	56	21.8	1.60	0.0026

5.4.3　Mg-Cd-Ga 铁氧体在不同合成温度下的制备及性能研究

1. 原料试剂

本小节采用的原料试剂和 5.4.2 节相同。

2. Mg-Cd-Ga 铁氧体制备及性能表征

5.4.2 节研究了 Ga^{3+} 取代量对 Mg-Cd 铁氧体磁介性能的影响，最终得到最合适 Ga^{3+} 取代量为 0.12，但是发现磁导率略微偏大。所以本小节选取了稍微小一点的 Ga^{3+} 取代量（0.1），旨在探索烧结温度对 $Mg_{0.8}Cd_{0.2}Fe_{1.9}Ga_{0.1}O_4$ 铁氧体样品的相成分、微观结构及磁介性能的影响。不同温度（900℃、915℃、930℃、945℃）下合成的 $Mg_{0.8}Cd_{0.2}Fe_{1.9}Ga_{0.1}O_4$ 铁氧体的制备过程和 5.4.2 节相同，但在最后烧结时将液压成型的样品放入马弗炉中在 900℃、915℃、930℃或 945℃下烧结 4h，升降温速率均为 2℃/min，烧结气氛为空气。烧结后的 $Mg_{0.8}Cd_{0.2}Fe_{1.9}Ga_{0.1}O_4$ 铁氧体样品的测试过程和 5.4.2 节的测试过程一致。

3. 不同温度下烧结的 Mg-Cd-Ga 铁氧体测试结果与分析

1）相成分分析

图 5-35 为在不同温度（900℃、915℃、930℃、945℃）下烧结的 $Mg_{0.8}Cd_{0.2}Fe_{1.9}Ga_{0.1}O_4$ 铁氧体的 X 射线衍射图谱。如图 5-35（a）所示，有三种 XRD 峰被检测到，它们分别是：尖晶石 $MgFe_2O_4$ 对应的峰；Ga-Fe 氧化物 $GaFeO_3$（GFO）对应的峰和 $Bi_{24}Fe_2O_{39}$（BFO）对应的峰。其中，尖晶石峰对应晶格面(111)、(220)、(311)、(222)、(421)、(422)、(511)、(620)、(533)、(622)作为主成分 $Mg_{0.8}Cd_{0.2}Fe_{1.9}Ga_{0.1}O_4$ 的峰，与 XRD 标准 PDF 比对卡编号 22-1086 一致，表明即使样品中含有 Ga^{3+} 和 Cd^{2+}，也不影响样品尖晶石结构的形成。(060)晶格面属于 GFO 的峰，但其强度很微弱，意味着少量的 Ga^{3+} 与 Fe^{3+} 结合氧离子形成 GFO。最后一个 BFO 对应晶格面(201)、(220)、(203)与 XRD 标准 PDF 比对卡编号 42-0201 相匹配，说明具有介电相的 BFO 的形成，它增强了整体介电性能，但由于介电性能强，磁性能较弱，对所有样品的磁性能影响不大。可以估计烧结温度对结晶尺寸大小的影响，结果如表 5-12 所示。从中可以发现，理论上，结晶尺寸随着温度上升有微弱减小的趋势，表明温度升高会抑制结晶的发生。因此，较高的温度会减小结晶尺寸，加速样品的晶化过程。如图 5-35（b）所示，样品的(220)晶格面对应的峰随着温度升高有向右移动的趋势。根据前面分析，说明高温导致晶格常数减小，晶格常数可以根据式（2-2）计算，结果显示在表 5-12 中。在温度升高的过程中，部分结晶产生了晶格之间的表面缺陷，导致更加剧烈的晶化过程，使得晶格发生收缩，晶格常数减小，这也是 A 位与 B 位之间阳离子再分配的一个原因。

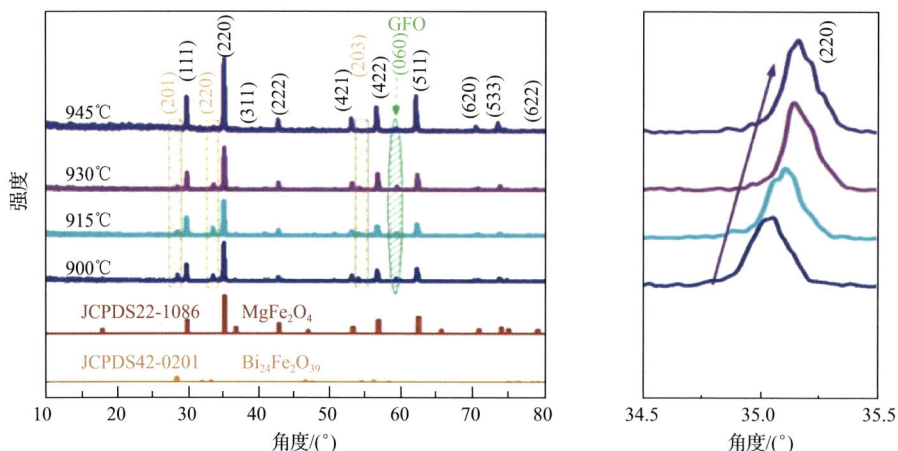

（a）10°～80°的全局XRD图谱　　　（b）34.5°～35.5°局部放大的XRD图谱

图 5-35　不同温度下烧结的 $Mg_{0.8}Cd_{0.2}Fe_{1.9}Ga_{0.1}O_4$ 铁氧体的 XRD 图谱

表 5-12　不同温度下烧结的 $Mg_{0.8}Cd_{0.2}Fe_{1.9}Ga_{0.1}O_4$ 铁氧体的结构参数

温度/℃	晶格常数/Å	结晶尺寸/nm	ρ_B /(g/cm^3)	ρ_T /(g/cm^3)	RD/%	P/%
900	8.3687	64.32	4.62	5.29	87.33	12.66
915	8.3526	62.41	4.85	5.33	90.99	9.00
930	8.3476	61.05	4.96	5.37	92.36	7.64
945	8.3412	60.34	5.07	5.43	93.37	6.63

不同温度下烧结的 $Mg_{0.8}Cd_{0.2}Fe_{1.9}Ga_{0.1}O_4$ 铁氧体的理论密度（ρ_T）可以用式（5-19）计算得到，结果如表 5-12 所示，它也随着温度的升高而增大。实际测量得到的密度（ρ_B）显示一样的变化趋势。然而每一个温度点烧结的 ρ_B 都比 ρ_T 要小，这是因为样品的晶粒之间存在孔洞和缝隙，制备的样品达不到理论最高密度。因此，可以计算出孔隙率（P）和相对密度（RD），如表 5-12 所示。其中 P 可以用式（5-34）计算得到：

$$P = \frac{\rho_T - \rho_B}{\rho_T} \times 100\% \tag{5-34}$$

从中可以看出，所有样品的相对密度均大于 87%，说明样品的致密性较高。这是由于适当的烧结温度让晶粒生长，导致气孔析出，形成晶界和致密的样品。

经过 Rietveld 精修，样品的相成分和结构表征得以进一步确定。图 5-36 显示了在不同温度下烧结的 $Mg_{0.8}Cd_{0.2}Fe_{1.9}Ga_{0.1}O_4$ 铁氧体材料的详细 Rietveld 精修结果，以及最佳 Rietveld 拟合的直观图。可以看出观察到的和计算出来的 XRD 图谱之间的误差比较小，证明精修的可靠性。如表 5-13 所示，较低的可靠性参数（χ^2、ω_{R_p}、R_p）也论述了这个结论。此外，从表 5-13 中 A 位与 B 位的离子分配看来，Cd^{2+} 始终占据 A 位，Ga^{3+} 始终占据 B 位，Mg^{2+} 和 Fe^{3+} 在 A 位与 B 位均有所分配。随着温度升高，一部分 Mg^{2+} 从 B 位移动到 A 位，而一部分 Fe^{3+} 以相反的方向移动，造成 A 位与 B 位之间超交换作用得到增强。

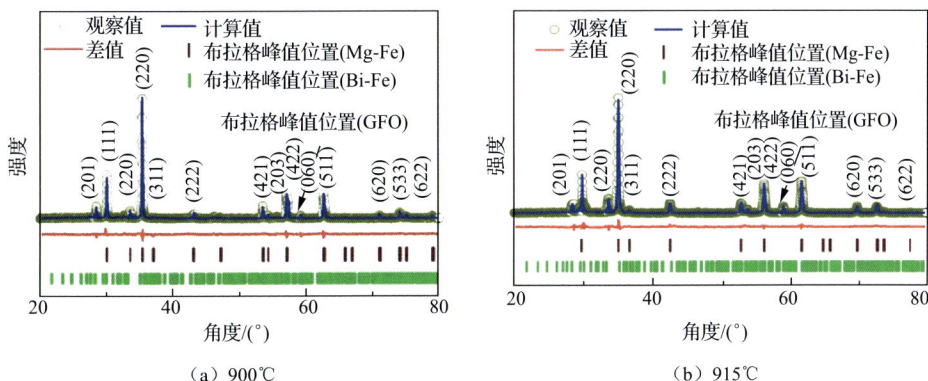

（a）900℃　　　　　　　　　（b）915℃

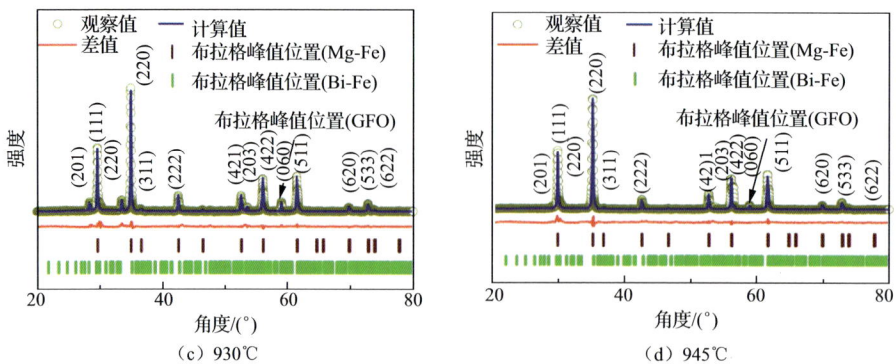

（c）930℃ 　　（d）945℃

图 5-36　不同温度下烧结的 $Mg_{0.8}Cd_{0.2}Fe_{1.9}Ga_{0.1}O_4$ 铁氧体 XRD 精修结果图

表 5-13　不同温度下烧结的 $Mg_{0.8}Cd_{0.2}Fe_{1.9}Ga_{0.1}O_4$ 铁氧体精修结果

温度/℃	A 位离子	B 位离子	晶格常数/Å	χ^2	ω_{R_p}/%	R_p/%
900	$(Mg_{0.44}^{2+}Cd_{0.2}^{2+}Fe_{0.36}^{3+})$	$[Mg_{0.36}^{2+}Ga_{0.1}^{3+}Fe_{1.54}^{3+}]$	8.4402(0.0002)	2.04	10.32	8.52
915	$(Mg_{0.45}^{2+}Cd_{0.2}^{2+}Fe_{0.35}^{3+})$	$[Mg_{0.35}^{2+}Ga_{0.1}^{3+}Fe_{1.55}^{3+}]$	8.3891(0.0001)	1.96	9.95	7.97
930	$(Mg_{0.46}^{2+}Cd_{0.2}^{2+}Fe_{0.34}^{3+})$	$[Mg_{0.34}^{2+}Ga_{0.1}^{3+}Fe_{1.56}^{3+}]$	8.3523(0.0002)	1.75	8.94	7.12
945	$(Mg_{0.47}^{2+}Cd_{0.2}^{2+}Fe_{0.33}^{3+})$	$[Mg_{0.33}^{2+}Ga_{0.1}^{3+}Fe_{1.57}^{3+}]$	8.3319(0.0003)	2.12	10.89	9.34

2）微观结构分析

不同温度（900℃、915℃、930℃、945℃）下烧结的 $Mg_{0.8}Cd_{0.2}Fe_{1.9}Ga_{0.1}O_4$ 铁氧体的表面 SEM 图如图 5-37 所示。图 5-37（a）显示了在 900℃下烧结的样品具有比较小的晶粒尺寸，约为 0.8μm，晶粒与晶粒之间除了有一些缝隙之外，还有可观的孔洞，说明 900℃或者更低的温度不能形成比较致密的晶粒生长合适的样品。随着烧结温度升高，样品的晶粒开始生长，晶粒之间的孔洞数量逐渐减少，当温度上升到 945℃时，样品的晶粒生长很明显，平均晶粒尺寸达到 1.8μm，个别的晶粒极为显眼，出现一定的不均匀性，晶粒之间的孔洞很难观察到[图 5-37（d）]。此时，样品的致密性也得到明显提高。从表 5-12 中可以看出，无论是样品的理论密度、实测密度还是相对密度都呈现单调上升的态势，这也说明样品越来越致密，孔隙率越来越小。所以结合理论计算和实际测量，得到的结论是样品随着温度的升高，微观结构变得更加致密，晶粒尺寸变大。

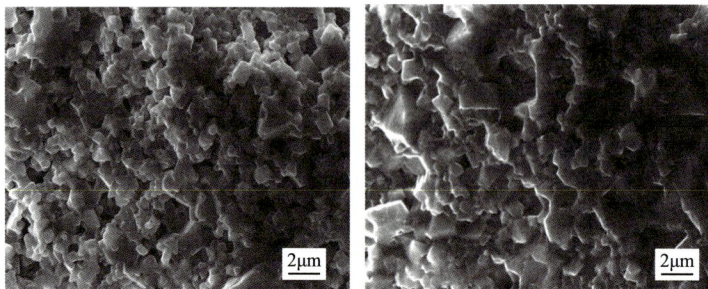

（a）900℃ 　　（b）915℃

（c）930℃　　　　　　　　（d）945℃

图 5-37　不同温度下烧结的 $Mg_{0.8}Cd_{0.2}Fe_{1.9}Ga_{0.1}O_4$ 铁氧体的 SEM 图

3）磁性能分析

不同温度（900℃、915℃、930℃、945℃）下烧结的 $Mg_{0.8}Cd_{0.2}Fe_{1.9}Ga_{0.1}O_4$ 铁氧体经过 VSM 测试后得到磁滞回线，并基于测试结果，计算出相应样品的饱和磁化强度（M_s）和矫顽力（H_c），结果如图 5-38 所示。所有样品因具有比较小的矫顽力，呈现出比较明显的软磁特性，这和前面讨论的结果一致。如图 5-38（b）所示，样品的 M_s 和 H_c 随着烧结温度的升高而呈现单调增加和减小的态势。对于单调增加的 M_s（19～26emu/g），双亚晶格的 Neel 理论可以解释。正如 5.2 节对于 M_s 变化原因的讨论，在铁氧体内部存在着三种即 A-A、A-B、B-B 位之间都可能发生的磁交换作用。其中，A-B 位的超交换作用对磁性能的影响远大于 A-A 或者 B-B 位作用，它将在 A 位的磁自旋按照一个方向排列，在 B 位的磁自旋按照相反的方向排列。所以，根据前面所述，材料的净磁矩（M_m）等于 B 位磁矩（M_B）与 A 位磁矩（M_A）矢量差的模。在这里，Mg^{2+}、Cd^{2+}、Ga^{3+} 这三种离子的磁矩为 $0\mu_B$，即不具有磁性能，所以材料的净磁矩由 Fe^{3+}（$5\mu_B$）在 A 位与 B 位的分布决定。根据 Rietveld 精修结果，随着烧结温度从 900℃升高到 945℃，一部分 Mg^{2+} 从 B 位移动到 A 位，而一部分 Fe^{3+} 从 A 位移动到 B 位，这样造成 A 位的 Fe^{3+} 含量减少而 B 位的 Fe^{3+} 含量增加，也就是说，M_A 减小而 M_B 增加，显然 M_m 会增加。

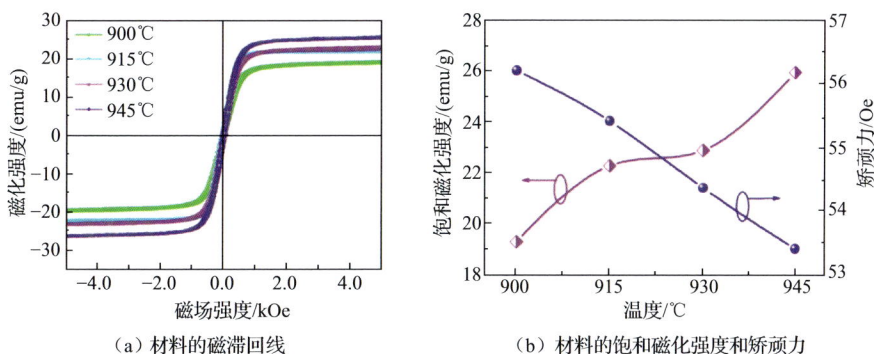

（a）材料的磁滞回线　　　　　　　（b）材料的饱和磁化强度和矫顽力

图 5-38　不同温度下烧结的 $Mg_{0.8}Cd_{0.2}Fe_{1.9}Ga_{0.1}O_4$ 铁氧体的磁性能曲线

图 5-38（b）中，H_c 随着烧结温度的升高而从 56Oe 逐渐降低到 53Oe，这是因为在较高烧结温度下制备的样品中较大晶粒中的畴壁厚度增加了。因此，相对于磁畴旋转，磁畴壁运动需要更少的能量来实现相同的磁化强度，即矫顽力减小。同时，根据式（2-12）可知，M_s 与 H_c 呈负相关关系，由于 M_s 是随烧结温度升高而增加的，所以 H_c 会减小。综上所述，实验所得的 M_s 和 H_c 极度符合理论解释。

不同温度（900℃、915℃、930℃、945℃）下烧结的 $Mg_{0.8}Cd_{0.2}Fe_{1.9}Ga_{0.1}O_4$ 铁氧体的复数磁导率在 1MHz～1GHz 范围内的变化如图 5-39 所示。可以看到，在 1～200MHz 范围内，磁导率实部（μ'）随着温度升高从约 30 上升到约 50，而它们的共振频率从 150MHz 快速下降到 15MHz。磁导率的升高可以归因于晶粒尺寸的增加及更加致密的结构，使得内应力和晶体各向异性减小，从而磁晶各向异性常数（K_1）减小。根据式（5-22），μ' 不仅与 K_1 呈负相关，也与 M_s 呈正相关关系。从前面内容可知，M_s 随温度升高而增加，所以 μ' 增加。在图 5-39 中，磁导率虚部（μ''）的值在 0.3～1.0 之间，计算得到的磁损耗 $\tan\delta_\mu$（μ''/μ'）的数量级达到 10^{-2}，实现了低磁损耗。磁损耗分三个部分：涡流损耗（$\tan\delta_e$）、磁滞损耗（$\tan\delta_a$）及剩余损耗（$\tan\delta_c$），$\tan\delta_e$ 源于电磁感应是无法避免的，可以通过降低矫顽力来控制，所研究的铁氧体矫顽力比较小，所以产生了小的 $\tan\delta_e$。$\tan\delta_a$ 的降低可以通过优化具有均匀晶粒、高相对密度、低气孔率的微观结构来实现。

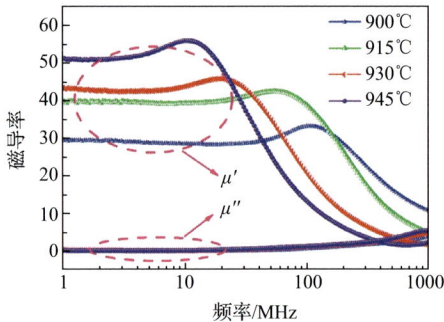

图 5-39　不同温度下烧结的 $Mg_{0.8}Cd_{0.2}Fe_{1.9}Ga_{0.1}O_4$ 铁氧体的复数磁导率

4）介电性能分析

不同温度（900℃、915℃、930℃、945℃）下烧结的 $Mg_{0.8}Cd_{0.2}Fe_{1.9}Ga_{0.1}O_4$ 铁氧体的复介电常数在 1MHz～1GHz 范围内的变化如图 5-40（a）所示。与前面讨论的磁导率一样，$Mg_{0.8}Cd_{0.2}Fe_{1.9}Ga_{0.1}O_4$ 铁氧体的介电常数无论实部（ε'）还是虚部（ε''）在很宽的频率域内都有稳定的值。其中 ε' 的值随温度从 20 上升到 25，这主要是晶粒尺寸的增加所决定和造成的。同时，具有强介电性的 BFO 的形成也在一定程度上增加了所有样品的介电常数。对于所有样品的 ε''，其值在 1～200MHz 范围内均保持平稳且在 10^{-2}～10^{-1} 范围内，通过计算得到的介电损耗

$\tan\delta_\varepsilon$（$\varepsilon''/\varepsilon'$）的数量级低至 10^{-3}，甚至在某些频段（8×10^{-4}，10MHz）达到 10^{-4} 这种相当低的级别。这是因为低温下烧结的样品具有比较致密的微观结构，比较适中的晶粒尺寸（0.8～1.8μm）。

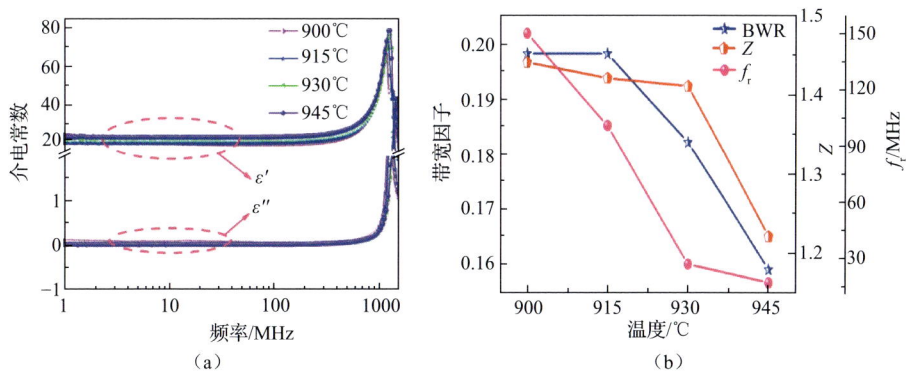

图 5-40　不同温度下烧结的 $Mg_{0.8}Cd_{0.2}Fe_{1.9}Ga_{0.1}O_4$ 铁氧体的复介电常数（a），以及宽带因子（BWR）、阻抗（Z）和共振频率（f_r）（b）

　　这里是探索出最佳烧结温度以得到具有高的宽带因子（BWR），接近于 1 的阻抗（Z）以及高的共振频率（f_r）。不同温度（900℃、915℃、930℃、945℃）下烧结的 $Mg_{0.8}Cd_{0.2}Fe_{1.9}Ga_{0.1}O_4$ 铁氧体的 BWR、Z 和 f_r 如图 5-40（b）所示。在图 5-40（b）中，在 900℃下烧结的样品具有较高的 BWR 和 f_r，但是它的 Z 比较大；在 930℃ 和 945℃下烧结的样品的 f_r 比较小，只有在 915℃下烧结的样品具有比较高的 BWR 和 f_r，也具有更接近于 1 的 Z。可以得出结论 915℃是 $Mg_{0.8}Cd_{0.2}Fe_{1.9}Ga_{0.1}O_4$ 铁氧体的最佳烧结温度，此时的截止频率是较高的 400MHz。

5.5　基于磁介材料的宽频带圆极化微带天线研究

5.5.1　磁介材料微带天线的优点

　　微带天线是在带有导体接地板的介质片上贴加导体薄片而形成的天线。它利用微带线或同轴线馈电，在导体贴片与接地板之间激励起辐射电磁场，并通过贴片四周与接地板之间的缝隙向外辐射。可将微带天线看成一种缝隙天线。微带天线在最近几十年广受研究者的关注，因为其具有低成本、低轮廓、轻量化、集成化等特点而非常适合设备的安装以及现代无线通信的需求。然而，微带天线的辐射性能容易受到自身结构和辐射机制等内部因素的影响而出现恶化，例如，基材料偏大的介电常数和介电损耗、磁损耗会大大降低其增益。目前已研究开发出许多手段来克服这些劣势，其中比较常见的方法是应用磁介材料作为基材料来抑制或消除表面波，满足磁介匹配的前提下优化材料的微观结构，降低磁损耗和介电损耗，这样天线的性能得到较大提高。LTCC/LTCF 陶瓷材料的出现和兴起恰好可以满足这样的需求。

LTCC（低温共烧陶瓷）技术是 1982 年开始发展起来的令人瞩目的整合组件技术，已经成为无源集成的主流技术，成为无源元件领域的发展方向和新的元件产业的经济增长点。它能将三大无源元件（包括电阻、电容和电感）以及各种无源模块（如滤波器、变压器等）封装到多层布线基板中，将它们与有源器件（如电源、场效应晶体管、IC 电路模块等）集成为一个完整的电路系统。同时，它一致性好、精度高、组装密度高等特点尤其适合天线及无线收发系统的加工。LTCF（低温共烧铁氧体）技术是一种类似于 LTCC 的技术。它是一种三维、立体的高频电路工艺，是以铁氧体作为电路基材料，采用新型的低温共烧工艺以及器件设计技术，实现平面化磁性器件及磁性基板。磁性基板可内置各种环形及隔离功能，同时结合混合集成技术表贴 SMT 元件或者腔体内埋磁体和芯片，可以有效提高组装密度，减少焊点，缩短连线。充分利用各种挖腔、内埋热沉、穿孔接地以及共晶焊、金丝键合等厚薄膜工艺，实现无源元件通半导体芯片的三维集成，是电子元件与整机系统之间的一种先进接口技术。

因此，这里结合前面的研究内容，在低温（低于 960℃）下制备了性能优良的 Mg 基磁介材料生瓷料带和一定尺寸的基片，并以此作为基材料来设计、仿真、优化、加工圆极化天线，主要应用于低空通信系统和卫星通信。这些天线经常使用圆极化天线，是因为它们有能力减轻多路径效应，并使发射和接收天线的方向角有更多自由度。在现代通信系统中，需要体积紧凑的圆极化天线来减小通信系统的总体尺寸和改善通信系统的机动性，特别是在低频情况下。圆极化天线如螺旋天线和交叉偶极天线支持宽带操作，然而，它们通常需要一个地平面来提供单向辐射模式，这增大了天线的整体尺寸。另一方面，贴片天线由于具有外形尺寸小、易于制造等优点，是微型天线设计的理想选择。问题是圆极化贴片天线往往带宽很窄，一般小于 8%。因此，在实现圆极化的前提下，增加天线的带宽是一个困难和挑战。本小节天线的设计主要为了实现更宽的带宽。同时，基于材料的参数，采用电磁仿真软件 ANSYS Electromagnetics Suit 18.2 仿真了三副工作于不同频率段的圆极化微带天线，它们的中心频率在 300MHz 左右。然后，利用 LTCC 技术将仿真的天线加工成成品，并在微波暗室中测试其近场和远场参数，主要包括阻抗带宽、方向性、轴比、方向图，分析天线的测试性能、测试结果与仿真结果之间的误差。最终验证材料作为天线基材的可行性和天线的宽频带、圆极化特性。

5.5.2 磁介材料生瓷料带及铁氧体基片工艺制备研究

1. 低温共烧铁氧体工艺流程

LTCF 技术的主要生产工序包括：铁氧体浆料配制、流延载体配制、球磨混合、流延生瓷料带、冲孔、注入浆料、印刷通孔和布线、叠层、共烧、倒角、封装电镀、混合集成及最终测试，如图 5-41 所示。主要工序具体描述如下。

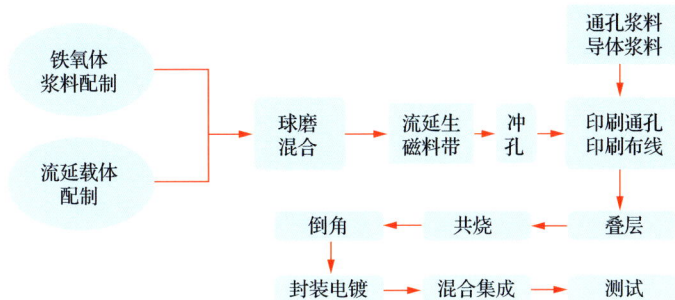

图 **5-41** LTCF 工艺流程

1）浆料的配制和混合球磨

铁氧体浆料由铁氧体粉末、溶剂、黏合剂、分散剂及可塑剂组成。①溶剂主要是有机溶剂，种类繁多，最常用的有醇、酮、酯和苯类有机物。浆料的性能对溶剂的纯净度比较敏感。②黏合剂有助于浆料的成型，同时增强流延膜片的机械强度，减少流延过程中存在的缺陷，如裂缝、分层等。黏合剂的种类也较多，聚乙烯醇（PVA）系列和丙烯酸树脂系列广泛应用于批量化片式元器件的加工。PVA系列的优势是流延过程可快速烘干，缩短流延时间，同时流延片具有较强的韧性，且黏合剂排胶容易，残留较少，但其劣势是具有较差的溶解性。丙烯酸树脂系列的热解性最好，但容易在分解过程对材料的整体性能产生影响，形成缺陷，使成品性能恶化。邻苯二甲酸二丁酯（DBP）黏合剂的兼容性比较强，所以在陶瓷或铁氧体材料的加工中应用较多。③分散剂可以控制浆料的微粒的表面电荷和 pH，形成颗粒间的阻隔，得到分散而又凝聚的微粒。分散剂的分散性能由粉体微粒的表面状态和选择的溶剂类别决定，一般具有很强的依赖性。一般的分散剂包括甘油三油酸酯、表面改性剂（偶联剂）和金属离子分散剂。④可塑剂可以使浆料的流变性增强，提高流延膜片的柔软度和可塑度。运用混合球磨工艺可以实现浆料的充分混合。选择球类球磨介质、调节球磨转速、控制球磨时间及控制球磨溶剂（有机溶剂或去离子水），以实现浆料颗粒的均匀性。

2）流延

流延的设备包括膜片传送带、流延头、注浆机、烘干区域及接片区域。流延最核心的部件是流延头。流延方法使用刮刀法，其机制是将配制完成的铁氧体浆料定量地注入到浆料罐中，然后伴随着传送带的运行，浆料从头部喷出，形成膜片。式（5-35）描述了上述因素的关系：

$$t = a\left(\frac{\rho gH}{12\mu l V_0}h^3 + \frac{h}{2}\right) \tag{5-35}$$

其中，l 为刮刀刀片厚度；a 为从湿润到干燥后的收缩率；H 为浆料的液面深度；V_0 为传送带的运行速率；ρ 为浆料的密度；μ 为浆料的黏稠度；h 为刀锋间的距离；t 为生片的厚度；g 为重力加速度。从式（5-35）可以得出，通过对刀锋间的距离、传送带运行速率和浆料的液面深度的调节可以控制膜片厚度。

3）丝网印刷

丝网印刷主要采用的方式是间歇丝网印刷技术。间歇印刷的机制是在掩模与生片之间设置一定缝隙，在刮刀经过掩模时，将导电银浆推过生片上的掩模空口。用一定压强的压力施加在刮刀上，刮刀的底部会经受弹性而变形，进而作用在导电银浆上，因此将导电油墨印在生片上，然后，释放丝网，油墨与刮刀脱离。所以，比较关键的是适当调节刀头的变形程度和形状以确保印刷质量。

4）叠层

叠层是为了把完成印刷电路图形后的铁氧体膜片依照一定的次序堆放在一起，同时揭取掉 PET 膜。在流延生片的厚度确定后，通常叠层的数量视需求而定。

5）共烧

共烧的过程主要由两个阶段组成：第一个阶段是有机溶剂的排出阶段。铁氧体浆料中加入了一定含量的有机溶剂以使铁氧体材料流延顺利且拥有比较好的力学性能，然而有机溶剂的引入会改变铁氧体基片的微观形貌和高频磁介性能，所以在烧结过程中需要及时排出。第二个阶段则是铁氧体的低温烧结过程。将铁氧体生坯料在烧结炉内通过一系列的物理化学反应将铁氧体焙烧成成品。其中，烧结曲线对铁氧体基片的性能及平整度有一定影响。不同温度下烧结样品的收缩率符合式（5-36）：

$$\delta = \frac{L_0 - L}{L} \times 100\% \tag{5-36}$$

其中，L_0 和 L 分别为烧结前后铁氧体基片的长度。

2. 磁介铁氧体生瓷料带的制备

LTCF 技术的兴起让无源集成器件发展迅速。它是将无源器件、互联和封装集成为一体的多层结构加工技术。生瓷料带的加工是 LTCF 技术及工艺流程中最重要的一部分，生瓷料带的质量好坏对基材料的微观形貌、磁性能及介电性能有很大影响，而这些性能是后端元件、器件、模块和系统性能的前提和基础。因此，研制出具有良好性能的铁氧体生瓷料带至关重要。

铁氧体浆料由铁氧体二次球磨粉料加不同形式的有机溶剂组成。一般情况下，这些有机溶剂包括黏合剂、分散剂、增塑剂和溶解剂。其中，有机溶剂的最佳组成种类和最优配比必须经过数次重复实验得到，同时有机溶剂的含量尽量控制在最低水平。因为增塑剂和黏合剂对材料的机械性能影响较大，所以添加合适的增塑剂和黏合剂可以让生片拥有较好的伸缩度和延展性。同时，去离子水的引入也对生片的性能产生影响，所以在粉料混合之前需要进行干燥处理。生片的存储要求在温度恒定的烘箱中。粉末的颗粒尺寸也要限定在一定范围内，因为太大时生片强度会减小，太小时生片表面平整程度会受到影响。最后，将铁氧体二次球磨浆料、分散剂、增塑剂、黏合剂和消泡剂在聚四氟乙烯罐中球磨 20h。

流延过程中生片的厚度主要采取控制刀锋间隙，传送带运行速率及浆料罐液面深度来调节。生瓷料带生产过程中存在的问题及对应的解决思路如表 5-14 所示。为了获得质量比较好、稳定性高的生瓷料带，可以采用如下指标来评估生片的成品质量：①从宏观角度看，生片厚度要一致且均匀；②生片具有光滑且平整的表面，上面和下面的微观形貌一致；③生片没有直观的裂纹、狭缝等物理缺陷；④生片具有良好的物理性能，适用于后续加工；⑤生片的弹性、黏结性和可热塑性良好。

表 5-14　流延成型时存在的问题以及对应的解决思路

存在的问题	诱发原因	解决办法
表面裂纹	烘干热风量大或烘干风温度较高	减少烘干风量或降低烘干温度
表面纹路	浆料球磨不充分或流延刀锋不齐整	球磨充分，流延刀锋口齐整
气孔	添加的溶剂量过大	减小溶剂含量、添加脱泡剂
断层	黏合剂和增塑剂的量过少	调节黏合剂和增塑剂的含量或种类
厚度差异	刀口间距不一致	调节刀口间距以使之平行
边缘凸起	增塑剂的量过少或烘干温度过高	调节增塑剂含量或降低烘干温度

流延后得到的单层铁氧体生瓷料带如图 5-42 所示。从图中可以观察到，生瓷料带致密且均匀，表面无明显伤痕或气孔。利用膜厚仪测量了生瓷料带的厚度，发现其最宽和最窄处的厚度相差很小，达到 LTCF 工艺的要求。

图 5-42　单层铁氧体生瓷料带

3. 铁氧体基片的制备

在前面基础上加工了膜片致密且均匀，表面无伤痕、气孔的生瓷料带，其达到了 LTCF 工艺的要求。采用所制备的生片，叠层 200 层，在 100℃下采用分段加压的方式等静压 30min，随后将生片置于烘箱中在 60℃条件下烘干 24h，然后切割成 100mm×100mm、200mm×200mm 等不同尺寸的基片待用。

由于生坯基片的比表面积较大，因而要设置合理的烧结曲线，不然会改变铁氧体基片的平整度、均匀性和致密性。此外，烧结炉内的温度均匀性、盖板质量、升降温速率等因素均对基片的最终性能影响也比较大。具体描述如表 5-15 所示。

表 5-15　铁氧体基片烧结影响因素

影响因素	影响结果
垫板的平整度和盖板质量	膜片的致密性
烧结炉内温度的均匀性	膜片的平整度
升降温速率	膜片的均匀性

经过多次重复的实验及优化，最终的烧结曲线如图 5-43（a）所示。盖板采用一定质量的 Al_2O_3 陶瓷，烧结温度为 930℃。最后具有均匀结构、平整表面的铁氧体基片成功制得，经过抛光后的基片样本如图 5-43（b）所示。

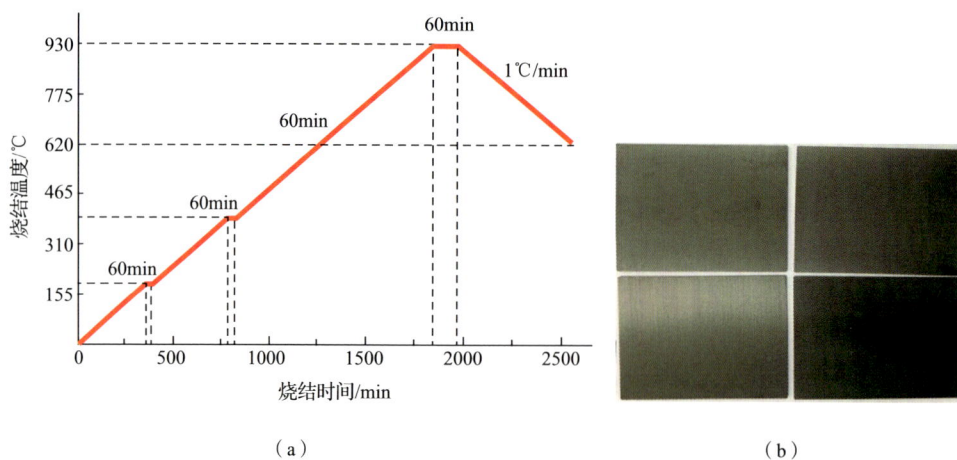

（a）　　　　　　　　　　　　　　　　　（b）

图 5-43　铁氧体基片的烧结曲线（a）和实物图（b）

5.5.3　基于磁介材料的圆极化微带天线的设计加工与测试

1. 圆极化微带天线仿真设计

基于微带贴片天线拥有小体积、低轮廓、易加工等优势，本小节基于 $Mg_{0.85}Cd_{0.15}Fe_2O_4$ 等磁介材料设计了一种中心频率为 300MHz 的微带贴片天线，其基材料的介电常数、介电损耗、磁导率、磁损耗按照前面测试结果，设置在仿真软件 ANSYS Electromagnetics Suit 18.2 中。考虑到后续加工及测试等情况，在此设计中采用侧馈即在基板边缘馈电的方式进行馈电，端口与辐射贴片之间采用微带线连接，阻抗变换为 0.25 倍波长，约为 25mm，端口的阻抗为 50Ω。其中馈线需要进行阻抗变化，从而实现阻抗匹配。本小节设计采用四分之一波长变换器实现，其示意图如图 5-44 所示。

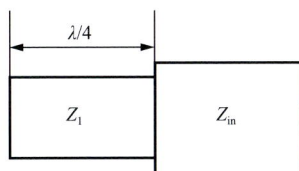

图 **5-44**　四分之一波长变换器示意图

由传输线理论可以得出，输入阻抗可以通过式（5-37）得到：

$$Z_{in} = Z_0 = Z_1 \frac{Z_2 + jZ_1 \tan(\beta L)}{Z_1 + jZ_2 \tan(\beta L)} \tag{5-37}$$

其中，Z_0 为传输线的特征阻抗；Z_1 和 Z_2 为传输线不同部位的阻抗；β 为相位常数；L 为传输线长度。如果传输线的长度为 1/4 波长，那么上面的表达式就可以简化成：

$$Z_{in} = \frac{Z_1^2}{Z_2} \tag{5-38}$$

式（5-38）表明当输入阻抗和负载阻抗的乘积为 1/4 波长变换的阻抗时，可以实现完美的阻抗匹配。

最终，天线的模型如图 5-45 所示，浅灰色部分表示微带天线的空气盒子，深灰色正方形部分表示天线的基板，其边长为 W，橙黄色区域为金属层，为天线辐射单元，其长为 L_p，宽为 W_p，浅蓝色区域为微带馈线及馈电端口。在此，天线贴片两个对称的直角切除一对相同的直角三角形，其直角边长为 W_c。这可以作为一种扰动，产生两个正交的接近退化的谐振模式，不仅可以实现天线圆极化特性，而且可以减小贴片尺寸。但是，切角的程度不能任意选择，而是遵循式（5-39）的圆极化条件：

$$\left| \frac{\Delta s}{s} \right| = \frac{1}{2Q_0} \tag{5-39}$$

其中，s 为尺寸变量；Δs 为切角的总面积，在本小节设计中，Δs 是每个切除的直角三角形面积的 2 倍，Q_0 为基材料的品质因数，是 $\tan\delta_\varepsilon$ 的倒数，在 300MHz 处的值约为 500。同时，在一些探针馈电的微带天线中，在厚衬底层中使用了长探针头，造成电感升高，使得天线的带宽被限制在 10% 以内。所以为了克服这个问题，可以通过在贴片的边缘插入两个狭缝在基本贴片附近产生额外的谐振模式，增加电流的流动路径和行程，从而实现带宽的大幅增加（超过 120%）。天线的具体设计过程如下所述。

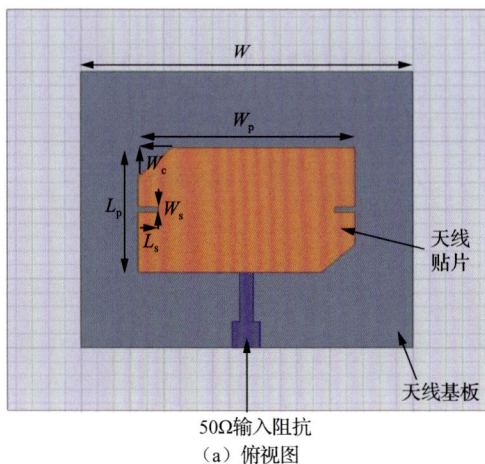

（a）俯视图

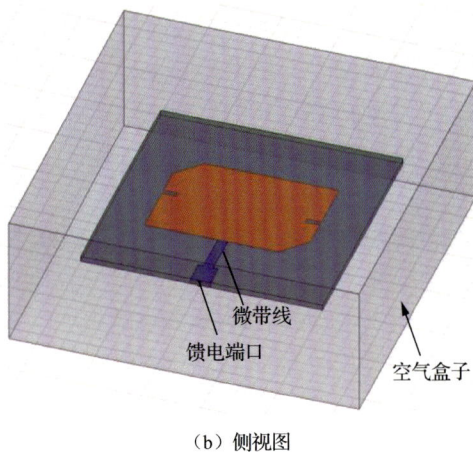

（b）侧视图

图 5-45　侧馈的圆极化微带贴片天线示意图

1）圆极化微带天线相应尺寸的计算

根据材料在本小节设计频率下的参数，如磁导率、介电常数，运用经验公式 [式（5-40）]，微带天线贴片的宽度 W_p 可以初步估算出来：

$$W_p = \frac{c}{2f_r}\left(\frac{2}{\varepsilon_r + 1}\right)^{\frac{1}{2}} \qquad (5\text{-}40)$$

其中，c 为真空中电磁波的传播速率，约为 $3 \times 10^8 \text{m/s}$；ε_r 为介质基板的相对介电常数。天线贴片的长度 L_p 也可以用相应的经验公式 [式（5-41）] 计算出来：

$$L_p = \frac{c}{2f_r\sqrt{\varepsilon_e}} - 2\Delta L \tag{5-41}$$

其中，ΔL 为等效缝隙长度，可以用式（5-42）估算出来：

$$\Delta L = 0.412h\frac{(\varepsilon_e + 0.3)(w/h + 0.264)}{(\varepsilon_e - 0.258)(w/h + 0.8)} \tag{5-42}$$

其中 ε_e 为有效介电常数，运用式（5-43）可计算出来：

$$\varepsilon_e = \frac{\varepsilon_r + 1}{2} + \frac{\varepsilon_r - 1}{2}\left(1 + 12\frac{h}{w}\right)^{-\frac{1}{2}} \tag{5-43}$$

此外，天线基板的厚度 h 与效率和带宽有密切关系，但不宜过厚。其原因是过厚的基板会产生波辐射，进而影响天线性能。另外过厚的基板会导致质量和尺寸增加。所以天线基板的厚度应该受到式（5-44）的限制：

$$h \leqslant \frac{0.3c}{2\pi f_u\sqrt{\varepsilon_r}} \tag{5-44}$$

其中，f_u 为最高工作频率。根据实验要求，此天线的中心频率为 300MHz，基板的介电常数约为 25。由上述公式可以初步计算出每个部分的尺寸，计算结果如表 5-16 所示。然后在软件 ANSYS Electromagnetics Suit 18.2 中优化各参数，最后得到的优化结果如表 5-16 所示。

表 5-16　微带贴片天线优化后的参数

参数	ε_e/mm	W/mm	L_p/mm	W_p/mm	L_s/mm	W_s/mm	W_c/mm	h/mm
计算结果	24	200	99.2	139	14	7	10	2
优化结果	24	200	98.3	135.4	13	7	10	2

2）微带天线参数仿真优化

在天线的建模过程中，首先运用理论计算的初值建立仿真模型，然后改变各个参数进行仿真优化处理。表 5-16 中列出了微带天线的所有优化后的参数值。表中优化后的辐射贴片的长 L_p 与宽 W_p 的值与理论公式计算出来的尺寸有一定偏差，但偏差不太大，因而用公式可以大致计算出辐射贴片的初值，进而有效缩短微带天线的设计周期。

图 5-46 显示了天线的仿真结果。由图可知，天线的回波损耗在不同尺寸下有不同的反射系数。而当贴片的长为 98.3mm、宽为 135.4mm，狭缝的长为 13mm、宽为 7mm，切角三角形的直角边长为 10mm 时，天线的反射系数 S_{11} 低于−10dB 的频带宽度覆盖 270MHz 到 330MHz，阻抗带宽为 60MHz，最小的 S_{11} 低于−60dB，达到最佳优化结果。这样计算出来的相对带宽为 20%，实现了宽带的目的。

表 5-17 显示了天线优化后在共振频率处的辐射性能参数。从表中可以看出，天线的方向性很好，最大方向性系数为 3.87dB，然而天线的辐射效率比较低，这

主要是受到设计机构的影响。一般微带贴片天线的辐射效率不太高，为 14%。因为增益为方向性系数与效率乘积，所以最终最大增益为 0.54dB。图 5-47 为天线优化后 Ansoft HFSS 软件导出的增益和方向性方向图。从图中可以看到，天线的方向图对称性较好，背瓣比较小，说明天线的辐射性能好。

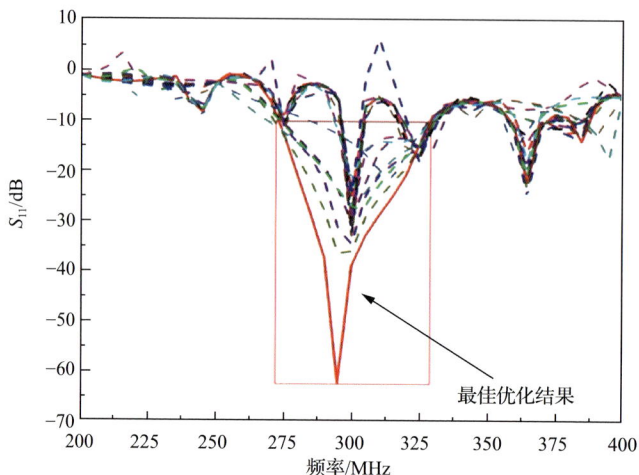

图 5-46　微带天线 S_{11} 参数在不同尺寸下的优化曲线

表 5-17　微带贴片天线优化后的辐射性能参数

参数	最大方向性系数/dB	最大增益/dB	辐射功率/W	接收功率/W	辐射效率/%
优化结果	3.87	0.54	0.14	0.99	14

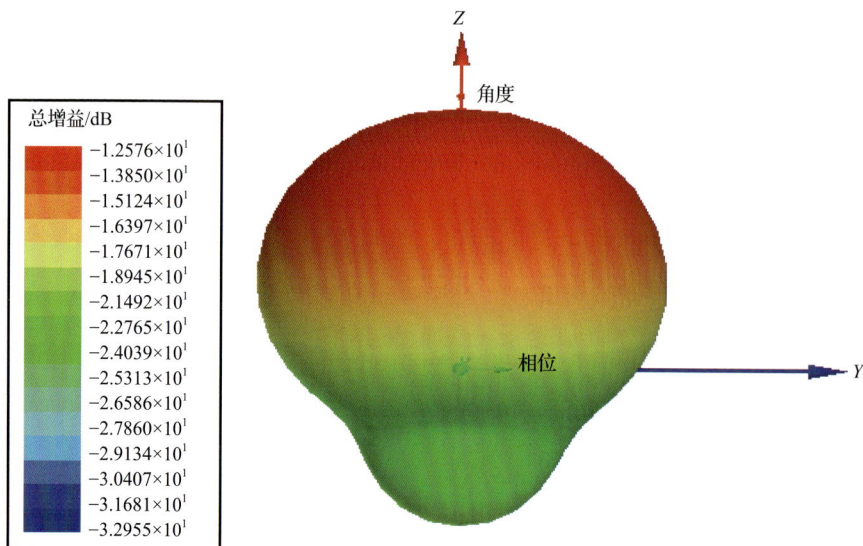

图 5-47　微带天线优化后 Ansoft HFSS 软件导出的 3D 增益方向图

微带天线优化后在频率为 300MHz，相位为 0°，角度为 0°～180° 范围内的轴比（AR）图如图 5-48 所示。从图中可以看到，在表 5-17 中显示的优化后的尺寸下，天线模型的轴比结果最理想，在 110°～140° 范围内，天线的轴比均小于 3dB，轴比带宽达到了 30°。天线的最小轴比为 1.4dB，是一个十分小的值，说明天线整体圆极化性能优良，达到了设计的预想和目标。

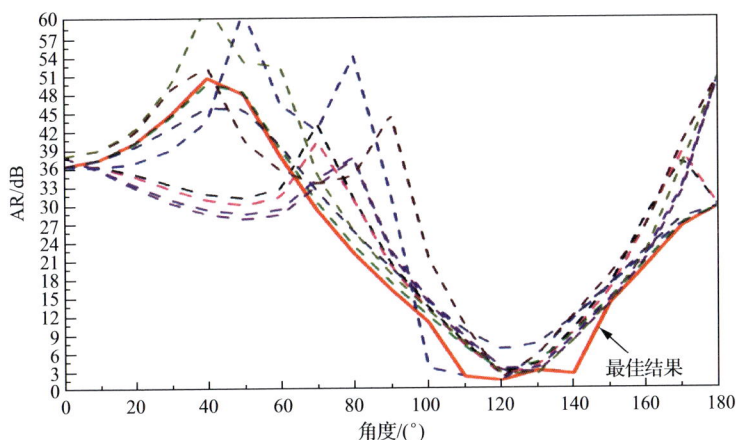

图 5-48　微带天线优化后的轴比图

2. 圆极化微带天线加工

设计仿真的圆极化微带天线实现了小型化和宽带特性。利用 LTCF 技术的特性，加工并抛光了厚度均匀、一致性好、表面光滑平整、性能稳定的基材和天线，如图 5-49 所示。丝网印刷的微带采用导电银浆，丝网印刷过程中图形需要和网框对准，丝网印刷所用的设备如图 5-49（b）所示。最后将印刷好电路图案的铁氧体基片放入烧结炉中，按照优化后铁氧体基片的烧结曲线在 880℃ 下烧结，然后在馈电端口焊接上同轴头后得到的天线实物图如图 5-49（c）所示。

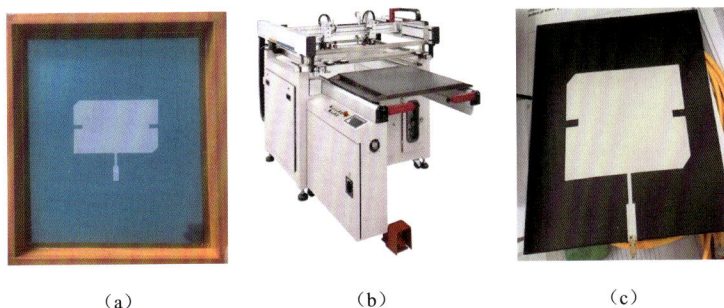

图 5-49　（a）印刷网框；（b）印刷机；（c）圆极化微带天线实物图

在采用 LTCF 工艺加工天线基片及天线实物过程中，可以总结出 LTCF 技术具有如下优势：①较高的自由度，可以根据设计的图形进行加工。②高功率密度和高可靠性。加工后的天线内部接连线/引线/接头少，可形成良好的宽带匹配，从工艺上保证可靠性。③生产周期短、启动成本低。

3. 圆极化微带天线测试及结果分析

圆极化微带贴片天线的回波损耗由矢量网络分析仪（ZNB40，Rohde & Schwarz 公司）测试得到，测试频率域为 200～400MHz，如图 5-50（a）所示。圆极化微带贴片天线在远场区 E 面和 H 面的增益方向图在微波暗室中测得，如图 5-50（b）所示。测试过程为：微带贴片天线的馈电端口与测试台的同轴接口相连，再接到测试控制系统中。其中，背面的支撑材料为 RF-4 板；远场发射信号的天线为喇叭天线，测试频率为 200～400MHz，步进为 10MHz，中心频率为 300MHz。圆极化微带贴片天线 S_{11} 参数的仿真及测试结果如图 5-51 所示。从图中 S_{11} 参数的结果可以看出，微带贴片天线的仿真和测试得到的结果误差很小，中心频率均在 300MHz 左右，在频率段 272～339MHz 之间，S_{11} 低于−10dB，说明阻抗带宽达到 67MHz，计算得到的相对带宽达到 22.3%，比仿真的 20%还要好。主要原因可能是通过 LTCF 工艺制备得到的样品具有更低的损耗，高频磁介特性更好，满足设计要求。

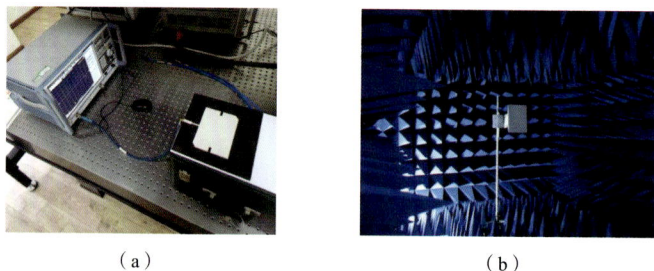

（a）　　　　　　　　　　　　　　（b）

图 5-50　（a）圆极化微带贴片天线回波损耗 S_{11} 测试图；（b）圆极化微带贴片天线微波暗室测试图

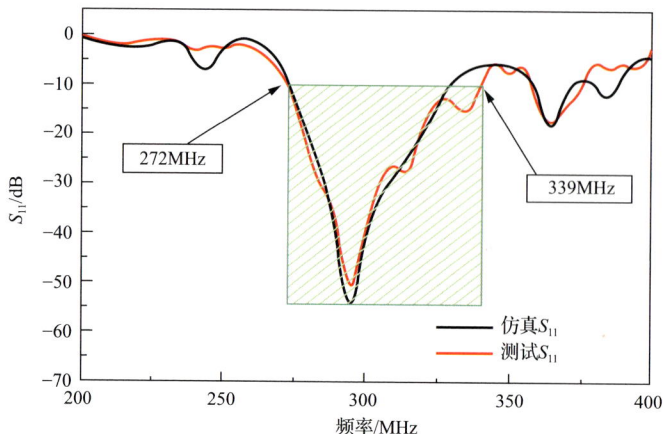

图 5-51　微带贴片天线 S_{11} 参数的仿真及测试曲线

在 300MHz 中心频率下基于 Mg 基铁氧体的微带贴片天线的 E 面和 H 面的归一化方向图如图 5-52 所示。从图中可以看出，天线的辐射特性较好，尤其是背瓣较低，天线在角度为 0° 时为最大辐射方向。同时，测试和仿真结果比较接近。此外，微带贴片天线在中心频率下的轴比（AR）随角度的变化如图 5-53（a）所示。可以看到，测试结果经过平滑处理后和仿真结果的误差依然不大，尤其是在 AR<3dB 的范围内，测试结果具有更宽的角度范围，说明加工的样品拥有更好的圆极化性能。微带贴片天线的轴比随频率的变化如图 5-53（b）所示。从图 5-53（b）中可以观察到，天线仿真的轴比带宽为 22MHz，覆盖 269MHz 到 291MHz，实现了 7.86% 的相对带宽。而测试的轴比带宽为 19MHz，覆盖 270MHz 到 289MHz，实现了 6.80% 的相对带宽。这说明测试和仿真结果比较接近。

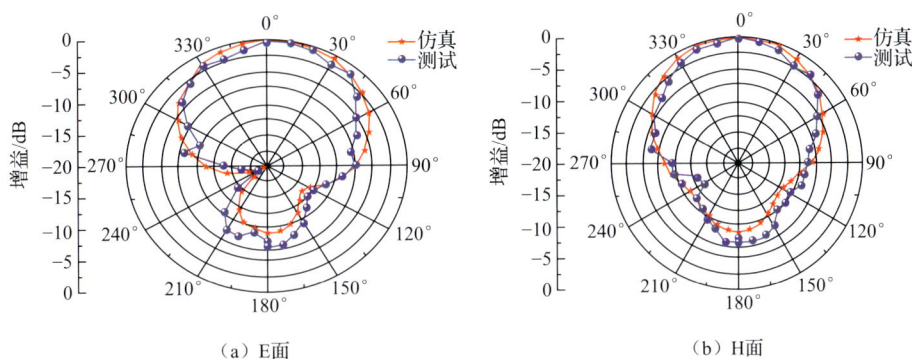

（a）E面　　　　　　　　　　（b）H面

图 5-52　微带天线在 300MHz 下仿真和测试的归一化方向图

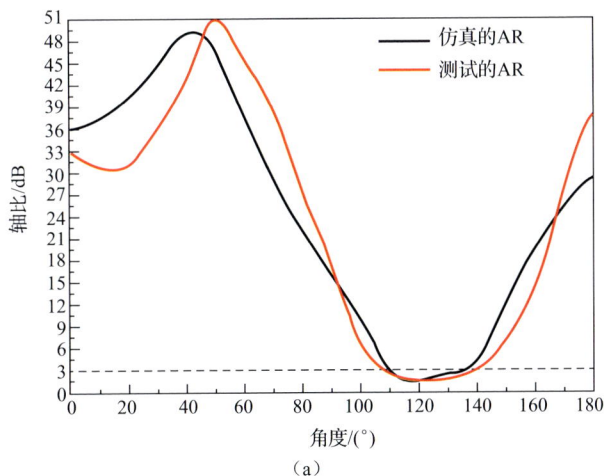

（a）

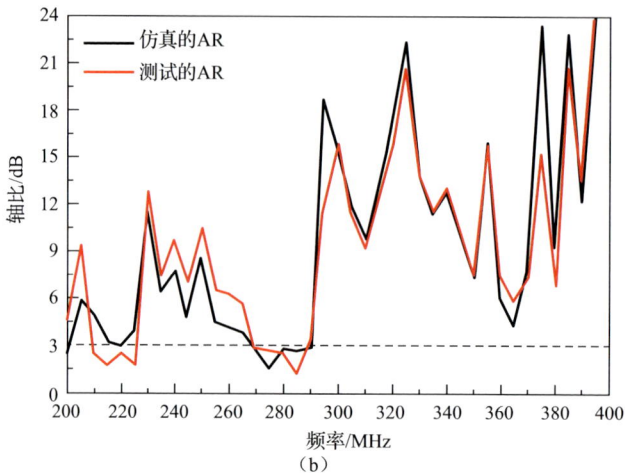

（b）

图 5-53　微带贴片天线轴比随角度（a）和频率（b）变化的仿真及测试曲线

综合来看，测试和仿真结果之间的误差很小，说明工艺的可靠性。误差小可以归结为几点原因：①随频率变化，天线基材的参数比较稳定；②LTCF 技术加工天线的稳定性和可靠性高；③测试环境比较理想。

对比了市场上存在的几款天线基片［硅（Silicon）基片、Rogers RO3010 基片和 FR4-epoxy 基片］的主要参数，以及应用这些基片设计天线的尺寸和阻抗带宽，结果如表 5-18 所示。可以看出，本小节研究的磁介材料基片的介电常数和磁导率比较大，而介电损耗和 Rogers RO3010 基片的介电损耗接近，优于 FR4-epoxy 基片，介电损耗最低的是硅基片。从设计尺寸来看，无论是贴片长度（L_p），还是贴片宽度（W_p），或是天线基板宽度（W），本小节研究的基于磁介材料的天线尺寸均小于基于其他三种材料的天线尺寸，说明在实现小型化方面，本小节研究的材料具有优越性。最后从性能来看，所研究的天线实现了宽带性能（相对带宽达到了 22.3%），大于其他三款天线实现的宽带。综合来看，本小节实验研究的天线基材相比市面上的主流天线基材具有一定的优势。

表 5-18　不同天线基材的参数以及基于这些基材的天线参数对比

种类	ε'	μ'	$\tan\delta_\varepsilon$	W_p/mm	L_p/mm	W/mm	相对带宽/%
本小节研究基材	25	40	0.002	135.4	98.3	200	22.3
Silicon	11.9	1	0.000	196.1	144.3	250	7.5
Rogers RO3010	10.2	1	0.002	213.2	150.8	280	9.9
FR4-epoxy	4.4	1	0.02	304.3	238.4	350	11.7

参 考 文 献

[1] 甘功雯. 低温共烧 Mg 基磁介电磁材料及天线应用基础研究. 成都: 电子科技大学, 2020.

[2] Li P F, Liao S W, Xue Q, et al. 60GHz dual-polarized high-gain planar aperture antenna array based on LTCC. IEEE T Antenn Propag, 2020, 68(4): 2883-2894.

[3] Li Y J, Wang C, Guo Y X. A K_a-band wideband dual-polarized magnetoelectric dipole antenna array on LTCC. IEEE T Antenn Propag, 2020, 68(6): 4985-4990.

[4] Zhou L X, Feng W J, Wang D, et al. A compact millimeter-wave frequency conversion SOP (system on package) module based on LTCC technology. IEEE Trans Veh Technol, 2020, 69(6): 5923-5932.

[5] Zhu J F, Yang Y, Chu C H, et al. Low-profile wideband and high-gain LTCC patch antenna array for 60GHz applications. IEEE T Antenn Propag, 2020, 68(4): 3237-3242.

[6] Feng K C, Chu M W, Ku C H, et al. Ag-diffusion inhibition mechanism in SiO_2-added glass-ceramics for 5G antenna applications. Ceram Int, 2020, 46(15): 24083-24090.

[7] Zhu D, Li Y, Shi Y X. A critical review: design and fabrication of flexible antenna. Textile Bioengineering and Informatics Symposium (TBIS) Proceedings, Manchester, England, 2018: 212-229.

[8] Chattha H T, Latif F, Tahir F A, et al. Small-sized UWB MIMO antenna with band rejection capability. IEEE Access, 2019, 7: 121816-121824.

[9] Su S W, Hsiao Y W. Small-sized, decoupled two-monopole antenna system using the same monopole as decoupling structure. Microwave Opt Technol Lett, 2019, 61(9): 2049-2055.

[10] Lee J, Heo J, Lee J, et al. Design of small antennas for mobile handsets using magneto-dielectric material. IEEE T Antenn Propag, 2012, 60(4): 2080-2084.

[11] Hansen R C, Burke M. Antennas with magneto-dielectrics. Microwave Opt Technol Lett, 2000, 26(2): 75-78.

[12] Shin Y S, Park S O. A chip antenna with magneto-dielectric material. 2008 IEEE Antennas and Propagation Society, San Diego, CA, 2008, 1-9: 3962-3965.

[13] Lee J, Lee J, Min K, et al. Miniaturized antennas with reduced hand effects in mobile phones using magneto-dielectric material. IEEE Antennas Wirel Propag Lett, 2014, 13: 935-938.

[14] Wu X, Zheng Z L. A novel compact microstrip antenna embedded with magneto-dielectric ferrite materials for 433MHz band applications. 2019 13th European Conference on Antennas and Propagation (EUCAP), Krakow, Poland, 2019.

[15] Zheng Z L, Wu X. A miniaturized UHF vivaldi antenna with tailored radiation performance based on magneto-dielectric ferrite materials. IEEE Trans Magn, 2020, 56(3): 1-5.

[16] Gan G W, Zhang D N, Zhang Q, et al. Influence of microstructure on magnetic and dielectric performance of Bi_2O_3-doped Mg-Cd ferrites for high frequency antennas. Ceram Int, 2019, 45(9): 12035-12040.

[17] Li K M, Breakall J K. Lossless impedance matching optimization for increasing bandwidth of antennas. 2015 Usnc-Ursi Radio Science Meeting (Joint with Ap-S Symposium) Proceedings, Vancouver, Canada, 2015: 39.

[18] Abdipour M, Alishahi S K, Noormohammadi K. Broadband multi-layer antenna with improved design for the applications of perfect impedance matching. Int J Microw Wirel T, 2015, 7(6): 747-752.

[19] Li Q F, Yan S Q, Wang X, et al. Dual-ion substitution induced high impedance of Co_2Z hexaferrites for ultra-high frequency applications. Acta Mater, 2015, 98: 190-196.

[20] Saini A, Rana K, Thakur A, et al. Low loss composite nano ferrite with matching permittivity and permeability in UHF band. Mater Res Bull, 2016, 76: 94-99.

[21] Moradmard H, Shayesteh S F, Tohidi P, et al. Structural, magnetic and dielectric properties of magnesium doped nickel ferrite nanoparticles. J Alloys Compd, 2015, 650: 116-122.

[22] Dube G R, Darshane V S. Decomposition of 1-octanol on the spinel system $Ga_{1-x}Fe_xCuO_4$. J Mol Catal, 1993, 79(1-3): 285-296.

[23] Ramankutty C G, Sugunan S. Surface properties and catalytic activity of ferrospinels of nickel, cobalt and copper, prepared by soft chemical methods. Appl Catal A, 2001, 218(1-2): 39-51.

[24] Sepelak V, Baabe D, Mienert D, et al. Evolution of structure and magnetic properties with annealing temperature in nanoscale high-energy-milled nickel ferrite. J Magn Magn Mater, 2003, 257(2-3): 377-386.

[25] Zeng X, Zhang J W, Zhu S M, et al. Direct observation of cation distributions of ideal inverse spinel $CoFe_2O_4$ nanofibres and correlated magnetic properties. Nanoscale, 2017, 9(22): 7493-7500.

[26] Kong L B, Li Z W, Lin G Q, et al. Electrical and magnetic properties of magnesium ferrite ceramics doped with Bi_2O_3. Acta Mater, 2007, 55(19): 6561-6572.

[27] Lee J, Hong Y K, Lee W, et al. Soft M-type hexaferrite for very high frequency miniature antenna applications. J Appl Phy, 2012, 111(7): 337.

[28] Teo M L S, Kong L B, Li Z W, et al. Development of magneto-dielectric materials based on Li-ferrite ceramics: II. DC resistivity and complex relative permittivity. J Alloys Compd, 2008, 459(1-2): 567-575.

[29] Teo M L S, Kong L B, Li Z W, et al. Development of magneto-dielectric materials based on Li-ferrite ceramics: I. Densification behavior and microstructure development. J Alloys Compd, 2008, 459(1-2): 557-566.

[30] Kong L B, Teo M L S, Li Z W, et al. Development of magneto-dielectric materials based on Li-ferrite ceramics: III. Complex relative permeability and magneto-dielectric properties. J Alloys Compd, 2008, 459(1-2): 576-582.

[31] Bae S, Hong Y K, Lee J J, et al. Low loss Z-type barium ferrite (Co_2Z) for terrestrial digital multimedia broadcasting antenna application. J Appl Phy, 2009, 105(7): 07A515.

[32] Xia Q, Su H, Zhang T S, et al. Miniaturized terrestrial digital media broadcasting antenna based on low loss magneto-dielectric materials for mobile handset applications. J Appl Phy, 2012, 112(4): 043915.

[33] Xia Q, Su H, Shen G C, et al. Investigation of low loss Z-type hexaferrites for antenna applications. J Appl Phy, 2012, 111(6): 063921.

[34] Cardoso V F, Francesko A, Ribeiro C, et al. Advances in magnetic nanoparticles for biomedical applications. Adv Healthc Mater, 2018, 7(5): 1700845.

[35] Sutka A, Gross K A. Spinel ferrite oxide semiconductor gas sensors. Sensor Actuat B: Chem, 2016, 222: 95-105.

[36] Wang Z W, Nayak P K, Caraveo-Frescas J A, et al. Recent developments in p-type oxide semiconductor materials and devices. Adv Mater, 2016, 28(20): 3831-3892.

[37] Hedayatnasab Z, Abnisa F, Daud W M A W. Review on magnetic nanoparticles for magnetic nanofluid hyperthermia application. Mater Des, 2017, 123: 174-196.

关键词索引